高等学校规划教材

自动控制原理

厉玉鸣　马召坤　王　晶　主编

化学工业出版社
教材出版中心
·北京·

图书在版编目（CIP）数据

自动控制原理/厉玉鸣，马召坤，王晶主编．—北京：化学工业出版社，2005.6（2023.1重印）
高等学校规划教材
ISBN 978-7-5025-7092-7

Ⅰ．自…　Ⅱ．①厉…②马…③王…　Ⅲ．自动控制理论-高等学校-教材　Ⅳ．TP13

中国版本图书馆 CIP 数据核字（2005）第 074656 号

责任编辑：唐旭华　　　　文字编辑：廉　静
责任校对：于志岩　　　　装帧设计：关　飞

出版发行：化学工业出版社（北京市东城区青年湖南街 13 号　邮政编码 100011）
印　　装：北京虎彩文化传播有限公司
787mm×1092mm　1/16　印张 23　字数 616 千字　　2023 年 1 月北京第 1 版第 9 次印刷

购书咨询：010-64518888　　　　售后服务：010-64518899
网　　址：http://www.cip.com.cn
凡购买本书，如有缺损质量问题，本社销售中心负责调换。

定　　价：49.00 元

前　　言

自动控制原理是一门重要的技术基础理论课程，在许多工科课程中占据了核心地位，涉及石油、化工、机械、冶金、信息、电力、医药、轻工等诸多工程领域，其应用范围还扩展到工程领域之外的诸多领域，诸如社会、经济、军事、航天、金融等。因此，掌握自动控制的基本理论是十分重要的。

学习自动控制原理课程，要求学生除了掌握必要的数学、电学等基础知识外，还应该对自己所研究的工程领域有一定的了解。为了帮助学生能够学好本门课程，我们组织在本课程的教学中有多年经验的老师共同编写了本教材。编写时既照顾到控制理论的完整性和系统性，又力求理论与实践相结合，希望对各院校教师在本门课程的教学中有所帮助。

本教材的内容包括经典控制理论与现代控制理论的基本概念和若干应用。在经典控制理论中，除介绍控制系统的时域分析法、根轨迹分析法和频率特性分析法外，还特别提出了校正网络设计的代数方法，该方法可同时适用于超前、滞后、滞后-超前三大类校正网络的设计。在现代控制理论中，主要介绍了状态空间模型的建立、能控性和能观测性，并介绍了状态反馈控制系统和状态观测器的设计方法。

在各章内容安排中，都有一节学生自读的内容。其中有该章的学习目标，以利于学生更好地掌握各章的重点内容。此外，除在正文里列举一些工程实例来说明理论的应用外，还在学生自读一节中专门安排了例题分析与工程实例，通过结合生产过程的实际分析，使学生更好地掌握控制理论在生产中的应用，力图使读者能学以致用。

为了使大家对 Matlab 及控制系统工具箱的应用有所了解，本书除在各章中结合自动控制理论进行讲解外，还在附录中给出了 Matlab 的一些基本知识与使用说明。

为了便于读者学习本门课程，在附录中给出了数学基础，介绍了复变函数、拉式变换、Z 变换、向量与矩阵等基本数学知识。

本书的主要内容已经制作成用于多媒体教学的课件，需要者可联系：txh@cip.com.cn。

本书由北京化工大学、北京理工大学、山东兖州电大联合编写。参加编写的有王晶（第7、9章）、曹柳林（第3章）、王晓华（第2章）、刘振娟（第5章）、陈娟（第8章）、马召坤（第4、6章）、厉玉鸣（第1章）。王晶副教授在全书的整理方面做了大量的工作。

本书难免出现不妥之处，敬请各位老师和读者批评指正。

本书的编写得到了“北京化工大学化新教材基金”和山东兖州电大的资助。

编者

2005 年 3 月

前言

目　录

第1章 概 述

1.1 自动控制理论的发展及趋势

所谓自动控制，就是在没有人直接参与的情况下，通过自动控制装置使被控制的对象和过程自动地按照预定的规律运行。例如使导弹能够命中目标；宇宙飞船准确地登上月球，并按预定的时间与地点返回地球；机床能够自动加工出符合一定形状与精度的零件；机器人能按一定的规律进行某种操作；化学反应器在一定的压力、温度下反应并生产出合格的产品等，都离不开自动控制理论与自动控制技术的发展。自20世纪40年代以来自动控制应用的领域越来越广泛，除了在航空航天技术、军事装备及部门、工业生产过程中，自动控制技术起着特别重要的作用外，目前大至世界及国家政治经济管理、能源控制、医疗卫生、地区规划、交通运输，小至人的日常生活，都离不开自动控制理论及自动控制技术的应用。

自动控制技术的广泛应用，不仅可以提高生产效率，减轻劳动强度，改善工作条件，节省能源等，而且对国家的经济发展、社会进步乃至人们生活水平的提高都会起着越来越重要的作用。

自动控制理论是自动控制技术的理论基础，是一门理论性较强的科学。按照自动控制理论发展的不同阶段，自动控制理论一般可分为“经典控制理论”和“现代控制理论”两大部分。

20世纪中叶，由于自动控制技术的发展，逐渐形成并日臻成熟了“经典控制理论”。这些理论主要是以传递函数为基础，研究单输入单输出（SISO）自动控制系统的分析和设计问题。采用的方法主要是微分方程分析法 、根轨迹分析法和频率特性分析法。这些方法对控制系统的分析设计和运行发挥了重要的作用，并积累了丰富的经验，成功地解决了一系列以输出反馈为主要控制手段的自动控制问题。

20世纪60年代开始，由于生产的发展，自动控制系统日趋复杂、规模日趋庞大，特别是空间技术的发展，使自动控制理论有了一次新的飞跃，逐渐形成了“现代控制理论”。这些理论主要是以状态空间法为基础，研究多输入多输出（MIMO）及变参数、非线性控制系统的分析设计问题。

近年来，由于计算机技术的迅猛发展和应用数学研究的进展，特别是一些新型控制技术，诸如最优控制、自适应控制、预测控制、模糊控制、人工神经网络控制、鲁棒控制等的出现，使自动控制理论又有了日新月异的发展。目前，主要是在研究庞大的系统工程的基础上发展起来的大系统理论和在模仿人类智能活动的基础上发展起来的智能控制方面，都取得了许多重大进展。

“经典控制理论”和“现代控制理论”是自动控制理论发展的两个阶段，但它们又是相互联系，相互促进的。“现代控制理论”不能看成是“经典控制理论”简单的延伸和推广，在所采用的数学工具、理论基础、研究方法、研究对象等方面都有着明显的不同，可以说是一次质的飞跃。但是，这并不意味着这两种方法原理截然分离。特别是在解决实际工程问题中，许多用经典控制理论解决的问题，同样可以用现代控制理论的方法来实现，反之亦然。当然，它们又是不完全相同的，尽管现代控制理论从方法上看更加完备或结果更强，但是，经典控制理论简洁实效的分析方法和控制方式，往往是现代控制理论难以实现的。也就是说，它们又有很强的互补性。现代科学技术的发展和生产技术的提高，为经典和现代控制理论的发展及应用都提供了广阔的前景。

1.2 开环控制与闭环控制

所谓控制，一般是指采取某种手段使被控制的对象或过程的某一物理量按照一定的规律运行。这里被控制的对象或过程简称被控对象，而被控制的物理量称为被控变量，能够实施某种控制手段的装置称为控制器，其最简单的方块图如图 1-1 所示。

例如，如果要控制直流电动机的转速，可采用能改变直流电压的装置，一旦直流电压被改变，就可以起到电机的调速作用了，那么这时被控对象就是直流电动机，控制器实质上就是一个调压器，控制量就是施加到直流电机上的电压。图 1-2 是该系统的示意方块图。

图 1-1 开环控制系统方块图　　图 1-2 直流电动机转速控制系统示意方块图

图 1-3 所示为热交换器的示意。被加热物料进入热交换器，与进来的加热蒸汽进行热交换，物料出口温度得以升高。通过调压器来改变蒸汽调节阀上的气体压力，从而可以改变进入热交换器的蒸汽量。蒸汽量的改变就使被加热物料的出口温度得以控制。该系统也可以用方块图 1-1 来表示。在这个系统中，调压器就起到控制器的作用，被控对象是热交换器，被控变量是物料的出口温度，控制量是进入热交换器的蒸汽量。

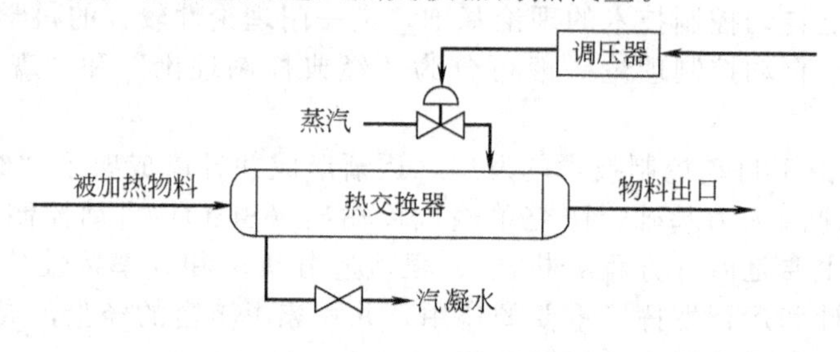

图 1-3 热交换器的示意

从上述两个例子可以看出，这种系统只是改变控制量对被控变量进行控制，在整个控制过程中，被控变量的变化情况对控制量不产生任何影响。这种被控变量只是受控于控制量，而对控制量不能反过来施加影响的系统称为开环控制系统。在第一个例子中，电动机的转速变化并不能自动地对施加于电动机的电压产生任何影响；在第二个例子中，被加热物料出口温度的变化并不能自动地对进入热交换器的蒸汽量产生任何影响。

在开环控制系统中，由于被控变量的变化并不能自动地对控制量产生任何影响，因此，当系统中受到各种扰动（干扰）的影响，例如电动机负载的变化或热交换器进料温度变化时，被控变量必然会出现偏差，这种系统不具备自动修正偏差的能力。为了克服这个缺点，必须引入反馈量，形成闭环控制系统。反馈控制是闭环控制系统的一个特点。

图 1-4 所示为直流电动机的转速闭环控制系统的方块图。当电动机的转速受到负载（或其他因素）的影响而改变时，通过测速发电机测得实际转速并转换为电压信号 u_o 后，反过来送到系统的输入端，与代表转速期望值的电压信号值 u_r 进行比较。如果有偏差，则通过电子放大器放大后，来改变控制量——施加到直流电动机上的直流电压，于是，转速就得到了控制。显然可见，这里被控变量——转速的变化反过来会影响控制量，所以属于闭环控制系统。图 1-5 所示为该系统的原理示意 。这个系统的控制目的是为了使电机的实际转速尽

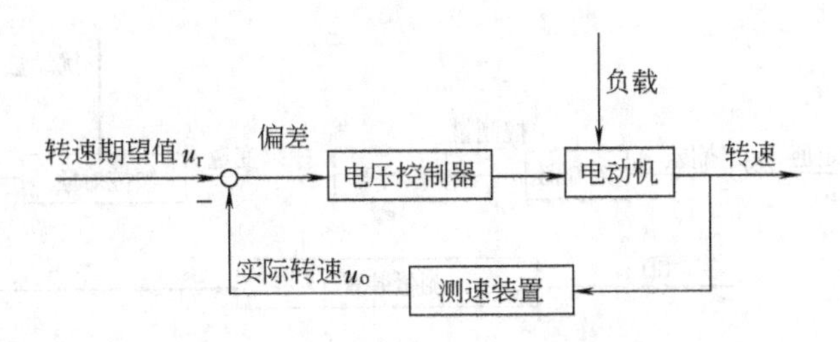

图 1-4　直流电动机转速闭环控制系统的方块图

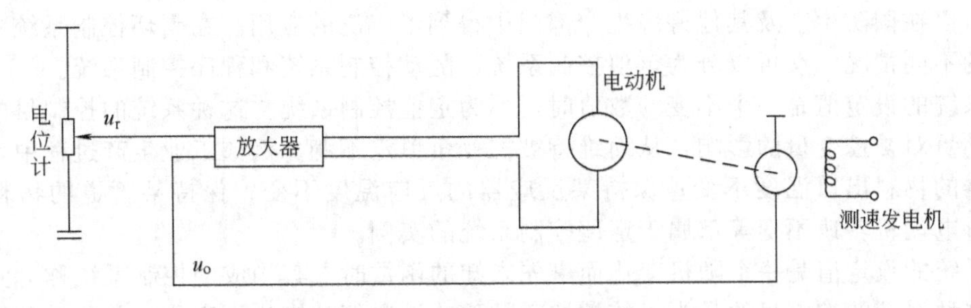

图 1-5　电机转速闭环控制原理示意

量接近或等于转速的期望值，即偏差越小越好。在图 1-4 中，计算偏差时，用转速的期望值减去转速的实际值。因此，实际转速送入控制器之前有一个负号“—”，这种反馈称之为负反馈，负反馈是闭环控制系统的又一特点。

图 1-6 所示为热交换器出口物料温度控制的方块图。当热交换器的物料出口温度受到一些扰动量（例如，进料温度的变化）影响而发生变化时，通过温度测量装置测得温度实际值，然后反过来（反馈）送到系统的输入端与温度期望值进行比较，如有偏差，则控制器送出信号改变调节阀上的气压信号，使阀门的开度发生变化，从而改变进入热交换器的加热蒸汽量，进而使物料的出口温度得以控制。

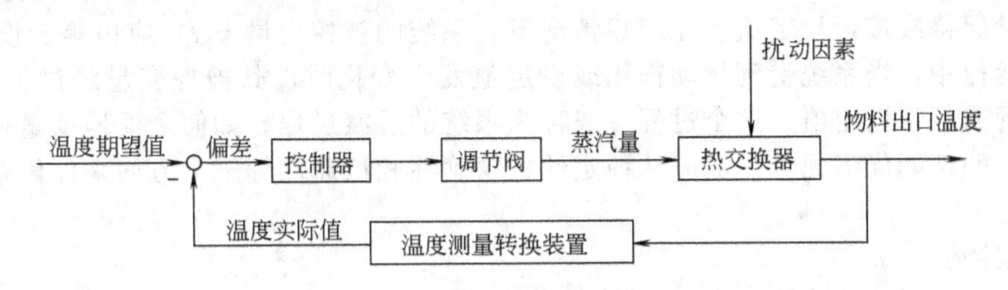

图 1-6　热交换器出口物料温度控制系统的方块图

图 1-7 所示为一般闭环自动控制系统的方块图。在图 1-7 中被控对象的被控变量经过测量装置得到它的实际值，然后，与被控变量的期望值（设定值）进行比较，得出它们的偏差。控制器根据偏差的大小及变化情况，按照一定的规律运算后得到控制量。控制量送入执行器，从而改变了能直接影响被控变量变化的操纵变量，最终达到被控变量尽量接近或等于设定值的目标。这个系统，操纵变量和扰动量都会影响被控变量的数值，但它们造成的后果却是不一样的，扰动量的作用是使被控变量偏离设定值，操纵变量的作用是使被控变量回到设定值。一旦根据实际情况，选定了操纵变量之后，其他能够影响被控变量的所有因素都可以看作是扰动量。

由于闭环控制系统采用负反馈的原理，能够自动地修正或消除被控变量和设定值之间的

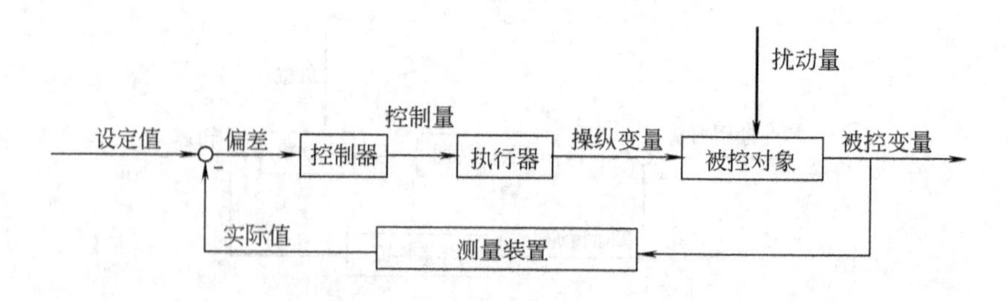

图 1-7 一般闭环自动控制系统的方块图

差值，所以在国防生产及其他许多生产部门中得到了广泛的应用。在闭环控制系统中，根据设定值的不同情况，又可以分为定值控制系统、随动控制系统和程序控制系统。

当系统的设定值是一个不变的数值时，称为定值控制系统。这种系统的控制目的是为了克服扰动量对被控变量的影响，从而维持被控变量恒定不变。例如工业生产过程中，要保持热交换器的物料出口温度不变；保持某反应器的反应温度不变；保持某管道的物料流量不变；保持电动机转速不变等都属于定值控制系统的实例。

当系统的设定值是一个随机变化而事先未知的函数时，其构成的控制系统称为随动控制系统。这种系统的控制目的是为了使被控变量随着设定值的变化而变化，因此又称为自动跟踪系统。例如高射炮的自动跟踪系统就是为了跟踪敌人的目标（例如飞机），而这个目标的位置是随机变化的。另外，某些自动平衡式的测量仪表，其指示值应该随被测量的变化而随之改变，因此也可以当作是一种随动控制系统。

当系统的设定值是一个人们预先确定的时间函数时，其构成的控制系统称为程序控制系统。例如在金属热处理过程中，被处理的金属温度应该按照事先定好的规律（程序）变化，这种系统称为程序控制系统。

1.3 对自动控制系统的基本要求

具有反馈的自动控制系统，其基本职能是保证在系统受到各种扰动作用的情况下，仍能使被控变量保持或接近设定值。在理想情况下，系统的被控变量 $y(t)$ 应恒等于设定值$r(t)$。但在实际运行中，当系统受到扰动作用或设定值发生变化时，其被控变量经过了一段时间，才逐渐接近或等于设定值，这个过程一般称为系统的过渡过程。如何全面地衡量控制系统在过渡过程中的性能优劣呢？一般应从稳定性、精确性和快速性等三个方面来评价系统的总体性能。

1.3.1 稳定性

稳定性是控制系统能够正常工作的首要条件，它反映系统受到扰动作用或设定值的变化后恢复平衡状态的能力。系统的稳定性取决于系统的固有特性。对于任何一个控制系统，当受到外界作用后，其系统过渡过程的具体形式与输入作用的形式有关。在一般情况下，可以假定输入作用是一个阶跃作用。以定值控制系统为例，如果在某一个时刻（假定 $t=0$）突然加一个扰动作用 $f(t)$，其大小保持不变，如图 1-8（a）所示。系统在这种扰动作用下其被控变量就会发生变化，其变化过程（即过渡过程）的形式如图 1-8 所示。

图 1-8（b）是一种单调变化过程，被控变量 $y(t)$ 回到或接近设定值。图 1-8（c）是一种衰减振荡过程，被控变量 $y(t)$ 是振荡的，其幅值逐渐减小，直至接近设定值。图 1-8（d）是一个等幅振荡过程，其振幅一定，被控变量 $y(t)$ 始终围绕设定值两侧反复变化。图 1-8（e）是发散振荡过程，其被控变量 $y(t)$ 的振幅值越来越大。图 1-8（f）是一单调发散过程，被控量 $y(t)$ 越来越偏离设定值。

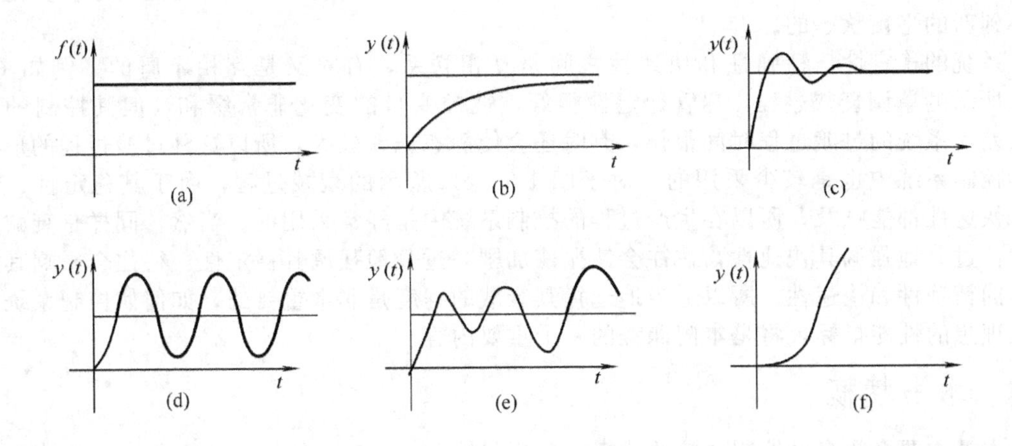

图 1-8　过渡过程的形式

由图 1-8 中可以看出，控制系统的过渡过程如果如图（e）和图（f）所示，在系统受到扰动作用后，被控变量 $y(t)$ 最终将远离设定值 $r(t)$，即系统没有恢复平衡状态的能力。因此这种系统是不稳定的。在实际工作中，当然是不允许的。

图 1-8（d）所示的等幅振荡过程，被控变量 $y(t)$ 也不能稳定在某个数值上，因此也认为是不稳定的。

图 1-8（b）、图 1-8（c）所示的过渡过程形式，其被控变量 $y(t)$ 最终能回到或接近设定值，经过相当长时间后，$y(t)$ 能恢复到一种平衡状态，因此，这两种形式是稳定的，其对应的控制系统是稳定的控制系统。

控制系统能够正常发挥其控制作用，保证系统的稳定性是首要条件。因此，如何判断系统是否稳定是控制理论中极其重要的课题。在控制理论中，将要介绍时域中的求取特征方程式特征根的基本方法，以判断系统的稳定性；通过特征方程系数以判断其稳定性的劳斯（Routh）稳定判据；通过绘制根轨迹以获得当系统中某个参数变化时对系统稳定性的影响。在频域中将介绍基于频率曲线的奈魁斯特（Nyquist）稳定判据。在现代控制理论中将介绍李亚普诺夫稳定性判据方法。

1.3.2　精确性

精确性是反映系统受到外界作用（设定值变化或扰动作用）后，系统的被控变量 $y(t)$ 偏离设定值 $r(t)$ 的程度。它是系统控制准确度的一个指标。

当系统受到输入信号作用后，被控变量经过一段时间后才能由一个平衡状态达到另一个平衡状态。这个过程称为系统的动态过程（即过渡过程）。系统在动态过程中，被控变量 $y(t)$ 是变化的，因此它与设定值 $r(t)$ 之间的偏差 $e(t)$ 也是变化的，这个变化的 $e(t)$ 反映系统的动态精确度，称为动态偏差。在实际的控制系统中，动态偏差的数值不能太大，否则被控变量偏离设定值太远，尽管这只是短时间偏差，但也可能使工业生产过程出现异常，严重时会导致事故发生。

当过渡过程结束后，系统达到了新的平衡状态，系统处于静态。系统中的各个变量不再变化，这时被控变量与设定值之间的差值称为残余偏差，简称余差。余差的大小反映了系统的静态精确度。在自动跟踪系统中，余差反映了系统的跟踪精确度。在定值控制系统中，余差不能太大，否则会给生产过程带来不利影响。

1.3.3　快速性

控制系统受到外界的作用后，系统能否从一个平衡状态迅速地达到另一个平衡状态，这就是系统快速性。当然，只有当系统稳定时，才有快速性可言，对于不稳定的系统，是永远达不到新的平衡状态的。

系统的稳定性、精确性和快速性之间是互相联系，有时又是互相矛盾的。例如图 1-8（b）所示的单调衰减过程，尽管稳定性很好，被控变量的变化非常缓和，但其控制的快速性较差，系统的过渡过程时间很长，有时还会使静态偏差较大，所以这种过渡过程的形式在实际控制系统中也是较少采用的。对于图 1-8（c）所示的衰减过程，由于其稳定性、精确性、快速性都能顾及，所以在生产过程的控制系统中是经常采用的。当然，同样是衰减振荡过程，过分地强调其快速性，往往会使振荡加剧；过分地强调其稳定性，往往会影响其控制过程的精确性和快速性，所以适当地选择其衰减的程度是非常重要的，如何使控制系统达到比较理想的性能指标，将是本门课程的一个重要内容。

1.4 本书梗概

本书主要介绍自动控制系统的建模、分析与综合。

1.4.1 建模

要研究控制系统，首先要了解系统（或环节）的输入量与输出量的关系。能够定量地表达系统（或环节）的各变量之间关系的表达式，称为系统（或环节）的数学模型。

本书介绍了建立数学模型的方法，并通过若干实例介绍了如何通过机理分析法得到系统的机理模型。

本书介绍的数学模型主要有以下几种形式：微分方程（差分方程）式、传递函数、频率特性及状态空间表达式等。这几种形式的数学模型在一定条件下可以互相转换。

1.4.2 系统分析

系统分析是指在已知系统数学模型的情况下，如何对控制系统的稳定性、快速性和精确性进行分析。本书主要介绍了微分方程（差分方程）分析法、根轨迹分析法、频率特性分析法及状态空间分析法。

当系统中的各变量都是时间的连续函数时，称为连续控制系统；当系统中的某些变量是时间的离散函数时，称为离散控制系统。本书着重介绍连续系统的分析方法，对离散控制系统的分析方法只作简要的介绍。

1.4.3 系统综合

为了达到某些控制目的和要求，如何选择合适的控制系统结构和参数，这就是系统综合所要解决的问题。

经典控制理论和现代控制理论都对系统综合提供了一些有效的方法，这些方法从不同的角度来看各有特点和适用的场合，它们之间还有着密切的内在联系。本书介绍了经典控制理论中常用的 RC 网络、PID 调节等校正器的设计，介绍了现代控制理论中极点配置、状态观测器的设计等。

1.5 学生自读

1.5.1 学习目标

① 掌握开环控制系统与闭环控制系统的基本概念，并学会分析系统的基本类型。

② 理解反馈和负反馈的基本概念及反馈在控制系统中的作用。

③ 了解控制理论的发展过程及发展趋势。

1.5.2 例题分析与工程实例

【例 1-1】 图 1-9 所示为一反应器温度控制系统。A、B 两种物料进入反应器进行放热反应。为了保证反应正常进行，需要通过改变进入夹套的冷却水的流量来保持反应器的温度不变。图中 TT 表示温度测量装置，测量反应器内的温度值后并转换为一定信号（亦称温度传感器）送到温度控制器 TC，与温度设定值 sp 比较后经某种规律运算得出信号送到调节阀，改变其开度，从而使进入反应器夹套的冷却水流量改变，进而可以通过热交换改变反应器内的温度。试指出该系统的被控对象、被控变量、操纵变量各是什么？扰动量可能有哪些？说明该系统属于开环控制还是闭环控制？并画出该温度控制系统的方块图。

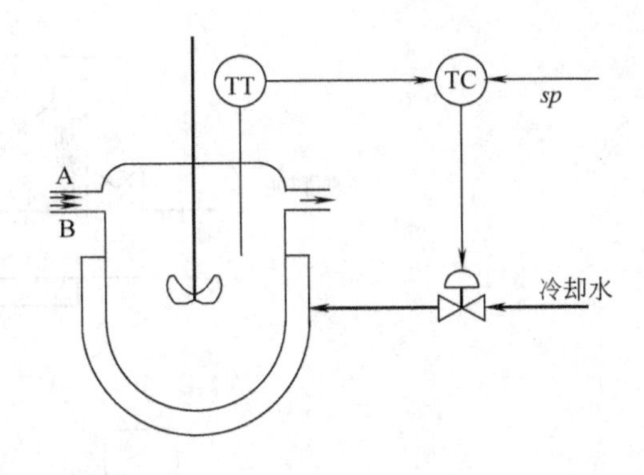

图 1-9　反应器温度控制系统

解　在这个系统中，被控对象是反应器，它是需要控制的设备；被控变量是反应温度，它是需要控制的变量；操纵变量是冷却水的流量，它是用以维持反应器内的温度不变的控制手段；扰动量有物料 A、B 的进料量和进料温度、反应器的传热情况、冷却水的供水压力等，它们的变化都会引起被控变量偏离设定值。

该系统的方块图如图 1-10 所示。由方块图可以看出，该系统的被控变量温度经过测量后返回到系统的输入端，从而改变控制信号，由此属于具有负反馈的闭环控制系统。

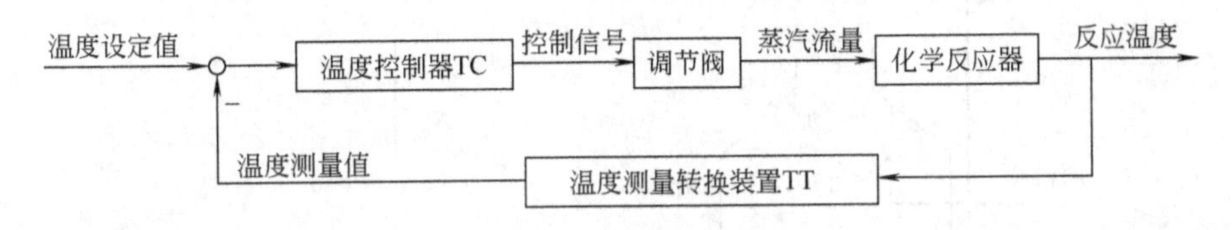

图 1-10　温度控制系统方块图

【例 1-2】　在炼油化工生产中，经常需要将原料油加热至一定温度以进入下一工序。加热炉是让燃料油在炉中燃烧，放出热量以加热原料油，工艺上要求原料油的出口温度保持在规定的数值上，为此设计如图 1-11 所示的温度控制系统的三种方案。图中 FT 表示原料油流量的测量转换装置，FC 表示燃料油的流量控制器，TT 表示原料油的温度测量转换装置，TC 表示原料油的温度控制器。试分别画出以上三种控制方案的方块图，并分别说明它们属于开环控制还是闭环控制。

解　图 1-12（a）、（b）、（c）分别是图 1-11（a）、（b）、（c）对应的方块图。由图1-12（a）可以看出，改变流量控制器 F C 的设定值（或操作指令），就会使调节阀的开度发生变化，进而改变燃料油的流量。由于燃料油流量的增减会改变加热炉内的燃烧情况，因而使通过加热炉的原料油出口温度升高或降低。但是，这时原料油的出口温度变化并没有反馈给控制器，从系统结构来看，并没有形成闭合回路，因此属于开环系统。在这种系统中，如果由于其他扰动量（例如原料油进口流量或温度、燃烧状况等）使原料油的出口温度偏离期望的数值，系统不能自动地来修正这种偏差。

由图 1-12（b）可以看出，当由于某些扰动使被控变量（原料油出口温度）发生变化时，经过检测变换装置 TT 后，就会使信号返回来引入温度控制器，其输出信号送到调节阀，调节阀的开度发生变化后就会改变操纵变量（燃料油流量）的数值，从而使被控变量回到所期望的数值。从结构上来看，系统构成闭合回路，因此属于闭环控制系统。闭环控制系统能够自动地修正由于扰动量所引起的被控变量与设定值的偏差，因而是一种使用极为广泛的自动控制系统。

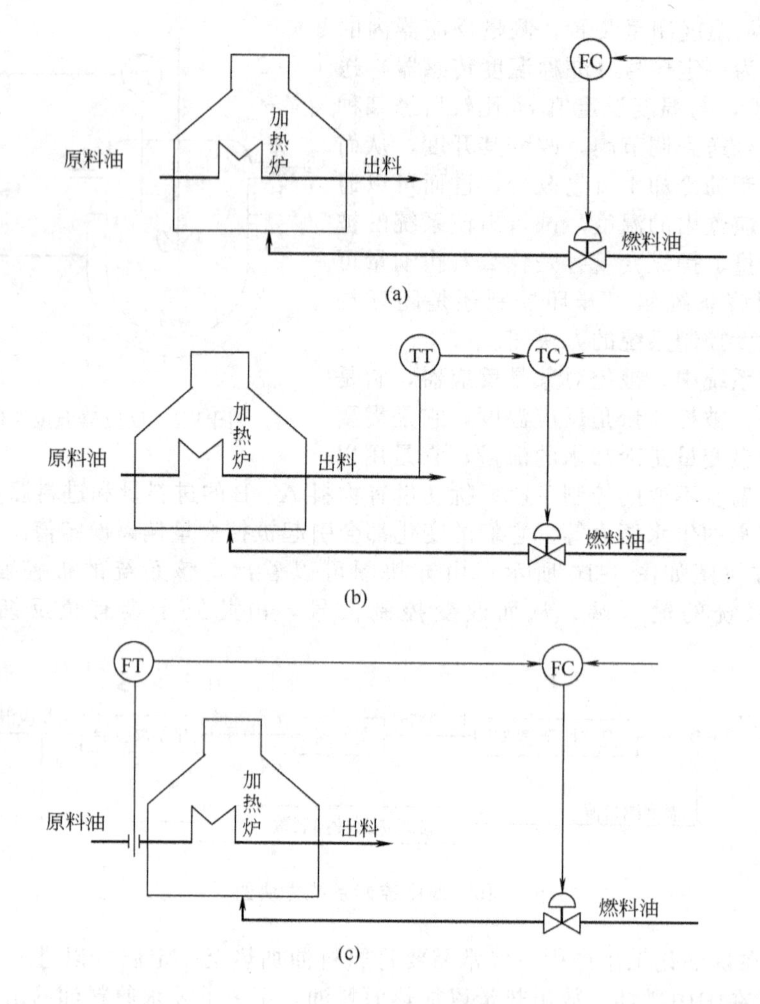

图 1-11　加热炉控制方案

由图 1-12（c）可以看出，由于原料油进口流量的变化会影响原料油的出口温度，所以原料油进口流量是影响被控变量的一种扰动。在这种系统中，原料油进口流量被测量并送至控制器 FC，进而改变燃料油进口流量，因此这种系统的控制是根据扰动（本例中为原料油进口流量）的大小来进行的，一旦产生扰动，系统立即开始工作，其控制的结果能较快地克服这种扰动对被控变量的影响，所以常称为按扰动进行控制的系统，又称为前馈控制。在这种系统中被控变量并没有被测量并反过来送至系统的输入端，如果存在其他扰动，例如原料油进口的温度或燃料油进口压力等发生变化时都会影响被控变量（原料油出口温度），系统由于被控量没有被测量并反馈到控制器，所以系统不具有克服这些扰动对被控变量影响的能力。从系统结构上来看，由于被控变量在系统中没有形成一个闭合回路，因此仍属于开环控制系统。

【例 1-3】 图 1-13 是导弹姿态的控制系统方块图。试分析该系统的工作原理，并指出该系统是如何提高导弹命中率的？

解　该系统属于导弹姿态控制闭环系统。导弹飞行器的运行由计算机进行控制。根据打击目标编制一定的指令，输入到计算机。导弹在运行过程中其姿态随时由姿态传感器进行测定并转换为一定的信号，反馈到计算机与预定的指令进行比较。一旦导弹的姿态由于某些因素的影响偏离轨道时，计算机就会根据这个偏差信号发出控制信号，以纠正导弹的姿态。由

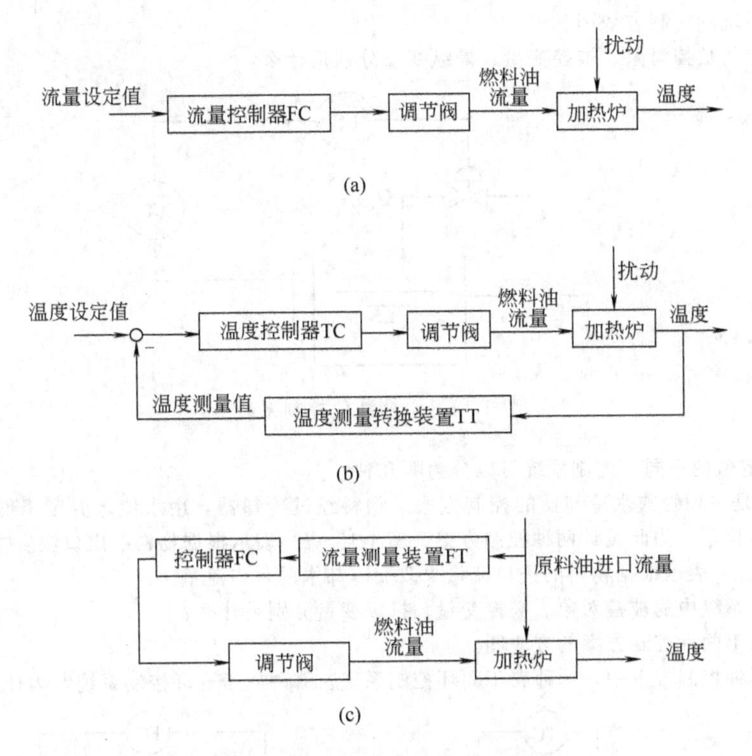

图 1-12 加热炉控制系统方块图

于该系统能随时根据导弹的运行实际情况来改变导弹飞行器的工作状态，因此具有随时纠正弹道偏差的能力，因此能提高导弹的命中率。

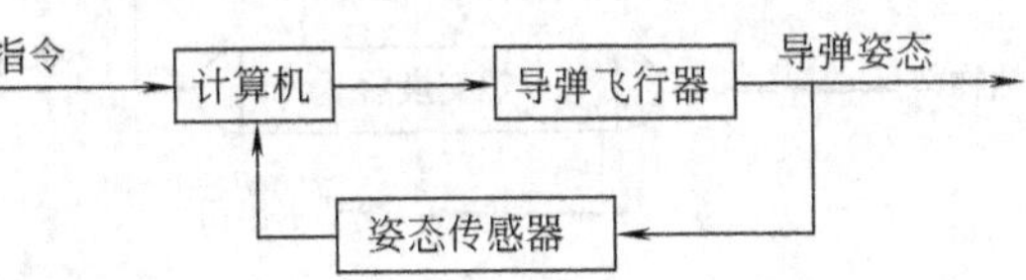

图 1-13 导弹姿态控制系统方块图

1.5.3 本章小结

控制理论的发展分为两个阶段：经典控制理论和现代控制理论。经典控制理论是以传递函数为基础，研究 SISO 一类的自动控制系统的分析设计问题，现代控制理论是以状态空间法为基础，研究 MIMO 及变参数、非线性等控制系统的分析设计问题。

按系统的结构来看，控制系统有开环控制与闭环控制两大类型。当系统被控变量的变化并不能反过来对系统的控制量产生影响时，称为开环控制系统。这种系统不具备自动修正被控变量偏差的能力。当系统的被控变量的变化反过来对系统的控制量产生影响时，称为闭环控制系统。这种系统具备自动修正被控变量偏差的能力。在控制系统中，大量应用的系统通常是具有负反馈的闭环控制系统。

本书主要介绍控制系统数学模型的建立和控制系统的分析与综合，其内容包括经典控制理论与现代控制理论的主要问题。

习 题 1

1-1 试举例说明什么是开环控制系统？什么是闭环控制系统？

1-2 图 1-14 是一水槽液位控制系统。Q_i,Q_o 分别代表流入水槽和流出水槽的水流量。LT 代表液位测量变送装置，LC 代表液位控制器。

(1) 该系统是属于开环还是闭环控制系统？

(2) 画出该系统的控制方块图。

(3) 指出系统的被控对象、被控变量、操纵变量分别是什么？

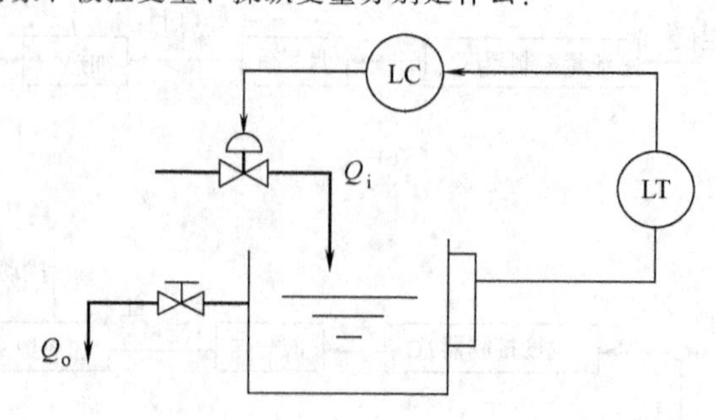

图 1-14　水槽液位控制系统

1-3　根据设定值的不同，控制系统可以分为哪几种？

1-4　图 1-15 是一列管式水冷却器的控制方案。物料经过冷却器，用水使之温度降低。工艺上要求物料的出口温度保持稳定。为此设计两种控制方案。图 1-15 (a) 表示根据物料的出口温度来改变冷却水的入口流量；图 1-15 (b) 表示根据物料的进口流量来改变冷却水的入口流量。

(1) 试说明该系统中的被控对象、被控变量、操纵变量分别是什么？

(2) 试分别画出两种控制方案的方块图。

(3) 试说明两种控制方案中，哪种属于闭环控制系统？哪种属于开环控制系统？为什么？

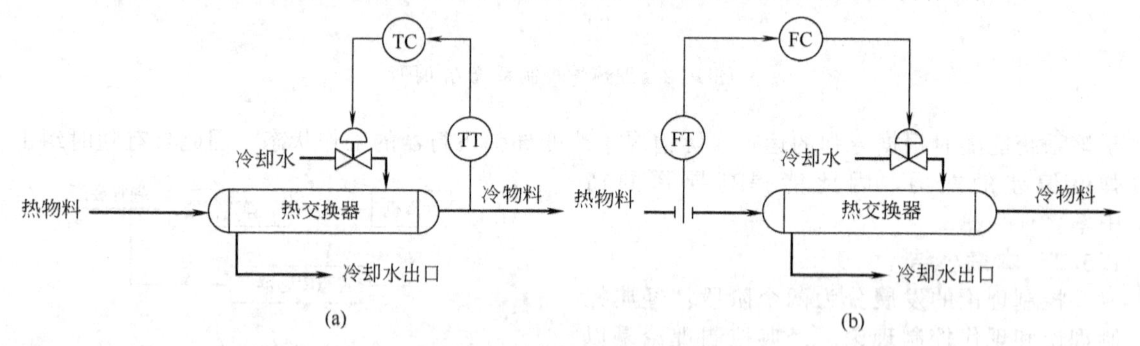

图 1-15　水冷却器的控制方案

1-5　图 1-16 是一机床控制系统的方块图，试说明该系统是如何工作的？为什么说该系统属于闭环控制系统？

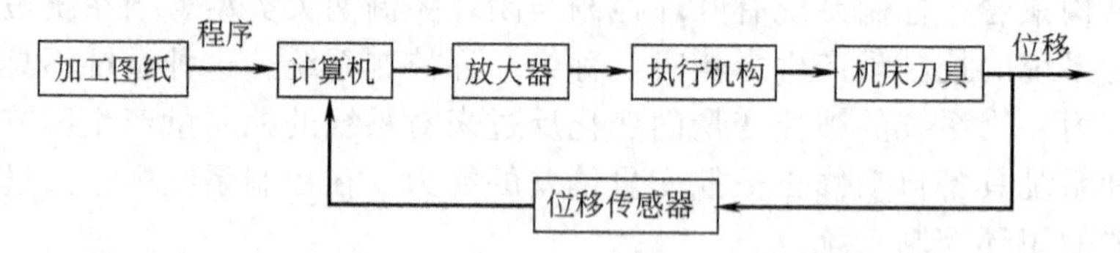

图 1-16　机床控制系统的方块图

第 2 章　控制系统及其组成环节的数学模型

2.1　数学模型的类型及建模方法

通常我们对系统的理解是能够根据实际过程分析出系统的作用原理及大致的运动过程。但仅有这种定性分析是不够的，必须要对系统进行定量的分析，研究系统中各物理量的变化及相互作用、相互制约的关系，这种定量分析的基础就是合适的数学模型。有了数学模型，就可以借助数学理论，逻辑思维方法、技巧，对系统进行定量分析。

2.1.1　数学模型的几种类型

数学模型的形式多样灵活，根据不同的研究角度，可将模型分为各种类型，如针对模型中各变量间的关系，可分为动态模型和静态模型；按模型参数与时间的关系，可分为时变模型和时不变模型，又称定常模型；按描述系统的特征关系分为输入-输出模型和状态空间模型；按系统中各变量的几何位置的关系可分为集中参数模型和分布参数模型；按系统模型所在的时空域可分为时域模型和频域模型，时域中有微分方程（差分方程）、脉冲响应模型、状态空间模型，频域有传递函数模型、频率响应函数模型。本章仅限于讨论连续的线性定常微分方程和传递函数，状态空间模型将在第 7 章讨论。

2.1.2　数学模型建立的一般方法

建立合理、准确的数学模型，对分析系统至关重要，因此要根据系统的实际结构、参数精度的要求，略去一些次要因素，使模型既能准确反映系统的动态本质，又能简化分析计算的工作。

数学模型的建立要遵循一定的原则：

① 分清主次，合理简化，根据分析研究和准确性的要求，合理地忽略一些次要因素，使系统模型既抓住了主要矛盾，保证分析研究的精确度，又便于系统模型的数学处理。

② 依据所采用的分析方法建立相应的数学模型，比如经典控制理论进行分析，数学模型常用微分方程、传递函数；在现代控制理论中通常采用状态空间模型等。

建立系统数学模型的方法通常有两种：一是解析法，二是实验法。解析法是根据系统中各变量间所遵循的物理、化学定律，列写变量间的数学表达式，通过分析推导从而建立数学模型。实验法是对实际系统加入一定形式的输入信号，然后测试实验数据，经过一定的数据处理而获得数学模型。

2.2　系统的微分方程数学模型的建立

控制系统的微分方程模型是时域中描述系统输入输出关系的最基本模型。其一般表达式为

$$
\begin{aligned}
&a_n y^{(n)}(t)+a_{n-1}y^{(n-1)}(t)+\cdots+a_1 y^{(1)}(t)+a_0 y(t)=\\
&b_m x^{(m)}(t)+b_{m-1}x^{(m-1)}(t)+\cdots+b_1 x^{(1)}(t)+b_0 x(t)
\end{aligned}
\tag{2-1}
$$

式中，$x(t)$ 为系统输入；$y(t)$ 为系统输出；$x^{(i)}(t)$ 为输入的 i 阶导数；$y^{(j)}(t)$ 为输出的 j 阶导数。

建立微分方程的步骤如下。

① 根据系统实际工作要求，将系统划分为若干个环节，确定系统和每一个环节的输入

量、输出量。

② 根据基本的物理定律或化学定律依次列写各环节动态关系的微分方程。

③ 消去中间变量，写出关于系统输入输出间的微分方程。

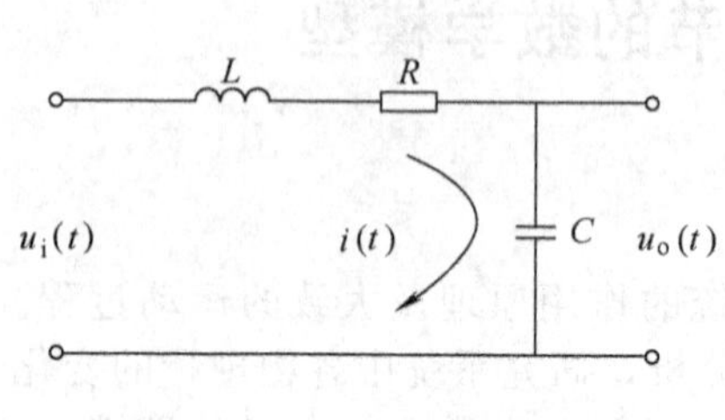

图 2-1 RLC 串联电路

④ 整理方程如式（2-1），得到描述系统输入-输出关系的标准微分方程。在列写各环节微分方程时，还必须注意与其他环节的相互影响，即所谓的负载效应。

下面举例说明建立微分方程的步骤和方法。

【例 2-1】 试建立如图 2-1 所示的 RLC 串联网络的微分方程。

解 （1）确定电路的输入量和输出量

由图可知，当电压 $u_i(t)$ 变化时，将引起电路中电流 $i(t)$ 的变化，因此 $u_o(t)$ 也随着变化。所以确定 $u_i(t)$ 为系统输入量，$u_o(t)$ 为系统输出量，而 $i(t)$ 为联系输入与输出的中间变量。

（2）列写环节微分方程

根据基尔霍夫定律有

$$u_L+u_R+u_o=u_i(t) \tag{2-2}$$

其中

$$u_L=L\frac{di(t)}{dt},\quad u_R=Ri(t),\quad u_o(t)=\frac{1}{C}\int i(t)dt \tag{2-3}$$

将式（2-3）代入式（2-2）可得

$$L\frac{di(t)}{dt}+Ri(t)+\frac{1}{C}\int i(t)dt=u_i(t) \tag{2-4}$$

其中中间变量 $i(t)$ 为

$$i(t)=C\frac{du_o(t)}{dt}$$

代入式（2-4）并整理得

$$LC\frac{d^2u_o(t)}{dt^2}+RC\frac{du_o(t)}{dt}+u_o(t)=u_i(t) \tag{2-5}$$

这是一个线性常系数二阶微分方程，若令 $T_1=\frac{L}{R}$，$T_2=RC$ 分别为电路的时间常数，则方程式（2-5）可变成如下形式

$$T_1T_2\frac{d^2u_o(t)}{dt^2}+T_2\frac{du_o(t)}{dt}+u_o(t)=u_i(t) \tag{2-6}$$

式（2-6）表达了电路输入量 $u_i(t)$ 与输出量 $u_o(t)$ 之间的关系。

【例 2-2】 设有两级 RC 电路串联组成的滤波网络，如图 2-2 所示，试建立该网络的微分方程。

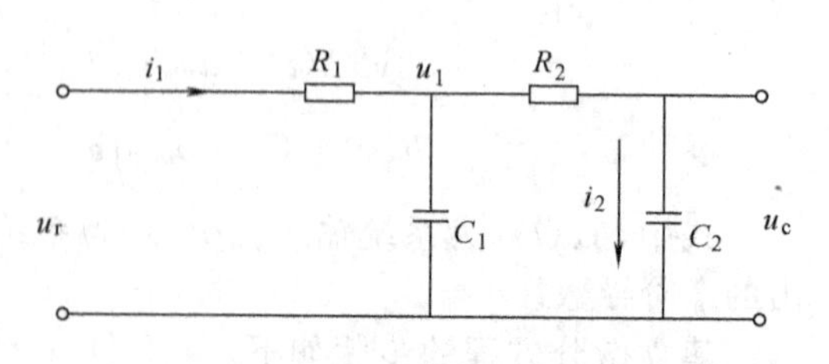

图 2-2 两级 RC 滤波网络

解 首先确定 $u_r(t)$ 为系统输入量，$u_c(t)$ 为系统输出量。需要注意的是，在此电路中，后

一级电路中的电流 $i_2(t)$ 影响前一级电路的输出电压，即影响 C_1 端电压 $u_1(t)$，这就是所谓的负载效应，因此两级不能孤立地分开，要作为一个整体列写动态方程。

根据基尔霍夫定律得到各环节的微分方程如下

$$
\begin{aligned}
u_r(t) &= R_1 i_1(t) + u_1(t) \\
i_2(t) &= C_2 \frac{\mathrm{d}u_c(t)}{\mathrm{d}t} \\
u_1(t) &= R_2 i_2(t) + u_c(t) \\
i_1(t) - i_2(t) &= C_1 \frac{\mathrm{d}u_1(t)}{\mathrm{d}t}
\end{aligned}
\tag{2-7}
$$

其中 $i_1(t), i_2(t), u_1(t)$ 为中间变量，消去后得到

$$
R_1C_1R_2C_2 \frac{\mathrm{d}^2 u_c(t)}{\mathrm{d}t^2} + (R_1C_1 + R_2C_2 + R_1C_2)\frac{\mathrm{d}u_c(t)}{\mathrm{d}t} + u_c(t) = u_r(t)
$$

该滤波网络的动态模型是一个线性常系数二阶微分方程。

需要说明的是：建立微分方程组时，中间变量的数目可以按需而定。若中间变量数目少，建立方程组时难度相对较大，但消元的工作量小；反之，若设定变量较多，则建立方程组时相对容易，而消元工作量则变大。因此，对具体系统建模时，应具体情况具体分析。

【例 2-3】 图 2-3 所示为一个液体贮槽，请写出液位 h 对流入量 Q_{in} 之间的关系式。

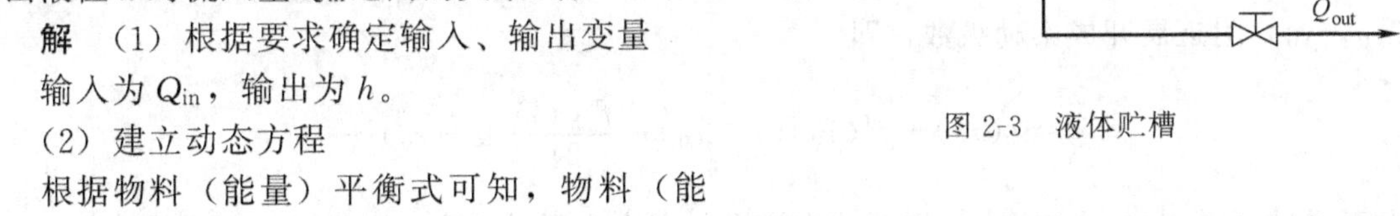

图 2-3　液体贮槽

解　(1) 根据要求确定输入、输出变量

输入为 Q_{in}，输出为 h。

(2) 建立动态方程

根据物料（能量）平衡式可知，物料（能量）蓄存量的变化率等于单位时间进入的物料（能量）减去单位时间流出的物料（能量），建立动态方程

$$
Q_{in} - Q_{out} = \frac{\mathrm{d}V}{\mathrm{d}t} = A\frac{\mathrm{d}h}{\mathrm{d}t} \tag{2-8}
$$

式中，A 为贮槽的横截面积。

(3) 消去中间变量 Q_{out}（求出除常数外，只含输入输出变量的方程）

根据流体力学有

$$
Q_{out} = \alpha f\sqrt{h} = \beta\sqrt{h} \tag{2-9}
$$

式中，f 为阀的流通面积；α 为阀的节流系数。设两者均为常数（即 β 为常数）。将式 (2-9) 代入式 (2-8) 中得

$$
A\frac{\mathrm{d}h}{\mathrm{d}t} + \beta\sqrt{h} = Q_{in} \tag{2-10}
$$

式 (2-10) 表示的贮槽液位数学模型是一阶的非线性系统，事实上工程中大多数系统都是非线性的。大家都知道非线性微分方程式的求解，通常是非常复杂的，因此，一个简便的方法就是把非线性方程局部线性化，然后，就可以当作线性系统来处理。因为线性系统理论和方法是非常成熟的。当然这种近似必须满足一定的条件，即在平衡点附近的小范围内是线

性的（增量化的理由）。线性化就是在平衡点附近以某一线性数学模型来近似原有对象的非线性数学模型。具体线性化过程可以分成两步：增量化和线性化。下面分别进行介绍。

（4）增量化

在定值调节系统中，人们主要关心的往往是被调参数在平衡点（设定值）附近的变化情况，即参数偏离平衡点的变化量。因此为了研究方便，往往把系统变量转换为增量形式，构成增量方程。如：$\Delta h=h-h_0$。进行增量化，一方面是便于方程简化和求解，因为增量化方程把人们考虑问题的基准线平移到了平衡点，相当于设初始条件（稳态条件）为零；另一方面便于线性化。具体步骤如下。

① 写出稳态方程（稳态的物料平衡式）

$$Q_{\text{in0}}=Q_{\text{out0}}, \quad Q_{\text{out0}}=\beta\sqrt{h_0}=Q_{\text{in0}} \tag{2-11}$$

② 将变量写成稳态值和增量值之和的形式，即 $Q_{\text{in}}=Q_{\text{in0}}+\Delta Q_{\text{in}}$，$h=h_0+\Delta h$，代入原方程式（2-10）得

$$A\frac{\mathrm{d}(h_0+\Delta h)}{\mathrm{d}t}+\beta\sqrt{h_0+\Delta h}=Q_{\text{in0}}+\Delta Q_{\text{in}} \tag{2-12}$$

③ 用改变后的动态方程式（2-12）减去稳态方程式（2-11），得到增量方程式。

$$A\frac{\mathrm{d}(\Delta h)}{\mathrm{d}t}+\underbrace{\beta\sqrt{h_0+\Delta h}}_{Q_{\text{out}}}-\underbrace{\beta\sqrt{h_0}}_{Q_{\text{out0}}}=\Delta Q_{\text{in}} \tag{2-13}$$

在不引起混淆的场合，Δ 号常常省略。

（5）线性化

将非线性数学模型进行线性化，通常采用的方法是将非线性函数 $y=f(x)$ 在平衡点（x_0，y_0）附近展开成泰勒级数，即

$$y=f(x_0)+f'(x_0)(x-x_0)+\frac{f''(x_0)}{2!}(x-x_0)^2+\cdots$$

由于增量 $\Delta x=(x-x_0)$ 很小，展开式中增量的高次项可以忽略，则可近似写成线性化方程

$$y=f(x_0)+f'(x_0)(x-x_0) \text{ 和 } \Delta y=f'(x_0)\Delta x$$

其中 $f'(x_0)$ 是非线性函数 $y=f(x)$ 所代表的曲线在（x_0，y_0）点的导数。也就是说，该直线就是曲线在（x_0，y_0）的切线。因而，非线性特性的线性化，实质上就是以过平衡点的切线代替平衡点附近的曲线。

根据线性化公式，对式（2-13）中的非线性项 $\beta\sqrt{h_0+\Delta h}=\beta\sqrt{h}$ 线性化，将其在平衡工作点（h_0）处展开成泰勒级数，并忽略增量 Δh 的高次项，则非线性的函数即近似为

$$Q_{\text{out}}=\beta\sqrt{h}=Q_{\text{out0}}+\left.\frac{\mathrm{d}Q_{\text{out}}}{\mathrm{d}h}\right|_{h=h_0}(h-h_0)=\beta\sqrt{h_0}+\frac{\beta\Delta h}{2\sqrt{h_0}} \tag{2-14}$$

将式（2-14）代入式（2-13）中得

$$A\frac{\mathrm{d}(\Delta h)}{\mathrm{d}t}+\beta\sqrt{h_0}+\frac{\beta\Delta h}{2\sqrt{h_0}}-\beta\sqrt{h_0}=\Delta Q_{\text{in}}$$

$$A\frac{\mathrm{d}(\Delta h)}{\mathrm{d}t}+\frac{\beta}{2\sqrt{h_0}}\Delta h=\Delta Q_{\text{in}}$$

设$\frac{\beta}{2\sqrt{h_0}}=\frac{1}{R}$，去掉Δ号，则有$AR\frac{\mathrm{d}h}{\mathrm{d}t}+h=RQ_{\mathrm{in}}$。将其写成标准形式为

$$T\frac{\mathrm{d}h}{\mathrm{d}t}+h=KQ_{\mathrm{in}} \tag{2-15}$$

其中时间常数$T=AR$，放大倍数$K=R$，具有一定的物理意义。式（2-15）就是以增量形式表示的近似线性化的液位数学模型。

【例 2-4】 如例 2-3 中的贮槽系统，现控制流出量以保证液位稳定。其流出量方程式（2-9）中阀的流通面积f不是常数，受到调节器的控制，也是影响液位的因素，作为模型的输入量。写出其液位的线性化数学模型。

解 此例中非线性函数$Q_{\mathrm{out}}=\alpha f\sqrt{h}$是两个变量的函数，因此在工作点（$h_0$，$f_0$）使用二元泰勒级数展开，并忽略高阶导数项得

$$Q_{\mathrm{out}}=\alpha f\sqrt{h}=Q_{\mathrm{out0}}+\left.\frac{\partial Q_{\mathrm{out}}}{\partial h}\right|_{\substack{h=h_0\\f=f_0}}(h-h_0)+\left.\frac{\partial Q_{\mathrm{out}}}{\partial f}\right|_{\substack{h=h_0\\f=f_0}}(f-f_0)$$

$$=Q_{\mathrm{out0}}+\frac{1}{2}\alpha f_0\sqrt{\frac{1}{h_0}}\Delta h+\alpha\sqrt{h_0}\Delta f=Q_{\mathrm{out0}}+\frac{1}{R}\Delta h+k\Delta f \tag{2-16}$$

其中$\frac{1}{2}\alpha f_0\sqrt{\frac{1}{h_0}}\Delta h$项表示由于液位变化引起的流出量的变化，记作$\frac{1}{R}\Delta h$（$R$称为阻力系数），$\alpha\sqrt{h_0}\Delta f$表示由于流出阀开度改变，即调节作用而引起的流出量的变化，记作$k\Delta f$。把式（2-16）代入式（2-10）：$A\frac{\mathrm{d}h}{\mathrm{d}t}+f\alpha\sqrt{h}=Q_{\mathrm{in}}$中，并将各变量分别用稳态值＋增量值表示，得

$$A\frac{\mathrm{d}(h_0+\Delta h)}{\mathrm{d}t}+Q_{\mathrm{out0}}+k\Delta f+\frac{1}{R}\Delta h=Q_{\mathrm{in0}}+\Delta Q_{\mathrm{in}}$$

考虑到平衡关系式（2-11）：$Q_{\mathrm{out0}}=Q_{\mathrm{in0}}$，此时，$\frac{\mathrm{d}h_0}{\mathrm{d}t}=0$，上式可整理为增量化方程

$$A\frac{\mathrm{d}(\Delta h)}{\mathrm{d}t}+\frac{1}{R}\Delta h=\Delta Q_{\mathrm{in}}-k\Delta f \tag{2-17}$$

方程式（2-17）表示的是在流入量和调节阀开度（调节器作用）共同作用下，液位的变化关系。

2.3 控制系统的传递函数模型

在复频域中描述系统的输入-输出关系，用的是系统的传递函数，传递函数是经典控制理论中最常用、最重要的数学模型，在后面章节中可以看到经典控制理论的主要研究方法，如频率响应法和根轨迹法都是建立在传递函数基础上的，其优点是可以不求解微分方程而直接研究在初始条件为零的情况下，系统对输入信号的响应；另外在系统的综合与设计方面，传递函数也显示出较强的功能。

2.3.1 传递函数

（1）传递函数的定义

通常系统的输出包含两个组成部分：一部分是由初始状态产生，与输入无关，称作零输入响应；另一部分是由输入产生，而与初始状态无关，称作零状态响应。取系统的零状态响

应的拉氏变换除以输入的拉氏变换，就定义为系统的传递函数，记做$G(s)$。

设线性定常系统的微分方程的一般形式为

$$a_n y^{(n)} + a_{n-1} y^{(n-1)} + \cdots + a_1 y^{(1)} + a_0 y = b_m x^{(m)} + b_{m-1} x^{(m-1)} + \cdots + b_1 y^{(1)} + b_0 x$$

在初始条件为零的前提下，方程两端取拉氏变换，并求出输出与输入的比，则得到系统传递函数的一般形式

$$G(s) = \frac{Y(s)}{X(s)} = \frac{b_m s^m + \cdots + b_1 s + b_0}{a_n s^n + \cdots + a_1 s + a_0} \tag{2-18}$$

通常传递函数还有其他两种表现形式。

① 传递函数的零极点形表达式

$$G(s) = \frac{K \prod_{i=1}^{m} (s + z_i)}{s^{\gamma} \prod_{j=1}^{n-\gamma} (s + p_j)} \tag{2-19}$$

式中，K为增益因子；$-z_i$为分子多项式的根，称为系统零点；$-p_j$为分母多项式的根，称为系统极点。分子、分母的根均可包含共轭复根、实根和零根。

② 传递函数的时间常数形表达式

$$G(s) = \frac{K_0 \prod_{i=1}^{l} (\tau_i s + 1) \prod_{i=1}^{1/2(m-l)} (\tau_i^2 s^2 + 2\zeta_i \tau_i s + 1)}{s^{\gamma} \prod_{j=1}^{h} (T_j s + 1) \prod_{j=1}^{1/2(n-\gamma-h)} (T_j^2 s^2 + 2\zeta_j T_j s + 1)} \tag{2-20}$$

其中，K_0为系统增益；τ_i为系统分子多项式中各环节的时间常数；T_j为系统分母多项式中各环节的时间常数。

τ_i，T_j与$-z_i$，$-p_j$的关系分别为$\tau_i = \dfrac{1}{z_i}$，$T_j = \dfrac{1}{p_j}$。

系统增益为

$$K_0 = \frac{K \prod_{i=1}^{m} z_i}{\prod_{j=1}^{n-\gamma} p_j}$$

(2) 传递函数的性质

① 由于拉氏变换是一种线性积分运算，因此经过拉氏变换得到的传递函数仅适用于线性定常系统。

② 传递函数只与系统的自身结构参数有关，与输入量、初始条件无关。

③ 传递函数只描述系统的输入输出关系，不能反映系统的物理组成，因此物理结构完全不同的系统，可以有相同的传递函数。

④ 实际系统的传递函数分母多项式的阶次与分子多项式的阶次应满足$n \geqslant m$；理论上我们虽然可以写出具有$n < m$的传递函数，但实际上这种系统是不存在的。这是由于实际系统中总是含有惯性元件以及受到能源的限制所造成的。

⑤ 传递函数分母多项式是系统的特征多项式，它的阶次代表了系统的阶次。注意，若传递函数分子、分母两多项式有公因子时，其公因子可以消去。传递函数变为最简分式，此现象称为零极相消。只有分子、分母多项式为最简分式时，分母多项式的阶次才代表系统的阶次。

⑥ 传递函数是复变量 s 的有理分式，分子、分母多项式中的各项系数均为实数，是由系统的物理参数决定的，若传递函数具有复数零、极点，则其必然共轭出现。

（3）系统传递函数的求取

系统传递函数与微分方程一样，完全地描述了系统的输入输出动态特性。当系统的微分方程已知时，可如前所述，直接求得传递函数；对一般复杂的控制系统，可根据系统的物理特性求取传递函数。先求取各组成环节的传递函数，然后根据其因果关系，求出系统的传递函数。具体步骤归纳如下：

① 列写各环节的微分方程；

② 在零初始条件下对各环节微分方程做拉氏变换；

③ 确定中间变量、输入量、输出量，消去中间变量；

④ 求取输出量与输入量之比，得到系统的传递函数。

下面举例说明求取系统传递函数的步骤。

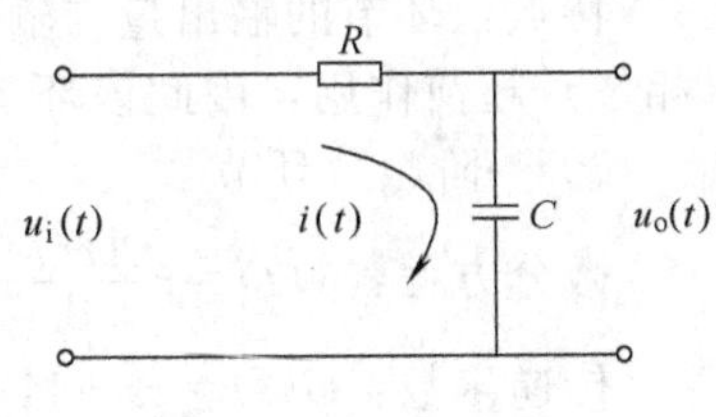

图 2-4　RC 串联网络

【例 2-5】 求图 2-4 所示的 RC 网络的传递函数。

解　① 根据电路分析基本原理列写各环节微分方程

$$Ri(t)+u_o(t)=u_i(t)$$

$$u_o(t)=\frac{1}{C}\int i(t)\mathrm{d}t$$

② 对各环节微分方程做拉氏变换

$$RI(s)+U_o(s)=U_i(s)$$

$$U_o(s)=\frac{1}{Cs}I(s)$$

③ 设输入量为 $u_i(t)$，输出量为 $u_o(t)$，消去中间变量 $i(t)$

$$RCsU_o(s)+U_o(s)=U_i(s)$$

④ 求取输出量与输入量之比

$$G(s)=\frac{U_o(s)}{U_i(s)}=\frac{1}{RCs+1}$$

设 $T=RC$ 是时间常数，则上式又可写成 $G(s)=\frac{1}{Ts+1}$，在下面可以看到，这是一个典型的惯性环节。

2.3.2　控制系统中的典型环节

由式（2-20）可以看出，任意高阶控制系统总可以视为由若干一、二阶环节串联组成，这些基本环节具有不同的动态特性，因此常称作典型环节，下面简要介绍各类典型环节的时域特性及频域特性。

（1）比例环节

又称放大环节

微分方程：$y(t)=Kx(t)$

传递函数：$G(s)=K$，K 为增益

特点：是一种输出量与输入量成正比、无失真和时间延迟的环节，即它的输出量能够无

失真、无延迟地按一定比例关系复现输入量。

实际系统中的无弹性形变的杠杆、非线性和时间常数可忽略不计的放大器等输入输出关系都可认为是比例关系，但实际上完全理想的比例环节是不存在的，一些环节可以在一定条件下、一定范围内近似认为是理想的比例环节。

(2) 微分环节

微分环节包括三种形式。

① 理想微分环节

微分方程：$y(t)=\tau\dfrac{\mathrm{d}x(t)}{\mathrm{d}t}$

传递函数：$G(s)=\tau s$，τ 为增益

特点：环节的输出量与输入量的一阶导数成正比，其输出能预示输入变化的趋势，具有(相位）超前作用，因此该环节又叫做超前环节。

② 一阶微分环节

微分方程：$y(t)=\tau\dfrac{\mathrm{d}x(t)}{\mathrm{d}t}+x(t)$

传递函数：$G(s)=\tau s+1$，τ 为时间常数

特点：环节的输出等于输入与其一阶导数的加权和。

③ 二阶微分环节

微分方程：$y(t)=\tau^2\dfrac{\mathrm{d}^2x(t)}{\mathrm{d}t^2}+2\zeta\tau\dfrac{\mathrm{d}x(t)}{\mathrm{d}t}+x(t)$

传递函数：$G(s)=\tau^2s^2+2\zeta\tau s+1$，$\tau$ 为时间常数，ζ 为阻尼比

特点：环节具有一对共轭复零点。

微分环节的输出量与输入量的各阶微分有关，因此，微分环节能预示输入信号的变化趋势。如图 2-5 所示的 RC 串联电路、RC 并联电路以及以转角为输入量、电枢电压为输出量的测速发电机，均可视为微分环节。

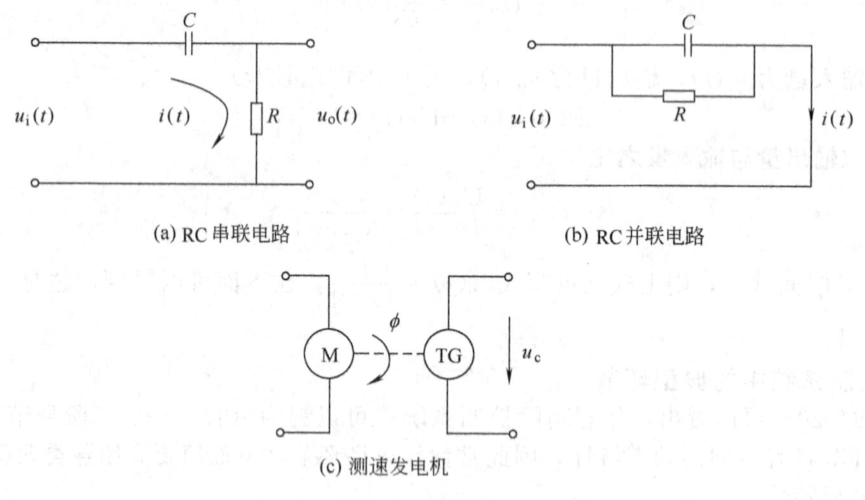

(a) RC 串联电路　　(b) RC 并联电路

(c) 测速发电机

图 2-5　微分环节

在实际系统中，由于惯性的存在，难以实现理想的微分环节，一些环节可以在一定条件下，近似为理想微分环节，如图 2-5 (a) 所示的 RC 串联电路的传递函数为 $G(s)=\dfrac{Ts}{Ts+1}$，当 $T\ll 1$ 时，可近似认为 $G(s)=Ts$。

（3）积分环节

微分方程：$y(t)=\int x(t)\mathrm{d}t$

传递函数：$G(s)=\frac{1}{s}$

特点：环节的输出与输入的积分成正比。当输入消失，输出具有记忆功能。

图 2-6 是两个积分环节的实例，图（a）为运算放大器组成的积分控制器，图（b）为电动机在忽略其惯性的情况下，输出转角 θ 与电枢电压 u 成积分关系的示意。

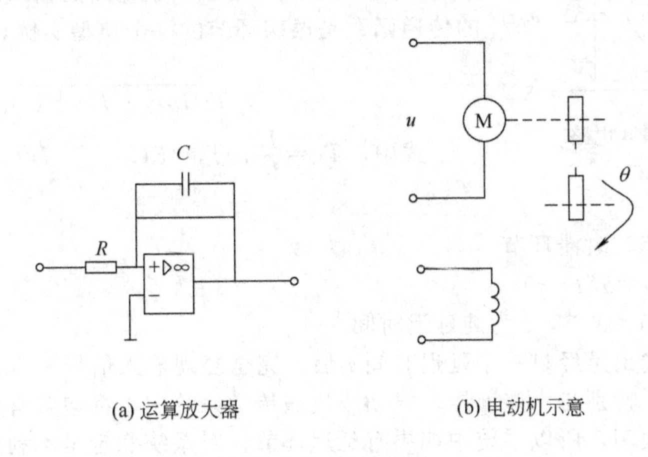

(a) 运算放大器　　(b) 电动机示意

图 2-6　积分环节

（4）惯性环节

惯性环节具有一个贮能元件，输出量不能立即跟随输入量的变化，而是存在惯性，其输入量与输出量之间的关系可由下式表达。

微分方程：$T\frac{\mathrm{d}y(t)}{\mathrm{d}t}+y(t)=x(t)$

传递函数：$G(s)=\frac{1}{Ts+1}$，T 为时间常数

特点：环节的输出与其变化率的加权和等于输入。

在实际系统中，惯性环节是比较常见的，例如图 2-7 所示的有源、无源 RC 网络，以及直流电机中的励磁回路等都可视为惯性环节。惯性越大，则时间常数 T 越大。

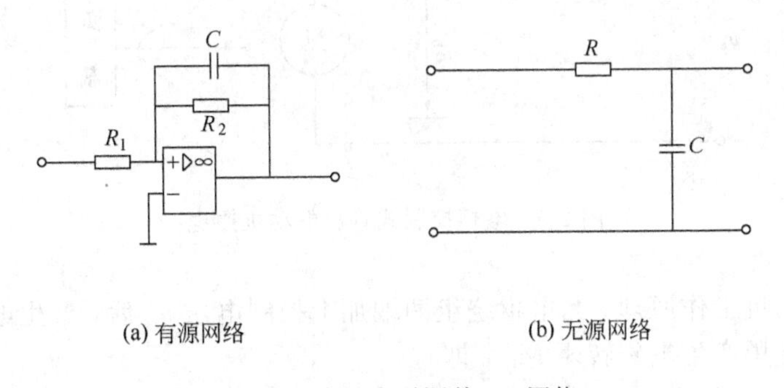

(a) 有源网络　　(b) 无源网络

图 2-7　有源和无源的 RC 网络

（5）振荡环节

振荡环节包含两个贮能元件，当输入量发生变化时，两种贮能元件的能量相互交换，其

输出出现振荡。

微分方程：$T^2\frac{\mathrm{d}^2y(t)}{\mathrm{d}t^2}+2\zeta T\frac{\mathrm{d}y(t)}{\mathrm{d}t}+y(t)=x(t)$

传递函数：$G(s)=\frac{1}{T^2s^2+2\zeta Ts+1}=\frac{\omega_n^2}{s^2+2\zeta\omega_n s+\omega_n^2}$

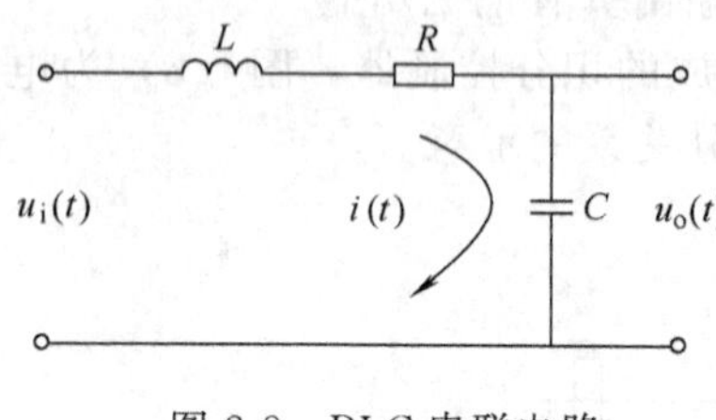

图 2-8　RLC 串联电路

特点：二阶环节，$\omega_n=\frac{1}{T}$为无阻尼振荡频率；ζ为阻尼比。图 2-8 所示 RLC 串联电路的输出电压与输入电压间的传递函数是振荡环节的一个典型实例，其传递函数为

$$\frac{1}{T_L T_c s^2+T_c s+1}$$

式中，$T_L=\frac{L}{R}$，$T_c=RC$。

(6) 延迟环节

又称纯滞后环节、时滞环节

微分方程：$y(t)=x(t-\tau)$

传递函数：$G(s)=e^{-\tau s}$，τ为纯延迟时间

特点：环节的输出是经过一个延迟时间τ后，完全复现输入信号。

在实际系统中，特别是一些液压、气动或机械传动系统中，都包含有延迟环节，由于延迟环节使系统产生振荡，所以系统中如果有延迟环节，对系统稳定是不利的。

研究典型环节的传递函数时，应明确各个环节都是根据数学模型来区分的，与元件、系统是不同的。一个复杂的元件可包括几个典型环节，而一个简单的系统也可能是由一个典型环节组成的。并且对于同一系统，根据所研究的问题不同，可以取不同的量作为输入量和输出量，这时得到的传递函数是不同的，所包含的典型环节也可能会是不同的。

【例 2-6】 列写电枢控制式直流电动机的传递函数，并指出其组成的典型环节。

解　电枢控制式直流电动机在控制系统中广泛用作执行机构，其原理如图 2-9 所示。

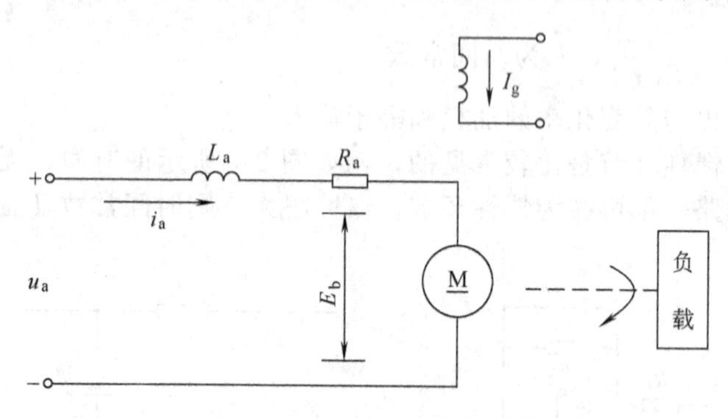

图 2-9　电枢控制式直流电动机原理

根据直流电动机工作原理，当电枢绕组两端加上控制电压u_a后，产生电枢电流i_a，电枢电流与磁场相互作用产生电磁转矩M_m，即

$$M_m=C_m i_a$$

式中，C_m为力矩系数。电磁转矩用以驱动负载并克服摩擦力矩，假定只考虑与速度成正比的黏性摩擦，则转矩平衡方程为

$$M_m = J_m \frac{d^2\theta_m}{dt^2} + f_m \frac{d\theta_m}{dt} + M_e$$

式中，J_m 为电动机轴上的总转动惯量；θ_m 为电机转角；f_m 为电动机轴上的黏性摩擦系数，M_e 为负载转矩。当直流电动机电枢转动时，其绕组中有反电势 E_b 产生，即

$$E_b = K_b \frac{d\theta_m}{dt}$$

式中，K_b 为比例系数，根据基尔霍夫定律，电枢绕组中的电压平衡方程为

$$u_a = i_a R_a + L_a \frac{di_a}{dt} + E_b$$

式中，L_a,R_a 分别为电枢绕组的电感和电阻。

联立上述四方程，消去中间变量 i_a,E_b,M_m，即得到关于 θ_m 与 u_a 及 M_e 之间的微分方程。

$$J_m L_a \frac{d^3\theta_m}{dt^3} + (J_m R_a + f_m L_a)\frac{d^2\theta_m}{dt^2} + (f_m R_a + C_m K_b)\frac{d\theta_m}{dt} = C_m u_a - R_a M_e - L_a \frac{dM_e}{dt}$$

式中，u_a 为控制输入；M_e 为扰动输入。

首先考虑 θ_m 与 u_a 之间的关系，此时令上式 $M_e=0$，并对余下项取拉氏变换，经整理得

$$G(s) = \frac{\Theta_m(s)}{U_a(s)} = \frac{C_m}{J_m L_a s^3 + (J_m R_a + f_m L_a)s^2 + (f_m R_a + C_m K_b)s}$$

一般 L_a 很小，可忽略不计。此时，上式可化简为

$$G(s) = \frac{\Theta_m(s)}{U_a(s)} = \frac{C_m}{s[J_m R_a s + (f_m R_a + C_m K_b)]} = \frac{K}{s(Ts+1)}$$

式中，$K = \frac{C_m}{R_a f_m + K_b C_m}$，$T = \frac{J_m R_a}{R_a f_m + K_b C_m}$。由此可见，忽略电枢电感后，电枢控制式直流电动机仅是一个二阶系统，由一个放大环节、一个积分环节、一个惯性环节构成。

另外，若考虑系统的扰动传递函数，即 Θ_m 和 M_e 之间的关系，可采用与上述类似的方法，得到

$$G_e(s) = \frac{\Theta_m(s)}{M_e(s)} = \frac{-R_a}{s(Ts+1)}$$

此时它们的分母相同，仅有分子不同，同样也是由一个放大环节、一个积分环节和一个惯性环节组成。

2.3.3 系统方块图

(1) 基本概念

系统的方块图又叫系统的结构图或方框图，是一种将系统图形化的数学模型，是系统各元件特性、系统结构和信号流向的图解表示法，由具有一定函数关系的环节组成，且标有信号流向的图。采用结构图，不但便于求取传递函数，而且能形象、直观地表明输入信号在系统中的传递过程。

(2) 方块图的组成

方块图由四种符号组成，如图 2-10 所示。

① 方块　表示输入与输出间的函数关系。方块输出与输入的关系是 $Y(s)=G(s)R(s)$。

② 信号线　表示信号流通的方向。用带箭头的线段表示，箭头表示信号的传递方向，

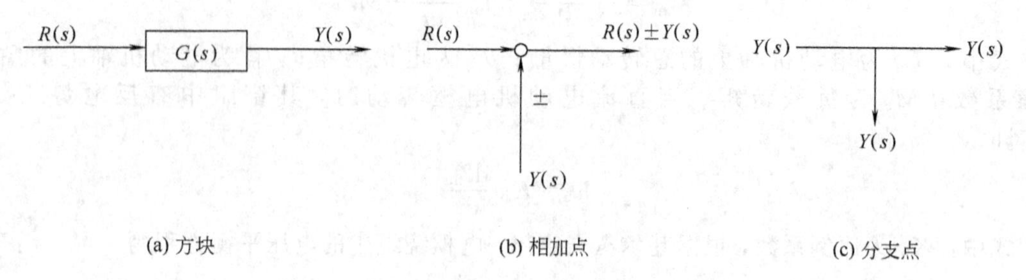

图 2-10　方块图的组成部分

信号线旁标记的符号为变量，如 $R(s)$，$Y(s)$。

③ 相加点　两个或两个以上输入信号进行加减运算的元件。"＋"号表示相加，"－"号表示相减，"＋"号可省略不写。

④ 分支点　信号的测量或引出位置。

(3) 建立系统方块图

方块图的绘制步骤如下：

① 按系统工作要求及各环节工作原理，写出每个环节的微分方程，特别注意前后环节是否具有负载效应；

② 根据微分方程，进行拉氏变换，写出各环节传递函数；

③ 根据传递函数，画出各环节方块图；

④ 按照信号流向，将各方块连接起来，得到系统方块图。

【例 2-7】 绘制例 2-2 中两级 RC 网络的结构图。

解　① 列写各环节微分方程。已知例 2-2 中 RC 网络的微分方程式如式 (2-7) 所示。

② 将上述各式取拉氏变换，并整理成因果关系

$$U_r(s)=R_1I_1(s)+U_1(s),\qquad I_1(s)=[U_r(s)-U_1(s)]\frac{1}{R_1}$$

$$U_1(s)=R_2I_2(s)+U_c(s),\qquad I_2(s)=[U_1(s)-U_c(s)]\frac{1}{R_2}$$

$$I_2(s)=C_2sU_c(s),\qquad U_c(s)=\frac{1}{C_2s}\cdot I_2(s)$$

$$I_1(s)-I_2(s)=C_1sU_1(s),\qquad U_1(s)=\frac{1}{C_1s}[I_1(s)-I_2(s)]$$

③ 画出各环节的方块图

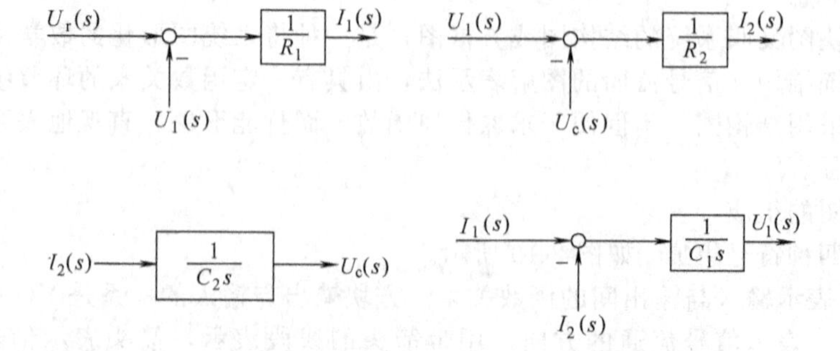

④ 按信号流向将各环节方块连接起来

从图 2-11 中可以明显地看到，后一级网络作为前一级网络的负载，对前一级网络的输出电压 $u_1(t)$ 产生影响，这就是前边提到的负载效应，因此图 2-11 不能简单地看作是两个 RC 网络的简单串联。

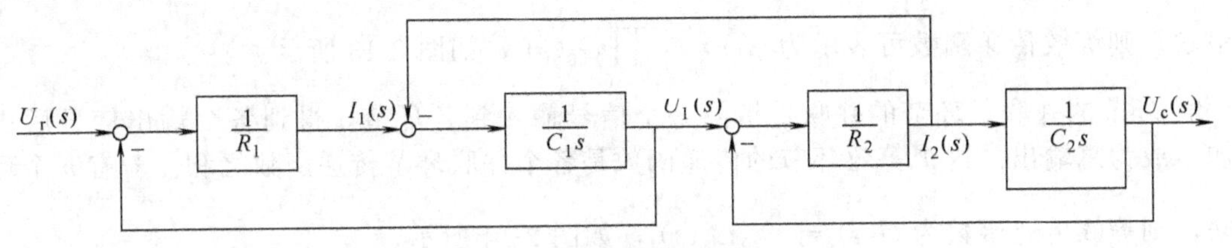

图 2-11　两级滤波网络方块图

【例 2-8】 试绘制电枢控制式直流电动机的方块图。

解　① 设初始条件为零，将例 2-6 中的方程组分别取拉氏变换，得

$$I_a(s)=(U_a-E_b)\frac{\frac{1}{R_a}}{\frac{L_a}{R_a}s+1}$$

$$E_b=K_b s\Theta_m(s)$$

$$M_m=C_m I_a(s)$$

$$\Theta_m=[M_m(s)-M_e(s)]\frac{\frac{1}{f_m}}{s\left(\frac{J_m}{f_m}s+1\right)}$$

② 依上述代数方程，作各环节相应方块图

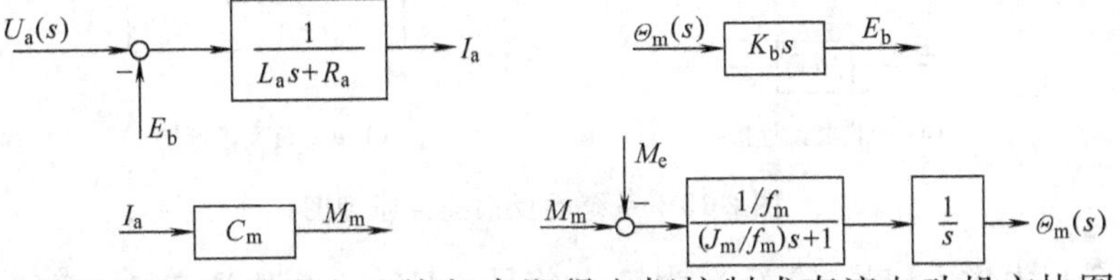

③ 将各部分方块图按信号流向连接起来即得电枢控制式直流电动机方块图 2-12。

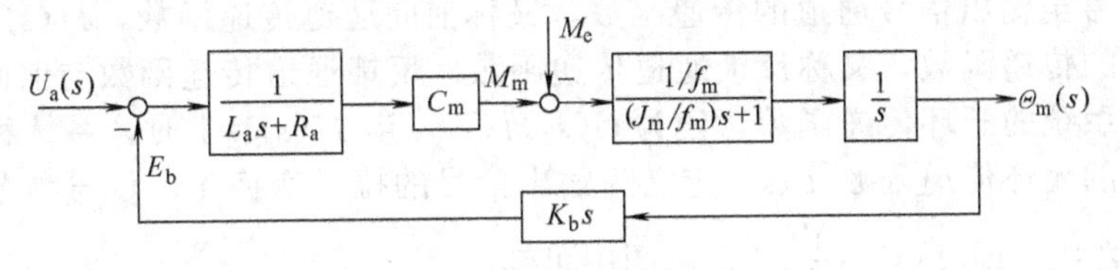

图 2-12　电枢控制式直流电动机方块图

（4）方块图化简原则

由前面可以看到，一个系统的方块图通常是很复杂的，而为了对系统的各种动态性能作进一步分析，要通过方块图求出系统的总的传递函数，往往需要将复杂的方块图进行化简，以便简化传递函数的计算。方块图化简要遵循一个基本原则：化简前后的函数关系保持不变。

① 典型连接的等效传递函数　方块图在系统中的连接方式有三种：串联、并联、反馈。

a. 环节的串联。环节的串联是最常见的一种连接形式，几个环节按信号的传递方向首尾相接，前一个环节输出是后一个环节的输入，并且各环节之间没有负载效应，这几个环节可以等效成一个环节，该环节的等效传递函数是各个串联环节的传递函数乘积，如有 n 个环节串联，则等效传递函数可表示为 $G(s)=\prod_{i=1}^{n}G_i(s)$，如图 2-13 所示。

b. 环节的并联。环节的并联是指同一个信号输入到各环节，得到各个输出信号后进行叠加，成为总输出。这个等效环节的传递函数是各个并联环节传递函数之和。若有 n 个环节并联，则等效传递函数为 $G(s)=\sum_{i=1}^{n}G_i(s)$，如图 2-14 所示。

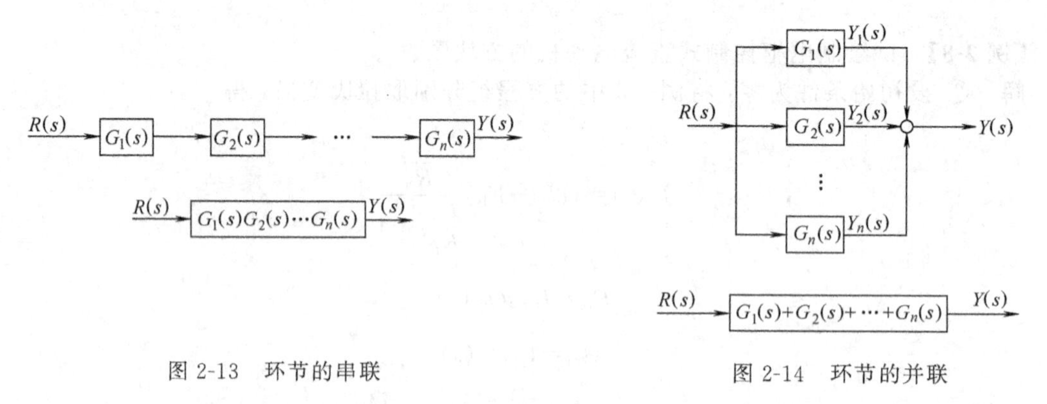

图 2-13　环节的串联　　　　图 2-14　环节的并联

c. 反馈连接。将系统或环节的输出量返回到输入端即构成反馈连接。反馈信号与给定输入信号符号相反时，即为负反馈；否则，为正反馈。下面给出反馈系统的原理方块图，如图 2-15 所示。

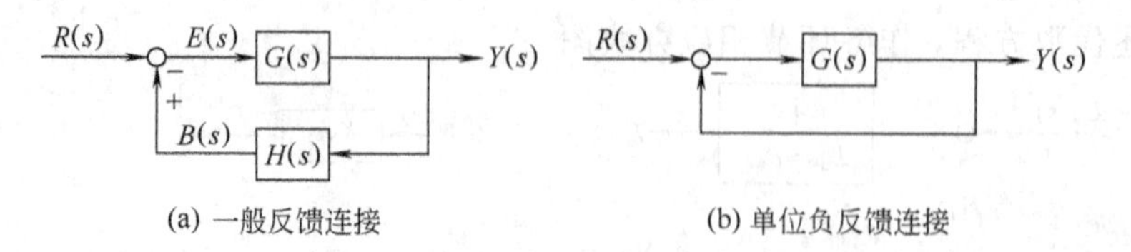

图 2-15　系统的反馈连接原理图

其中，$R(s)$ 为输入信号，$Y(s)$ 为输出信号，$E(s)$ 为误差信号，$B(s)$ 为反馈信号，$G(s)$为误差信号至输出信号通道的传递函数，又称前向通道传递函数，$H(s)$ 为输出信号至反馈信号通道的传递函数，又称反馈通道传递函数。反馈通道传递函数与前向通道传递函数的乘积定义为系统的开环传递函数，记为 $G(s)H(s)$，当 $H(s)=1$ 时，系统称为单位反馈系统。反馈系统的闭环传递函数 $T(s)$ 定义为输出信号的拉氏变换 $Y(s)$ 与参考输入信号的拉氏变换 $R(s)$ 之比，即 $T(s)=\frac{Y(s)}{R(s)}$，由图中可知

$$Y(s)=E(s)G(s)$$
$$E(s)=R(s)\mp B(s)$$
$$B(s)=H(s)Y(s)$$

根据定义，消去中间变量 $E(s)$,$B(s)$ 得到

$$T(s)=\frac{Y(s)}{R(s)}=\frac{G(s)}{1\pm G(s)H(s)}$$

上式即为反馈系统的闭环传递函数，由公式表明闭环传递函数与开环传递函数的关系，可表示为

$$闭环传递函数=\frac{前向通道传递函数}{1\pm 开环传递函数}$$

② 信号相加点与分支点的等效运算　在复杂的闭环系统中，除了主反馈外，一般还具有相互交错的局部反馈，信号的分支点或相加点作适当移动，进行相应的等效变换，表 2-1 列出了方块图等效的各种方法，其中信号相加点的移动分两种情况：前移和后移，为使信号相加点移动前后输入输出关系不变，必须在移动信号的通道上增加一个环节，传递函数为 $\frac{1}{G(s)}$（前移）和 $G(s)$（后移）。信号分支点的移动也分前移和后移两种情况，同样为保持移动前后输入输出关系不变，也要在移动信号的通道上增加一个传递函数为 $G(s)$ 的环节（前移）和 $\frac{1}{G(s)}$ 的环节（后移），此外，两个相邻的相加点或两个相邻的分支点可以互换位置，但相邻的相加点与分支点的位置不能简单互换。移动相加点（或分支点）只能紧靠环节的输入、输出端，中间不能夹杂分支点（或相加点）。

（5）方块图化简的主要规则

方块图化简的主要规则见表 2-1。

表 2-1　方块图化简的主要规则

类型	变　换　前	变　换　后
串联	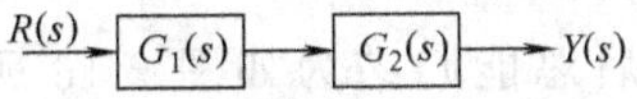 $R(s)$ → $G_1(s)$ → $G_2(s)$ → $Y(s)$	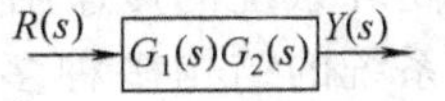 $R(s)$ → $G_1(s)G_2(s)$ → $Y(s)$
并联	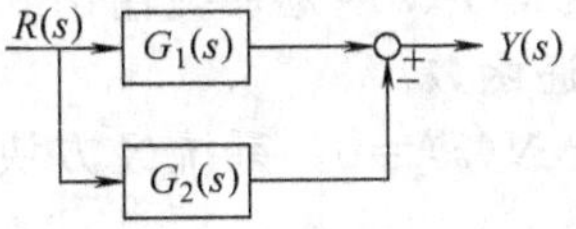 $R(s)$ → $G_1(s)$, $G_2(s)$ → ⊗(+, ±) → $Y(s)$	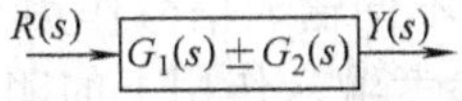 $R(s)$ → $G_1(s)\pm G_2(s)$ → $Y(s)$
反馈	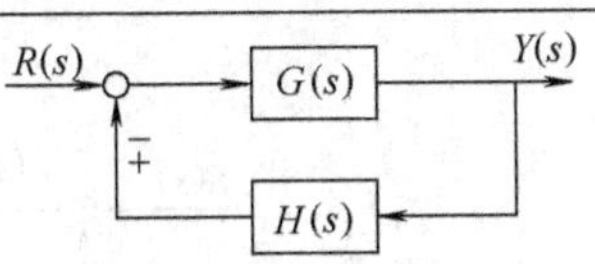 $R(s)$ → ⊗ → $G(s)$ → $Y(s)$；反馈通道 $H(s)$（$-$/$+$）	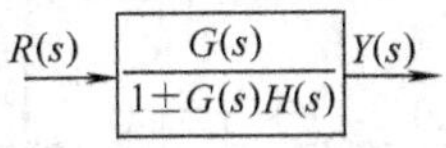 $R(s)$ → $\frac{G(s)}{1\pm G(s)H(s)}$ → $Y(s)$
分支点前移	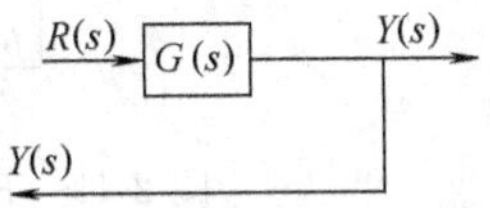 $R(s)$ → $G(s)$ → $Y(s)$；分支 $Y(s)$	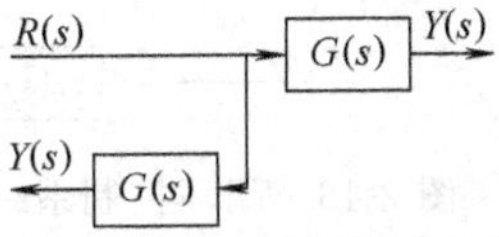 $R(s)$ → $G(s)$ → $Y(s)$；分支 $G(s)$ → $Y(s)$
分支点后移	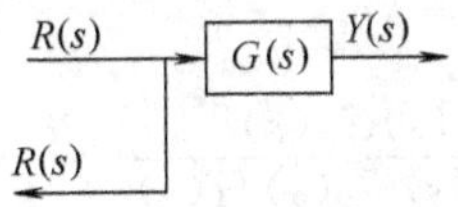 $R(s)$ → $G(s)$ → $Y(s)$；分支 $R(s)$	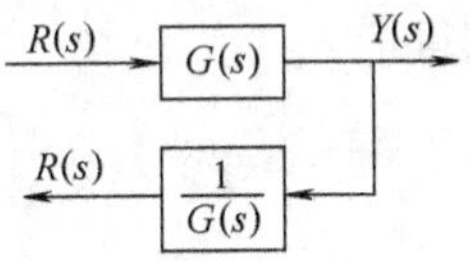 $R(s)$ → $G(s)$ → $Y(s)$；分支 $\frac{1}{G(s)}$ → $R(s)$
相加点前移	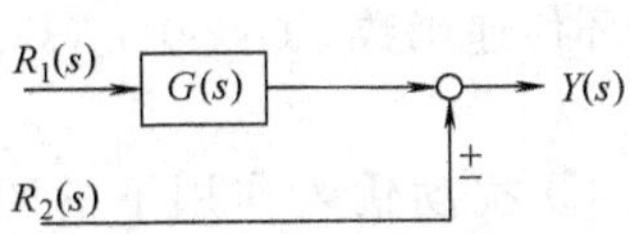 $R_1(s)$ → $G(s)$ → ⊗ → $Y(s)$；$R_2(s)$（±）	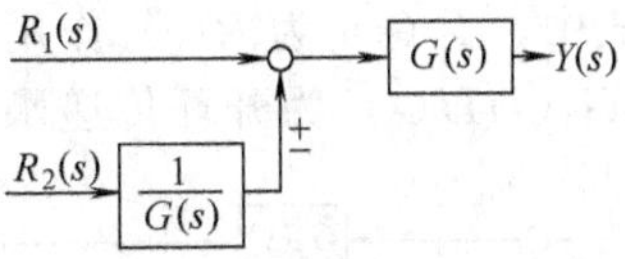 $R_1(s)$ → ⊗ → $G(s)$ → $Y(s)$；$R_2(s)$ → $\frac{1}{G(s)}$（±）
相加点后移	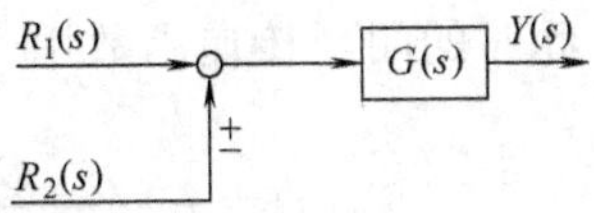 $R_1(s)$ → ⊗ → $G(s)$ → $Y(s)$；$R_2(s)$（±）	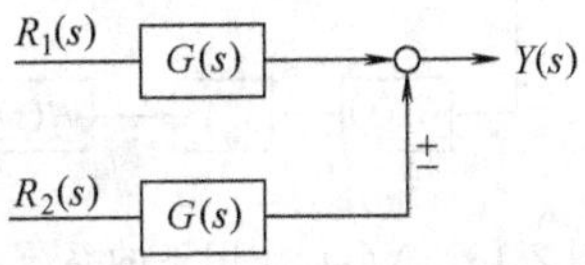 $R_1(s)$ → $G(s)$ → ⊗ → $Y(s)$；$R_2(s)$ → $G(s)$（±）

续表

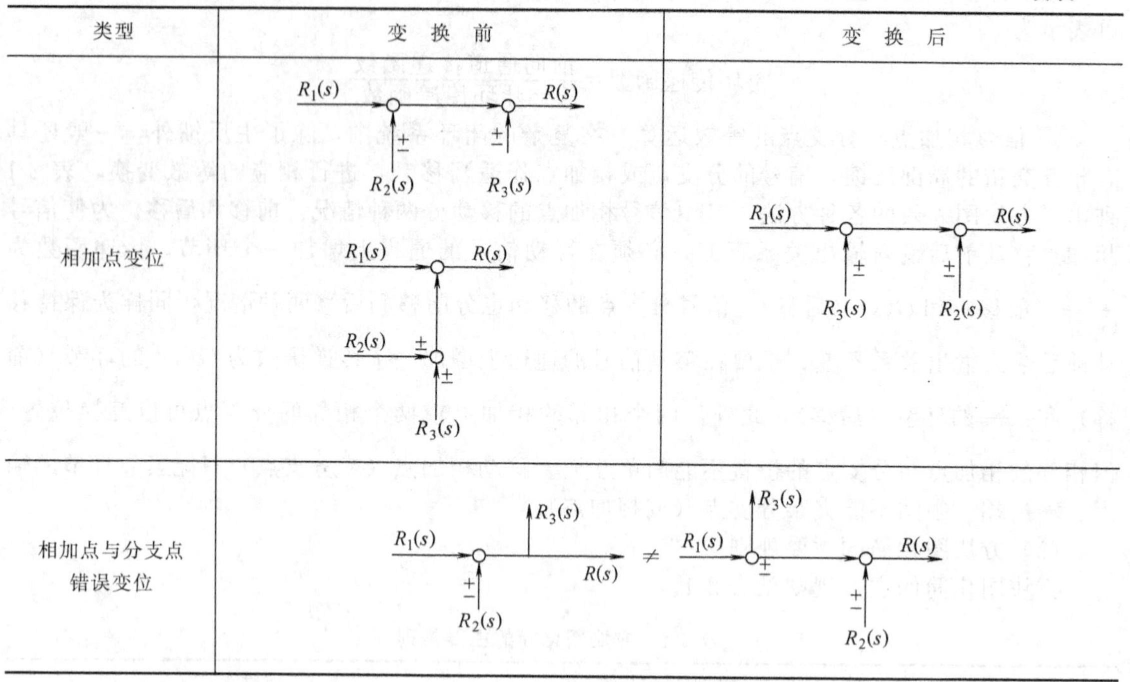

(6) 闭环系统的传递函数

闭环系统的结构多种多样，经过化简后总能归结为如图 2-16 所示的典型结构。图中 $R(s)$为给定输入信号，$N(s)$ 为扰动输入信号，$Y(s)$ 为系统输出。现利用方块图等效变换分别讨论不同输入信号作用下的闭环系统传递函数。

① 参考输入作用下的闭环系统　此时令 $N(s)=0$，系统经方块图等效变换后如图 2-17 所示。

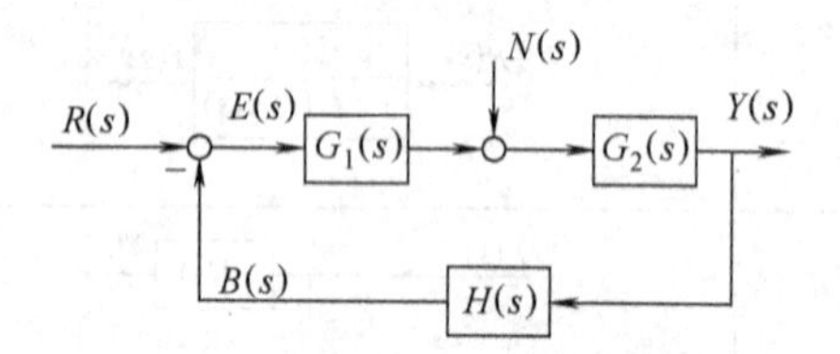

图 2-16　闭环控制系统典型结构

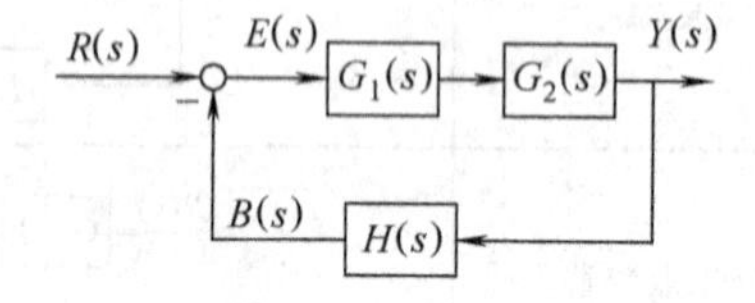

图 2-17　$R(s)$ 作用下的系统结构

可求得

$$T_r(s)=\frac{G_1(s)G_2(s)}{1+G_1(s)G_2(s)H(s)}$$

式中，$T_r(s)$ 为 $R(s)$ 作用下系统的闭环传递函数；$G_1(s)G_2(s)$ 为前向通道传递函数；$G_1(s)G_2(s)H(s)$ 为开环传递函数。

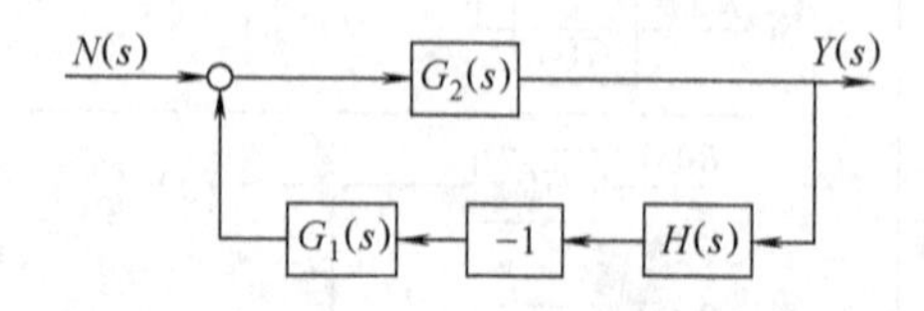

图 2-18　$N(s)$ 作用下的系统结构

② 扰动输入作用下的闭环传递函数　此时令 $R(s)=0$，系统由图 2-16 变为图 2-18。

此时的闭环传递函数用 $T_n(s)$ 表示，则

$$T_n(s)=\frac{G_2(s)}{1+G_1(s)G_2(s)H(s)}$$

③ 参考输入与扰动输入共同作用下的闭环系统的输出　根据线性系统的叠加原理，可以求出参考输入与扰动输入共同作用下的闭环系统的输出为

$$Y(s)=T_{\mathrm{r}}(s)R(s)+T_{\mathrm{n}}(s)N(s)=\frac{G_1(s)G_2(s)R(s)}{1+G_1(s)G_2(s)H(s)}+\frac{G_2(s)N(s)}{1+G_1(s)G_2(s)H(s)}$$

(7) 闭环系统的误差传递函数

系统的误差表明系统控制过程中的准确程度，而误差也受到两类信号的作用，如果将 $E(s)$ 等效于 $Y(s)$ 看待，则存在如下两类误差传递函数。

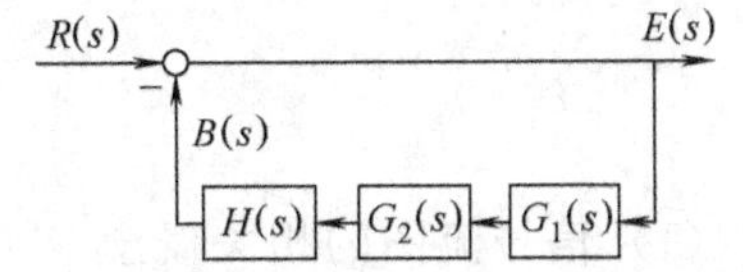

图 2-19　$R(s)$ 作用下误差输出的结构

① 参考输入作用下的误差传递函数　系统误差定义为 $E(s)=R(s)-B(s)$，系统的误差传递函数就应是 $E(s)$ 与 $R(s)$ 之比，用 $T_{\mathrm{re}}(s)$ 表示。当 $N(s)=0$ 时，根据方块图等效变换，图 2-16 变换为图 2-19。

$E(s)$ 对 $R(s)$ 的闭环传递函数为

$$T_{\mathrm{re}}(s)=\frac{E(s)}{R(s)}=\frac{1}{1+G_1(s)G_2(s)H(s)}$$

系统误差为

$$E(s)=T_{\mathrm{re}}(s)R(s)=\frac{R(s)}{1+G_1(s)G_2(s)H(s)}$$

如果系统为单位负反馈，则 $H(s)=1$，有

$$T_{\mathrm{r}}(s)=\frac{G_1(s)G_2(s)}{1+G_1(s)G_2(s)}$$

$$T_{\mathrm{re}}(s)=\frac{1}{1+G_1(s)G_2(s)}$$

$T_{\mathrm{r}}(s)$ 与 $T_{\mathrm{re}}(s)$ 的关系为 $T_{\mathrm{re}}(s)=1-T_{\mathrm{r}}(s)$。

② 扰动作用下的误差传递函数　$E(s)$ 与 $N(s)$ 之比，我们定义为扰动作用下的误差传递函数，用 $T_{\mathrm{ne}}(s)$ 表示。当 $R(s)=0$ 时，$N(s)$ 作用下的系统结构如图 2-20 所示。

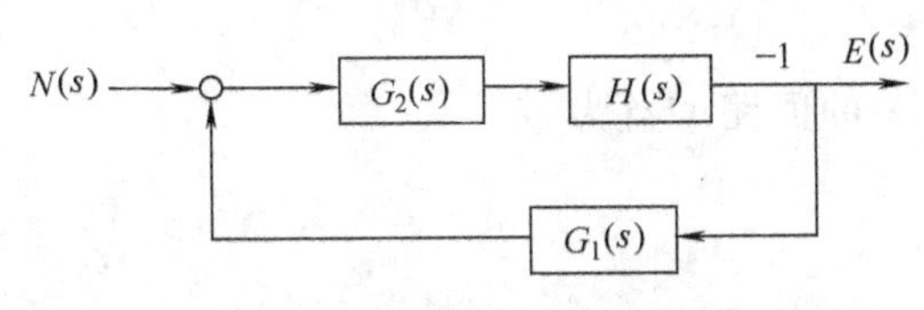

图 2-20　$N(s)$ 作用下误差输出的结构

$E(s)$ 对于 $N(s)$ 的误差传递函数为

$$T_{\mathrm{ne}}(s)=\frac{E(s)}{N(s)}=\frac{-G_2(s)H(s)}{1+G_1(s)G_2(s)H(s)}$$

③ 系统的总误差　根据线性系统的叠加原理，当 $R(s)$ 与 $N(s)$ 共同作用时，系统的总误差为

$$E(s)=T_{\mathrm{re}}(s)R(s)+T_{\mathrm{ne}}(s)N(s)=\frac{R(s)}{1+G_1(s)G_2(s)H(s)}+\frac{-G_2(s)H(s)N(s)}{1+G_1(s)G_2(s)H(s)}$$

由上述分析可以看到，对于同一系统的各个闭环传递函数，当系统结构形式和参数确定后，无论输入端如何改变，都具有共同的分母多项式——系统的特征多项式，其根即为系统的特征根。在后续分析中可以看到，系统的各种特性都是由系统的特征根决定的。

2.3.4　信号流图

当系统结构复杂时，由前所述可知方块图的化简过程很繁琐，这时，引入梅逊提出的信号流图来分析系统，就可以迅速而直接地求出系统各变量间的关系，并计算出系统的传递函数。信号流图很好地表明了系统各环节之间的因果关系，描绘了信号从系统中一点到另一点的流通情况，表明了各信号间的相互关系。

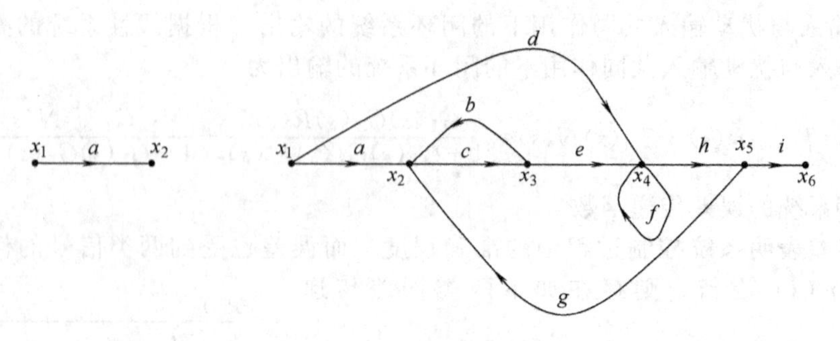

图 2-21 系统信号流图

(1) 信号流图的相关概念

信号流图是一组具有因果关系的线性代数方程的关系图，下面以图 2-21 为例加以说明。主要包括以下组成部分。

a. 节点：表示各变量的点，如 $x_1, x_2, \cdots, x_6$ 等。

b. 支路：连接两个节点的带箭头的线段，如 $x_1 \to x_2$，$x_2 \to x_3$，…。

c. 增益：两节点间的负载，如 $a, b, c, \cdots$。

d. 源点：只有输出支路，没有输入支路的节点，一般表示输入量，如 x_1。

e. 阱点：只有输入支路，没有输出支路的节点，一般表示输出量，如 x_6。

f. 混合节点：既有输入支路，又有输出支路的节点，如 x_3, x_4。

g. 通路：沿支路箭头方向通过各个支路的路径，如$\cdots \to x_2 \to x_3 \to x_4 \to \cdots$。

h. 前向通路：由源点到阱点，并且不重复过任一节点，如 $x_1 \to x_2 \to x_3 \to x_4 \to x_5 \to x_6$ 等。

i. 回路：出发点与终止点是同一节点，并且不重复通过任一节点，如 $x_2 \to x_3 \to x_2$ 等。

j. 自回路：出发点与终止点是同一节点，并且不经过其他节点，如 $x_4 \to x_4$。

k. 不接触回路：没有任何公共节点的若干回路，如 $x_2 \to x_3 \to x_2$ 与 $x_4 \to x_4$。

l. 通路增益：一个通路中各支路增益之积，如支路$\cdots x_2 \to x_3 \to x_4 \to \cdots$的增益为 ce。

m. 前向通路增益：前向通路的通路增益，如前向通路 $x_1 \to x_2 \to x_3 \to x_4 \to x_5 \to x_6$ 的增益为 $acehi$。

n. 回路增益：回路的通路增益，如 $x_2 \to x_3 \to x_2$ 的回路增益为 cb。

(2) 信号流图的性质与绘制

① 基本性质

a. 信号流图只适用于线性系统。

b. 信号流图所依据的代数方程组具有因果性，等式左侧作为结果，只能出现一次，等式右侧表示原因。

c. 支路表示一个信号对另一个信号的函数关系，信号只能沿箭头方向流通，后一节点对前一节点无负载效应。

d. 节点方程由所有流入该节点的信号与相应增益乘积之和构成。

e. 对于给定系统，由于中间变量选择不同，所以信号流图不惟一。

f. 对于非阱点节点，可用增加单位增益支路的方法将其变为阱点。

② 信号流图的绘制

a. 由方块图绘制信号流图。信号流图与方块图具有一定的对应关系，方块图中的输入量、输出量对应信号流图中的源点、阱点，方块图中的信号线对应信号流图中的节点，方块对应支路，方块中的传递函数对应信号流图中的增益。

b. 根据系统物理性质绘制信号流图。

· 根据系统物理性质，列写各环节微分方程。

· 然后经过拉氏变换将其化为代数方程。

· 将系统变量指定为节点，按因果关系排列，作为结果，每个变量在方程的左侧只能出现一次。

· 依据各方程，按信号传输方向，将各节点正确连接。

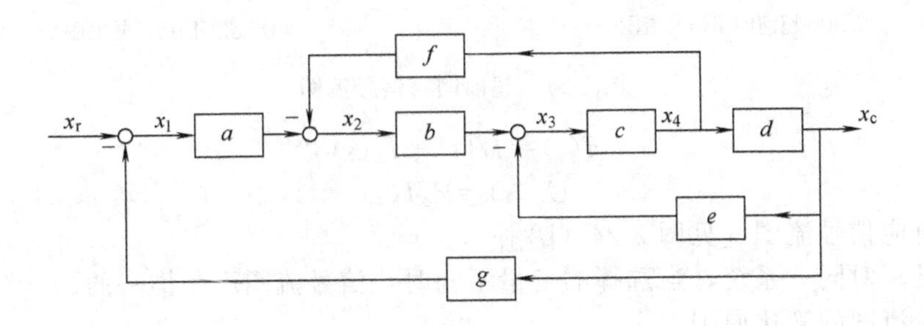

(a) 某控制系统方块图

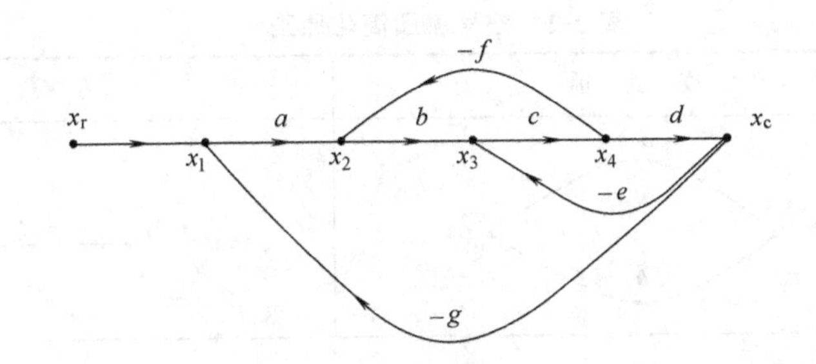

(b) 某控制系统信号流图

图 2-22　某控制系统方块图及其等效信号流图

【例 2-9】 绘制如图 2-22 所示方块图的等效信号流图。

将信号线取为对应节点 x_1, x_2, x_3, x_4，如图 2-22（a）所示，直接由方块图绘制出信号流图，如图 2-22（b）所示。注意到图中比较环节的正负号在信号流图中表现在支路增益的符号上，在保证前后环节无负载效应的前提下，对单位增益进行合并。

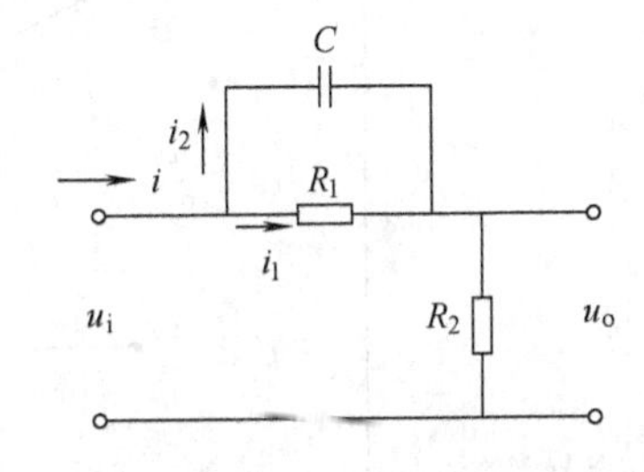

图 2-23　超前网络的原理图

【例 2-10】 绘制如图 2-23 所示超前网络的原理图。

① 选择 u_i, i, i_1, u_o 为系统变量，利用复阻抗的概念，根据电路原理，得到如下因果代数方程

$$I(s)=\frac{U_i(s)}{R_2}-\frac{R_1}{R_2}I_1(s),\quad I_1(s)=I-sCU_i(s)+sCU_o(s),\quad U_o(s)=R_2 I(s)$$

依据上述方程可得信号流图［见图 2-24（a）］。

② 另选 u_i, i, i_1, i_2, u_o 为系统变量，列出代数方程组。

$$I_2(s)=sC[U_i(s)-U_o(s)]$$

$$I_1(s)=\frac{1}{R_1}[U_i(s)-U_o(s)]$$

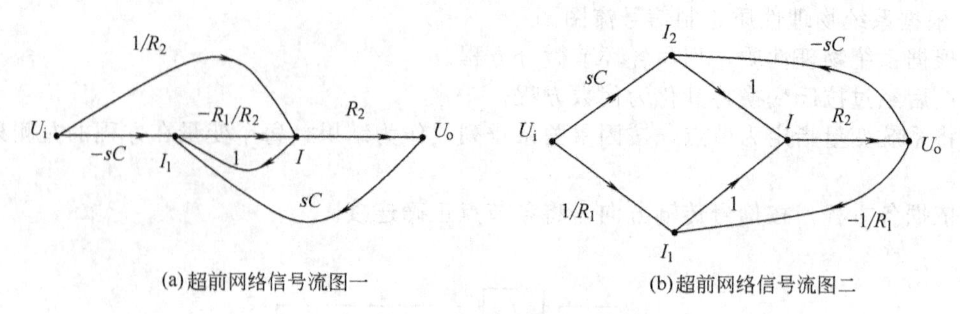

(a)超前网络信号流图一　　(b)超前网络信号流图二

图 2-24　超前网络信号流图

$$I(s)=I_1(s)+I_2(s)$$

$$U_o(s)=R_2 I(s)$$

又可得对应信号流图［见图 2-24（b)］。

由此可见，对同一系统，当选择的变量不同时，信号流图不是惟一的。

(3) 信号流图的简化原则

当信号流图绘出后，可以按照一定的法则对信号流图进行简化运算，以便求出系统的传递函数，这些简化法则与前面所述的方块图的简化原则是对应的，见表 2-2。

表 2-2　信号流图简化原则

运算法则	变　换　前	变　换　后
并联	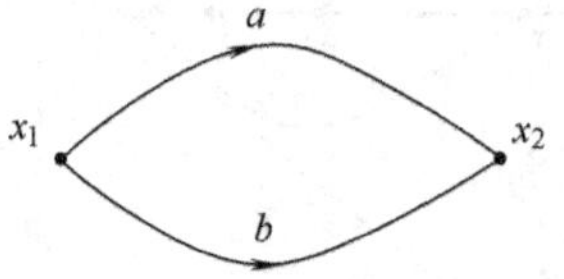 x_1 a b x_2	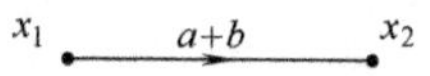 x_1 $a+b$ x_2
串联	x_1 a x_2 b x_3	x_1 ab x_3
混合节点的消去	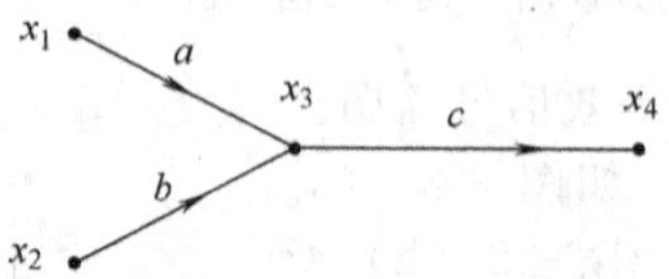 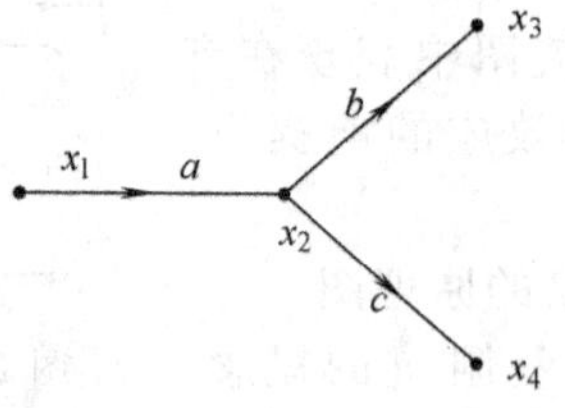 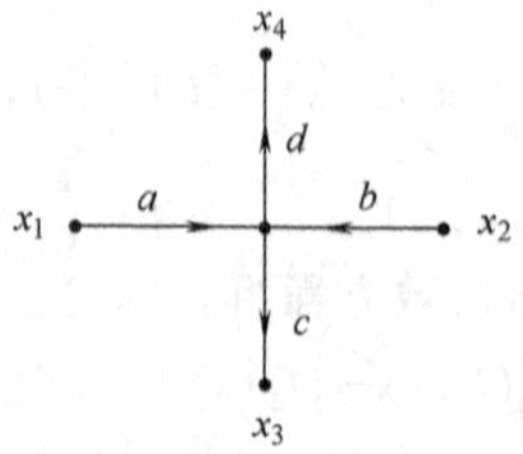 x_1 a x_3 x_4 c b x_2	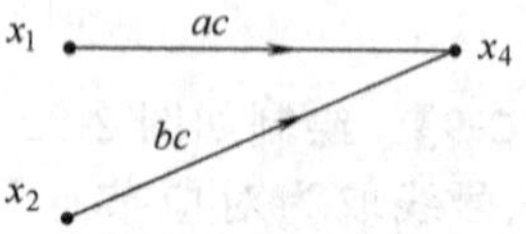 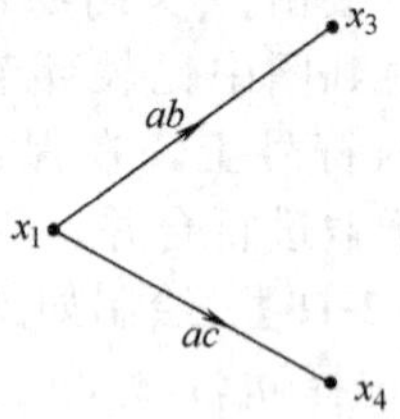 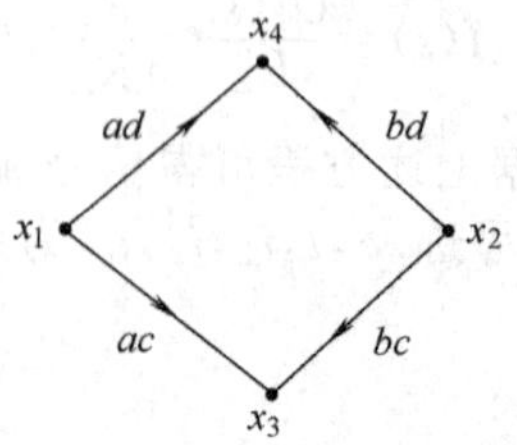 x_1 ac x_4 bc x_2
	x_3 b x_1 a x_2 c x_4	x_3 ab x_1 ac x_4
	x_4 d x_1 a b x_2 c x_3	x_4 ad bd x_1 x_2 ac bc x_3

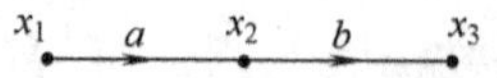

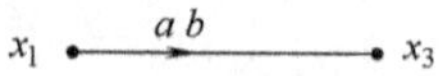

续表

运算法则	变换前	变换后
回路的消除	x_1 a x_2 b x_3 $\pm c$	$\frac{ab}{1\mp bc}$ x_1 x_3
自回路的消除	x_1 a x_2 $\pm b$	$\frac{a}{1\mp b}$ x_1 x_2

2.3.5 梅逊公式

利用上述基本法则可以把信号流图初步简化，但对回环较多的信号流图来说，运用上述简化法则计算系统的总增益依然很复杂。因此控制工程中通常用梅逊公式计算输入节点及输出节点之间的总增益，用以表示输出变量与输入变量之间的关系，下面给出梅逊公式。

$$T(s)=\frac{1}{\Delta}\sum_{k=1}^{n}P_k\Delta_k$$

式中，$T(s)$ 为从输入节点到输出节点的总增益；n 为前向通道数；P_k 为第 k 条前向通道增益；Δ_k 为第 k 条前向通路的特征式的余子式，即从信号流图中除去第 k 条前向通路后剩下的信号流图的特征式。Δ 为信号流图特征式。计算公式为

$$\Delta=1-\sum L_{(1)}+\sum L_{(2)}-\sum L_{(3)}+\cdots+(-1)^m\sum L_{(m)}$$

式中，$\sum L_{(1)}$ 为信号流图中所有不同回路的增益之和；$\sum L_{(2)}$ 为所有两个互不接触回路增益乘积之和；$\sum L_{(m)}$ 为所有 m 个互不接触回路增益乘积之和。

下面举例说明应用梅逊公式求系统的传递函数。

【例 2-11】 求图 2-25 所示信号流图的传递函数。

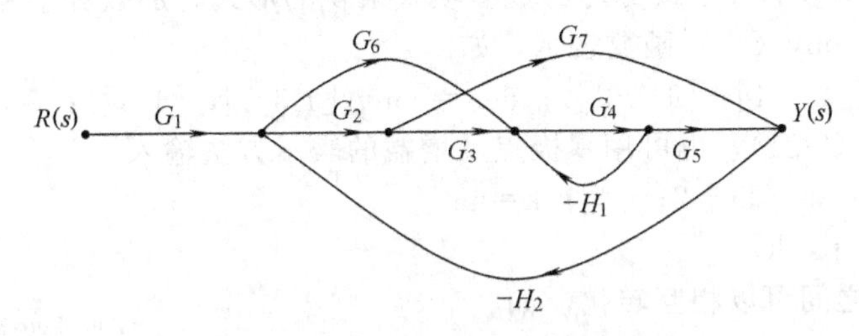

图 2-25 某控制系统信号流图

解 ① 前向通道：$n=3$

$$P_1=G_1G_2G_3G_4G_5,\quad P_2=G_1G_6G_4G_5,\quad P_3=G_1G_2G_7$$

② 图中有四个回路，含有两个互不相关回路

$$\sum L_{(1)}=-G_2G_3G_4G_5H_2-G_4H_1-G_6G_4G_5H_2-G_2G_7H_2$$
$$\sum L_{(2)}=(-G_4H_1)\times(-G_2G_7H_2)$$

③ 特征式

$$\Delta=1-\sum L_{(1)}+\sum L_{(2)}$$

④ 去掉 P_1,P_2 后所剩流图特征式

$$\Delta_1=1$$
$$\Delta_2=1$$

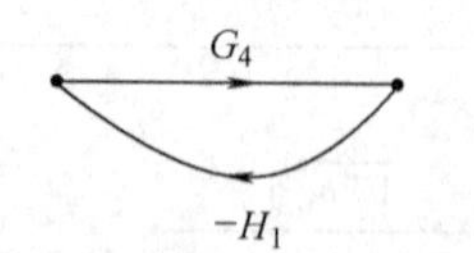

图 2-26　去掉 P_3 后剩余流图

去掉 P_3 后剩余流图 2-26，其特征式 $\Delta_3=1+G_4H_1$。

⑤ 代入梅逊公式，得到系统的输入输出关系如下所示

$$T(s)=\frac{G_1G_2G_3G_4G_5+G_1G_6G_4G_5+G_1G_2G_7(1+G_4H_1)}{1+G_2G_3G_4G_5H_2+G_4H_1+G_6G_4G_5H_2+G_2G_7H_2+G_4G_2G_7H_1H_2}$$

2.4　利用 Matlab 建立控制系统模型

无论是经典控制论还是现代控制论，控制系统的分析和设计方法都是以数学模型为基础进行的。Matlab 可以分析用微分方程或传递函数形式描述的系统。本节主要介绍如何使用 Matlab 输入系统的传递函数模型；计算传递函数的零、极点；计算闭环传递函数；完成结构图的等效变换等。

(1) 传递函数的输入及零、极点的计算

通常系统传递函数的表达有多种形式，如式 (2-21) 所示。

$$G(s)=\frac{4s^2-12s+8}{s^3+6s^2+11s+6}=\frac{4(s-1)(s-2)}{(s^2+3s+2)(s+3)}=\frac{4(s-1)(s-2)}{(s+1)(s+2)(s+3)} \tag{2-21}$$

与之对应的，在 Matlab 中也有各种不同的传递函数表示方法，常见的有直接用分子/分母的系数表示或是用零极点及增益表示。对于式 (2-21) 采用分子/分母系数方法，Matlab 中具体输入如下。

```
≫num=[4 -12 8]; den=[1 6 11 6];
≫sys=tf(num, den)
```

如果系统传递函数的分子或分母写成多项式乘积的形式，那么分子和分母系数也可以采用多项式乘法函数 conv（　）函数表示，如

```
≫num=conv([4 -4], [1 -2]); den=conv([1 3 2], [1 3]);
```

此外，对于式 (2-21)，也可用零极点及增益的表示方法输入。

```
≫z=[1;2]; p=[-1;-2;-3]; k=4;
≫sys=zpk(z, p, k)
```

上述两种模型之间可以相互转化，如

```
≫[z,p,k]=tf2zp (num,den)
≫[num,den]=zp2tf (z,p,k)
```

如果期望获得系统传递函数在复平面内的零极点分布图，如图 2-27 所示，可采用下面的命令。

```
≫pzmap (sys)
```

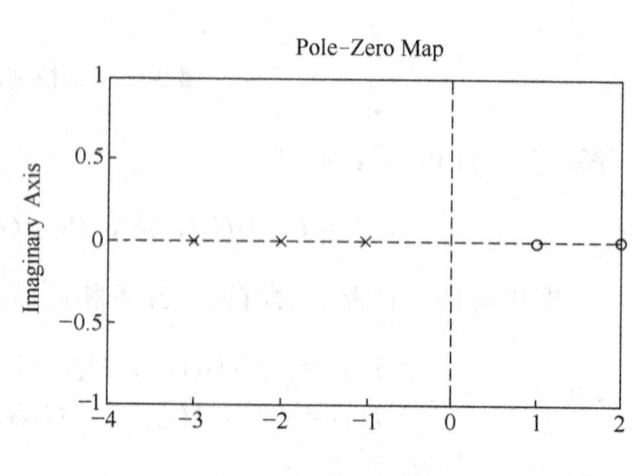

图 2-27　零极点分布

(2) 计算闭环传递函数与结构图的等效变换

假设已经为某系统的各个环节建立了相应的传递函数表达，接下来就可以利用

Matlab 将各环节连接起来，构成闭环控制系统，通过结构图的变换计算出从输入端到输出端的传递函数。

系统的基本连接方式有三种：串联、并联和反馈连接，下面对 Matlab 这三种基本连接方式进行介绍。

① 串联，假设一简单开环控制系统由两个环节 $G_1(s)$ 和 $G_2(s)$ 串联而成，如图 2-28 所示，其中两环节的传递函数分别为

$$G_1(s)=\frac{s+1}{(s+2)(s+3)},\quad G_2(s)=\frac{4}{s(s+5)}$$

图 2-28　两环节串联

那么可用串联函数 series（　）求出该开环控制系统的传递函数如下

```
≫num1=[1 1]；den1=conv([1 2]，[1 3])；sys1=tf(num1,den1)；
≫num2=[4]；den2=[1 5 0]；sys2=tf(num2,den2)；
≫sys=series(sys1,sys2)
```

显示结果如下

```
Transfer function：
          4 s + 4
--------------------------
s^4+10 s^3+31 s^2+30 s
```

② 并联，若一简单开环控制系统由上述两个环节 $G_1(s)$ 和 $G_2(s)$ 并联而成，如图2-29所示，那么使用并联函数 parallel（　）求出该开环控制系统的传递函数如下

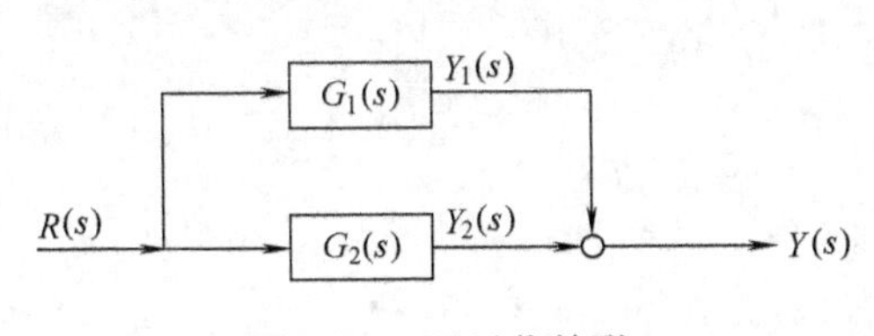

图 2-29　两环节并联

```
≫sys=parallel(sys1，sys2)
```

显示结果如下

```
Transfer function：
  s^3+10 s^2+25 s+24
--------------------------
s^4+10 s^3+31 s^2+30 s
```

③ 反馈连接，若反馈控制系统由上述两个环节 $G_1(s)$ 和 $G_2(s)$ 构成，如图 2-30 所示，那么使用反馈连接函数 feedback（　）可以求出该闭环控制系统的传递函数如下

```
≫sys=feedback(sys1，sys2，-1)
```

其中“-1”表示负反馈连接，为缺省设置。如果两环节是正反馈连接，则可以“1”来表示。上述 Matlab 语句显示结果如下

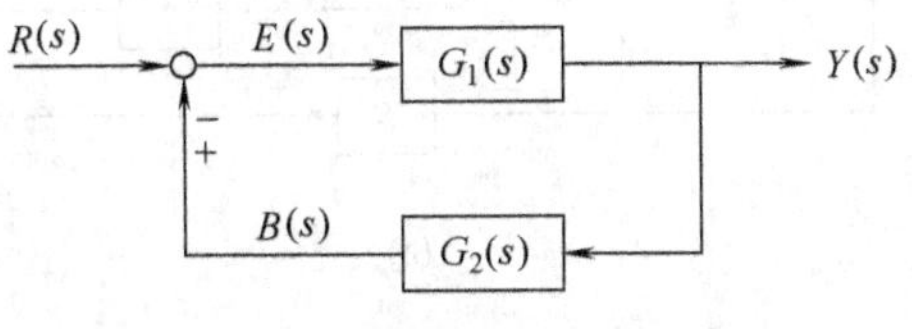

图 2-30　两环节反馈连接

```
Transfer function：
          s^3+6 s^2+5 s
------------------------------
s^4+10 s^3+31 s^2-150 s-180
```

如果环节 $G_2(s)$ 的传递函数为 1，即构成单位反馈系统，则可使用 cloop（　）函数求解。

≫sys=cloop(sys1, −1)

显示结果如下

```
Transfer function:
      s+1
  -------------
  s^2+5 s+6
```

在了解上述三种系统连接函数之后就可以利用它们实现结构图的变换，下面举例说明。

【例 2-12】 一多环反馈控制系统如图 2-31 所示，其中给定各环节的传递函数为

$$a: \frac{1}{s+10},\ b: \frac{1}{s+2},\ c: \frac{s+1}{s^2+4s+10},\ d: \frac{s+1}{s^2+6},\ e: \frac{s+1}{s+2},\ f: 1,\ g: 1$$

试用 Matlab 求闭环传递函数。

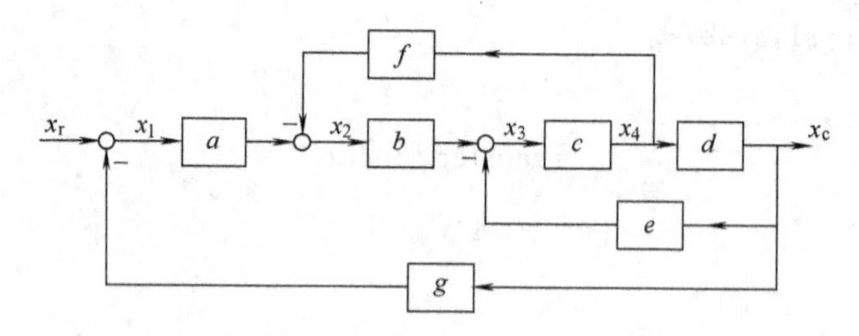

图 2-31 多环反馈控制系统

解 完成上述结构图的变换可以采用下面的步骤。

① 将 f 的综合点移至 b 之后，见图 2-32（a）。

② 消去 b，f，c 环，见图 2-32（b）。

③ 消去包含 e 的环，见图 2-32（c）。

④ 消去其他环，计算闭环传递函数。

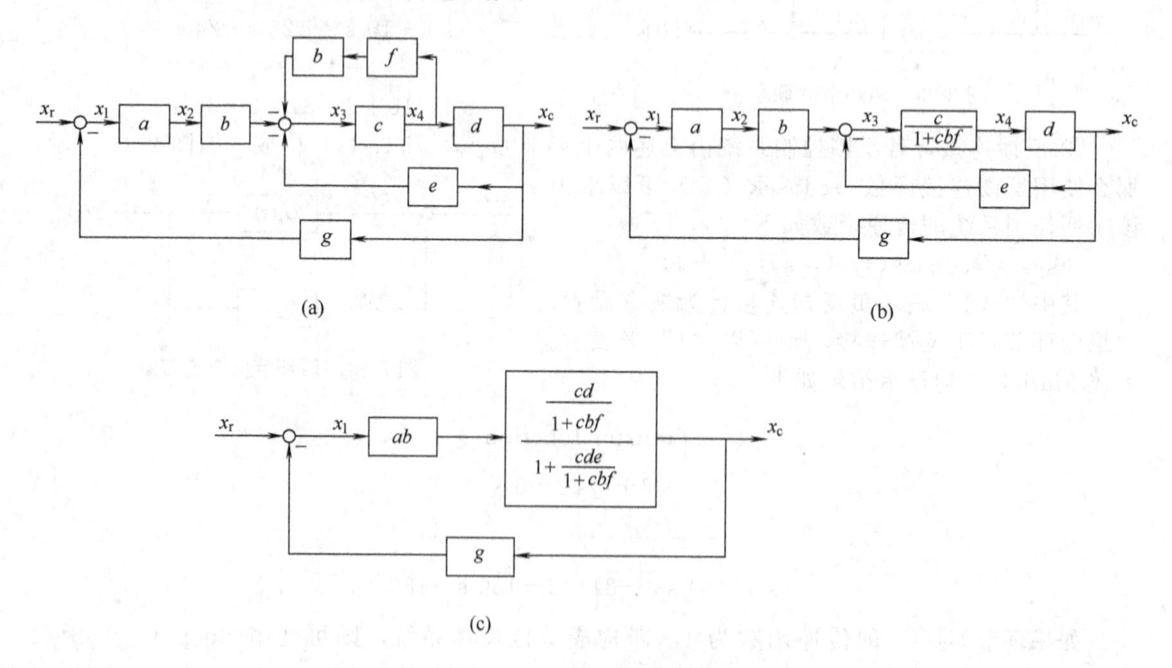

图 2-32 系统结构图变换

根据上述过程编写 Matlab 程序，见 exp212. m。

```
%exp212. m  %输入系统各环节的传递函数
numa=[1];dena=[1 10];sys_a=tf(numa,dena);
numb=[1];denb=[1 2];sys_b=tf(numb,denb);
numc=[1 1];denc=[1 4 10];sys_c=tf(mumc,denc);
numd=[1 1];dend=[2 0 6];sys_d=tf(mumd,dend);
nume=[1 1];dene=[1 2];sys_e=tf(mume,dene);
numf=[1];denf=[1];sys_f=tf(numf,denf);
numg=[1];deng=[1];sys_g=tf(numg,deng);
%将 f 综合点移至 b 之后,b、f 串联,然后消去 b、f、c 环
sys_bf=series(sys_b,sys_f);
sys_bfc=feedback(sys_c,sys_bf,-1);
%消去 e 环
sys_bfcd=series(sys_bfc,sys_d);
sys_bfcde=feedback(sys_bfcd,sys_e;-1);
%消去其他环
sys_ab=series(sys_a,sys_b);
sys_open=series(sys_ab,sys_bfcde);
sys=feedback(sys_open,sys_g,-1)
```

显示系统闭环传递函数如下

```
Transfer function:
                    s^4+6 s^3+13 s^2+12 s+4
---------------------------------------------------------------------
2 s^8+40 s^7+301 s^6+1319 s^5+3712 s^4+7135 s^3+10179 s^2+10280 s+5084
```

有时需要了解闭环传递函数中是否有零、极点对消出现，可以通过零极点分布函数 pzmap（　）或求根函数 roots（　）查看传递函数是否存在相同的零极点，此外还可以使用 minreal（　）函数消除相同的零极点因子，例如

```
≫num=[1 5 4]; den=[1 5 -13 -77 -60];
≫printsys (num, den);
≫[num _ min, den _ min]=minreal(num, den);
≫printsys(num _ min, den _ min);
```

从显示结果可以看出，初始给定系统为

```
num/den =
               s^2+5 s+4
         ----------------------
         s^4+5 s^3-13 s^2-77 s-60
```

通过 minreal 函数显示为

```
1 pole-zero (s) cancelled
num/den=            s + 4
               ----------------
               s^3+4 s^2-17 s-60
```

本节主要介绍线性系统模型——传递函数在 Matlab 中的表达，有关控制系统其他方面

的内容将在后续章节中进一步介绍。

2.5 学生自读

2.5.1 学习目标

掌握：① 两种基本模型——微分方程模型和传递函数模型。

② 两种模型的转换方式。

③ 传递函数的图示法——方块图、信号流图的绘制方法以及利用梅逊公式求系统的总增益。

④ 简单的实际工业单元的数学模型建立。

理解：由于微分方程、传递函数只描述系统的输入量、输出量之间的动态关系，不反映系统内部的变量关系，因此模型所对应的方块图、信号流图具有不惟一性。

了解：各种模型的分类。

2.5.2 例题分析与工程实例

（1）机械旋转运动

【例 2-13】 如图 2-33 所示，图中有一圆柱体，被轴承支撑并在黏性介质中转动。当力矩 T 作用于系统时，会产生角位移 $\theta(t)$，试列写该系统的微分方程式。

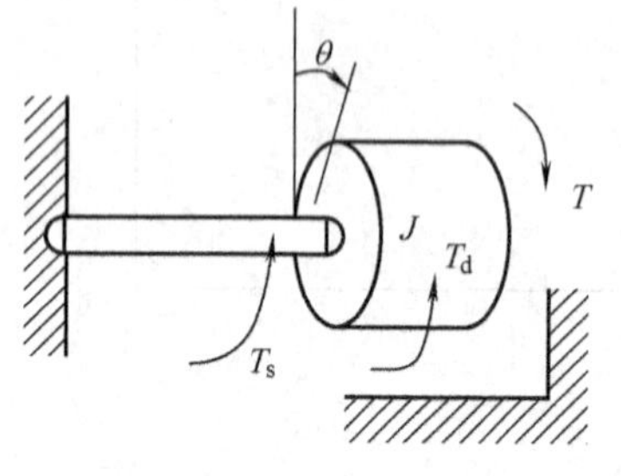

图 2-33 机械旋转运动示意

解 由系统分析可知，系统受三个力矩的作用

$T(t)$——外力矩；$T_s(t)$——扭矩；$T_d(t)$——黏性摩擦阻尼力矩

系统的各力矩之和为

$$T(t)-T_s(t)-T_d(t)=J\frac{d^2\theta(t)}{dt^2}$$

其中 $T_s(t)=K\theta(t)$，$T_d(t)=B\frac{d\theta(t)}{dt}$

式中，J 为转动系统的转动惯量；K 为扭簧的弹性系数；B 为黏性摩擦系数。

将上式各量代入，可得机械旋转系统的运动方程为

$$J\frac{d^2\theta(t)}{dt^2}+B\frac{d\theta(t)}{dt}+K\theta(t)=T(t)$$

上式描述了输入力矩 $T(t)$ 与输出角位移 $\theta(t)$ 之间的相互关系

（2）闭环调速控制系统

建立复杂控制系统的数学模型，通常采用组合系统的方法，即将复杂系统看成是若干个子系统按照一定方式连接在一起的组合系统。先建立各个子系统的数学模型，然后根据组合方式，导出复杂系统的数学模型。

【例 2-14】 如图 2-34 所示的闭环直流调速控制系统就是一个典型的复杂系统，包括比例控制器、可控硅整流装置、直流电动机及速度反馈装置。因此，首先确定系统的输入量和输出量。该系统的输入量是给定电压 U_g，输出量为电动机的转速 n，然后对各个部分分别建模。

解 ① 比例控制器 比例控制器是一个比较和放大环节。在 $R_{01}=R_{02}$ 时，该比例控制器的输入和输出之间的关系是

$$u_k=K_1(u_g-u_f)$$

式中，$K_1=\frac{R_{12}}{R_{01}}$为比例系数。

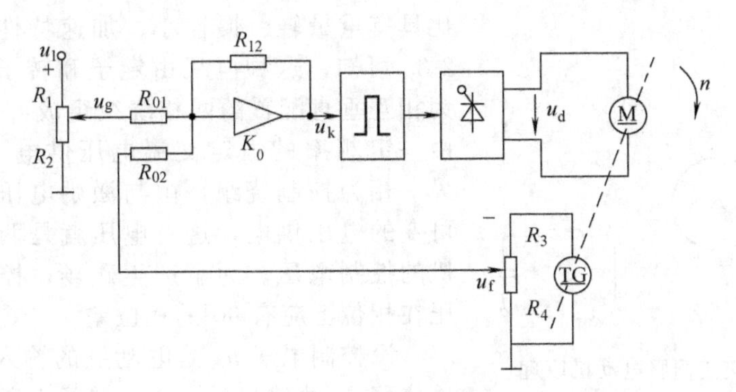

图 2-34　闭环直流调速控制系统

② 可控硅整流装置是一个功率放大环节，其输入是控制电压 u_k，输出是整流电压 u_d。当不计电路的时间滞后和非线性因素时，二者关系为

$$u_d = K_s u_k$$

式中，K_s 为电压放大系数。

③ 直流电动机，由图可知，电枢电压 u_d 和电动机的转速 n 之间的关系是

$$T_d T_m \frac{d^2 n}{dt^2} + T_m \frac{dn}{dt} + n = \frac{u_d}{C_e}$$

式中，$T_d = \dfrac{L_s + L_d}{R_\Sigma}$，其中 L_s 为可控硅整流电路的电感；R_Σ 为包括电动机电枢电阻和整流电路等效电阻的总电阻；$T_m = \dfrac{GD^2 R_\Sigma}{375 C_e C_m}$ 为电动机的时间常数，其中，C_e 是电动机电势常数；C_m 是电动机转矩常数；GD^2 是电动机的飞轮惯量。

④ 速度反馈装置

$$u_f = K_{sf} n$$

式中，K_{sf} 为电动机的反馈电压和转速之间的比例系数。按照组合方式，消去中间变量 u_k, u_d, u_f，得

$$T_d T_m \frac{d^2 n}{dt^2} + T_m \frac{dn}{dt} + n = \frac{(u_g - K_{sf} n) K_1 K_s}{C_e}$$

整理后得

$$\frac{T_d T_m}{1 + \dfrac{K_1 K_s K_{sf}}{C_e}} \frac{d^2 n}{dt^2} + \frac{T_m}{1 + \dfrac{K_1 K_s K_{sf}}{C_e}} \frac{dn}{dt} + n = \frac{u_g K_1 K_s}{C_e \left(1 + \dfrac{K_1 K_s K_{sf}}{C_e}\right)}$$

令　$K_1 K_s = K_y$——正向通道电压的放大系数。

$\dfrac{K_1 K_s K_{sf}}{C_e} = K_k$——系统开环放大系数。

则可得闭环系统的微分方程式为

$$\frac{T_d T_m}{1 + K_k} \frac{d^2 n}{dt^2} + \frac{T_m}{1 + K_k} \frac{dn}{dt} + n = \frac{K_y u_g}{C_e (1 + K_k)}$$

上式即为整个闭环调速系统的输入输出关系模型。

(3) 两相交流伺服电动机

两相交流伺服电动机是自动控制系统中经常采用的一种执行机构，与直流伺服电动机相

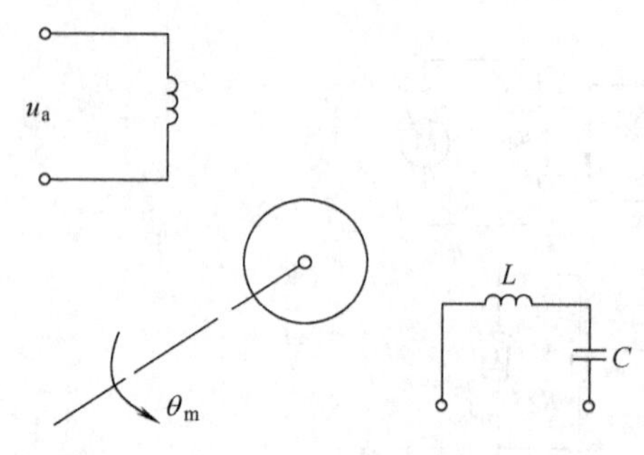

图 2-35　两相交流伺服电动机原理

比具有重量轻、惯性小、加速特性好等优点。由图2-35可知，这种电机由定子和转子组成，其中定子为相互垂直配置的两相绕组组成：一相为激励绕组，由一定频率的恒定交流电压供电，称为激励电压；另一相为控制绕组，由与激励电压频率相同但幅值可变的电压供电，这一电压就是两相交流伺服电动机的控制电压。为了产生磁场，控制电压与激磁电压在相位上应有90°的相位差。

设控制电压 u_a 是电动机的输入量，电动机轴的角位移 θ_m 为输出量，由于转子为高电阻，转矩-速度特性有负斜率，是非线性的，在控制系统中伺服电机多工作在低转速、低控制电压下，因此其特性可近似用线性方程表示

$$M_m=-C_\omega\omega+M_d$$

式中，M_m 为电动机输出转矩；ω 为电动机角速度；C_ω 为转矩-速度特性斜率；M_d 为堵转转矩，在一定控制电压下，最小堵转转矩 $M_d=C_m u_a$；C_m 为额定电压下每单位控制电压的堵转转矩，可由控制电压等于额定电压 E_0 时的堵转转矩 M_d 确定，即 $C_m=\frac{M_d}{E_0}$。

电动机输出转矩用以驱动负载并克服摩擦力矩，其转矩平衡方程为

$$M_m=J_m\frac{d^2\theta_m}{dt^2}+f_m\frac{d\theta}{dt}$$

式中，f_m 为电动机轴上的黏性摩擦系数；J_m 为电动机轴的转动惯量。

联立上述各式，消去中间变量可得相应的输入输出关系式

$$T_m\frac{d^2\theta_m}{dt^2}+\frac{d\theta_m}{dt}=K_m u_a$$

其中，
$$K_m=\frac{C_m}{f_m+C_\omega}\quad T_m=\frac{J_m}{f_m+C_\omega}$$

2.5.3　本章小结

在控制系统的分析与设计中，系统的数学模型是讨论一切问题的基础，本章主要论述了描述系统输入输出关系的数学模型——微分方程模型及传递函数模型，特别是传递函数模型，更是在经典控制理论中具有举足轻重的地位，传递函数是在复频域（S域）内对线性连续定常系统的输入-输出关系的描述，它将时域的微分方程转化为S域的代数方程，常用三种表达形式见式（2-18）、式（2-19）和式（2-20），正确地建立典型环节的概念，切实理解几种典型环节的性能，有助于我们理解系统的运动特征。

对于较复杂的系统，本章给出了对应的图示法——方块图及信号流图，借助于方块图或信号流图，可以直观地表明系统中信号的传递与变换过程，有助于对系统的分析与理解。而梅逊公式的引入又很好地解决了复杂系统传递函数的求取问题，在应用梅逊公式时，要特别注意回路间是否相互接触。

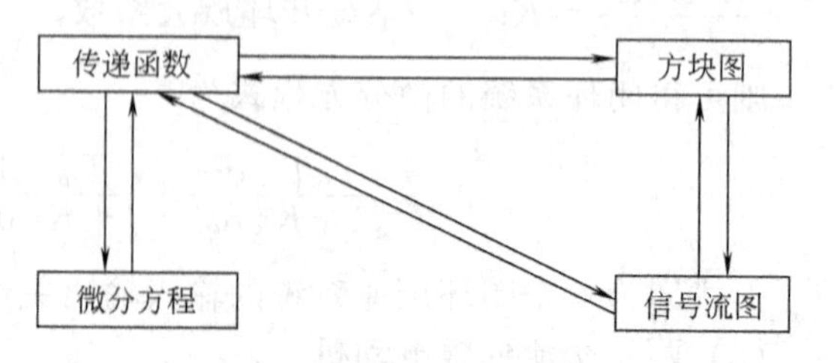

图 2-36　不同模型的相互关系

同一系统，针对不同的问题，从不同的角度进行分析时，可以采取不同形式的数学模型，因此，模型之间一定具有一定的联

系，利用相互关系，可以由一种模型得到另一种模型，如图 2-36 所示。

习　题　2

2-1　列写如图 2-37 所示系统的微分方程。

2-2　试建立如图 2-38 所示有源 RC 网络的动态方程。

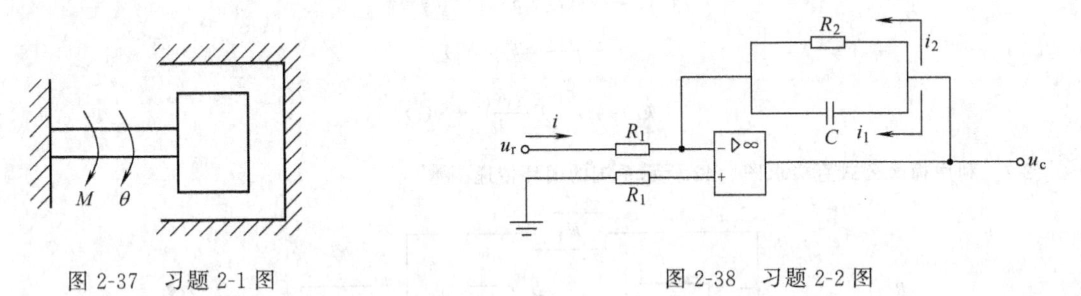

图 2-37　习题 2-1 图　　　　图 2-38　习题 2-2 图

2-3　求如图 2-39 所示电路的传递函数，并指明由哪些典型环节组成。

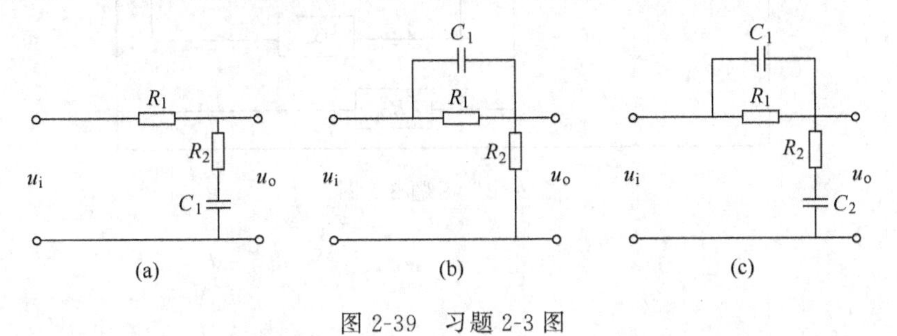

图 2-39　习题 2-3 图

2-4　简化如图 2-40 所示方块图，并求出系统传递函数。

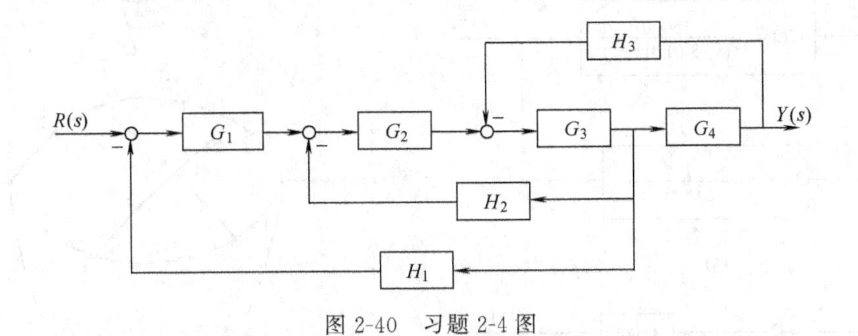

图 2-40　习题 2-4 图

2-5　绘制如图 2-41 所示方块图的等效信号流图，并求传递函数。

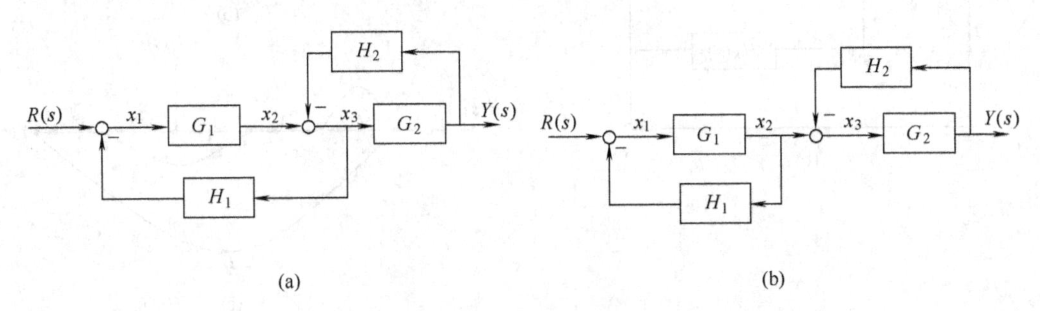

图 2-41　习题 2-5 图

2-6　系统微分方程组如下，试建立对应信号流图，并求传递函数。

$$x_1(t)=r(t)-y(t)$$

$$x_2(t)=\tau\frac{\mathrm{d}x_1(t)}{\mathrm{d}t}+k_1x_1(t)$$

$$x_3(t)=k_2x_2(t)$$

$$x_4(t)=x_3(t)-x_5(t)-k_5y(t)$$

$$\frac{\mathrm{d}x_5(t)}{\mathrm{d}t}=k_3x_4(t)$$

$$k_4x_5(t)=T\frac{\mathrm{d}y(t)}{\mathrm{d}t}+y(t)$$

2-7　利用梅逊公式直接求图 2-42 所示系统的闭环传递函数。

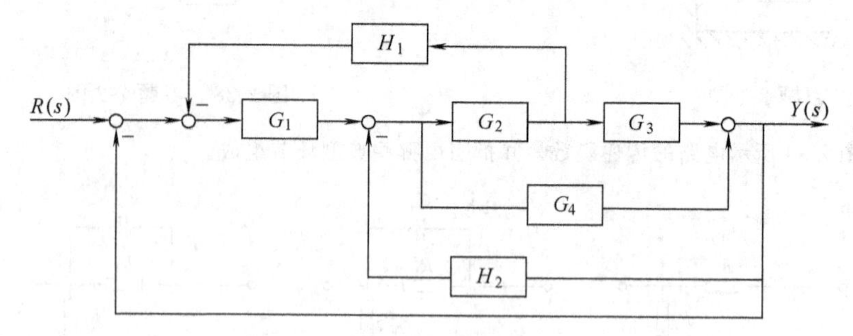

图 2-42　习题 2-7 图

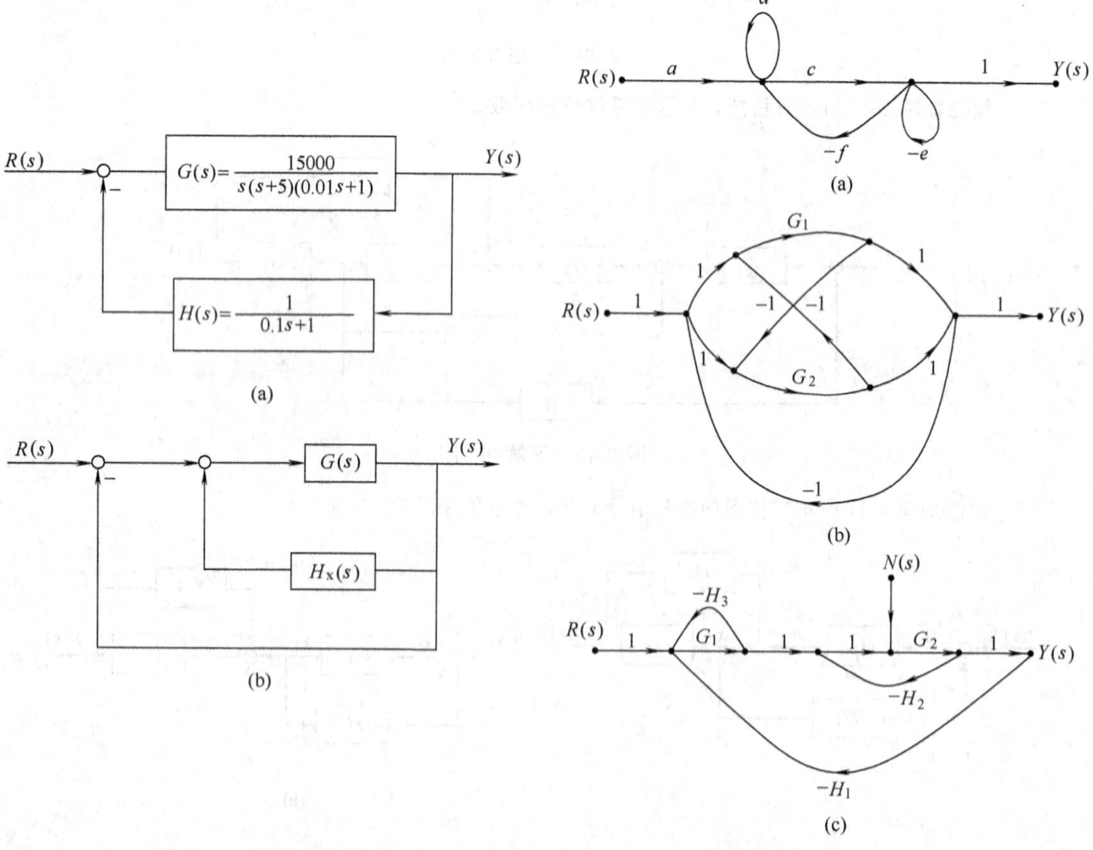

图 2-43　习题 2-8 图

图 2-44　习题 2-9 图

2-8　求如图 2-43 所示闭环传递函数，并求图（b）中 $H_x(s)$ 的表达式，使其与图（a）等效。

2-9　求图 2-44 中各系统的传递函数。

2-10　已知某些系统信号流图如图 2-45 所示，求对应方块图。

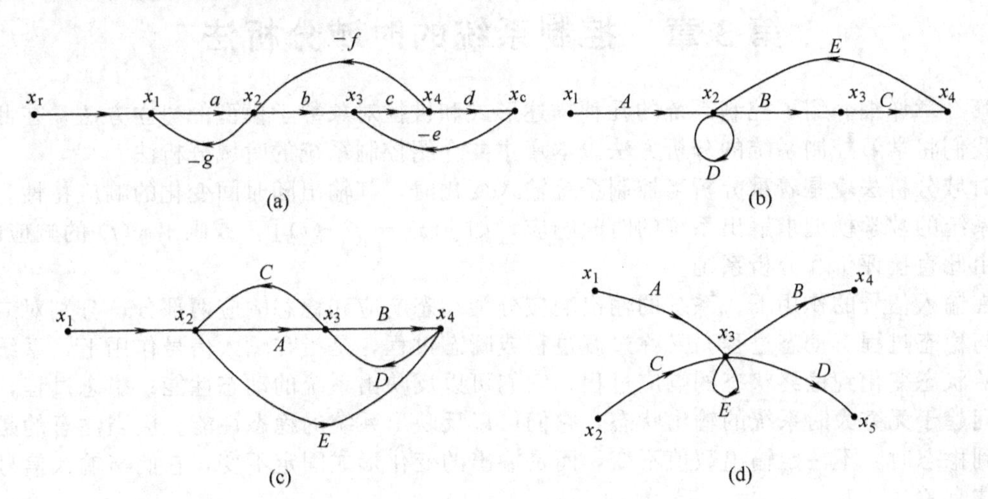

图 2-45　习题 2-10 图

第 3 章　控制系统的时域分析法

第 2 章详细介绍了控制系统的几种描述形式和被控对象数学模型的建立方法，在此基础上，我们将学习控制系统的分析方法。本章主要介绍控制系统的时域分析法。

时域分析法就是着重分析当控制系统输入变化时，其输出随时间变化的响应特性。可以根据系统的数学模型求解出系统的时间响应，如 $y(t)=f[r(t)]$，或画出 $y(t)$ 的响应曲线，然后由此直接评价和分析系统。

在输入信号的作用下，系统的输出响应分为动态响应和稳态响应两部分，分别对应动态过程与稳态过程。动态过程，又称过渡过程或瞬态过程，是指在输入信号作用下，系统输出从初始状态变化到最终状态的响应过程，它们可以反映出系统的动态性能；稳态过程，是指当时间趋于无穷大时系统的输出状态，它们可以反映出系统的稳态性能。应当注意的是，系统达到稳态时，不一定输出数值不变，而是输出的变化形式固定不变，它们与输入信号的作用形式有关。

3.1　控制系统的过渡过程形式及性能指标

3.1.1　控制系统的输入信号

实际应用中，控制系统的输入信号是各种各样的，甚至具有随机的性质，难以用确切的数学形式表达出来。但在分析和设计控制系统时，需要有一个对各种系统性能进行比较的基础。为此，从实际应用中抽象出一些典型的输入信号，它们具有广泛的代表性和实际意义，且数学形式简单、处理方便。我们可以通过比较各类系统对这些典型试验信号的响应来分析它们的性能。

常用的典型试验信号如图 3-1 所示。

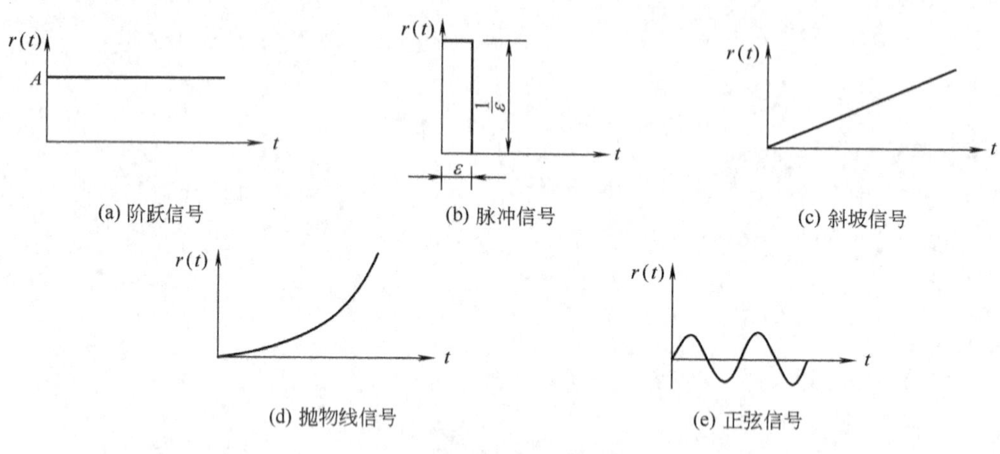

图 3-1　常用的典型试验信号

（1）阶跃信号

阶跃输入信号可表示为［图 3-1(a)］

$$R(t)=\begin{cases}A, & t\geqslant 0\\ 0, & t<0\end{cases}\tag{3-1}$$

式中，A 为阶跃信号的幅值，为常数。A 等于 1 时叫做单位阶跃信号，记做 $1(t)$，否则

记为 $A \cdot 1(t)$。

在实际工作中，最经常采用的试验信号就是阶跃函数，它可用来表示突变的信号，如电源断电和设备故障等。阶跃信号比较容易产生，一般认为阶跃干扰是最严重的扰动形式，因此研究系统在这种输入信号作用下的过渡过程具有典型意义。

（2）单位脉冲信号

单位脉冲输入信号又称 $\delta(t)$ 函数，它是图 3-1（b）在 $\varepsilon \to 0$ 时的极限情况，可表示为

$$R(t)=\begin{cases}\delta(t)=0, & t<0\\ \int_{-\infty}^{+\infty}\delta(t)\mathrm{d}t=1, & 0<t\leqslant\varepsilon\\ \delta(t)=0, & t>\varepsilon\end{cases} \tag{3-2}$$

理想的 $\delta(t)$ 函数是无法得到的，实际应用中，与系统的时间常数相比，持续时间短得多的脉动信号就可认为是脉冲信号，它往往用来表示冲击型的脉冲扰动。

（3）斜坡信号

斜坡输入信号可表示为［图 3-1(c)］

$$R(t)=\begin{cases}At, & t\geqslant 0\\ 0, & t<0\end{cases} \tag{3-3}$$

式中，A 为常数，此信号幅值随时间 t 作等速增长，其变化速率为 A，可用来表示随时间渐变的输入函数。若 A 等于 1，称为单位斜坡信号。

（4）抛物线（加速度）信号

抛物线输入信号可表示为［图 3-1(d)］

$$R(t)=\begin{cases}\frac{1}{2}At^2, & t\geqslant 0\\ 0, & t<0\end{cases} \tag{3-4}$$

式中，A 为常数，此信号幅值随时间以加速度 A 增长，这类函数最适合用作航天器控制系统的试验信号。若 A 等于 1，称为单位抛物线信号。

（5）正弦信号

正弦输入信号可表示为［图 3-1(e)］

$$R(t)=\begin{cases}A\sin\omega t, & t\geqslant 0\\ 0, & t<0\end{cases} \tag{3-5}$$

式中，A 为常数，表示正弦输入信号的幅值。该信号随时间以频率 ω 作等幅振荡，可用来描述交流电源、电磁波等周期信号。

3.1.2　控制系统过渡过程的性能指标

为了评价和设计控制系统，需要提出某些统一的衡量标准，这就是控制系统的性能指标。通常采用的质量指标有两大类。一类叫做误差性能指标，它是系统希望的输出与系统实际输出之间误差的某个函数的积分，最常用的是平方误差积分指标（ISE）。

设
$$e(t)=r(t)-y(t),\quad J=\int_0^{\infty}e^2(t)\mathrm{d}t$$

它们常常用在最优控制系统的设计当中，求取使 J 达到最小的控制作用。

另一类是直接评价控制系统的单位阶跃响应曲线，以此来分析控制系统的性质。

图 3-2 给出了以给定信号为输入的随动控制系统，以及以干扰信号为输入的定值控制系统的典型单位阶跃响应曲线。

为了比较和说明系统对单位阶跃信号的瞬态响应特性，通常采用下列性能指标。

（1）峰值时间 t_{p}

单位阶跃响应达到第一个峰值的时间，见图 3-2 中的 t_{p}。峰值时间表明系统初始的反应

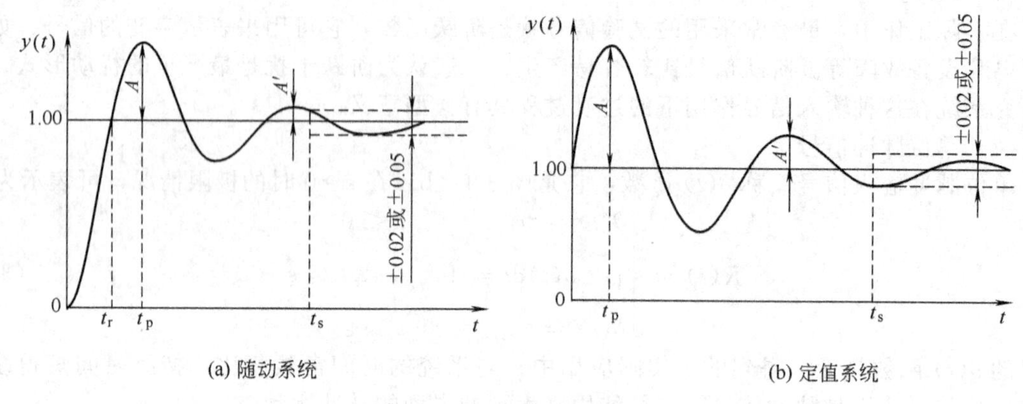

图 3-2 单位阶跃响应曲线

速率。

(2) 最大误差 A 和超调量 $\sigma\%$

系统误差是指给定值与被控变量之差。响应曲线的最大误差就是被控变量第一个峰值与给定值的差，如图 3-2 中的 A，$A=y(t_p)-r(t)$。

通常采用百分比误差，即超调量的指标。

超调量
$$\sigma\%=\frac{y(t_p)-y(\infty)}{y(\infty)}\times 100\%$$

式中，$y(\infty)$ 为过渡过程的稳态值。实际系统中，$y(\infty)$ 不一定都等于其给定输入，此时应注意最大误差和超调量定义上的差别。

(3) 衰减比 n

对于单位阶跃响应曲线，同方向上相邻两个波峰误差值之比，如图 3-2 中，$n=A:A'$。显然 n 愈小，过渡过程的衰减程度越慢，当 $n=1$ 时，过渡过程为等幅振荡；反之，n 愈大，过渡过程衰减越快。一般操作经验希望过渡过程有两三个周期结束，通常取 $n=4:1\sim10:1$。

(4) 调节时间 t_s

阶跃响应曲线到达稳态值的时间，见图 3-2 中的 t_s。理论上，过渡过程达到新的稳态值需要无限长的时间，工程上常常在系统输出进入新稳态值的 $\pm2\%$ 或 $\pm5\%$ 的误差范围内并不再超出时，就认为过渡过程已经结束。因此调节时间是从输入开始作用时起，到输出变量进入新稳态值的 $\pm2\%$ 或 $\pm5\%$ 的误差范围内所经历的时间。t_s 越短，说明系统响应得越快。

(5) 上升时间 t_r

阶跃响应曲线第一次到达新稳态值的时间，如图 3-2 (a) 中的 t_r。它仅适用于随动系统。对于非振荡的过渡过程曲线，上升时间定义为从新稳态值的 10%上升到 90%所需的时间。

(6) 稳态误差 $e(\infty)$

时间趋于无穷大时，给定值与系统输出的稳态值之差。即有 $e(\infty)=r(\infty)-y(\infty)$。不同于上述 5 个反映系统动态过程的性能指标，稳态误差是一个衡量系统静态性能的指标。

以上介绍了评价控制系统单位阶跃响应曲线的性能指标，其中 3 个是与过渡过程中时间有关的指标：峰值时间和上升时间反映了系统的初始快速性，调节时间反映了系统的整体快速性；其余是与系统误差有关的指标：最大误差、超调量和衰减比反映了系统的平稳性，稳态误差则决定系统的调节精度。

3.2 一阶系统的动态响应

能用一阶线性微分方程描述的系统，称为一阶线性系统。它在实际应用中大量存在，如

图 3-3 所示的由电阻、电容组成的四端网络系统。

图 3-3 中，网络的输入电压 u_1 和输出电压 u_2 间的动态特性可由下列一阶微分方程来描述

$$RC\frac{\mathrm{d}u_2(t)}{\mathrm{d}t}+u_2(t)=u_1(t)$$

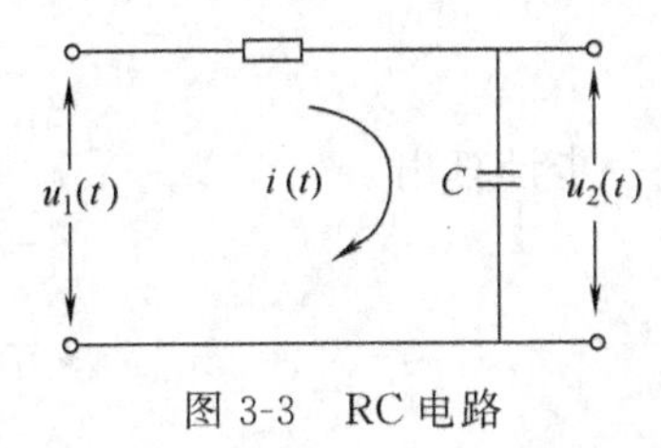

图 3-3　RC 电路

上述方程通过变量替换：$T=RC$，并设 $K=1$，可写成一阶线性系统的标准形式

$$T\frac{\mathrm{d}y(t)}{\mathrm{d}t}+y(t)=Kr(t)$$

式中，T 称为时间常数，表示系统的惯性；K 代表系统的增益或放大系数。上式的传递函数为

$$G(s)=\frac{Y(s)}{R(s)}=\frac{K}{Ts+1} \tag{3-6}$$

下面分析当 $K=1$ 时，系统对某些典型试验信号的时间响应，假设系统的初始条件为零。

3.2.1　单位阶跃响应

单位阶跃信号 $1(t)$ 的拉氏变换式为

$$R(s)=\frac{1}{s} \tag{3-7}$$

把式（3-7）代入式（3-6）

$$Y(s)=G(s)R(s)=\frac{1}{Ts+1}\times\frac{1}{s}=\frac{1}{s}-\frac{1}{s+\frac{1}{T}}$$

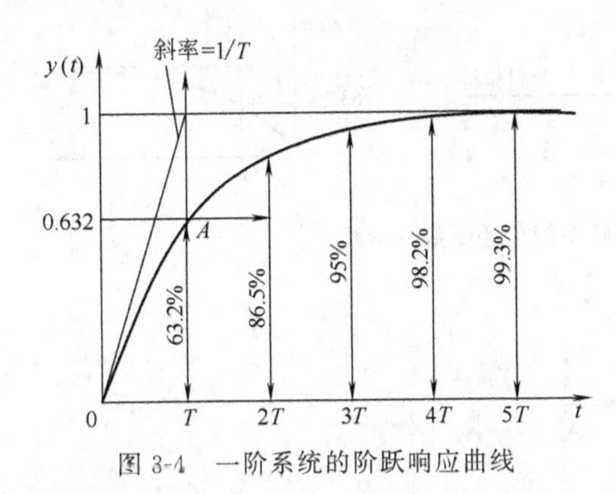

图 3-4　一阶系统的阶跃响应曲线

取拉氏反变换

$$y(t)=\mathrm{L}^{-1}[Y(s)]=1-\mathrm{e}^{-t/T} \tag{3-8}$$

式（3-8）表示的是一阶系统在单位阶跃信号作用下的时间响应，如图 3-4 所示，它是单调上升的指数曲线。

由式（3-8）可求出

$$y(0)=y(t)\mid_{t=0}=0$$

$$y(\infty)=y(t)\mid_{t=\infty}=1$$

$t=T$ 时，$y(T)=1-\mathrm{e}^{-1}=0.632$

上式说明，系统输出的稳态值是 1，等于输入值，即稳态误差为零。当 $t=T$ 时，系统输出达到稳态值的 63.2%。这时的点 A 是一阶系统过渡过程中最重要的特征点（见图 3-4）。通过式（3-8），还可计算出其他点，画出完整的过渡过程曲线。

$$y(t)=\begin{cases}0.865, & t=2T\\ 0.95, & t=3T\\ 0.982, & t=4T\\ 0.993, & t=5T\end{cases}$$

上列数据表明，当 $t\geqslant 3T$ 时，一阶系统的响应曲线已经保持在稳态值的 5%误差以内，即稳态误差小于 5%；当 $t\geqslant 4T$ 时，稳态误差小于 2%。根据以上对系统单位阶跃响应过程性能指标的定义，一阶系统的调节时间 t_s 是四倍的时间常数，即 $t_s=4T$（以误差小于±2%计算），或是 3 倍的时间常数，$t_s=3T$（以误差小于±5%计算）。

时间常数 T 反映一个系统的惯性，时间常数越小，系统的响应就越快；反之，越慢。一阶系统也被称为一阶惯性系统。

对式（3-8）求导，可求出输出曲线的变化速率

$$\frac{\mathrm{d}y(t)}{\mathrm{d}t}=\frac{1}{T}\mathrm{e}^{-\frac{t}{T}}$$

进一步计算出

$$t=0,\quad y'(0)=1/T$$

$$t=T,\quad y'(T)=\frac{1}{T}\mathrm{e}^{-1}=0.368\,\frac{1}{T}$$

$$t=\infty,\quad y'(\infty)=0$$

一阶系统阶跃响应曲线的另一个重要特性是在 $t=0$ 处切线的斜率等于 $1/T$。这说明如能保持初始运动速度不变，则当 $t=T$ 时，输出将达到其稳态值。但实际上，一阶系统过渡过程 $y(t)$ 的变化速率，随着时间的推移，是单调下降的，在 $t=T$ 时，下降到初始速度的 36.8%，并最终趋于零。

一阶系统单位阶跃响应的重要性质总结如下。

① 经过一倍时间常数，即 $t=T$ 时，系统从初始值上升到新稳态值的 63.2%。

② 在 $t=0$ 处曲线切线的斜率等于 $1/T$。

③ 一阶系统的调节时间 t_s 是四倍的时间常数，即 $t_s=4T$（以误差小于±2%计算）或是 3 倍的时间常数，即 $t_s=3T$（以误差小于±5%计算）。

以上分析为我们用实验方法求取一阶系统的传递函数提供了理论依据。根据系统的单位阶跃响应曲线，可以直接从达到新稳态值的 63.2%对应的时间求出一阶系统的时间常数，也可以从 $t=0$ 处的切线斜率求得（参见图 3-5）。

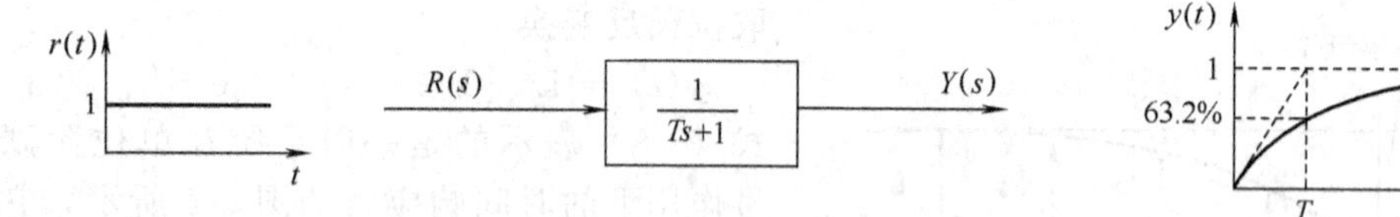

图 3-5　实验方法求取一阶系统传递函数的示意

3.2.2　单位斜坡响应

单位斜坡函数 $r(t)=t$ 的拉氏变换式为

$$R(s)=\frac{1}{s^2}$$

把上式代入式（3-6）

$$Y(s)=\frac{1}{Ts+1}\times\frac{1}{s^2}$$

将上式展开部分分式的和

$$Y(s)=\frac{1}{s^2}-\frac{T}{s}+\frac{T^2}{Ts+1}$$

取上式的拉氏反变换，即得系统的单位斜坡响应（见图 3-6）。

$$y(t)=t-T+T\mathrm{e}^{\frac{1}{T}} \tag{3-9}$$

从式（3-9）可计算出

$$y(t)=\begin{cases}0, & t=0\\ 0.368T, & t=T\\ t-T, & t=\infty\end{cases}$$

输出的误差函数为

$$e(t)=r(t)-y(t)=t-(t-T+Te^{-\frac{t}{T}})$$
$$=T(1-e^{-\frac{t}{T}}) \tag{3-10}$$

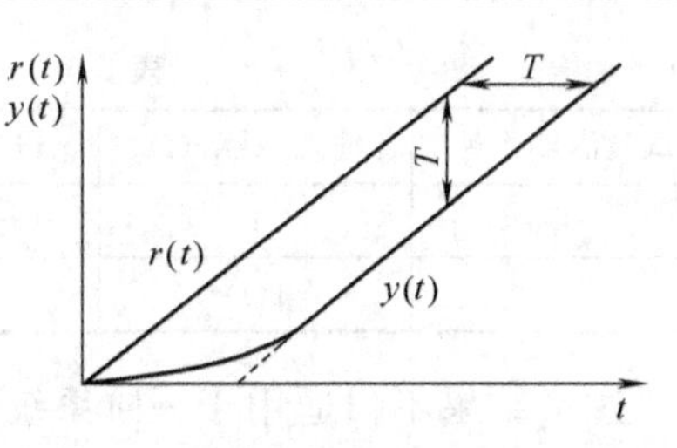

图 3-6　一阶系统的单位斜坡响应

有

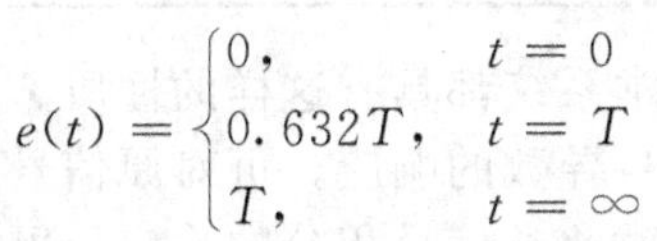

$$e(t)=\begin{cases}0, & t=0\\ 0.632T, & t=T\\ T, & t=\infty\end{cases}$$

从上列数据中，可以总结出一阶系统的单位斜坡响应具有如下特点。

① 系统的动态响应是一个指数型的上升过程，先逐步加快，最后以和输入相同的速度线性增加，与输入相平行。

② 输出总是小于输入，误差逐步从零增大到时间常数 T，并保持不变，因此 T 也是稳态误差。

③ 系统的稳态响应为 $y(\infty)=t-T$，是一个与输入斜坡函数斜率相同，但时间落后 T 的斜坡函数。因此，系统的时间常数 T 越小，系统跟踪输入信号的稳态误差也越小。

3.2.3　单位脉冲响应

当输入信号为单位脉冲 δ 函数时，由于 $R(s)=L[\delta(t)]=1$，所以系统输出的拉氏变换式恰好与系统的传递函数相同，即

$$Y(s)=G(s)R(s)=G(s)=\frac{1}{Ts+1}$$

此时系统的输出称为单位脉冲响应，其表达式为

$$y(t)=\frac{1}{T}e^{-\frac{t}{T}} \tag{3-11}$$

同时，可计算出

$$y(0)=\frac{1}{T},\quad y(\infty)=0,\quad y'(t)=-\frac{1}{T^2}e^{-\frac{t}{T}}$$

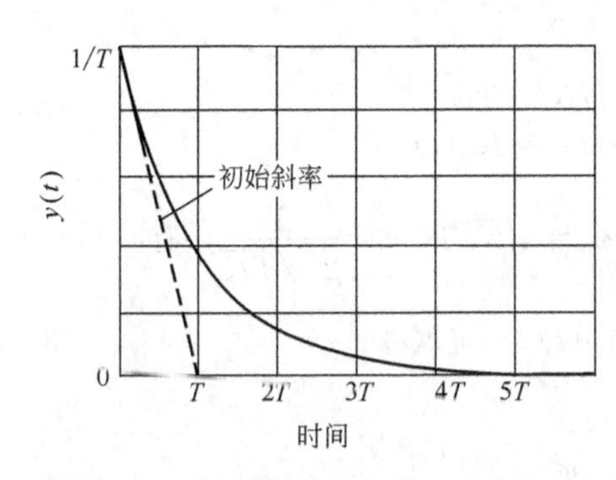

图 3-7　一阶系统的单位脉冲响应曲线

一阶系统的单位脉冲响应曲线如图 3-7 所示。

由图可见，一阶系统的脉冲响应为一单调下降的指数曲线。其输出的初始值为 $1/T$，稳态值为零，即稳态误差也为零。

由于系统在单位脉冲输入信号作用下，输出的拉氏变换式正好是系统的传递函数，对其进行拉氏反变换，即可得到系统输出的脉冲响应函数，记为 $g(t)$，它是由系统的传递函数直接进行拉氏反变换而得到的。

根据这个特点，常常用单位脉冲信号作用于系统，测定系统的单位脉冲响应，由此可以求得系统的传递函数。

把上述三种典型试验信号及其一阶系统相应的输出响应列为表 3-1，仔细分析输入和输出信号彼此的关系，可以发现有趣的现象。

从表 3-1 中可以看出，对斜坡信号求导，可以得到阶跃函数；对阶跃信号求导，可以得到脉冲函数。或者说，脉冲函数的积分是阶跃函数，阶跃函数的积分是斜坡函数。同样从输出响应方面考察，也存在这样的关系：脉冲响应是阶跃响应的导数，阶跃响应又是斜坡响应的导数。

表 3-1 一阶线性系统对典型试验信号的响应

试验信号类型	输入信号 $r(t)$	输出响应 $y(t)$	试验信号类型	输入信号 $r(t)$	输出响应 $y(t)$
1	t	$t-T+T\mathrm{e}^{-t/T}$	3	$\delta(t)$	$\frac{1}{T}\mathrm{e}^{-t/T}$
2	$1(t)$	$1-\mathrm{e}^{-t/T}$			

这一结果不仅适用于一阶系统，所有的线性定常系统都具有这样的性质。在线性定常系统中，若已知某种信号的输出响应，欲求对此类信号导数的响应，可对原信号的输出响应求导获得。同样，若已知某种信号的输出响应，欲求对此类信号积分的响应，可对原信号的输出响应积分获得，而积分常数则由初始条件决定。这是线性定常系统的一个特点，其他系统都不具备这种性质。

3.3 二阶系统的动态响应

可以被二阶线性常微分方程描述的系统都称为二阶线性定常系统。在实际工程中，二阶系统不仅普遍存在，而且不少高阶系统往往可以近似为二阶系统。因此，对二阶线性系统的分析和设计在自动控制原理中占有十分重要的地位。

所有的二阶线性系统都可以转化为一种统一的标准形式，这为我们的研究提供很大的方便。在标准形式中，系统的特征参数不同，可以演变出代表不同特性的二阶系统。研究证明，线性二阶系统可以归类为有限的几种，这一节将详细分析它们的特性。

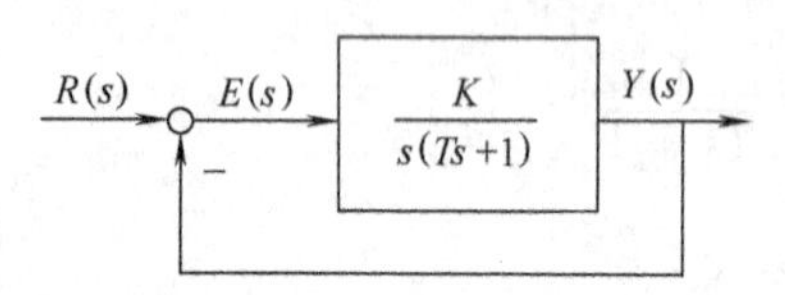

图 3-8 电机调速系统的闭环方块图

3.3.1 二阶系统数学模型的标准形式

某电机调速系统（见图 3-8）的开环传递函数为

$$G_0(s)=\frac{K}{s(Ts+1)}$$

式中，T 为机电时间常数；K 为增益。其闭环传递函数为

$$\frac{Y(s)}{R(s)}=\frac{K}{Ts^2+s+K}$$

可转换为下列的微分方程

$$T\frac{\mathrm{d}y^2(t)}{\mathrm{d}t}+\frac{\mathrm{d}y(t)}{\mathrm{d}t}+Ky(t)=Kr(t)$$

为使研究具有普遍意义，将它们写成标准形式，令 $\omega_{\mathrm{n}}=\sqrt{K/T}$，$\zeta=\frac{1}{2\sqrt{TK}}$，有

$$\frac{\mathrm{d}^2y(t)}{\mathrm{d}t^2}+2\zeta\omega_{\mathrm{n}}\frac{\mathrm{d}y(t)}{\mathrm{d}t}+\omega_{\mathrm{n}}^2y(t)=\omega_{\mathrm{n}}^2r(t) \tag{3-12}$$

和标准传递函数

$$G(s)=\frac{Y(s)}{R(s)}=\frac{\omega_{\mathrm{n}}^2}{s^2+2\zeta\omega_{\mathrm{n}}s+\omega_{\mathrm{n}}^2} \tag{3-13}$$

得到输出

$$Y(s)=\frac{\omega_{\mathrm{n}}^2}{s^2+2\zeta\omega_{\mathrm{n}}s+\omega_{\mathrm{n}}^2}R(s) \tag{3-14}$$

ω_{n} 叫做系统的无阻尼振荡频率，具有弧度/时间的因次，如 rad/s，ζ 叫做阻尼比，无因次。两者构成了二阶线性系统的特征参数。

求解这个二阶系统的特征方程

$$s^2+2\zeta\omega_{\mathrm{n}}s+\omega_{\mathrm{n}}^2=0$$

可得到它的两个闭环特征根（闭环极点）

$$s_{1,2}=-\zeta\omega_n\pm\omega_n\sqrt{\zeta^2-1} \tag{3-15}$$

二阶系统的时间响应取决于上述两个特征参数。当阻尼比 ζ 取不同值时，二阶系统特征根的性质见图 3-9。

当 $\zeta^2-1<0$，即 $0<\zeta<1$ 时，称系统为欠阻尼系统。两个特征根是一对共轭复根，即 $s_{1,2}=-\zeta\omega_n\pm j\omega_n\sqrt{1-\zeta^2}$，此时，二阶系统的极点是一对位于 S 根平面左半部的共轭复数极点［图 3-9(a)］。

当 $\zeta^2-1=0$ 即 $\zeta=1$ 时，称为临界阻尼系统。特征方程具有两个相等的负实根，它们是 $s_{1,2}=-\omega_n$，此时，二阶系统的极点是位于 S 平面实轴上的两个相等负实极点［见图 3-9(b)］。

当 $\zeta^2-1>0$ 即 $\zeta>1$ 时，称为过阻尼系统。特征方程具有两个不等的负实根，即 $s_{1,2}=-\zeta\omega_n\pm\omega_n\sqrt{\zeta^2-1}$，此时，二阶系统的两个极点均位于 S 平面负实轴上［见图 3-9(c)］。

当 $\zeta=0$ 时，称为无阻尼系统。特征方程具有一对共轭纯虚根，即 $s_{1,2}=\pm j\omega_n$，此时，二阶系统的闭环极点为位于 S 平面虚轴上的一对共轭虚根［见图 3-9(d)］。

当 $-1<\zeta<0$ 时，称为负阻尼系统。特征方程的两个根为具有正实部的共轭复根，即

$$s_{1,2}=-\zeta\omega_n\pm j\omega_n\sqrt{1-\zeta^2}$$

此时，二阶系统的极点为位于 S 平面右半部的一对共轭复根［见图 3-9(e)］。

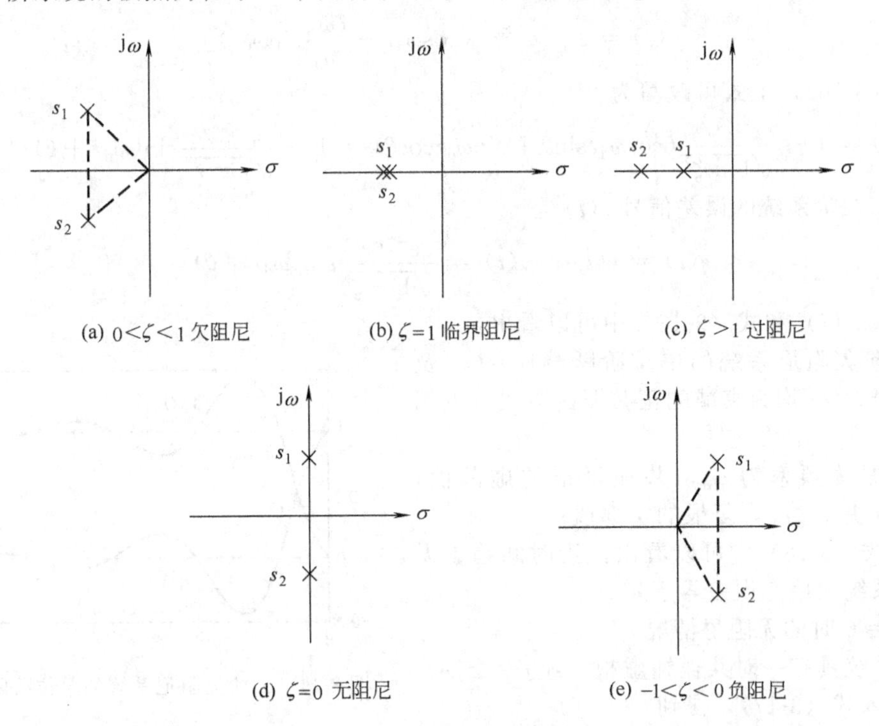

图 3-9　阻尼比不同时二阶系统闭环特征根在 S 平面上的位置

3.3.2　二阶系统的单位阶跃响应

根据上面列举的几种不同情况，以下逐项分析具有不同特征根的二阶系统在单位阶跃函数作用下的过渡过程。

(1) $0<\zeta<1$ 时的欠阻尼情况

这时系统有一对共轭复根

$$s_{1,2}=-\zeta\omega_n\pm j\omega_n\sqrt{1-\zeta^2}=-\zeta\omega_n\pm j\omega_d$$

式中，$\omega_d=\omega_n\sqrt{1-\zeta^2}$，是复根的虚部值，它具有实际的物理意义，被称为有阻尼振荡频率。观察图 3-10，还可得到共轭复根的其他关系式。其中，复根 s_1 对应的矢量与实轴的夹角 θ 等于

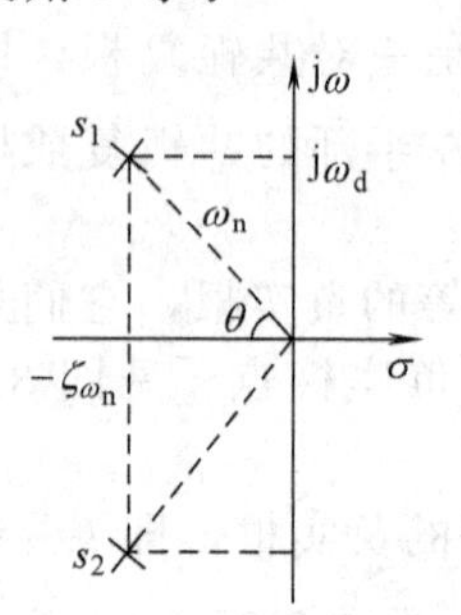

图 3-10 极点位置

$$\theta=\arctan\frac{\sqrt{1-\zeta^2}}{\zeta},\ \sin\theta=\sqrt{1-\zeta^2},\ \cos\theta=\zeta \tag{3-16}$$

θ 因仅与阻尼比有关，被称为阻尼角。

在单位阶跃信号作用下，式 (3-14) 可改写成

$$\begin{aligned}Y(s)&=\frac{\omega_n^2}{s^2+2\zeta\omega_n s+\omega_n^2}\frac{1}{s}=\frac{1}{s}-\frac{s+2\zeta\omega_n}{s^2+2\zeta\omega_n s+\omega_n^2}\\&=\frac{1}{s}-\frac{s+2\zeta\omega_n}{(s+\zeta\omega_n+j\omega_d)(s+\zeta\omega_n-j\omega_d)}\\&=\frac{1}{s}-\frac{s+\zeta\omega_n}{(s+\zeta\omega_n)^2+\omega_d^2}-\frac{\zeta\omega_n}{(s+\zeta\omega_n)^2+\omega_d^2}\end{aligned}$$

上式后两项的拉氏反变换式为

$$L^{-1}\left[\frac{s+\zeta\omega_n}{(s+\zeta\omega_n)^2+\omega_d^2}\right]=e^{-\zeta\omega_n t}\cos\omega_d t,\quad L^{-1}\left[\frac{\omega_d}{(s+\zeta\omega_n)^2+\omega_d^2}\right]=e^{-\zeta\omega_n t}\sin\omega_d t$$

因此，$Y(s)$ 的拉氏反变换为

$$y(t)=1-e^{-\zeta\omega_n t}\left(\cos\omega_d t+\frac{\zeta\omega_n}{\omega_d}\sin\omega_d t\right)$$

考虑到式 (3-16)，上式可改写为

$$y(t)=1-\frac{e^{-\zeta\omega_n t}}{\sqrt{1-\zeta^2}}(\cos\omega_d t\sin\theta+\sin\omega_d t\cos\theta)=1-\frac{e^{-\zeta\omega_n t}}{\sqrt{1-\zeta^2}}\sin(\omega_d t+\theta) \tag{3-17}$$

这时，二阶系统的误差信号 $e(t)$ 是

$$e(t)=r(t)-y(t)=\frac{e^{-\zeta\omega_n t}}{\sqrt{1-\zeta^2}}\sin(\omega_d t+\theta) \tag{3-18}$$

从式 (3-17) 和式 (3-18) 中可以看出：

① 二阶欠阻尼系统的单位阶跃响应 $y(t)$ 及其误差信号 $e(t)$ 均为衰减的正弦振荡曲线（见图 3-11）；

② 其振荡频率为 ω_d，共轭复根的虚部值；衰减速度取决于 $\zeta\omega_n$，复根的实部值；

③ 从式 (3-18) 中可以看出，当时间趋于无穷大时，系统的稳态误差等于零。

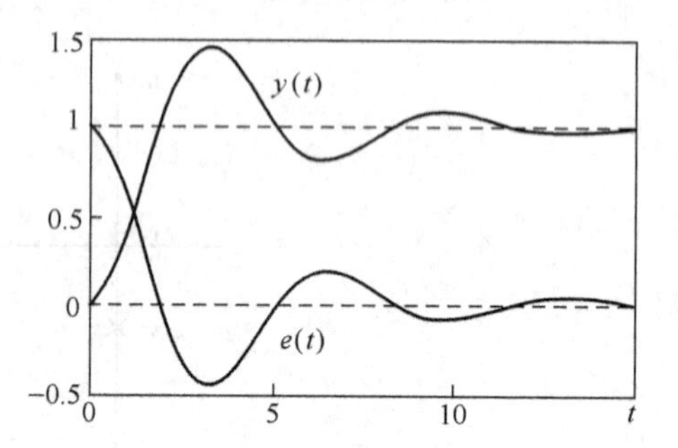

图 3-11 二阶欠阻尼系统的单位阶跃响应

(2) $\zeta=0$ 时的无阻尼情况

这时系统具有一对共轭纯虚根，$s_{1,2}=\pm j\omega_n$。将 $\zeta=0$ 代入式 (3-17)，得到

$$y(t)=1-\sin\left(\omega_n t+\frac{\pi}{2}\right)=1-\cos\omega_n t \tag{3-19}$$

由此可知，当阻尼比 $\zeta=0$ 时，系统的阶跃响应变为等幅的正弦振荡（见图 3-12），当 t 趋向无穷大时，即系统稳态时仍是等幅振荡，振荡频率为 ω_n。

综上分析，可以看出频率 ω_n 和 ω_d 具有鲜明的物理涵义。ω_n 是二阶无阻尼（即 $\zeta=0$）系统等幅振荡过程的频率，因此也称为无阻尼振荡频率。而 ω_d 是二阶欠阻尼（$0<\zeta<1$）系统衰减振荡过程的振荡频率，因此称为有阻尼振荡频率。由定义可知，ω_d 低于 ω_n，且随着 ζ 的增大，ω_d 的值减小。

（3）$\zeta=1$ 时的临界阻尼情况

这时系统具有两个相等的负实根，$s_{1,2}=-\omega_n$。此时，由式（3-14）得到

$$Y(s)=\frac{\omega_n^2}{(s+\omega_n)^2 s}=\frac{1}{s}-\frac{\omega_n}{(s+\omega_n)^2}-\frac{1}{s+\omega_n}$$

取上式的拉氏反变换，得到系统的过渡过程：

$$y(t)=1-e^{-\omega_n t}-\omega_n t e^{-\omega_n t} \tag{3-20}$$

可以看出，阻尼比为 1 时，二阶系统的过渡过程是一个无超调的单调上升过程（见图 3-12）。

（4）$\zeta>1$ 时的过阻尼情况

这时二阶系统具有两个不等的负实根，即

$$s_{1,2}=-\zeta\omega_n \pm \omega_n\sqrt{\zeta^2-1}$$

因此，若令：$T_1=-\dfrac{1}{s_1}=\dfrac{1}{\omega_n(\zeta-\sqrt{\zeta^2-1})}$，$T_2=-\dfrac{1}{s_2}=\dfrac{1}{\omega_n(\zeta+\sqrt{\zeta^2-1})}$，则 $Y(s)$ 可写成

$$Y(s)=G(s)R(s)=\frac{\omega_n^2}{s^2+2\zeta\omega_n s+\omega_n^2}\frac{1}{s}=\frac{\omega_n^2}{(s-s_1)(s-s_2)}\frac{1}{s}=\frac{\omega_n^2}{\left(s+\frac{1}{T_1}\right)\left(s+\frac{1}{T_2}\right)}\frac{1}{s}$$

此时，系统可以视为两个一阶惯性环节的串联，取上式的拉氏反变换，得到

$$y(t)=1+\frac{1}{T_2-T_1}\left(T_1 e^{-t/T_1}-T_2 e^{-t/T_2}\right) \tag{3-21}$$

上式表明，当 $\zeta>1$ 时，二阶系统的过渡过程 $y(t)$ 中含有两个衰减指数项，其代数和绝不会超过稳态值 1，此时的过渡过程是非振荡的单调上升曲线（见图 3-12）。

（5）$-1<\zeta<0$ 时的负阻尼情况

此时的输出见式（3-17）。但是由于指数项为正值，因此，输出呈发散振荡的正弦曲线。

在单位阶跃函数作用下，当阻尼比 ζ 不同时，二阶系统的单位阶跃响应曲线如图 3-12 所示，横坐标是无因次变量 $\omega_n t$。

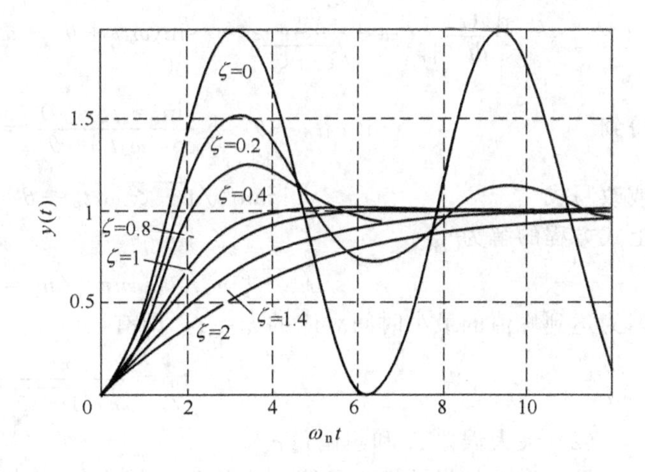

图 3-12　二阶系统的标准曲线

从图中可以看出，随着阻尼比 ζ 的减小，系统的振荡特性表现得越来越强，以致在 $\zeta=0$ 时出现等幅振荡，在负阻尼（$\zeta<0$）时，将会出现发散特性。

在过阻尼（$\zeta>1$）的情况下，系统响应没有超调量，但过渡过程很慢，调节时间 t_s 比较长。

在临界阻尼（$\zeta=1$）状态下，系统响应同样呈现单调上升的特性，调节时间 t_s 比过阻尼时短。

在无阻尼（$\zeta=0$）状态下，系统达到稳态（等幅振荡）的过渡过程时间最短，但除特殊需要外，系统不能工作在这种状态。

在欠阻尼（$0<\zeta<1$）系统中，从图 3-12 中可以看出，$\zeta=0.4\sim0.8$ 时的过渡过程比临界阻尼系统具有更短的过渡时间 t_s，而且振荡和超调也不严重。因此，通常希望二阶系统工作在 $\zeta=0.4\sim0.8$ 的欠阻尼状态。

3.3.3 二阶欠阻尼系统过渡过程的性能指标

在实际应用中，通常认为二阶系统工作在欠阻尼状态会获得较好的动态特性，因此系统中的阻尼比常常被设计在0.4～0.8之间。本节将重点分析二阶欠阻尼系统单位阶跃响应过程的性能指标，这些指标与二阶系统的两个特征参数ζ和ω_n值之间存在定量关系。

当加入单位阶跃信号后，二阶欠阻尼系统的输入与输出变量的数学表达式如下

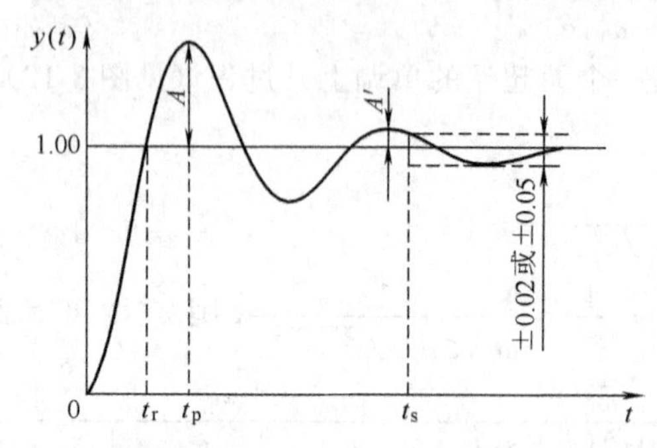

图3-13 二阶欠阻尼系统过渡过程曲线

$$r(t)=1(t)$$

$$y(t)=1-\frac{e^{-\zeta\omega_n t}}{\sqrt{1-\zeta^2}}\sin(\omega_d t+\theta) \tag{3-22}$$

$$y(t)\big|_{t\to\infty}=y(\infty)=1$$

其中，$\tan\theta=\dfrac{\sqrt{1-\zeta^2}}{\zeta}$，$\omega_d=\sqrt{1-\zeta^2}\,\omega_n$。过渡过程曲线如图3-13所示。

(1) 峰值时间t_p

峰值时间是指系统单位阶跃响应达到第一个峰值的时间，它可利用输出曲线达到峰值时的变化率为零的原理求出。因此，峰值时间t_p可表示为式（3-22）中一阶导数等于零时所对应的最小时间，有

$$\left.\frac{dy(t)}{dt}\right|_{t_p}=\left.\frac{\zeta\omega_n}{\sqrt{1-\zeta^2}}e^{-\zeta\omega_n t}\sin(\omega_d t+\theta)-\omega_n e^{-\zeta\omega_n t}\cos(\omega_d t+\theta)\right|_{t_p}=0$$

得到
$$\tan(\omega_d t_p+\theta)=\frac{\sin(\omega_d t_p+\theta)}{\cos(\omega_d t_p+\theta)}=\frac{\sqrt{1-\zeta^2}}{\zeta}=\tan\theta$$

或改写成
$$\tan(\sqrt{1-\zeta^2}\,\omega_n t_p+\theta)=\tan\theta$$

上式方程的解为

$$\sqrt{1-\zeta^2}\omega_n t_p=m\pi\quad(m=1,2,3,\cdots) \tag{3-23}$$

因为达到峰值的最小时间对应的$m=1$，即有

$$t_p=\frac{\pi}{\omega_n\sqrt{1-\zeta^2}} \tag{3-24}$$

(2) 最大误差A和超调量$\sigma\%$

最大误差是指被控变量第一个峰值与给定值的差。将最大峰值时间代入式（3-22）中，便得到第一个峰值。

$$y(t_p)=1-\frac{e^{-\frac{\zeta\pi}{\sqrt{1-\zeta^2}}}}{\sqrt{1-\zeta^2}}\sin(\pi+\theta)$$

因为$\sin(\pi+\theta)=-\sin\theta=-\sqrt{1-\zeta^2}$［参见式（3-16）］，因此最大误差

$$A=y(t_p)-r(t)=1+e^{-\frac{\zeta\pi}{\sqrt{1-\zeta^2}}}-1=e^{-\frac{\zeta\pi}{\sqrt{1-\zeta^2}}} \tag{3-25}$$

根据定义，超调量由下式计算

$$\sigma\%=\frac{y(t_p)-y(\infty)}{y(\infty)}\times100\%=\frac{1+e^{-\frac{\zeta\pi}{\sqrt{1-\zeta^2}}}-1}{1}\times100\%=e^{-\frac{\zeta\pi}{\sqrt{1-\zeta^2}}}\times100\% \tag{3-26}$$

可见，最大误差A和超调量$\sigma\%$仅为阻尼比ζ的函数，与振荡频率ω_n无关。超调量与ζ之间的关系如图3-14所示。ζ越大，超调量越小。

由式（3-26）还可计算出，当 $\zeta=1$ 时，超调量为零，反之当 $\zeta=0$ 时，超调量等于 100%。

（3）衰减比 n

在单位阶跃响应曲线上，同方向相邻两个波峰误差值之比被定义为衰减比。由式（3-23）可知，第三个波峰值（$m=3$）出现的时间是

$$t_3=\frac{3\pi}{\omega_n\sqrt{1-\zeta^2}}$$

代入式（3-22），可得

$$y(t_3)=1+e^{-\frac{3\pi\zeta}{\sqrt{1-\zeta^2}}}$$

于是

$$A'=e^{-\frac{3\pi\zeta}{\sqrt{1-\zeta^2}}},\ A=e^{-\frac{\pi\zeta}{\sqrt{1-\zeta^2}}}$$

因而衰减比为

$$n=\frac{A}{A'}=e^{\frac{2\pi\zeta}{\sqrt{1-\zeta^2}}} \tag{3-27}$$

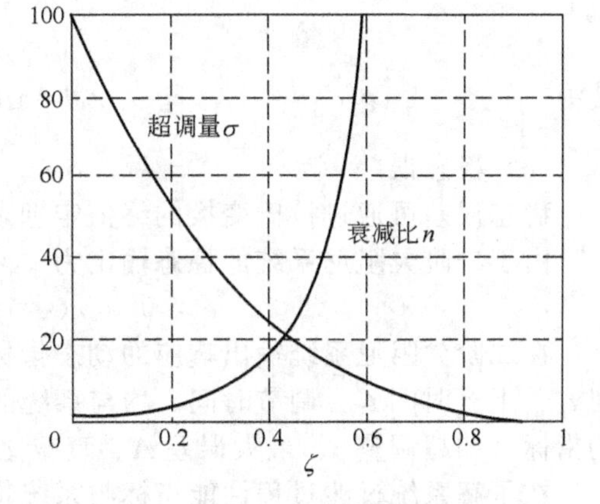

图 3-14　ζ 与超调量、衰减比的关系

衰减比与阻尼比 ζ 的关系如图 3-14 所示。

（4）调节时间 t_s

调节时间定义为阶跃响应曲线进入最终稳态值±2%或±5%误差范围内所需的时间。

观察方程式（3-22），可以清楚地看出，函数 $1\pm\frac{e^{-\zeta\omega_n t}}{\sqrt{1-\zeta^2}}$ 的曲线是二阶欠阻尼系统单位阶跃响应曲线的包络线，即系统的输出曲线总是被包含在这一对包络线之内，如图 3-15 所示。因此，可以根据包络线函数进入特定的误差范围来计算调节时间 t_s（以±5%为例）。

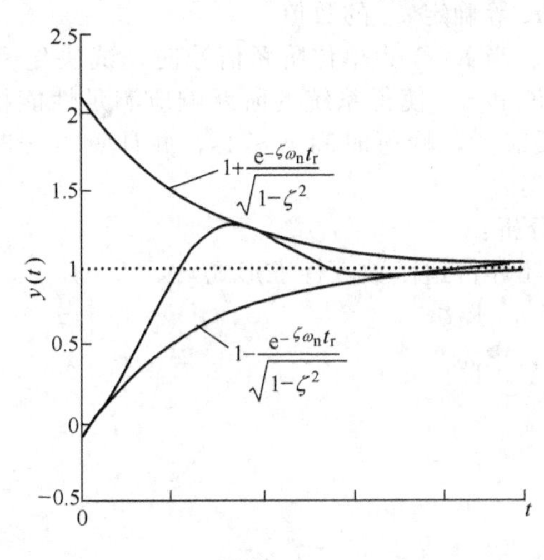

图 3-15　系统单位阶跃响应曲线的包络线

$$1\pm\frac{1}{\sqrt{1-\zeta^2}}e^{-\zeta\omega_n t}=1\pm5\%$$

化简后两边做对数运算，求出

$$t_s=-\frac{\ln(0.05\sqrt{1-\zeta^2})}{\zeta\omega_n},\quad \Delta=\pm5\% \tag{3-28}$$

同理，可计算

$$t_s=-\frac{\ln(0.02\sqrt{1-\zeta^2})}{\zeta\omega_n},\quad \Delta=\pm2\% \tag{3-29}$$

当 $0<\zeta<0.9$ 时，可取 t_s 的近似值

$$t_s\approx\frac{3}{\zeta\omega_n}\quad(\Delta=5\%)$$
$$t_s\approx\frac{4}{\zeta\omega_n}\quad(\Delta=2\%) \tag{3-30}$$

（5）上升时间 t_r

上升时间是系统单位阶跃响应第一次到达稳态值的时间。由方程式（3-22），令 $y(t_r)=1$，有

$$y(t_r)=1-\frac{1}{\sqrt{1-\zeta^2}}e^{-\zeta\omega_n t_r}\sin(\omega_d t_r+\theta)=1$$

因为 $\frac{1}{\sqrt{1-\zeta^2}}e^{-\zeta\omega_n t_r}\neq 0$，因此有，$\sin(\omega_d t_r+\theta)=0$，即

$$\omega_d t_r+\theta=\pi$$

由此可求出

$$t_r=\frac{\pi-\theta}{\omega_n\sqrt{1-\zeta^2}}$$

其中

$$\theta=\arctan\frac{\sqrt{1-\zeta^2}}{\zeta} \tag{3-31}$$

(6) 稳态误差 $e(\infty)$

稳态误差可通过拉氏变换的终值定理求出，也可通过定义直接求出。

由于二阶欠阻尼系统的稳态输出为 $y(\infty)=1$，因此，根据定义

$$e(\infty)=r(\infty)-y(\infty)=1-1=0 \tag{3-32}$$

在二阶欠阻尼系统输出响应的动态指标中，几个与过渡过程时间有关的指标，如峰值时间 t_p、上升时间 t_r、调节时间 t_s 均与系统的两个特征参数 ζ 和 ω_n 有关；而与系统误差有关的指标，如超调量 σ、最大误差 A、衰减比 n 则仅与阻尼比 ζ 值有关。

在了解系统过渡过程性能指标与系统特征参数的定量关系之后，我们可以分析和评价、设计控制系统。

① 分析和评价控制系统　已知系统的传递函数 $G(s)$，即特征参数 ζ 和 ω_n 后，不必去求解或试验得到系统的过渡过程，根据上述关系式，就可得知系统阶跃响应的性能指标，对控制系统做出评价和分析。

② 设计控制系统　规定控制系统的性能指标后，根据以上公式，可求出满足要求的 ζ 和 ω_n 值，随即确定系统的闭环传递函数。若已建立了被控对象的数学模型，则可以对调节器进行设计。

一般的做法是由超调量等指标确定 ζ，然后由 t_s 等确定 ω_n 的数值。

【例 3-1】 已知某反馈控制系统如图 3-16 所示。当 $R(s)$ 为单位阶跃信号时，试决定系统的结构参数 K 和 τ，使得系统的阶跃响应满足性能指标超调量 $\sigma\%\leqslant 20\%$，峰值时间 $t_p\leqslant 1$s，并计算上升时间 t_r 和调节时间 t_s。

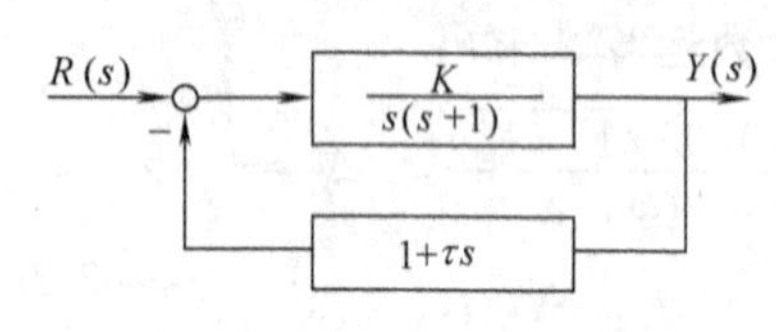

图 3-16　反馈控制系统结构图

求解思路分析：

① 求系统闭环传递函数（标准形式）；

② 根据 $\sigma\%$，求 ζ；

③ 根据 t_p，求 ω_n；

④ 根据 ζ,ω_n 确定 K 和 τ；

⑤ 求其他指标。

解　系统的闭环传递函数为

$$\frac{Y(s)}{R(s)}=\frac{G(s)}{1+H(s)G(s)}=\frac{\frac{K}{s(s+1)}}{1+\frac{K}{s(s+1)}(1+\tau s)}=\frac{K}{s^2+(1+K\tau)s+K}$$

根据给定条件，$\sigma\%=20\%$，$t_p=1$s，利用式（3-26）和式（3-24）

$\sigma\%=e^{-\frac{\zeta\pi}{\sqrt{1-\zeta^2}}}\times 100\%=20\%$，求出　$\zeta=0.456$

$t_p=\frac{\pi}{\omega_n\sqrt{1-\zeta^2}}=1$s，求出　$\omega_n=3.53$rad/s

根据二阶系统的标准形式

$$\frac{Y(s)}{R(s)}=\frac{K}{s^2+(1+K\tau)s+K}=\frac{\omega_n^2}{s^2+2\zeta\omega_n s+\omega_n^2}$$

比较出，$K=\omega_n^2=3.53^2$，求出 $K=12.5$，由 $(1+K\tau)=2\zeta\omega_n=3.22$，求出 $\tau=0.178$。

在上述参数下，计算上升时间 t_r［式（3-31）］和调节时间 t_s［式（3-30）］

$$t_r=\frac{\pi-\theta}{\omega_n\sqrt{1-\zeta^2}},\quad \omega_n\sqrt{1-\zeta^2}=3.14$$

求出
$$\theta=\arccos\zeta=1.1,\quad t_r=\frac{\pi-1.1}{3.14}=0.65\text{s}$$

$$t_s\approx\frac{3}{\zeta\omega_n}=1.86\text{s}(\pm5\%),\quad t_s\approx\frac{4}{\zeta\omega_n}=2.48\text{s}(\pm2\%)$$

（7）非标准的二阶欠阻尼系统过渡过程性能指标的计算

【例 3-2】 使用一纯比例调节器 K_c 去控制一个传递函数 $G_0(s)=\dfrac{4}{4s^2+4s+1}$ 的对象，求闭环系统单位阶跃响应过程的性能指标（见图 3-17）。

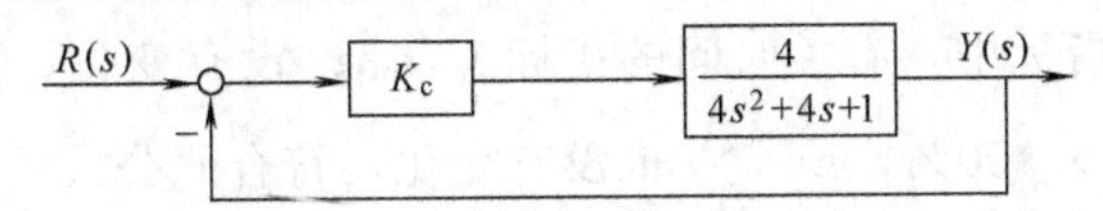

图 3-17 闭环系统方块图

解 闭环传递函数

$$G(s)=\frac{K_cG_0(s)}{1+K_cG_0(s)}=\frac{4K_c}{4s^2+4s+1+4K_c}=\frac{K_c}{s^2+s+\dfrac{1+4K_c}{4}}$$

转换成标准二阶系统形式

$$G(s)=\frac{K_c}{\dfrac{1+4K_c}{4}}\,\frac{\dfrac{1+4K_c}{4}}{s^2+s+\dfrac{1+4K_c}{4}}=K\,\frac{\omega_n^2}{s^2+2\zeta\omega_n s+\omega_n^2}$$

其中
$$K=\frac{4K_c}{1+4K_c},\quad \omega_n^2=\frac{1+4K_c}{4},\quad 2\zeta\omega_n=1$$

上述例子可以推广，任何线性二阶系统均可表示为常数 K 与二阶标准系统连乘的形式。当 $K\neq1$ 或阶跃输入的幅值不为 1 时，系统阶跃响应的性能指标应如何计算？

任何线性二阶系统均可表示为以下传递函数

$$G(s)=\frac{K\omega_n^2}{s^2+2\zeta\omega_n s+\omega_n^2}$$

当输入为阶跃函数 $R(s)=C/s$，即幅值为 C 的阶跃信号时，输出等于

$$Y(s)=\frac{K\omega_n^2}{s^2+2\zeta\omega_n s+\omega_n^2}\times\frac{C}{s}$$

对上式求拉氏反变换，得到输出的时域表达式

$$y(t)=\mathrm{L}^{-1}[Y(s)]=CK\left[1-\frac{1}{\sqrt{1-\zeta^2}}\mathrm{e}^{-\zeta\omega_n t}\sin(\omega_d t+\theta)\right]$$

当 $t\to\infty$ 时，系统的稳态输出为 $y(\infty)=CK$。

从上式可知，此时系统阶跃响应的输出被成比例放大 CK 倍，包括稳态值阶跃信号的幅值 C 与系统增益 K 对系统输出有相同的影响。因此，以下暂设 $C=1$，分析二阶系统的过渡过程和相应的性能指标（见图 3-18）。

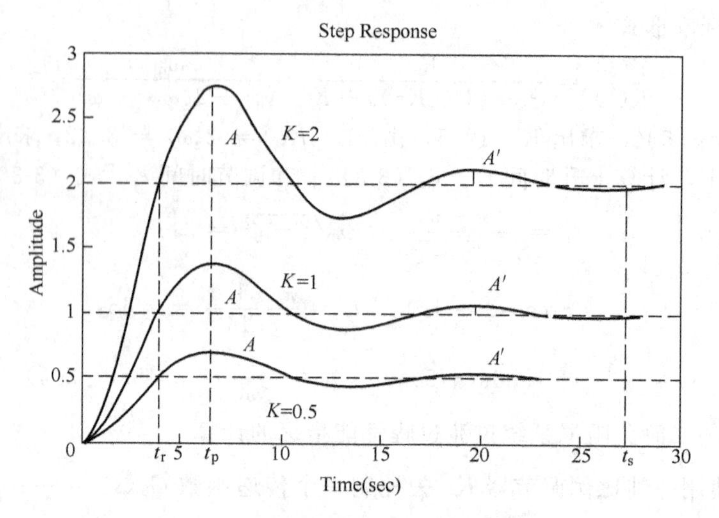

图 3-18　K 取不同值时的单位阶跃响应

由图可知，在性能指标中，有关时间的指标 t_r,t_p,t_s 没有变化，以及有关相对误差的指标 $\sigma\%=\dfrac{y(t_p)-y(\infty)}{y(\infty)}\times100\%$，$n=\dfrac{A}{A'}$ 也没有变化，符合原公式，它们仍由标准二阶系统的特征参数 ζ,ω_n 惟一决定，而反映绝对误差的最大误差 A 数值不同，与系统的稳态输出一样，被成比例放大 K 倍。

对于非二阶系统的阶跃响应 $y(t)$，计算其过渡过程的性能指标可参照二阶系统阶跃响应性能指标的求解原理求解。如峰值时间 t_p，利用 $y'(t_p)=0$ 求解；上升时间 t_r，利用第一次达到输出的稳态值，即 $y(t_r)=y(\infty)$ 的条件求解等。

3.4　高阶系统的动态响应

在实际控制工程中，几乎大部分被控对象都是由二阶以上的高阶微分方程来描述的，也就是说，大部分系统实际上都是高阶系统。高阶系统的求解和分析一般比较复杂，具体处理可依据系统分析的目标要求使用不同的方法：可通过因式分解，把高阶系统分解成一阶和二阶系统的线性组合，再依据线性系统的叠加原理，把各低阶系统分量的响应组合成高阶系统的过渡过程；通过把高阶系统列写为状态方程的形式，通过计算机数值方法求解；最经常使用的方法就是抓住高阶系统的主要特点，忽略次要因素，把高阶系统降阶近似为二阶系统，然后利用二阶系统的分析方法，研究高阶系统，但前提是该高阶系统中必须存在闭环主导极点。

3.4.1　高阶系统的解析分析

【例 3-3】 某三阶系统的闭环传递函数为

$$\frac{Y(s)}{R(s)}=\frac{s^2+3s+2}{s^3+5s^2+8s+6} \tag{3-33}$$

写成零极点的形式

$$\frac{Y(s)}{R(s)}=\frac{(s+z_1)(s+z_2)}{(s+s_1)(s+s_2)(s+s_3)}=\frac{(s+1)(s+2)}{(s+3)(s+1-\mathrm{j})(s+1+\mathrm{j})}$$

它包含一个闭环实数根 $s_1=-3$ 和一对共轭复根 $s_{2,3}=-1\pm\mathrm{j}$，还有两个闭环零点 $z_1=-1$，$z_2=-2$。

在单位阶跃信号作用下，其输出可表示为

$$Y(s)=\frac{(s+1)(s+2)}{(s+3)(s+1-\mathrm{j})(s+1+\mathrm{j})}\times\frac{1}{s}$$

写成部分分式的形式

$$Y(s)=\frac{a}{s}+\frac{b_1}{s+3}+\frac{b_2}{s+1-\mathrm{j}}+\frac{b_3}{s+1+\mathrm{j}}$$

其中，a 是输出 $Y(s)$ 在输入函数极点处的留数，值等于传递函数［式 (3-33)］中分子与分母常数项的比值，有 $a=\lim\limits_{s\to 0}\frac{Y(s)}{R(s)}=\frac{1}{3}$。

$b_i(i=1,2,3)$ 是输出 $Y(s)$ 在各闭环极点处的留数，可根据复变函数中的留数定理求出

$$b_i=\lim_{s\to s_i}(s-s_i)Y(s),\quad i=1,2,3$$

依上式可求出：$b_1=-0.13$，$b_2=-0.1-\mathrm{j}0.2$，$b_3=-0.1+\mathrm{j}0.2$。代入 $Y(s)$ 的表达式

$$Y(s)=\frac{0.3}{s}+\frac{-0.13}{s+3}+\frac{-0.1-\mathrm{j}0.2}{s+1-\mathrm{j}}+\frac{-0.1+\mathrm{j}0.2}{s+1+\mathrm{j}}$$

把上式后两项合并，即把复数极点用它的实部和虚部表示，得到

$$Y(s)=\frac{0.3}{s}+\frac{-0.13}{s+3}+\frac{-0.2s+0.2}{(s+1)^2+1}$$

对上式取拉氏反变换，得到系统的单位阶跃响应

$$y(t)=0.3-0.13\mathrm{e}^{-3t}-0.2\sqrt{5}\mathrm{e}^{-t}\sin(t+153.4)$$

观察上式，我们注意到：

① 这个三阶系统的单位阶跃响应是由它的实数极点和复数极点以及输入函数的极点构成的响应分量叠加而成，即包括一些一阶系统和二阶系统的响应函数；

② 当时间趋于无穷大时，其中的指数项均衰减为零，输出的稳态值等于输入函数极点处的留数 a，即闭环传递函数中分子与分母常数项的比值；

③ 输出响应的形式由闭环极点的形式决定，实数极点产生单调变化的指数分量，复数极点产生阻尼正弦曲线的分量；

④ 闭环零点决定输出响应的形状，输出函数各部分系数（各极点的留数）的符号和大小与闭环零点密切相关。

一般线性系统的闭环传递函数可表示为

$$\frac{Y(s)}{R(s)}=\frac{G(s)}{1+G(s)H(s)}$$

写成分子和分母多项式的形式

$$\frac{Y(s)}{R(s)}=\frac{G(s)}{1+G(s)H(s)}=\frac{b_m s^m+b_{m-1}s^{m-1}+\cdots+b_1 s+b_0}{a_n s^n+a_{n-1}s^{n-1}+\cdots+a_1 s+a_0},\quad m\leqslant n$$

上式中，分子多项式的最高次数是 m，分母多项式的最高次数是 n，有 $n\geqslant m$，这样的系统称为 n 阶系统。对上式进行因式分解。$Y(s)/R(s)$ 可以写成

$$\frac{Y(s)}{R(s)}=\frac{K(s+z_1)(s+z_2)\cdots(s+z_m)}{(s+p_1)(s+p_2)\cdots(s+p_n)}=\frac{K\prod\limits_{i=1}^{m}(s+z_i)}{\prod\limits_{j=1}^{n}(s+p_i)}$$

其中，$-z_i(i=1,2,\cdots,m)$ 是使闭环传递函数分子等于零的根，叫做系统的闭环零点，$-p_i$ $(j=1,2,\cdots,n)$ 是使分母等于零的根，称为系统的闭环极点。线性定常系统的零点和极点只存在两种形式：实数或共轭复数。以下仅讨论所有的闭环极点都具有负实部，即均位于复平面的左半平面的情况。

若在高阶系统中，既有实数极点 $-p_j(j=1,2,\cdots,q)$，又有共轭复数极点 $-\alpha_k\pm \mathrm{j}\beta_k$ $(k=1,2,\cdots,r)$，则在单位阶跃函数作用下，系统输出的拉氏变换式可写成如下的一般

形式

$$Y(s)=\frac{K\prod_{i=1}^{m}(s+z_i)}{\prod_{j=1}^{q}(s+p_j)\prod_{k=1}^{r}[(s+\alpha_k)^2+\beta_k^2]}\times\frac{1}{s} \tag{3-34}$$

其中 $q+2r=n$。假设闭环极点各不相同，则上述方程可以展开成下列部分分式

$$Y(s)=\frac{a}{s}+\sum_{j=1}^{q}\frac{b_j}{s+p_j}+\sum_{k=1}^{r}\frac{c_k s+d_k}{(s+\alpha_k)^2+\beta_k^2}$$

其中，系数 a,b_j,c_k 和 d_k 可由复变函数的留数定理求出。取上式的拉氏反变换为

$$y(t)=a+\sum_{j=1}^{q}b_j\mathrm{e}^{-p_j t}+\sum_{k=1}^{r}A_k\mathrm{e}^{-\alpha_k t}\sin(\beta_k t+\theta_k) \tag{3-35}$$

可以看出，高阶系统的阶跃响应是由一阶系统和二阶系统的响应函数叠加而成的，其中，实数根构成了指数衰减分量，共轭复根提供了衰减振荡的分量。

当 t 趋向∞时，上式中所有的指数项都趋于零，系统的稳态输出为 $y(\infty)=a$。因此式（3-35）中右边第一项表示系统的稳态项，后两项表示系统的暂态项。

高阶系统阶跃响应过程的性能指标可参照二阶系统单位阶跃响应性能指标的原理求解。

3.4.2 高阶系统的降阶近似分析

设有一个 5 阶系统，其闭环传递函数

$$G(s)=\frac{(s+5.2)}{(s^2+2s+5)(s^2+12s+37)(s+5)} \tag{3-36}$$

其中，闭环零极点 $s_{1,2}=-1\pm\mathrm{j}2$，$s_3=-5$，$s_{4,5}=-6\pm\mathrm{j}1$，闭环零点 $z_1=-5.2$。它们在复平面上的分布如图 3-19（a）所示。

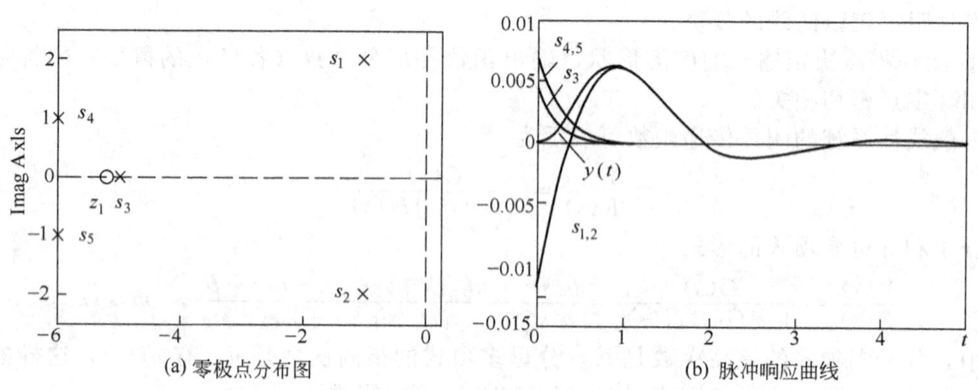

图 3-19 高阶系统零极点分布及过渡过程

式（3-36）经因式分解，可写成以三对闭环极点分量表示的形式

$$G(s)=\frac{-0.012s+0.0134}{s^2+2s+5}+\frac{0.007s+0.0717}{s^2+12s+37}+\frac{0.005}{s+5} \tag{3-37}$$

对式（3-37）做拉氏反变换，可得到系统的脉冲响应函数

$$y(t)=0.005\mathrm{e}^{-5t}+A_1\mathrm{e}^{-t}\sin(2t+\theta_1)+A_2\mathrm{e}^{-6t}\sin(t+\theta_2)$$

其中各个极点的脉冲响应分量及系统总输出如图 3-19（b）所示。

首先分析这个高阶系统的零极点分布情况。由图 3-19（a）可见，共轭极点 $s_{1,2}$ 离虚轴的距离最近，周围没有其他的零点和极点，其他极点离虚轴的距离是 $s_{1,2}$ 距离的 5 倍以上；s_3 和闭环零点 z_1 相距很近，同样，周围没有其他的零极点，因而构成一对偶极子；共轭复

根 $s_{4,5}$ 的实部很小，距离虚轴最远。

其次，观察因式分解后的表达式（3-37）。在与三个极点对应的留数中，与虚轴距离最近的共轭极点 $s_{1,2}$ 对应的系数最大，组成偶极子的 s_3 对应的留数很小（0.005），距离虚轴最远的 $s_{4,5}$ 的留数最小。留数的大小决定了各极点对输出响应的贡献。

以上分析结果反映在系统的脉冲响应过程中［见图 3-19（b）］，共轭极点 $s_{1,2}$ 确定的输出分量衰减最慢，在脉冲过渡函数的各分量中起主要作用；s_3 因与闭环零点 z_1 构成了偶极子，它对应的过渡过程分量衰减最快，对系统输出总的影响可认为被 z_1 抵消许多，因而很小；共轭复根 $s_{4,5}$ 对应的响应分量衰减也很快。后两者对整体过渡过程的影响仅体现在开始的极短时间内，在大部分时间里，$s_{1,2}$ 的分量主导了系统的过渡过程，因而被称为是系统的闭环主导极点。

综上所述，在高阶系统过渡过程的近似分析中，可利用闭环主导极点的概念简化对高阶系统的分析，忽略其他分量对系统过渡过程的影响。但在近似过程中，应注意保证系统的稳态值不变。如在此例中，利用终值定理可求出系统式（3-36）的稳态值。

$$y(\infty)=\lim_{s\to 0}sG(s)R(s)=\lim_{s\to 0}\frac{s(s+5.2)}{(s^2+2s+5)(s^2+12s+37)(s+5)}R(s)$$

$$=\frac{5.2}{37\times 5}\lim_{s\to 0}\frac{s}{s^2+2s+5}R(s)$$

因此，这个 5 阶系统可以用一个二阶系统近似表示为

$$G(s)\approx\frac{5.2}{37\times 5}\times\frac{1}{s^2+2s+5}=\frac{0.028}{s^2+2s+5}$$

系统的脉冲响应输出为

$$y(t)\approx 0.028\mathrm{e}^{-t}\sin(2t+\theta_1)$$

闭环主导极点需要满足的两个条件是：

① 在根平面上，距离虚轴比较近，且周围没有其他的零极点；

② 比其他闭环极点距虚轴的距离小 5 倍以上。

由于一般高阶系统的动态响应都是振荡的，因此闭环主导极点往往是一对共轭复根。

当高阶系统满足以上两个条件，即存在闭环主导极点时，控制系统动态响应的形式以及性能指标主要取决于这对闭环主导极点。

从上述例子中还可以看出，远离虚轴的闭环极点具有很大的负实部，它们对应的输出响应的指数项迅速衰减到零，因此对系统的过渡过程影响不大；离虚轴较近的闭环极点对应的分量衰减较慢，因而在决定过渡过程形式方面起主要作用。在实际的高阶系统中，闭环极点到虚轴的水平距离（极点的实部 α）决定了该极点对应的瞬态过程分量的调节时间。水平距离越小，调节时间就越长。对二阶欠阻尼系统而言，$t_s\approx\frac{3}{\alpha}(\Delta=5\%)$，$t_s\approx\frac{4}{\alpha}(\Delta=2\%)$。此外，偶极子的影响可以忽略。

3.5　控制系统的稳态误差分析

前面，详细讨论了系统在单位阶跃信号作用下过渡过程的性能指标，包括超调量、衰减比、峰值时间和调节时间等，其中稳态误差是惟一衡量系统静态特性的性能指标。设计控制系统时，我们不仅希望系统在控制器的作用下，能够稳定、快速地达到控制目标，有时更希望在控制作用结束后，被控变量的数值能够尽可能地与给定值接近。如在对机动目标的随动跟踪中，雷达能够精确锁定目标，跟踪误差尽可能小；当工业生产过程遇到干扰，使操作工况偏离给定值，控制器的工作能够使操作工况重新回到稳态工作点附近，误差尽可能小。因此说，控制系统的稳态误差，是系统控制精度的度量。控制系统设计的目标之一就是要消除

系统的稳态误差，或使偏差保持在系统允许的误差范围内。当然，只有对稳定系统进行稳态误差分析才有意义。

3.5.1 稳态误差与系统类型

控制系统的误差，是指给定信号 $r(t)$ 与系统输出信号 $y(t)$ 之差，它是时间的函数，如图 3-20 所示。图中表示在单位阶跃给定信号作用下，系统的输出信号和误差信号随时间变化的曲线。

偏差，一般特指系统的给定信号 $r(t)$ 与反馈信号 $z(t)$ 之差，即 $e(t)=r(t)-z(t)$。当反馈通道的传递函数等于 1 时，即在单位反馈系统中，输出信号直接反馈至输入端，因而上述两个误差相同。

稳态偏差是指当时间趋于无穷大时的偏差值，也称余差，记为 e_s。有 $e_s=\lim\limits_{t\to\infty}[r(t)-z(t)]$。

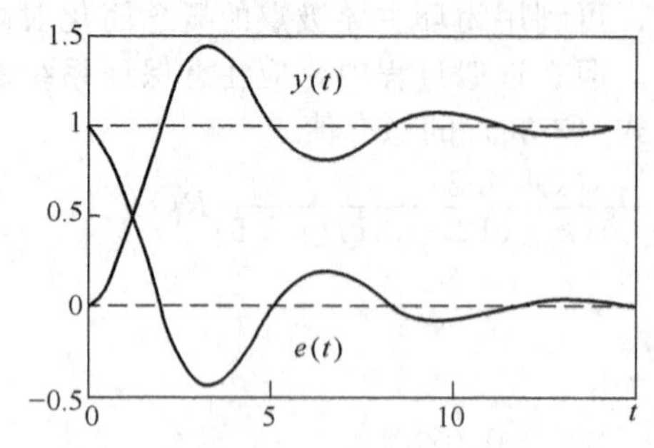

图 3-20 输出与误差的单位阶跃响应

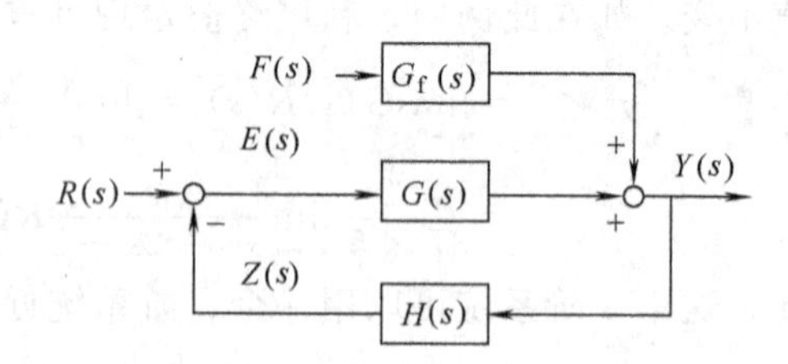

图 3-21 典型控制系统方块图

观察图 3-21 所示的典型控制系统方块图。在给定信号 $R(s)$ 和扰动信号 $F(s)$ 的共同作用下，系统的总输出可由线性叠加原理求出，它的拉氏变换式为

$$Y(s)=Y_R(s)+Y_F(s)=\frac{G(s)}{1+G(s)H(s)}R(s)+\frac{G_f(s)}{1+G(s)H(s)}F(s)$$

式中，$Y_R(s)$，$Y_F(s)$ 分别代表给定信号和干扰信号作用下的系统输出。

偏差信号 $E(s)$ 可由下式求出

$$E(s)=R(s)-H(s)Y(s)=\frac{1}{1+G(s)H(s)}R(s)-\frac{G_f(s)H(s)}{1+G(s)H(s)}F(s) \tag{3-38}$$

系统的稳态偏差可通过拉氏变换的终值定理求出

$$e(t)|_{t\to\infty}=e_s=\lim_{s\to 0}\left[\frac{s}{1+G(s)H(s)}R(s)-\frac{sG_f(s)H(s)}{1+G(s)H(s)}F(s)\right]=e_{sr}+e_{sf} \tag{3-39}$$

式 (3-39) 右边第一项表示的是由给定输入引起的稳态偏差，叫做给定稳态偏差，记为 e_{sr}；第二项对应于干扰信号引起的稳态偏差，叫做扰动稳态偏差，记为 e_{sf}。

式 (3-38) 和式 (3-39) 表明，无论动态偏差还是稳态偏差，它们不仅与输入信号的形式和输入进入系统的位置有关，而且还取决于系统的结构和参数，尤其是它们都直接取决于系统的开环传递函数 $G(s)H(s)$。

以给定稳态偏差 e_{sr} 为例分析。

$$e_{sr}=\lim_{s\to 0}\frac{s}{1+G(s)H(s)}R(s) \tag{3-40}$$

一般开环传递函数可以零极点形式表示为

$$G(s)H(s)=\frac{K\prod\limits_{i=1}^{m}(s+z_i)}{s^{\nu}\prod\limits_{j=1}^{q}(s+p_j)}$$

其中，K 叫做系统的开环增益，ν 表示在根平面坐标原点处具有的开环极点的个数，即在开环传递函数中包含积分器的个数。开环零点 $-z_i(i=1,2,\cdots,m)$ 和开环极点 $-p_j(j=1,2,\cdots,n)$ 可能是实数，也可能是复数。

开环传递函数还可以写成标准的归一化形式

$$G(s)H(s)=\frac{K_0}{s^{\nu}}\frac{(T_1s+1)(T_2s+1)\cdots(T_ms+1)}{(T_1's+1)(T_2's+1)\cdots(T_n's+1)} \tag{3-41}$$

式中，K_0 为系统的标准开环增益。很明显，当 $s\to 0$ 时，式（3-41）中由开环零极点组成的分式趋近于 1。这说明，它们仅仅影响系统的瞬态响应，对系统的稳态偏差没有贡献。

结合式（3-40），可以认为，给定稳态偏差 e_{sr} 仅与给定信号 $R(s)$ 的形式、系统的标准开环增益 K_0 以及在坐标原点具有的开环极点的个数 ν 有关。而系统总的稳态偏差［式（3-38)］也与以上三要素有关。

为计算方便，定义 ν 为系统的“型”。$\nu=0,1,2,\cdots$，分别称为 0 型，1 型，2 型，…系统。3 型或 3 型以上的系统在实际中是很少见的，这是因为，若开环传递函数中存在两个以上的积分环节，通常是很难把它设计成稳定系统的。

应当注意，系统的类型与系统的阶次是完全不同的系统分类法，前者取决于在坐标原点处具有的开环极点的个数，后者取决于传递函数分母中 s 的最高次幂。

3.5.2 给定稳态偏差分析

给定稳态偏差仅仅与给定信号 $R(s)$ 的形式、标准开环增益 K_0 和系统的“型”有关。以下采用实际中常见的单位阶跃、单位斜坡和单位抛物线等给定信号形式，研究不同类型系统的稳态偏差。

（1）单位阶跃信号

此时
$$r(t)=1,\quad R(s)=\frac{1}{s}$$

代入式（3-40）

$$e_{sr}=\lim_{s\to 0}\frac{s}{1+G(s)H(s)}\times\frac{1}{s}=\frac{1}{1+\lim\limits_{s\to 0}G(s)H(s)}$$

将上式中的极限定义为稳态位置偏差系数 K_p（对应阶跃信号）。

$$K_p=\lim_{s\to 0}G(s)H(s) \tag{3-42}$$

结合式（3-41），可以看出

$$K_p=\lim_{s\to 0}\frac{K_0}{s^{\nu}}$$

则稳态偏差可表示为
$$e_{sr}=\frac{1}{1+K_p} \tag{3-43}$$

对于不同类型的系统，对应的稳态位置偏差系数 K_p 和给定稳态偏差 e_{sr} 可计算如下

0 型系统：$K_p=K_0$，$e_{sr}=\dfrac{1}{1+K_0}$；

1 型系统：$K_p=\infty$，$e_{sr}=0$；

2 型系统：$K_p=\infty$，$e_{sr}=0$。

以上分析可以得知，任何线性系统都可以跟踪阶跃形式的给定信号。0 型系统的稳态偏差为有限值，它与系统的标准开环增益 K_0 成反比，因此，提高 K_0，有利于减小余差。0 型以上系统的稳态误差为零，因此，若想实现对阶跃给定信号的无差跟踪，必须选择 1 型或 1 型以上的系统。

（2）单位斜坡信号

此时 $$r(t)=t,\quad R(s)=\frac{1}{s^2}$$

代入式（3-40）

$$e_{sr}=\lim_{s\to 0}\frac{s}{1+G(s)H(s)}\times\frac{1}{s^2}=\frac{1}{\lim\limits_{s\to 0}[s+sG(s)H(s)]}=\frac{1}{\lim\limits_{s\to 0}sG(s)H(s)}$$

同样，将上式中的极限定义为稳态速度偏差系数 K_v（对应斜坡信号）。

$$K_v=\lim_{s\to 0}sG(s)H(s) \tag{3-44}$$

结合式（3-41），可以看出

$$K_v=\lim_{s\to 0}\frac{K_0}{s^{\nu-1}}$$

因此，稳态偏差可表示为

$$e_{sr}=\frac{1}{K_v}=\lim_{s\to 0}\frac{s^{\nu-1}}{K_0} \tag{3-45}$$

对于不同类型的系统，对应的稳态速度偏差系数 K_v 值和稳态偏差 e_{sr} 可计算如下。

0 型系统：$K_v=0$，$e_{sr}=\infty$；

1 型系统：$K_v=K_0$，$e_{sr}=\dfrac{1}{K_0}$；

2 型系统：$K_v=\infty$，$e_{sr}=0$。

1 型单位反馈系统对斜坡输入信号的响应如图 3-22 所示。

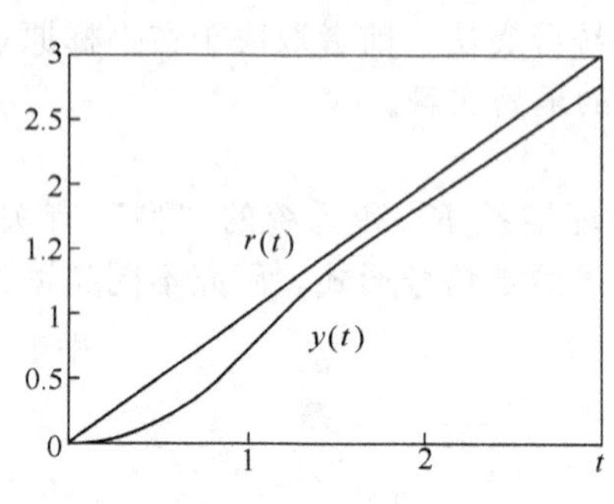

图 3-22　1 型单位反馈系统对斜坡输入信号的响应

可以看出，0 型系统不能跟踪斜坡形式的给定信号，0 型以上的系统可以跟踪。但 1 型系统的稳态误差为有限值，它与系统的标准开环增益 K_0 成反比，2 型以上的系统可以实现对斜坡给定信号的无差跟踪。

（3）单位抛物线（加速度）信号

此时 $$r(t)=\frac{t^2}{2},\quad R(s)=\frac{1}{s^3}$$

代入式（3-40）

$$e_{sr}=\lim_{s\to 0}\frac{s}{1+G(s)H(s)}\times\frac{1}{s^3}=\lim_{s\to 0}\frac{1}{s^2G(s)H(s)}$$

定义稳态加速度偏差系数 K_a（对应加速度信号）

$$K_a=\lim_{s\to 0}s^2G(s)H(s) \tag{3-46}$$

结合式（3-41），有 $$K_a=\lim_{s\to 0}\frac{K_0}{s^{\nu-2}}$$

此时，稳态偏差可表示为

$$e_{sr}=\frac{1}{K_a}=\lim_{s\to 0}\frac{s^{\nu-2}}{K_0} \tag{3-47}$$

考虑到不同类型的系统，对应的稳态加速度偏差系数 K_a 值和稳态偏差 e_{sr} 可计算如下。

0 型系统：$K_a=0$，$e_{sr}=\infty$；

1 型系统：$K_a=0$，$e_{sr}=\infty$；

2 型系统：$K_a=K_0$，$e_{sr}=\dfrac{1}{K_0}$。

以上说明，0 型和 1 型系统都不能跟踪加速度形式的给定信号，2 型系统可以跟踪，但稳态误差为有限值，是系统标准开环增益 K_0 的倒数，增加 K_0 有利于减小稳态偏差。

表 3-2 综合了以上分析结果。

表 3-2 系统的类型与给定稳态偏差

类 型	阶跃输入 $r(t)=1$		斜坡输入 $r(t)=t$		抛物线输入 $r(t)=\frac{1}{2}t^2$	
	K_p	e_{sr}	K_v	e_{sr}	K_a	e_{sr}
0 型系统	K_0	$\frac{1}{1+K_0}$	0	∞	0	∞
1 型系统	∞	0	K_0	$\frac{1}{K_0}$	0	∞
2 型系统	∞	0	∞	0	K_0	$\frac{1}{K_0}$

表 3-2 概括了 0 型、1 型和 2 型系统在几种给定信号作用下的稳态偏差。为方便记忆，可把表中几种情况下的稳态偏差组成矩阵，可以发现，对角线上出现的稳态偏差均为有限值，对角线以上均为∞，对角线以下都是零。

通过以上分析，我们了解到：

① 输入信号的形式影响系统的稳态偏差，一般输入信号的阶次越高，跟踪精度越低；

② 稳态偏差 e_{sr} 与系统的“型”有关，在同一输入信号下，增加系统的“型”，一般可以减小系统的余差；

③ 系统的开环增益直接影响系统的稳态特性，稳态偏差 e_{sr} 与系统的开环增益 K_0 成反比，一般说来，增加开环增益可以减小闭环系统的稳态偏差；

④ 应当注意到，增大系统的“型”和开环增益同时也会使控制系统的稳定性和动态性能变差，因此必须在控制精度与稳定性之间折中考虑。

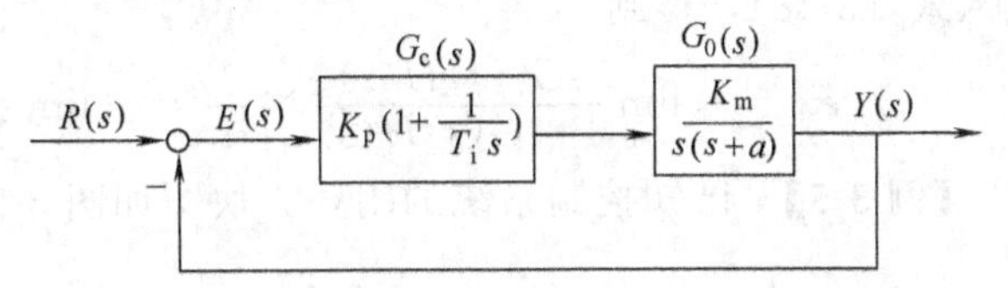

图 3-23 控制系统的闭环方块图

【例 3-4】 某控制系统的闭环方块图如图 3-23 所示，其中 $G_c(s)$ 表示为比例加积分控制器的传递函数，$G_0(s)$ 是被控对象的传递函数。对这一系统施加的给定信号为 $r(t)=A_1\cdot 1(t)+A_2t+\frac{1}{2}A_3t^2$，试计算稳态偏差。

解 该系统的开环传递函数为

$$G(s)H(s)=K_p(1+\frac{1}{T_is})\frac{K_m}{s(s+a)}=\frac{K_pK_m(1+T_is)}{T_is^2(s+a)}$$

要引用上述稳态偏差的公式，必须首先把以上以零极点表示的传递函数形式转换为标准的归一化形式。

$$G(s)H(s)=\frac{K_pK_m(T_is+1)}{aT_is^2(\frac{1}{a}s+1)}=\frac{K_0(T_is+1)}{s^2(\frac{1}{a}s+1)}$$

上式中，设系统的标准开环增益 $K_0=\frac{K_pK_m}{aT_i}$。可以看出，此系统为 2 型，即 $\nu=2$。

分析：由于给定信号是三种典型信号的线性叠加，并被分别放大了 A_1,A_2,A_3 倍，根据线性定常系统的两个重要性质：可叠加性和均匀性，该系统的稳态偏差应为它们各自单独作用时的误差之和，即

$$e_{sr}=\frac{A_1}{1+K_p}+\frac{A_2}{K_v}+\frac{A_3}{K_a}=0+0+A_3\frac{1}{K_0}=A_3\frac{aT_i}{K_pK_m}$$

稳态偏差与加速度信号的系数 A_3 成正比，增加控制器的增益 K_p 或减小控制器的积分时间 T_i 均有利于减小系统的稳态偏差。

此例题也可以通过稳态偏差的基本概念求解：

① 列出 $E(s)$ 和 $R(s)$ 之间的传递函数；

② 把 $R(s)=A_1\frac{1}{s}+A_2\frac{1}{s^2}+A_3\frac{1}{s^3}$ 代入，得到 $E(s)$ 的拉氏变换式；

③ 利用终值定理：$e_{sr}=\lim\limits_{s\to 0}sE(s)$，求出稳态偏差。

3.5.3 扰动稳态偏差分析

控制系统除接受给定信号的作用外，还经常受到各种形式的干扰，使输出偏离给定值，产生偏差。如生产负荷的变化，操作条件的波动，电源电压和频率的脉动以及外界环境的干扰等。当干扰信号作用时，系统稳态偏差的大小是衡量控制系统抗干扰能力的重要指标。最理想的控制器设计，不仅应使被控对象的输出能够精确跟踪给定值的变化，而且当干扰信号作用时，系统的输出应不发生改变，其增量输出应为零。实际上控制器的设计很难达到上述理想情况，但至少应保证系统的稳态偏差为零或接近于零。对于图 3-21 所示的系统，在干扰信号作用下，扰动稳态偏差 e_{sf} 可由式（3-39）给出。

$$e_{sf}=-\lim_{s\to 0}\frac{sG_f(s)H(s)}{1+G(s)H(s)}F(s) \tag{3-48}$$

在工业生产中，一般认为阶跃形式的跳变干扰是最严重的干扰形式，其他形式的干扰则相对容易克服。因此，在系统分析中，通常选取扰动信号为阶跃形式，即有 $F(s)=1/s$。代入式（3-48），得到

$$e_{sf}=-\lim_{s\to 0}\frac{sG_f(s)H(s)}{1+G(s)H(s)}\times\frac{1}{s}=-\lim_{s\to 0}\frac{G_f(s)H(s)}{1+G(s)H(s)}=\frac{G_f(0)H(0)}{1+G(0)H(0)} \tag{3-49}$$

【例 3-5】 已知控制系统的闭环方块图如图 3-24 所示。

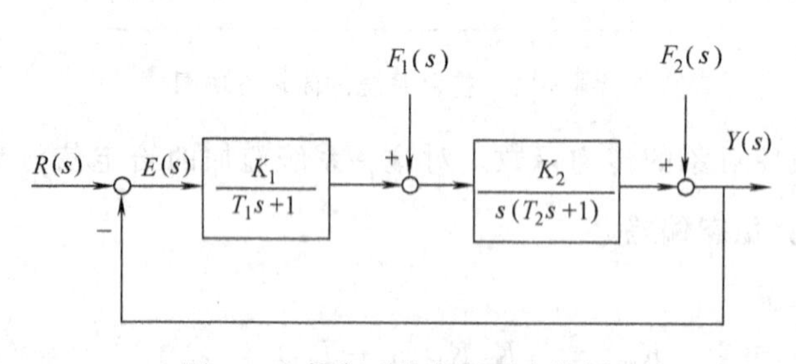

图 3-24 控制系统的闭环方块图

求 ① 当不考虑给定输入，且有 $f_1(t)=0$，$f_2(t)=1(t)$ 时，计算系统的稳态偏差 e_{sf}。

② 同样不考虑给定输入，且有 $f_1(t)=1(t)$，$f_2(t)=0$ 时，计算系统的稳态偏差 e_{sf}。

③ 若在 $F_1(s)$ 之前和之后分别增加积分环节，系统的输入情况同②，比较系统对干扰的抑制能力。

解 ① 系统的开环传递函数为 $G(s)H(s)=\frac{K_1K_2}{s(T_1s+1)(T_2s+1)}$，且系统的 $G_f(s)=1$，$H(s)=1$。根据式（3-48），系统的扰动稳态偏差

$$e_{sf}=\frac{1}{1+G(0)H(0)}=0$$

② 此时，系统偏差对干扰信号 $F_1(s)$ 的闭环传递函数为

$$\frac{E(s)}{F_1(s)}=\frac{-K_2(T_1s+1)}{s(T_1s+1)(T_2s+1)+K_1K_2}$$

根据定义，有

$$e_{sf}=\lim_{s\to 0}sE(s)=-\lim_{s\to 0}\frac{sK_2(T_1s+1)}{s(T_1s+1)(T_2s+1)+K_1K_2}\times\frac{1}{s}=-\frac{1}{K_1}$$

③ 若在 $F_1(s)$ 之前增加积分器，系统偏差对干扰信号 $F_1(s)$ 的闭环传递函数为

$$\frac{E(s)}{F_1(s)}=-\frac{sK_2(T_1s+1)}{s^2(T_1s+1)(T_2s+1)+K_1K_2}$$

因此 $$e_{sf}=\lim_{s\to 0}sE(s)=-\lim_{s\to 0}\frac{s^2K_2(T_1s+1)}{s^2(T_1s+1)(T_2s+1)+K_1K_2}\frac{1}{s}=0$$

若在 $F_1(s)$ 之后增加一个积分器，系统偏差对干扰信号 $F_1(s)$ 的闭环传递函数为

$$\frac{E(s)}{F_1(s)}=-\frac{K_2(T_1s+1)}{s^2(T_1s+1)(T_2s+1)+K_1K_2}$$

因此，$e_{sf}=\lim_{s\to 0}sE(s)=-\lim_{s\to 0}\frac{sK_2(T_1s+1)}{s^2(T_1s+1)(T_2s+1)+K_1K_2}\times\frac{1}{s}=-\frac{1}{K_1}$，与没增加积分器的第②种情况数值相同。

分析计算结果，可以总结出：

① 干扰进入系统的位置不同时，尽管加入的干扰形式完全相同，但得到的稳态偏差不同，稳态偏差与干扰加入系统的位置有关；

② 只有在阶跃干扰前加入积分环节，才对克服干扰有作用，在扰动后增加积分环节，不能减小稳态偏差。

3.6 控制系统的稳定性分析

在控制系统的稳定性分析中，我们通常假设系统初始工作在一个稳定状态，叫做平衡状态，在外界扰动信号的作用下，控制系统的平衡状态被破坏，偏离了给定值。当外力撤销后，控制系统的状态将如何演变？是重新回到原来的平衡点附近，还是越变越大，最后趋向于无界状态？这就是我们所要研究的系统的稳定性问题。

3.6.1 系统稳定性的概念及条件

对控制系统的分析和设计来说，稳定性是最重要的问题。控制系统设计的首要目的就是要确保闭环控制系统的稳定性，因为一个不稳定的系统是没有实际应用价值的。

在一些情况下，开环系统可能是不稳定的，甚至，为了增强操作的机动性，有些现代战斗机有意设计为开环不稳定系统。因此，通过设计反馈控制器，首先要保证闭环系统的稳定，其次，通过控制器参数的整定，实现预期的动态性能指标。

必须指出的是，线性系统的稳定性是系统自身的一种属性，如同人们的自身个性，它与系统的输入量（驱动函数）无关。在有限的输入变量的作用下，稳定系统的输出一定是有限值。因此，一个稳定系统可定义为：在有界输入的情况下，其输出也是有界的。

在前面的讨论中可以看到，当单位阶跃信号作用在二阶系统上，其输出响应呈现三种不同的情况：当系统的极点为实数极点或复数极点，但实部全部为负时，其过渡过程响应是单调衰减或是衰减振荡的，系统的稳态值为常数，因而系统是稳定的；当系统的极点是一对共轭虚根时，系统的过渡过程是等幅振荡的，处于临界稳定状态；当系统的极点具有正实部，无论是实数还是复数极点，系统的输出呈发散状态，系统是不稳定的。综上所述，当二阶系统的特征根处在复平面的左半平面或虚轴或右半平面时，系统是稳定、临界稳定或不稳定的。

二阶系统的结论可以推广到其他系统。任何线性系统的传递函数一般可被表示为

$$G(s)=\frac{Y(s)}{R(s)}=\frac{K\prod_{i=1}^{m}(s+z_i)}{\prod_{j=1}^{q}(s+p_j)\prod_{k=1}^{r}[(s+\alpha_k)^2+\beta_k^2]} \tag{3-50}$$

其中，$-p_j$（$j=1, 2, \cdots, q$）为实数极点；$-\alpha_k \pm j\beta_k$（$k=1, 2, \cdots, r$）为共轭复数极点，有 $q+2r=n$。假设每个根均不相同，通过部分分式展开，上式可改写为

$$G(s) = \sum_{j=1}^{q} \frac{b_j}{s+p_j} + \sum_{k=1}^{r} \frac{c_k s + d_k}{(s+\alpha_k)^2 + \beta_k^2}$$

其中，系数 b_j, c_k 和 d_k 可由复变函数的留数定理求出。若对上述系统作用一个单位脉冲输入（因系统的稳定性与输入形式无关，可任选一种研究），通过拉氏反变换，可得到系统的响应

$$y(t) = \sum_{j=1}^{q} b_j e^{-p_j t} + \sum_{k=1}^{r} A_k e^{-\alpha_k t} \sin(\beta_k t + \theta_k) \tag{3-51}$$

其中，系数 A_k, θ_k 可由上述参数 $c_k, d_k, \alpha_k, \beta_k$ 的关系式中求出。上式说明，其过渡过程是由实数极点和共轭复数极点的响应分量叠加而成，因此，二阶系统的分析结果可以推广。若系统的每个极点均具有负实部，则上式中的指数项随着时间 t 趋于无穷大而趋于零；若有一个极点具有正实部，则它对应的响应分量将随着时间 t 的增加而趋于无穷大，从而导致系统输出发散；若系统有一个极点为虚根［此时，式（3-51）中的 $\alpha_k=0$］，则时间 t 趋于无穷大时，它对应的响应分量为等幅正弦振荡，使得整个系统的输出也呈现等幅振荡的临界稳定状态。

以上分析是在假设系统的每个特征根均不相同的前提下进行的。若系统存在重根，无论是实根还是复根，它对应的脉冲响应分量中仍然存在着指数项和 t 的幂相乘的项，由于指数运算随时间的变化速率快于其他的函数，因此，系统的响应过程仍由这些指数项主导。因此，这种情况下系统的稳定性分析与特征根互异的情况相同。

根据以上分析，可以得知，闭环系统稳定的充分必要条件是系统的闭环特征根均具有负实部，即系统的全部极点必须在根平面的左半面，即使只有一个特征根落在右半面，它所对应的响应分量将会随时间增长而发散，因而，整个系统也是不稳定的。

利用解析方法求出闭环系统的特征根，依此来分析系统稳定性是最基本的系统分析方法。但对于高阶系统来说，利用解析法求取特征根的工作量很大。20 世纪末，E J Routh 提出了一种判断系统稳定性的代数判据，它不必求解系统的特征方程，就能够判断出系统的稳定性，并能快速获得系统不稳定极点的个数或数值，这就是劳斯稳定判据。

3.6.2 劳斯稳定判据

劳斯稳定判据是从系统闭环特征方程出发，它的具体描述如下。

已知系统的闭环特征方程式为

$$a_n s^n + a_{n-1} s^{n-1} + \cdots + a_1 s + a_0 = 0 \tag{3-52}$$

① 系统稳定的必要条件是：特征方程的系数必须皆为正，即有 $a_i > 0$（$i=0,1,\cdots,n$）。这意味着特征方程的系数都不能等于零，并且具有相同的符号。

根据式（3-50），特征方程可写成

$$\prod_{j=1}^{q} (s+p_j) \prod_{k=1}^{r} [(s+\alpha_k)^2 + \beta_k^2] = 0 \tag{3-53}$$

其中，实数 p_j（$j=1,2,\cdots,q$）和 α_k（$k=1,2,\cdots,r$）必须皆为正，才能保证系统的实数极点和复数极点均具有负实部，系统才是稳定的。而把只包含正系数的式（3-53）中的因子相乘，必然得到系数均为正值的特征多项式（3-52）。但这只是系统稳定的必要条件，后面的

例子将证明，即使特征方程式的系数全为正，也可能存在实部为正的特征根。

② 系统稳定的充分条件是：劳斯行列式的第一列系数全为正。

劳斯行列式由系统的特征多项式中的系数以及计算系数项组成。

$$\begin{array}{c|ccccc} s^n & a_n & a_{n-2} & a_{n-4} & a_{n-6} & \cdots \\ s^{n-1} & a_{n-1} & a_{n-3} & a_{n-5} & a_{n-7} & \cdots \\ s^{n-2} & b_1 & b_2 & b_3 & b_4 & \cdots \\ s^{n-3} & c_1 & c_2 & c_3 & c_4 & \cdots \\ \vdots & \cdots & \cdots & \cdots & \cdots & \cdots \\ s^0 & \cdots & \cdots & \cdots & \cdots & \cdots \end{array}$$

（前两行：特征多项式系数；其余各行：计算系数）

行列式中的前两行由系统特征方程的系数按奇偶阶次降幂排列，余下各行系数分别按下列公式，将其上两行元素交叉相乘计算。

$$b_1=\frac{a_{n-1}a_{n-2}-a_na_{n-3}}{a_{n-1}},\ b_2=\frac{a_{n-1}a_{n-4}-a_na_{n-5}}{a_{n-1}},\ b_3=\frac{a_{n-1}a_{n-6}-a_na_{n-7}}{a_{n-1}},\ \cdots$$

$$c_1=\frac{b_1a_{n-3}-a_{n-1}b_2}{b_1},\ c_2=\frac{b_1a_{n-5}-a_{n-1}b_3}{b_1},\ c_3=\frac{b_1a_{n-7}-a_{n-1}b_4}{b_1},\ \cdots$$

每行计算一直要进行到该行上数第二行最后一个非零元素时为止，计算到第 $n+1$ 行，即 s^0 行。最后一行只有一个系数，正好等于 a_0。整个行列式呈现上三角形式。

③ 劳斯行列式第一列的系数符号改变的次数等于实部为正的根的个数。

劳斯稳定判据说明，闭环系统稳定的必要且充分条件是：系统特征方程的系数全为正，且劳斯行列式中第一列的系数全为正值。

【例 3-6】 利用劳斯稳定判据，判断下列系统的稳定性。

$$\frac{Y(s)}{X(s)}=\frac{2}{s^4+10s^3+9s^2+12s+4}$$

解　它的特征方程式为：$s^4+10s^3+9s^2+12s+4=0$，其中系数都为正，列出劳斯行列式

$$\begin{array}{c|ccc} s^4 & 1 & 9 & 4 \\ s^3 & 10 & 12 & 0 \\ s^2 & \dfrac{90-12}{10}=7.8 & 4 & 0 \\ s^1 & \dfrac{93.6-40}{7.8}=6.87 & 0 & \\ s^0 & 4 & & \end{array}$$

劳斯行列式第一列的系数全为正。根据劳斯稳定判据的充要条件，该系统的特征根都具有负实部，因而系统是稳定的。实际上该系统的 4 个根为：$s_{1,2}=-1$，$s_{3,4}=-2$。

【例 3-7】 系统的特征方程为 $a_3s^3+a_2s^2+a_1s+a_0=0$，利用劳斯稳定判据，给出系统的稳定条件。

解　列出劳斯行列式：

$$\begin{array}{c|cc} s^3 & a_3 & a_1 \\ s^2 & a_2 & a_0 \\ s^1 & \dfrac{a_1a_2-a_0a_3}{a_2} & 0 \\ s^0 & a_0 & \end{array}$$

系统稳定的充分且必要条件为：$a_i>0$ $(i=0,1,2,3)$，且 $a_1a_2>a_0a_3$。

【例 3-8】 某系统的特征方程为 $s^3+s^2+2s+24=0$，利用劳斯稳定判据，判定系统的稳定性。

解 特征方程的系数都为正，列出劳斯行列式

$$\begin{array}{r|ll} s^3 & 1 & 2 \\ s^2 & 1 & 24 \\ s^1 & -22 & 0 \\ s^0 & 24 & \end{array}$$

（s^2 行到 s^1 行：改变一次符号；s^1 行到 s^0 行：改变一次符号）

虽然该系统的特征方程的系数都为正，但劳斯行列式中第一列系数不全为正，而且改变了两次符号，说明该系统存在两个实部为正的特征根，因而系统是不稳定的。事实上，此系统的 3 个特征根为

$$s_{1,2}=1\pm j\sqrt{7},\quad s_3=-3$$

利用劳斯稳定判据，可以不必计算系统的特征根，就能判别出系统的稳定性，并且可以得知系统在 S 右半平面上极点的个数。

有些时候，劳斯行列式会出现一些特殊情况，使得计算无法继续，此时，要对行列式进行一些数学处理，但不会影响结果的判定。与此同时，还能够获得更多的有关系统特征根的信息。这些特殊情况是：

- 行列式中第一列系数出现零值，而该行的其余项不为零或没有其余项；
- 行列式中第一列系数出现零值，而该行的其余计算项也为零。

① 第一种特殊情况：第一列系数出现零值，而该行的其余项不为零或没有其余项。

如果劳斯行列式首列中的某个系数为零，我们可用一个很小的正数 ε 来代替零，参与行列式的后续计算。当全部计算完毕，令 $\varepsilon\to 0$，得到最后的判定行列式，利用劳斯稳定判据检验第一列系数的符号。

【例 3-9】 某系统的特征方程式为 $s^3+2s^2+2s+4=0$，试判定该系统的稳定性。

解 该系统的特征多项式的系数都为正，列出劳斯行列式

$$\begin{array}{r|ll} s^3 & 1 & 2 \\ s^2 & 2 & 4 \leftarrow \text{辅助多项式} \\ s^1 & 0\approx\varepsilon & \\ s^0 & 4 & \end{array}$$

第一列的系数均为正值，此种情况说明系统存在一对共轭虚根。可以通过这一行上面的一行系数（一般都为 s 的偶次幂行）组成辅助多项式 $p(s)$，令其等于零，求解这个辅助方程，即得到了这对虚根的数值。而辅助多项式是原方程的一个分解因式。

在本系统中，辅助方程 $p(s)=2s^2+4=0$。求出：$s_{1,2}=\pm j\sqrt{2}$。原特征方程可分解为

$$s^3+2s^2+2s+4=(s^2+2)(s+2)=0$$

由于系统存在一对共轭虚根，系统是临界稳定的。

【例 3-10】 某系统的特征方程式为 $s^5+2s^4+2s^3+4s^2+3s+2=0$，试判定该系统的稳

定性。

解　该系统的特征多项式系数都为正，列出劳斯行列式

$$
\begin{array}{c|ccc}
s^5 & 1 & 2 & 3 \\
s^4 & 2 & 4 & 2 \\
s^3 & 0\approx\varepsilon & 2 & \\
s^2 & \dfrac{4\varepsilon-4}{\varepsilon} & 2 & \\
s^1 & \dfrac{8\varepsilon-8-2\varepsilon^2}{4\varepsilon-4} & & \\
s^0 & 2 & &
\end{array}
$$

ε 为一很小的正数，当它趋于零时，劳斯行列式的首列可整理成

$$
\begin{array}{c|l}
s^5 & 1 \\
s^4 & 2 \\
s^3 & \varepsilon \\
s^2 & -4/\varepsilon \\
s^1 & 2 \\
s^0 & 2
\end{array}
$$

观察劳斯行列式的首列，符号改变了二次，由此可知系统具有两个实部为正的特征根，系统是不稳定的。系统实际求得的特征根为 $s_1=-1.7997$，$s_{2,3}=0.3668\pm j1.2319$，$s_{4,5}=-0.4670\pm j0.6742$。

② 第二种特殊情况：行列式中第一列系数出现零值，而该行的其余计算项也为零。

当某导出行的全部系数为零时，表明系统存在着成对的大小相等但位置对称于坐标原点的根，即具有两个大小相等、符号相反的实根和（或）两个共轭虚根。这种情况的处理方法为

a. 利用全零行上面的一行系数构成辅助方程 $p(s)=0$，然后由其导数方程$\dfrac{\mathrm{d}p(s)}{\mathrm{d}s}$的系数代替零行，继续劳斯行列式的计算和判断；

b. 求解辅助方程，可获得那些对根，辅助方程为系统特征多项式的因子式。

【例 3-11】　系统的特征方程为 $s^5+2s^4+15s^3+30s^2-16s-32=0$，试判定该系统的稳定性，并求解系统的特征根。

解　系统特征方程的系数不全为正，该系统为不稳定系统。为求解特征根，列出劳斯行列式。

$$
\begin{array}{c|lll}
s^5 & 1 & 15 & -16 \\
s^4 & 2 & 30 & -32 \\
s^3 & 0 & 0 &
\end{array}
$$

行列式第三行的系数全为零。说明系统出现大小相等而符号相反的对根。此时需要用它上面一行的系数组成辅助方程。

$$p(s)=2s^4+30s^2-32=0$$

对其求导后，得到：$\dfrac{\mathrm{d}p(s)}{\mathrm{d}s}=8s^3+60s$，将导数方程的系数代回行列式中原全零行，继续计算：

$$\begin{array}{c|ccc}
s^5 & 1 & 15 & -16 \\
s^4 & 2 & 30 & -32 \\
s^3 & (0)\ 8 & (0)\ 60 & \\
s^2 & 15 & -32 & \\
s^1 & 77 & & \\
s^0 & -32 & &
\end{array}$$

（s^4 行：←辅助方程式；s^3 行：←$\mathrm{d}p/\mathrm{d}s$ 的系数）

行列式第一列系数符号变化一次，说明系统有一个具有正实部的根，系统是不稳定的。

那些对根可以通过求解辅助方程得到：$p(s)=2s^4+30s^2-32=2(s^2+16)(s^2-1)=0$。因此，系统的特征根为：$s_{1,2}=\pm \mathrm{j}4$，$s_{3,4}=\pm 1$，$s_5=-2$。

3.6.3 劳斯稳定判据的应用

劳斯稳定判据只对判定线性定常系统的稳定性有效。在已知系统的特征方程后，不必求解出系统的特征根，通过其系数组成的行列式就可以判断系统是否稳定。除此之外，劳斯稳定判据还有助于分析参数变化对系统稳定性的影响，帮助确定系统的稳定范围。

【例 3-12】 有一单位反馈系统，其被控对象传递函数为 $G(s)=\dfrac{1}{(s^2+s+1)(s+2)}$，采用比例积分控制器，其传递函数为 $G_c(s)=K\left(1+\dfrac{1}{s}\right)$。试确定控制器增益 K 的取值范围，以确保该系统稳定。

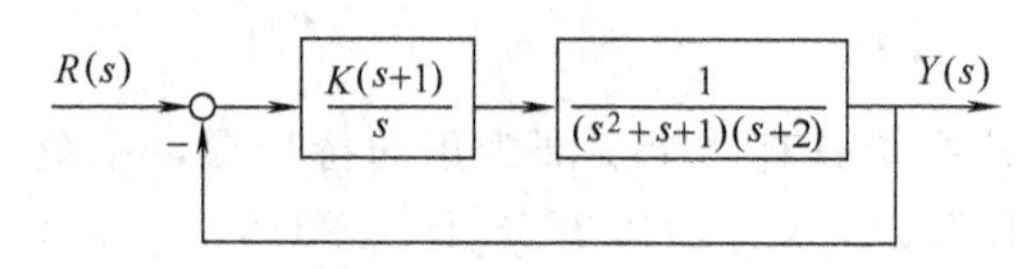

图 3-25 闭环系统方块图

解 画出该控制系统的闭环方块图如图 3-25 所示。

系统的闭环传递函数为

$$\frac{Y(s)}{R(s)}=\frac{K(s+1)}{s(s^2+s+1)(s+2)+K(s+1)}$$

闭环特征方程为 $$s^4+3s^3+3s^2+(2+K)s+K=0$$

其劳斯行列式为

$$\begin{array}{c|ccc}
s^4 & 1 & 3 & K \\
s^3 & 3 & 2+K & \\
s^2 & \dfrac{7-K}{3} & K & \\
s^1 & \dfrac{(7-K)(2+K)-9K}{7-K} & & \\
s^0 & K & &
\end{array}$$

为使系统稳定，行列式首列系数必均大于零。根据末行得知，必有 $K>0$；同时，从首列第三行知，必有 $K<7$；求解第四行，令 $(7-K)(2+K)-9K>0$，即有 $K^2+4K-14<0$。求出：$K<-2\pm 3\sqrt{2}$。因控制器增益必大于零，舍去负值，得到：$K<2.2$。

综上所述，使系统稳定的 K 值范围是：$0<K<2.2$。

【例 3-13】 已知单位反馈控制系统的开环传递函数为 $G_0(s)=\dfrac{K}{s(s^2+5s+10)}$，确定使系统产生等幅振荡的 K 值，并求振荡频率。

解　若系统产生等幅振荡，则系统必有一对共轭虚根存在，系统的振荡频率就是此根的虚部值。

系统的闭环传递函数为

$$\frac{G_0(s)}{1+G_0(s)}=\frac{K}{s^3+5s^2+10s+K}$$

闭环特征方程为：$s^3+5s^2+10s+K=0$。列出劳斯行列式

$$\begin{array}{ccc} s^3 & 1 & 10 \\ s^2 & 5 & K \\ s^1 & \dfrac{50-K}{5} & 0 \\ s^0 & K & 0 \end{array}$$

K 应大于零。当 $K=50$ 时，行列式首列第三行系数等于零。此时，该系统存在一对共轭虚根，其值可由其上一行的系数组成的辅助方程求出。$p(s)=5s^2+K=5s^2+50=0$，求出：$s^2=-10$，$s=\pm \mathrm{j}\sqrt{10}$。

$K=50$ 时，系统将产生等幅振荡，其振荡频率为 $\sqrt{10}$。

3.7　应用 Matlab 分析控制系统的性能

本小节通过例子介绍 Matlab 时域命令求解时域响应，以及如何对控制系统进行性能分析，包括考察系统的过渡过程指标，研究二阶系统的特征参数——阻尼比和自然频率对系统特性的影响，以及系统特征根的位置与过渡过程的关系；研究传递函数的零极点对系统过渡过程的影响和高阶系统的闭环主导极点的性质。

【例 3-14】 有一系统：$G(s)=\dfrac{Y(s)}{X(s)}=\dfrac{2}{s^2+4s+8}$。求解它的单位脉冲响应曲线。

解　对象传递函数的分子、分母由以 s 降幂排列的多项式组成，分子多项式的次数不大于分母多项式的次数。在 Matlab 中，求该系统单位脉冲响应的命令为

```
num=[0  0  2];          %输入传递函数的分子
den=[1  4  8];          %输入传递函数的分母
grid                    %网格
impulse(num,den)        %单位脉冲相应
```

【例 3-15】 求取传递函数 $G(s)=\dfrac{\omega_n^2}{s^2+2\zeta\omega_n s+\omega_n^2}$ 的单位阶跃响应。

① $\omega_n=1$，ζ 分别取 0，0.5，1.0，1.5，2；

② $\zeta=0.5$，ω_n 分别取 0.2，0.4，0.6，0.8，1；

说明这两个特征参数对过渡过程的影响。

解　ζ,ω_n 是决定二阶系统动态特性的两个重要参数，其中 ζ 是阻尼比，ω_n 是无阻尼振荡频率，前面正文已经介绍这两个参数对系统性能的影响，下面通过 Matlab 仿真重新加以验证。

```
%examp315.m
%xi 为定值,omegn 对系统阶跃响应的影响
xi=0.5;omegn=[0.2:0.2:1];k=length(omegn);t=0:0.1:60;
for i=1:k
num=[omegn(i)^2];
den=[1 2*xi*omegn(i) omegn(i)^2];
[c,x,t]=step(num,den,t);
subplot(1,2,1),plot(t,c);hold on
end
subplot(1,2,1),xlabel('Time(s)'),ylabel('C(t)'),grid on
%omegn 为定值,xi 对系统阶跃响应的影响
omegn=1;xi=[0:0.5:2];k=length(xi);
for i=1:k
num=[omegn^2];den=[1 2*xi(i)*omegn omegn^2];
[c,x,t]=step(num,den,t);
subplot(1,2,2),plot(t,c);hold on
end
subplot(1,2,2),xlabel('Time(s)'),ylabel('C(t)'),grid on
```

其阶跃响应曲线如图 3-26 所示，左图中阻尼比 $\zeta=0.5$，ω_n 分别取 0.2，0.4，0.6，0.8，1；右图中 $\omega_n=1$，ζ 分别取 0，0.5，1.0，1.5，2。

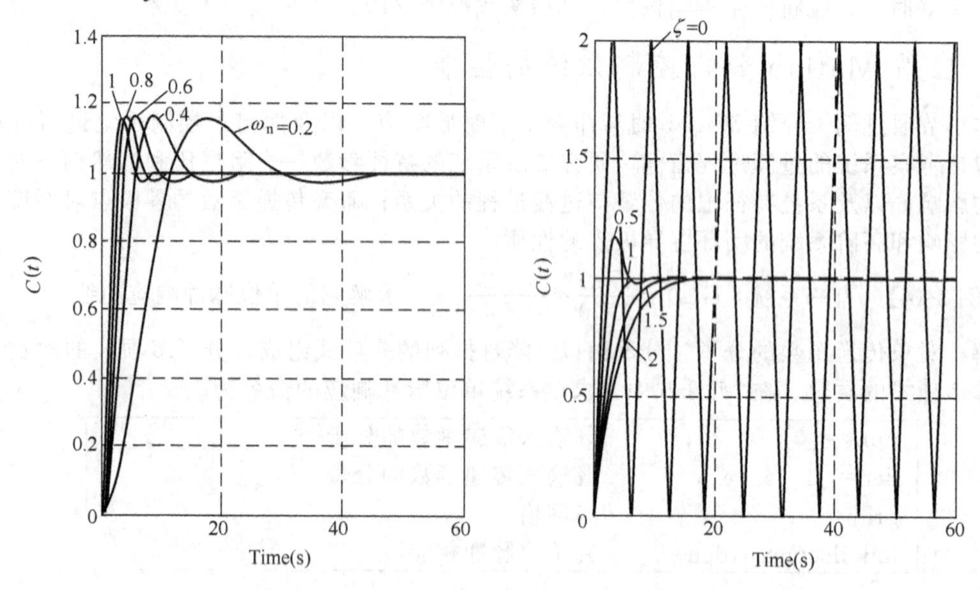

图 3-26　不同 ζ，ω_n 下的系统阶跃响应曲线

在 Matlab 中还可以使用函数 lsim（num，den，u，t）对任意输入的连续系统进行仿真。例如有一系统

$$G(s)=\frac{2s^2+5s+1}{s^2+2s+3}$$

输入是周期为 4s 的方波时，求系统输出的响应。Matlab 程序如下。

```
num=[2  5  1];den=[1  2  3];t=(0:1:10);
period=4
u=(rem(t,period)>=period/2);
lsim(num,den,u,t);
title('Square ware response')
```

【例 3-16】 一个二阶串联水槽的控制系统如图 3-27 所示。

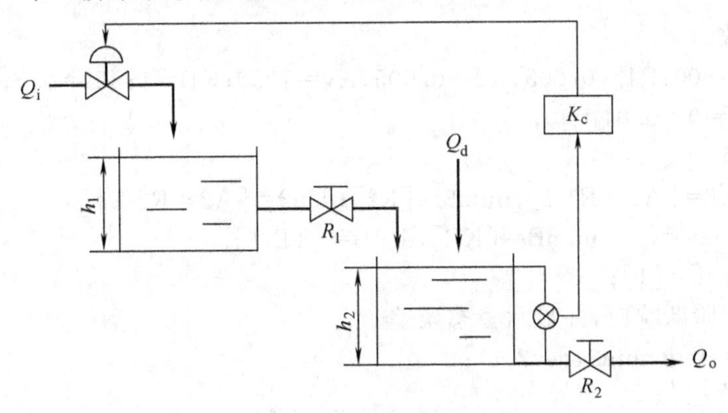

图 3-27　二阶串联水槽控制系统

其被控变量是 h_2，操纵变量是 Q_i，Q_d 是扰动变量，系统等效方框图如图 3-28 所示。两个水槽对象、调节阀、变送器的传递函数分别是 G_1, G_2, G_v, G_B。控制器为比例控制器 $G_c(s)=K_c$，系统各元件参数见表 3-3。

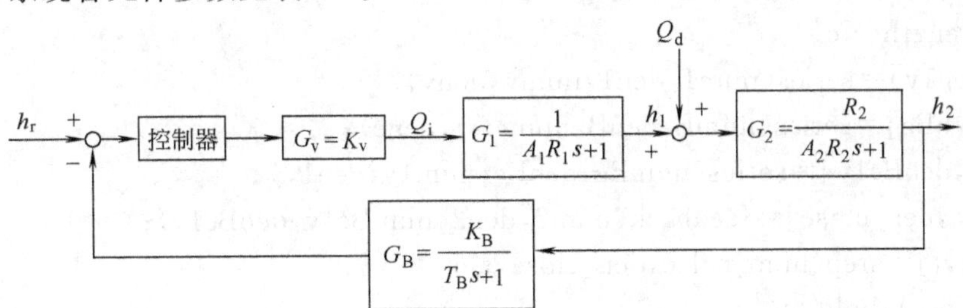

图 3-28　二阶水槽控制系统等效方框图

表 3-3　二阶水槽控制系统参数

$A_1=1000$,水槽 1 的横截面积	$K_v=1250$,调节阀的静态放大系数	$R_1=0.005$,阀 1 的液阻	$T_B=0.5$,变送器的时间常数
$A_2=800$,水槽 2 的横截面积	$K_B=1.0$，变送器的静态放大系数	$R_2=0.005$,阀 2 的液阻	$K_c=0.5$ 或 1，PID 控制器参数

此系统为线性系统，根据叠加原理，考虑设定值 $H_r=0$、扰动量为单位阶跃信号的情况下系统的输出响应，可以分析系统的抗干扰能力，也就是干扰信号 Q_d 对输出的影响。

首先考虑图 3-28 所示闭环系统，从扰动信号到系统输出的开环传递函数为

$$G_{open}=G_2=\frac{R_2}{A_2R_2s+1}$$

在输入信号 $H_r=0$ 的情况下，闭环系统干扰响应的终值就是稳态误差，写出干扰输入的闭环传递函数为

$$G_{\text{close}}=\frac{G_2}{1+G_2G_BG_cG_vG_1}$$

根据下面的 Matlab 程序文本可以绘制开环系统和闭环系统在单位阶跃干扰信号作用下的响应曲线，从而分析比例控制器的控制效果和闭环系统的抗干扰能力。

```
%example316.m
clear
%输入系统参数
A1=1000;A2=800;R1=0.005;R2=0.005;Kv=1250;KB=1;TB=0.5;
Kc=[1;0.5];t=0:0.01:40;
%输入各个环节
num1=[1];den1=[A1*R1 1];num2=[R2];den2=[A2*R2 1];
numv=[Kv];denv=[1];numB=[KB];denB=[TB 1];
numc=[Kc];denc=[1];
%开环系统单位阶跃响应,并显示稳态误差
[h_open,x,t]=step(num2,den2,t);
plot(t,h_open,'-.')
xlabel('Time(s)'),ylabel('h2'),grid on
hold on
error_open=h_open(length(t))
%闭环系统单位阶跃响应,并显示稳态误差
for i=1:length(Kc)
[num1v,den1v]=series(num1,den1,numv,denv);
[numBc,denBc]=series(numB,denB,numc(i),denc);
[numBc1v,denBc1v]=series(numBc,denBc,num1v,den1v);
[num_close,den_close]=feedback(num2,den2,numBc1v,denBc1v);
[h_close,x,t]=step(num_colse,den_close,t);
plot(t,h_close),hold on
error_colse(i)=h_close(length(t));
end
text(20,0.00045,'Kc=1');text(20,0.0015,'Kc=0.5');
error_close
```

开环和闭环系统对阶跃干扰的响应曲线如图 3-29 所示，其中虚线对应开环系统的阶跃干扰响应。稳态误差显示结果为

$$\text{error\_open}=0.0050;\text{error\_close}=0.0007(K_c=1);\text{error\_close}=0.0012(K_c=0.5)$$

本例中，闭环系统与开环系统对单位阶跃干扰信号响应的稳态值之比为

$$\frac{\text{error\_close}}{\text{error\_open}}=\begin{cases}0.0007/0.005=0.14, & K_c=1\\0.0012/0.005=0.24, & K_c=0.5\end{cases}$$

可见通过引入适当参数的比例控制器会明显地减小干扰对输出的影响，说明闭环控制系统具有抑制噪声的特性。如果比例控制器的参数 K_c 选择不合适，则阶跃干扰响应将发散，我们将在下一章根轨迹的 Matlab 分析中介绍如何利用根轨迹来确定能够抑制噪声的比例控制器

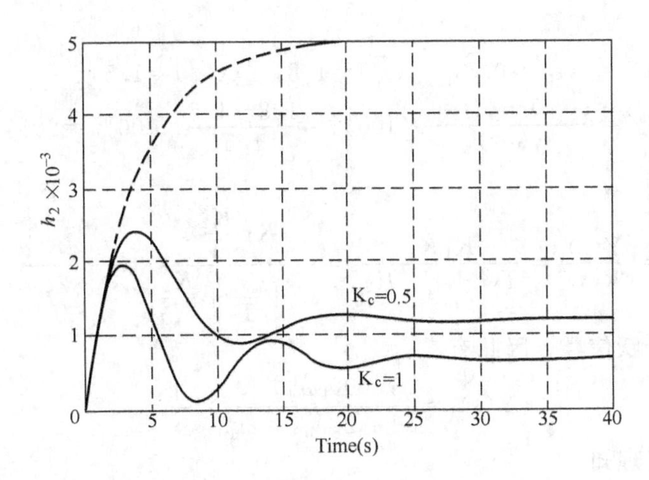

图 3-29　二阶水槽阶跃干扰响应曲线

参数 K_c 范围。

此外，如果假设扰动量 $Q_d=0$，对以上控制回路求取设定值为单位阶跃变化时，液位 h_2 的过渡过程曲线，通过记录过渡过程曲线的超调量、峰值时间、过渡时间、衰减比、余差等性能指标，可以研究不同调节规律及参数对控制质量的影响。这里不再详述，感兴趣的读者可以自己编写 Matlab 程序进行分析。

3.8　学生自读

3.8.1　学习目标

① 掌握一阶系统对典型试验信号的输出响应的推导，理解系统参数 T 和 K 的物理意义。

② 重点掌握不同二阶系统阶跃响应的特点，及阶跃响应与特征根在根平面位置之间的关系；理解系统参数 ζ 和 ω_n 的物理意义。

③ 掌握控制系统阶跃响应性能指标的含义，以及计算二阶欠阻尼系统性能指标的方法。

④ 掌握劳斯稳定判据判别系统稳定性的方法。

⑤ 理解系统稳态误差与系统的“型”及输入信号的形式之间的关系。

⑥ 理解高阶系统主导极点的概念，以及高阶系统可以低阶近似的原理。

⑦ 了解根据系统的阶跃和脉冲响应曲线获得系统数学模型的方法。

3.8.2　例题分析与工程实例

【例 3-17】 某电机调速系统的方块图如图 3-30（a）所示。被控对象的结构已知，但参数未知，需要通过实验确定，其中包括前置放大器增益 K_1、机电时间常数 T 和增益 K_2。通过对系统施加单位阶跃试验信号，得到系统的阶跃响应曲线如图 3-30（b）所示。要求分析实验曲线，确定系统模型参数 K_1，K_2 和 T。

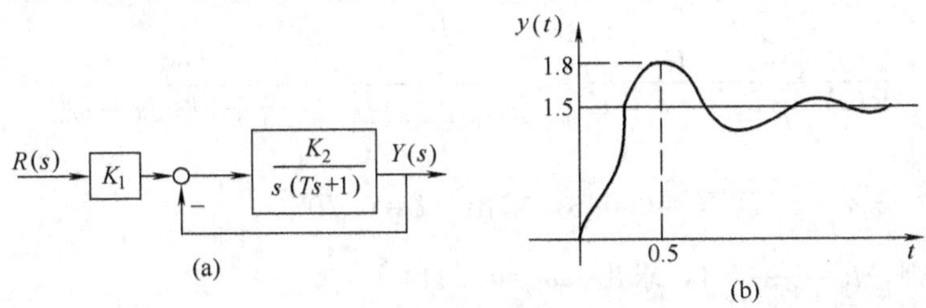

图 3-30　电机调速系统方块图

解 由图可知

$$t_{\mathrm{p}}=0.5,\quad y(t_{\mathrm{p}})=1.8,\quad y(\infty)=1.5$$

$$\sigma\%=\frac{y(t_{\mathrm{p}})-y(\infty)}{y(\infty)}\times100\%=\frac{1.8-1.5}{1.5}\times100\%=20\%$$

系统闭环传递函数为

$$G(s)=\frac{Y(s)}{R(s)}=\frac{K_1K_2}{Ts^2+s+K_2}=\frac{K_1\dfrac{K_2}{T}}{s^2+\dfrac{s}{T}+\dfrac{K_2}{T}}=\frac{K_1\omega_{\mathrm{n}}^2}{s^2+2\zeta\omega_{\mathrm{n}}s+\omega_{\mathrm{n}}^2}$$

因试验信号为单位阶跃信号，因此有

$$Y(s)=\frac{K_1\omega_{\mathrm{n}}^2}{s^2+2\zeta\omega_{\mathrm{n}}s+\omega_{\mathrm{n}}^2}\times\frac{1}{s}$$

由拉氏变换的终值定理知

$$y(\infty)=\lim_{s\to0}sY(s)=\lim_{s\to0}\frac{sK_1\omega_{\mathrm{n}}^2}{s^2+2\zeta\omega_{\mathrm{n}}s+\omega_{\mathrm{n}}^2}\times\frac{1}{s}=K_1=1.5$$

求出$K_1=1.5$。

由$\sigma\%=\mathrm{e}^{-\frac{\zeta\pi}{\sqrt{1-\zeta^2}}}=0.2$，导出

$$\zeta=\sqrt{\frac{(\ln\sigma)^2}{\pi^2+(\ln\sigma)^2}}=0.46$$

由 $t_{\mathrm{p}}=\dfrac{\pi}{\omega_{\mathrm{n}}\sqrt{1-\zeta^2}}=0.5$，导出

$$\omega_{\mathrm{n}}=\frac{\pi}{t_{\mathrm{p}}\sqrt{1-\zeta^2}}=7.1$$

对照标准二阶系统，$\omega_{\mathrm{n}}^2=\dfrac{K_2}{T}$，$2\zeta\omega_{\mathrm{n}}=\dfrac{1}{T}$，求得 $K_2=7.56$，$T=0.15$。

【例 3-18】 移动机器人在现实生活中的用途越来越广泛，图 3-31 表示的是这种机器人的驾驶控制系统，其中控制器采用积分控制器，传递函数为：$G_{\mathrm{c}}(s)=\dfrac{K}{s}$。要求设计控制器参数 K 和机器人时间常数 T，使得驾驶控制系统满足如下性能指标：

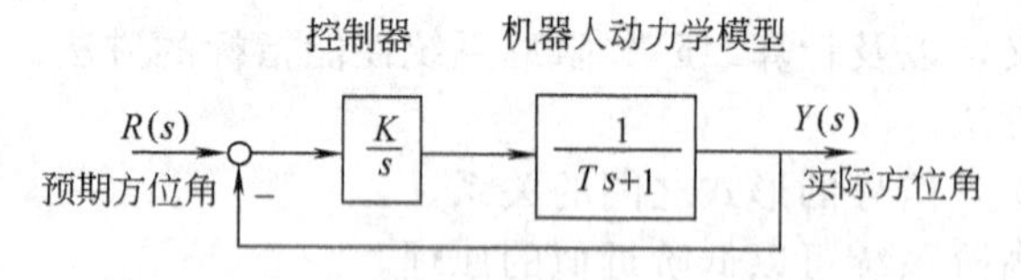

图 3-31 移动机器人驾驶控制系统

① 在单位阶跃输入信号作用下，超调量不超过 4.3%；

② 系统响应尽可能快，按 2%误差准则计算调节时间 t_{s} 不超过 4s。

解 闭环系统的传递函数为

$$\frac{Y(s)}{R(s)}=\frac{K}{Ts^2+s+K}$$

$$\frac{Y(s)}{R(s)}=\frac{K}{Ts^2+s+K}=\frac{\dfrac{K}{T}}{s^2+\dfrac{s}{T}+\dfrac{K}{T}}=\frac{\omega_{\mathrm{n}}^2}{s^2+2\zeta\omega_{\mathrm{n}}s+\omega_{\mathrm{n}}^2}$$

根据超调量公式：$\sigma\%=\mathrm{e}^{-\frac{\pi\zeta}{\sqrt{1-\zeta^2}}}=0.043$，求出 $\zeta=0.707$

根据 2%误差准则，$t_{\mathrm{s}}=\dfrac{4}{\zeta\omega_{\mathrm{n}}}=4$，求出 $\omega_{\mathrm{n}}=1.414$

对照传递函数，可知

$$T=\frac{1}{2\zeta\omega_n}=0.5,\quad K=T\omega_n^2=1$$

【例 3-19】 某一液位控制系统如图 3-32 所示（图中实线）。试求：

① 定值控制系统的传递函数 $Y(s)/F(s)$；

② 当设定值不变，系统遇到单位阶跃干扰时，求系统的稳态误差；

③ 为克服干扰的影响，为系统增加前馈控制器（虚线所示），对误差实现静态补偿。前馈控制器的传递函数为 K，为使阶跃干扰对系统的稳态误差的影响降至最低，试确定 K 的数值。

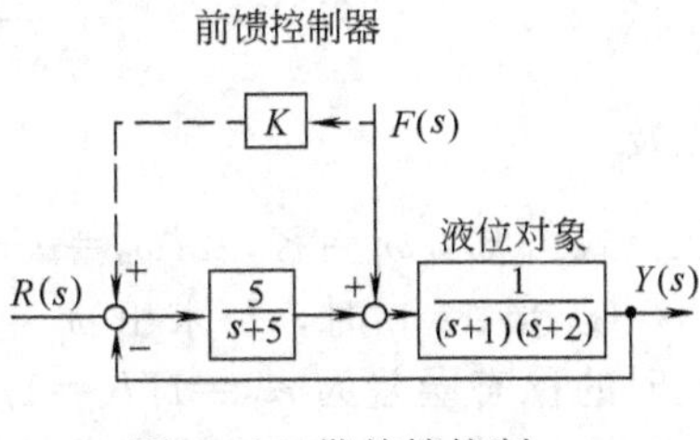

图 3-32　带前馈控制器的液位控制系统

解　① 定值系统研究干扰信号对系统输出的影响，因此应列出输出对干扰信号的传递函数为

$$\frac{Y(s)}{F(s)}=\frac{s+5}{(s+5)(s+1)(s+2)+5}$$

② 求误差对干扰的传递函数

$$\frac{E(s)}{F(s)}=-\frac{s+5}{(s+5)(s+1)(s+2)+5}$$

当 $F(s)=1/s$ 时

$$e(\infty)=\lim_{s\to 0}-\frac{s(s+5)}{(s+5)(s+1)(s+2)+5}\times\frac{1}{s}=-\frac{1}{3}$$

③ 增加前馈控制器后，误差对干扰的传递函数为

$$\frac{E(s)}{F(s)}=\frac{[K(s+1)(s+2)-1](s+5)}{(s+5)(s+1)(s+2)+5}$$

当 $F(s)=1/s$ 时

$$e(\infty)=\lim_{s\to 0}\frac{s[K(s+1)(s+2)-1](s+5)}{(s+5)(s+1)(s+2)+5}\times\frac{1}{s}=\frac{10K-5}{15}$$

欲使稳态误差趋于零，K 应等于 0.5。

【例 3-20】 闭环控制系统的方块图如图 3-33 所示。

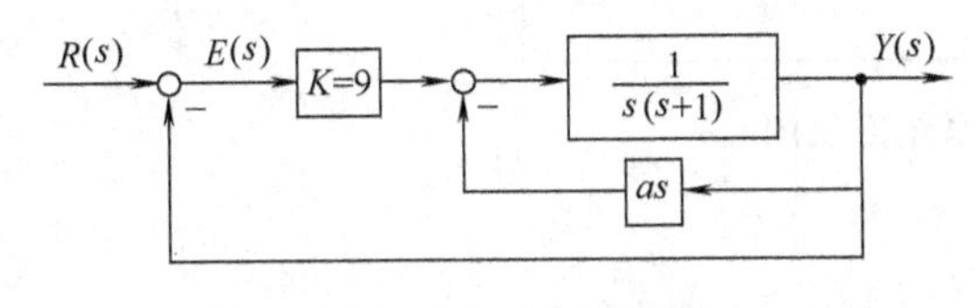

图 3-33　例 3-20 图

① 当 $a=0$ 时，试确定系统的阻尼比 ζ 和无阻尼振荡频率 ω_n，并求出当 $r(t)=t$ 时系统的稳态误差；

② 当阻尼比 $\zeta=0.6$ 时，确定系统的 a 值和单位斜坡函数作用下的系统稳态误差；

③ 当 $r(t)=t$ 时，若要保证阻尼比 $\zeta=0.6$ 和系统的稳态误差为 $e_{sr}=0.2$，试确定系统中的 a 值，此时，前向放大器的系数 K 应取多少？

解　系统的开环传递函数为

$$G(s)=\frac{\dfrac{K}{s(s+1)}}{1+\dfrac{as}{s(s+1)}}=\frac{K}{s^2+(a+1)s}$$

当 $r(t)=t$ 时，稳态位置偏差系数 $K_v=\lim\limits_{s\to 0}sG(s)=\dfrac{K}{a+1}$，因此，有稳态误差

$$e_{sr}=\frac{1}{K_v}=\frac{a+1}{K}$$

系统的闭环传递函数为

$$\phi(s)=\frac{Y(s)}{R(s)}=\frac{\dfrac{K}{s(s+1)+as}}{1+\dfrac{K}{s(s+1)+as}}=\frac{K}{s^2+(a+1)s+K}=\frac{\omega_n^2}{s^2+2\zeta\omega_n s+\omega_n^2}$$

以及
$$\frac{E(s)}{R(s)}=\frac{s^2+(a+1)s}{s^2+(a+1)s+K}$$

从上式可知：$\omega_n^2=K$，$2\zeta\omega_n=a+1$。

① 当 $a=0$ 时，可求出 $\omega_n^2=K=9$，$\omega_n=3$，因为 $2\zeta\omega_n=1$，所以 $\zeta=0.167$。此时的稳态误差为 $e_{sr}=1/K=1/9=0.11$。

通过对 $E(s)$ 求终值定理，也可求出系统的稳态误差，结果相同。

$$e(\infty)=\lim_{s\to 0}sE(s)=\lim_{s\to 0}s\frac{s^2+(a+1)s}{s^2+(a+1)s+K}\times\frac{1}{s^2}=\frac{1}{K}=0.11\quad(a=0,K=9)$$

② 当阻尼比 $\zeta=0.6$ 时，此时，有 $\omega_n=3$，$2\zeta\omega_n=a+1$，所以 $a=2.6$。此时的稳态误差为：$e_{sr}=3.6/K=3.6/9=0.4$。

③ 若要保证阻尼比 $\zeta=0.6$ 和系统的稳态误差为 $e_{sr}=0.2$，需解如下方程

$$\begin{cases}e_{sr}=0.2=(a+1)/K\\2\zeta\omega_n=a+1=1.2\sqrt{K}\end{cases}$$

解出：$a=6.2$，$K=36$。

【例 3-21】 某工厂有一储槽缓冲罐，欲使用入口流量去控制储槽的液位。其中液位对象的传递函数为 $G(s)=\dfrac{1}{s(s+1)(s+2)}$，液位变送器的传递函数等于 1，控制器传递函数为

$$G_c(s)=\frac{K_c(s+T_d)}{s+3}$$

① 试确定控制器参数 K_c 和 T_d，以保证该控制系统稳定；

② 若采用纯比例控制器去控制液位，同时出于对控制过程调节时间的考虑，要求所有闭环极点的实部均小于 -0.2，求取使系统稳定的 K_c 值范围。

解 ① 首先画出该液位控制系统的方块图（见图 3-34）。

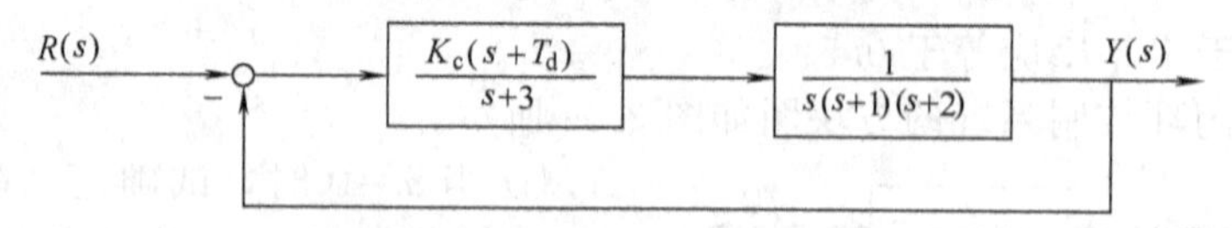

图 3-34 液位控制系统方块图

其闭环传递函数为

$$\frac{Y(s)}{R(s)}=\frac{K_c(s+T_d)}{s(s+1)(s+2)(s+3)+K_c(s+T_d)}$$

其闭环特征方程为

$$s^4+6s^3+11s^2+(6+K_c)s+K_cT_d=0$$

列出劳斯行列式

$$\begin{array}{c|ccc} s^4 & 1 & 11 & K_cT_d \\ s^3 & 6 & 6+K_c & \\ s^2 & \dfrac{60-K_c}{6} & K_cT_d & \\ s^1 & \dfrac{(60-K_c)(6+K_c)-36K_cT_d}{60-K_c} & & \\ s^0 & K_cT_d & & \end{array}$$

因为控制器参数 K_c，T_d 均大于零，因此，为使闭环系统稳定，必须满足

$$0<K_c<60;\ 0<T_d<\frac{(60-K_c)(6+K_c)}{36K_c}$$

如果 K_c 取 50，则 T_d 必须小于 0.311。

② 此时，控制器传递函数为 $G_c(s)=K_c$，系统闭环特征方程：$s(s+1)(s+2)+K_c=0$。

要求全部闭环极点的实部均小于 -0.2，相当于全部闭环极点都位于 $s=-0.2$ 垂线的左侧。此时可把虚部向左平移 0.2，构成新的 s' 复平面。令 $s=s'-0.2$，代入原闭环特征方程，用劳斯稳定判据求出所有落在 s' 平面的根对应的 K_c 值。

此时，系统闭环特征方程为

$$(s'-0.2)(s'-0.2+1)(s'-0.2+2)+K_c=0$$

整理 $s'^3+2.4s'^2+0.92s'+(K_c-0.288)=0$，列出劳斯行列式

$$\begin{array}{c|cc} s'^3 & 1 & 0.92 \\ s'^2 & 2.4 & K_c-0.288 \\ s'^1 & \dfrac{2.5-K_c}{2.4} & 0 \\ s'^0 & K_c-0.288 & 0 \end{array}$$

令 $\begin{cases} 2.5-K_c>0 \\ K_c-0.288>0 \end{cases}$，有　　　$0.288<K_c<2.5$

当 $0.288<K_c<2.5$ 时，所有闭环极点落在 $s=-0.2$ 垂线的左侧，即所有闭环极点的实部均小于 -0.2。

3.8.3　本章小结

本章主要介绍古典控制理论中的时域分析方法。时域分析方法通常是对系统施加典型的试验信号，通过对输出响应进行评价来分析系统的特性；或依据系统输出响应的性能指标来设计控制系统。

系统的时域响应分为动态过程和静态过程，分别反映系统自身的动态特性和静态特性。通过对描述系统的微分方程取拉氏变换，再求反拉氏变换，可获得系统输出响应的时间解 $y(t)$。通过拉氏变换中的终值定理可获得系统的稳态解。

通过分析一阶线性系统对几种典型试验信号的输出响应，理解了一阶系统的两个特征参数——时间常数 T 和增益 K 的物理意义，同时了解到系统稳态输出不仅与系统的参数有关，还与输入信号的形式有关。

通过详细分析二阶系统的单位阶跃响应，了解了特征根的位置与过渡过程之间的关系，以及二阶系统的两个特征参数阻尼比 ζ 和无阻尼振荡频率 ω_n 对过渡过程的影响。以二阶欠阻尼系统的单位阶跃响应过程为例，学习了评价控制系统的性能指标，其求解方法也适用于其他系统。

高阶系统通常可以表示为一阶和二阶系统串联的形式，通过部分分式展开，求得输出响应，或利用主导极点的概念，把高阶系统降阶近似处理。

系统的稳定性是系统自身的属性，与输入函数无关。系统的闭环特征根全部具有负实部是一个系统稳定的充要条件，劳斯稳定判据从系统的闭环特征方程出发，不需求解系统的特征根，而能够判定系统的稳定性。

稳态误差是衡量一个系统控制精度的重要指标，它不仅与输入信号的形式有关，还与系统的“型”，即开环传递函数中含有积分器的个数有关。

习 题 3

3-1 已知某水槽液位系统如图 3-35 所示，当输入流量单位阶跃变化时，测量液位的变化数据见表 3-4。

图 3-35 液位系统

表 3-4 液位测量数据

时间/s	液位/cm	时间/s	液位/cm
0	0	1.6	1.9634
0.2	0.7869	1.8	1.9778
0.4	1.2642	2.0	1.9865
0.6	1.5537	2.2	1.9918
0.8	1.7293	2.4	1.9950
1.0	1.8358	2.6	1.9970
1.2	1.9004	2.8	1.9982
1.4	1.9396	3.0	1.9989

(1) 写出该系统的液位与入口流量之间的传递函数；

(2) 写出液位变化曲线的数学表达式。

3-2 某一单位反馈系统，其闭环传递函数为：$\dfrac{Y(s)}{R(s)}=\dfrac{2(s+2)}{s^2+2s+2}$，

(1) 试求其开环传递函数；

(2) 写出输出变量 $y(t)$ 与输入变量 $r(t)$ 间的微分方程式；

(3) 当 $r(t)=2\times 1(t)$ 时，求输出 $y(t)$。

3-3 已知系统的单位脉冲响应如下，试求系统的传递函数。

(1) $g(t)=10-5\mathrm{e}^{-3t}$　　(2) $g(t)=5t+2\sin(5t+60°)$

(3) $g(t)=0.1(\mathrm{e}^{-0.2t}-\mathrm{e}^{-0.5t})$　　(4) $g(t)=\dfrac{K}{\omega}\sin\omega t$

3-4 已知系统的方块图如图 3-36 所示。

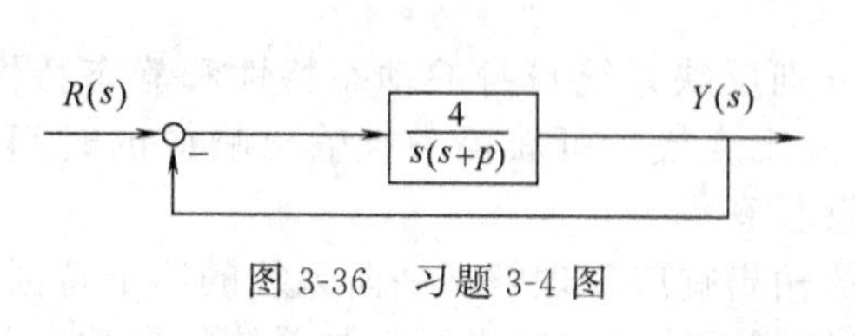

图 3-36 习题 3-4 图

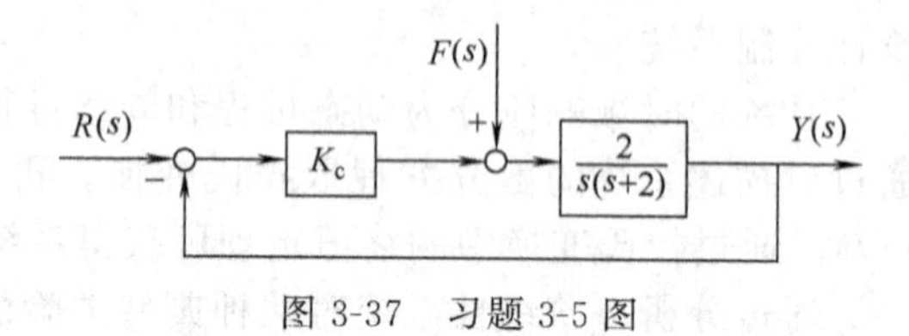

图 3-37 习题 3-5 图

(1) 当 $p=4$ 时，在 $y(0)=-1$，$y'(0)=0$ 的初始条件下，试求系统单位阶跃响应的表达式；

(2) 从系统的阻尼比 ζ 和特征根两方面分析，p 取何值时，系统的单位阶跃响应为单调、衰减振荡、等幅振荡和发散情况。

3-5 某控制系统的方块图如图 3-37 所示。

(1) 当控制器增益 $K_c=1$，且系统的输入为单位阶跃干扰，即 $F(s)=1/s$ 时，试求系统的输出响应 $y(t)$；

(2) 若要求上述输出响应的超调量等于 10%，求控制器的增益 K_c；

(3) 求解在这个 K_c 下，系统过渡过程的峰值时间和稳态误差。

3-6 某控制系统方块图如图 3-38 所示。

(1) 分别写出定值控制系统和随动控制系统的传递函数。

(2) 试求当给定信号和干扰信号分别为单位

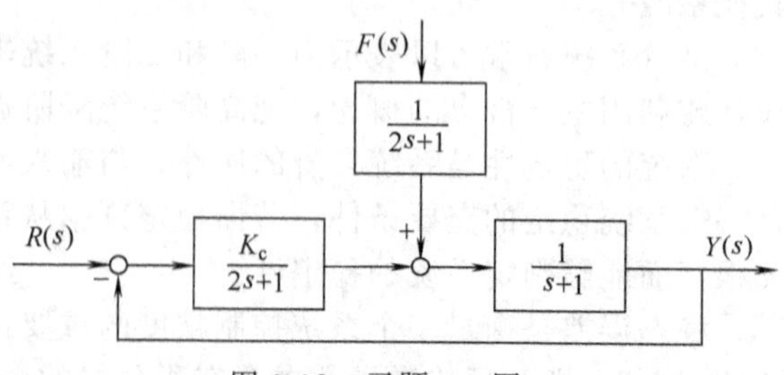

图 3-38 习题 3-6 图

阶跃函数时，使系统产生 4∶1 衰减振荡、等幅振荡和不稳定的 K_c 值。

(3) 试求使定值系统产生 4∶1 衰减振荡时的最大误差和余差。

(4) 试求使随动系统产生 4∶1 衰减振荡时的超调量 $\sigma\%$、余差、调节时间 t_s 和峰值时间 t_p。

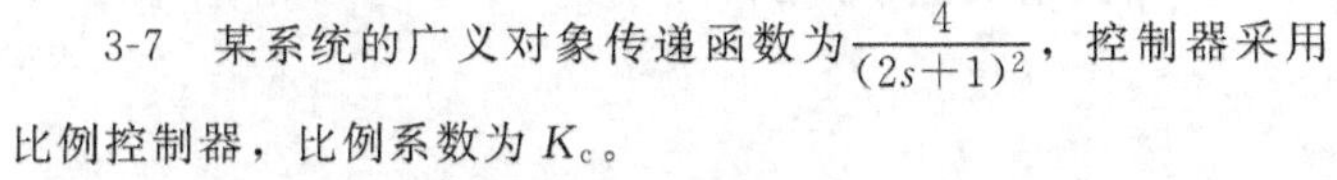

3-7　某系统的广义对象传递函数为 $\dfrac{4}{(2s+1)^2}$，控制器采用比例控制器，比例系数为 K_c。

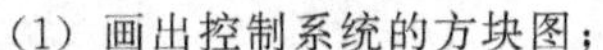

(1) 画出控制系统的方块图；

(2) 求在单位阶跃输入下，使衰减比达到 4∶1 时的 K_c 值；

(3) 当 $K_c=0.75$ 时，求系统的衰减比和振荡频率。

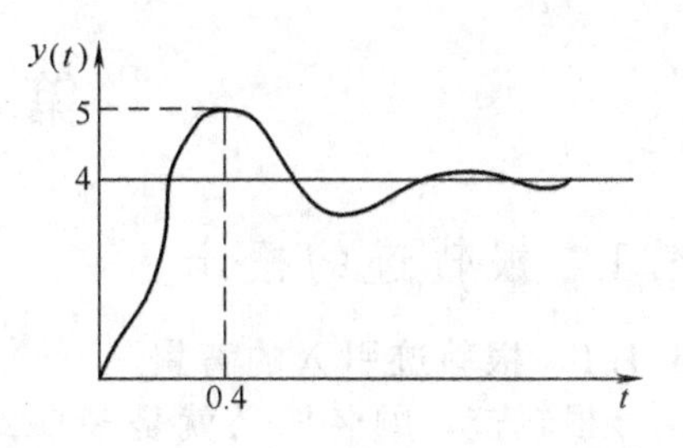

图 3-39　习题 3-8 图

3-8　已知某单位反馈的二阶系统在单位阶跃输入下的响应如图 3-39 所示，试求系统的闭环传递函数和开环传递函数。

3-9　设单位反馈系统的开环传递函数为 $G(s)=\dfrac{1}{s(0.5s+1)(0.2s+1)}$，试问：

(1) 系统存在闭环主导极点吗？

(2) 若存在，请运用这个概念写出系统的单位阶跃响应；

(3) 求出系统响应的超调量和峰值时间。

3-10　已知单位反馈系统的开环传递函数如下，试判断使闭环系统稳定的 K 值范围。

(1) $G(s)=\dfrac{K}{s(s^2+s+1)(s+2)}$　　(2) $G(s)=\dfrac{K(0.5s+1)}{s(0.5s^2+s+1)(s+1)}$

(3) $G(s)=\dfrac{K}{(0.2s+1)(0.5s+1)(s-1)}$　　(4) $G(s)=\dfrac{K}{(T_1s+1)(T_2s+1)(T_3s+1)}$

3-11　某单位反馈系统的开环传递函数 $G(s)=\dfrac{K}{s(0.1s+1)(0.25s+1)}$，试求：

(1) 使系统稳定的 K 值范围；

(2) 若要求闭环特征根的实部均小于 -1，确定 K 的取值范围。

3-12　系统的闭环特征方程如下，试判断系统的稳定性，并指出系统具有虚根和正实部根的个数。

(1) $s^4+4s^2+s^2+4s+1=0$　　(2) $s^3+10s^2+4s+40=0$

3-13　某单位反馈系统，其开环传递函数为 $G(s)=\dfrac{K}{(s+2)(s^2+6s+25)}$，试判定 K 取何值时，系统将产生等幅振荡，求出振荡频率。

3-14　单位反馈系统的开环传递函数为 $G(s)=\dfrac{2}{s^2(0.5s+1)(s^2+2s+1)}$

(1) 试计算系统的位置稳态误差系数、速度稳态误差系数和加速度稳态误差系数；

(2) 当输入 $r(t)=2+5t+4t^2$ 时，求系统的稳态误差。

3-15　某系统的方块图如图 3-40 所示。当输入为单位斜坡函数时，若要求稳态误差为零，试确定系统参数 K_1 和 K_2。

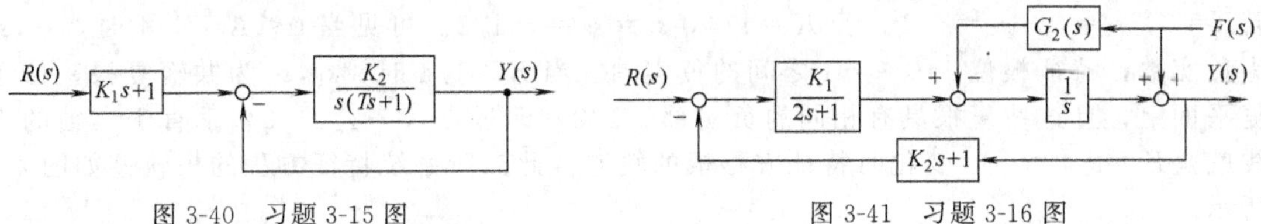

图 3-40　习题 3-15 图　　图 3-41　习题 3-16 图

3-16　某系统的方块图如图 3-41 所示。

(1) 当给定信号 $r(t)$ 为单位斜坡函数时，试求系统的稳态误差；

(2) 设计 $G_2(s)$，使干扰信号 $f(t)$ 对系统的影响最小；

(3) 若想使系统的闭环极点等于 $-2\pm j2$，求系统参数 K_1 和 K_2。

第4章　根轨迹分析

4.1　根轨迹的概念

4.1.1　根轨迹引入的背景

根轨迹，顾名思义就是多项式方程的根在复平面上的轨迹。从前面的章节中可知，控制系统的各项性能很大程度上取决于闭环系统特征方程的根，即闭环系统的闭环极点。绝大多数控制系统设计出来之后，总有可调参数存在，即可调整的物理量，一般是开环增益。因此，系统闭环特征方程的系数是可变化的，闭环极点也应该是变化的。通常高于四次的多项式方程的根，不可以用公式的形式表达出来，也就是说，不能一般性地处理变系数问题。正是基于这样的情况，W. R. Evans 于 1948 年在"控制系统的图解分析"一文中提出了根轨迹的绘制方法。当特征方程系数中有一个一次变量时，其根可以非常规律地表达在复平面上，以便于分析控制系统在这一参数变化时的性能，自然，可以从中选出使系统稳定或系统的综合性能最佳的变参量。随着根轨迹分析法的发展，该方法不仅用于分析控制系统的性能，还用于控制系统校正装置的设计。从纯数学理论的意义上来说，将系数中有一个一次变量的多项式方程的根，非常规律地完全表达在复平面上，也是非常有价值的方法理论。

4.1.2　根轨迹的概念

如图 4-1 所示的一阶系统：$\dfrac{Y(s)}{R(s)}=\dfrac{K}{s+K}$。其特征根为 $s=-K$。当 $K:0\rightarrow+\infty$时，特征方程的根分布在整个负实轴上，根轨迹如图 4-2 所示。

图 4-1　一阶系统　　　　图 4-2　一阶系统根轨迹

如图 4-3 所示的二阶系统：$\dfrac{Y(s)}{R(s)}=\dfrac{K}{s^2+s+K}$。特征根为 $s_{1,2}=(-1\pm\sqrt{1-4K})/2$。若$K=0$，$s_1=0$，$s_2=-1$。若 $K=1/4$，$s_1=s_2=-1/2$。可见当 $0<K<1/4$ 时，s_1, s_2 为负实数，特征根位于 0～-1 之间的负实轴。当 $K>1/4$ 时，s_1, s_2 为共轭复根，位于复平面上，且这些复根具有相同的负实部$-1/2$，即过点（$-1/2$，0）垂直于实轴的直线就是$K:1/4\rightarrow+\infty$变化时特征方程根的轨迹。此二阶系统特征方程的根轨迹如图 4-4 所示。

对于一般意义的单输入-单输出的线性定常的控制系统，其框图如图 4-5 所示，闭环传递函数为

$$\frac{Y(s)}{R(s)}=\frac{G(s)}{1+G(s)H(s)}$$

若前向通道上的传递函数为

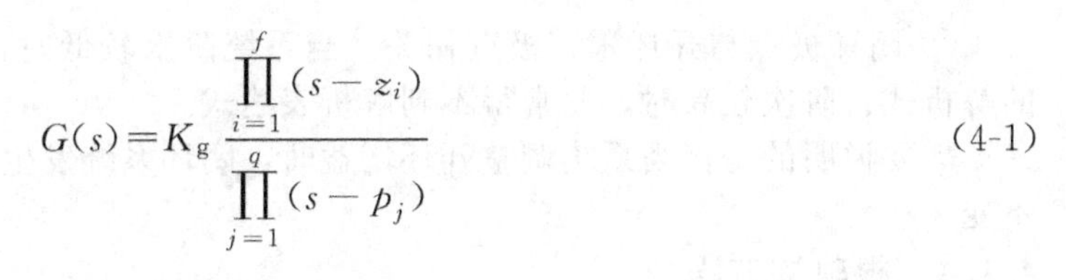

$$G(s)=K_{\mathrm{g}}\frac{\prod_{i=1}^{f}(s-z_i)}{\prod_{j=1}^{q}(s-p_j)} \tag{4-1}$$

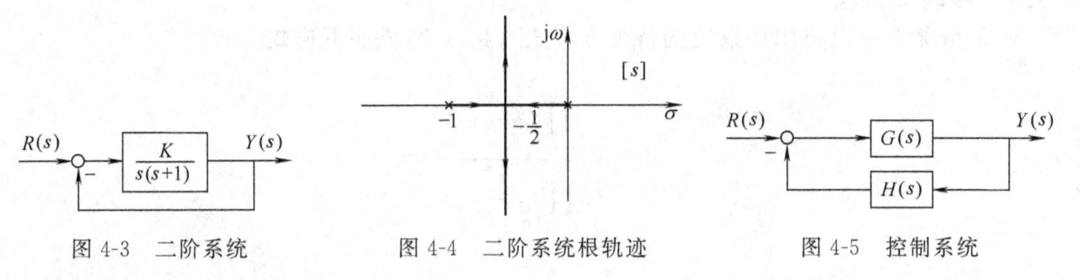

图 4-3　二阶系统　　图 4-4　二阶系统根轨迹　　图 4-5　控制系统

反馈通道上的传递函数为

$$H(s)=K_{\mathrm{h}}\frac{\prod_{i=1}^{l}(s-z_i)}{\prod_{j=1}^{h}(s-p_j)} \tag{4-2}$$

则开环传递函数 $G(s)H(s)$ 可表示为

$$G(s)H(s)=K_{\mathrm{g}}K_{\mathrm{h}}\frac{\prod_{i=1}^{f}(s-z_i)\prod_{j=1}^{l}(s-z_j)}{\prod_{i=1}^{q}(s-p_i)\prod_{j=1}^{h}(s-p_j)}=K\frac{\prod_{i=1}^{m}(s-z_i)}{\prod_{j=1}^{n}(s-p_j)} \tag{4-3}$$

其中 $K=K_{\mathrm{g}}K_{\mathrm{h}}$，$m=f+l$，$n=q+h$。则系统的闭环传递函数为

$$\frac{Y(s)}{R(s)}=\frac{K_{\mathrm{g}}\prod_{i=1}^{f}(s-z_i)\prod_{j=1}^{h}(s-p_j)}{\prod_{j=1}^{n}(s-p_j)+K\prod_{i=1}^{m}(s-z_i)} \tag{4-4}$$

闭环特征方程为

$$\prod_{j=1}^{n}(s-p_j)+K\prod_{i=1}^{m}(s-z_i)=0 \tag{4-5}$$

当 K 从零取值到正无穷时，闭环特征方程式（4-5）的根在复平面上构成的轨迹称做根轨迹。$K=0$ 处称为根轨迹的起点，$K=+\infty$ 处称为根轨迹的终点。

本书特别地将以 K 为变量所做出闭环特征方程式（4-5）特征根在复平面上的轨迹称做根轨迹。以其他形式或参数做出的特征方程根在复平面上的轨迹，为了与之相区别还有专门的称谓，在此先不列出。

4.1.3　闭环零、极点与开环零、极点的关系

根据式（4-3）和式（4-4），可以看出：

① 开环前向通道上传递函数的零点和反馈通道上传递函数的极点，合起来构成了闭环传递函数的零点；

② 闭环极点与开环零、极点相关。当系统阶次较低时，可以用求根公式得到它们之间的解析式；阶次较高时，通常得不到解析表达式。

需要说明的是，当系统调整开环增益时，闭环系统发生变化的是闭环极点，而闭环零点不变。

4.1.4 根轨迹方程

通常情况下可以将闭环系统的特征方程式（4-5）写成如下形式。

$$1+K\frac{\prod_{i=1}^{m}(s-z_i)}{\prod_{j=1}^{n}(s-p_j)}=0 \tag{4-6}$$

这就是根轨迹方程，进一步可以写成：$K\frac{\prod_{i=1}^{m}(s-z_i)}{\prod_{j=1}^{n}(s-p_j)}=-1$，这是个复数运算式，可以分解成模值、相角的两种形式。

$$K\frac{\prod_{i=1}^{m}|s-z_i|}{\prod_{j=1}^{n}|s-p_j|}=1 \tag{4-7}$$

$$\sum_{i=1}^{m}\angle(s-z_i)-\sum_{j=1}^{n}\angle(s-p_j)=(2k+1)\pi,\ k=0,\ \pm1,\ \pm2,\ \cdots \tag{4-8}$$

复平面上根轨迹上的点必然满足式（4-7）和式（4-8）。实际上，式（4-7）对判别某点是否是根轨迹上的点不起任何作用，仅仅是用来计算 K。式（4-8）是判别某点是否是根轨迹上点的充要条件，是特征方程根轨迹的最本质的内涵，也是 W. R. Evans 提出的绘制根轨迹法则的重要理论根据。

如果严格根据式（4-8）完成根轨迹的绘制，不仅大量的计算使人望而却步，而且根本不能将根轨迹全部绘出。因此，W. R. Evans 提出了一套绘制大略根轨迹的方法，简捷实效，便于控制系统性能的分析和设计。

4.2 根轨迹绘制的基本法则

本节介绍绘制根轨迹的基本法则，该法则不仅可以非常精确地将实轴上的根轨迹绘制出来，而且还可以将根轨迹趋向无穷远的走势正确清晰地勾画出来。这种大略的根轨迹完全满足控制系统分析和设计的要求。

国内大部分教材都介绍了这些基本法则的证明过程，有的教材甚至还作为重点内容介绍。这里我们将不再介绍这些法则的数学证明，而是将重点放在介绍如何利用这些法则做出根轨迹，以及如何利用根轨迹来分析系统性能上。读者若感兴趣，可在附录 2 中找到这些法则的详细证明。

这里介绍的根轨迹绘制法则仅适用于负反馈系统，并以开环增益作为根轨迹方程的参变量。对系统中采用其他物理量作参变量，或正反馈的情况，将在后面进行简单介绍。

根轨迹方程是本节的核心，这里再一次把它写出来。

$$1+K\frac{\prod_{i=1}^{m}(s-z_i)}{\prod_{j=1}^{n}(s-p_j)}=0 \tag{4-9}$$

法则 1　根轨迹起于开环极点，终于开环零点或无穷远。

法则 2　根轨迹是关于实轴对称的连续曲线，其个数为 max（m，n）。

法则 3　当 $n>m$ 时，有 $n-m$ 条根轨迹趋向无穷远，其渐近线与实轴的夹角为 φ，交点为 σ，其中 $\varphi=\frac{(2k+1)\pi}{n-m}$，$k=0,1,2\cdots$，$n-m-1$，$\sigma=\frac{\sum_{j=1}^{n}p_j-\sum_{i=1}^{m}z_i}{n-m}$。

法则 4　如果实轴上某线段右侧的开环实数零、极点个数之和为奇数，那么此线段是根轨迹。

下面举例说明如何利用上述四条法则绘制根轨迹。

【例 4-1】　设单位负反馈控制系统的开环传递函数为 $G(s)=\frac{K}{s(s+2)}$，做出该系统闭环特征方程的根轨迹图。

解　根据法则 2 知，系统存在 2 条根轨迹。系统无开环零点，开环极点是 0，-2，由法则 1 知，两条根轨迹分别起于 0，-2 点，终止于无穷远处。根据法则 4 可知，实轴上的根轨迹为 $[-2，0]$，再由法则 3 求出渐近线与实轴的交点和夹角分别为

$$\sigma=(-2+0)/2=-1，\varphi=(2k+1)\pi/2，\varphi_1=\pi/2，\varphi_2=3\pi/2$$

分析系统闭环特征方程 $s^2+2s+K=0$，可知特征根为 $s_{1,2}=-1\pm\sqrt{1-K}$。当 $K=1$ 时，$s_1=s_2=-1$；当 $K>1$ 时，特征根为复数根，实部为 -1，所以根轨迹与渐近线重合。系统相轨迹如图 4-6 所示。

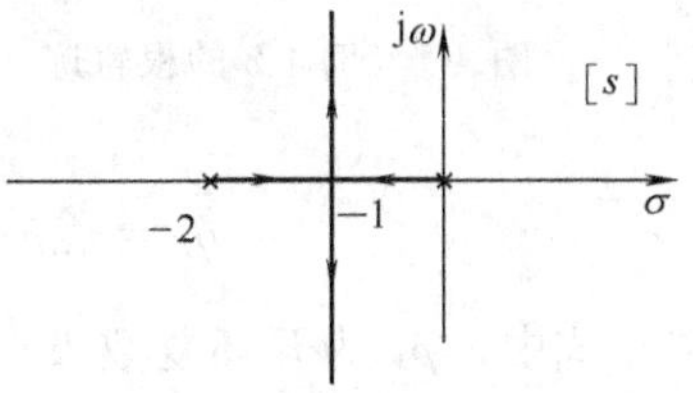

图 4-6　例 4-1 的根轨迹

此例中的两条根轨迹相交于 -1 点，且分离于 -1 点。也就是说，根轨迹有相交重合的可能。

分离点：两条或两条以上的根轨迹的交点，称为分离点。

分离角：根轨迹进入分离点时切线正方向与离开分离点时切线正方向之间的夹角。

法则 5　分离点的坐标 d 可由下述方程求出

$$\sum_{i=1}^{m}\frac{1}{d-z_i}=\sum_{j=1}^{n}\frac{1}{d-p_j} \tag{4-10}$$

分离角为：$\phi=(2k+1)\pi/l$，$k=0,1,\cdots$，$l-1$，其中 l 为进入该分离点的根轨迹个数，即闭环特征方程重根的重数。

下面介绍另一种求分离点的方法。将系统根轨迹方程式（4-9）变换成

$$K=-\frac{\prod_{j=1}^{n}(s-p_j)}{\prod_{i=1}^{m}(s-z_i)}$$

则分离点是满足方程 $\frac{\mathrm{d}K}{\mathrm{d}s}=0$ 的解。

应当指出，上述两种求解分离点的方法都是非充分性的，也就是说满足方程式（4-10）或 $\mathrm{d}K/\mathrm{d}s=0$ 的根并不一定都是分离点，只有代入特征方程后求出对应的 K，满足 $K>0$ 的

那些根才是真正的分离点。

在分离点的定义中，仅仅提到分离点是若干条根轨迹的交点。事实上，分离点既是根轨迹相交的点，同时又是根轨迹相互分离的点。实轴上的根轨迹产生分离点的情况较多；复平面上根轨迹的分离点较少，且成对出现，对称于实轴。一般来说，如果两个实数极点、两个实数零点或一个实数零点和无穷远之间是根轨迹的话，那么该区间内至少存在一个分离点。

【例 4-2】 单位负反馈系统 $G(s)=\dfrac{K(s+2)}{(s+1)^2}$，试绘制其闭环特征方程的根轨迹。

解 系统开环零点为-2，开环极点为-1，-1，则根轨迹起于-1，终于$-2,\infty$。实轴上的根轨迹为（$-\infty$，-2]，其中特别的是-1点为实轴上的根轨迹起点。根据法则 3 计算渐近线与实轴的夹角为 $\varphi=\pi$，即负实轴为渐近线。

下面计算分离点：$\dfrac{2}{d+1}=\dfrac{1}{d+2}$，$d=-3$。$l=2$，分离角为 $\phi=\pm\pi/2$。

系统闭环特征方程为$(s+1)^2+K(s+2)=0$，令 $s=\sigma+\mathrm{j}\omega$，代入特征方程中得

$$\sigma^2-\omega^2+2\sigma+1+K\sigma+2K+\mathrm{j}(2\sigma\omega+2\omega+K\omega)=0 \tag{4-11}$$

即
$$\begin{cases}\sigma^2-\omega^2+2\sigma+1+K\sigma+K=0\\ 2\sigma\omega+2\omega+K\omega=0\end{cases}$$

整理可得：$(\sigma+2)^2+\omega^2=1$。因此复平面上的根轨迹是以（-2,0）为圆心，半径为 1 的圆。系统相轨迹如图 4-7 所示。

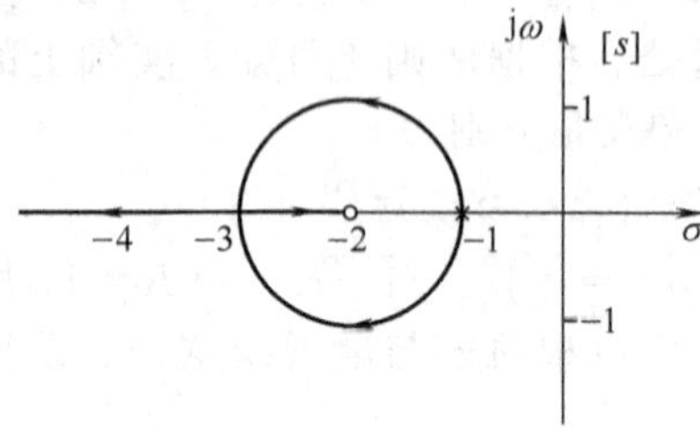

图 4-7 例 4-2 的根轨迹

法则 6 根轨迹离开开环复数极点的切线正方向与正实轴的夹角称为起角，记为 θ_{p_k}；进入开环复数零点的切线正方向与正实轴的夹角称为终角，记为 θ_{z_k}，可根据下面的公式计算

$$\theta_{\mathrm{p}_k}=(2k+1)\pi+\sum_{i=1}^{m}\angle(p_k-z_i)-\sum_{j=1}^{n}\angle(p_k-p_i) \tag{4-12}$$

$$\theta_{\mathrm{z}_k}=(2k+1)\pi-\sum_{i=1}^{m}\angle(z_k-z_i)+\sum_{j=1}^{n}\angle(z_k-p_j) \tag{4-13}$$

式中，p_k 为开环复数极点；z_k 为开环复数零点。

法则 7 根轨迹与虚轴相交，其交点处的 ω 和 K 值可由劳斯判据求得，或是令 $s=\mathrm{j}\omega$，代入到闭环特征方程式（4-9）中，令其实部与虚部分别等于零求得。

【例 4-3】 给定单位负反馈系统，其开环传递函数为 $G(s)=\dfrac{K(s+2)(s^2+s+1)}{s(s+4)(s^2+2s+4)}$，绘制该系统闭环特征方程的根轨迹。

解 系统开环零点为-2,$(-1\pm\mathrm{j}\sqrt{3})/2$；开环极点为 0,$-4$,$-1\pm\mathrm{j}\sqrt{3}$。由法则 4 知实轴上的根轨迹为 [$-2$,0],($-\infty$,$-4$]。渐近线：$\varphi=\pi$，即为负实轴。

计算分离点

$$\frac{1}{d}+\frac{1}{d+4}+\frac{2d+2}{d^2+2d+4}=\frac{1}{d+2}+\frac{2d+1}{d^2+d+1}\Rightarrow d^6+6d^5+3d^4-24d^3-12d^2+24d+32=0$$

经计算求解知该方程的根都不是根轨迹的分离点，所以，根轨迹无分离点。

计算起角

$$\begin{aligned}p_3=-1+\mathrm{j}\sqrt{3},\ \theta_{\mathrm{p}_3}&=(2k+1)\pi+\angle(1+\mathrm{j}\sqrt{3})+\angle(-0.5+\mathrm{j}0.5\sqrt{3})+\angle(-0.5+\mathrm{j}1.5\sqrt{3})-\\&\quad\angle(-1+\mathrm{j}\sqrt{3})-\angle(3+\mathrm{j}\sqrt{3})-\angle\mathrm{j}2\sqrt{3}\\&=(2k+1)\pi+60^\circ+120^\circ+92.1^\circ-120^\circ-30^\circ-90^\circ=-147.9^\circ\end{aligned}$$

$$p_4=-1-\mathrm{j}\sqrt{3},\quad \theta_{p_4}=147.9^\circ$$

终角

$$\begin{aligned}z_2=(-1+\mathrm{j}\sqrt{3})/2,\ \theta_{z_2}&=(2k+1)\pi-\angle(1.5+\mathrm{j}0.5\sqrt{3})-\angle(\mathrm{j}\sqrt{3})+\angle(-0.5+\mathrm{j}0.5\sqrt{3})+\\&\angle(3.5+\mathrm{j}0.5\sqrt{3})+\angle(0.5-\mathrm{j}0.5\sqrt{3})+\angle(0.5+\mathrm{j}1.5\sqrt{3})\\&=(2k+1)\pi-30^\circ-90^\circ+120^\circ+15^\circ-60^\circ+88^\circ=-137^\circ\end{aligned}$$

$$z_3=(-1-\mathrm{j}\sqrt{3})/2,\quad \theta_{z_3}=137^\circ$$

系统闭环特征方程为

$$s^4+6s^3+12s^2+16s+Ks^3+3Ks^2+3Ks+2K=0$$

将 $s=\mathrm{j}\omega$ 代入上述方程得

$$\omega^4-\mathrm{j}(6+K)\omega^3-(12+3K)\omega^2+\mathrm{j}(16+3K)\omega+2K=0$$

令实部、虚部均为零，有

$$\omega^4-(12+3K)\omega^2+2K=0,\quad -(6+K)\omega^3+(16+3K)\omega=0$$

重新整理得：$\omega^6+3\omega^4-24\omega^2+32=0$。因为该方程无实数根，所以根轨迹与虚轴没有交点。根据上述分析可绘出系统根轨迹如图 4-8 所示。

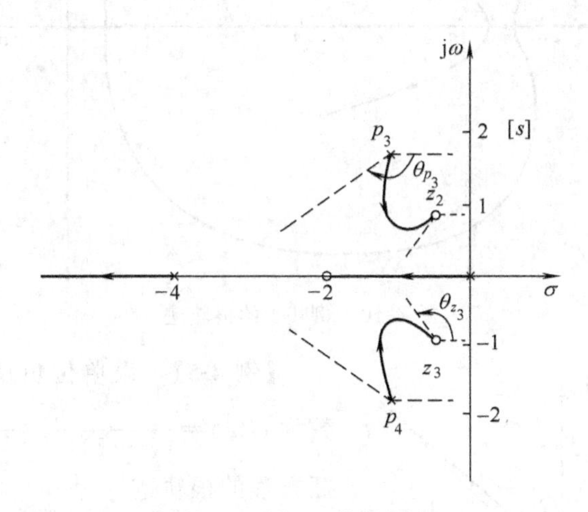

图 4-8　例 4-3 的根轨迹

【例 4-4】　火星探测器"漫游者号"一对取样臂的控制模型如图 4-9 所示，画出以 K 为参变量的根轨迹图。

解　根据系统结构图写出系统开环传递函数为

$$G(s)=\frac{K(s^2+6.5s+12)}{s(s+1)(s+2)}$$

图 4-9　例 4-4 的控制系统

开环零点为 $-3.25\pm\mathrm{j}1.2$；开环极点为 $0,-1,-2$。实轴上的根轨迹为 $(-\infty,-2]$，$[-1,0]$。渐近线为负实轴。

计算分离点

$$\frac{1}{d}+\frac{1}{d+1}+\frac{1}{d+2}=\frac{2d+6.5}{d^2+6.5d+12}\Rightarrow d^4+13d^3+53.5d^2+72d+24=0$$

求解得：$d_1=-0.4933$，$d_2=-1.658$，$d_3=-5.14$，$d_4=-5.7$，将上述分离点代入闭环特征方程中求出相应的K，根据其符号特性可判断d_2不是分离点。

计算与虚轴的交点。写出系统闭环特征方程

$$s^3+3s^2+2s+Ks^2+6.5Ks+12K=0$$

将$s=\mathrm{j}\omega$代入上式得

$$-\mathrm{j}\omega^3-3\omega^2+\mathrm{j}2\omega-K\omega^2+\mathrm{j}6.5K\omega+12K=0$$

令实部、虚部同时为零，解方程组可知ω无实根，则根轨迹与虚轴无交点。

计算终角：$z_1=-3.25+\mathrm{j}1.2$，$\theta_{z_1}=-167°$，$z_2=-3.25-\mathrm{j}1.2$，$\theta_{z_2}=167°$。

系统根轨迹大致图形如图4-10所示。

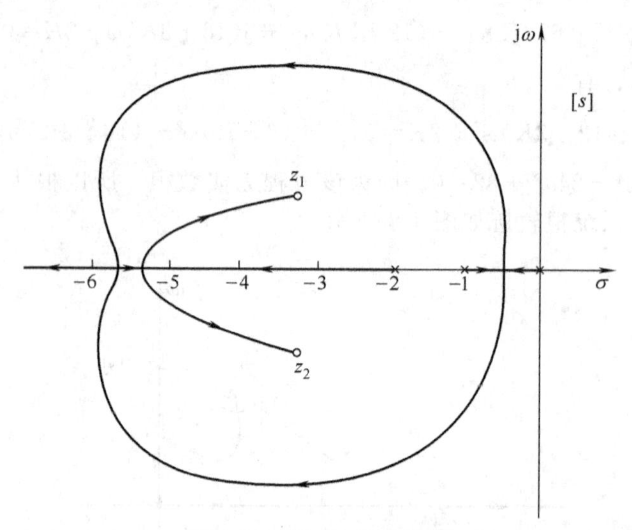

图4-10　例4-4的根轨迹

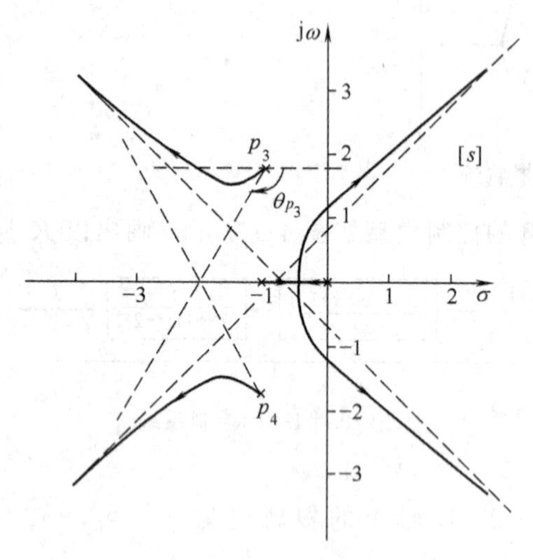

图4-11　例4-5的根轨迹

【例4-5】 设单位负反馈系统的开环传递函数为$G(s)=\dfrac{K}{s(s+1)(s^2+2s+4)}$，做出其闭环特征方程的根轨迹。

解　系统无开环零点，开环极点为$0,-1,-1+\mathrm{j}\sqrt{3}$。系统在实轴上的根轨迹为$[-1,0]$。

计算渐近线：$\sigma=-0.75$，$\varphi=(2k+1)\pi/4$，则$\varphi_1=\pi/4$，$\varphi_2=3\pi/4$，$\varphi_3=5\pi/4$，$\varphi_4=7\pi/4$。

计算分离点：$K=-s^4-3s^3-6s^2-4s$

$$\frac{\mathrm{d}K}{\mathrm{d}s}=-4s^3-9s^2-12s-4=0$$

得$s_1=-0.457$，$s_{2,3}=-0.8965\pm\mathrm{j}1.18$，其中$s_2,s_3$对应$K$小于0，不是分离点。

分离角：$\varphi=\pm\pi/2$

与虚轴的交点：将$s=\mathrm{j}\omega$代入闭环特征方程$s^4+3s^3+6s^2+4s+K=0$，得

$$\omega^4-\mathrm{j}3\omega^3-6\omega^2+\mathrm{j}4\omega+K=0\Rightarrow\omega=\pm1.15,\ K=56/9$$

始角：$p_3=-1+\mathrm{j}\sqrt{3}$，$\theta_{p_3}=(2k+1)\pi-\angle(-1+\mathrm{j}\sqrt{3})-\angle(\mathrm{j}\sqrt{3})-\angle(\mathrm{j}2\sqrt{3})=-120°$

$p_4=-1-\mathrm{j}\sqrt{3}$，$\theta_{p_4}=120°$

其根轨迹的大致图形如图 4-11 所示。

4.3　广义根轨迹

通常把前一节负反馈控制方式下，开环增益为参变量的闭环特征方程根在复平面上的轨迹称作常规根轨迹，简称根轨迹。而在实际的控制系统中，不完全是通过调整开环增益来改变系统的性能，也可以通过调整其他参数来改变系统的性能，因此还需要做出以其他参数为变量的闭环特征方程根轨迹。把负反馈方式下，以非开环增益为变量绘出的闭环特征方程根在复平面上的轨迹，称作参数根轨迹。这类根轨迹方程在整理成如常规根轨迹方程式（4-9）的标准形式时，1 后面可能是“－”号形式，如

$$1-KG(s)H(s)=0 \tag{4-14}$$

把形如式（4-14）的根轨迹方程的根轨迹称为零度根轨迹。

零度根轨迹对应于开环增益作为变量的正反馈系统，正反馈系统不稳定，好像对它们的研究没有什么作用，而实际上不是这样的。上面已经定义的参数根轨迹，在完成了根轨迹方程的变形之后可能就变成了零度根轨迹，因此对零度根轨迹要和常规根轨迹一样重视。

对非常规的根轨迹，通称为广义根轨迹。广义根轨迹包括参数根轨迹和零度根轨迹。广义根轨迹和零度根轨迹对于后面要讲的“系统校正”非常重要和有用。

4.3.1　参数根轨迹

因为参数根轨迹的参数不一定在什么“位置”上，另外参数根轨迹也可以是两个以上参数变量的情况，因而没有一般的参数根轨迹绘图法则，原则上应该把参数根轨迹的方程变化成式（4-9）或式（4-14）的形式，然后再根据根轨迹和零度根轨迹绘图的法则，做出相应的轨迹。

下面举例说明参数根轨迹的绘制。

【例 4-6】 给定单位负反馈系统，其开环传递函数为

$$G(s)=\frac{s+\alpha}{s^3+(1+\alpha)s^2+(\alpha-1)s+1-\alpha}$$

① 求出使系统稳定的 α 的范围。

② 求出使系统稳定且单位阶跃输入时稳态误差小于 4% 的 α 的范围。

解　将系统的闭环特征方程重新整理得 $s^3+s^2+1+\alpha(s^2+s)=0$，可变换成 $1+\alpha\dfrac{s^2+s}{s^3+s^2+1}=0$，下面作出以 α 为变量以上述方程为根轨迹方程的根轨迹。

系统开环零点为 0，－1，开环极点为 －1.466，0.233±j0.79，则实轴上的根轨迹有 [－1，0]，(－∞，－1.466]。渐近线为负实轴。

计算分离点：$\alpha=-\dfrac{s^3+s^2+1}{s^2+s}$，$\dfrac{\mathrm{d}\alpha}{\mathrm{d}s}=-\dfrac{s^4+2s^3+s^2-2s-1}{(s^2+s)^2}$，$s=-0.47$。

与虚轴交点：将 $s=\mathrm{j}\omega$ 代入上述闭环特征方程得

$$-\mathrm{j}\omega^3-\omega^2+1+\alpha(-\omega^2+\mathrm{j}\omega)=0 \Rightarrow \omega=\pm 0.786,\ \alpha=0.62$$

起角：$p_2=0.233+\mathrm{j}0.79$，$\theta_{p_2}=-171°$

$p_3=0.233-\mathrm{j}0.79$，$\theta_{p_3}=171°$

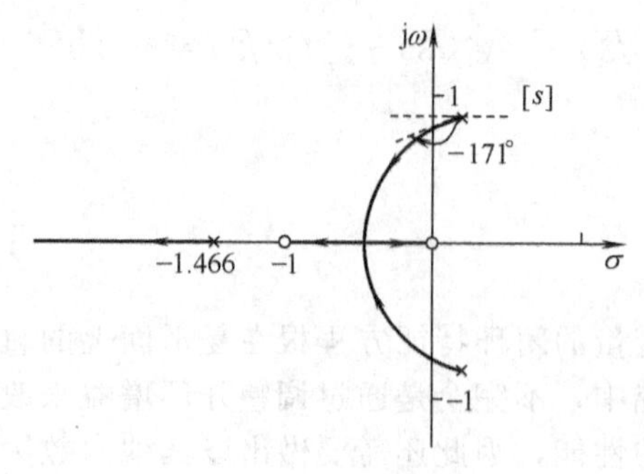

图 4-12 例 4-6 的根轨迹

根据上述数据可以绘出系统根轨迹的大致形状如图 4-12 所示。当 $\alpha \geqslant 0.62$ 时，系统稳定，且

$$e_{ss}=\lim_{s\to 0} sE(s)=\lim_{s\to 0}\frac{s^3+(1+\alpha)s^2+(\alpha-1)s+1-\alpha}{s^3+(1+\alpha)s^2+\alpha s+1}$$

$$=1-\alpha<4\%$$

得 $\alpha>0.96$，即当 $\alpha>0.96$ 时系统稳定且系统在单位阶跃输入作用下稳态误差小于 4%。

4.3.2 零度根轨迹的绘制法则

正反馈控制方式下的闭环特征方程的形式一般写成

$$1-K\frac{\prod_{i=1}^{m}(s-z_i)}{\prod_{j=1}^{n}(s-p_j)}=0 \tag{4-15}$$

当 $K:0\to+\infty$ 时，式（4-15）的根在复平面上的轨迹，就被定义为零度根轨迹。由式（4-15）得零度根轨迹方程的相角条件

$$\sum_{i=1}^{m}\angle(s-z_i)-\sum_{j=1}^{n}\angle(s-p_j)=2k\pi \tag{4-16}$$

式（4-16）是判断复平面上某点是否为零度根轨迹点的充要条件。

正反馈系统本身是不能稳定存在的，但是实际的控制系统中可能包含正反馈内回路，或者非最小相位系统中含 s 最高次幂的系数为负的因子。也就是说上述正反馈形式的特征方程可能由被控对象本身特性所产生，或者在系统结构图变换过程中产生；也可能由于某种性能指标需要，使得在复杂的控制系统设计中，必然包含正反馈回路而形成的。

此外用根轨迹的理论研究多项式方程求解，或是在第 6 章校正网络设计的解析方法中，变换后得到的根轨迹方程也常常是式（4-15）的形式，都需要绘制零度根轨迹。零度根轨迹不仅可以用来直接分析设计实际的控制系统，还可用于理论上的分析计算。

零度根轨迹的绘制方法，与常规根轨迹的绘制方法略有不同。下面给出基于根轨迹方程式（4-15）的零度根轨迹绘制法则。常规根轨迹的证明完全适用于这些法则的证明。

法则 1 零度根轨迹起于开环极点，终于开环零点。

法则 2 零度根轨迹连续且对称于实轴，其个数等于 $\max(m,n)$。

法则 3 当 $n>m$ 时，有 $n-m$ 条根轨迹沿渐近线趋向无穷远，此渐近线与实轴夹角为 φ，交点为 σ，其中 $\varphi=\dfrac{2k\pi}{n-m}$，$k=0,1,2,\cdots,n-m-1$，$\sigma=\dfrac{\sum_{j=1}^{n}p_j-\sum_{i=1}^{m}z_i}{n-m}$。

法则 4 实轴上的某区间为零度根轨迹的充要条件是，该区间右边开环实数零、极点个数之和为偶数。

法则 5 根轨迹的分离点满足

$$\sum_{i=1}^{m}\frac{1}{d-z_i}=\sum_{j=1}^{n}\frac{1}{d-p_j} \quad 或 \quad \frac{dK}{ds}=\frac{d}{ds}\left(\frac{\prod_{j=1}^{n}(s-p_j)}{\prod_{i=1}^{m}(s-z_i)}\right)=0$$

分离角为：$(2k+1)\pi/l$。

法则 6　起角：$\theta_{p_k}=2k\pi+\sum_{i=1}^{m}\angle(p_k-z_i)-\sum_{j=1}^{n}\angle(p_k-p_j)$

终角：　$\theta_{z_k}=2k\pi-\sum_{i=1}^{m}\angle(z_k-z_i)+\sum_{j=1}^{n}\angle(z_k-p_j)$

法则 7　零度根轨迹与虚轴的交点可用劳斯稳定判据求出，或将 $s=j\omega$ 代入到根轨迹方程式（4-15）中，令实部、虚部分别为零，求出 ω 和 K 的值。

【例 4-7】　假设某复杂控制系统中包含非最小相位子系统，其特征方程式为 $s^4+2s^3+s^2-Ks-0.5K=0$，试对该子系统根的分布进行分析。

解　将子系统特征方程重新整理得根轨迹方程 $1-K\dfrac{s+0.5}{s^2(s+1)^2}=0$。子系统的开环零点为 -0.5，开环极点为 $0,-1$，则实轴上的根轨迹为 $[0,+\infty)$，$[-0.5,0]$。

渐近线：$\sigma=(-2+0.5)/3=-0.5$，$\varphi=2k\pi/3$，$\varphi_1=0$，$\varphi_2=2\pi/3$，$\varphi_3=4\pi/3$。

分离点：$\dfrac{2}{d}+\dfrac{2}{d+1}=\dfrac{1}{d+0.5}$，$3d^2+3d+1=0$，通过分析可知，此方程的解对应 K 小于零，故无分离点。

与虚轴交点：将 $s=j\omega$ 代入方程 $s^4+2s^3+s^2-Ks-0.5K=0$ 中，得 $\omega^4-j2\omega^3-\omega^2-jK\omega-0.5K=0$，$\omega=0$，所以与虚轴无交点。

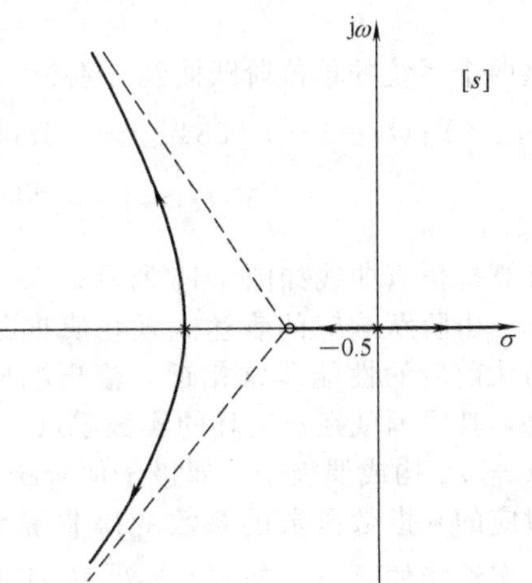

图 4-13　例 4-7 的根轨迹

根据上述计算可知系统一共有四条根轨迹，实轴上有完整的两条 $[-0.5,0]$，$[0,+\infty)$，复平面上两条，其根轨迹的大致形状如图 4-13 所示。

4.4　利用根轨迹图分析系统性能

系统的稳定性完全由闭环特征方程的根决定，系统的动态性能在很大程度上也取决于闭环极点。根轨迹分析法正是将系统中某个闭环特征方程的根随可调参数的变化概略地绘制在复平面上的一套完整的方法。因此，当系统闭环特征方程的根轨迹绘制出来之后，就可以很直观地分析系统的闭环稳定性和动态性能了。

用根轨迹法分析系统的稳定性和动态性能，与第 3 章的时域分析是不同的。第 3 章的稳定性和动态性能分析，通常都是在系统的所有参数全部确定之后，求解这组参数下系统的稳定性及动态特性。而本章的根轨迹分析是在假定某个参数可调，即让这一参数发生变化的情况下，把变化的闭环极点直观地表达在复平面上。根据根轨迹图中闭环极点的分布，确定出满足系统稳定条件的变参数取值区间。同样的道理，也可以用绘制根轨迹的办法将因参数变化而变化的闭环零点轨迹绘制在复平面上。

根据闭环零、极点的分布可以分析系统在参数变化时的动态特性，以便从中选取使系统综合指标最优的变参数值，最终完成对系统的综合分析和设计。根轨迹分析一般是粗略的定性分析，如果需要对变参数确定下来的系统进行定量分析，那么，就可以利用第 3 章介绍的那些方法，尽可能做出系统输出的仿真曲线。

4.4.1　根轨迹图上的闭环零、极点与时间响应的关系

在第 3 章中，对闭环零、极点与时间响应的关系已经做过一些讨论。这一小节主要从根

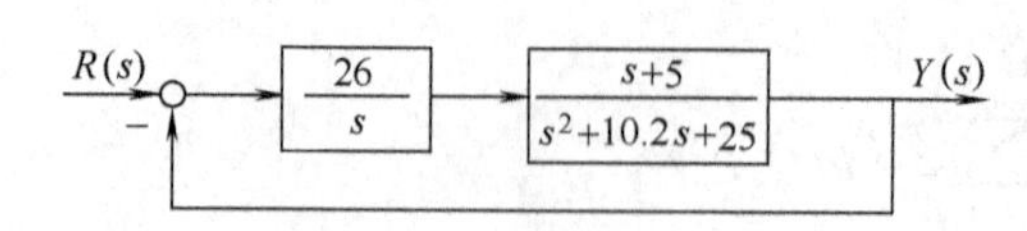

图 4-14 单位负反馈系统

轨迹图上定性分析有一定特点的闭环零、极点对系统性能的作用和影响。

某单位负反馈系统，如图 4-14 所示。闭环系统的传递函数为

$$\frac{Y(s)}{R(s)}=\frac{26(s+5)}{(s+5.2)(s^2+5s+25)}$$

根据稳态值不变原则对上述系统进行简化得

$$\frac{Y(s)}{R(s)}=\frac{25}{s^2+5s+25}$$

这两个系统的单位阶跃曲线分别为

$$Y_1(t)=1+0.0384\mathrm{e}^{-5.2t}-1.0384\mathrm{e}^{-2.5t}\cos(2.5\sqrt{3t})-0.5552\mathrm{e}^{-2.5t}\sin(2.5\sqrt{3t})$$

$$Y_2(t)=1-\mathrm{e}^{-2.5t}\cos(2.5\sqrt{3t})-\frac{1}{\sqrt{3}}\mathrm{e}^{-2.5t}\sin(2.5\sqrt{3t})$$

计算机仿真曲线如图 4-15 所示。

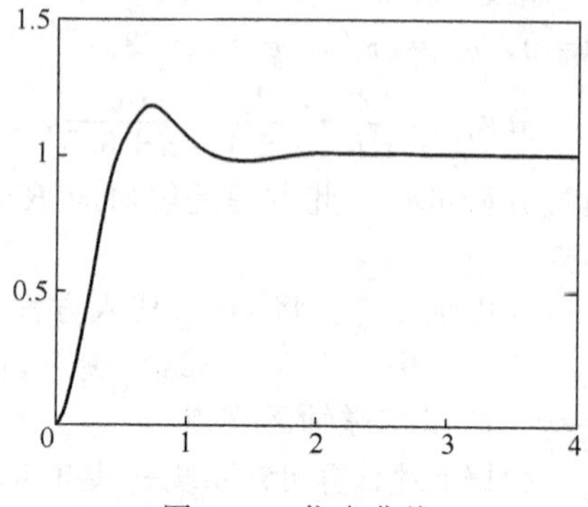

图 4-15 仿真曲线

由阶跃响应的表达式及仿真曲线可以看出，系统简化前后的性能非常相近，输出响应曲线几乎完全重合，其原因就在于闭环的实数零点 -5 与闭环的实数极点 -5.2 构成偶极子。偶极子使阶跃响应曲线解析式中对应的 e 指数函数的系数变得非常小。因此决定系统动态性能的是 $-2.5\pm \mathrm{j}2.5\sqrt{3}$ 这对主导极点。偶极子对系统的动态性能影响很小。

通过上述例子，我们看到了偶极子对系统性能的影响程度。下面再举一例说明远离主导极点的极点对系统性能的影响程度。如图 4-16 所示的单位负反馈系统。闭环传递函数为

$$\frac{Y(s)}{R(s)}=\frac{11.6(s+0.17114)}{(s+6.401)(s+0.208)(s^2+1.4s+1.49)}$$

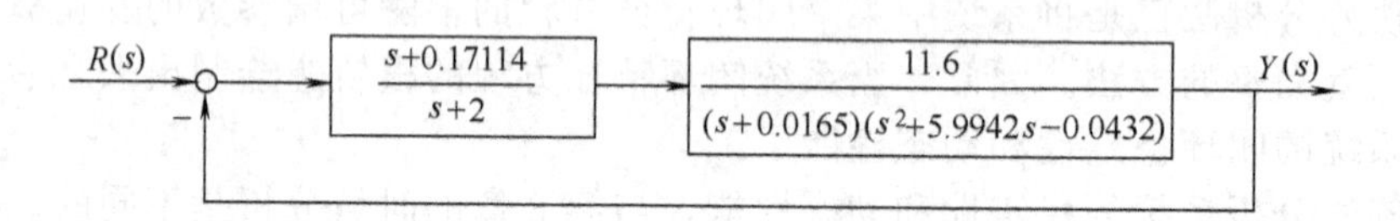

图 4-16 单位负反馈系统

把上述系统近似成下面的系统

$$\frac{Y(s)}{R(s)}=\frac{1.8122(s+0.17114)}{(s+0.208)(s^2+1.4s+1.49)}$$

再把上面的系统近似成

$$\frac{Y(s)}{R(s)}=\frac{1.49}{s+1.4s+1.49}$$

它们的单位阶跃曲线分别为

$$Y_1(t)=1-0.0544\mathrm{e}^{-6.401t}+0.268\mathrm{e}^{-0.208t}-1.2137\mathrm{e}^{-0.7t}\cos(t)-1.142\mathrm{e}^{-0.7t}\sin(t)$$

$$Y_2(t)=1+0.2594\mathrm{e}^{-0.208t}-1.2594\mathrm{e}^{-0.7t}\cos(t)-0.82762\mathrm{e}^{-0.7t}\sin(t)$$

$$Y_3(t)=1-\mathrm{e}^{-0.7t}\cos(t)-0.7\mathrm{e}^{-0.7t}\sin(t)$$

计算机仿真曲线如图 4-17 所示。

由阶跃响应的表达式及仿真曲线可以看出，原系统与第一次简化后的系统性能指标非常接近。但是第二次简化后的系统与它们的性能差别较大。从两条仿真曲线上来分析，极点$s=-6.401$对应 e 指数项系数非常小，衰减为 0 的速度远快于主导极点项。所以，这类实部绝对值远大于主导极点实部绝对值的极点项几乎不影响系统的动态性能。另外本例中，零点-0.17114与极点-0.208的差为$|-0.17114-(-0.208)|=0.0096$，构成偶极子。根据上例知，偶极子几乎不影响系统的动态性能，因此决定系统性能的应该仅仅是一对主导极点。然而对本例来说，由于这对偶极子接近原点，它对系统的性能产生了不能忽略的影响。因此在分析系统性能时不能略去这对偶极子，这就是第二次简化后系统性能差别较大的原因。

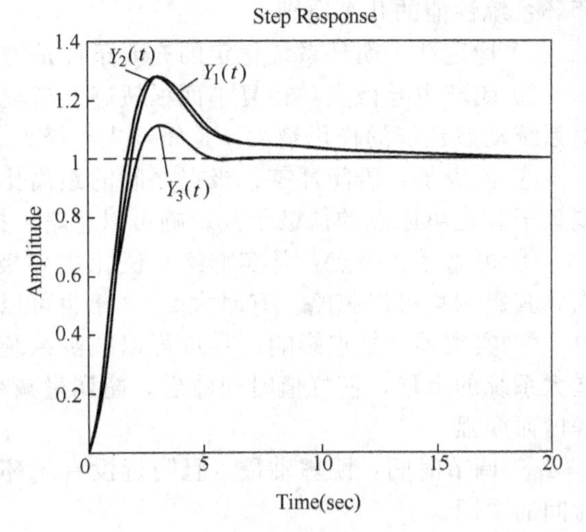

图 4-17　仿真曲线

通过上面的举例分析，可以看出，一般找出主导极点，就可以不必作计算机仿真图来粗略地估算系统动态性能指标了，这对近似求解高阶系统的性能指标非常方便。

按照许多文献的提法，给出偶极子、可略零极点与闭环主导极点的定义。

偶极子：如果闭环零点与闭环极点之间的距离比它们本身的模值小一个数量级，即$\|p-z\|\leqslant\frac{1}{10}\min(|p|,|z|)$，则这一对零、极点就构成了偶极子。在分析估算系统的动态性能时，只有偶极子不太接近虚轴时才能略去，太接近虚轴的偶极子是不能略去的。关于“接近”，还是“不接近”，很难有数量上的规定，应该用仿真曲线来判定。

闭环主导极点：对系统动态性能起主导作用的闭环极点，一般是一对共轭复数极点。严格地说，应该像前面的两个例子那样，通过仿真来确定闭环主导极点。但是，如果能做出原系统的仿真曲线，再选闭环主导极点就有些不必要了。所以，通常把周围没有闭环零点又十分接近虚轴的闭环极点定为主导极点。

可略零、极点：对于实部绝对值大于主导极点实部绝对值 5 倍的零、极点，无论构不构成偶极子，均可作为可略零、极点。有时，可将 5 倍放宽到 2～3 倍。

在略去了偶极子和可略零极点之后，绝大多数实际系统就变成了一阶或二阶系统，这样就可以用系统动态性能计算公式近似计算系统的性能指标。

倘若系统不能近似简化或是简化后仍为高阶，那么只能在仿真曲线上计算系统的性能指标，采用主导极点和二阶系统性能指标计算公式是不可行的。

其实随着计算机的日益普及，作出系统仿真曲线非常方便，因此建议读者尽可能用本节介绍的方法去简化系统，并对简化前后的系统仿真几次，以证实简化的合理性。这是因为在前面提到偶极子、闭环主导极点和可略零、极点的选择上不能严格数量化，对于出现不好判断的情况，对原系统进行仿真是非常必要的。

本节是第 6 章将要介绍的校正装置设计新方法的理论基础，所以在此作了较多的介绍。

4.4.2　系统性能定性分析的原则

根轨迹分析法的思想就是在复平面上绘制出闭环零、极点随某个可调参数变化的轨迹，根据零、极点的分布定性地分析出来可能合适的零、极点位置，以便选定可调参数，使闭环系统不仅稳定，而且满足动态性能指标。根据前面章节闭环系统稳定性能的原则，以及上一小节利用闭环主导极点简化原系统近似计算动态性能的方法，归纳出在根轨迹图上定性分析闭环系统性能的几个原则。

① 稳定性：闭环系统稳定的充要条件是闭环所有极点位于左半复平面，与零点无关。

② 闭环主导极点：在复平面根轨迹上离虚轴最近而附近又无闭环零点的一些闭环极点，对系统动态性能的作用最大，是闭环主导极点。

③ 偶极子：若闭环零、极点之间的距离比它们本身的模值小一个数量级，则它们构成偶极子。远离原点的偶极子其影响可以忽略；接近原点的偶极子，其影响必须考虑。

④ 可略零、极点：凡实部绝对值比主导极点实部绝对值大 5、6 倍以上的闭环零、极点，其影响均可以忽略。有时大 2、3 倍也可以，这种情况必须仿真对照证实。

⑤ 实数零、极点影响：零点可以减少系统阻尼，使峰值时间提前，超调量增大；极点增大系统的阻尼，使峰值时间滞后，超调量减小。它们共同的特点是，随其本身接近原点的程度而变强。

⑥ 调节时间：距虚轴最近且附近没有闭环零点的闭环复数极点实部绝对值是决定调节时间的主因。

4.4.3 举例

【例 4-8】 单位负反馈系统的开环传递函数为 $G(s)=\dfrac{K}{s(s^2+8s+20)}$，做出本系统闭环特征方程的根轨迹图，并求出：

① 超调量近似为 1%的 K 值和系统闭环极点；

② 使闭环系统稳定的 K 取值区间。

解 系统不存在开环零点，开环极点为 0，$-4\pm j2$，实轴上的根轨迹为 $(-\infty,\ 0]$。

渐近线：$\sigma=-8/3$，$\varphi=(2k+1)\pi/3$，$\varphi_1=\pi/3$，$\varphi_2=\pi$，$\varphi_3=5\pi/3$。

起角：$p_2=-4+j2$，$\theta_{p_2}=(2k+1)\pi-\angle(-4+j2)-\angle(j4)=-60°$；$p_3=-4-j2$，$\theta_{p_3}=60°$。

分离点：$K=-s^3-8s^2-20s$，$\dfrac{dK}{ds}=-3s^2-16s-20=0$

$$\Rightarrow s_1=-2,\ K_1=16;\ s_2=-3.3,\ K_2=14.817。$$

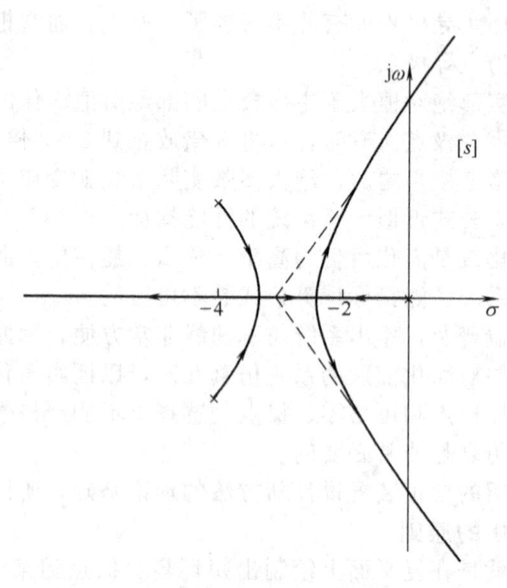

图 4-18 例 4-8 的根轨迹

分离角：$\phi_1=\phi_2=\pm\pi/2$。

与虚轴的交点：将 $s=\mathrm{j}\omega$ 代入到闭环特征方程 $s^3+8s^2+20s+K=0$ 中，令实部、虚部为零，解得 $\omega=\pm4.47$，$K=160$。其根轨迹的大致形状如图 4-18 所示。

由二阶系统超调量 $\mathrm{e}^{-\frac{\pi\zeta}{\sqrt{1-\zeta^2}}}=x$ 可求出闭环主导极点虚部与实部之比为 $\frac{\sqrt{1-\zeta^2}}{\zeta}=-\frac{\pi}{\ln x}$。设 $\frac{\omega}{\sigma}=-\frac{\pi}{\ln x}=-\frac{\pi}{\ln 0.01}=-0.68$，$\omega=-0.68\sigma$，$s=\sigma+\mathrm{j}\omega=\sigma-\mathrm{j}(0.68\sigma)$，代入闭环特征方程 $s^3+8s^2+20s+K=0$ 中，可解得：$\omega=1.1781$，$\sigma=-1.7325$，即闭环主导极点为 $-1.7325\pm\mathrm{j}1.1781$。闭环的另一个极点为 $s=-4.5$，对应的开环增益 $K=19.7$。根据高阶系统超调量的估算公式，可算出系统的超调量为 0.93%，满足性能指标；且以 $-1.7325\pm\mathrm{j}1.1781$ 为闭环极点的二阶系统也一定满足超调量为 1%的要求。因此 $s=-4.5$ 是可略极点，尽管 4.5 仅仅是 1.7325 的 3 倍。此外根据稳定性原则，根轨迹穿过虚轴进入右半复平面的部分对应不稳定的闭环极点，所以当 $0<K<160$ 时，闭环系统稳定。

4.5　利用 Matlab 绘制系统的根轨迹

前面曾介绍过，若要绘制精确的根轨迹、获得系统在某一特定参数下准确的性能指标或准确的闭环极点，需要根据幅值条件精确地作图，很难通过手工完成。如果利用 Matlab 中根轨迹绘制函数，可以方便、准确地作出根轨迹图，并对系统进行分析。

Matlab 中求根轨迹的常用函数有 rlocus（ ），rlocfind（ ），sgrid（ ）。rlocus（ ）函数可以绘制出$1+KG(s)=0$的根轨迹，$G(s)$是开环传递函数，增益 K 是自动选取的。rlocfind（ ）函数可在图形窗口根轨迹图中显示出十字光标，用来计算给定一组根的根轨迹增益。sgrid（ ）函数可在连续系统根轨迹或零极点图上绘制出栅格线，栅格线由等阻尼系数和等自然频率线构成，阻尼系数线以步长 0.1 从 $\zeta=0$ 到 $\zeta=1$ 绘出，详见附录。下面通过例子来说明这些函数的应用。

针对第 3 章例 3-16 所示的二阶水槽系统，选用比例控制器 $G_c(s)=K_c$，要求绘制闭环系统随比例控制器参数 K_c 变化的根轨迹图，通过对其分析找出使系统稳定的比例增益范围。

无论是以扰动量 Q_d 还是以设定值 H_r 作为输入，控制系统的等效开环传递函数均为

$$G=G_cG_vG_1G_2G_B$$

通过 rlocus（ ）函数可以画出系统的根轨迹，程序如下。

```
%输入参数
A1=1000;A2=800;R1=0.005;R2=0.005;Kv=1250;KB=1;TB=0.5;
%输入各个环节
num1=[1];den1=[A1 * R1 1];num2=[R2];den2=[A2 * R2 1];
numv=[Kv];denv=[1];numB=[KB];denB=[TB 1];
%计算等效开环传递函数
[num1v,den1v]=series(num1,den1,numv,denv);
[num2B,den2B]=series(numB,denB,num2,den2);
[num,den]=series(num2B,den2B,num1v,den1v);
sgrid('new')        %绘制栅格线
rlocus(num,den)      %绘制根轨迹
[Kc,p]=rlocfind(num,den)
```

执行此程序后，可以得到如图 4-19 所示的根轨迹，并在图形窗口中出现十字光标，提示用户在根轨迹上选择一点。如果将十字光标移到根轨迹上某点，就可以得到对应系统的系统开环增益（此处为比例控制器参数）及闭环极点。

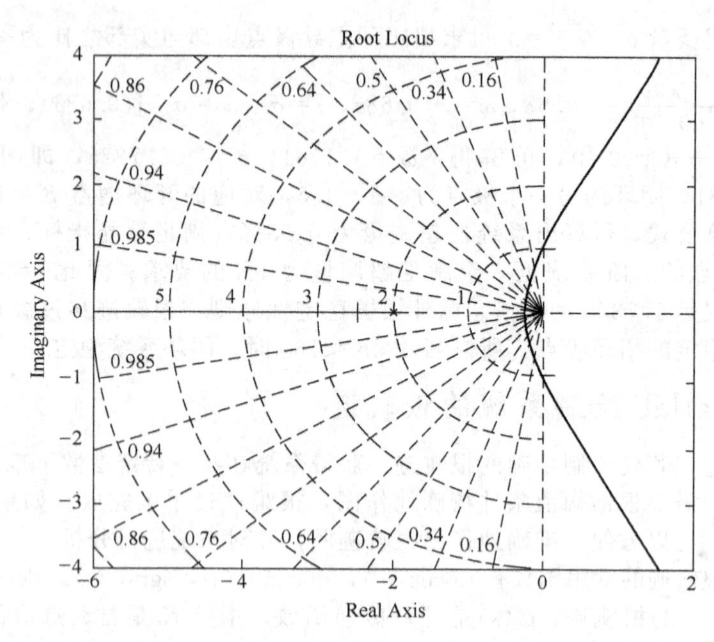

图 4-19 二阶水槽控制系统的根轨迹

利用 rlocfind 函数还可以分析系统的稳定性，在得到系统的根轨迹之后，如果将十字光标移到根轨迹与虚轴的交点上，可以得到交点处的开环增益，这就是使系统稳定的开环增益上限。本例中，将光标移动与虚轴交点处，得到

```
Kc=3.7066
p=
    -2.4627
    0.0064+0.9906i
    0.0064-0.9906i
```

如果光标能够准确定位在根轨迹与虚轴的交点上，则应有共轭复数根的实部为零。如果以设定值作为输入，从上面的近似结果中可知，当 $K_c>3.7$ 时，闭环系统出现位于右半平面的特征根，系统不稳定，因此可以根据上述原则适当选取比例控制器的增益。

下面分别取 $K_c=3.5$ 和 $K_c=3.9$，利用如下程序绘制二阶水槽系统的单位阶跃干扰响应。

```
clear
%输入系统参数
A1=1000;A2=800;R1=0.005;R2=0.005;Kv=1250;KB=1;TB=0.5;
Kc=[3.5;3.9]; t=0:0.01:1000;
%输入各个环节
num1=[1];den1=[A1*R1 1];num2=[R2];den2=[A2*R2 1];
numv=[Kv];denv=[1];numB=[KB];denB=[TB 1];
numc=[Kc];denc=[1];
```

```
%闭环系统单位阶跃响应,并显示稳态误差
for i=1:length(Kc)
  [num1v,den1v]=series(num1,den1,numv,denv);
  [numBc,denBc]=series(numB,denB,numc(i),denc);
  [numBc1v,denBc1v]=series(numBc,denBc,num1v,den1v);
  [num_close,den_close]=feedback(num2,den2,numBc1v,denBc1v);
  [h_close,x,t]=step(num_close,den_close,t);
  subplot(1,2,i),plot(t,h_close)
  error_close(i)=h_close(length(h_close));
end
subplot(1,2,1),title('step response,Kc=3.5');
subplot(1,2,2),title('step response,Kc=3.9');
error_close(1)
```

仿真结果如图 4-20 所示，可以看出 $K_c=3.5$ 时，阶跃干扰响应收敛，故系统是稳定的；当 $K_c=3.9$ 时，阶跃干扰响应发散，系统不稳定。

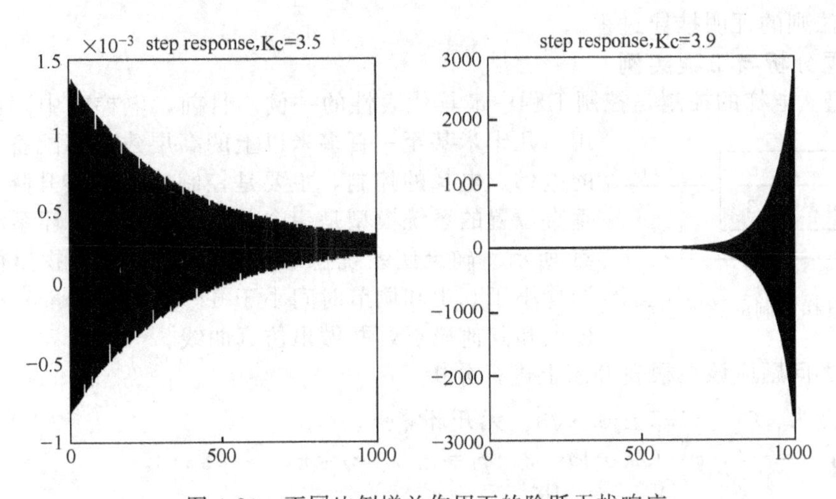

图 4-20　不同比例增益作用下的阶跃干扰响应

另外从上面的仿真结果可以看出，虽然 $K_c=3.5$ 时系统稳定，且稳态误差为 error _ close (1)=0.0002，较 $K_c-0.5$ 时的稳态误差 0.0012 要小，具有很好的抗扰动能力。但是振荡频率太高，响应速度太慢。事实上期望闭环极点的选择是在系统响应快速性和干扰以及测量噪声的灵敏性之间的一种折中。也就是说，如果加快系统响应速度，则干扰和测量噪声的影响通常也随之增大，而降低干扰和测量噪声影响的代价就是系统响应速度减慢。

综合考虑上述两方面的作用，可以选择闭环控制系统的期望极点如下：在绘有等阻尼比和自然频率构成的栅格线的根轨迹图中，将十字光标移到根轨迹与阻尼比 $\zeta=0.7$ 的等阻尼比线交点处，得到对应的比例增益和闭环极点：

Kc=0.1313
p=
　　−2.0253

−0.2123+0.2117i

−0.2123−0.2117i

此时系统有三个极点，其中两个是一对靠近虚轴共轭复数极点，且附近并无闭环零点，另外一个是远离虚轴的负实数极点，与虚轴的距离约为复数极点的 10 倍，因此这对共轭复数极点符合主导极点原则，系统可以化简为由主导极点决定的二阶系统，其性能由二阶系统的分析方法得到。

4.6 学生自读

4.6.1 学习目标

(1) 重点掌握的内容

① 熟练运用常规根轨迹的绘制法则。

② 熟练运用零度根轨迹的绘制法则。

③ 正确理解单输入-单输出系统闭环零、极点和开环零极点与常规根轨迹的关系。

(2) 一般掌握的内容

① 根轨迹上估计控制系统的性能。

② 广义根轨迹的概念。

③ 偶极子、可略零极点的概念，主导极点的概念。

(3) 一般了解的内容

根轨迹法则的证明推导过程。

4.6.2 例题分析与工程实例

【例 4-9】 电梯的控制是控制工程中最具代表性的一例。目前，电梯在中国已广泛地应用。几十米甚至一百多米以上的高层建筑都配备了性能优良的电梯。电梯的控制，主要是控制它的垂直升降位置。控制垂直位置的系统模型是一个单位负反馈的闭环系统，如图 4-21 所示。确定使系统稳定的 K 取值范围，找出使系统的超调量小于 0.1 和调节时间小于 6s（按 5%标准）的闭环主导极点和其他极点，并做出仿真曲线。

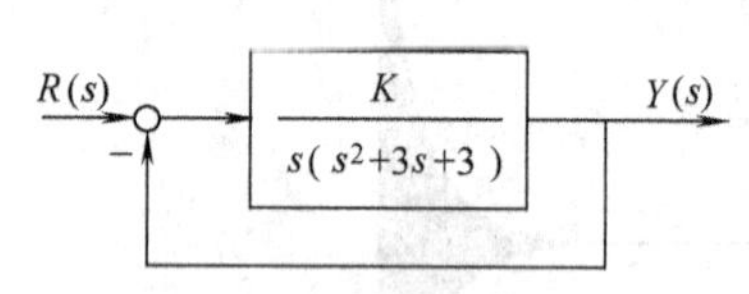

图 4-21 电梯控制的数学模型

解 此类问题应该在根轨迹图上进行分析。

开环极点为：0，$-1.5\pm j0.5\sqrt{3}$。无开环零点。

渐近线：$\sigma=-1$，$\varphi=(2k+1)\pi/3$，$\varphi_1=\pi/3$，$\varphi_2=\pi$，$\varphi_3=5\pi/3$。

分离点：$K=-s^3-3s^2-3s$，$\dfrac{dK}{ds}=-3s^2-6s-3=-3(s+1)^2=0$，可见分离点 −1 是重分离点，对应 $K=1$。分离角：45°。

与虚轴的交点：将 $s=j\omega$ 代入到闭环特征方程 $s^3+3s^2+3s+K=0$ 中，得

$$-j\omega^3-3\omega^2+j3\omega+K=0,\ \omega=\pm\sqrt{3},\ K=3\omega^2=9$$

故当 $K<9$ 时，闭环系统稳定。

起角：$\theta_{p1}=(2k+1)\pi-\angle(-1.5+j0.5\sqrt{3})-90°=-30°$，$\theta_{p2}=30°$。绘出系统根轨迹的大致形状如图 4-22 所示。对上述根轨迹进行分析知，当 $0<K<1$ 时，闭环的一个极点位于 (−1,0) 之间，而另两个极点为共轭复数极点，其实部在 [−1.5,−1] 之间。这类极点分布的系统，负实极点起主导作用，系统呈现过阻尼特性，无超调，但调节时间加长，这种情况一般不可取。

若取闭环系统的一个极点为 −1.5，则 $K=1.125$，另两个极点为：$-0.75\pm j0.433$。仿

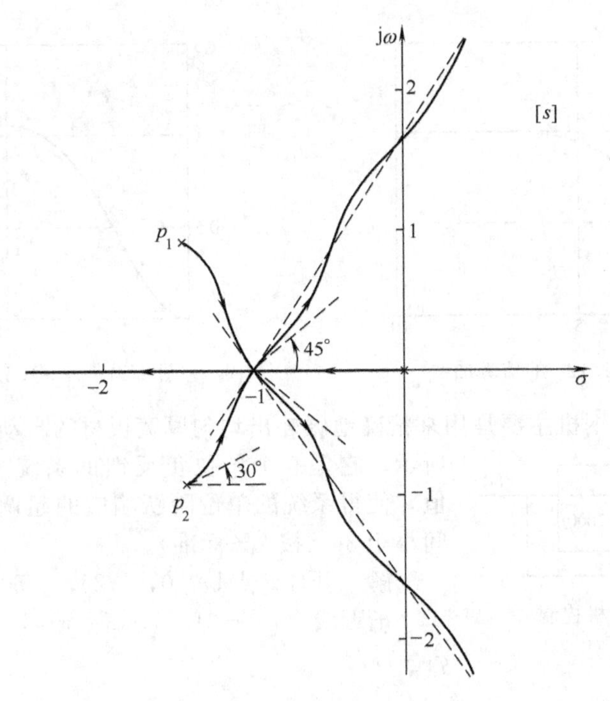

图 4-22　例 4-9 的根轨迹

真结果为

$$Y(t)=1-e^{-1.5t}-3.4642e^{-0.75t}\sin 0.433t$$

其中 $Y(6)=1-0.0001234-0.01982=0.98$，调节时间满足要求。$t=7.26$s 时，$\sin 0.433t$ 才能为负值，从仿真结果的解析表达式上可以分析出系统无超调量。从理论上来说，满足了设计要求。

若取一个闭环极点为−1.2，则 $K=1.008$，另两个极点为 $-0.9\pm j0.1732$，仿真结果为

$$Y(t)=1-7e^{-1.2t}+6e^{-0.9t}\cos 0.1732t-17.321e^{-0.9t}\sin 0.1732t$$

$$Y(6)=1-0.0052261+0.01355-0.06775=0.94$$

$$Y(t_p)=1-0.049287+0.11-0.2762=0.784513$$

系统无超调，由 $Y(7)=0.97$ 知 $t_s=7$s，调节时间不符合要求。

若取闭环的一个极点为−2，则 $K=2$。另两个极点为：$-0.5\pm j0.5\sqrt{3}$，仿真结果为

$$Y(t)=1-\frac{1}{3}e^{-2t}-\frac{2}{3}e^{-0.5t}\cos\frac{\sqrt{3}}{2}t-\frac{2\sqrt{3}}{3}e^{-0.5t}\sin\frac{\sqrt{3}}{2}t$$

$Y(6)=1-0.01558+0.05=1.03442=3.4\%$，调节时间满足。根据峰值时间的计算公式算出，峰值时间为 $t_p=4.23$s。$Y(t_p)=1+0.06965+0.06965=1.1393$，超调量过大，不符合要求。

若取闭环一个极点为−1.8，则 $K=1.512$，另两个极点为：$-0.6\pm j0.69282$，仿真结果为

$$Y(t)=1-0.4375e^{-1.8t}-0.5625e^{-0.6t}\cos 0.6928t-1.6238e^{-0.6t}\sin 0.6928t$$

$Y(6)=1.045775$，$t_p=5.29$s，$Y(t_p)=1.054347$，超调量≈5.4%＜10%。

根据上述分析知最后参数选取是本例中最好的，其中 $K=1.125$ 和 $K=1.512$ 两种情况的输出仿真曲线分别如图4-23和图 4-24 所示。

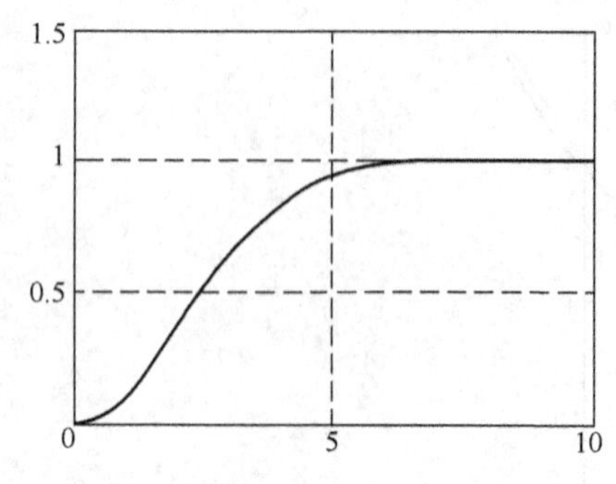

图 4-23　$K=1.125$ 的仿真曲线

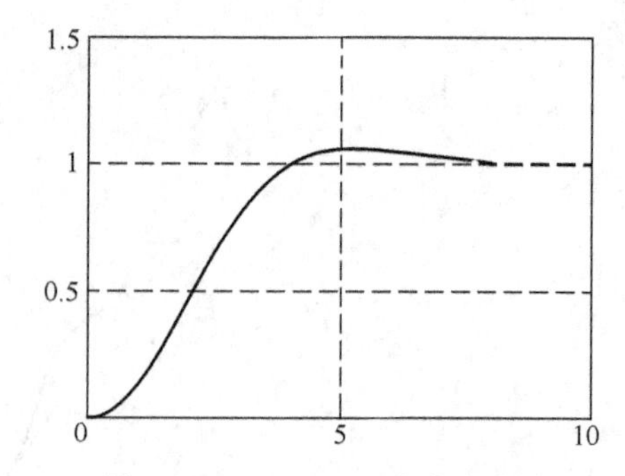

图 4-24　$K=1.512$ 的仿真曲线

【例 4-10】 热轧钢机主要是用来精确地碾轧出均匀厚宽板材的自动控制系统，如图4-25所示，它是一个单位负反馈的系统。试选择适当增益 K 值，使得系统的单位阶跃响应的超调量低于5%，调节时间小于3s（按2%标准）。

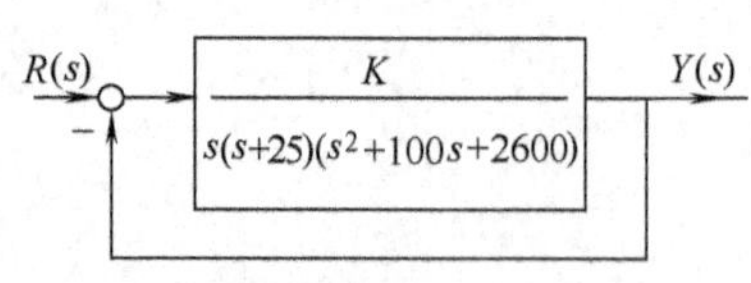

图 4-25　热轧钢机控制系统数学模型

解　开环极点是：0，-25，$-50\pm j10$。无开环零点。

渐近线：$\sigma=-31.25$，$\varphi_1=\pi/4$，$\varphi_2=3\pi/4$，$\varphi_3=5\pi/4$，$\varphi_4=7\pi/4$。

分离点：$K=-s^4-125s^3-5100s^2-65000s$，$\dfrac{dK}{ds}=0$，分离点为$-9.15$。

与虚轴的交点，将 $s=j\omega$ 代入系统特征方程中有

$$\omega^4-j125\omega^3-5100\omega^2+j65000\omega+K=0,$$

令实部、虚部为零可求出

$$\omega=\pm22.8,\ K=2381600$$

起角：$\theta_{p_1}=123°$，$\theta_{p_2}=-123°$。其根轨迹的大致形状如图 4-26 所示。

取 $K=60744.58$，则可求得闭环极点为：$s_{1,2}=-60\pm j30$，$s_{3,4}=-2.6092\pm j2.6092$。

仿真结果为

$$Y(t)=1+0.111276375e^{-60t}\cos30t+0.085893916e^{-60t}\sin30t-1.111276375e^{-2.6092t}\cos2.6092t+0.543669445e^{-2.6092t}\sin2.6092t$$

从仿真结果的表达式中可以看出，当非主导极点实部的绝对值大于主导极点实部绝对值的五六倍以上时，非主导极点对系统的性能影响极小，所以仿真结果可近似成

$$Y(t)=1-1.111276375e^{-2.6092t}\cos2.6092t+0.543669445e^{-2.6092t}\sin2.6092t$$

其中 $Y(3)=1.000201106$，调节时间满足要求，根据二阶系统性能指标公式计算可知：$t_s=1.725s$，$\zeta=0.707$，$\sigma\%=e^{\frac{-\zeta\pi}{\sqrt{1-\zeta^2}}}=4.3\%$，$t_p=\pi/\omega_d=1.2$，将其代入输出仿真结果中有 $Y(t_p)=1.048528433$，满足指标要求。其仿真曲线如图 4-27 所示。

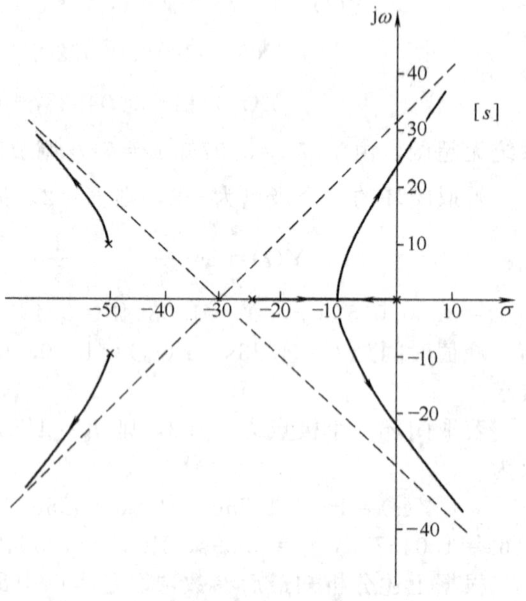

图 4-26　例 4-10 的根轨迹

4.6.3　本章小结

根轨迹是当系统某个参数从零到无穷变化时，闭环系统特征方程的根在复平面上的运动轨迹，根轨迹方法是根据根轨迹在复平面上的分布及变化趋势来分析系统的稳定性、动态性能和稳态性能。本章详细讲述了常规根轨迹和零度根轨迹的绘制方法，并介绍如何用根轨迹方法来分析系统中线性可调参数变化时闭环控制系统的性能。此外本章还介绍了偶极子，可略零、极点，主导极点的概念与判别原则，及其对系统性能的影响。

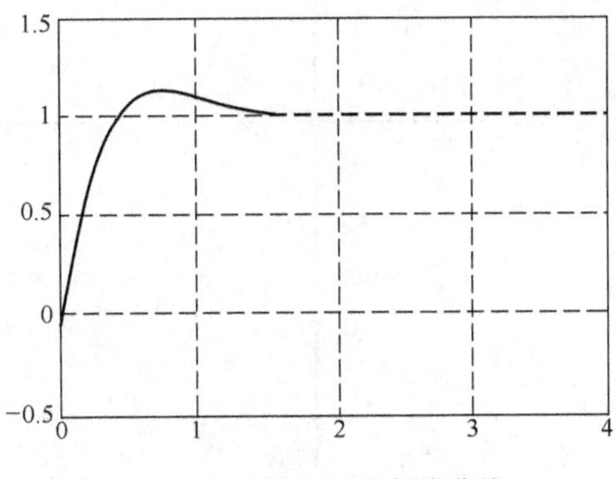

图 4-27　例 4-10 的仿真曲线

习　题　4

4-1　单位负反馈系统的开环传递函数为 $G(s)=\dfrac{K}{s(s+2)}$。仿正文中的例子，用二次方程的求根公式，在复平面上作出它的闭环特征方程的根轨迹。

4-2　单位负反馈系统的开环传递函数为 $G(s)=\dfrac{K(s+1)(s+3)}{s(s+2)(s+4)}$。绘出其根轨迹，并说明它的根轨迹有什么特征？

4-3　单位负反馈系统的开环传递函数为 $G(s)=\dfrac{K(s+1)}{s(s^2+2s+2)}$。做出其概略根轨迹。（不要求计算始角等。）

4-4　单位负反馈系统的开环零、极点分布如图 4-28 所示，做出其相应概略根轨迹。（只考虑最简单的情况，即分离点最少的情况）

4-5　做出下列单位负反馈系统的概略根轨迹。

（1）$G_1(s)=\dfrac{K(2s+1)}{s(s+2)}$　　（2）$G_2(s)=\dfrac{K(s+2)}{s(2s+1)}$

（3）$G_3(s)=\dfrac{K(s+2)}{s(s+1)(s+3)}$　　（4）$G_4(s)=\dfrac{K(s+1)}{s(s+2)(s+3)}$

4-6　单位负反馈系统的开环传递函数为 $G(s)=\dfrac{K(s+1)}{s^2+2s+2}$。做出其概略根轨迹，并证明其复平面上的根轨迹是一个半圆。

4-7　单位负反馈系统的开环传递函数为 $G(s)=\dfrac{K}{s(s^2+2s+2)}$。做出其概略根轨迹。

4-8　单位负反馈系统的开环传递函数为 $G(s)=\dfrac{K(s^2+2s+2)}{s(s+2)(s^2+s+1)}$。做出其概略根轨迹。

4-9　单位负反馈系统的开环传递函数为 $G(s)=\dfrac{K(s^2+2s+4)}{s(s+1)^2}$。做出其概略根轨迹。

4-10　单位负反馈系统的开环传递函数为 $G(s)=\dfrac{K}{s(s+1)(s+2)(s+3)}$。做出其概略根轨迹。

4-11　单位负反馈系统的开环传递函数为 $G(s)=\dfrac{K(s+2)}{s^2(s+\alpha)}$。确定闭环系统随参数 K 变化的根轨迹有一个、两个和没有分离点的三种情况下，参数 α 的取值范围，做出相应的根轨迹，且不考虑闭环不稳定 α 的取值范围。

4-12　单位负反馈系统，前向通道上的传递函数为 $G(s)=\dfrac{K}{s(s+2)(s+6)}$。

（1）当反馈通道上的传递函数为 $H(s)=1$时，做出闭环系统的根轨迹。并确定使闭环系统稳定 K 的取值范围。

（2）当反馈通道上的传递函数为 $H(s)=\dfrac{s+1}{s}$时，做出闭环系统的根轨迹。并确定使闭环系统稳定 K

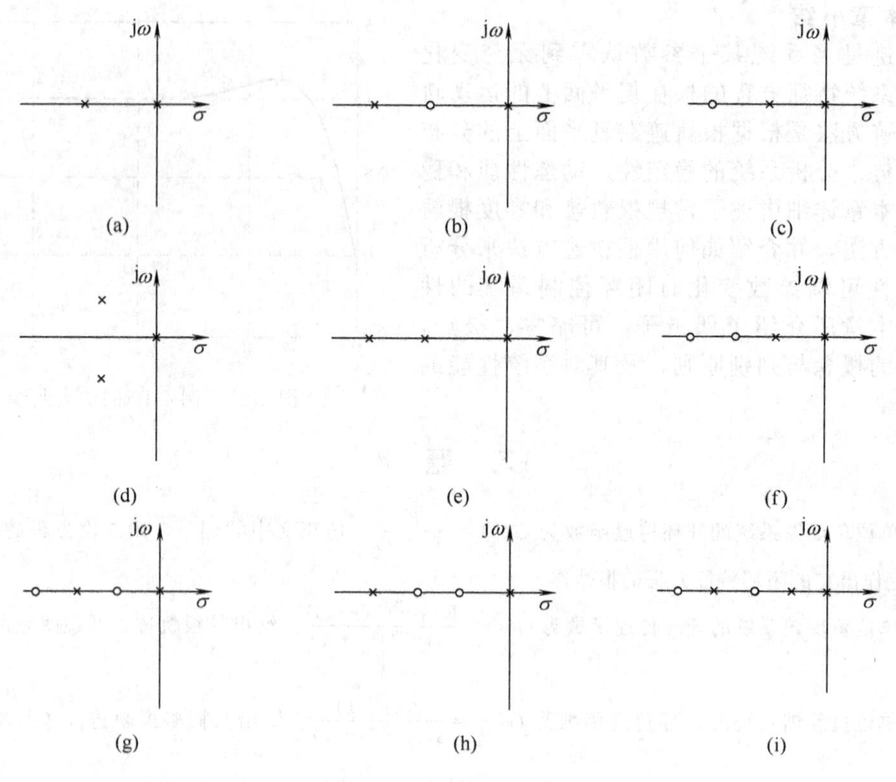

图 4-28　习题 4-4 图

的取值范围。

4-13　单位负反馈系统的开环传递函数为 $G(s)=\dfrac{K(s+3)}{s(s+1)}$。做出其闭环概略根轨迹，并分别求出使闭环系统过阻尼、临界阻尼、欠阻尼的 K 的取值范围。

4-14　单位负反馈系统的开环传递函数为 $G(s)=\dfrac{s+2}{s(s+\alpha)}$。绘出当 α 变化时闭环系统的根轨迹。（分 $0\to+\infty$，$0\to-\infty$ 两种情况）

4-15　单位正反馈系统的开环传递函数为 $G(s)=\dfrac{K(s+1)^2}{s(s+2)(s+4)}$。做出其概略根轨迹。

第 5 章　频率特性分析法

在控制理论的发展过程中，控制系统的分析与设计是最为活跃的领域之一，提出了许多原理各异但目标一致的分析设计方法（如前面所讲的时域分析法及根轨迹分析法）。频率特性分析方法也是一种几何图解方法，它把系统特性放在频率域中进行分析，是设计和分析控制系统常用的一种方法。在信息领域、信号处理等方面，频率特性分析方法尤为重要。

频率特性的主要特点有以下几点：

① 是一种几何图解的近似方法，适于工程应用；

② 是频域的分析方法，系统或环节的动态特性用频率特性表示；

③ 它不仅适用于线性定常系统，还可以推广应用于某些非线性系统；

④ 系统或环节的频率特性容易通过实验获得。

本章将主要介绍以下几方面内容：频率特性的定义；研究频率特性的物理意义；频率特性的几种图示方法及如何利用频率特性分析和设计控制系统。

5.1　频率特性及其图示法

5.1.1　频率特性

（1）频率特性的定义

系统或环节对正弦输入信号的稳态响应称为频率特性，如图 5-1 所示。图中 A 为幅值；ω 为角频率。稳态响应 $y_{ss}=\lim\limits_{t\to\infty}y(t)$，是频率的函数，仍为正弦信号，只是幅值和相位发生了改变。

下面以简单的一阶线性系统为例（见图 5-2），介绍频率特性的具体形式，然后推广到一般，介绍频率特性的确切含义。

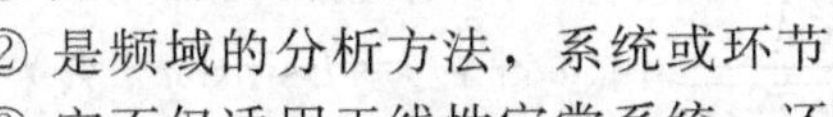

$r(t)=A\sin\omega t$ → $G(s)$ → $y(t)$

图 5-1　系统或环节对正弦信号的输出响应

$r(t)=A\sin\omega t$，$R(s)$ → $\dfrac{K}{Ts+1}$ → $Y(s)$

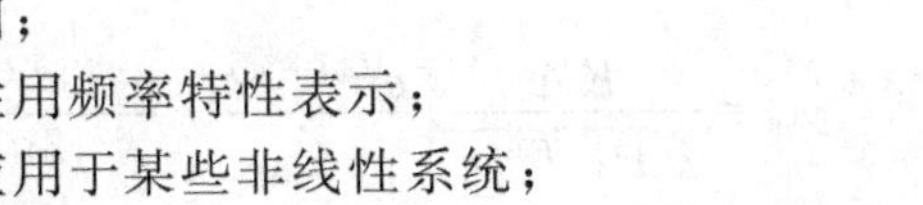

图 5-2　一阶系统对正弦信号的输出响应

当输入 $r(t)=A\sin\omega t$ 时，有

$$R(s)=\frac{A\omega}{s^2+\omega^2}$$

$$Y(s)=G(s)R(s)=\frac{K}{Ts+1}\times\frac{A\omega}{s^2+\omega^2}=\frac{K}{Ts+1}\times\frac{A\omega}{(s+\mathrm{j}\omega)(s-\mathrm{j}\omega)}=\frac{b}{Ts+1}+\frac{a}{s+\mathrm{j}\omega}+\frac{\overline{a}}{s-\mathrm{j}\omega}$$

经拉氏反变换，有

$$y(t)=\frac{b}{T}\mathrm{e}^{-\frac{t}{T}}+a\mathrm{e}^{-\mathrm{j}\omega t}+\overline{a}\mathrm{e}^{\mathrm{j}\omega t}\tag{5-1}$$

频率特性是研究系统稳态响应的，即

$$y_{ss}=a\mathrm{e}^{-\mathrm{j}\omega t}+\overline{a}\mathrm{e}^{\mathrm{j}\omega t}\tag{5-2}$$

式中，$a,\overline{a}$ 可以按部分分式展开中求系数的留数方法求得

$$a=\frac{KA\omega}{(Ts+1)(s+\mathrm{j}\omega)(s-\mathrm{j}\omega)}\times(s+\mathrm{j}\omega)|_{s=-\mathrm{j}\omega}=-\frac{KA}{2(1-\mathrm{j}T\omega)\mathrm{j}}$$

$$\overline{a}=\frac{KA\omega}{(Ts+1)(s+\mathrm{j}\omega)(s-\mathrm{j}\omega)}\times(s-\mathrm{j}\omega)|_{s=\mathrm{j}\omega}=\frac{KA}{2(1+\mathrm{j}T\omega)\mathrm{j}}$$

代入式（5-2），得到

$$y_{ss}=-\frac{KA}{2(1-\mathrm{j}T\omega)\mathrm{j}}\mathrm{e}^{-\mathrm{j}\omega t}+\frac{KA}{2(1+\mathrm{j}T\omega)\mathrm{j}}\mathrm{e}^{\mathrm{j}\omega t}=\frac{KA}{\sqrt{1+T^2\omega^2}\,\mathrm{e}^{\mathrm{j}\phi_1}}\times\frac{\mathrm{e}^{\mathrm{j}\omega t}}{2\mathrm{j}}-\frac{KA}{\sqrt{1+T^2\omega^2}\,\mathrm{e}^{\mathrm{j}\phi_2}}\times\frac{\mathrm{e}^{-\mathrm{j}\omega t}}{2\mathrm{j}}$$

式中 $\phi_1=\arctan\omega T$， $\phi_2=-\phi_1=\arctan(-\omega T)$

代入上式可得

$$y_{ss}=\frac{KA}{\sqrt{1+T^2\omega^2}}\left[\frac{\mathrm{e}^{\mathrm{j}(\omega t+\phi_2)}}{2\mathrm{j}}-\frac{\mathrm{e}^{-\mathrm{j}(\omega t+\phi_2)}}{2\mathrm{j}}\right]=\frac{KA}{\sqrt{1+T^2\omega^2}}\sin(\omega t+\phi_2)=B\sin(\omega t+\phi_2) \quad (5\text{-}3)$$

此处用到了欧拉公式：$\sin\varphi=\frac{\mathrm{e}^{\mathrm{j}\varphi}-\mathrm{e}^{-\mathrm{j}\varphi}}{2\mathrm{j}}$，其中 $\varphi=\omega t+\phi_2$。上式中，$B=\frac{KA}{\sqrt{1+T^2\omega^2}}$。

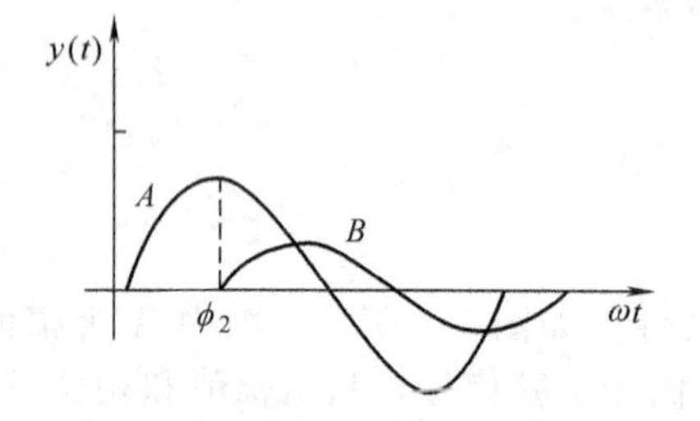

图 5-3 一阶系统对正弦信号的稳态输出响应

从式（5-3）可以看出，系统稳态输出仍是一个正弦信号，输出变量的幅值和相位发生了变化，角频率 ω 没有变化，图 5-3 给出了稳态输出响应曲线。

将稳态输出与输入 $r(t)=A\sin\omega t$ 比较可得

幅值比 $$\frac{B}{A}=\frac{K}{\sqrt{1+T^2\omega^2}} \quad (5\text{-}4)$$

相位差 $$\phi=\phi_2=\arctan(-\omega T) \quad (5\text{-}5)$$

一阶线性系统的情况可以推广到一般，得出以下结论。

① 对线性系统作用正弦信号，其稳态输出仍是一正弦函数，频率不变，幅值和相位发生变化。

② 幅值比$\frac{B}{A}$和相位差 ϕ 都是输入信号频率 ω 的函数，其函数关系统称为频率特性。其中：$\frac{B}{A}=f(\omega)$，称为幅频特性；$\phi=f'(\omega)$，称为相频特性。

③ 频率特性与系统（或环节）的动态特征参数有关，例如 T,K。可以推论，尽管频率特性是从系统的稳态响应中得到的，却可以反映系统的动态特性，是描述系统动态特性的一种方法。

（2）物理意义

为什么说频率特性能反映系统（环节）的动态特性呢？下面以实例说明。

以水槽为例，三个截面不同的水槽，时间常数 $T_1>T_2>T_3$，在输入的流量调节阀上安装超低频信号发生器，使输入信号 Q_s 做正弦变化，如图 5-4 所示，观察系统输出液位 h 的变化。

对输出波形从物理意义上进行分析。截面积小的水槽对输入信号响应快，稳定后，液位波动的量大；而截面积大的水槽对输入响应慢，稳定后，液位波动的量小。截面积的大小反映的是系统动态参数——时间常数的大小。因此，当对不同系统施加相同信号时，由于它们的动态特性不同，其稳态响应差异也很大，可见频率特性虽然是从系统的稳态输出求出的，但却反映了系统的动态特性。这是因为频率响应是在强制振荡输入信号作用下的输出响应，尽管观测到的频率响应是在过渡过程结束之后，但此时，系统并没有进入静止状态，输出仍

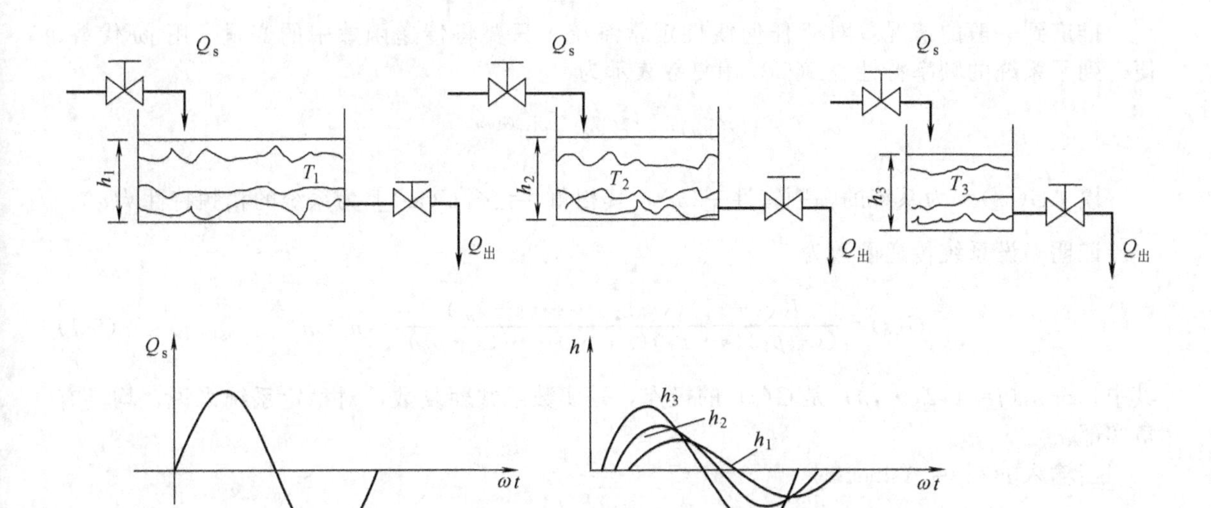

图 5-4　不同对象特性下的频率响应示意

在稳定的等幅振荡之中，系统的动态特性对变化的信号必然有影响。

值得注意的是：一方面，相同频率的信号对不同系统的输入会反映出系统动态特性的差异；另一方面，具体到描绘每一系统的动态特性，需要知道频率在大范围（ω 从 $0\to\infty$）变化时所有的输出响应，即若要用频率特性表征系统的动态特性时，只知道在单一频率下的输出响应是远远不够的。

频率特性分析方法是从频域的角度研究系统特性的方法。

(3) 频率特性的获取

频率特性的求取有三种方法。

· 解析法：如前例一阶系统，输入正弦信号，求时域解 $y(t)$，让 t 趋向∞，求稳态解 y_{ss}，然后与输入比较。

· 直接由传递函数得知。

· 由实验测取。

① 已知系统传递函数，求频率特性　对于线性定常系统，只要将传递函数中的变量 s 用 $\mathrm{j}\omega$ 代替，得到的即为频率特性 $G(\mathrm{j}\omega)$。

仍以一阶环节为例，$G(s)=\dfrac{K}{Ts+1}$，根据解析法，已求出当输入 $r(t)=A\sin\omega t$ 时，输出与输入的幅值比与相位差为

$$幅值比\frac{B}{A}=\frac{K}{\sqrt{1+\omega^2T^2}}，相位差\ \phi=\arctan(-\omega T)$$

传递函数直接变换后

$$G(\mathrm{j}\omega)=\frac{K}{\mathrm{j}T\omega+1}=\frac{K}{\sqrt{1+T^2\omega^2}\,\mathrm{e}^{\mathrm{j}\phi_1}}=\frac{K}{\sqrt{1+T^2\omega^2}}\mathrm{e}^{\mathrm{j}\phi_2} \tag{5-6}$$

其中，$\phi_1=\arctan\omega T$，$\phi_2=-\phi_1=\arctan(-\omega T)=-\arctan\omega T$。与解析法的计算结果比较得知，$G(\mathrm{j}\omega)$为频率特性，是一个复数，模$\dfrac{K}{\sqrt{1+T^2\omega^2}}$为系统的幅值比$\dfrac{B}{A}$，其相角 ϕ_2 为系统的相位差。

推广到一般的情况，对于任何线性定常系统，只要将传递函数中的变量 s 用 $\mathrm{j}\omega$ 代替，便得到了系统的频率特性。$G(\mathrm{j}\omega)$ 用复数表示为

$$G(\mathrm{j}\omega)=|G(\mathrm{j}\omega)|\mathrm{e}^{\mathrm{j}\angle G(j\omega)}$$

模 $|G(\mathrm{j}\omega)|$ 为系统的幅频特性$\frac{B}{A}(\omega)$，其相角 $\phi=\angle[G(\mathrm{j}\omega)]$ 为系统的相频特性 $\phi(\omega)$。

证明 设系统传递函数为

$$G(s)=\frac{K(s+z_1)(s+z_2)\cdots\cdots(s+z_m)}{(s+p_1)(s+p_2)(s+p_3)\cdots\cdots(s+p_n)}\quad(n\geqslant m)\tag{5-7}$$

其中，$-p_j(j=1,2,\cdots,n)$ 是 $G(s)$ 的极点，是实数或共轭复数，对稳定系统来说，均具有负实部。

当输入 $r(t)=A\sin\omega t$ 时

$$R(s)=\frac{A\omega}{s^2+\omega^2}$$

$$\begin{aligned}Y(s)&=G(s)R(s)=G(s)\frac{A\omega}{s^2+\omega^2}=G(s)\frac{A\omega}{(s+\mathrm{j}\omega)(s-\mathrm{j}\omega)}\\&=\frac{b_1}{s+p_1}+\frac{b_2}{s+p_2}+\cdots+\frac{b_n}{s+p_n}+\frac{a}{s+\mathrm{j}\omega}+\frac{\overline{a}}{s-\mathrm{j}\omega}\end{aligned}\tag{5-8}$$

经拉氏反变换，有

$$y(t)=b_1\mathrm{e}^{-p_1t}+b_2\mathrm{e}^{-p_2t}+\cdots+b_n\mathrm{e}^{-p_nt}+a\mathrm{e}^{-\mathrm{j}\omega t}+\overline{a}\mathrm{e}^{\mathrm{j}\omega t}\tag{5-9}$$

求稳态输出，则有

$$y_{\mathrm{ss}}=a\mathrm{e}^{-\mathrm{j}\omega t}+\overline{a}\mathrm{e}^{\mathrm{j}\omega t}\tag{5-10}$$

其中

$$a=G(s)\frac{A\omega}{(s+\mathrm{j}\omega)(s-\mathrm{j}\omega)}(s+\mathrm{j}\omega)|_{s=-\mathrm{j}\omega}=-\frac{A}{2\mathrm{j}}G(-\mathrm{j}\omega)$$

$$\overline{a}=G(s)\frac{A\omega}{(s+\mathrm{j}\omega)(s-\mathrm{j}\omega)}(s-\mathrm{j}\omega)|_{s=\mathrm{j}\omega}=\frac{A}{2\mathrm{j}}G(\mathrm{j}\omega)$$

其中 $G(\mathrm{j}\omega)$ 与 $G(-\mathrm{j}\omega)$ 均为复数，可用模和相角表示

$$|G(\mathrm{j}\omega)|=\sqrt{\mathrm{Re}[G(\mathrm{j}\omega)]^2+\mathrm{Im}[G(\mathrm{j}\omega)]^2},\ \phi=\angle[G(\mathrm{j}\omega)]=\arctan\frac{\mathrm{Im}[G(\mathrm{j}\omega)]}{\mathrm{Re}[G(\mathrm{j}\omega)]}$$

写成复数的指数表示形式

$$G(\mathrm{j}\omega)=|G(\mathrm{j}\omega)|\mathrm{e}^{\mathrm{j}\phi},\quad G(-\mathrm{j}\omega)=|G(-\mathrm{j}\omega)|\mathrm{e}^{-\mathrm{j}\phi}=|G(\mathrm{j}\omega)|\mathrm{e}^{-\mathrm{j}\phi}$$

因 $G(\mathrm{j}\omega)$ 与 $G(-\mathrm{j}\omega)$ 共轭，代入 y_{ss} 得

$$\begin{aligned}y_{\mathrm{ss}}&=-|G(\mathrm{j}\omega)|\mathrm{e}^{-\mathrm{j}\phi}\frac{A}{2\mathrm{j}}\mathrm{e}^{-\mathrm{j}\omega t}+|G(\mathrm{j}\omega)|\mathrm{e}^{\mathrm{j}\phi}\frac{A}{2\mathrm{j}}\mathrm{e}^{\mathrm{j}\omega t}=A\,|G(\mathrm{j}\omega)|\frac{\mathrm{e}^{\mathrm{j}(\omega t+\phi)}-\mathrm{e}^{-\mathrm{j}(\omega t+\phi)}}{2\mathrm{j}}\\&=A\,|G(\mathrm{j}\omega)|\sin(\omega t+\phi)=B\sin(\omega t+\phi)\end{aligned}\tag{5-11}$$

式中

$$B=A\,|G(\mathrm{j}\omega)|$$

与输入 $r(t)=A\sin\omega t$ 比较得

$$\text{幅值比}\frac{B}{A}=|G(\mathrm{j}\omega)|\text{，相位差 }\phi=\angle G(\mathrm{j}\omega) \tag{5-12}$$

所以，$G(\mathrm{j}\omega)$ 是系统的频率特性函数。

频率特性的性质可以概括如下。

a. 任何稳定的线性系统，当输入为正弦信号时，其稳态输出也是正弦信号，频率相同，幅值和相位都发生变化，它们都是频率的函数。

b. 将传递函数 $G(s)$ 中的 s 用 $\mathrm{j}\omega$ 代替得 $G(\mathrm{j}\omega)$，$G(\mathrm{j}\omega)$ 即为频率特性。$|G(\mathrm{j}\omega)|$ 为幅值比，又称幅频特性。$\angle G(\mathrm{j}\omega)$ 为相位差，又称相频特性。

c. 频率特性能反映系统的动态特性。

传递函数是系统在初始条件为零的条件下，输出信号的拉氏变换对输入信号的拉氏变换之比 $G(s)=Y(s)/R(s)$，频率特性是系统特定输出（稳态输出）对特定输入（正弦信号）之比 $G(\mathrm{j}\omega)=y_{ss}/A\sin\omega t$，它们同样反映系统本身的动态特性。既然如此，有了传递函数，为什么还要引入频率特性呢？它们各有所长，各有侧重。传递函数侧重分析系统的零极点分布对过渡过程的影响，频率特性则着重研究系统对于频率响应的特性。这对于分析、设计系统很有帮助，因为实际应用中，许多输入或干扰信号是周期信号，特别是在信息领域、信号处理方面，频率特性分析方法尤为重要。而且，频率特性分析可以利用一套图解方法（与根轨迹方法相同），分析系统往往更快速和方便。频率特性分析法的局限在于与系统时域响应无直接联系。

② 实验测定频率特性　频率特性分析方法的突出优点之一就是可以通过实验手段得到系统的频率特性。当控制对象的传递函数未知时，通过实验，测量其频率响应来推导系统的传递函数。

用超低频信号发生器，作为输入信号加在输入端，如上例，加在水槽输入流量的控制阀上。当系统输出稳定后，同时记录系统输入和输出曲线，找到在此刻频率下的幅值比和相位差。然后改变 ω，逐一记录 $\frac{B}{A}(\omega)$ 和 $\phi(\omega)$，就可获得被测系统的频率特性。

注意应在工作频率附近多取些频率点，其他区域可少取一些。

5.1.2　频率特性的极坐标图

频率特性方法是一种图解方法，因此要将频率特性用图形表达出来，这样既直观，又便于系统分析与设计。常用的图示方法有：

· 极坐标图，又称幅相曲线图；
· 对数坐标图（Bode 图）；
· 对数幅相图（Nichols 图）。

对数坐标图是最常用的频率特性的表示方法，极坐标图法也很常见。这两种表示方法直观，频率特性关系一目了然。

由于一般的系统都是由一些典型环节组成，如一阶系统、二阶系统、放大环节、纯滞后环节等。因此，在介绍各种作图方法时，首先讨论这些典型环节的作图方法。

(1) 极坐标图

$G(\mathrm{j}\omega)$ 是 ω 的复变函数，当 ω 一定时，$G(\mathrm{j}\omega)$ 就是一个复数，复数在复平面上可用一个矢量表示，模为 $|G(\mathrm{j}\omega)|$，相角为 $\angle G(\mathrm{j}\omega)$。当 ω 变化时，矢量 $G(\mathrm{j}\omega)$ 的端点在复平面上形成一个轨迹，如图 5-5 所示。

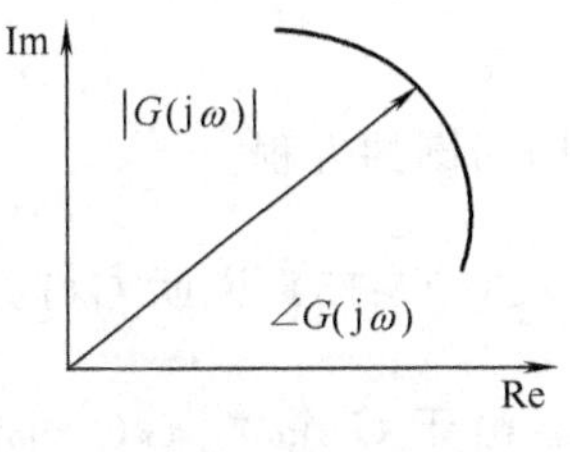

图 5-5　极坐标图

① 定义 当ω从$0\to\infty$变化时，矢量$G(\mathrm{j}\omega)$的端点在复平面上形成的轨迹叫做极坐标图。

矢量$G(\mathrm{j}\omega)$的端点在实轴与虚轴上的投影分别为$G(\mathrm{j}\omega)$的实部$U(\omega)$和虚部$V(\omega)$，它们分别叫做实频特性和虚频特性，即$G(\mathrm{j}\omega)=U(\omega)+\mathrm{j}V(\omega)$。

② 极坐标图的获得 可根据频率特性的两种表示方式作图。

a. 已知$G(\mathrm{j}\omega)$，将不同的ω代入，计算$|G(\mathrm{j}\omega)|$和$\angle G(\mathrm{j}\omega)$，作图；

b. 已知$G(\mathrm{j}\omega)$，将不同的ω代入，计算实部和虚部，$G(\mathrm{j}\omega)=U(\omega)+\mathrm{j}V(\omega)$，作图。

极坐标图在概念分析上比较清楚、直观，特别在分析系统稳定性时经常用到，但极坐标图作图较复杂，计算要遵循矢量运算规则。

(2) 一些典型环节的极坐标图

① 一阶惯性环节 $$G(s)=\frac{K}{Ts+1}$$

频率特性 $$G(\mathrm{j}\omega)=\frac{K}{\sqrt{1+T^2\omega^2}}\angle-\arctan T\omega \tag{5-13}$$

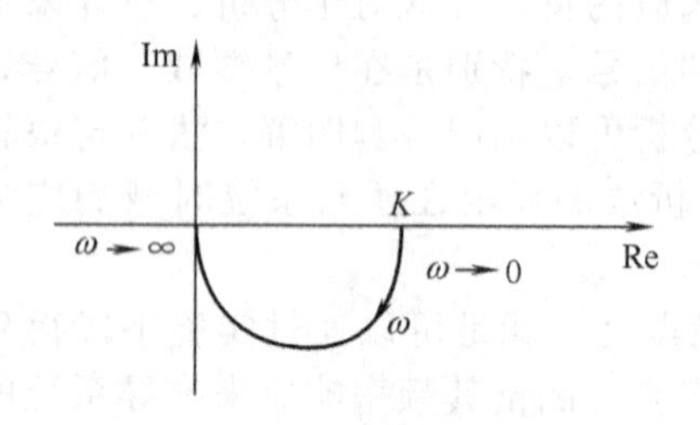

图 5-6 一阶惯性环节极坐标图

分析：

当$\omega=0$时，$|G(\mathrm{j}\omega)|=K$，$\angle G(\mathrm{j}\omega)=0°$；

当$\omega=\dfrac{1}{T}$时，$|G(\mathrm{j}\omega)|=\dfrac{K}{\sqrt{2}}$，$\angle G(\mathrm{j}\omega)=-45°$；

当$\omega\to\infty$时，$|G(\mathrm{j}\omega)|\to0$，$\angle G(\mathrm{j}\omega)=-90°$。

当ω从$0\to\infty$时，矢量$G(\mathrm{j}\omega)$端点的轨迹是一个半圆，如图5-6所示。

证明 $$G(\mathrm{j}\omega)=\frac{K}{1+\mathrm{j}T\omega}=\frac{K(1-\mathrm{j}T\omega)}{(1+\mathrm{j}T\omega)(1-\mathrm{j}T\omega)}=\frac{K}{1+T^2\omega^2}-\mathrm{j}\frac{KT\omega}{1+T^2\omega^2}=U(\omega)+\mathrm{j}V(\omega) \tag{5-14}$$

其中 $$U(\omega)=\frac{K}{1+T^2\omega^2},\quad V(\omega)=\frac{-KT\omega}{1+T^2\omega^2}$$

$$\frac{V}{U}=-T\omega,\quad \left(\frac{V}{U}\right)^2=T^2\omega^2$$

消去ω，用U,V表征，则有

$$U=\frac{K}{1+T^2\omega^2}=\frac{K}{1+\left(\dfrac{V}{U}\right)^2}=\frac{KU^2}{U^2+V^2}$$

整理 $U^2+V^2=KU$，经配方即得

$$\left(U-\frac{K}{2}\right)^2+V^2=\left(\frac{K}{2}\right)^2 \tag{5-15}$$

此即为圆的方程。

式(5-15)说明$G(\mathrm{j}\omega)$的实部、虚部在复平面上为一个圆，圆心为$\left(\dfrac{K}{2},\mathrm{j}0\right)$，半径为$\dfrac{K}{2}$。由于$G(\mathrm{j}\omega)$，$G(-\mathrm{j}\omega)$为共轭复数，因此，一阶惯性环节完整的频率特性（即$\omega$:

$-\infty \to +\infty$）为一个圆，顺时针方向是频率特性变化的方向，即 ω 增加的方向。上半圆对应 ω 为负值，一般不画出。

② 放大环节　　$G(s)=K$

频率特性　　$G(\mathrm{j}\omega)=K$　　(5-16)

其幅频特性和相频特性均为常数。分别为 $|G(\mathrm{j}\omega)|=K$，$\angle G(\mathrm{j}\omega)=0°$，不随 ω 变化，频率特性如图 5-7 所示。

③ 纯滞后环节　　$G(s)=\mathrm{e}^{-\tau s}$

频率特性　　$G(\mathrm{j}\omega)=\mathrm{e}^{-\mathrm{j}\omega\tau}$

$$|G(\mathrm{j}\omega)|=1,\quad \angle G(\mathrm{j}\omega)=-\omega\tau \tag{5-17}$$

幅频特性不变，恒为 1，相频特性为 ω 的线性函数，周期变化。

频率特性是一个周期变化的单位圆，如图 5-8 所示。

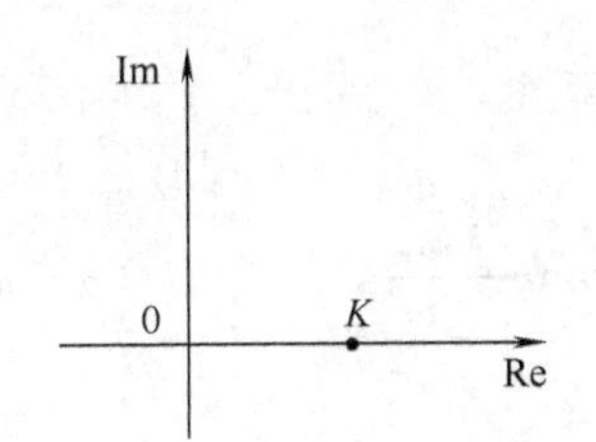

图 5-7　放大环节极坐标图

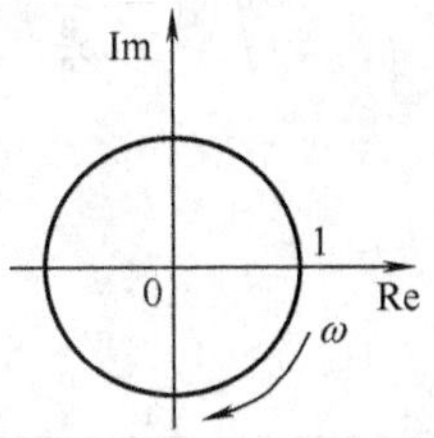

图 5-8　纯滞后环节极坐标图

④ 积分环节与微分环节

$$G(s)=\frac{1}{s},\ G(\mathrm{j}\omega)=\frac{1}{\mathrm{j}\omega}=-\mathrm{j}\,\frac{1}{\omega};\quad |G(\mathrm{j}\omega)|=\frac{1}{\omega},\ \angle G(\mathrm{j}\omega)=-90° \tag{5-18}$$

$$G(s)=s,\ G(\mathrm{j}\omega)=\mathrm{j}\omega;\quad |G(\mathrm{j}\omega)|=\omega,\ \angle G(\mathrm{j}\omega)=90° \tag{5-19}$$

频率特性如图 5-9 所示。

⑤ 一阶加纯滞后环节　　$G(s)=\frac{1}{Ts+1}\mathrm{e}^{-\tau s}$

$$G(\mathrm{j}\omega)=\frac{1}{\mathrm{j}T\omega+1}\mathrm{e}^{-\mathrm{j}\omega\tau}=\frac{1}{\sqrt{1+T^2\omega^2}}\angle-\omega\tau-\arctan\omega T \tag{5-20}$$

分析：当 $\omega=0$ 时，$|G(\mathrm{j}\omega)|=1$，$\angle G(\mathrm{j}\omega)=0°$。

随着 ω 增加，$|G(\mathrm{j}\omega)|$ 减小，$\angle G(\mathrm{j}\omega)$ 在负的方向上逐渐增加（随 ω 周期线性变化）。

当 ω 趋向无穷大时，$|G(\mathrm{j}\omega)|\to 0$，$\angle G(\mathrm{j}\omega)=-\infty$。图形为一螺旋线，如图 5-10 所示。

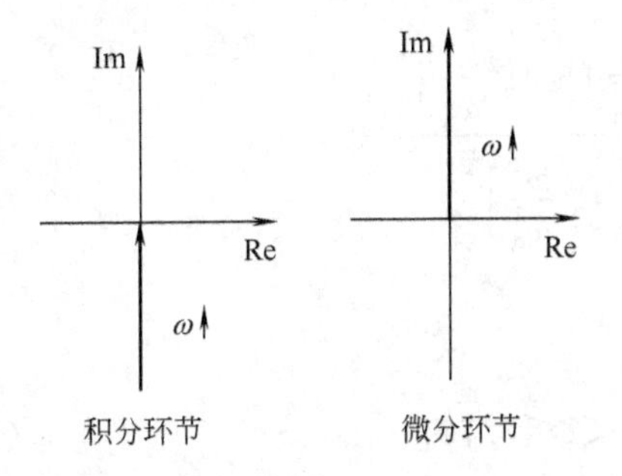

图 5-9　积分环节与微分环节极坐标图

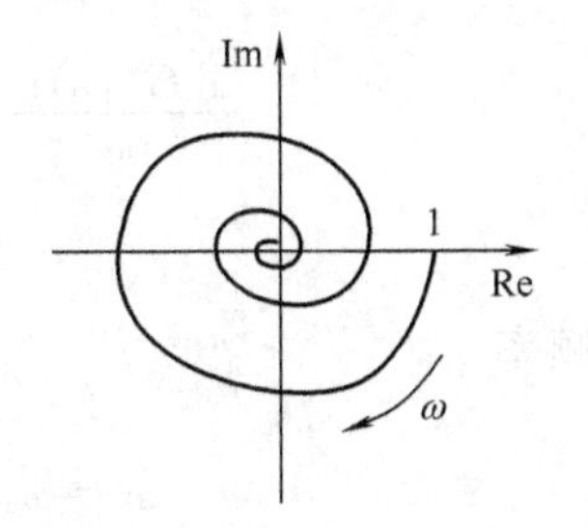

图 5-10　一阶加纯滞后环节极坐标图

⑥ 二阶惯性（滞后）环节　二阶惯性环节的传递函数为

$$G(s)=\frac{\omega_n^2}{s^2+2\zeta\omega_n s+\omega_n^2},\quad \omega_n>0,\ 0<\zeta<1$$

频率特性为

$$G(j\omega)=\frac{\omega_n^2}{(j\omega)^2+2j\zeta\omega_n\omega+\omega_n^2}=\frac{\omega_n^2}{\sqrt{(\omega_n^2-\omega^2)+4\zeta^2\omega_n^2\omega^2}}\angle\arctan-\frac{2\zeta\omega_n\omega}{\omega_n^2-\omega^2}$$

$$=\frac{1}{\sqrt{\left(1-\frac{\omega^2}{\omega_n^2}\right)^2+4\zeta^2\frac{\omega^2}{\omega_n^2}}}\angle-\arctan\frac{2\zeta\frac{\omega}{\omega_n}}{1-\frac{\omega^2}{\omega_n^2}}$$

$$|G(j\omega)|=\frac{1}{\sqrt{\left(1-\frac{\omega^2}{\omega_n^2}\right)^2+4\zeta^2\frac{\omega^2}{\omega_n^2}}},\quad \angle G(j\omega)=\begin{cases}-\arctan\dfrac{2\zeta\frac{\omega}{\omega_n}}{1-\frac{\omega^2}{\omega_n^2}}, & \omega\leqslant\omega_n\\ -\left[180^\circ-\arctan\dfrac{2\zeta\frac{\omega}{\omega_n}}{\frac{\omega^2}{\omega_n^2}-1}\right], & \omega>\omega_n\end{cases}\tag{5-21}$$

分析：

当 $\omega=0$ 时，$|G(j\omega)|=1$，$\angle G(j\omega)=0^\circ$（低频特性）；

当 $\omega=\omega_n$ 时，$|G(j\omega)|=1/2\zeta$，$\angle G(j\omega)=-90^\circ$；

当 $\omega\to\infty$时，$|G(j\omega)|\to0$，$\angle G(j\omega)=-180^\circ$（高频特性）。

由此可知，二阶系统的幅频特性不仅是 ω 的函数，也是 ζ 的函数，随着 ω 增加，$|G(j\omega)|$ 由 $1\to0$，相频特性由 $0^\circ\to-180^\circ$。即随着 ω 增加，系统的相位滞后越来越大。与虚轴交点频率 $\omega=\omega_n$（无阻尼振荡频率）。当 $\omega=\omega_n$ 时，$|G(j\omega)|=\frac{1}{2\zeta}$，表明振荡环节与虚轴的交点为$-j\frac{1}{2\zeta}$。

因为系统 $|G(j\omega)|_{\omega=0}=1$，$|G(j\omega)|_{\omega=\infty}=0$，所以模的变化必然存在拐点。为分析 $|G(j\omega)|$ 的变化，求 $|G(j\omega)|$ 的极值，即令

$$\frac{d|G(j\omega)|}{d\omega}=\frac{-\left[-\frac{2\omega}{\omega_n^2}\left(1-\frac{\omega^2}{\omega_n^2}\right)+4\zeta^2\frac{\omega^2}{\omega_n^2}\right]}{\left[\left(1-\frac{\omega^2}{\omega_n^2}\right)^2+4\zeta^2\frac{\omega^2}{\omega_n^2}\right]^{\frac{3}{2}}}=0\tag{5-22}$$

得到谐振频率

$$\omega_r=\omega_n\sqrt{1-2\zeta^2},\qquad 0<\zeta\leqslant0.707\tag{5-23}$$

将 ω_r 代入 $|G(j\omega)|$，可得到谐振峰值

$$M_r = |G(j\omega_r)| = \frac{1}{2\zeta\sqrt{1-\zeta^2}}, \quad 0<\zeta\leqslant 0.707 \tag{5-24}$$

因为 $\zeta=0.707$ 时，$M_r=1$，当 $0<\zeta\leqslant 0.707$ 时

$$\frac{dM_r}{d\zeta} = \frac{-(1-2\zeta^2)}{\zeta^2(1-\zeta^2)^{\frac{3}{2}}}<0 \tag{5-25}$$

可见 ω_r，M_r 均为阻尼比 ζ 的减函数（$0<\zeta\leqslant 0.707$）。当 $0<\zeta<0.707$，且 $\omega\in(0,\omega_r)$ 时，$|G(j\omega)|$ 单调增加；$\omega\in(\omega_r,\infty)$ 时，$|G(j\omega)|$ 单调减小。当 $0.707<\zeta<1$ 时，$|G(j\omega)|$ 单调减小。不同阻尼比 ζ 下，振荡环节的频率特性如图 5-11 所示。

⑦ 三阶惯性环节　三阶惯性环节的传递函数及相应的频率特性为

$$G(s)=\frac{1}{(T_1s+1)(T_2s+1)(T_3s+1)}, \quad G(j\omega)=\frac{1}{(jT_1\omega+1)(jT_2\omega+1)(jT_3\omega+1)}$$

$$G(j\omega)=\frac{1}{\sqrt{1+T_1^2\omega^2}\sqrt{1+T_2^2\omega^2}\sqrt{1+T_3^2\omega^2}}\angle -\arctan T_1\omega-\arctan T_2\omega-\arctan T_3\omega \tag{5-26}$$

分析：

当 $\omega=0$ 时，$|G(j\omega)|=1$，$\angle G(j\omega)=0°$；

当 ω 增加时，$|G(j\omega)|$ 减小，$\angle G(j\omega)$ 在负的方向上逐渐增加；

当 $\omega\to\infty$时，$|G(j\omega)|\to 0$，$\angle G(j\omega)=-270°$。

三阶惯性环节的频率特性如图 5-12 所示。

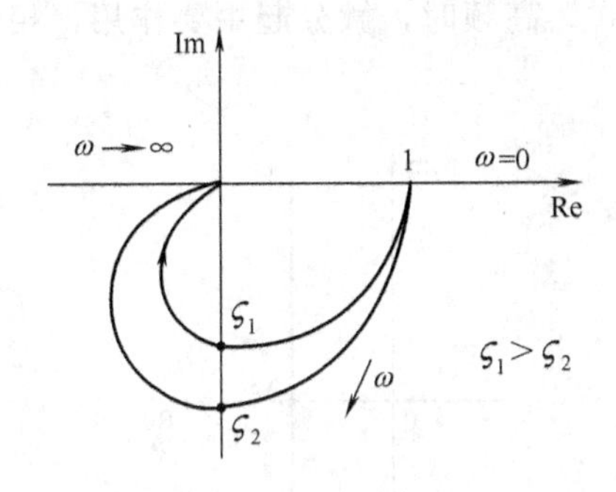

图 5-11　二阶惯性环节极坐标图

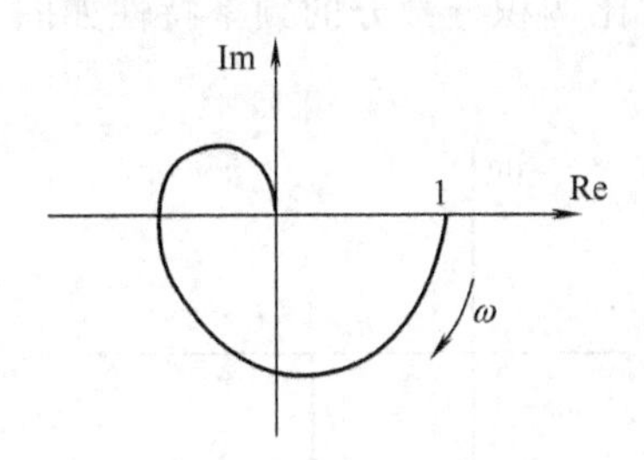

图 5-12　三阶惯性环节极坐标图

⑧ 比例积分（PI）环节　比例积分环节的传递函数为

$$G(s)=K_c\left(1+\frac{1}{T_i s}\right)$$

比例积分环节的频率特性为

$$G(j\omega)=K_c\left(1+\frac{1}{jT_i\omega}\right)=K_c-j\frac{K_c}{T_i\omega} \tag{5-27}$$

$$|G(j\omega)|=K_c\sqrt{1+1/\omega^2T_i^2}, \quad \angle G(j\omega)=-\arctan(1/\omega T_i)$$

分析：

$\omega=0$，$|G(j\omega)|\to\infty$，$\angle G(j\omega)=-90°$，$U=K_c$，$V=-\infty$；

$\omega=1/T_i$，$|G(j\omega)|=\sqrt{2}K_c$，$\angle G(j\omega)=-45°$，$U=K_c$，$V=-K_c$；

$\omega\to\infty$，$|G(j\omega)|=K_c$，$\angle G(j\omega)=0°$，$U=K_c$，$V=0$。

实部不变恒等于 K_c，虚部随 ω 变化而改变，按实虚部作图，频率特性如图 5-13 所示。

⑨ 比例积分微分（PID）环节　比例积分微分环节的传递函数为

$$G(s)=K_c\left(1+\frac{1}{T_i s}+T_d s\right)$$

比例积分微分环节的频率特性为

$$G(j\omega)=K_c-j\frac{K_c}{T_i\omega}+jK_cT_d\omega=K_c+j\left(K_cT_d\omega-\frac{K_c}{T_i\omega}\right) \tag{5-28}$$

实部不变恒等于 K_c，虚部随 ω 变化而改变。

以下分析相频特性：$\angle G(j\omega)=-\arctan\left(T_d\omega-\frac{1}{\omega T_i}\right)$。PID 环节的相频特性数据见表 5-1。

表 5-1　PID 环节的相频特性数据

ω 取值	U	V	$\angle$
0	K_c	$-\infty$	$-90°$
$\frac{1}{\sqrt{T_iT_d}}$	K_c	0	$0°$
∞	K_c	$+\infty$	$90°$

分析可知，低频时积分起主要作用，相位滞后 90°，高频时，微分起主要作用，相位超前 90°。比例积分微分的频率特性如图 5-14 所示。

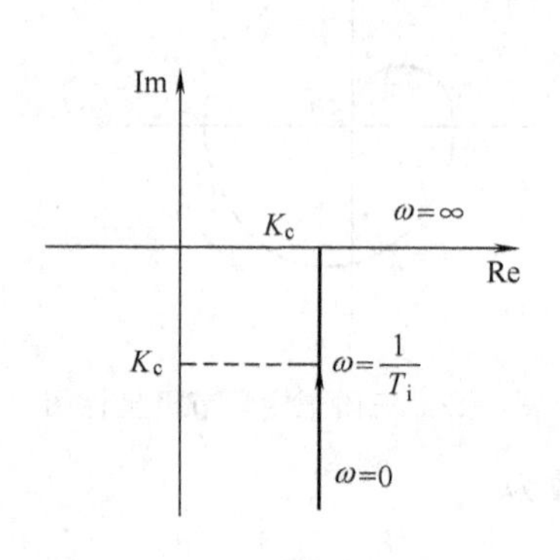

图 5-13　比例积分环节极坐标图

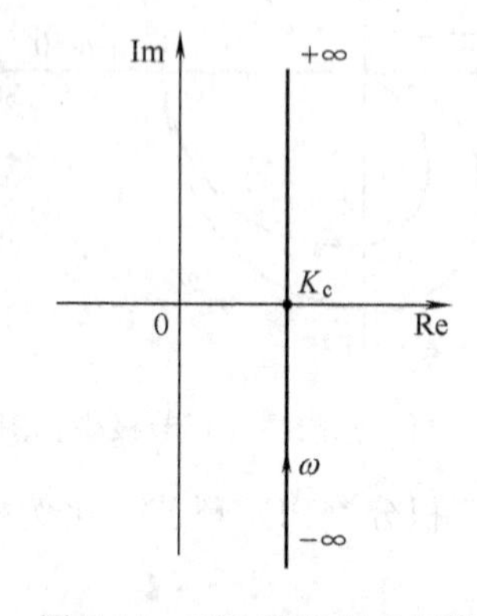

图 5-14　PID 环节极坐标图

根据系统频率特性的表达式可以通过取点、计算和作图绘制系统极坐标图。绘制概略极坐标图的方法如下。

a. 计算和绘制极坐标图的起点（$\omega=0$）和终点（$\omega=\infty$）。

b. 计算和绘制极坐标图与实轴的交点。

令系统开环传递函数的虚部为零，求出与实轴的交点频率 ω_x，即

$$\text{Im}[G(j\omega_x)H(j\omega_x)]=0 \text{ 或 } \angle G(j\omega_x)H(j\omega_x)=k\pi;\quad k=0,\pm1,\pm2,\cdots$$

其中，ω_x 称为穿越频率，而频率特性曲线与实轴的交点为 $\text{Re}[G(j\omega_x)H(j\omega_x)]$。

c. 估算极坐标图的变化范围，包括曲线的象限和单调性等。

d. 描绘完整的极坐标图。

把系统分解为典型环节的组合以及这些典型环节频率特性图的绘制是绘制系统极坐标图的基础，今后将结合具体实例进行分析和介绍。

5.1.3　典型环节的伯德（Bode）图示法

对数频率特性图又称为伯德图（Bode 图），它由对数幅频曲线和对数相频曲线组成，是工程中广泛使用的一组曲线。

系统的频率特性可表示为 $G(j\omega)=|G(j\omega)|\angle G(j\omega)$，其中模 $|G(j\omega)|$ 与频率 ω 的关系称为系统的幅频特性，相位 $\angle G(j\omega)$ 与频率 ω 的关系称为相频特性。将幅频特性和相频特性分别画在对数坐标上，就得到了频率特性的对数坐标图。

(1) 坐标的选择

① 横坐标取 ω 的对数刻度，以 10 为底，但仍标以角频率 ω（见图 5-15）。

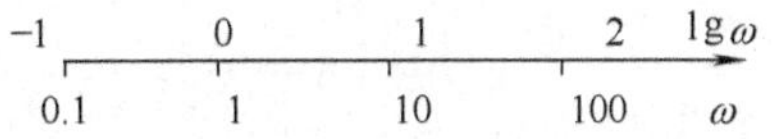

−1　0　1　2　$\lg\omega$

0.1　1　10　100　ω

图 5-15　Bode 图横坐标变换

实际频率 ω 变化了 10 倍，$\lg\omega$ 变化 1。每一大格，频率变化了 10 倍，叫一个十倍频程，记作 dec。

由于横坐标采取了对数坐标，因此 $\omega=0$ 不能在坐标上表示出来。横坐标上表示的频率，一般由工作频率范围决定。取对数坐标，在高频段，一个十倍频程代表频率变化的绝对值大，在低频段，一个十倍频程代表频率变化的绝对值小。如高频段一个十倍频程的频率变化范围 100～1000，低频段一个十倍频程的频率变化范围 1～10。这意味着，在高频段表示的频率特性精度低，低频段表示的精度高，这正好符合需要。对于工业对象，工作频率一般在低频段，仅需要了解高频段的变化趋势。所以，选择频率范围时，一般在感兴趣的频率范围附近取 2～3 个 dec 即可。

② 相频特性的纵坐标为相角，以度为单位，取等分刻度。因此，相频特性采用半对数坐标。

③ 幅频特性的纵坐标一般取 $|G(j\omega)|$ 的对数，为 $20\lg|G(j\omega)|$ 的值。单位是分贝，通常缩写为 dB。纵坐标采用等分刻度，因此幅频特性也使用半对数坐标。

换算关系见表 5-2。根据此表，可以直接从分贝数读出实际的 $|G(j\omega)|$ 值。

表 5-2　幅频特性换算

$\lvert G(j\omega)\rvert$	100	10	1	0.1	0.01
$\lg\lvert G(j\omega)\rvert$	2	1	0	−1	−2
$20\lg\lvert G(j\omega)\rvert$	40	20	0	−20	−40

对数幅频特性也可以采取其他形式，如纵坐标也是对数刻度，利用双对数坐标纸描述。上述是最常用的一种。

图 5-16 所示为频率特性的对数坐标纸，其中图（a）为相频特性图，图（b）为幅频特性图。

(2) 对数坐标图的特点

频率特性对数坐标图画法简单，利用渐近线能迅速画出各典型环节的对数频率特性图。由于采用了对数坐标，使得频率特性计算方便。如果系统是由几个环节串联而成，则系统总的频率特性很容易通过各单独环节的对频特性叠加得到，这就是取对数坐标的原因所在。如

$G(j\omega)=G_1(j\omega)G_2(j\omega)G_3(j\omega)$，则有 $|G(j\omega)|=|G_1(j\omega)|\,|G_2(j\omega)|\,|G_3(j\omega)|$。

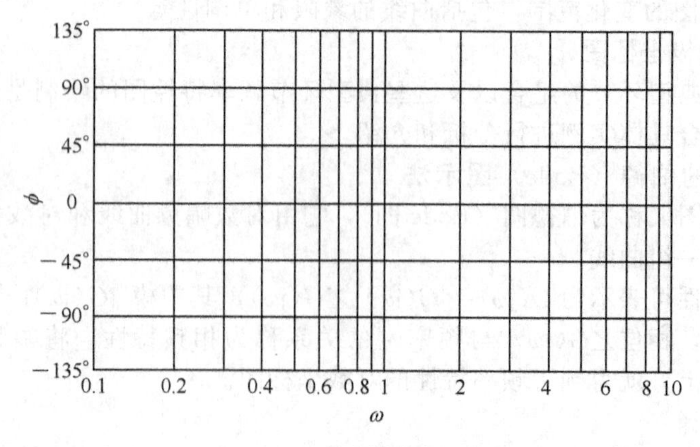

(a) 相频特性图

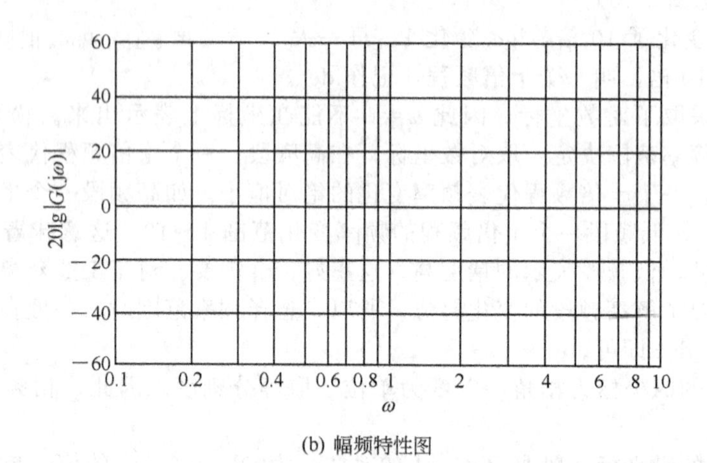

(b) 幅频特性图

图 5-16 对数坐标图的坐标示意

$\lg|G(j\omega)|=\lg|G_1(j\omega)|+\lg|G_2(j\omega)|+\lg|G_3(j\omega)|$，幅频特性相加。

$\angle G(j\omega)=\angle G_1(j\omega)+\angle G_2(j\omega)+\angle G_3(j\omega)$，相频特性相加。

此外，横坐标 ω 取对数刻度，可以扩大横坐标的频率范围，既能保证低频段绘图的准确性，又可观察高、中频段的频率特性。

利用对数坐标图画出系统的总频率特性是十分简便的，首先绘制各典型环节的对数坐标图（渐近线图），然后相加，即可获得总系统的对数频率特性。

（3）典型环节的对数坐标图

① 比例环节　比例环节的传递函数和频率特性为

$$G(s)=K,\ G(j\omega)=K,\ |G(j\omega)|=K,\ \angle G(j\omega)=0$$

分析：$K=1$，$G(j\omega)=0$，$20\lg|G(j\omega)|=1$

$K>1$，$G(j\omega)=0$，$20\lg|G(j\omega)|>1$

$K<1$，$G(j\omega)=0$，$20\lg|G(j\omega)|<1$

对数坐标图如图 5-17 所示。

改变增益，对相频特性没有影响，幅频特性只需上下平移。当 K 增加 10 倍，分贝数增加 20。

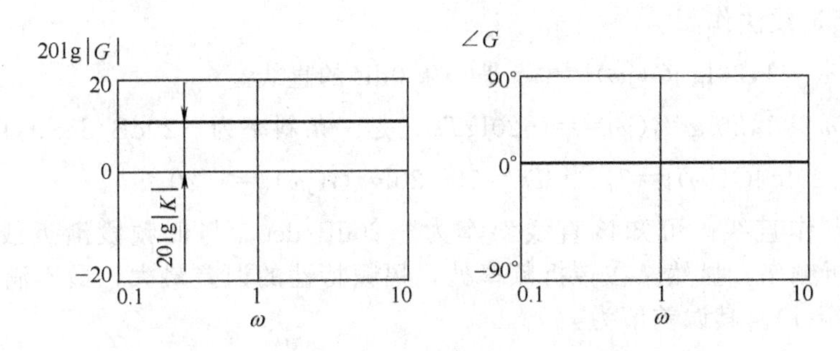

图 5-17　比例环节对数坐标图

$$20\lg(K\times10)=20\lg K+20,\quad 20\lg(K\times10^n)=20\lg K+20n$$

当以分贝表示时，数值与其倒数之间相差一个符号，例如，$20\lg K=-20\lg(1/K)$。

若放大环节串联，$K=K_1K_2\cdots$，$20\lg|K|=20(\lg K_1+\lg K_2+\cdots)$。因此，画图时，可先不考虑 K，图画好后，幅频图整体向上（$K>1$）或向下（$K<1$）移动 $20\lg|K|$ 即可，相频特性不变。

② 一阶惯性（滞后）环节　一个 RC 滤波器的传递函数和频率特性为

$$G(s)=\frac{1}{Ts+1},\quad G(\mathrm{j}\omega)=\frac{1}{\mathrm{j}T\omega+1} \tag{5-29}$$

$$|G(\mathrm{j}\omega)|=\frac{1}{\sqrt{1+T^2\omega^2}},\quad \angle G(\mathrm{j}\omega)=\arctan(-\omega T)=-\arctan(\omega T)=\phi$$

频率特性不仅是 ω 的函数，还与 T 有关。因此将 ωT 作为变量，以使不同 T 的环节能用相同的图形表示。

首先使用逐点计算法作图，如图 5-18 所示。

当 $T\omega\ll1$ 时，$|G(\mathrm{j}\omega)|\approx1$，$20\lg|G(\mathrm{j}\omega)|=0$，$\phi=0°$。

当 $T\omega=0.5$ 时，$|G(\mathrm{j}\omega)|\approx\frac{1}{\sqrt{1+0.5^2}}$，$20\lg|G(\mathrm{j}\omega)|=-1\mathrm{dB}$，$\phi=-26.6°$。

当 $T\omega=1$ 时，$|G(\mathrm{j}\omega)|\approx\frac{1}{\sqrt{2}}$，$20\lg|G(\mathrm{j}\omega)|=-3\mathrm{dB}$，$\phi=-45°$。

当 $T\omega=2$ 时，$|G(\mathrm{j}\omega)|\approx\frac{1}{\sqrt{5}}$，$20\lg|G(\mathrm{j}\omega)|=-7\mathrm{dB}$，$\phi=-63.4°$。

当 $T\omega\gg1$ 时，$|G(\mathrm{j}\omega)|\approx\frac{1}{T\omega}$，$20\lg|G(\mathrm{j}\omega)|=-20\lg T\omega=-20\mathrm{dB/dec}$，$\phi=-90°$。

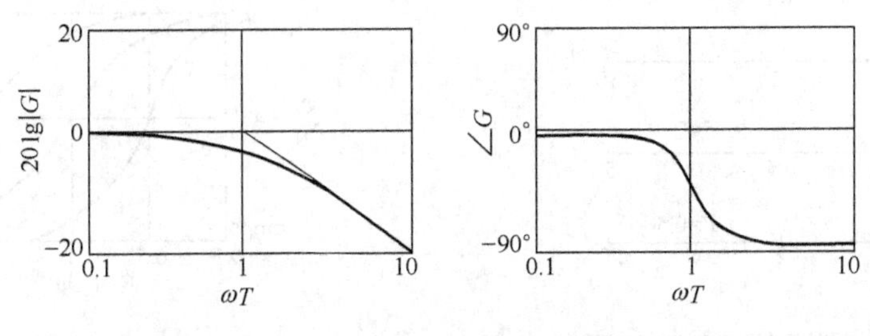

图 5-18　一阶惯性（滞后）环节对数坐标图

下面介绍渐近线法作图。

低频段：$T\omega \ll 1$，$20\lg|G(j\omega)|=0$，是一条 0dB 的直线。

高频段：$T\omega \gg 1$，$20\lg|G(j\omega)|=-20\lg T\omega$，是一条斜率为$-20$dB/dec 的直线。

当 $T\omega=1$，$20\lg|G(j\omega)|=0$。当 $T\omega=10$，$20\lg|G(j\omega)|=-20$。

通过这两点作直线，可知该直线斜率为-20dB/dec，与低频段渐近线交于 $T\omega=1$。$\omega=1/T$叫做转折频率。显然，在转折频率处，幅频特性的误差最大，最不满足渐近线条件（$T\omega \ll 1$ 和 $T\omega \gg 1$）。其误差值为：

在 $\omega T=1$ 处，幅频特性可计算出，$-20\lg\sqrt{1+1}=-10\lg\sqrt{2}\approx-3.03$dB。同样，可算出其他两点。

在 $\omega T=0.5$ 处，$20\lg|G|=-0.97$dB，在 $\omega T=2$ 处，$20\lg|G|=-0.97$dB。

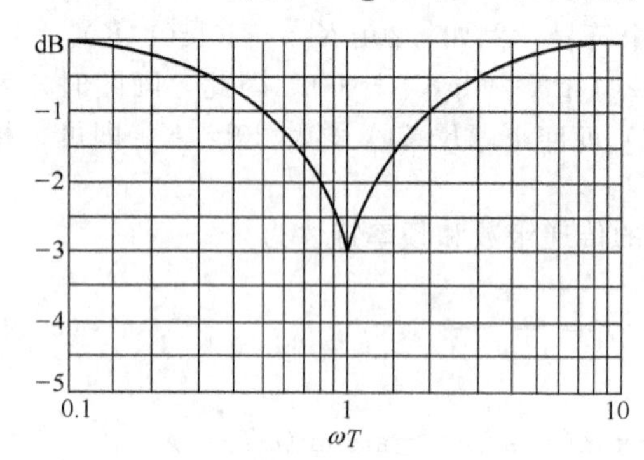

图 5-19　惯性环节的误差曲线

因此，在需要精确计算频率特性的场合，可用频率特性校正曲线加以校正，校正误差曲线如图 5-19 所示。一般校正以上三点，即转折频率前后的十倍频程就可以了。

相角特性已讨论过。相角对于转折频率点 $\phi=-45°$是斜对称的。

一阶惯性环节频率特性的相位角始终为负，这意味着系统输出的相位总是落后于输入，所以称为滞后环节，反之称为超前环节。如$G(s)=1+Ts$，$G(j\omega)=1+j\omega T$。

一阶滞后环节具有低通滤波特性，即在低频段时有 $|G(j\omega)|=1$，输出信号复现输入信号，相当于一个比例环节。在高频段，$|G(j\omega)|<1$，$\lg|G(j\omega)|<0$，且随着 ω 增加，$|G(j\omega)|$ 减小，即输入信号被衰减，频率越高，衰减得越严重。

最后讨论时间常数 T 的影响。一阶惯性环节以 ωT 为坐标画出频率特性图，当 T 不同时，只需改变转折频率和相应的频率范围，图形不变，如图 5-20 所示。图 5-21 是以 ω 为横坐标，把三个不同时间常数的系统的幅频特性画在一张图上的结果。

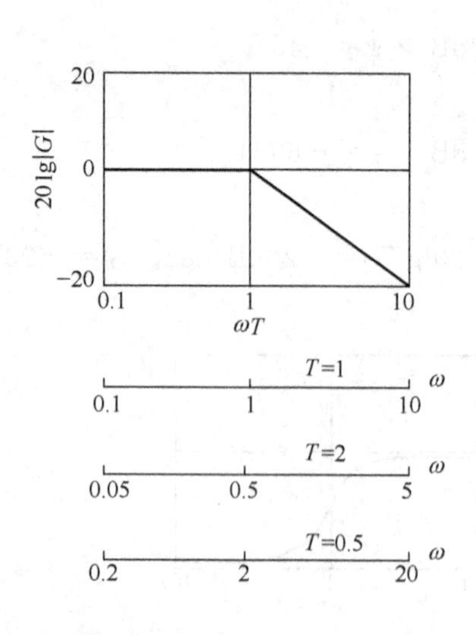

图 5-20　一阶系统标准 Bode 图

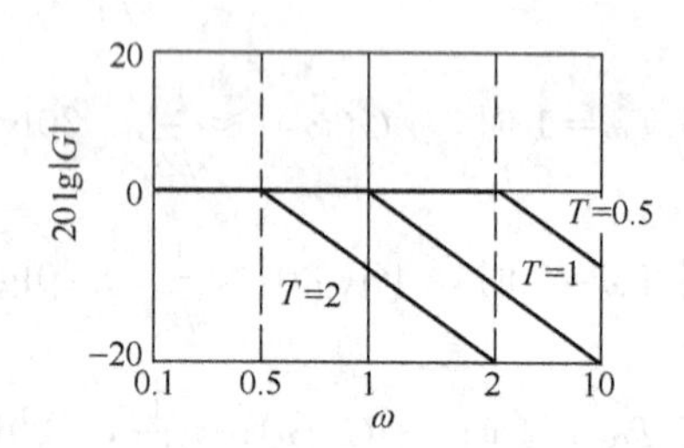

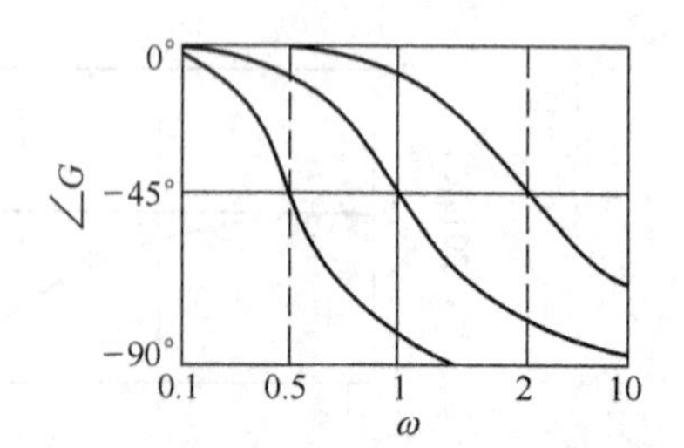

图 5-21　时间常数 T 的影响

由图 5-21 可见，T 增加时，转折频率减小，曲线左移，引起幅值衰减、相角滞后的频段加宽；T 减小时，转折频率增加，曲线右移，引起幅值衰减、相角滞后的频段减少；T 趋近于零时，接近于一个比例环节特性。

③ 纯积分环节　纯积分环节的传递函数和频率特性为

$$G(s)=\frac{1}{T_i s},\quad G(j\omega)=\frac{1}{jT_i\omega}=-j\frac{1}{T_i\omega} \tag{5-30}$$

$$|G(j\omega)|=\frac{1}{T_i\omega},\quad 20\lg|G(j\omega)|=-20\lg(T_i\omega),\quad \phi=-90^\circ$$

横坐标取 ωT_i，曲线如图 5-22 所示。

幅频特性是一条斜率为 -20dB/dec 的直线，且该直线通过 $T_i\omega=1$，$\omega=1/T_i$，$20\lg|G|=0$的点。相频特性 $\phi=-90^\circ$为一平行线。

若传递函数中有 2 个积分器串联，T_i 相同，可计算幅频特性

$$20\lg|1/(j\omega T_i)^2|=20\lg1/\omega^2T_i^2=-2\times20\lg\omega T_i=-40\lg\omega T_i$$

幅频特性曲线为斜率是-40dB/dec 的直线。

相频特性：$\phi=2\times-90^\circ=-180^\circ$。

若有几个积分环节可以以此类推。

④ 纯滞后环节　纯滞后环节的传递函数和频率特性为

$$G(s)=e^{-\tau s},\quad G(j\omega)=e^{-j\tau\omega},\quad |G(j\omega)|=1,\ 20\lg|G(j\omega)|=0$$

$$\phi=\angle G(j\omega)=-\tau\omega(\text{rad})=-57.3\omega\tau(^\circ) \tag{5-31}$$

横坐标取 $\tau\omega$，如图 5-23 所示。

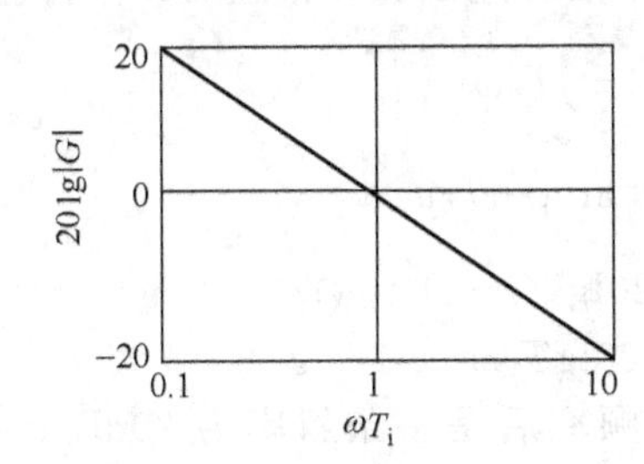

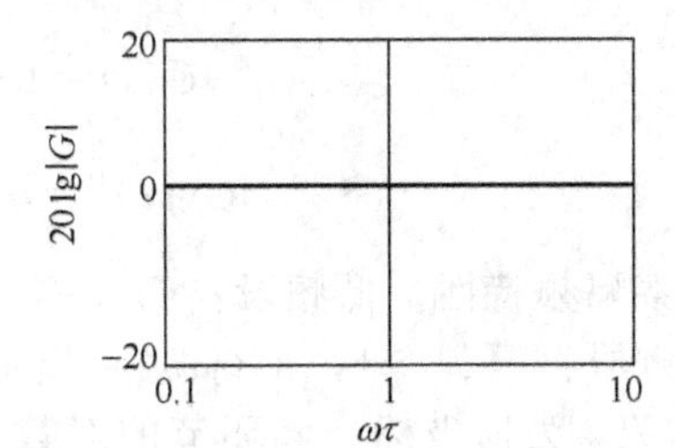

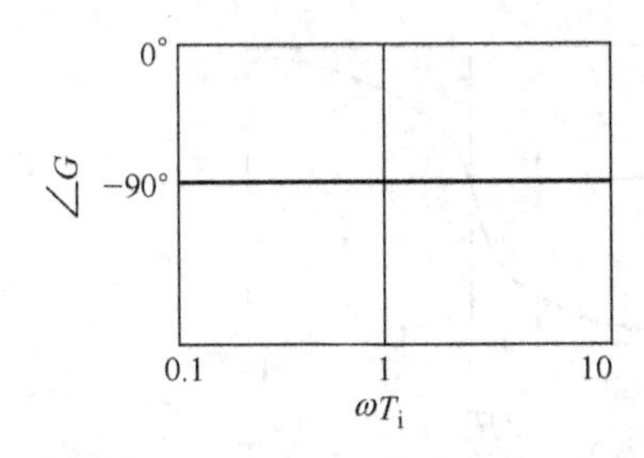

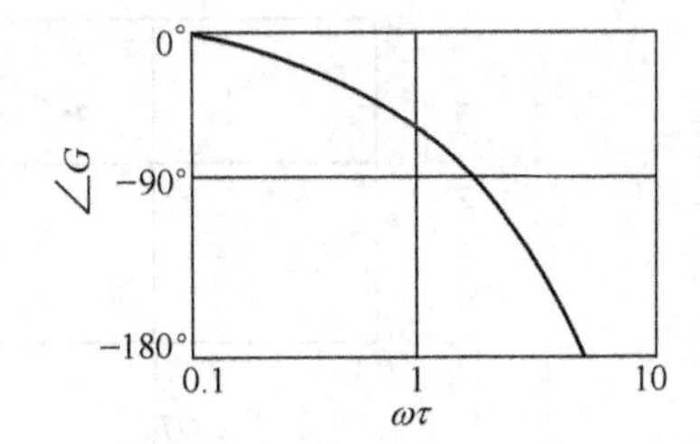

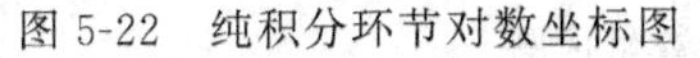

图 5-22　纯积分环节对数坐标图　　　图 5-23　纯滞后环节对数坐标

纯滞后环节不影响幅频特性，只影响相频特性（与比例环节恰相反）。相角滞后随 ω 增加而迅速线性增加（因横坐标是对数）。纯滞后引起的高频滞后是极为严重的。

⑤ 理想比例积分环节（$K_c=1$）　理想比例积分环节的传递函数和频率特性为

$$G(s)=1+\frac{1}{T_{\mathrm{i}}s},\quad G(\mathrm{j}\omega)=1+\frac{1}{\mathrm{j}T_{\mathrm{i}}\omega}=1-\mathrm{j}\frac{1}{T_{\mathrm{i}}\omega}$$

$$|G(\mathrm{j}\omega)|=\sqrt{1+\left(\frac{1}{T_{\mathrm{i}}\omega}\right)^2},\quad \phi=\arctan\left(-\frac{1}{T_{\mathrm{i}}\omega}\right) \tag{5-32}$$

首先考察幅频特性：在低频段，$T_{\mathrm{i}}\omega\ll 1$ 时，$|G(\mathrm{j}\omega)|\approx\frac{1}{T_{\mathrm{i}}\omega}$，$20\lg|G(\mathrm{j}\omega)|=-20\lg T_{\mathrm{i}}\omega$，相当于积分环节；在高频段，$T_{\mathrm{i}}\omega\gg 1$ 时，$|G(\mathrm{j}\omega)|=1$，$20\lg|G(\mathrm{j}\omega)|=0$，相当于比例环节。

观察相频特性。$\omega=0$ 时，$\phi=-90°$；$T_{\mathrm{i}}\omega=1$ 时，$\phi=-45°$；$\omega\to\infty$时，$\phi=-0°$。

横坐标取 ωT_{i}，频率特性曲线如图 5-24 所示。

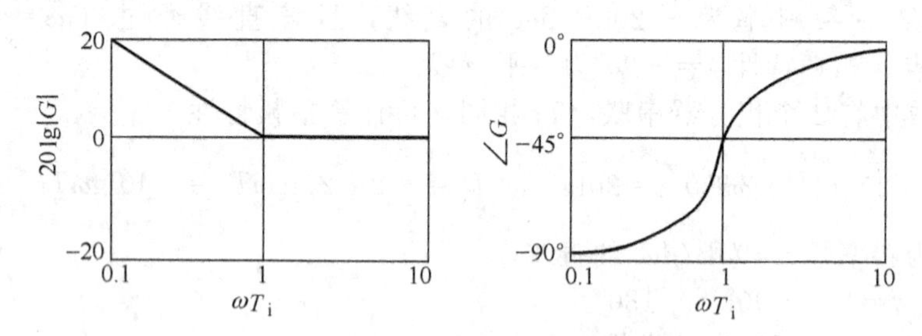

图 5-24　理想比例积分环节对数坐标图

分析可知，在低频段，积分起作用，使幅值增高，相位滞后；在高频段，环节具有比例的性质。当 K_{c} 变化时，曲线上下移动。T_{i} 变化将导致积分起作用的频段不同，若 T_{i} 增加，转折频率下降，曲线左移，意味着起积分作用的频段减小。反之，T_{i} 减小，起积分作用的频段增加，使积分作用增强。

⑥ 理想比例微分环节（$K_{\mathrm{c}}=1$）　理想比例微分环节的传递函数和相应的频率特性为

$$G(s)=1+T_{\mathrm{d}}s,\quad G(\mathrm{j}\omega)=1+\mathrm{j}T_{\mathrm{d}}\omega$$

$$|G(\mathrm{j}\omega)|=\sqrt{1+(T_{\mathrm{d}}\omega)^2},\quad \phi=\arctan T_{\mathrm{d}}\omega \tag{5-33}$$

观察幅频特性。低频段：$T_{\mathrm{d}}\omega\ll 1$，$|G(\mathrm{j}\omega)|=1$，$20\lg|G(\mathrm{j}\omega)|=0$；

高频段：$T_{\mathrm{d}}\omega\gg 1$，$|G(\mathrm{j}\omega)|=T_{\mathrm{d}}\omega$，$20\lg|G(\mathrm{j}\omega)|=20\lg T_{\mathrm{d}}\omega$。

以 ωT_{d} 为横坐标，该环节的对数幅频曲线在转折频率后是一条斜率为 20dB/dec 的直线，它与准确计算的幅频特性相比，最大误差发生在 $T_{\mathrm{d}}\omega=1$ 附近。如图 5-25 所示。

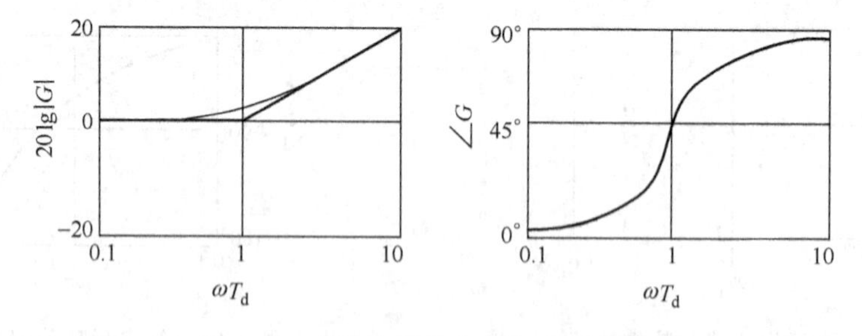

图 5-25　理想比例微分环节对数坐标图

观察相频特性。$T_{\mathrm{d}}\omega\to 0$ 时，$\phi=0°$；$T_{\mathrm{d}}\omega=1$ 时，$\phi=45°$；$T_{\mathrm{d}}\omega\to\infty$时，$\phi=90°$。

因此，理想比例微分环节也叫一阶超前环节，与一阶滞后环节幅频特性对称于 0dB 线。相频特性对称于 0°线。

通过分析可知，在低频段，微分不起作用；在高频段，微分起作用，使环节输出幅值提高，相角超前。当 T_d 改变时，微分起作用的频段变化。T_d 增加，转折频率减小，曲线左移，起作用的频段增加，微分作用增强。T_d 减小时，曲线右移，微分起作用的频段减小，使微分作用减弱。

⑦ 理想 PID 环节（设 $T_d < T_i$，$K_c = 1$）　理想 PID 环节的传递函数和相应的频率特性为

$$G(s)=1+\frac{1}{T_i s}+T_d s,\quad G(j\omega)=1-j\frac{1}{T_i\omega}+jT_d\omega=1+j\left(T_d\omega-\frac{1}{T_i\omega}\right)$$

$$|G(j\omega)|=\sqrt{1+\left(T_d\omega-\frac{1}{T_i\omega}\right)^2},\quad \phi=\arctan\left(T_d\omega-\frac{1}{T_i\omega}\right) \tag{5-34}$$

由于 $|G(j\omega)|$，ϕ 都是 ω、T_d、T_i 的函数，必须确定 T_d、T_i 后，才能画出幅频和相频特性曲线。以 ω 作横坐标。

当 $\omega \ll 1$ 时，　$|G(j\omega)|=\sqrt{1+\left(\frac{1}{T_i\omega}\right)^2}$，　$\phi=\arctan\left(-\frac{1}{T_i\omega}\right)$

相当于比例积分环节，转折频率在 $\omega=1/T_i$。得到渐近线：$20\lg|G(j\omega)|=-20\lg\omega T_i$，$\phi=-90°$。

当 $\omega \gg 1$ 时，　$|G(j\omega)|=\sqrt{1+(T_d\omega)^2}$，　$\phi=\arctan(T_d\omega)$

相当于比例微分环节，转折频率在 $\omega=1/T_d$。得到渐近线：$20\lg|G(j\omega)|=20\lg\omega T_d$，$\phi=90°$。

对于理想的 PID 调节器来说，低频段，近似于比例积分特性，相角滞后；高频段，近似于比例微分特性，相角超前。Bode 图如图 5-26 所示。

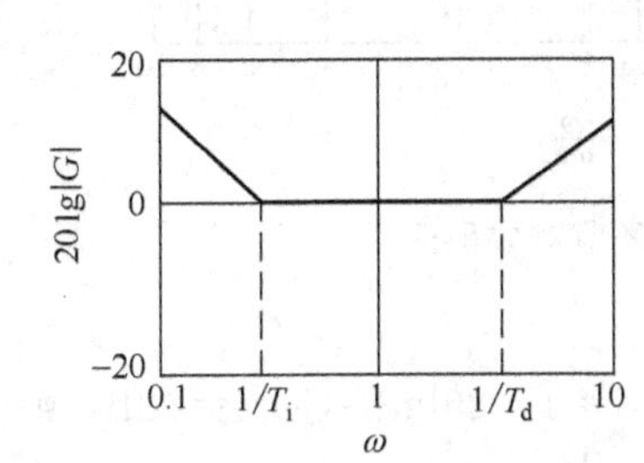

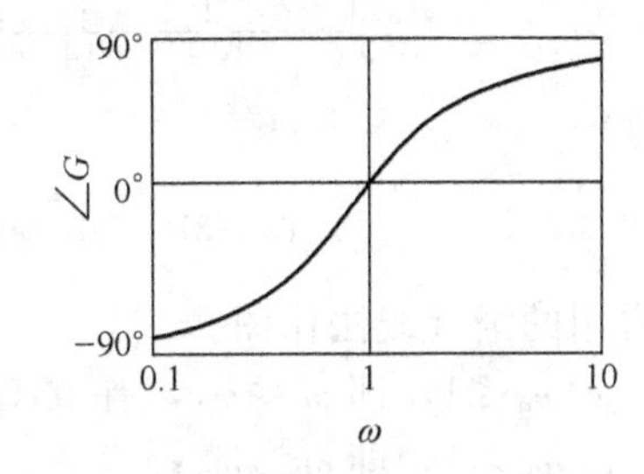

图 5-26　理想 PID 环节对数坐标图

⑧ 二阶惯性（滞后）环节　二阶惯性环节的传递函数和相应的频率特性为

$$G(s)=\frac{\omega_n^2}{s^2+2\zeta\omega_n s+\omega_n^2}=\frac{1}{\left(\frac{s}{\omega_n}\right)^2+\left(\frac{2\zeta}{\omega_n}\right)s+1} \tag{5-35}$$

$$G(j\omega)=\frac{1}{\left(\frac{j\omega}{\omega_n}\right)^2+\left(\frac{2\zeta}{\omega_n}\right)j\omega+1}=\frac{1}{1-\left(\frac{\omega}{\omega_n}\right)^2+j2\zeta\frac{\omega}{\omega_n}} \tag{5-36}$$

$$|G(j\omega)|=\frac{1}{\sqrt{\left[1-\left(\frac{\omega}{\omega_n}\right)^2\right]^2+\left(2\zeta\frac{\omega}{\omega_n}\right)^2}},\quad \phi=\angle G(j\omega)=\arctan\left[-\frac{2\zeta\frac{\omega}{\omega_n}}{1-\left(\frac{\omega}{\omega_n}\right)^2}\right] \tag{5-37}$$

幅频特性和相频特性均为ω,ω_n,ζ的函数。因此，使用ω/ω_n作坐标，也不能用一条标准曲线描述二阶环节特性。二阶环节的标准对数坐标图是不同ζ值下的一族曲线。

可以使用逐点计算法作图。以ω/ω_n为横坐标，ζ为参变量。固定不同的ζ值，分别计算幅频特性$|G(j\omega)|$与相频特性$\angle G(j\omega)$随横坐标变量变化的数值，描点画图，如图5-27所示。

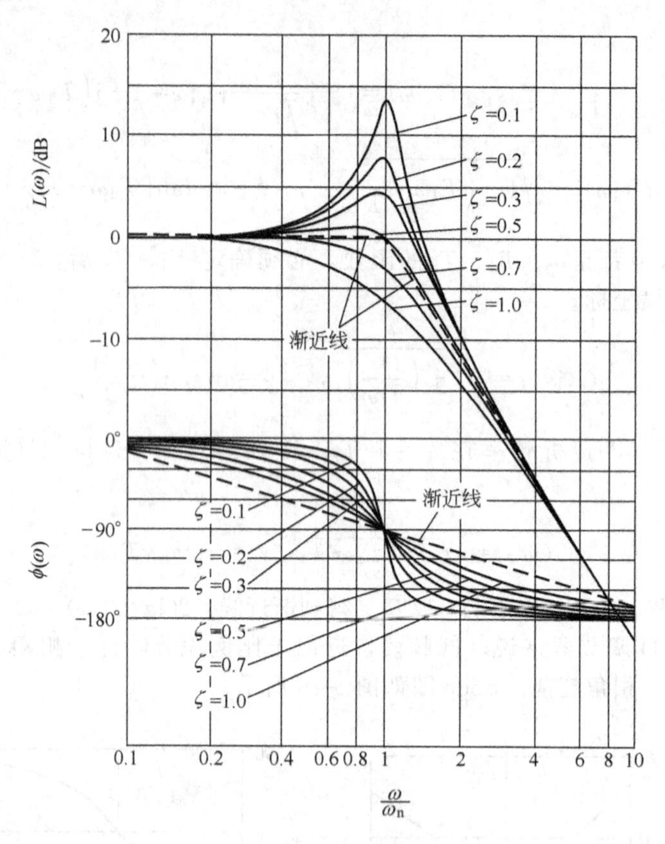

图5-27　二阶惯性环节对数坐标图

下面介绍常用的渐近线法作图。

在低频段：$\omega/\omega_n \ll 1$，即$\omega \ll \omega_n$，有$|G(j\omega)|=1$，$20\lg|G(j\omega)|=0\text{dB}$，$\phi=0°$；

在高频段：$\omega/\omega_n \gg 1$，即$\omega \gg \omega_n$；

此时，$|G(j\omega)|=\dfrac{1}{(\omega/\omega_n)^2}$，$20\lg|G(j\omega)|=-40\lg\left(\dfrac{\omega}{\omega_n}\right)$，$\phi=-180°$。

可以看出，ω/ω_n每变化10频程，幅频特性下降-40dB，幅频特性曲线是一条斜率为-40dB/dec的直线。当$\omega/\omega_n=1$，即$\omega=\omega_n$时，$20\lg|G(j\omega)|\approx-40\lg(\omega/\omega_n)=-40\lg1=0$dB，两条渐近线交于$\omega/\omega_n=1$点，$\omega_n$称为转折频率。近似线与实际线在$\omega=\omega_n$处误差最大，但与$\zeta$值有关，可用校正曲线校正，如图5-28所示。

下面讨论K和ω_n的影响，对数坐标图以ω为横坐标来讨论。

K值使图形上下移动，ϕ无变化；ω_n值使图形左右移动。

$\omega_n=1$时，转折频率在$\omega=1$处；$\omega_n<1$时，曲线左移；$\omega_n>1$时，曲线右移。

二阶惯性系统在实际应用中非常普遍，有必要对该系统特性进行总结。

a. 此系统低频特性与一阶滞后环节相似，复现低频信号的能力很强，类似低通滤波器。

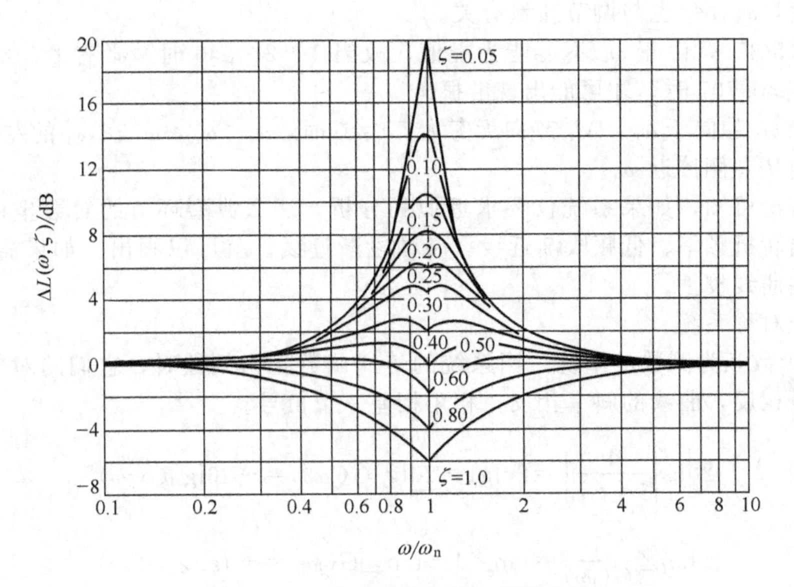

图 5-28　二阶惯性环节校正误差曲线

b. 高频特性曲线以 -40dB/dec 的斜率下降，对高频信号的滤波能力比一阶环节的更强。在高频段会引起较大的相位滞后，最大相位差为 $-180°$。

c. 在 ζ 比较小的情况下，在 $\frac{\omega}{\omega_n}=1$ 附近（转折频率左面），幅频特性曲线会出现峰值，ζ 越小，峰值越高。当 $\zeta=0$（等幅振荡）时，峰值趋向无穷大。这是因为在 $\frac{\omega}{\omega_n}=1$ 附近，外加信号频率（系统输入信号频率）与系统自然频率相同，系统会出现谐振，幅值比出现峰值。可按照求极大值的方法求出谐振频率 ω_r 和谐振幅值 M_m。

令 $\frac{\omega_r}{\omega_n}=x$，则式（5-37）中的幅频特性

$$|G(j\omega)|=\frac{1}{\sqrt{(1-x^2)^2+(2\zeta x)^2}} \tag{5-38}$$

当分母取极小值时，$|G(j\omega)|$ 有极大值。令：$y(x)=(1-x^2)^2+(2\zeta x)^2=x^4-2x^2+1+4\zeta^2x^2$，求极值

$$\frac{dy(x)}{dx}=4x^3-4x+8\zeta^2x=0$$

从上式求出：$x=\sqrt{1-2\zeta^2}$，进而求出谐振频率

$$\omega_r=\omega_n\sqrt{1-2\zeta^2} \tag{5-39}$$

代入 $|G(j\omega)|$ 中，可计算谐振峰值 M_r

$$M_r=\left|G\left(\frac{\omega_r}{\omega_n}\right)\right|=\frac{1}{\sqrt{[1-(1-2\zeta^2)]^2+4\zeta^2(1-2\zeta^2)}}=\frac{1}{2\zeta\sqrt{1-\zeta^2}} \tag{5-40}$$

由此可知，谐振峰值 M_r 仅与 ζ 有关；而谐振频率 ω_r 与 ω_n，ζ 有关。

从前面时域分析方法一章中可知，二阶惯性系统参数 ζ，ω_n 与调节过程的质量指标有对

应关系。因此，ω_r，M_r 也与调节质量有关。

观察式（5-39），由于 ω_r 不可能为虚值，故当 $1-2\zeta^2\geqslant 0$ 时，必有 $\zeta\leqslant 0.707$，也就是说，只有当 $\zeta\geqslant 0.707$ 时，才可能出现谐振。

$\zeta\to 0$ 时，ω_r 趋向于 ω_n，M_r 趋向无穷大。$\zeta\neq 0$ 时，$\omega_r<\omega_n$，ω_r 在 ω_n 的左侧。随着 ζ 值的减小，逐渐从左侧接近 ω_n。

从上面讨论可知，如果系统仅要求近似的分析，那么典型环节的对数坐标图很容易得到，只要找出转折频率、低频段渐近线、高频段渐近线，就可以画出。如果需要精确曲线，可以使用误差曲线校正。

（4）几个对称系统

① 传递函数互为倒数的系统　当系统的传递函数互为倒数时，它们的对数幅频特性数值相等，符号相反，曲线的斜率相反，相角相差一个负号。

$$20\lg\left|\frac{1}{G(j\omega)}\right|=20\lg 1-20\lg|G(j\omega)|=-20\lg|G(j\omega)|$$

$$\tan\angle\frac{1}{G(j\omega)}=\tan\angle 1-\tan\angle G(j\omega)=-\tan\angle G(j\omega)$$

例如，以上介绍的一阶滞后环节$1/(Ts+1)$ 与一阶超前环节 $Ts+1$，积分环节 $1/Ts$ 与微分环节 Ts 的对数频率特性曲线是以 0dB（幅频特性）和 0°（相频特性）互为对称的，如图 5-29 所示。

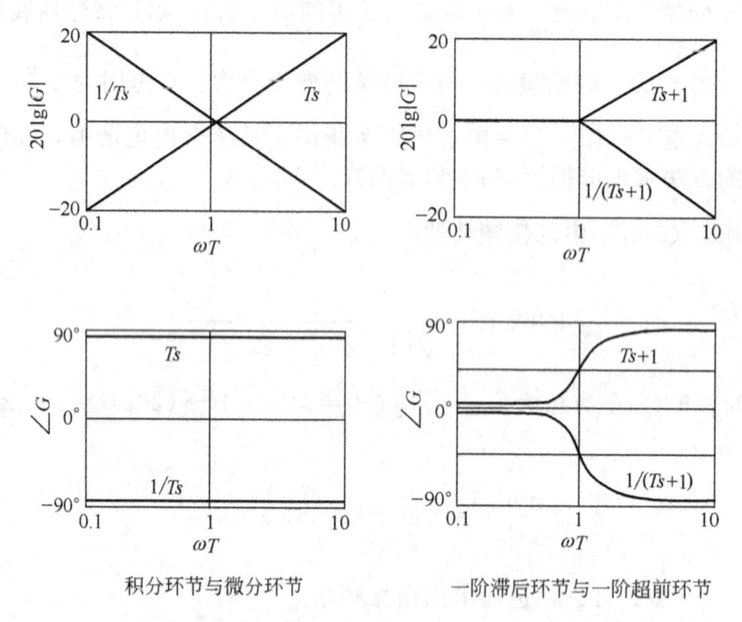

图 5-29　传递函数互为倒数的系统频率特性曲线对称图

② 比较$\frac{1}{Ts+1}$与$\frac{1}{Ts-1}$的频率特性。

$$G(s)=\frac{1}{Ts-1},\quad G(j\omega)=\frac{1}{j\omega T-1}=\frac{1}{\sqrt{1+\omega^2T^2}}e^{j\phi},\quad \phi=\arctan\omega T$$

对数坐标图如图 5-30 所示，其幅频特性与典型一阶惯性环节相同。

现分析相频特性，可以根据实部与虚部的数值辅助分析。

$$\omega \ll 1, \phi=-180°, \omega=1/T, \phi=-135°, \omega \gg 1, \phi=-90°$$

两者幅频特性相同，但后者相角滞后范围大。前者是最小相位系统，后者称为非最小相位系统。对于最小相位系统，零极点均在复平面的左半平面，对于一、二、三阶最小相位系统而言，频率特性的最大相移为－90°，－180°和－270°；而若是非最小相位系统，其某一零点或极点在复平面的右半平面（不稳定的零极点），相位移则要超过以上数值。

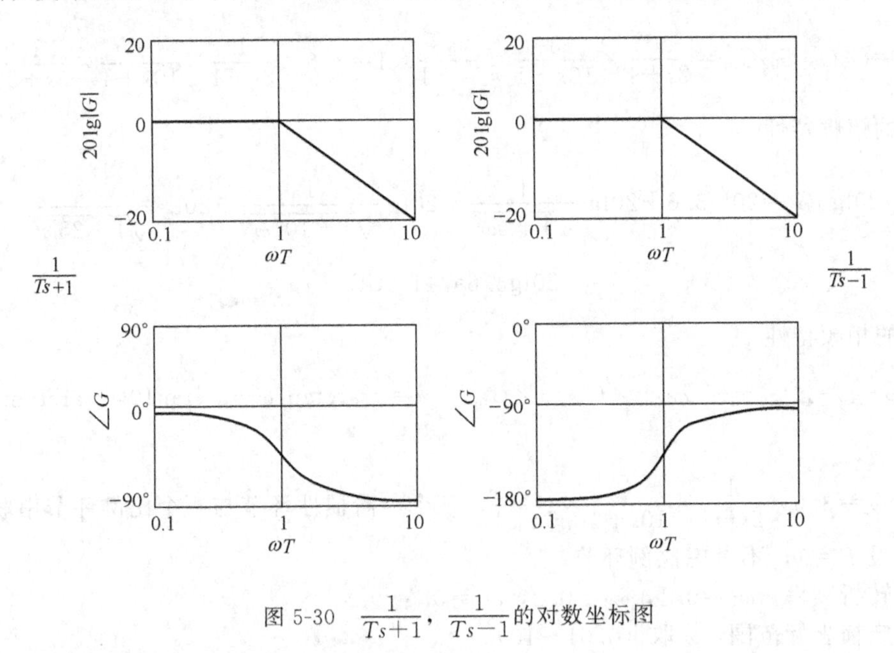

图 5-30　$\frac{1}{Ts+1}$，$\frac{1}{Ts-1}$的对数坐标图

（5）绘制一般系统的对数坐标图的步骤

① 把系统频率特性改写成典型环节频率特性的乘积。

② 先不考虑 K 值。

③ 找出各典型环节频率特性的转折频率。

④ 确定横坐标的分度范围，根据转折频率确定。如有 3 个转折频率，$\omega_{小}$，$\omega_{中}$，$\omega_{大}$，ω 取值为：$0.1\omega_{小} \sim 10\omega_{大}$。一般取 10 倍频程的整倍数。

⑤ 确定纵坐标的分度范围，根据典型环节的幅频、相频特性（低频、高频）确定。

⑥ 绘制各典型环节幅频特性的渐近线，若需要，在转折频率附近几倍频程内修正误差。

⑦ 将所有典型环节的幅频特性曲线相加，得到总系统的对数幅频坐标图。

⑧ 考虑 K 值，在幅频特性曲线上平移 $20\lg|K|=20\lg|K_1|+20\lg|K_2|+\cdots$。

⑨ 分别绘制各典型环节的对数相频特性图。

⑩ 相频特性叠加 $\phi=\phi_1+\phi_2+\cdots$，得到总系统的相频特性图。

【例 5-1】 一个压力控制系统，方块图如图 5-31 所示，求广义被控对象对数坐标图。

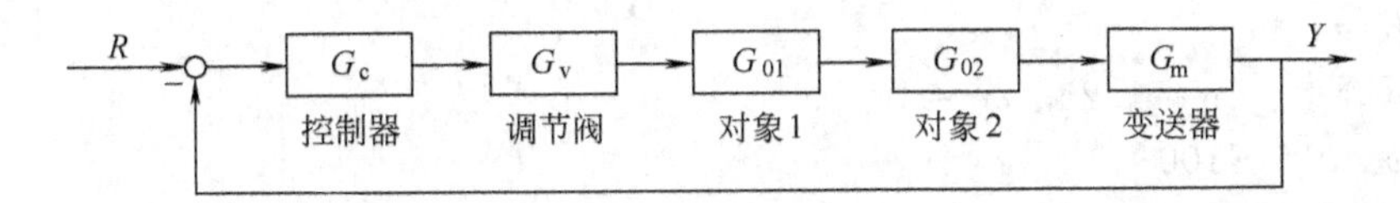

图 5-31　压力控制系统方块图

其中

$$G_v=\frac{K_v}{T_v s+1}=\frac{1.5}{2s+1},\quad G_{01}=\frac{K_{01}}{T_{01}s+1}=\frac{3}{10s+1}$$

$$G_{02}=\frac{K_{02}}{T_{02}s+1}=\frac{0.8}{5s+1},\quad G_m=K_m=1$$

解　求广义被控对象传递函数。

$$G_{广义}=G_vG_{01}G_{02}G_m=\frac{1.5}{2s+1}\times\frac{3}{10s+1}\times\frac{0.8}{5s+1}\times 1=3.6\times\frac{1}{2s+1}\times\frac{1}{10s+1}\times\frac{1}{5s+1}\tag{5-41}$$

广义对象的幅频特性

$$20\lg|G|=20\lg 3.6+20\lg\frac{1}{\sqrt{1+4\omega^2}}+20\lg\frac{1}{\sqrt{1+100\omega^2}}+20\lg\frac{1}{\sqrt{1+25\omega^2}}$$

$$20\lg 3.6=11.1\text{dB}$$

广义对象的相频特性

$$\angle G_{广义}=\angle G_v+\angle G_{01}+\angle G_{02}+\angle G_m,\quad \phi=-\arctan 2\omega-\arctan 10\omega-\arctan 5\omega$$

按步骤

① $G_{广义}=3.6\times\frac{1}{2s+1}\times\frac{1}{10s+1}\times\frac{1}{5s+1}$，三个一阶惯性环节与一个比例环节串联。

② 先设 $K=1$，不考虑比例环节。

③ 求转折频率。$\omega_1=0.1$，$\omega_2=0.2$，$\omega_3=0.5$。

④ 确定横坐标范围，ω 取（0.01～10）。

⑤ 确定纵坐标范围。根据典型环节的对数坐标图。

幅频：上限　　$|G|\leqslant 3.6$，$20\lg|G|\leqslant 11.1$，取20dB；

　　　下限　　3 倍的十倍频程，下降－60dB，确定（20～－60dB）；

相频：上限　　0°；下限　　3 个－90°，确定（0°～－270°）；

⑥ 绘制各典型环节的对数幅频图。

⑦ 幅频特性相加。

⑧ 考虑 K 值。注意 K 相加情况。

⑨ 绘制相频特性。

⑩ 相频特性相加，完成。

Bode 图如图 5-32 所示。

【例 5-2】　绘制传递函数为 $G(s)=\frac{5(0.8s+1)}{0.1s+1}$ 的 Bode 图。

解　按照步骤

① 分解为 3 个典型环节串联，比例环节 $K=5$，一阶超前环节 $0.8s+1$，一阶滞后环节 $1/(0.1s+1)$。

② 设 $K=1$。

③ 转折频率：$\omega_1=1.25$　$\omega_2=10$。

④ 取 ω：0.1～100；

⑤ 画以上环节的 Bode 图；

⑥ 考虑 K，平移。

⑦ 典型环节的相频特性图。

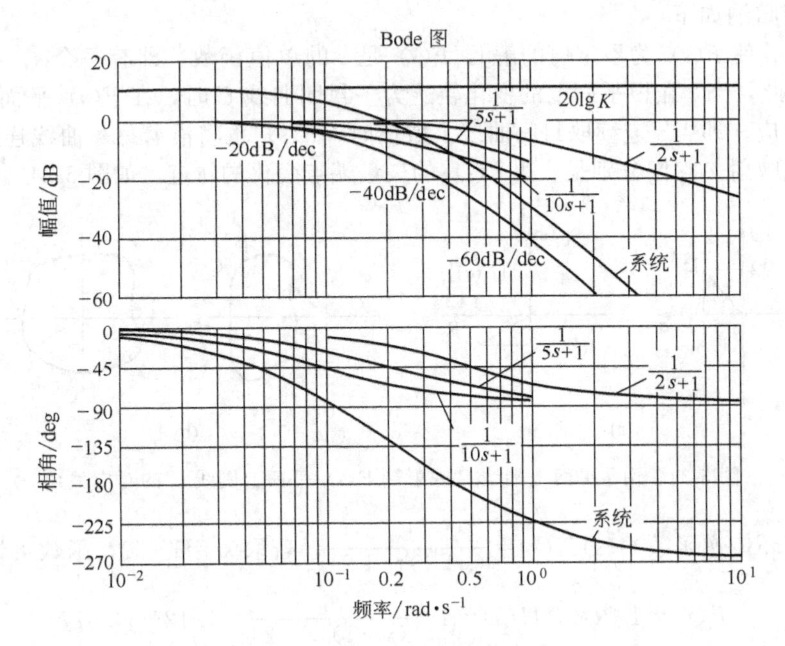

图 5-32　压力控制系统 Bode 图

⑧ 叠加，完成。

对数坐标图如图 5-33 所示。

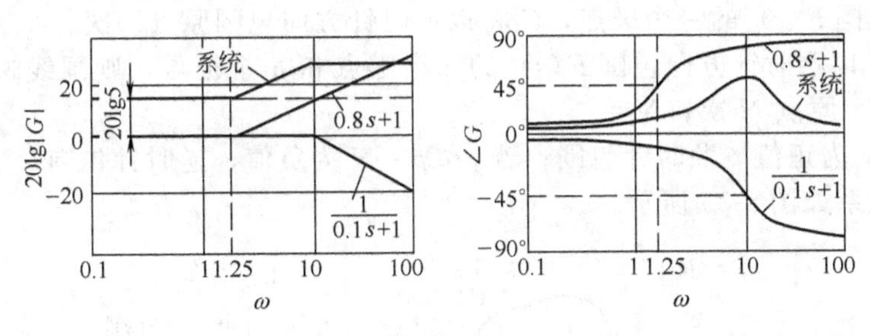

图 5-33　例 5-2 系统 Bode 图

请读者考虑，如果给定上述图，如何反推系统的传递函数，K 如何确定。

5.2　奈奎斯特（Nyquist）稳定判据

系统稳定与否是系统正常工作的首要条件，一个闭环控制系统稳定的充分必要条件是闭环特征根全部落在根平面的左半平面，即全部具有负实部。本节要将这个条件转化到频率域，与根轨迹分析方法类似，不求取闭环特征根，利用开环频率特性来判别闭环系统的稳定性，这对于判断复杂、高阶系统的稳定性十分有利。这种方法不仅能了解系统的绝对稳定性，而且能知道相对稳定性。

奈奎斯特稳定判据是建立在系统极坐标图上的，数学依据是复变函数中的柯西定理。

5.2.1　柯西定理

这里将不加证明，直接引用一些结论。

应用柯西定理（围线映射）的目的是把系统闭环极点均在左半平面这个充要稳定条件，在频域内，用系统开环频率特性表示出来。

系统闭环传递函数$\frac{Y(s)}{R(s)}=\frac{G(s)}{1+G(s)H(s)}$，其中：$F(s)=1+G(s)H(s)=0$是闭环特征方程。

柯西定理归纳如下。

除奇点外［使 $F(s)$ 为不定值的解］，$F(s)$ 是 s 的单值函数，即有一个 s，必有一个 $F(s)$ 与之对应。因此，当 s 在根平面上的变化轨迹为一封闭曲线 C 时，在 $F(s)$ 平面上也有一封闭曲线 C' 与之对应。即当 s 连续取封闭曲线上数值时，$F(s)$ 也将沿着另一曲线连续变化，把 C' 称作 C' 的围线映射。它们分别是 s 和 $F(s)$ 的矢量端点变化的轨迹，如图 5-34（b）所示。

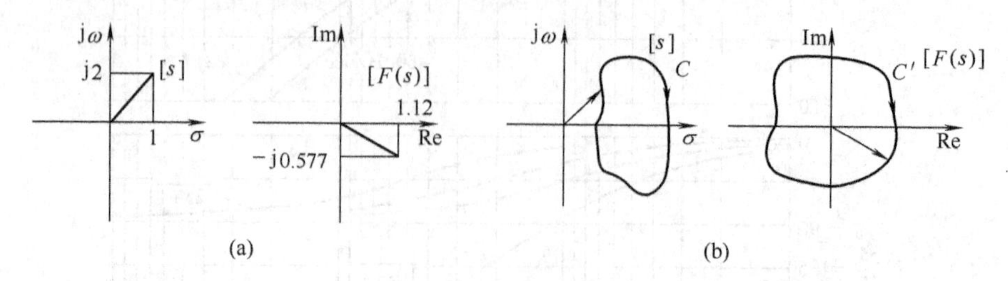

图 5-34 由 s 平面上围线 C 映射到 $F(s)$ 平面上围线 C' 的对应关系

例如有开环传递函数 $G(s)H(s)=\dfrac{6}{(s+1)(s+2)}$，若取 $s_1=1+\mathrm{j}2$，函数可计算出

$$F(s)=1+G(s)H(s)=1+\frac{6}{(s+1)(s+2)}=1.12-\mathrm{j}0.577$$

两点的映射关系如图 5-34（a）所示。

当 s 平面上的围线 C 不包围 $F(s)$ 的零点和极点时，围线 C' 必不包围 $F(s)$ 平面的坐标原点。

如果 C 以顺时针方向包围 $F(s)$ 的一个零点，C' 将以顺时针方向包围原点一次。如果 C 以顺时针方向包围 $F(s)$ 的一个极点，C' 将以逆时针方向包围原点一次。

如果围线 C 以顺时针方向包围 $F(s)$ 的 z 个零点和 p 个极点，则围线映射 C' 将以顺时针方向包围 $F(s)$ 原点 N 次，$N=z-p$。

若 $z>p$，N 为正值，顺时针包围；若 $z<p$，N 为负值，逆时针包围。

围线映射关系如图 5-35 所示。

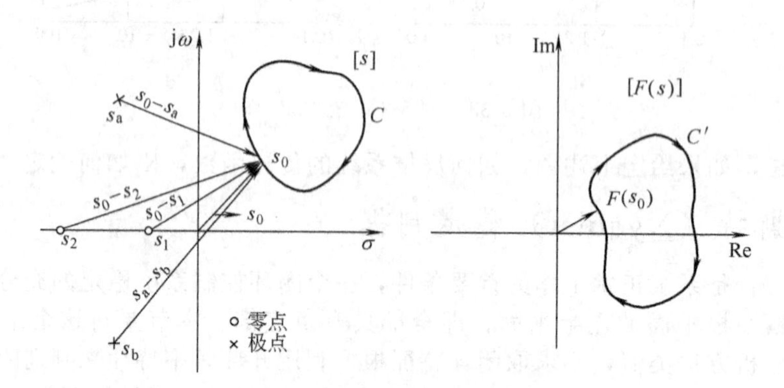

图 5-35 围线映射关系图

围线映射定理是奈奎斯特稳定判据的核心。物理含义是：s 平面的任一封闭曲线包围 $F(s)$ 的零极点的情况，与它映射在 $F(s)$ 平面的映射包围原点的状况有关。

5.2.2 奈奎斯特稳定判据

闭环系统稳定的必要和充分条件是函数 $F(s)=1+G(s)H(s)=0$ 的所有零点都有负实部，或 $F(s)$ 的所有零点都不在根平面的右半平面内。奈奎斯特通过围线映射原理把根平面上的这一稳定条件转换到频率特性平面，形成了在频率域内判定系统稳定性的准则。

（1）$F(s)$ 的零点和极点

考察系统的闭环特征方程

$$F(s)=1+G(s)H(s)=\frac{K\prod_{i=1}^{z}(s+a_i)}{\prod_{i=1}^{p}(s+b_i)}=0$$

系统有 z 个零点，p 个极点。设 $G(s)H(s)=\frac{N_0}{D_0}$，则有

$$F(s)=1+G(s)H(s)=\frac{D_0+N_0}{D_0}$$

由此可知，$F(s)$ 的极点是开环传递函数的极点，$F(s)$ 的零点是闭环极点。研究 $F(s)$ 的零极点十分必要，它们决定开环和闭环系统的稳定性。

（2）奈奎斯特轨迹

取根平面上的封闭围线包围全部右半 s 平面，此封闭围线由整个虚轴（从 $s=-\mathrm{j}\infty$ 到 $s=\mathrm{j}\infty$）和右半平面上半径为无穷大的半圆轨迹构成，这一封闭围线称作奈奎斯特轨迹，如图 5-36 所示。

因此，考察闭环系统的稳定性问题就可变为考察在奈奎斯特轨迹内是否包围 $F(s)$ 的零点——闭环极点的问题。根据上述的映射定理，在 s 平面的奈奎斯特轨迹包围 $F(s)$ 的零极点问题可以等效为其映射在 $F(s)$ 平面上包围原点的问题。而其映射，以后将证明它恰好是系统的开环频率特性。这样，只要求出奈奎斯特轨迹的映射，考察其包围原点的情况，就可以知道在 s 右半平面是否有 $F(s)$ 的零点，即系统的不稳定的闭环极点，以此判断系统的闭环稳定性，这就是奈奎斯特稳定判据的基本原理。

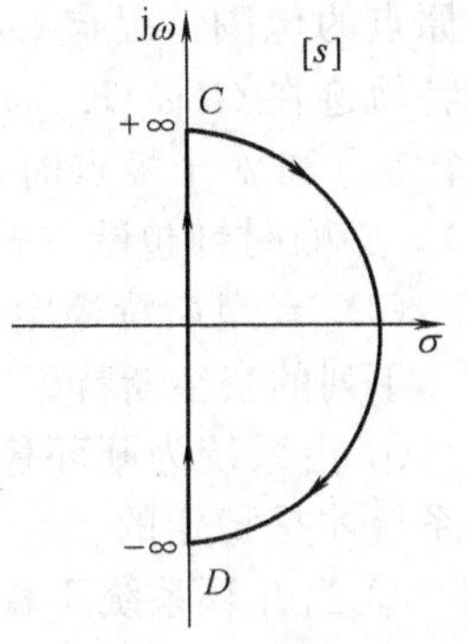

图 5-36　奈奎斯特轨迹

现在来看，为什么 s 平面上的奈奎斯特轨迹在 $F(s)$ 平面上的映射就是系统的频率特性呢？

奈奎斯特轨迹上动点 s 的变化是连续的，下面分别讨论奈奎斯特轨迹的两个组成部分，沿无穷大半径的半圆路径和沿虚轴路径所对应的映射围线图形。

① 沿无穷大半径的半圆路径　在实际控制系统中，开环传递函数 $G(s)H(s)$ 的一般形式为

$$G(s)H(s)=\frac{b_m s^m+b_{m-1}s^{m-1}\cdots+b_1 s+b_0}{a_n s^n+a_{n-1}s^{n-1}+\cdots+a_1 s+a_0},\quad n\geqslant m \tag{5-42}$$

当 s 趋向无穷大时，有

$$\lim_{s\to\infty}G(s)H(s)=\begin{cases}0, & n>m\\ \frac{b_m}{a_n}, & n=m\end{cases}$$

$$\lim_{s\to\infty}F(s)=1+\lim_{s\to\infty}G(s)H(s)=\begin{cases}1, & n>m\\ 1+\frac{b_m}{a_n}, & n=m\end{cases} \tag{5-43}$$

可见，当 s 趋向无穷大时，$F(s)$ 是一个常量，奈奎斯特轨迹的这一部分映射到 $F(s)$ 平面上是一个点，该点在 $F(s)$ 平面上的坐标，可按上面的极限式确定。

② 沿 $\mathrm{j}\omega$ 轴路径　当动点 s 取虚轴上的数值时，即取 $s=\mathrm{j}\omega\ (-\infty<\omega<+\infty)$，映射围线 $F(\mathrm{j}\omega)$ 恰好是频率特性形式。就是说，在根平面上的奈奎斯特轨迹虚轴部分映射到 $F(s)$ 平面上的围线恰巧是频率特性函数 $F(\mathrm{j}\omega)$。图 5-37 是奈奎斯特轨迹在 $F(s)$ 平面上的映射图。

由于 $F(s)$ 是闭环传递函数的分母部分，它与系统开环传递函数 $G(s)H(s)$ 之间仅相差一个单位向量，即 $F(s)=1+G(s)H(s)$。因此，只要将 $F(\mathrm{j}\omega)$ 曲线向负实轴方向平行移动

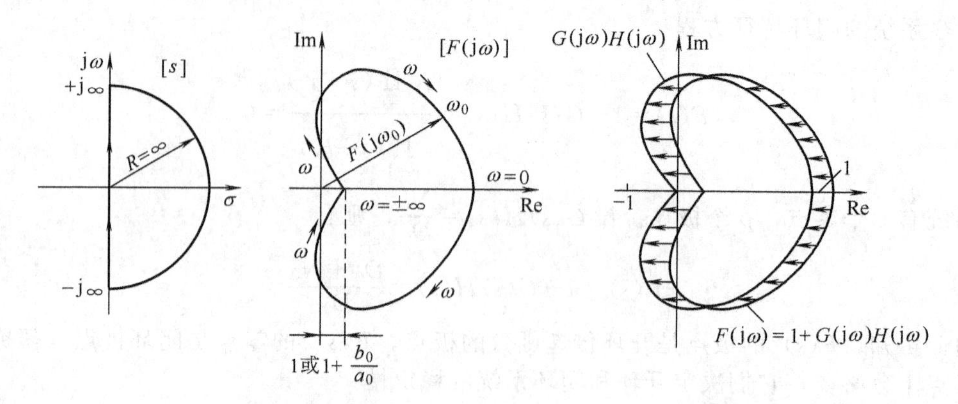

图 5-37　奈奎斯特轨迹映射图及 $F(\mathrm{j}\omega)$ 与 $G(\mathrm{j}\omega)H(\mathrm{j}\omega)$ 间的关系

1 个单位，即是 $G(\mathrm{j}\omega)H(\mathrm{j}\omega)$ 曲线，如图 5-37 所示。比较两个曲线不难看出，$F(\mathrm{j}\omega)$ 曲线对原点的包围情况与 $G(\mathrm{j}\omega)H(\mathrm{j}\omega)$ 曲线对于（-1,j0）点的包围情况完全相当，因此，奈奎斯特轨迹在 $G(\mathrm{j}\omega)H(\mathrm{j}\omega)$ 平面上的映射关系可叙述为：当奈奎斯特轨迹顺时针包围 $F(s)$ 的 z 个零点和 p 个极点时，在 $G(\mathrm{j}\omega)H(\mathrm{j}\omega)$ 平面内的映射围线 $G(\mathrm{j}\omega)H(\mathrm{j}\omega)$（开环频率特性曲线），必顺时针包围（$-1$,j0）点 N 次，且 $N=z-p$。

（3）奈奎斯特稳定判据

下列的奈奎斯特稳定判据是利用开环频率特性 $G(\mathrm{j}\omega)H(\mathrm{j}\omega)$ 判别闭环系统稳定性的方法。

① 当系统为开环稳定时，只有当开环频率特性 $G(\mathrm{j}\omega)H(\mathrm{j}\omega)$ 不包围（-1,j0）点，闭环系统才是稳定的。

② 当开环系统不稳定时，若有 p 个开环极点在根的右半平面时，只有当 $G(\mathrm{j}\omega)H(\mathrm{j}\omega)$ 在 ω 由 $-\infty\rightarrow+\infty$ 变化时，逆时针包围（-1,j0）点 p 次，闭环系统才是稳定的。

奈奎斯特稳定判据可以进一步解释如下。

① 开环稳定，即 s 右半平面没有 $F(s)$ 的极点。

若 $G(\mathrm{j}\omega)H(\mathrm{j}\omega)$ 不包围（-1, j0）点，则奈奎斯特轨迹不包围 $F(s)$ 的零点，这意味着系统没有闭环极点在 s 右半平面，从而闭环稳定。

② 开环不稳定，设 s 右半平面有 p 个 $F(s)$ 的极点，即 p 个开环极点。

若 $G(\mathrm{j}\omega)H(\mathrm{j}\omega)$ 逆时针包围（-1,j0）点 p 次，即 $N=-p$，则奈奎斯特轨迹顺时针包围 p 个 $F(s)$ 的极点和 z 个 $F(s)$ 的零点，其中 $z=-N-p=0$，即奈奎斯特轨迹不包围 $F(s)$ 的任何零点，因此系统没有闭环极点在 s 右半平面，闭环系统稳定。

图 5-38 具体给出了几种 $G(\mathrm{j}\omega)H(\mathrm{j}\omega)$ 包围与不包围（-1,j0）点的例子。

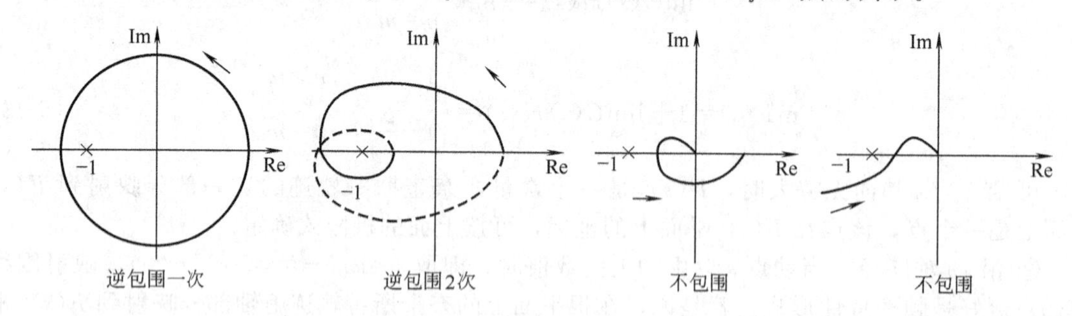

图 5-38　稳定性分析示意

（4）奈奎斯特稳定判据应用

【例 5-3】 开环为一阶系统，试利用奈奎斯特稳定判据判别下面两个系统的闭环稳定性。

$$GH_1=\frac{K}{Ts+1},\ GH_2=\frac{K}{Ts-1}$$

解　① 求出开环系统的极点。

对系统 1，有开环极点 $s=-\frac{1}{T}$，开环稳定，即 $p=0$；对系统 2，开环极点 $s=\frac{1}{T}$，开环不稳定，$p=1$。

② 画开环系统的的极坐标图，并判定系统闭环稳定性，如图 5-39 所示。

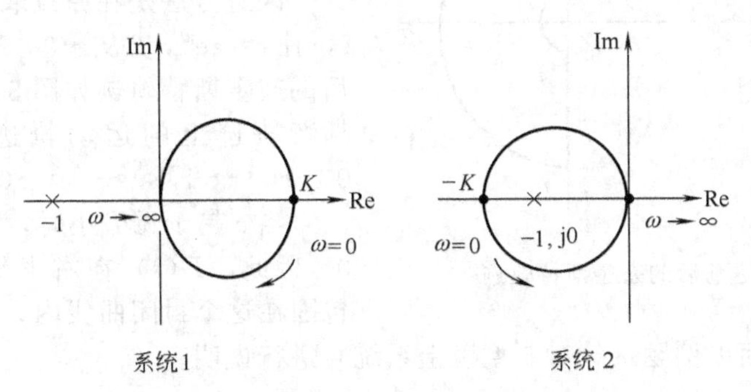

图 5-39　开环系统极坐标图及闭环稳定性判定

从上图可以看出，对系统 1，无论 K 取何正值，均不包围（-1,j0），闭环系统稳定。

对系统 2，只要 $K>1$，$G(\mathrm{j}\omega)H(\mathrm{j}\omega)$ 逆时针包围（-1,j0）点一次，闭环系统稳定。$K<1$，$G(\mathrm{j}\omega)H(\mathrm{j}\omega)$ 不包围（-1,j0）点，闭环系统不稳定。

【例 5-4】　有 3 个二阶系统，开环传递函数如下，试利用奈奎斯特稳定判据判别系统的闭环稳定性。

① $GH=\frac{K}{T^2s^2+2\zeta Ts+1}$　② $GH=\frac{K}{T^2s^2+2\zeta Ts-1}$　③ $GH=\frac{K}{T^2s^2-2\zeta Ts+1}$

解　三个系统对应的极坐标图如图 5-40 所示。利用奈奎斯特稳定判据分别判定如下。

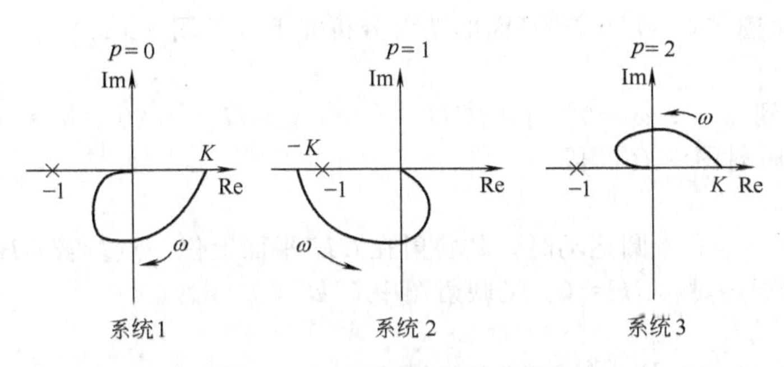

图 5-40　三个系统的极坐标图

对系统 1，开环稳定，$p=0$。K 取任意正值，曲线均不包围（-1,j0）点，系统闭环稳定。

对系统 2，有 1 个开环不稳定极点，$p=1$。$K>1$ 时，曲线包围（-1,j0）一次，系统闭环稳定。$K=1$，曲线穿过（-1,j0），临界稳定。$K<1$ 时，曲线不包围（-1,j0），系统闭环不稳定。

对系统 3，有 2 个开环不稳定极点，$p=2$。K 取任意值，曲线均不包围（$-$,j0）点，说明系统有 2 个不稳定闭环极点，系统闭环不稳定。

5.2.3 奈奎斯特轨迹穿过 $F(s)$ 奇点情况

以上涉及的 $F(s)$ 的零极点均在左半平面或右半平面（0 型系统）。若开环极点在虚轴上，例如开环传递函数中含有积分环节，则奈奎斯特轨迹经过原点时，即 s 等于开环极点（奇点），开环传递函数的映射为不定值，此时，需要改进奈奎斯特轨迹。

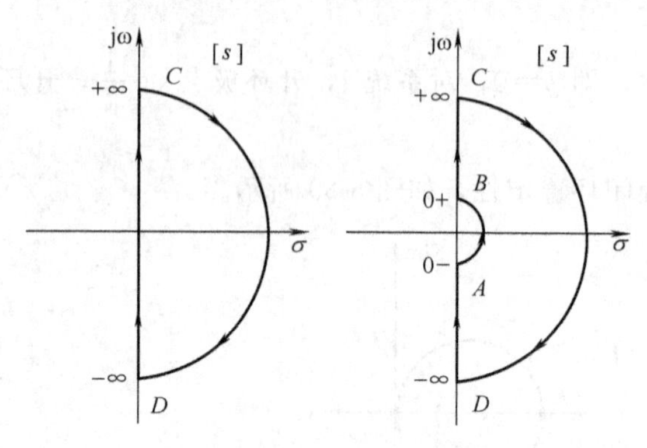

图 5-41 改进前后的奈奎斯特轨迹

改进方法是在原点取一小半圆，半径为 ε，让 $\varepsilon=\varepsilon e^{j\theta}$，$\theta$ 从 $-90°$ 变化到 $+90°$。改进后的奈奎斯特轨迹如图 5-41 所示。s 在奈奎斯特轨迹上的运动轨迹如箭头所示：s：$0^-\to 0^+\to +\infty\to -\infty\to 0^-$。

当 ε 趋于无穷小时，在原点的小圆趋于 0。因此，$F(s)$ 在右半平面的零极点仍被包围在这个封闭曲线内，而此时的它的映射有哪些变化呢？下面以例题（针对 1 型以上系统）进行说明。

【例 5-5】 若系统开环传递函数为：$G(s)H(s)=\dfrac{K}{s(Ts+1)}$，利用奈奎斯特稳定判据判定系统的闭环稳定性。

解 系统开环频率特性为

$$G(j\omega)H(j\omega)=\frac{1}{j\omega}\times\frac{K}{(jT\omega+1)}$$

可写成

$$|G(j\omega)H(j\omega)|=\frac{K}{|j\omega|\ |j\omega T+1|}=\frac{K}{\omega\sqrt{1+\omega^2T^2}}$$

$$\angle G(j\omega)H(j\omega)=\angle K-\angle j\omega-\angle(j\omega T+1)=0°-90°-\arctan\omega T$$

改进的奈奎斯特轨迹在 $G(s)H(s)$ 平面的映射分析如下。见图 5-42。

（BC 段）

ω 从 0^+ 变化到 $+\infty$；$\omega=0^+$ 时，$|GH|=\infty$，$\angle GH=-90°$，$\omega\to\infty$ 时，$|GH|=0$，$\angle GH=180°$，见映射图中 $B'C'$ 段。

（CD 段）

当 s 沿着 $R=+\infty$ 右半圆运动时，其映射在 GH 平面上仅一点。若 GH 分母阶次 n 大于分子阶次 m，s 趋于∞时，$GH=0$，见映射图中 $C'D'$ 段。

（DA 段）

ω 从 $-\infty$ 趋于 0^- 时，其映射与 ω 从 0^+ 变化到 $+\infty$ 对称，见映射图中 $D'A'$ 段。

（AB 段）

s 从 0^- 沿小半圆趋于 0^+ 时，θ 从 $-90°$ 变化到 $90°$。$s=0^-$ 和 $s=0^+$ 对应的映射分别为点 A' 和 B'。

此时，开环频率特性

$$G(\varepsilon e^{j\theta})H(\varepsilon e^{j\theta})\big|_{\varepsilon\to 0}=\frac{K}{\varepsilon e^{j\theta}(T\varepsilon e^{j\theta}+1)}\bigg|_{\varepsilon\to 0}\approx\frac{K}{\varepsilon}e^{-j\theta}\bigg|_{\varepsilon\to 0}$$

因此，映射 GH 为半径为∞，角度从 $+90°$ 到 $-90°$ 顺时针变化的曲线，如图 5-42 所示的从

A'到B'的圆弧。此例系统中，没有开环极点在 s 右半平面，开环频率特性曲线不包围（-1,j0）点，因此，闭环系统稳定。

从以上分析中可以看出，当开环传递函数不存在积分项时（即为 0 型系统），可以直接使用开环频率特性来判断闭环系统的稳定性。

当开环传递函数存在积分项时（1 型以上系统），要在开环频率特性 GH 基础上，从 $\omega=0^-$ 对应点出发顺时针画连线（半径无穷大）到 $\omega=0^+$ 的映射点处，以此封闭曲线判断闭环系统的稳定性。

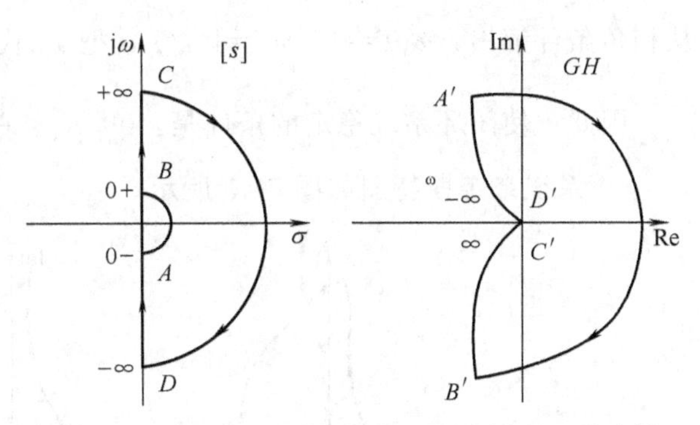

图 5-42　改进后的奈奎斯特轨迹在 GH 平面的映射

判断步骤可简述为：作开环系统的极坐标图；确定奈奎斯特图顺时针环绕（-1,j0）点的次数，记为 M；确定开环不稳定极点的数目 p；计算闭环不稳定根的数目 z：$z=M+p$，当 $z=0$ 时，闭环系统稳定。

5.2.4　奈奎斯特稳定判据的物理意义

前面从理论上分析了在频率域内利用开环传递函数判断闭环系统的稳定性的原理。可以看到，在 $G(\mathrm{j}\omega)H(\mathrm{j}\omega)$ 平面上的（-1,j0）点对稳定性有着特殊的意义，如同根平面上的虚轴。

对于绝大多数工业控制系统，开环都是稳定的，因此，针对开环稳定系统可以得到如下结论：

① $G(\mathrm{j}\omega)H(\mathrm{j}\omega)$ 不包围（-1,j0）点，闭环稳定，闭环极点全部在 s 左半平面；

② $G(\mathrm{j}\omega)H(\mathrm{j}\omega)$ 包围（-1,j0）点，闭环不稳定，s 右半平面有闭环极点；

③ $G(\mathrm{j}\omega)H(\mathrm{j}\omega)$ 通过（-1,j0）点，闭环临界稳定，在虚轴上存在闭环极点。

当 $G(\mathrm{j}\omega)H(\mathrm{j}\omega)$ 穿过（-1,j0）点时，$\omega=\omega_n$，恰好满足方程 $G(\mathrm{j}\omega_n)H(\mathrm{j}\omega_n)=-1$，即有 $|G(\mathrm{j}\omega_n)H(\mathrm{j}\omega_n)|=1$，$\angle G(\mathrm{j}\omega_n)H(\mathrm{j}\omega_n)=-180°$。可求解出一对虚根 $\pm \mathrm{j}\omega_n$。此时说明输出和输入的幅值比为 1，相位差为 $-180°$，这类似于振荡器的自激振荡情况。

【例 5-6】 某一系统的开环传递函数如下

$$GH=\frac{K}{s(Ts+1)(s+1)}$$

① 试确定开环放大倍数 K 的临界值 K_c 与时间常数的关系。

② 令 $T=2$，K 取不同值（<1.5，$=1.5$，>1.5）作图，用奈奎斯特稳定判据分析系统的稳定性。

解　① $$G(\mathrm{j}\omega)H(\mathrm{j}\omega)=\frac{K}{\mathrm{j}\omega(\mathrm{j}\omega T+1)(\mathrm{j}\omega+1)}=\frac{K}{-\omega^2(1+T)+\mathrm{j}(\omega-\omega^3 T)} \tag{5-44}$$

设系统临界稳定时，$\omega=\omega_n$，此时

$$|G(\mathrm{j}\omega)H(\mathrm{j}\omega)|_{\omega_n}|=\frac{K_c}{\omega_n\sqrt{1+\omega_n^2T^2}\times\sqrt{1+\omega_n^2}}=\frac{K_c}{\omega_n\sqrt{1+\omega_n^2(1+T^2)+T^2\omega_n^2}}=1$$

$$\angle G(\mathrm{j}\omega)H(\mathrm{j}\omega)|_{\omega_n}=-\arctan\left[\frac{1-\omega_n^2T}{\omega_n(1+T)}\right]=-180°$$

从相角条件解出，$\omega_0^2 T=1 \quad \omega_0=1/\sqrt{T}$，把 ω_0 代入幅值条件，解出$\frac{K_c T}{1+T}=1$，$K_c=\frac{1+T}{T}$。

因此，使闭环系统稳定的条件是：$0<K_c<\frac{1+T}{T}$。设 $T=2$，$K_c=1.5$，$\omega_0=0.707$。

② 系统奈奎斯特图如图 5-43 所示。

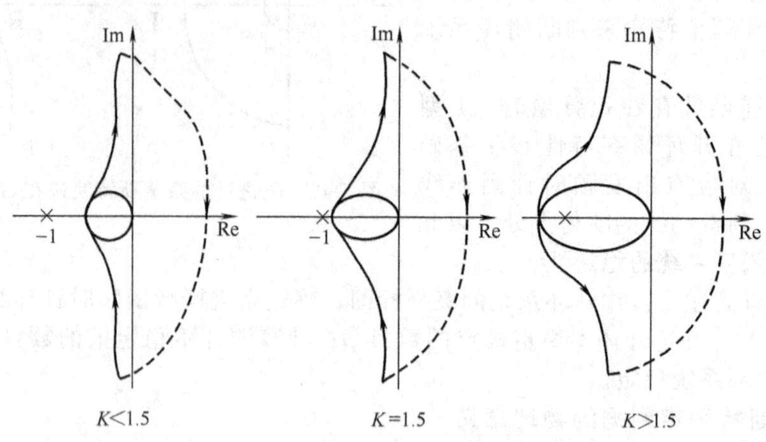

图 5-43 对应不同 K 值的系统奈奎斯特图

当 $K<1.5$ 时，曲线不包围（-1,j0）点，系统闭环稳定。

当 $K=1.5$ 时，曲线穿过（-1,j0）点 2 次，当 $T=2$ 时，$\omega_0=0.707$，系统存在 2 个共轭虚根，$s_{1,2}=\pm \mathrm{j}0.707$，闭环系统临界稳定。

当 $K>1.5$ 时，曲线顺时针包围（-1,j0）点 2 次，系统存在 2 个实部为正的闭环极点。因此系统不稳定。

5.3 稳定裕度及其分析方法

奈奎斯特稳定判据能够根据开环频率特性 $G(\mathrm{j}\omega)H(\mathrm{j}\omega)$ 来判别闭环系统的稳定性，同时给出了稳定的边界条件。但设计系统时，仅知道是否稳定还不够，还要了解稳定的程度，使设计留有一定的余地，在系统实际受到扰动或自身参数发生变化时，仍能保持稳定性。这就是研究稳定裕度的意义。以下研究仅适用于最小相位系统。

5.3.1 稳定裕度的基本概念

系统的开环零、极点全部位于左半根平面的系统称为最小相位系统。最小相位系统必是开环稳定系统。

既然（-1,j0）点在判断系统闭环稳定性方面具有特殊的意义，那么，就可以利用开环频率特性 $G(\mathrm{j}\omega)H(\mathrm{j}\omega)$ 离（-1,j0）点的距离（远近程度）表示系统的相对稳定性——稳定裕度。

若系统是稳定的，则 $G(\mathrm{j}\omega)H(\mathrm{j}\omega)$ 离开（-1,j0）越远，表明系统越稳定。工程上将 $G(\mathrm{j}\omega)H(\mathrm{j}\omega)$ 曲线离开（-1,j0）的远近程度叫作稳定裕度，它是在频率域内衡量系统稳定性的指标。

曲线 $G(\mathrm{j}\omega)H(\mathrm{j}\omega)$ 通过（-1,j0）点，要同时满足幅值条件和相角条件。因此，讨论曲线离（-1,j0）点的距离也要从两方面考虑，即

当 $|G(\mathrm{j}\omega)H(\mathrm{j}\omega)|=1$ 时，相位差与 $-180°$ 差多少？

当 $\angle G(\mathrm{j}\omega)H(\mathrm{j}\omega)=-180°$ 时，幅值比与 1 差多少？

前者称为相位裕度 γ，后者称为幅值裕度 R'，如图 5-44 所示。

首先，定义两个频率。

幅值交角频率 ω_c：

$$|G(j\omega_c)H(j\omega_c)|=1 \tag{5-45}$$

相位交角频率 ω_g：

$$\angle G(j\omega_g)H(j\omega_g)=-180^\circ$$

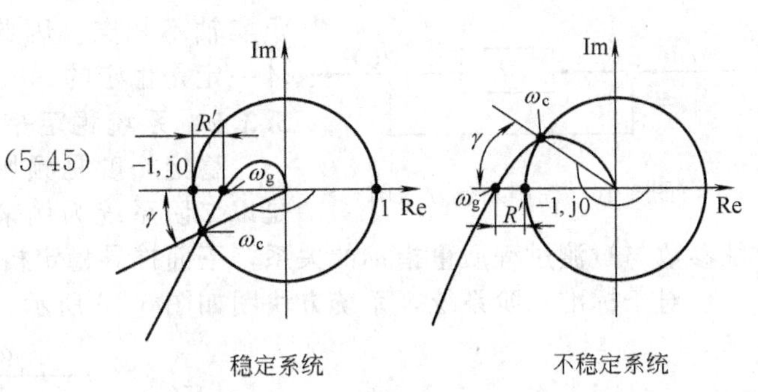

图 5-44　稳定裕度在极坐标图上的表示

定义相位裕度

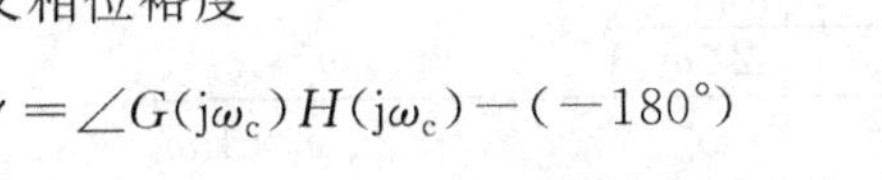

$$\gamma=\angle G(j\omega_c)H(j\omega_c)-(-180^\circ)$$

$$=180^\circ+\angle G(j\omega_c)H(j\omega_c) \tag{5-46}$$

和幅值裕度

$$R'=1-|G(j\omega_g)H(j\omega_g)| \tag{5-47}$$

对稳定系统，$\angle G(j\omega_c)H(j\omega_c)$ 必小于-180°，因而 $\gamma>0$，$|G(j\omega_g)H(j\omega_g)|$ 必小于 1，因而 $R'>0$，并有 $\omega_g>\omega_c$。

对不稳定系统，$\angle G(j\omega_c)H(j\omega_c)$ 必大于-180°，因而 $\gamma<0$，$|G(j\omega_g)H(j\omega_g)|$ 必大于 1，因而 $R'<0$，并有 $\omega_g<\omega_c$。

当 $\omega_g=\omega_c$ 时，$\gamma=0$，$R'=0$。系统稳定裕度为 0，处于临界稳定状态。

稳定裕度在对数坐标图上的表示法如图 5-45 所示。

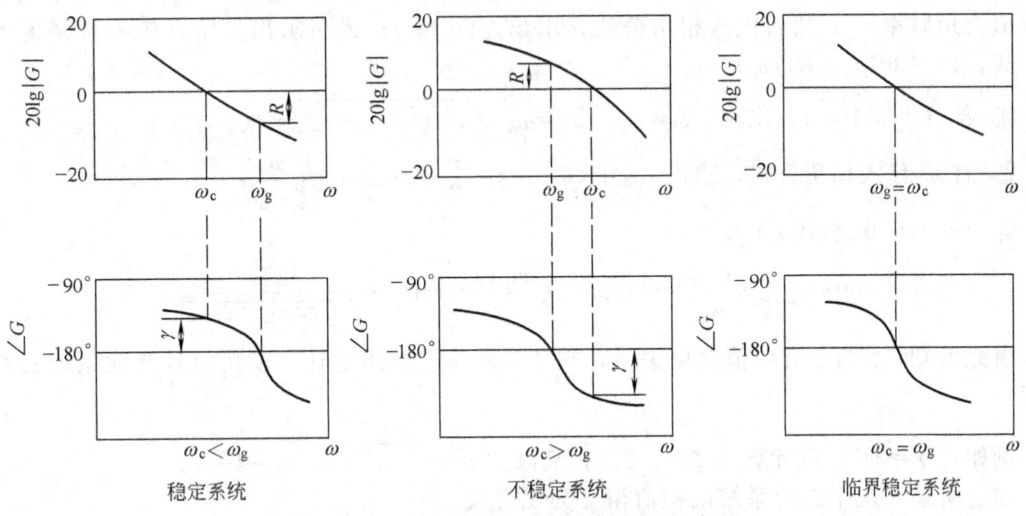

图 5-45　稳定裕度在对数坐标图上的表示

在对数坐标图上，幅值裕度定义为

$$R=20\lg 1-20\lg|G(j\omega_g)H(j\omega_g)|=-20\lg|G(j\omega_g)H(j\omega_g)|$$

一般，γ，R' 越大，系统稳定裕度越大，但不能盲目追求过大的稳定裕度，因为这会损失其他的质量指标。工程上，经常取 $R'=0.5$，$R=-20\lg 0.5\approx 6\text{dB}$，$\gamma=30^\circ\sim60^\circ$。

对于最小相位系统，幅频特性和相频特性一一对应。对稳定系统，幅值裕度指出了在系统变为不稳定之前，增益能够增加到多大。对不稳定系统，幅值裕度指出了为使系统稳定，增益应该减少多少。

具有最小相位特性的一阶和二阶系统的幅值裕度是无穷大，因为这类系统的极坐标图与

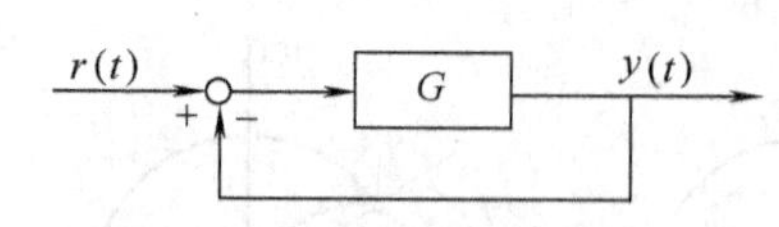

图 5-46　控制系统方块图

负实轴不相交。因此，从理论上说，这类一、二阶系统闭环一定是稳定的。

5.3.2　系统稳定裕度与系统性能指标的关系

稳定裕度是频域指标，与时域指标有没有关系呢？还是以二阶系统为例来分析。我们已经了解了二阶系统的特征参数与过渡过程质量指标的关系，下面推导稳定裕度与系统特征参数的关系。

对于标准二阶系统，系统方块图如图 5-46 所示。系统开环和闭环传递函数分别为

$$G(s)=\frac{\omega_n^2}{s(s+2\zeta\omega_n)}\quad,\quad \frac{Y(s)}{R(s)}=\frac{\dfrac{\omega_n^2}{s(s+2\zeta\omega_n)}}{1+\dfrac{\omega_n^2}{s(s+2\zeta\omega_n)}}=\frac{\omega_n^2}{s^2+2\zeta\omega_n s+\omega_n^2}$$

用 $s=\mathrm{j}\omega$ 代入 $G(s)$ 得到系统开环频率特性

$$G(\mathrm{j}\omega)=\frac{\omega_n^2}{\mathrm{j}\omega(\mathrm{j}\omega+2\zeta\omega_n)} \tag{5-48}$$

其中，幅频特性：

$$|G(\mathrm{j}\omega)|=\frac{1}{2\zeta\dfrac{\omega}{\omega_n}}\frac{1}{\sqrt{1+\left(\dfrac{1}{2\zeta}\dfrac{\omega}{\omega_n}\right)^2}} \tag{5-49}$$

相频特性：

$$\angle G(\mathrm{j}\omega)=-\angle \mathrm{j}\omega-\angle(\mathrm{j}\omega+2\zeta\omega_n)=-\frac{\pi}{2}-\arctan\left(\frac{1}{2\zeta}\frac{\omega}{\omega_n}\right) \tag{5-50}$$

下面确定二阶系统相位裕度 γ 的表达式。遵循以下步骤：首先设 $|G(\mathrm{j}\omega)|=1$，求出系统的幅值交角频率 ω_c；然后代入相角公式，求出 $\angle G(\mathrm{j}\omega_c)$；最后求出二阶系统相位裕度 γ 的表达式，$\gamma=180°+\angle G(\mathrm{j}\omega_c)$。

① 令 $|G(\mathrm{j}\omega)|=1$，求出　$\omega=\omega_c$，$\omega_c=\omega_n\sqrt{\sqrt{4\zeta^4+1}-2\zeta^2}=f(\zeta,\omega_n)$

② 把 ω_c 代入相角公式，求出　$\angle G(\mathrm{j}\omega_c)=-\dfrac{\pi}{2}-\arctan\left(\dfrac{1}{2\zeta}\dfrac{\omega_c}{\omega_n}\right)$

③ $\gamma=180°+\angle G(\omega_c)$

$$=\frac{\pi}{2}-\arctan\left(\frac{1}{2\zeta}\times\frac{\omega_c}{\omega_n}\right)=\arctan\left(2\zeta\frac{\omega_n}{\omega_c}\right)=\arctan\frac{2\zeta}{\sqrt{\sqrt{4\zeta^4+1}-2\zeta^2}} \tag{5-51}$$

由此可知：γ 与 ζ 有单值对应关系，知道二阶系统的阻尼比，就可以计算此系统的相位裕度。

例如若 $\gamma=21°$，可计算出 $\zeta=0.216$，衰减比 $n=\mathrm{e}^{\frac{2\pi\zeta}{\sqrt{1-\zeta^2}}}=4$，$n=4:1$。

如上所述，这个二阶系统的幅值裕度为无穷大。

所以，在判断一个二阶系统的调节质量时，ζ 与 γ 有同等意义，只不过 ζ 是时间域指标，而 γ 是频率域指标。知道了 γ 后，也可以计算二阶系统单位阶跃响应过程的超调量、衰减比和最大偏差。

对于高阶系统，以上关系只能是近似的。

5.3.3　系统的带宽

当闭环系统频率响应的幅值下降到零频率（静态）值以下 3dB 时，对应的频率 ω_b 称为带宽频率。对应的频率范围 $0<\omega<\omega_b$ 称为系统的带宽。如图 5-47 所示。

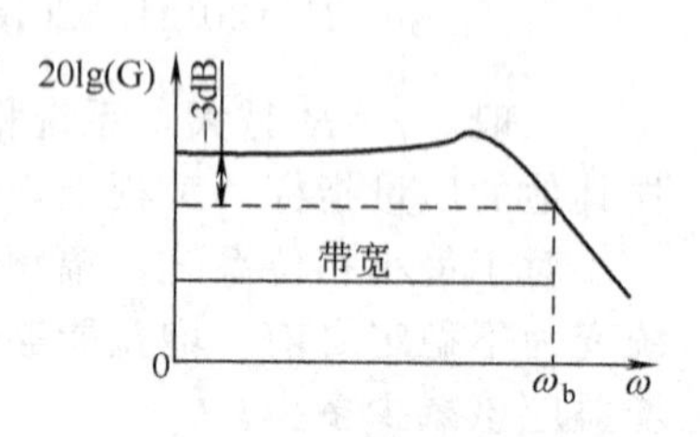

图 5-47　系统带宽图示

总的来说，系统将不同程度的衰减频率大于带宽频率的信号分量，而保留低于带宽频率的信号分量。因此，带宽表

示系统跟踪正弦输入信号的能力和对频率响应的能力。

对于给定的无阻尼振荡频率 ω_n，上升时间随着阻尼系数 ζ 的增加而增加，而带宽随着 ζ 的增加而减小，即大的带宽同时对应于快的响应特性。

为了使系统能够正确地跟踪任意输入信号，系统必须具有大的带宽。但是，从抑制噪声的方面讲，带宽不应该太大。设计时需要折中考虑。

【例 5-7】 设有如下两个系统，比较它们的带宽和响应速度。

$$G_1(s)=\frac{1}{s+1},\quad G_2(s)=\frac{1}{3s+1}$$

系统 1 和系统 2 的时间常数分别是 $T_1=1$，$T_2=3$。

解 画出系统的幅频特性和单位阶跃响应曲线。如图 5-48 所示。

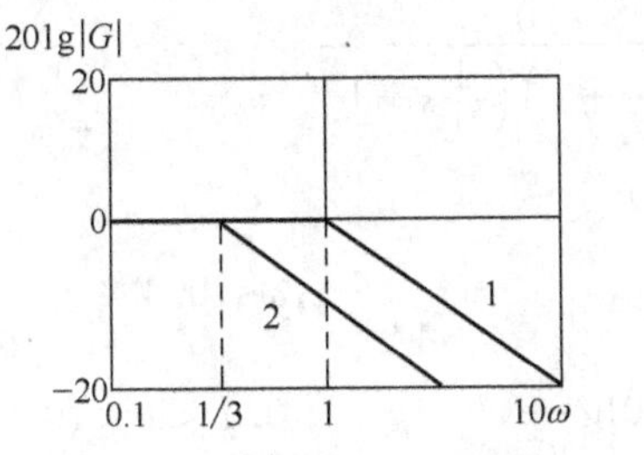

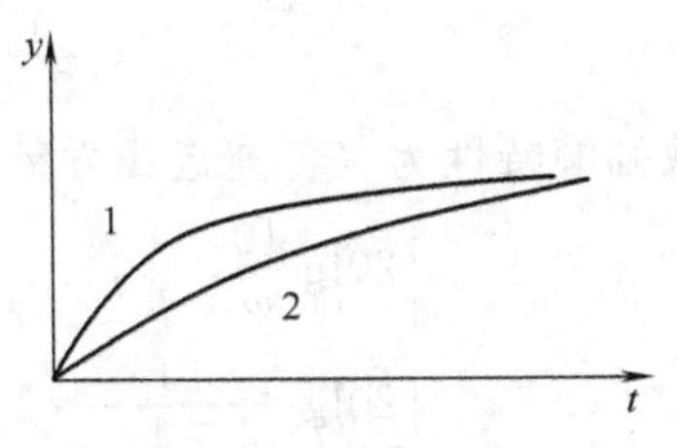

图 5-48　系统幅频特性和单位响应曲线

一阶惯性系统在转折频率处的幅频特性为 -3dB，因此，系统 1 的带宽频率为 1rad/s，带宽为 $0\leqslant\omega\leqslant1$，系统 2 的带宽频率为 0.33rad/s，带宽为 $0\leqslant\omega\leqslant0.33$。从单位阶跃曲线看，系统 1 快于系统 2。对一阶系统而言，带宽频率 ω_b 近似等于幅值交角频率 ω_c。这说明，时间常数小的系统，有大的带宽和快的响应速度。

5.3.4　稳定裕度的分析方法

【例 5-8】 图 5-49 所示为一个宇宙飞船控制系统的方块图。为了使相位裕度等于 50°，试确定增益 K 值，此时，幅值裕度是多少？

$r(t)$ → ⊗(−) → $K(s+2)$ → $\frac{1}{s^2}$ → $y(t)$

图 5-49　控制系统方块图

解 系统开环传递函数为

$$G(s)=\frac{K(s+2)}{s^2}$$

$$G(\mathrm{j}\omega)=\frac{K(\mathrm{j}\omega+2)}{(\mathrm{j}\omega)^2},\quad \angle G(\mathrm{j}\omega)=\angle(\mathrm{j}\omega+2)-2\angle\mathrm{j}\omega=\arctan\frac{\omega}{2}-180^\circ$$

因为相位曲线永远不和 $-180°$ 线相交，所以幅值裕度为无穷大，没有相位交角频率 ω_g。

要求相位裕度为 50°，意味着 $\angle G(\mathrm{j}\omega_c)$ 必须等于 $-130°$，$\gamma=180°+\angle G(\mathrm{j}\omega_c)$。因此，$\arctan\left(\frac{\omega_c}{2}\right)=50°$，求出 $\omega_c=2.38$rad/s。当 $\omega=2.38$ 时，$G(\mathrm{j}\omega)$ 的幅值必须等于 0dB。所以

$$\left|\frac{K(\mathrm{j}\omega+2)}{(\mathrm{j}\omega)^2}\right|_{\omega=2.38}=1，求出$$

$$K=\frac{2.38^2}{\sqrt{2^2+2.38^2}}=1.8$$

这个 K 值将产生相位裕度 50°。

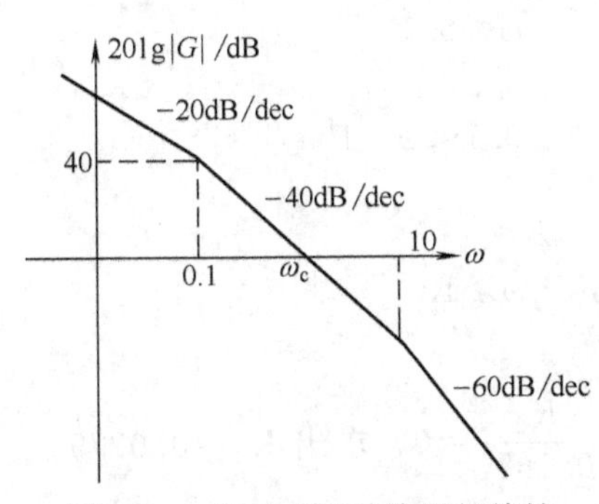

图 5-50　控制系统对数幅频特性

【例 5-9】 已知某单位反馈的最小相位开环系统的渐近对数幅频特性如图 5-50 所示。

① 求取系统的开环传递函数。

② 用稳定裕度判断系统稳定性。

③ 要求系统具有 30°的稳定裕度，求开环放大倍数应

改变的倍数。

④ 系统有一延迟环节 $e^{-\tau s}$时，求使系统稳定的 τ 值范围。

解 ① 由图5-50 可以看出，系统是由一个积分器（幅频特性的起始斜率为 -20dB/dec）和两个一阶惯性环节（转折频率分别为 0.1 和 10）组成，因此系统开环传递函数的基本形式为

$$G(s)=\frac{K}{s\left(\frac{1}{0.1}s+1\right)\left(\frac{1}{10}s+1\right)}$$

求 K：由于开环频率特性起始低频渐近线通过（0.1，40）点，根据积分器的幅频特性，则有 $20\lg\frac{K}{0.1}=40$，求出$K=10$。

所以

$$G(s)=\frac{10}{s\left(\frac{1}{0.1}s+1\right)\left(\frac{1}{10}s+1\right)}$$

② 开环对数幅频特性为（各渐近线方程）

$$L(\omega)=\begin{cases}20\lg\frac{10}{\omega}, & \omega<0.1\\ 20\lg\frac{10}{\omega\times\frac{1}{0.1}\omega}=20\lg\frac{1}{\omega^2}, & 0.1<\omega<10\\ 20\lg\frac{10}{\omega\times\frac{1}{0.1}\omega\times\frac{1}{10}\omega}=20\lg\frac{10}{\omega^3}, & \omega>10\end{cases}$$

系统开环对数相频特性为

$$\varphi(\omega)=-90°-\arctan\frac{\omega}{0.1}-\arctan\frac{\omega}{10}$$

令 $L(\omega)=0$ 求解幅值交角频率 ω_c，在频率范围（$0.1<\omega<10$）内，求出 $\omega_c=1$。此时，相角为

$$\varphi(\omega_c)=-90°-\arctan\frac{\omega_c}{0.1}-\arctan\frac{\omega_c}{10}=-168.58°$$

$\gamma=180°+\varphi(\omega_c)=11.42°>0$，幅值裕度计算略，$R>0$，故系统稳定。

③ 由于 $\varphi(\omega)=-90°-\arctan\frac{\omega}{0.1}-\arctan\frac{\omega}{10}$

若要求 $\gamma=30°$，即 $\varphi(\omega_c)=-150°$，解得 $\omega_c=0.167$。

若要求系统的相位裕度为 $\gamma=30°$，设 K_0 为开环放大倍数需改变的倍数，ω_c 则应为幅值交角频率。则系统开环对数幅频特性为

$$L(\omega)=\begin{cases}20\lg\frac{10K_0}{\omega}, & \omega<0.1\\ 20\lg\frac{10K_0}{\omega\times\frac{1}{0.1}\omega}=20\lg\frac{K_0}{\omega^2}, & 0.1<\omega<10\\ 20\lg\frac{10K_0}{\omega\times\frac{1}{0.1}\omega\times\frac{1}{10}\omega}=20\lg\frac{10K_0}{\omega^3}, & \omega>10\end{cases}$$

$\omega_c=0.167$ 属于 $0.1<\omega<10$ 的频率范围，所以有 $20\lg\frac{K_0}{0.167^2}=0$，求出 $K_0=0.0279$。

④ 若在系统中存在延迟环节 $e^{-\tau s}$

$$|e^{-j\omega\tau}|=1, \quad \angle e^{-j\omega\tau}=-57.3\omega\tau(°)$$

即加入延迟环节后，系统幅频特性不变，相频特性发生滞后。因此，若使系统稳定，必须满足

$$\gamma-57.3\tau\omega_c>0$$

解得：$\tau<\dfrac{\gamma}{57.3\times\omega_c}=\dfrac{11.42}{57.3\times1}=0.2$，其中 $\gamma=11.42$，$\omega_c=1$。

5.4　闭环频率特性及其分析方法

前面介绍的频率特性分析方法都是以系统开环频率特性为基础进行设计的。下面介绍直接由闭环系统特性分析设计系统的方法。其主要优点是可适用于多回路复杂系统的分析设计。

5.4.1　开环频率特性与闭环频率特性

设单位反馈系统的开环传递函数为 $G(s)$，则相对应的闭环传递函数为 $\Phi(s)=\dfrac{G(s)}{1+G(s)}$。一般反馈系统闭环传递函数为 $\Phi(s)=\dfrac{G(s)}{1+G(s)H(s)}=\dfrac{1}{H(s)}\times\dfrac{G(s)H(s)}{1+G(s)H(s)}$，其中 $H(s)$ 是反馈通道的传递函数，一般为常数。当 $H(s)$ 为常数时，闭环频率特性的形状不受影响。因此，研究系统闭环频率特性时，针对单位反馈系统进行就可以了。

(1) 尼柯尔斯（Nichols）图线

根据 $G(j\omega)$ 求 $\dfrac{G(j\omega)}{1+G(j\omega)}$，工程上将其画成图线，叫做尼柯尔斯（Nichols）图线。下面分析尼柯尔斯（Nichols）图线的由来。

令 $G(j\omega)=x(j\omega)+jy(j\omega)$，简写为 $G=x+jy$，设 $\dfrac{G(j\omega)}{1+G(j\omega)}$ 的模为 M，相角为 N。

$$M=\left|\frac{G(j\omega)}{1+G(j\omega)}\right|=\frac{|G(j\omega)|}{|1+G(j\omega)|}=\frac{\sqrt{x^2+y^2}}{\sqrt{(1+x)^2+y^2}} \tag{5-52}$$

$$M^2=\frac{x^2+y^2}{(1+x)^2+y^2}$$

整理得

$$(M^2-1)x^2+2M^2x+M^2+(M^2-1)y^2=0 \tag{5-53}$$

分析：若 $M=1$，则 $x=-\dfrac{1}{2}$ 是一条直线，y 为任意值。

若 $M\neq1$，经配方，得到 $y^2+\left(x+\dfrac{M^2}{M^2-1}\right)^2=\dfrac{M^2}{(M^2-1)^2}$ 是圆方程，圆心是 $\left(-\dfrac{M^2}{M^2-1},j0\right)$，半径为 $\dfrac{M}{M^2-1}$，$M>1$ 圆心在左侧，$M<1$ 圆心在右侧。图线是一系列圆，每个圆都有一个 M 值，这个圆图称为等 M 圆图，如图 5-51 所示。

同理可以求得等相位差轨迹方程为

$$\alpha=\angle\frac{x+jy}{1+x+jy}=\arctan\frac{y}{x}-\arctan\frac{y}{1+x} \tag{5-54}$$

若令 $N=\tan\alpha$，则有

$$N=\tan\left[\arctan\left(\frac{y}{x}\right)-\arctan\left(\frac{y}{1+x}\right)\right]$$

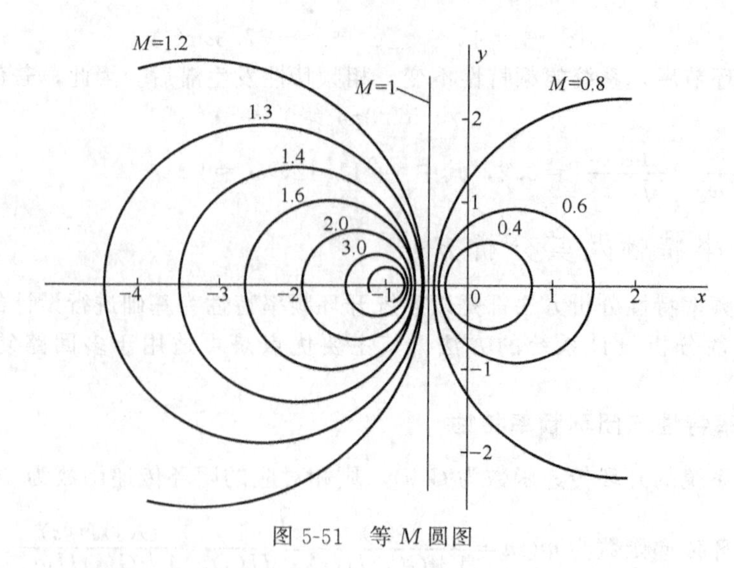

图 5-51　等 M 圆图

考虑到 $\tan(A-B)=\dfrac{\tan A-\tan B}{1+\tan A\tan B}$，则 N 可以写为

$$N=\frac{\dfrac{y}{x}-\dfrac{y}{1+x}}{1+\dfrac{y}{x}\left(\dfrac{y}{1+x}\right)}=\frac{y}{x^2+y+y^2} \tag{5-55}$$

或

$$x^2+x+y^2-\frac{y}{N}=0$$

在上式两边同时加上$\dfrac{1}{4}+\dfrac{1}{(2N)^2}$项后得

$$\left(x+\frac{1}{2}\right)^2+\left(y-\frac{1}{2N}\right)^2=\frac{1}{4}+\left(\frac{1}{2N}\right)^2 \tag{5-56}$$

这是一个圆心$\left(-\dfrac{1}{2},\dfrac{1}{2N}\right)$，半径 $R=\sqrt{\dfrac{1}{4}+\dfrac{1}{(2N)^2}}$的圆方程。图线是一系列圆，每个圆都有一个 N 值，这个圆图称为等 N 圆图，如图 5-52 所示。

在实际系统设计时，多半用对数坐标图，若求取闭环对数坐标图，需将等 M 圆与等 N 圆转换到对数坐标上。因为是对数关系，所以转换后的等 M 圆和等 N 圆已经畸变为非圆图线。这种图称为尼柯尔斯（Nichols）图线，如图 5-53 所示。尼柯尔斯 Nichols 图对称于 $-180°$，且每隔 360°等 M 圆和等 N 圆重复一次。

（2）利用尼柯尔斯图，绘制闭环幅频特性

① 按给定条件绘制幅频和相频特性的对数坐标图。这种图用来给出绘制对数幅相图所需的数据。

② 在尼柯尔斯图上绘制对数幅相图，每点都对应一个 $\omega,\lg|G|,\phi$ 值。这种图最好画在透明纸上，重叠在尼柯尔斯图上，其坐标标度应与尼柯尔斯图一致。

③ 取不同的 ω 值，由 $G(j\omega)$ 上的点与 M 圆交点为 M 值，与 N 圆交点为 N 值，即可绘制出闭环幅频和相频特性。

5.4.2　闭环频率特性分析方法

（1）闭环频率特性与系统质量的关系

在分析和设计二阶系统时，得知当 $0<\zeta<0.707$ 时，发生谐振。谐振峰值为 M_r，谐振频率为 ω_r，与系统的阻尼系数 ζ 和系统固有频率 ω_n 有如下关系。

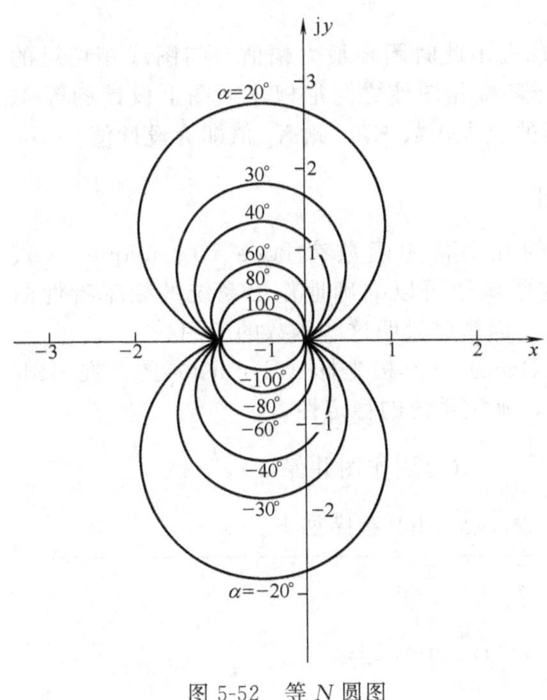

图 5-52　等 N 圆图

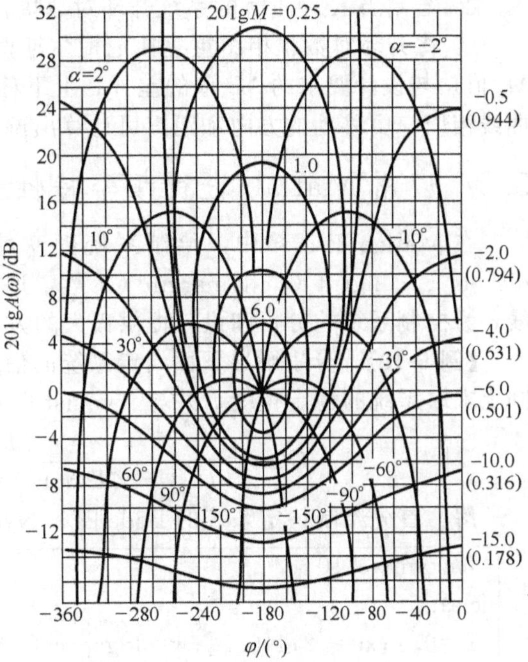

图 5-53　尼柯尔斯（Nichols）图线

$$M_{\mathrm{r}}=\frac{1}{2\zeta\sqrt{1-\zeta^{2}}},\quad \omega_{\mathrm{r}}=\omega_{\mathrm{n}}\sqrt{1-2\zeta^{2}}$$

所以，对二阶系统有如下结论。

① M_{r} 与 ζ 直接相关，M_{r} 增加，ζ 则减小，稳定性降低，衰减比下降。M_{r} 趋向∞时，ζ 趋向于 0，衰减比接近于 1，系统等幅振荡。

为了保证一定的衰减比，必须使 M_{r} 小于某一个数值。例如，要求衰减比为 4∶1，$\zeta=0.216$，$M_{\mathrm{r}}=2.37$。

② ω_{r} 是表征系统过渡过程的变化速度，在 ζ 较小时，$\omega_{\mathrm{r}}\approx\omega_{\mathrm{n}}$。

由此可知，对于二阶系统，只要知道 M_{r} 值，就可以大致估计系统调节质量，对于高阶系统，以上关系是近似的。对于二阶系统，若要求衰减比为 4∶1，则可选 $M_{\mathrm{r}}=2.37$，对于一般的系统，若要求衰减比为 4∶1，可选 $M_{\mathrm{r}}=1.2\sim2.0$，这个 M_{r} 值范围就是用 M_{r} 分析和设计系统的依据。

（2）M_{r} 值分析和设计方法

M_{r} 值分析和设计方法是以 M_{r} 值作为性能指标的一种频率域分析方法。M_{r} 值一般都是凭经验在一定范围内选取的，并且 M_{r} 与系统暂态指标之间的关系除二阶系统外都是近似的，因此按 M_{r} 值设计的系统，一般都还要通过实验修正，也就是说试探依然是很重要的。

按 M_{r} 值指标分析控制系统品质的步骤如下。

① 首先按给出的被分析系统的数据，绘制系统开环对数幅相图。注意此图的坐标标度应与尼柯尔斯图一致，并应在透明纸上绘制。

② 按坐标标度将对数幅相图重叠在尼柯尔斯图上，读出特征参数 M_{r}，ω_{r} 等值。

③ 按二阶系统关系曲线图，查出相应的 ζ 和 ω_{n} 值。

④ 按查出的 ζ 和 ω_{n} 值，估算系统暂态过程指标。

按 M_{r} 值指标整定系统的步骤如下。

① 根据设计要求按经验数据选取设计的 M_{r} 值。

② 绘制当 $K_c=1$ 时的系统开环对数幅相图。

③ 将开环对数幅相图重叠在尼柯尔斯图上，查出此时闭环最大幅值（与图线相切点的 M_r 值）与设计要求的 M_r 值的差异，上下移动开环幅相图使之与尼柯尔斯图上设计的等 M 曲线相切，由移动的方向和距离可计算出调节器的放大倍数 K_c，此 K_c 值即为设计值。

5.5 应用 Matlab 进行频率特性分析

在 Matlab 工具箱中，绘制系统频率特性的几个常用函数有 bode ()、nyquist ()、nichols ()、ngrid () 和 margin () 等，通过这些函数可以准确地作出系统的频率特性曲线，为控制系统的分析和设计提供极大的方便。下面举例说明这些函数的应用。

【例 5-10】 分别画出下面给定系统的伯德（Bode）图和极坐标（Nyquist）图，在 Bode 图上求取系统的稳定裕度，并与 Nyquist 图对照，确定系统的稳定性。

$$G(s)=\frac{1}{T^2s^2+2\zeta Ts+1}\begin{cases}T=0.1\\ \zeta=2,1,0.5\end{cases}\quad\text{（分别作图并保持）}$$

解 首先绘制给定系统的 Bode 图和 Nyquist 图，Matlab 程序如下。

```
%example510
clear
T=0.1;xi=[2;1;0.5];w=logspace(-1,2,50);num=[1];
for i=1:length(xi)
    den=[T^2 2*xi(i)*T 1];
    [mag,pha,w1]=bode(num,den,w);
    subplot(3,3,i),semilogx(w1,mag);grid on
    xlablel('Frequency(rad/s)');ylabel('gain dB');
    subplot(3,3,i),semilogx(w1,20*log(abs(mag)));grid on
    xlabel('Frequency(rad/s)');ylabel('phase deg');
    subplot(3,3,i+6),nyquist(num,den);title('Nyquist plot');
end
subplot(3,3,1),title('Bode plot,xi=2');
subplot(3,3,2),title('Bode plot,xi=1');
subplot(3,3,3),title('Bode plot,xi=0.5');
```

程序执行后，得到不同 ζ 的二阶系统 Bode 图和 Nyquist 图，如图 5-54 所示。从 Nyquist 图中可以看出，三个不同 ζ 的二阶系统构成的单位负反馈闭环系统都是稳定的，其单位阶跃响应可通过如下语句绘出，如图 5-55 所示。

```
clear
T=0.1;xi=[2;1;0.5];w=logspace(-1,2,50);num=[1];
for i=1:length(xi)
    den=[T^2 2*xi(i)*T 1];
    [numc,denc]=cloop(num,den,-1)
    step(numc,denc);hold on
end
title('step response');
text(0.2,0.3,'xi=2');text(0.2,0.42,'xi=1');
text(0.2,0.68,'xi=0.5');
```

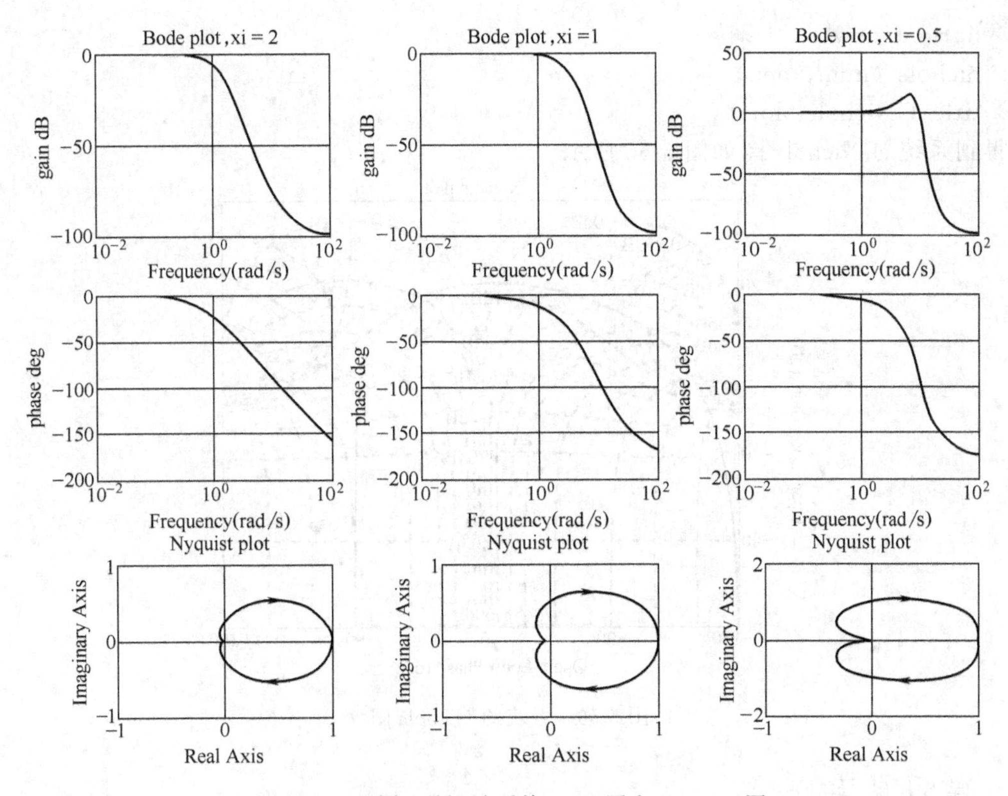

图 5-54　不同 ζ 的二阶系统 Bode 图和 Nyquist 图

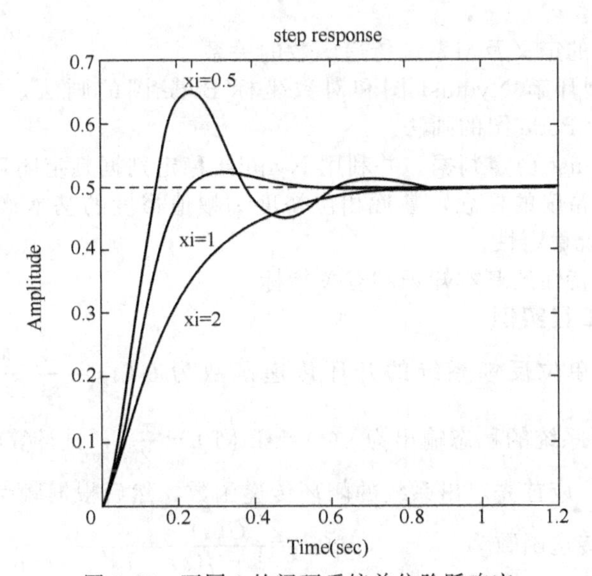

图 5-55　不同 ζ 的闭环系统单位阶跃响应

【例 5-11】 已知系统的开环传递函数为 $G(s)=\dfrac{14s}{(0.2s+1)(0.5s+1)(0.74s+1)}$，请绘制 Nichols 图。

解　Matlab 程序如下

≫num＝［14 0］；

≫den1＝conv（［0.2 1］，［0.5 1］）；den＝conv（den1，［0.74 1］）；

```
≫ngrid ('new')
≫nichols (num, den)
≫title ('Nichols plot')
```

得到系统的 Nichols 图如图 5-56 所示。

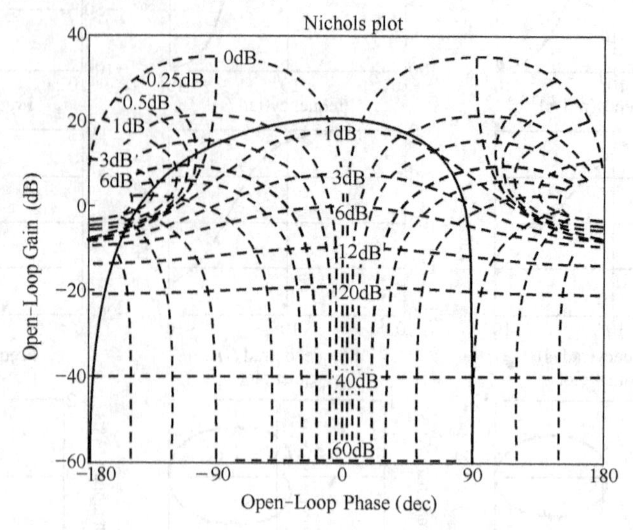

图 5-56　系统的 Nichols 图

5.6　学习自读

5.6.1　学习目标

① 掌握频率特性的定义及与系统传递函数的关系。

② 熟练掌握典型环节 Nyquist 图和对数坐标 Bode 图的画法，并熟练掌握复杂系统 Nyquist 图和对数坐标 Bode 图的画法。

③ 熟练掌握 Nyquist 稳定判据，并利用 Nyquist 稳定判据判定闭环系统稳定性。

④ 掌握系统稳定裕度的概念，掌握相位裕度和幅值裕度的基本概念和计算方法，利用稳定裕度判定闭环系统稳定性。

⑤ 了解闭环频率特性的基本知识和有关指标。

5.6.2　例题分析与工程实例

【例 5-12】 已知单位反馈系统的开环传递函数为 $G(s)=\dfrac{K}{s(Ts+1)}$，当系统的输入 $r(t)=\sin 10t$ 时，闭环系统的稳态输出为 $y(t)=\sin\left(10t-\dfrac{\pi}{2}\right)$，试计算参数 K 和 T 的数值。

分析：根据题意，应首先求出系统的闭环传递函数，然后根据频率特性的定义来求解。

解　系统的闭环传递函数为

$$\Phi(s)=\frac{G(s)}{1+G(s)}=\frac{K}{Ts^2+s+K}$$

闭环系统频率特性为

$$\Phi(\mathrm{j}\omega)=\frac{K}{K-T\omega^2+\mathrm{j}\omega}=\frac{K}{\sqrt{(K-T\omega^2)^2+\omega^2}}\angle-\arctan\frac{\omega}{K-T\omega^2}$$

由系统频率特性的定义知

$$\left.\frac{K}{\sqrt{(K-T\omega^2)^2+\omega^2}}\right|_{\omega=10}=\frac{B}{A}=1 \quad 即 \quad \frac{K}{\sqrt{(K-100T)^2+100}}=1 \tag{5-57}$$

$$-\arctan\frac{\omega}{K-T\omega^2}\bigg|_{\omega=10}=-\frac{\pi}{2}\quad 即\quad -\arctan\frac{10}{K-100T}=-\frac{\pi}{2} \tag{5-58}$$

由式（5-57）有：$K-100T=0$，与式（5-58）联解得

$$K=10，T=0.1$$

【例 5-13】 已知单位反馈系统的开环传递函数 $G(s)=\dfrac{4(s+0.5)}{s^2(s+0.2)}$，试绘制对数幅频特性渐近曲线。

分析：要画出系统的开环幅频特性，必须首先熟悉各典型环节的标准形式及 Bode 图形状，注意各典型环节转折频率的确定。

解 $G(s)=\dfrac{4(s+0.5)}{s^2(s+0.2)}=\dfrac{10(2s+1)}{s^2(5s+1)}$

转折频率为：$\omega_1=0.2$，$\omega_2=0.5$。

起始低频渐近线通过点：$\omega=0.1$ 时，

$20\lg|G(j\omega)|=20\lg10-20\lg(0.1)^2=60\text{dB}$

所以，① 起始低频渐近线斜率为 -40dB/dec，并且通过点（0.1，60）。

② 当渐近线到达 $\omega=0.2$ 时，斜率由 -40dB/dec 变为 -60dB/dec。

③ 当渐近线到达 $\omega=0.5$ 时，斜率由 -60dB/dec 变为 -40dB/dec，系统对数幅频特性曲线如图 5-57 所示。

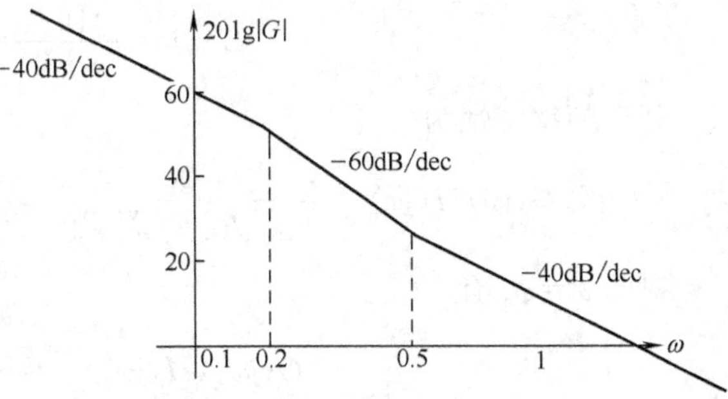

图 5-57　系统对数幅频特性曲线

【例 5-14】 设控制系统的开环传递函数为 $G(s)H(s)=\dfrac{2}{s(s+1)(2s+1)}$，试画出开环频率特性的极坐标图（$\omega=0\sim\infty$），并确定 $G(j\omega)H(j\omega)$ 曲线与实轴是否相交，如果相交，试确定相交点处的频率和相应的幅值。用 Nyquist 稳定判据判断闭环系统的稳定性。

解 开环系统是由一个积分环节、两个惯性环节和比例环节组成的，其频率特性为

$$\begin{aligned}G(j\omega)H(j\omega)&=\frac{2}{j\omega(j\omega+1)(2\omega j+1)}=\frac{2}{-3\omega^2+j\omega(1-2\omega^2)}\\&=\frac{-6}{9\omega^2+(1-2\omega^2)^2}-j\frac{2(1-2\omega^2)}{9\omega^3+\omega(1-2\omega^2)^2}\\&=X(\omega)+jY(\omega)\end{aligned}$$

分析：当 $\omega=0^+$ 时，$X(0)=-6$，$Y(0)=-\infty$

当 $\omega=+\infty$ 时，$X(0)=0$，$Y(0)=0$

与实轴的交点为 $Y(\omega)=\dfrac{-2(1-2\omega^2)}{9\omega^3+\omega(1-2\omega^2)^2}=0$，即 $\omega=\dfrac{1}{\sqrt{2}}$，代入 $X(\omega)$ 得

$$X\left(\frac{1}{\sqrt{2}}\right)=-\frac{4}{3}$$

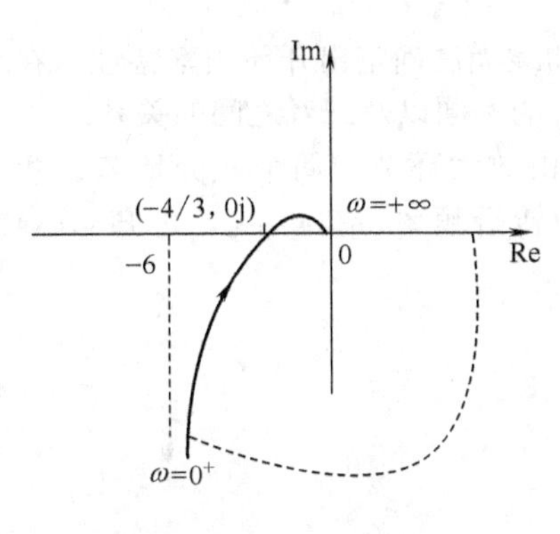

图 5-58　开环极坐标图

系统开环极坐标图如图 5-58 所示。由于系统型次为 $\nu=1$，应补画圆弧，由 $\omega=0^+$ 的对应点起逆时针补作半径为无穷大的 $90°\times\nu$ 的圆弧。根据 Nyquist 稳定判据，位于 s 右半平面的开环极点数 $p=0$，由图可知，$N=+2$，则 $z=p+N=+2$，故系统闭环不稳定。

【例 5-15】 设某单位负反馈系统的前向通道的传递函

数为

$$G(s)=\frac{16}{s(s+2)}$$

试：① 计算系统的幅值交角频率 ω_c 及相位裕度 γ；

② 计算系统闭环幅频特性的相对谐振峰值 M_r 及谐振频率 ω_r。

分析：明确系统闭环幅频特性的相对谐振峰值 M_r 及谐振频率 ω_r 与系统无阻尼振荡频率 ω_n 及阻尼比 ζ 的关系以及 ω_n 和 ζ 的求取。

解 ① 系统的开环传递函数为

$$G(s)=\frac{16}{s(s+2)}=\frac{8}{s(0.5s+1)}$$

开环频率特性为

$$|G(j\omega)H(j\omega)|=\frac{8}{\omega\sqrt{0.25\omega^2+1}},\quad \angle G(j\omega)H(j\omega)=-90°-\arctan 0.5\omega$$

对于 $\omega=\omega_c$ 有

$$|G(j\omega_c)H(j\omega_c)|=\frac{8}{\omega_c\sqrt{0.25\omega_c^2+1}}=1$$

求解上式得 $\omega_c=3.76\text{rad/s}$

$$\angle G(j\omega_c)H(j\omega_c)=-90°-\arctan 0.5\omega_c=-90°-\arctan 1.88=-152°$$

根据相位裕度的定义，得

$$\gamma=180°+\angle G(j\omega_c)H(j\omega_c)=28°$$

② 计算 M_r 及 ω_r

系统的闭环传递函数为 $\Phi(s)=\dfrac{16}{s^2+2s+16}$，将其与二阶系统的标准形式进行比较，可得二阶系统的无阻尼振荡频率 ω_n 及阻尼比 ζ 为

$$\omega_n=4\text{rad/s},\quad \zeta=\frac{1}{2\omega_n}=0.25$$

已知二阶系统的 M_r 及 ω_r 与参数 ω_n 及 ζ 的关系为

$$M_r=\frac{1}{2\zeta\sqrt{1-\zeta^2}},\quad \omega_r=\omega_n\sqrt{1-2\zeta^2}$$

由此求得 $M_r=2.06$，$\omega_r=3.74\text{rad/s}$

【例 5-16】 已知最小相位系统 Bode 图的对数幅频特性如图 5-59 所示。试分别求取系统的开环传递函数。

分析：系统为最小相位系统，否则，只由对数幅频特性曲线无法确定出开环频率特性。在二阶振荡环节中，注意峰值频率 ω_r 与系统无阻尼振荡频率 ω_n 的不同以及二者之间的关系。

解 ① 由系统幅频特性可知，开环传递函数是 $G(s)$ 是由放大环节、两个积分环节、两个一阶微分环节和一个一阶惯性环节组成的。由图中给出的转折频率 $\omega_1,\omega_2,\omega_3$，可知 $G(s)$ 的基本形式为

$$G(s)=\frac{K\left(\frac{s}{\omega_1}+1\right)\left(\frac{s}{\omega_3}+1\right)}{s^2\left(\frac{s}{\omega_2}+1\right)}$$

关键是如何求出开环增益 K。

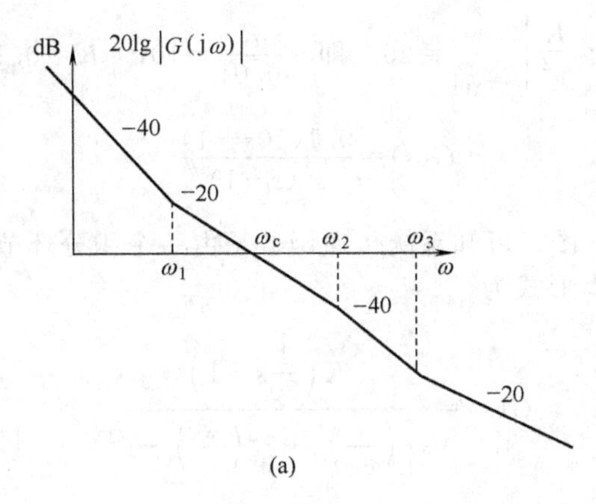

(a)

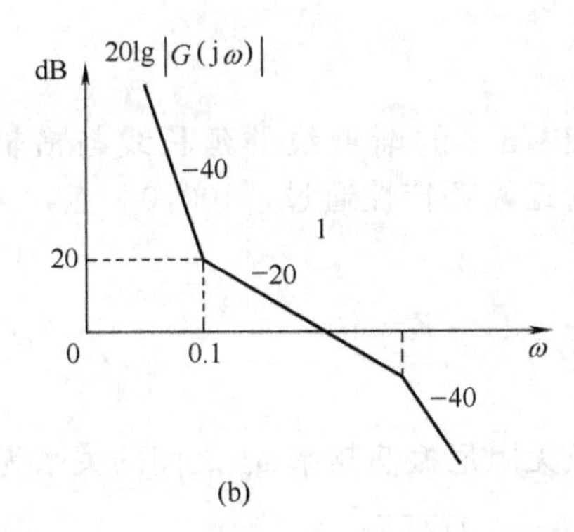

(b)

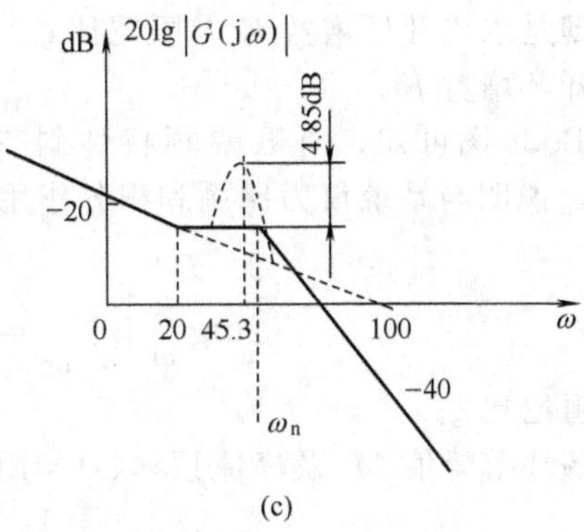

(c)

图 5-59　最小相位系统对数幅频特性

根据渐近幅频特性的性质则有

$$20\lg|G(\mathrm{j}\omega)|=\begin{cases}20\lg\dfrac{K}{\omega^2}, & \omega<\omega_1\\ 20\lg\dfrac{K}{\omega^2}\times\dfrac{\omega}{\omega_1}, & \omega_1<\omega<\omega_2\\ 20\lg\dfrac{K}{\omega^2}\times\dfrac{\omega}{\omega_1}\times\dfrac{1}{\dfrac{\omega}{\omega_2}}, & \omega_2<\omega<\omega_3\\ 20\lg\dfrac{K}{\omega^2}\times\dfrac{\omega}{\omega_1}\times\dfrac{1}{\dfrac{\omega}{\omega_2}}\times\dfrac{\omega}{\omega_3}, & \omega>\omega_3\end{cases}$$

当 $\omega=\omega_c$ 时，　　$20\lg|G(\mathrm{j}\omega)|=0$，　$\omega_1<\omega_c<\omega_2$

所以有　　$20\lg\dfrac{K}{\omega_c^2}\times\dfrac{\omega_c}{\omega_1}=0$　即　$\dfrac{K}{\omega_c^2}\times\dfrac{\omega_c}{\omega_1}=1$

解得　　$K=\omega_1\omega_c$

② 根据幅频特性曲线可知，开环传递函数为

$$G(s)=\frac{K\left(\dfrac{s}{0.1}+1\right)}{s^2(s+1)}=\frac{K(10s+1)}{s^2(s+1)}$$

求 K。

方法一　　$(\lg\omega_1-\lg 0.1)\times 40=20$，即 $\omega_1=0.316$；$K=\omega_1^2=0.1$

方法二 $$20\lg \frac{K}{\omega^2}\bigg|_{\omega=0.1}=20 \quad 即 \quad \frac{K}{0.01}=10, \quad K=0.1$$

所以开环传递函数 $$G(s)=\frac{0.1(10s+1)}{s^2(s+1)}$$

③ 根据开环系统 Bode 图，可知系统传递函数是由一个积分环节和一个一阶微分环节及一个振荡环节组成的，基本形式为

$$G(s)=\frac{K\left(\frac{1}{20}s+1\right)}{s\left[\left(\frac{s}{\omega_n}\right)^2+2\zeta\left(\frac{s}{\omega_n}\right)+1\right]}$$

关键是求出开环增益 K 及阻尼比 ζ。

求开环增益 K。

由 Bode 图可知，对数幅频特性斜率为 -20dB/dec 的渐近线的延长线与横轴相交于 $\omega=100$，说明当系统仅为比例和积分作用时，其渐近幅频特性通过［100,0］点，即有下式成立

$$20\lg \frac{K}{\omega}\bigg|_{\omega=100}=0，即\frac{K}{100}=1, \quad K=100$$

求阻尼比 ζ。

振荡环节峰值 M_r 及峰值频率 ω_r 与阻尼比 ζ 及无阻尼振荡频率 ω_n 之间的关系为

$$M_r=\frac{1}{2\zeta\sqrt{1-\zeta^2}}, \quad \omega_r=\omega_n\sqrt{1-2\zeta^2}$$

由开环系统 Bode 图可知：$20\lg M_r=4.85$dB，峰值频率 $\omega_r=45.3$rad/s

所以 $20\lg \dfrac{1}{2\zeta\sqrt{1-\zeta^2}}=4.85$， 解得 $\zeta=0.3$。

将 ω_r 的值及 ζ 的值代入 $\omega_r=\omega_n\sqrt{1-2\zeta^2}$，可得出无阻尼振荡频率 $\omega_n=50$rad/s。

将 $K=100$，$\zeta=0.3$，$\omega_n=50$ 代入系统开环传递函数 $G(s)$ 为

$$G(s)=\frac{100\left(\frac{1}{20}s+1\right)}{s\left[\left(\frac{s}{50}\right)^2+2\times0.3\times\left(\frac{s}{50}\right)+1\right]}=\frac{100(0.05s+1)}{s(0.0004s^2+0.012s+1)}$$

【例 5-17】 设原系统为单位反馈系统，如图 5-60 所示，且开环传递函数为

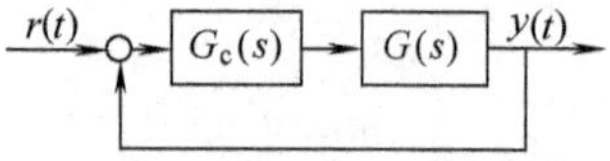

$$G(s)=\frac{100}{s^2(0.01s+1)}$$

$r(t)$ → $G_c(s)$ → $G(s)$ → $y(t)$

图 5-60 单位反馈系统

现串联一个比例积分或比例微分调节器，其传递函数分别为

$$G_{c1}(s)=1+\frac{1}{0.1s}, \quad G_{c2}(s)=1+0.1s$$

试：① 用渐近线画出 $G(s)$ 的对数幅相频特性图。

② 画出 $G(s)$ 与 $G_{c1}(s)$ 串联后的对数幅频特性渐近线图形及对数相频特性的大致图形。

③ 画出 $G(s)$ 与 $G_{c2}(s)$ 串联后的对数幅频特性渐近线图形及对数相频特性的大致图形。

④ 试利用以上图形分别说明串联 $G_{c1}(s)$ 和 $G_{c2}(s)$ 对系统稳定性的影响。

解 ① 考虑开环系统 $G(s)=\dfrac{100}{s^2(0.01s+1)}$。

转折频率为：$\omega_1=100$，起始渐近线斜率为 -40dB/dec，并且通过点：$\omega=1$ 时，$20\lg|G(j\omega)|=20\lg\dfrac{100}{1^2}=40$。系统对数相频特性是 $-180°$ 线与转折频率为 $\omega_1=100$ 的一阶惯性环节的相频特性的叠加。故对数幅频特性渐近线及对数相频特性的大致图形如图 5-61所示。

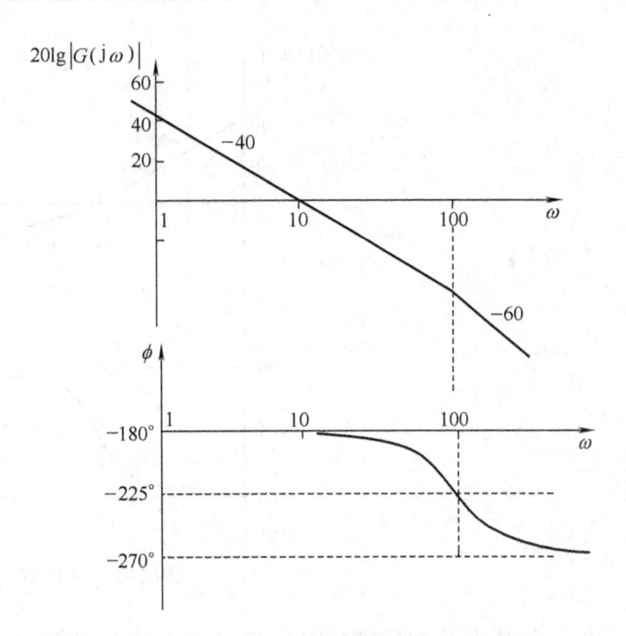

图 5-61 开环系统对数幅相频率特性

② $G(s)$ 与 $G_{c1}(s)$ 串联后的频率特性函数为 $G'(s)=\dfrac{1000(0.1s+1)}{s^3(0.01s+1)}$；转折频率为$\omega_1=10$，$\omega_2=100$；起始渐近线斜率为$-60$dB/dec，并且通过点：$\omega=1$时，$20\lg|G'(j\omega)|=20\lg\dfrac{1000}{1^2}=60$。系统对数相频特性是$-270°$线与转折频率为 $\omega_1=10$ 的一阶微分环节及转折频率为 $\omega_2=100$ 的一阶惯性环节的相频特性的叠加，所以对数幅频特性渐近线及对数相频特性的大致图形如图 5-62 所示。

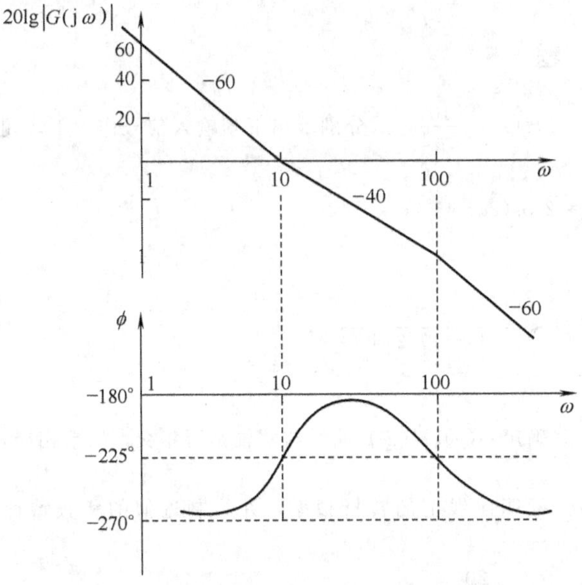

图 5-62 串联比例积分环节后对数幅相频特性

③ $G(s)$ 与 $G_{c2}(s)$ 串联后的频率特性函数为 $G'(s)=\dfrac{100(0.1s+1)}{s^2(0.01s+1)}$；转折频率为$\omega_1=10$，$\omega_2=100$；起始渐近线斜率为 -40dB/dec，并且通过点：$\omega=1$ 时，$20\lg|G'(j\omega)|=20\lg\dfrac{100}{1^2}=40$。系统对数相频特性是$-180°$线与转折频率为 $\omega_1=10$ 的一阶微分环节及转折频率为$\omega_2=100$ 的一阶积分环节的相频特性的叠加，所以对数幅频特性渐近线及对数相频特性的大致图形如图 5-63 所示。

④ 根据以上图形可以看出：$G(s)$ 与 $G_{c1}(s)$ 串联会使系统稳定性变差，$G(s)$与 $G_{c2}(s)$ 串联可使系统的稳定性增强。

5.6.3 本章小结

本章介绍了实际应用最广泛的控制器分析和设计的频率特性方法，讨论了如何利用频率特性的极坐标图、Nyquist 稳定判据、Bode 图等分析闭环控制系统的性能，主要内容如下。

① 频率特性的基本概念，意义及其图示法，包括极坐标图和 Bode 图的绘制方法，介绍了频率特性的因子相加性质，并重点讨论了比例、一阶滞后、一阶超前、纯积分、纯微分、纯滞后、PI 环节、PID 环节等典型环节的极坐标图和 Bode 图的画法。

② 著名的 Nyquist 稳定判据，是频域分析最重要的工具，该判据把闭环系统的稳定性的条件转化为开环系统频率特性的图解形式。

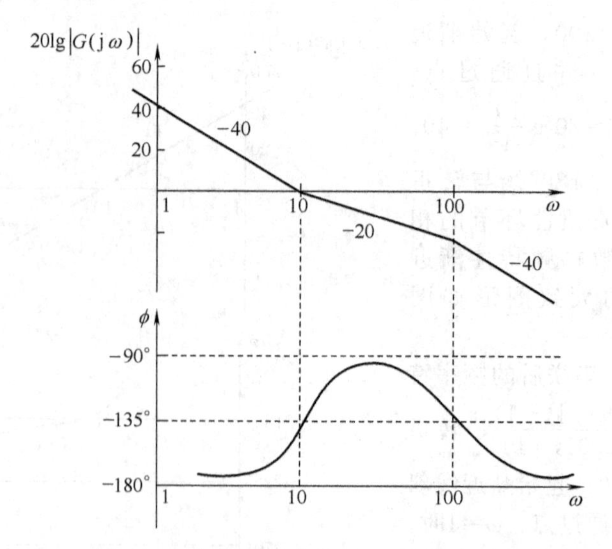

图 5-63　串联比例微分环节后幅相频率特性

③ 闭环系统的频域指标，以及每个指标的意义，指标间的相互关系等，指出了相位裕度，幅值裕度等与闭环系统稳定程度的关系。

④ 闭环频率特性的尼柯尔斯曲线，并利用尼柯尔斯曲线，按 M_r 值指标进行闭环系统的分析和设计。

习　题　5

5-1　设单位反馈控制系统的开环传递函数为 $G(s)H(s)=\frac{10}{s+1}$，试分别求出下列输入信号作用下，闭环系统的稳态输出。

(1) $r(t)=\sin(t+30°)$；　　(2) $r(t)=2\cos(2t-45°)$；

(3) $r(t)=\sin(t+30°)-2\cos(2t-45°)$

5-2　设控制系统的开环传递函数为

(1) $G(s)H(s)=\frac{1}{(s+1)(2s+1)}$　　(2) $G(s)H(s)=\frac{1}{s(s+1)(2s+1)}$

(3) $G(s)H(s)=\frac{1}{s^2(s+1)(2s+1)}$

试画出开环频率特性的极坐标图（$\omega=0\sim\infty$），并确定 $G(j\omega)H(j\omega)$ 曲线与实轴是否相交，如果相交，试确定相交点处的频率和相应的幅值。

5-3　画出下列传递函数的对数幅频渐近特性。标明曲线上的转折频率，并绘制近似的相频特性曲线。

(1) $\frac{10}{2s+1}$　　(2) $\frac{2}{(2s+1)(8s+1)}$　　(3) $\frac{200}{s^2(s+1)(10s+1)}$

(4) $\frac{10(s+0.2)}{s^2(s+0.1)}$　　(5) $\frac{400(1+0.1s)}{s^2(1+0.01s)^2}$

5-4　绘制下列传递函数的 Bode 图，确定系统的幅值交角频率及相应的相稳定裕度。

(1) $\frac{10}{s(0.5s+1)(0.1s+1)}$　　(2) $\frac{75(1+0.2s)}{s(s^2+16s+100)}$

5-5　最小相位传递函数的对数幅频渐近线如图 5-64 所示，试分别确定系统传递函数。

5-6　设最小相位系统的对数频率特性如图 5-65 所示，试

(1) 写出系统的传递函数 $G(s)$；

(2) 当输入一正弦信号 $r(t)=10\sin200t$ 时，求系统的稳态输出。

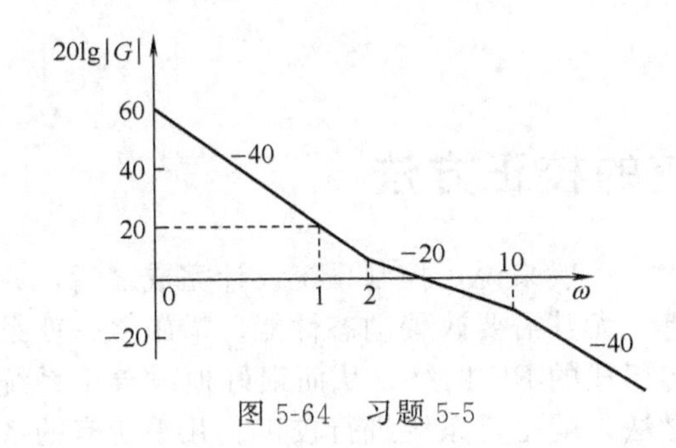

图 5-64　习题 5-5

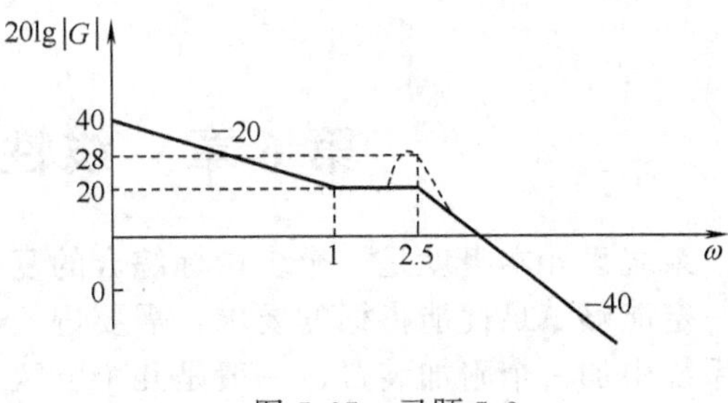

图 5-65　习题 5-6

5-7　已知开环传递函数为$\frac{K}{(s+2)(s+5)(s-1)}$，试确定闭环稳定条件，并画出极坐标图。

5-8　已知单位反馈系统开环传递函数为 $G(s)=\frac{10}{(0.2s+1)(s+2)(s+0.5)}$。试画出其相频特性曲线和对数幅频渐近线，并估算系统相位裕度和幅值裕度。

5-9　已知系统的开环传递函数为 $G(s)=\frac{K(0.2s+1)}{s^2(0.02s+1)}$。

(1) 若 $K=1$，求该系统的相位裕度；

(2) 若要求系统的相位稳定裕度为 45°，求 K 值。

5-10　已知系统的开环传递函数为 $G(s)H(s)=\frac{4}{s^2(0.2s+1)}$。

(1) 绘制系统的 Bode 图，并求系统的相位裕度。

(2) 在系统中串联一个比例微分环节 $(s+1)$，绘制系统的 Bode 图，并求系统的相位裕度。

(3) 说明比例微分环节对系统稳定性的影响。

(4) 说明相对稳定性较好的系统，中频段对数幅频特性应具有的形状。

5-11　已知控制系统的开环传递函数为

$$G_0(s)=\frac{K}{(Ts+1)^n},\quad 其中 K>0，T>0$$

试证明系统闭环稳定的条件为 $K<\frac{1}{\cos^n(\pi/n)}$。

5-12　已知两系统的开环传递函数分别为

(1) $G_0(s)=\frac{K}{s(Ts+1)}$　　(2) $G_0(s)=\frac{K(Ts+1)}{s^2}$

试分析参数 T 的变化对相位稳定裕度的影响。

5-13　设单位反馈控制系统的开环传递函数分别为

(1) $G(s)=\frac{K(0.1s+1)}{s(s-1)}$　　(2) $G(s)=\frac{K\mathrm{e}^{-0.8s}}{s+1}$

(3) $G(s)=\frac{K}{s(0.1s+1)(0.25s+1)}$　　(4) $G(s)=\frac{K(5s+1)}{s^2(4s^2+0.8s+1)}$

试用奈奎斯特稳定判据确定使各系统闭环稳定的 K 的范围。

5-14　已知负反馈系统的 Nyquist 图如图 5-66所示。设开环增益 $K=500$，在 s 平面右半平面开环极点数 $p=0$。试确定 K 位于哪两个数值之间时为稳定系统；K 小于何值时，该系统不稳定。

5-15　已知单位反馈系统的开环传递函数为

$$G(s)=\frac{100}{s(Ts+1)}$$

试计算当系统的相角裕度 $\gamma=36°$时的 T 值和系统闭环幅频特性的谐振峰值 M_r。

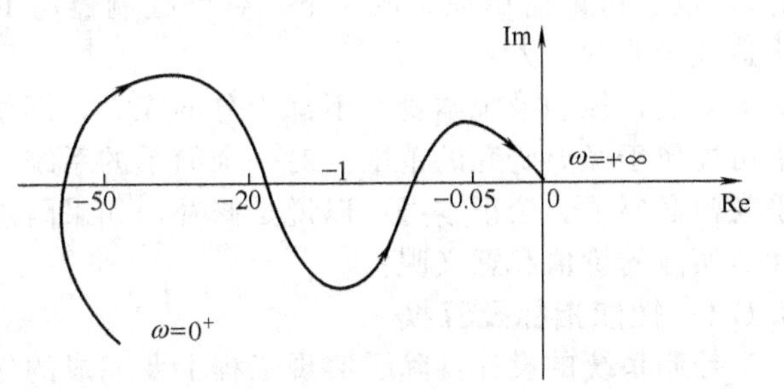

图 5-66　习题 5-14

第 6 章　线性系统的校正方法

系统设计本身就是一个多指标综合的复杂过程，一般来说，控制系统设计完成之后，并不一定能够满足性能指标的要求，需要进一步完善，尤其需要改善动态性能。措施之一就是在系统中加一个附加装置，一般是几个电阻和电容组成的RC网络，从而很好地改善了系统的动态性能。这种加入一个装置改善系统性能的做法，就是对系统进行校正。几乎所有的系统都需要校正，所以，线性系统的校正是自动控制理论的核心课题。

6.1　系统校正的问题和校正装置

在控制系统的理论和实践中，系统的性能是在系统实现了控制目标之后，需要特别考虑的问题。优秀的控制系统，应该有如下特征。

① 稳定性能好，能有效地抑制外界干扰。

② 满足要求的性能指标，如超调量、调节时间等。

③ 对系统中的参数变化不敏感，漂移量小，稳态误差较小。

控制系统设计成功的标准，不仅仅是满足控制过程目标，还应该是一个性能优秀的控制系统。对系列化面向市场的工业产品，还应该考虑经济指标。

在前面的章节中，介绍了通过调整系统内部的参数改变系统的性能，但很多时候这种简捷的方法并不一定有效，也就是说仅靠调整开环增益等参数的方法不能很好地满足性能指标，这时可以通过加入一个部件或电路来改善系统的性能。

本章介绍的校正装置的理论设计方法，不仅仅使校正后的系统满足性能指标，而且还希望将校正后的闭环系统近似成一个二阶系统。无论RC网络，还是附加的机械、液压、气动的装置，其数学模型传递函数的形式，都是非常简单初等的。目前控制理论研究的发展方向繁多，内容丰富多彩。但就现代控制理论而言，可以说其结论和方法已经将经典控制论中的内容全部覆盖了，似乎经典控制理论已经没有存在的必要，更具体到校正这个课题，对应于现代控制理论中有极点配置和状态观测器设计，还有计算机控制中的数字控制器问题。从理论上来说，极点配置和状态观测器的设计都非常优秀，可以为系统任意配置极点，自然也可以构造任意的状态观测器。事实上，任意和无穷大是可望而不可行的，都仅仅是理想的状态。不少文献中也介绍了它们在实际上的不可实现性。实践已经充分证明了这两大理论之间的互补性和互不可替代性，许多文献也阐明了这些观点。

事实上RC网络不仅仅简单，就是其经济上的价格也应该是最便宜的。所以从这个意义上说，与RC网络相比，现代控制论中的任何一种工程上的实现都在性能价格比上处于劣势。(读者可以简单地想像一下，数字控制器与RC网络的性能价格比，两者之间物理上的构造差异非常之大)。

其实，控制系统本身并不都十分的庞大，即便庞大的控制系统，其中的小回路、子系统也可能属于经典研究的范围。对一个简单的系统，再构造观测器，使用多变量或数字技术似乎就没必要了。校正本身可以说是修补，如果附加的装置比系统本身都大、都复杂，那还有什么实际的价值和意义呢？

6.1.1　性能指标及互换

控制系统的设计，除了实现工程上要完成的任务之外，还必须使系统的综合性能达到最优。比如移动物品的机械手，首先要能握住物品，并且移动到指定的位置放下。实现不了这个第一目标，就考虑控制系统的性能，显然是错误的。实现了抓移物品的整个过程之后，就要考虑机械手的控制性能，像启动的速度，即调节时间，抖动的幅度，即超调量的问题。系统能不能完全按期望线路完成移动，也就是系统精确性的问题。就移动物品的机械手这一工程实例可以看出，控制系统设计中的综合问题是非常复杂的，一般来说，如果过于突出某一指标最优，往往对其他指标的实现产生不利影响。所以性能指标的提出是综合多方面的因素而给出的，是切合具体的工程需要来确定的，有时还必须考虑经济上的因素和人所处的环境。系统的性能指标提出之后，需要加校正装置进行校正。一般根据性能指标给出的形式来确定完成理论设计的方法。如果性能指标以单位阶跃响应的峰值时间、调节时间、超调量、阻尼比、自然频率、稳态误差等时域指标给出时，一般采用本书中介绍的在根轨迹上进行设计的解析方法。如果性能指标以系统的相角裕量、幅值裕度、谐振峰值、闭环带宽、静态误差系数等频域指标给出时，一般采用频率法完成理论设计。

读者在学完本章介绍的校正装置设计的这两大类方法之后，应该倾向于使用根轨迹上设计的解析方法。因为这个解析方法，即直观又易于理解掌握，而且可以得到所有的理论解。也就是说，频率法画一张图，只能完成一个点的设计，而解析法，一张根轨迹图就完成了性能指标确定之后的所有解的设计。

目前工程技术界多采用频率法，这是因为过去在根轨迹图上的校正装置设计方法不仅不完备，而且画根轨迹需要求解高次方程也已经让人却步了。但是，对于计算机已十分普及的现在，不要说解高次方程，就连根轨迹图的绘制也完全可由 Matlab 来实现。所以，建议读者使用解析方法，或者两者并用效果更佳。

二阶系统的频率域与时域指标的关系如下。

谐振峰值：
$$M_r=\frac{1}{2\zeta\sqrt{1-\zeta^2}} \tag{6-1}$$

谐振频率：
$$\omega_r=\omega_n\sqrt{1-2\zeta^2},\quad \zeta\leqslant 0.707 \tag{6-2}$$

带宽频率：
$$\omega_b=\omega_n\sqrt{1-2\zeta^2+\sqrt{2-4\zeta^2+4\zeta^4}} \tag{6-3}$$

幅值交角频率：
$$\omega_c=\omega_n\sqrt{\sqrt{1-4\zeta^4}-2\zeta^2} \tag{6-4}$$

相角裕度：
$$\gamma=\arctan\left(\frac{2\zeta}{\sqrt{\sqrt{1+4\zeta^4}-2\zeta^2}}\right) \tag{6-5}$$

超调量：
$$\sigma\%=\mathrm{e}^{-\frac{\pi\zeta}{\sqrt{1-\zeta^2}}} \tag{6-6}$$

调节时间：
$$t_s=\frac{3.5}{\zeta\omega_n} \tag{6-7}$$

高阶系统频域指标与时域指标的近似公式

谐振峰值：
$$M_r=\frac{1}{\sin\gamma} \tag{6-8}$$

超调量：
$$\sigma=0.16+0.4(M_r-1),\quad 1\leqslant M_r\leqslant 1.8 \tag{6-9}$$

调节时间：
$$t_s=\frac{k_0\pi}{\omega_c} \tag{6-10}$$

其中
$$k_0=2+1.5(M_r-1)+2.5(M_r-1)^2,\quad 1\leqslant M_r\leqslant 1.8$$

若将频率域的指标转化成时域的指标，利用解析方法进行校正装置的设计，首先需将给出的相角裕度 γ 等指标转化为 ζ 和 ω_n。本章推导了已知 γ 求 ζ 的公式，具体过程如下。

对于二阶线性系统相角裕度 γ 式（6-5）两边取正切并平方得

$$\tan^2\gamma=\frac{4\zeta^2}{\sqrt{4\zeta^4+1}-2\zeta^2}$$

重新整理得：

$$\frac{\tan^2\gamma}{2}=\frac{2\zeta^2}{\sqrt{4\zeta^4+1}-2\zeta^2}\Rightarrow\frac{\tan^2\gamma}{2+\tan^2\gamma}=\frac{2\zeta^2}{\sqrt{4\zeta^4+1}}$$

对上式两边平方

$$\frac{\tan^4\gamma}{4+4\tan^2\gamma+\tan^4\gamma}=\frac{4\zeta^4}{4\zeta^4+1}\Rightarrow\frac{\tan^4\gamma}{4+4\tan^2\gamma}=4\zeta^4$$

$$\zeta=\frac{\tan\gamma}{2\sqrt[4]{1+\tan^2\gamma}} \tag{6-11}$$

这就是 ζ—γ 公式。再考虑幅值交角频率式（6-4），则有 $\gamma=\arctan\left(\frac{2\zeta\omega_n}{\omega_c}\right)$，即

$$2\zeta\omega_n=\omega_c\tan\gamma\omega_n=\omega_c\sqrt[4]{1+\tan^2\gamma} \tag{6-12}$$

这就是 $\omega_n-\omega_c\gamma$ 公式。

利用式（6-11）和式（6-12）可以轻易地实现二阶系统频率域和时域指标之间的相互转化。

6.1.2　校正方式

校正装置在系统中的位置，是根据系统校正需要达到的目的来安排的。依据校正装置所在的位置，可以将校正方式分成四种。在实际控制过程中，校正形式上的不同会产生不同的作用和效果。

第一种，将校正装置串接在系统误差测量点之后和放大器之前，串联在系统的前向通道上，这种校正方式就是串联校正。如图 6-1 所示，串联校正是校正方式中最常用的方式。它易于物理上实现，理论设计简单成熟。主要用来改善系统的性能指标。

第二种，并联校正，又称反馈校正，它是将校正装置接在系统局部反馈通道之中，如图 6-2 所示。反馈校正所需元件数目比串联校正少，可以不附加放大器，能消除系统原有部分参数漂移对系统性能的影响，减少非线性因素对系统性能的影响。

图 6-1　串联校正　　　图 6-2　并联校正

第三种，前馈校正，又称顺馈校正，它的一种校正方式是将校正装置接在系统的输入通道的主反馈作用点之前。这种方式的作用相当于对输入信号进行整形或滤波后，再送入反馈系统。在系统中采用附加的前馈校正，可以很好地解决原系统不好处理的稳态精度和抗扰问题，如图 6-3（a）所示。另一种前馈校正装置与可测干扰作用点相接并反馈到误差测量点之前对扰动信号进行直接或间接的测量，并经变换后接入系统，形成一条对扰动影响进行补偿的反馈回路，如图 6-3（b）所示。前馈校正可以单独作用于开环系统，也可以作为反馈控制系统的一个子回路而构成复合控制系统。

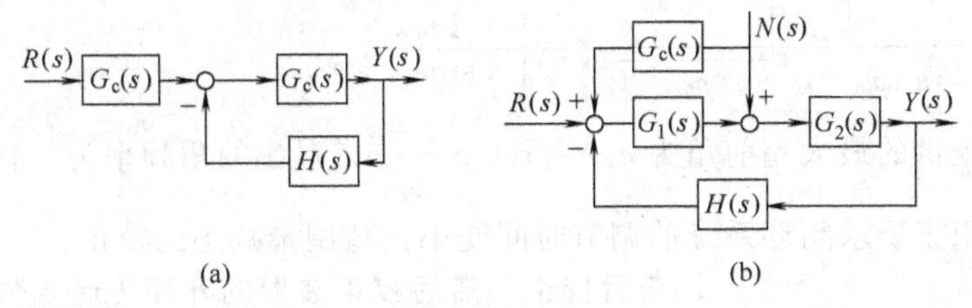

图 6-3　前馈校正

第四种，是上述三大方式的组合，也就是说，在有串联校正的方式中，同时存在并联校正装置，也可能是前馈与并联的组合，总之，将不在上述三大类校正方式下的其他不宜归为这三大类之一的那些方式一并归入这第四种校正方式中，一般称之为复合校正。

6.1.3　常用校正装置及其特性

本节介绍常用无源及有源校正装置的传递函数，对数频率特性以及常用于作校正装置的 RC 网络，为后面理解掌握频率域上的校正方法打下基础。

(1) 无源校正装置

① 超前校正　超前校正装置的开环传递函数为：$G_c(s)=\alpha\dfrac{1+Ts}{1+\alpha Ts}$，更一般性地可写成

$$G_c(s)=k_c\frac{s+x_1}{s+x_2} \tag{6-13}$$

$\alpha=\dfrac{R_2}{R_1+R_2}<1$，$T=R_1C$。$T$ 叫做时间常数。实现传递函数式 (6-13) 的最基本的 RC 电路如图 6-4 所示。如果给无源校正网络接一放大系数为$\dfrac{1}{\alpha}$的比例放大器，可补偿校正装置的幅值衰减作用，此时，频率域的设计取

$$G_c(s)=\frac{1+Ts}{1+\alpha Ts} \tag{6-14}$$

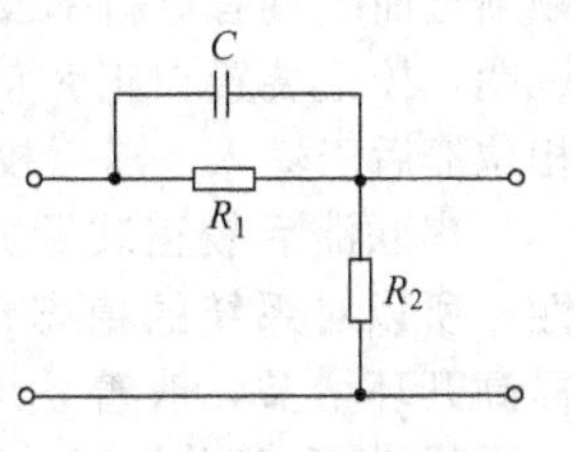

图 6-4　超前校正网络

的最简形式，它的对数幅频渐近特性曲线如图 6-5 所示。

从其对数幅相渐近图上可以得出，其对数幅频渐近特性曲线具有正斜率段，相频曲线具有正相移。这说明校正装置在正弦信号输入下的稳态输出电压，相位超前于输入。

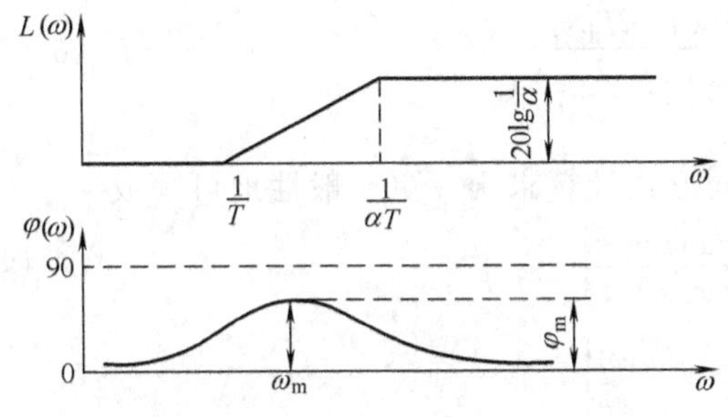

图 6-5　超前校正装置的 Bode 图

校正装置的对数幅频和相频特性的表达式分别为

$$20\lg|G_c(j\omega)|=20\lg\sqrt{1+(T\omega)^2}-20\lg\sqrt{1+(\alpha T\omega)^2}$$

$$\varphi(\omega)=\arctan T\omega-\arctan\alpha T\omega$$

根据微积分中的极值原理：$\dfrac{d\varphi(\omega)}{d\omega}=0$ 的根可能是极值点。所以

$$\varphi'(\omega)=\frac{T}{1+(T\omega)^2}-\frac{\alpha T}{1+(\alpha T\omega)^2}=0\Rightarrow\omega_m=\frac{1}{T\sqrt{\alpha}}$$

$$\tan\varphi(\omega_m)=\tan[\arctan(T\omega_m)-\arctan(\alpha T\omega_m)]\Rightarrow\tan\varphi_m=\frac{1-\alpha}{2\sqrt{\alpha}}$$

根据上面的公式，可以导出 α 与最大超前角 ω_m 的关系如下，该式在后面校正装置的设计中是十分重要的。

$$\alpha=\frac{1}{(\tan\varphi_m+\sqrt{\tan^2\varphi_m+1})^2}=\frac{1-\sin\varphi_m}{1+\sin\varphi_m}$$

所以超前装置所提供的最大超前角为 $\varphi_m=\arctan\frac{1-\alpha}{2\sqrt{\alpha}}$，对应的角频率为 $\omega_m=\frac{1}{T\sqrt{\alpha}}$。

超前装置适用于要求闭环系统的调节时间变小，超调量减小的校正。

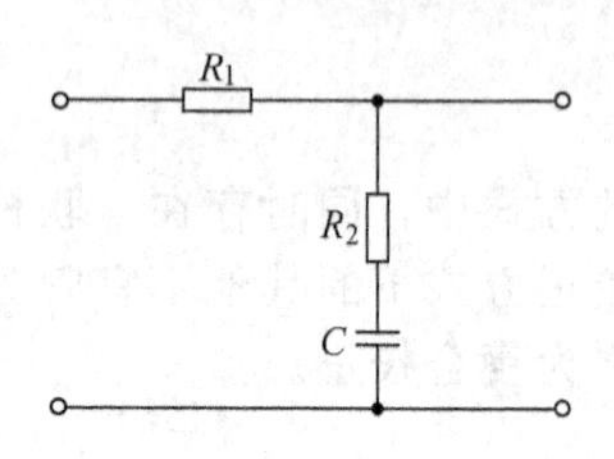

图 6-6 滞后校正网络

② 滞后校正　滞后校正装置的开环传递函数为

$$G_c(s)=\frac{1+Ts}{1+bTs} \tag{6-15}$$

更一般性地可写成

$$G_c(s)=k_c\frac{s+x_1}{s+x_2} \tag{6-16}$$

$b=\frac{R_1+R_2}{R_2}>1$，$T=R_2C$。T 仍是时间常数。实现这个传递函数最基本的 RC 电路如图 6-6 所示。

它的对数幅频渐近特性曲线如图 6-7 所示。滞后校正装置的最大滞后相角为 $\varphi_m=\arcsin\frac{1-b}{1+b}$，对应的角频率为 $\omega_m=\frac{1}{T\sqrt{b}}$。

从它的对数幅相渐近特性曲线可以得出，对数幅频渐近曲线具有负斜率段，相频曲线具有负相移。这说明，校正装置在正弦信号输入时的稳态输出电压，相位滞后于输入。滞后校正装置因此而得名。

串联滞后校正装置并不改变系统最低频段的特性，所以对系统的稳态精度不起破坏作用，往往能提高开环增益，改善系统的稳态性能。

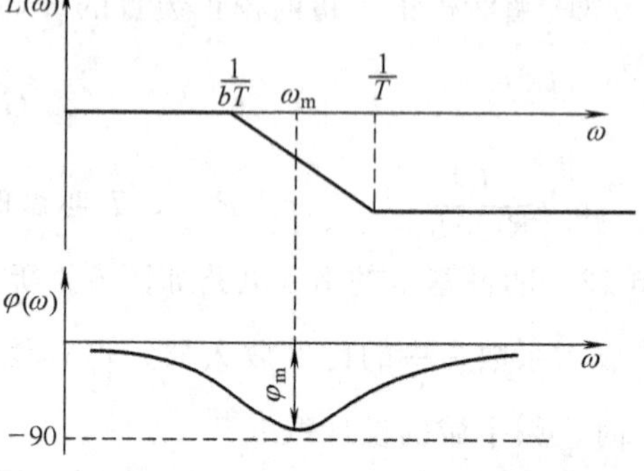

图 6-7 滞后校正装置的 Bode 图

③ 滞后-超前校正　滞后-超前校正装置的开环传递函数为 $G_c(s)=\frac{(1+T_as)(1+T_bs)}{T_aT_bs^2+(T_a+T_b+T_{ab})s+1}$，$T_a=R_1C_1$，$T_b=R_2C_2$，$T_{ab}=R_1C_2$，又将 $G_c(s)$ 写成下列形式

$$G_c(s)=\frac{(1+T_as)(1+T_bs)}{(1+\alpha T_as)\left(1+\frac{T_b}{\alpha}s\right)} \tag{6-17}$$

α 可由 T_a,T_b,T_{ab} 及上述传递函数的两个不同形式计算求出。更一般性地可写成

$$G_c(s)=k_c\frac{s^2+x_1s+x_2}{s^2+x_3s+x_2} \tag{6-18}$$

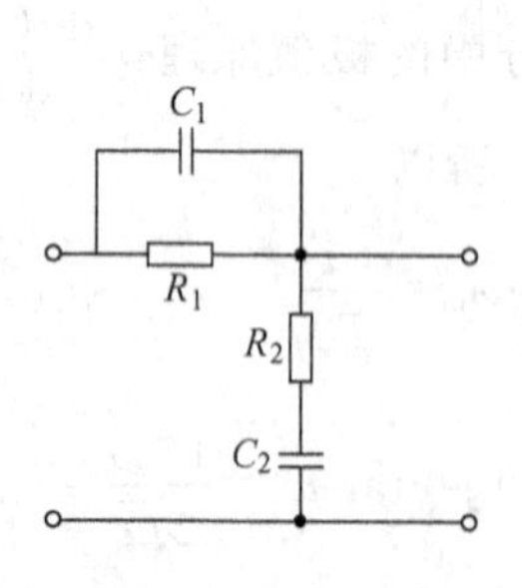

图 6-8 滞后-超前校正网络

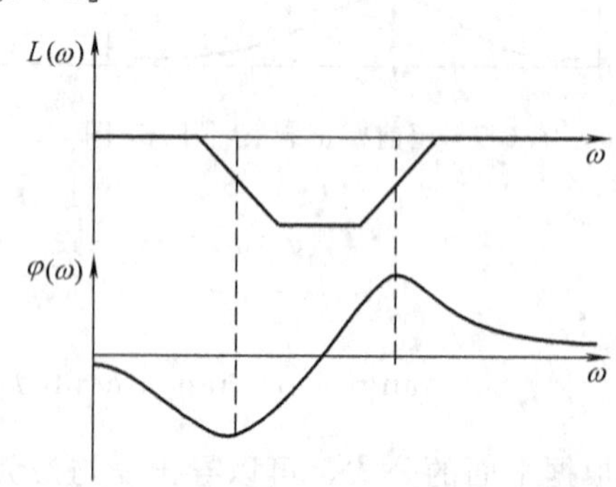

图 6-9 滞后-超前校正装置的 Bode 图

其中$\frac{1+T_a s}{1+\alpha T_a s}$为校正装置的滞后部分，$\frac{1+T_b s}{1+\frac{T_b}{\alpha}s}$为校正装置的超前部分。实现传递函数式(6-18) 的最简单 RC 电路形式和它的对数幅相渐近曲线如图 6-8 和图 6-9 所示。从其对数幅相渐近特性曲线可以看出，低频段具有负斜率，负相移，起到滞后校正的作用。高频段具有正斜率，正相移，起到超前校正的作用。

(2) 有源校正装置

实际控制系统中广泛采用无源装置进行串联校正，取得了良好的效果，但并不是在所有的控制系统中使用都适合。例如在放大器级间接入无源校正装置后，由于负载效应的发生，有时达不到希望的性能。另外，在较复杂系统中使用无源校正装置，由于其他器件的固定不变，不能随调，因此，也带来一些不便。在工程中，也常常使用有源校正装置。有源校正装置最常见的构成有：一是测速发动机与无源装置结合起来；二是 PID 控制器；三是把无源装置接在运算放大器的反馈通路中。

有源校正装置在物理组成上不同于无源校正装置，在物理特性上也略不同于无源校正装置。但在本课程中，无论是频率域还是时域中的理论分析和设计上看成性能完全相同的，不加区分。也就是说，前面的超前、滞后、滞后-超前的形式，在有源校正装置中都相应存在，其自动控制原理中关心的特性是一致的。所以，在此就不详细展开了。

6.1.4　PID 控制器

前一节中介绍的校正装置，都需要个人自己动手选件连接做成校正装置。事实上，这个过程并不简单方便，如果再做理论上的计算，更不简捷。完全可以直接选用已经由厂家定型生产的专用校正装置来改善控制系统的性能，也就是几十年来，广泛应用的 PID 控制器。

最早的 PID 控制器是气动组件，随着电子技术和集成电路的发展又出现了电子式的 PID 控制器和完全数字化的数字 PID 控制器。但是，无论构造组成上的千变万化，其工作原理完全一样。就其功能来说，除了少量的电器特性有所不同外，属于控制原理中的功能完全一样。所以，这里不介绍它们具体的物理构成，而只介绍其传递函数的形式和控制性能。

PID 控制器时域的输出方程为 $m(t)=k_p e(t)+k_i\int e(t)\mathrm{d}t+k_d\frac{\mathrm{d}e(t)}{\mathrm{d}t}$，传递函数为

$$\frac{M(s)}{E(s)}=G_c(s)=k_p+\frac{k_i}{s}+k_d s=\frac{k_d s^2+k_p s+k_i}{s} \tag{6-19}$$

从上述传递函数可以看出，PID 控制器具有最基本的四大类校正装置的功能，这里将 PID 控制器分四种情况介绍。

(1) 比例控制器 (P)

令 $k_i=k_d=0$，得 $G_c(s)=k_p$。如果将控制器串联在系统的前向通道上，调整 k_p 就相当于调整系统的开环增益。尽管在理论上这种调整增益的方法简捷，但是增加 k_p 会使系统的相对稳定性降低，可能造成闭环不稳定。

(2) 比例积分控制器 (PI)

令 $k_d=0$，得 $G_c(s)=\frac{k_p s+k_i}{s}$。PI 控制器是一个较特殊的滞后校正装置，其一般特性就是滞后校正的特性。由于串联上它之后为系统增添了一个新的开环极点，所以能够提高系统的型别，消除或减少系统的稳态误差，从而改善了系统的稳态性能。

(3) 比例微分控制器 (PD)

令 $k_i=0$，得 $G_c(s)=k_p+k_d s$。PD 控制器相当于一个特殊的超前校正装置，如果将它串联在系统的前向通道上，将给闭环系统增加新的零点，同时也使系统的闭环极点发生改变。因此，串联 PD 控制器可以很好地改变系统的动态性能，但是对稳态指标没有影响。该控制

器对噪声太敏感，一般不采用串接单个PD控制器的方法。

（4）比例积分微分控制器（PID）

$G_c(s)=\frac{k_d s^2+k_p s+k_i}{s}$。PID控制器相当于一个特殊的滞后-超前校正装置。如果将它串联在系统的前向通道上，将使开环系统的型别增加一级，并为闭环系统增加了两个负实极点。因此，在低频段能够很好地改善系统的动态性能。PID控制器综合了PD、PI控制器的优点，是应用最广泛的校正器。

6.2 频率域上的校正方法

频率域上系统校正装置的理论设计方法，出现过许多。在本节中，只介绍最常用的基于对数幅相特性曲线的设计方法。这种方法是一种近似法、试探法。根据理论上的分析和在实际工程中总结出的控制系统在Bode图上表现出来的特性进行设计。这种方法要求设计者尽可能有一定的经验，才能更好更快地完成设计。

评价控制系统的性能，一般是根据它在时域上的性能指标，不用频率域上的指标，因此，在频率域上的设计，是一种间接的设计方法，通常还需要在时域上进行仿真，以充分验证校正后系统的性能。

6.2.1 串联超前校正

通过串联超前校正装置，可以按照设计者的希望将校正后系统的开环对数幅频频率特性曲线调整为：低频段的增益满足稳态精度的要求；中频段对数幅频特性渐近线的斜率为−20dB/dec，并有相当的频带宽度（这一频段的设计主要为满足系统的动态性能指标）；高频段要求幅值迅速衰减，以减少噪声的影响。

因为超前校正装置具有相位超前的特性，所以能够增大系统的相位裕度，从而改善系统的动态性能。一般把校正装置的最大相位超前角 φ_m 发生的位置正好选在校正后系统的幅值交角频率上，这就是频率法进行超前校正装置设计的基本原理。

在对数幅频相位图上，设计串联超前校正装置的一般方法步骤如下。

① 根据稳态误差的要求，确定系统的开环增益。

② 根据确定的开环增益，绘制出未校正系统的对数幅相特性曲线，并求出它的相角裕度 γ_1。

③ 由题目要求中所提出的相角裕度 γ 和未校正系统的相角裕度 γ_1，估算出超前校正装置应该提供的最大相位超前角 φ_m，令 $\varphi'_m=\gamma-\gamma_1$，$\varphi_m>\varphi'_m$。如果未校正系统的开环对数幅频特性渐近线在幅值交角频率处的斜率为−40dB/dec，一般取 $5°<\varphi_m-\varphi'_m<10°$。如果此频段的斜率为−60dB/dec，则取 $15°<\varphi_m-\varphi'_m<20°$。

④ 由 $\alpha=\frac{1-\sin\varphi_m}{1+\sin\varphi_m}$ 算出 α。

⑤ 在未校正系统的开环对数幅频渐近线上，找出幅值等于 $10\lg\alpha$ 处所对应的频率 ω_1。令 $\omega_c=\omega_1$，ω_c 即是校正后系统的幅值交角频率。校正装置的最大超前角所对应的频率 ω_m 也等于 ω_c，即 $\omega_m=\omega_c=\omega_1$。

⑥ 时间常数 $T=\frac{1}{\omega_m\sqrt{\alpha}}$。至此校正装置的参数均已求出，得校正装置 $G_c(s)=\frac{1+Ts}{1+\alpha Ts}$。

⑦ 画出校正后系统的对数幅相曲线，验证性能指标是否满足要求。如不能满足性能要求，从①开始重新试探设计。

【例6-1】 设单位负反馈系统的开环传递函数为 $G(s)=\frac{K}{s(s+1)}$。设计串联超前校正装置，使系统满足：相角裕度 $\gamma \geqslant 45°$，单位斜坡输入下的稳态误差 $e_{ss} \leqslant 0.05$。

解 ① 根据稳态误差的要求，确定开环增益 $e_{ss}=\frac{1}{K} \leqslant 0.05$，$K$ 可以取 20。

② 绘出未校正系统的 Bode 图，如图6-10所示，其相角裕度为 $\gamma_1=13°$。

③ $\varphi_m'=45°-13°=32°$，取 $\varphi_m=\varphi_m'+8°=40°$。

④ $\alpha=\frac{1-\sin\varphi_m}{1+\sin\varphi_m}=0.22$。

⑤ 未校正系统幅值为 $10\lg\alpha=-6.6$ 处对应的频率是 $\omega_1=6.5$，则 $\omega_m=\omega_c=\omega_1=6.5$。

⑥ $T=\frac{1}{6.5\times\sqrt{0.22}}=0.33$，得校正装置

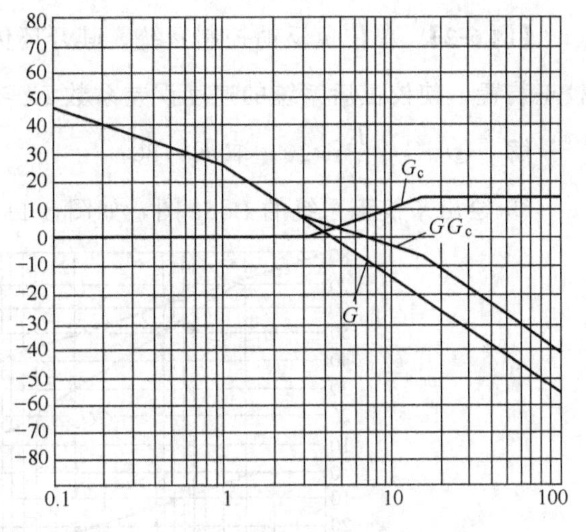

图 6-10 例 6-1 的 Bode 图

$G_c(s)=\frac{1+0.33s}{1+0.0726s}$，校正后系统开环传递函数为$\frac{20(1+0.33s)}{s(s+1)(1+0.0726s)}$。

⑦ 验证性能指标：$e_{ss}=\frac{1}{20}=0.05$，相角裕度为

$$\begin{aligned}\gamma &=180°+\angle G(j\omega_c)G_c(j\omega_c)\\ &=180°+\arctan 2.235-90°-\arctan 15-\arctan 0.4719=46°>45°\end{aligned}$$

满足性能指标要求。

有些实际工程问题可能还会出现第三个指标要求，比如要求"校正后系统的幅值交角频率大于 9rad/s"，显然上例的解 $\omega_c=6.5<9$，不符合这一要求，此时需要重新设计。

6.2.2 串联滞后校正

从频率特性上来说，滞后校正装置具有低通滤波的功能，串接它之后可以使系统中频段和高频段增益降低，并且可以减小幅值交角频率，增大系统的相角裕度，同时还不影响低频段的特性。由于 ω_c 减小，使得调节时间增大，所以在幅值交角频率附近，滞后校正装置会产生一定的相位滞后。为了尽可能减少这种滞后，在理论设计上应尽可能让校正装置传递函数的零、极点十分接近，即 $1/T$ 与$1/(bT)$的值接近。综合考虑滞后校正的物理可实现性，一般取 $T=5/\omega_c \sim 10/\omega_c$。

频率法设计滞后校正装置的一般步骤方法如下。

① 根据对误差的要求，给出系统的开环增益。

② 绘出未校正系统的 Bode 图，并求出它的相角裕度 γ_1 和幅值裕度 R_1。

③ 若相角裕度不满足要求，计算出 $\gamma'=-180°+\gamma$，γ 为所要求的校正后系统的相角裕度。一般选择 $\gamma_2=\gamma'+(5°\sim15°)$，算出或在 Bode 图上找到未校正系统与 γ_2 对应的频率 ω_c，ω_c 就是校正后系统的幅值交角频率。

④ 令 $20\lg b=20\lg|G(j\omega_c)|$，求出 b。

⑤ 令 $T=5/\omega_c \sim 10/\omega_c$，求出 T。

⑥ 得到校正装置的传递函数 $G_c(s)=\frac{1+Ts}{1+bTs}$。

⑦ 绘出校正后系统的 Bode 图，并检验是否满足题目要求的性能指标，若不满足，则重复上述过程，再试探设计。

【例 6-2】 单位负反馈控制系统，其开环传递函数$G(s)=\dfrac{K}{s(s+1)(s+2)}$。设计串联滞后校正装置，使校正后系统的速度误差系数$K_v \geqslant 10$，相角裕度$\gamma \geqslant 45°$，幅值裕度$R \geqslant 10\mathrm{dB}$。

解 ① $K_v=\dfrac{K}{2}\geqslant 10$，取$K=20$。

② 绘出未校正系统的Bode图，如图6-11所示，求出$\gamma_1=-13°$。

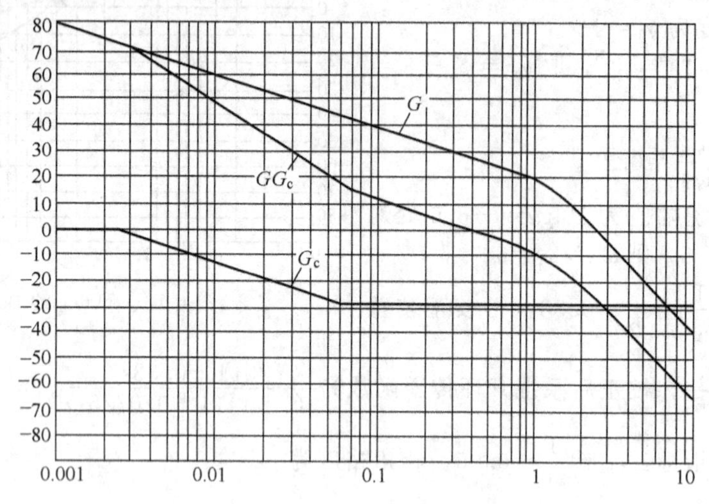

图6-11 例6-2的Bode图

③ 取$\gamma=45°$，$\gamma'=-180°+45°=-135°$，$\gamma_2=-135°+15°=-120°$，未校正系统的相频特性与γ_2相对应的频率为$\omega_c=0.34$，即校正后系统的幅值交角频率。

④ $20\lg b=28.772$，$b=27.4537$。

⑤ 令$T=\dfrac{5}{\omega_c}=14.7$，$bT=404$。

校正装置为：$G_c(s)=\dfrac{1+14.7s}{1+404s}$。

⑥ 校正后系统为：$\dfrac{20(1+14.7s)}{s(s+1)(s+2)(1+404s)}$。

⑦ 验证性能指标，校正后的相角裕度为

$$\begin{aligned}\gamma&=180°+\arctan 4.998-90°-\arctan 0.34-\arctan 0.17-\arctan 137.36\\&=180°+79°-90°-19-10°-89°=51°>45°\end{aligned}$$

$K_v=10$，相频曲线与$-180°$线无交点，幅值裕度为正无穷大$R(\infty)=+\infty>10$。满足设计要求。

6.2.3 串联滞后-超前校正

超前校正装置可以提高系统的稳定性，改善系统的动态特性，滞后校正装置可以改善系统的稳态精度，将这两种校正装置合二为一，就能实现它们分别可实现的功能。一般是当系统不稳定，采用单一的超前、滞后校正装置难于实现满意的效果时，才采用串联滞后-超前校正装置进行校正。

频率域上滞后-超前校正装置的设计方法，试探性更强，缺少规律性的成分，计算量更大，更繁琐。

6.3节中介绍的解析法，能很有规律地进行这种校正装置的设计，所以此处，为了问题的完整性，只列个小节，而不再详细介绍其频率域设计方法。

6.2.4 并联校正

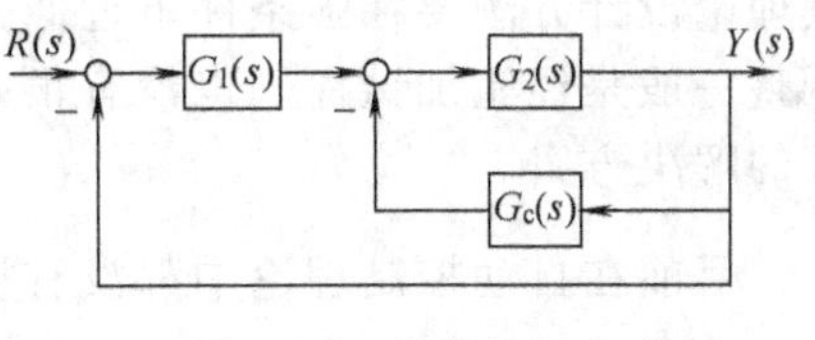

图 6-12　并联校正方式

图 6-12 所示并联校正有如下功能。

① 减小非线性对系统的影响。

② 使系统的时间常数减小，从而使调节时间变短。

③ 可以使系统对参数变化的灵敏度减小，即减小系统参数变化对输出的影响。

④ 有效地控制噪声。

综上所述，并联校正是校正方式中不可缺少的组成部分。

频率域并联校正装置设计方法，其思想是这样的：并联校正系统的开环传递函数为

$$G(s)=\frac{G_1(s)G_2(s)}{1+G_2(s)G_c(s)}$$

在对系统动态性能起主要影响的频率范围内，若$|G_2(j\omega)G_c(j\omega)|\gg 1$成立，则有$G(s)\approx\frac{G_1(s)}{G_c(s)}$，这就表示并联校正系统的特性与其所包围的$G_2(s)$环节无关，若$|G_2(j\omega)G_c(j\omega)|\ll 1$成立，则有$G(s)\approx G_1(s)\ G_2(s)$，这就说明系统特性与未校正前是一样的。在上述的条件下，就可以近似地完成并联校正装置的理论设计。

显然，这种近似适用的条件是模糊的。因为，传递函数模值“非常大”或“非常小”并不能严格定量，而且当传递函数模值既不非常大也不非常小时，并联校正是一种什么规律的校正方法呢？显然，在频率域上靠作图完成设计是很难实现的。鉴于这些局限性，本小节不再介绍并联校正装置的频域设计方法，而是在后面解析法里作介绍。

6.3　时域上的校正方法

尽管目前有不少串联校正的设计方法，但都是基于作图实现的试探法，因而有许多缺陷。并联校正、非标准型的校正装置的设计，PID 控制器参数的选择等重要问题都还没有很好解决。本节介绍一种具有解析代数意义的串联校正新方法——解析法[1]，很好地解决了经典控制论中的三大问题。

解析法可以将闭环系统的未知零、极点以根轨迹的形式在复平面上全部绘出，再结合计算机仿真，选择几个特征点可充分证明，能否用某个阶次的校正装置使校正后的系统满足性能指标。在这一点上，过去的充分性方法是无法实现的。此外当证明是否可用某个阶次的校正装置对系统进行校正时，选择几个特征点作计算机仿真，就可以较准确地在复平面上确定出可行校正装置的范围，也就是说如果以某一个量为参照量的话，可定出关于这个量的取值区间。通常这个参照量就是作根轨迹时的选作增益的量。显然，在复平面上找出或是表达出所有的解更是其他方法无法实现的。

当系统有三个以上以等号形式给出的指标要求（其中一个必是误差方面的）时，如果用一阶装置进行校正，从严格的理论意义上来说，采用解析法只需求解一个线性、规律很强的简单方程组，得到惟一的校正装置。当然这样苛刻的等号条件，只有理论意义而无实际意义。如果对系统有多于三个指标要求时，本质上都可以将这些指标归结为三个，即对误差、阻尼比和自然频率的要求，根据解析法用二阶校正装置对系统进行校正，得到的校正装置一定有无穷个，而不是惟一的。

并联校正作为另一大类重要的校正方式，尽管已在实际的控制系统中广泛地应用了，但

[1] 该方法由马召坤和马跃峰于 1985 年提出。

其理论设计方法要在强条件下近似完成；PID控制器是工业中应用最广的校正装置，其参数调整一般是经验加试探，也没有很好的理论设计方法。对于上述问题，解析法都可以提供较好的解决方案。

目前在自动控制理论中都没有提到除了 $G_c(s)=k_c\dfrac{s+x_1}{s+x_2}$ 及 $G_c(s)=k_c\dfrac{s^2+x_1s+x_2}{s^2+x_3s+x_2}$ 形式之外，已在工程实际中应用的其他校正装置的设计方法，如 $G_c(s)=\dfrac{k_c}{s+x}$ 形的校正装置。这种非标准型的校正装置的设计方法，应该说也是一个必须解决的重要问题。同样，解析法也可以一般性地解决非标准型校正装置的理论设计问题。

6.3.1 串联校正

假设原系统的开环传递函数为

$$G(s)=\frac{s^m+b_1s^{m-1}+\cdots+b_m}{s^n+a_1s^{n-1}+\cdots+a_n} \tag{6-20}$$

为了讨论上的方便，不妨设 $n>m$。对 $n\leqslant m$ 的情况，除具体方程表达形式不同之外，解析法依然有效，这里不再详细讨论。

(1) 一阶串联校正

采用图6-1所示串联方式，且串联校正器的传递函数为：$G_c(s)=k_c\dfrac{s+x_1}{s+x_2}$。首先根据系统的性能指标要求确定出 ζ、ω_n 的值，并由此确定希望的闭环主导极点

$$s_{1,2}=-\zeta\omega_n\pm j\omega_n\sqrt{1-\zeta^2}$$

要解决的问题是：如何确定出校正装置 $G_c(s)$ 的三个参数，使校正后的系统闭环主导极点是希望的主导极点。也就是说校正后的闭环系统除含有主导极点以外，还包含另外 $n-1$ 个极点，校正系统的闭环特征方程为

$$(s^{n-1}+\beta_1s^{n-2}+\cdots+\beta_{n-1})(s^2+2\zeta\omega_ns+\omega_n^2)=0 \tag{6-21}$$

其中 $(s^{n-1}+\beta_1s^{n-2}+\cdots+\beta_{n-1})$ 是由另外 $n-1$ 个极点构成的特征多项式。另外系统的闭环特征方程也可写成如下形式

$$0=1+G(s)G_c(s)=1+\frac{s^m+b_1s^{m-1}+\cdots+b_m}{s^n+a_1s^{n-1}+\cdots+a_n}\times k_c\frac{s+x_1}{s+x_2}$$

$$(s^n+a_1s^{n-1}+\cdots+a_n)(s+x_2)+k_c(s^m+b_1s^{m-1}+\cdots+b_m)(s+x_1)=0 \tag{6-22}$$

式 (6-21) 与式 (6-22) 实质上是同一个特征方程的两种不同表达方式，对应 s 同次幂项的系数应该相等，于是得以下线性方程组。

$$\begin{bmatrix} 1 & 0 & 0 & 0 & \cdots & 0 & 0 & -1 & * \\ 2\zeta\omega_n & 1 & 0 & 0 & \cdots & 0 & 0 & -a_1 & * \\ \omega_n^2 & 2\zeta\omega_n & 1 & 0 & \cdots & 0 & 0 & -a_2 & * \\ 0 & \omega_n^2 & 2\zeta\omega_n & 1 & \cdots & 0 & 0 & -a_3 & * \\ \vdots & \vdots & \vdots & \vdots & \ddots & \vdots & \vdots & \vdots & \vdots \\ 0 & 0 & 0 & 0 & \cdots & \omega_n^2 & 2\zeta\omega_n & -a_{n-1} & * \\ 0 & 0 & 0 & 0 & \cdots & 0 & \omega_n^2 & -a_n & * \end{bmatrix}\begin{bmatrix} \beta_1 \\ \beta_2 \\ \beta_3 \\ \beta_4 \\ \vdots \\ x_2 \\ k_cx_1 \end{bmatrix}=\begin{bmatrix} * \\ * \\ * \\ * \\ \vdots \\ * \\ * \end{bmatrix}k_c+\begin{bmatrix} a_1-2\zeta\omega_n \\ a_2-\omega_n^2 \\ a_3 \\ a_4 \\ \vdots \\ a_n \\ 0 \end{bmatrix} \tag{6-23}$$

其中矩阵中的 * 表示由于 m 的值不确定，而暂时无法确定是 0,1 还是 b_i。在此方程组中有

$n+1$ 个方程，有 $\beta_1, \beta_2, \cdots, \beta_{n-1}, x_1, x_2, k_c$ 共 $n+2$ 个未知量，这些变量在方程组中都是一次的，所以该方程组有无穷多组解，取其中一个变量为自由变量，此处取 k_c 为自由变量。

假设上述方程组的系数矩阵满秩，分三种情况讨论。

① 没有其他指标要求，即无第三个性能指标要求，则通过解方程组式（6-23）可得到一个满足该方程组的线性解空间

$$\begin{cases} \beta_1 = c_{11} k_c + c_{12} \\ \beta_2 = c_{21} k_c + c_{22} \\ \beta_3 = c_{31} k_c + c_{32} \\ \quad\vdots \\ \beta_{n-1} = c_{n-11} k_c + c_{n-12} \\ x_1 = \dfrac{c_{n1} k_c + c_{n2}}{k_c} \\ x_2 = c_{n+11} k_c + c_{n+12} \end{cases}$$

其中 k_c 为自由变量，将上述 β_i 代入到 $s^{n-1} + \beta_1 s^{n-2} + \cdots + \beta_{n-1} = 0$ 中，整理后得

$$1 + k_c \frac{c_{11} s^{n-2} + c_{21} s^{n-3} + \cdots + c_{n-11}}{s^{n-1} + c_{12} s^{n-2} + \cdots + c_{n-12}} = 0 \tag{6-24}$$

以 k_c 为增益，用 W. R. Evans 的理论绘制出根轨迹方程式（6-24）的大略根轨迹，就可以得出校正后系统除主导极点之外其他闭环极点的分布。

闭环系统的零点由开环零点 $s^m + b_1 s^{m-1} + \cdots + b_m = 0$ 和校正器零点 $s + x_1 = 0$ 两部分组成，前一部分的零点已知，后一部分的零点可通过将 $x_1 = \dfrac{c_{n1} k_c + c_{n2}}{k_c}$ 代入到 $s + x_1 = 0$ 中，整理得 $1 + k_c \dfrac{s + c_{n1}}{c_{n2}} = 0$，然后以 k_c 为增益对其绘制根轨迹的方法获得。

系统的性能主要是由系统的极点来决定的。一般情况下，当闭环零、极点同时满足下列两个条件时，系统就可以用一个二阶系统来近似代替，而且一定满足给定的性能指标。

a. 如果零、极点之间的距离比它们的模值小一个数量级，则它们构成偶极子，远离原点的偶极子，其影响可以忽略，接近原点的偶极子，其影响要考虑。

b. 凡零、极点的实部比主导极点的大 6 倍以上，其影响可以忽略。

如果校正后的系统有满足上述两条件的点，那么这是一个满足条件的可取值的区间，求出 k_c 的取值区间。至此，校正装置的求解完毕。有些系统的主导极点及偶极子的条件没那么强，但系统的性能也能满足。因而，当强条件不能满足时，可适当放宽条件，甚至根据根轨迹图选择合适的点出来，转换成 $Y(t)$ 的形式进行计算机仿真，以验证能够满足性能指标要求。

通过上述方法，校正系统未知极点和零点均已在根轨迹图上描绘出来。所以，从这个图上基本上就可以判断出来能否用一阶装置校正系统使其满足性能指标。而且还可以用其他几个具有代表性的点变换成 $Y(t)$ 进行计算机仿真，以便更充分地证实一阶校正装置的不可用性。

② 有其他性能指标要求且为一定值时。根据这一性能指标要求，可以得到不同的闭环特征方程表达，与之对应的式（6-23）变成一个 $n+2$ 阶的 $n+2$ 个未知变量的方程组。因此，该方程组可能存在有限组解，或是无解。如果有解，解出后，再将系统输出换成 $Y(t)$ 的形式进行计算机仿真，以验证各项性能指标能否实现。如果无解，就说明某项指标可能过高，需做适当调整后重新设计。如果实在得不到满足条件的解，那么也可以充分证明，无法

用一阶装置校正获得期望的性能指标。

③ 有其他性能指标要求，但为一个区间或不等式表达。可将方程组式（6-23）的解代入到性能指标的不等式中，解出 k_c 值的取值区间，再按①中讨论的情况进行特性设计。

下面举例说明上述方法的设计步骤。

【例 6-3】 单位负反馈系统不可变部分的传递函数为 $G(s)=\dfrac{4}{s(s+2)}$，若要求系统的阻尼比 $\zeta=0.5$，无阻尼自然频率 $\omega_n=4$（rad/s），试设计串联校正装置。

解 由性能指标要求，希望的闭环主导极点为 $s_{1,2}=-2\pm j2\sqrt{3}$，闭环特征方程为

$$1+G(s)G_c(s)=1+\frac{4}{s(s+2)}k_c\frac{s+x_1}{s+x_2}=\frac{s^3+(2+x_2)s^2+(2x_2+4k_c)s+4k_cx_1}{s(s+2)(s+x_2)}=0$$

设 $(s+\beta)(s^2+4s+16)=s^3+(4+\beta)s^2+(4\beta+16)s+16\beta$ 为闭环特征多项式的另一种表达方式。由对应系数相等得

$$\begin{cases}4+\beta=2+x_2\\4\beta+16=2x_2+4k_c\\16\beta=4k_cx_1\end{cases}\Rightarrow\begin{cases}\beta=2k_c-6\\x_1=\dfrac{4(2k_c-6)}{k_c}\\x_2=2k_c-4\end{cases}$$

当 $k_c=5$ 时，有 $x_1=3.2$，$x_2=6$，$\beta=4$，即一阶串联校正器为 $G_c(s)=\dfrac{5(s+3.2)}{s+6}$。

由上述的特性设计方法可知，系统第三极点可通过方程 $s+\beta=0$，即 $1+k_c\dfrac{2}{s-6}=0$ 得到。系统的零点方程是 $s+x_1=0$，即 $1-k_c\dfrac{s+8}{24}=0$，零极点的根轨迹如图 6-13 所示。

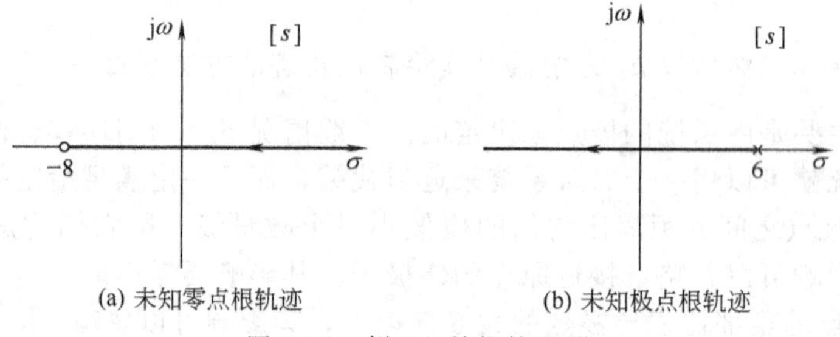

图 6-13　例 6-3 的根轨迹图

因而，为了使校正后的闭环系统满足性能指标，则必须让零极点构成偶极子，即

$|x_1-\beta|=|2k_c-6|\left|\dfrac{4}{k_c}-1\right|\leqslant\dfrac{1}{10}|x_1|$，且 $|x_1-\beta|\leqslant\dfrac{1}{10}|\beta|$。由此可求得 $\dfrac{40}{11}\leqslant k_c\leqslant 4.4$，即在该范围内，闭环零点 $-x_1$ 与闭环极点 $-\beta$ 必构成偶极子，且这一对实数的偶极子位于主导极点的左端，系统可以近似为一个二阶系统，当 k_c 在该区间内取值时一定可以满足性能指标的要求。

在前面，曾假设了式（6-23）的系数矩阵满秩。事实上，有时该矩阵不一定满秩，但这种情况极少，而且即使不满秩，也不影响解析方法的使用，仅仅说明存在更多的自由变量，其他讨论完全相同。

为了使读者对解析法有更清晰的了解，对此方法总结如下。

① 根据性能指标，确定希望的闭环主导极点：$s_{1,2}=-\zeta\omega_n\pm j\omega_n\sqrt{1-\zeta^2}$。

② 设校正装置为 $G_c(s)=k_c\dfrac{s+x_1}{s+x_2}$，计算校正系统特征方程 $1+G(s)G_c(s)$ 为

$$(s^n+a_1s^{n-1}+\cdots+a_n)(s+x_2)+k_c(s^m+b_1s^{m-1}+\cdots+b_m)(s+x_1)=0$$

并假设此特征方程也可写成$(s^{n-1}+\beta_1s^{n-2}+\cdots+\beta_{n-1})(s^2+2\zeta\omega_ns+\omega_n^2)=0$的形式。

③ 令上述两多项式系数对应相等，得线性方程组。

④ 解出该方程组，在一般情况下可将 β_i, x_1, x_2 表达成 k_c 的解析形式。

⑤ 若无其他指标要求，将 β_i, x_1 代入到相应的方程中，得出其根轨迹方程，在复平面上绘出闭环未知零、极点的大略分布图，并依据前面提出的两个非主导零极点满足的条件，确定出 k_c 的取值范围。若有第三指标要求，根据有关性能要求的方程或不等式，再进行特性设计。

下面再给出一个有第三指标要求的例子。

【例 6-4】 单位负反馈系统，其开环传递函数为$G(s)=\dfrac{12k}{s(s+2)(s+6)}$。要求使用一阶串联校正装置，使系统的静态速度误差系数不小于 5，单位阶跃响应超调量不大于 40%，调节时间小于 8 (s)。

解 根据性能指标要求，可暂定希望的闭环主导极点为 $s_{1,2}=-0.7\pm\mathrm{j}$。假设串联校正装置为$\dfrac{s+x_1}{s+x_2}$，闭环特征方程为

$$(s^2+\beta_1s+\beta_2)(s^2+1.4s+1.49)=s(s+2)(s+6)(s+x_2)+K(s+x_1)=0$$

式中 $K=12k$。将上述方程两边展开，令 s 各阶幂次的系数对应相等得

$$\begin{cases}\beta_1+1.4=8+x_2\\ \beta_2+1.4\beta_1+1.49=12+8x_2\\ 1.49\beta_1+1.4\beta_2=12x_2+K\\ 1.49\beta_2=Kx_1\end{cases}$$

$$\text{解得}\begin{cases}\beta_1=\dfrac{1}{1.27}(19.994-K)\\ \beta_2=\dfrac{1}{1.27}(78.2521-6.6K)\\ x_1=\dfrac{1.49(78.2521-6.6K)}{1.27K}\\ x_2=\dfrac{11.612-K}{1.27}\end{cases}$$

未知闭环零、极点根轨迹方程是

$$1+K\frac{s-1.49}{116.595629}=0, 1-K\frac{s+6.6}{(s+8.46)(s+7.28)}=0$$

其根轨迹图如图 6-14 所示。

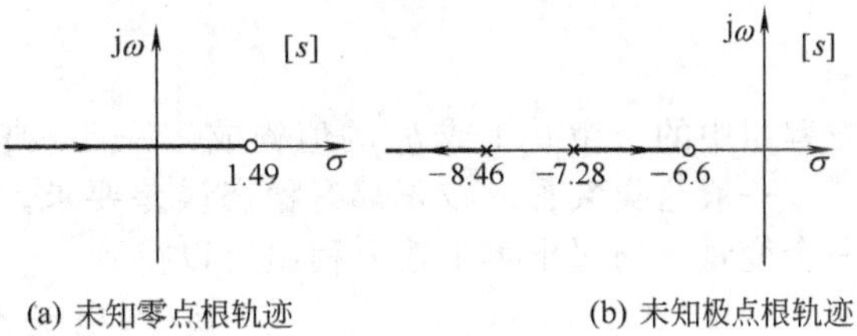

由静态速度误差系数 $k_v=\lim\limits_{s\to0}sG(s)G_c(s)=\dfrac{Kx_1}{12x_2}\geqslant5$，$Kx_1\geqslant60x_2$，将上面解得 x_1，x_2 与 K 的关系代入，整理得 $K\geqslant11.564$。为了使校正后的系统稳定必须有 $\beta_1>0$，$\beta_2>0$，解得 $K<11.86$。所以 K 的取值区间为$\phi=\{11.564\leqslant K\leqslant11.86\}$。

图 6-14　例 6-4 的根轨迹图

抽出一点检验。令 $K=11.6$，则 $x_1=0.198336274$，$x_2=0.009448818$，根据 $s^2+\beta_1s+\beta_2=s^2+6.609s+1.332$ 可知其他两个闭环极点为 $s_3=-6.401$，$s_4=-0.208$。$|x_1-s_4|=0.00967<0.019$ 构成偶极子，$|s_3|>4.2$ 为可略极点，故当取希望主导极点为 $-0.7\pm\mathrm{j}$ 时，得到的 ϕ 即为 K 的取值区间。

由于性能指标是以不等式给出的，所以满足条件的希望闭环主导极点也应该在复平面的一个区域内，该区域内每一组闭环主导极点都对应一个适当 K 区间，也就是说如果需要的话能够得出所有满足系统性能要求的 K 的区间，但此处问题的要求没这么高，暂求其中一个希望主导极点的 K 的取值范围。

(2) 二阶串联校正

设二阶串联校正装置的传递函数为

$$G_c(s)=k_c\frac{\left(s+\frac{1}{T_1}\right)\left(s+\frac{1}{T_2}\right)}{\left(s+\frac{\beta}{T_1}\right)\left(s+\frac{1}{\beta T_2}\right)}=k_c\frac{s^2+\left(\frac{1}{T_1}+\frac{1}{T_2}\right)s+\frac{1}{T_1T_2}}{s^2+\left(\frac{\beta}{T_1}+\frac{1}{\beta T_2}\right)s+\frac{1}{T_1T_2}}$$

令 $x_1=\frac{1}{T_1}+\frac{1}{T_2}$，$x_2=\frac{1}{T_1T_2}$，$x_3=\frac{\beta}{T_1}+\frac{1}{\beta T_2}$，则有 $G_c(s)=k_c\frac{s^2+x_1s+x_2}{s^2+x_3s+x_2}$。首先根据性能指标要求，确定出希望的闭环主导极点为 $s_{1,2}=-\zeta\omega_n\pm j\omega_n\sqrt{1-\zeta^2}$。校正系统的特征多项式为

$$(s^n+a_1s^{n-1}+\cdots+a_n)(s^2+x_3s+x_2)+k_c(s^m+b_1s^{m-1}+\cdots+b_m)(s^2+x_1s+x_2)$$

为使校正后的系统满足性能指标，设它的同解多项式为

$$(s^n+\beta_1s^{n-1}+\cdots+\beta_n)(s^2+2\zeta\omega_ns+\omega_n^2)$$

由对应系数相等的原则得 $n+2$ 阶方程组：

$$\begin{bmatrix}1&0&0&0&\cdots&0&0&-1&*\\2\zeta\omega_n&1&0&0&\cdots&0&0&-a_1&*\\\omega_n^2&2\zeta\omega_n&1&0&\cdots&0&0&-a_2&*\\0&\omega_n^2&2\zeta\omega_n&1&\cdots&0&0&-a_3&*\\\vdots&\vdots&\vdots&\vdots&\ddots&\vdots&\vdots&\vdots&\vdots\\0&0&0&0&\cdots&\omega_n^2&2\zeta\omega_n&-a_{n-1}&*\\0&0&0&0&\cdots&0&\omega_n^2&-a_n&*\end{bmatrix}\begin{bmatrix}\beta_1\\\beta_2\\\beta_3\\\beta_4\\\vdots\\x_3\\k_cx_1\end{bmatrix}=\begin{bmatrix}*\\*\\*\\*\\\vdots\\*\\*\end{bmatrix}k_c+$$

$$\begin{bmatrix}0\\1\\a_1\\a_2\\\vdots\\a_{n-1}\\a_n\end{bmatrix}x_2+\begin{bmatrix}*\\*\\*\\*\\\vdots\\b_{m-1}\\b_m\end{bmatrix}k_cx_2+\begin{bmatrix}a_1-2\zeta\omega_n\\a_2-\omega_n^2\\a_3\\a_4\\\vdots\\0\\0\end{bmatrix}$$

方程组中的 * 由 0,1 或 b_i 的值构成，一旦 m 值确定，* 也就随之确定。

一般这类装置的校正都有稳态误差要求，根据该要求可将 k_c 值求出来，这样就减少了一个变量。通过求解上述方程组可以得到

$$\begin{cases}\beta_1=D_{11}x_2+D_{12}\\\beta_2=D_{21}x_2+D_{22}\\\beta_3=D_{31}x_2+D_{32}\\\quad\vdots\\\beta_n=D_{n1}x_2+D_{n2}\\x_3=D_{(n+1)1}x_2+D_{(n+1)2}\\x_1=D_{(n+2)1}x_2+D_{(n+2)2}\end{cases}$$

将上述得出的关系代入到 $s^n+\beta_1 s^{n-1}+\cdots+\beta_n=0$，整理得

$$1+x_2\frac{D_{11}s^{n-1}+D_{21}s^{n-2}+\cdots+D_{n1}}{s^n+D_{12}s^{n-1}+\cdots+D_{n2}}=0 \tag{6-25}$$

根据式（6-25）的根轨迹方程，可以在复平面上将闭环所有未知极点随 x_2 变化的走向描绘出来了。再将 $x_1=D_{(n+2)1}x_2+D_{(n+2)2}$ 代入到校正器零点方程 $s^2+x_1 s+x_2=0$ 中，整理得

$$1+x_2\frac{D_{(n+2)1}s+1}{s^2+D_{(n+2)2}s}=0 \tag{6-26}$$

由式（6-26）可以绘出闭环变化零点的轨迹。通过上述方法可以得到闭环的非主导极点、固定零点（即开环零点）、变化零点的位置，然后就可以分析系统的特性了，分析的方法与一阶校正装置的分析方法完全相同。

【例 6-5】 设随动系统 $G(s)=\frac{k}{s(s+0.5)}$，试设计串联校正装置，以达到如下性能指标：闭环主导极点参数为 $\zeta=0.5$，$\omega_n=5$（rad/s），静态速度误差系数 $k_v\geqslant 50$（1/s）。

解 由性能指标要求，可确定闭环的主导极点为 $s_{1,2}=-2.5\pm \mathrm{j}\frac{5}{2}\sqrt{3}$。设校正装置的传递函数为 $G_c(s)=k_c\frac{s^2+x_1 s+x_2}{s^2+x_3 s+x_2}$，取 $K=kk_c$，则闭环特征多项式

$$s(s+0.5)(s^2+x_3 s+x_2)+K(s^2+x_1 s+x_2)$$

除包含 $s_{1,2}$ 两个希望主导极点外，同时还包含另外两个非主导极点，即闭环特征多项式也可写成 $(s^2+\beta_1 s+\beta_2)(s^2+5s+25)$ 的形式。由这两个多项式对应系数相等，则得方程组

$$\begin{cases}5+\beta_1=0.5+x_3\\ 5\beta_1+\beta_2+25=x_2+0.5x_3+K\\ 5\beta_2+25\beta_1=0.5x_2+Kx_1\\ 25\beta_2=Kx_2\end{cases}$$

根据静态速度误差系数 $k_v\geqslant 50$ 的要求，可取 $K=25$，代入上述方程组得 $\beta_1=0.5$，$\beta_2=x_2$，$x_1=0.18x_2+0.5$，$x_3=5$。未知零点的根轨迹方程为 $1+\frac{9}{50}x_2\frac{s+\frac{50}{9}}{s^2+0.5s}=0$；未知极点的根轨迹方程为 $1+x_2\frac{1}{s(s+0.5)}=0$，画得根轨迹图如图 6-15 所示。根据特性设计原则，若 x_2 在 $\phi=\{0\leqslant x_2\leqslant 0.008\}$ 取值时所得的校正装置，均可满足性能指标要求。特别地令 $x_2=0$，则有 $\beta_1=0.5$，$\beta_2=0$，$x_1=0.5$，$x_3=5$，此时 $G_c(s)=25\frac{s+0.5}{s+5}$，二阶校正装置退化为一阶。显然这种做法已失去了二阶校正的意义，并且零、极点相消也是不可取的。

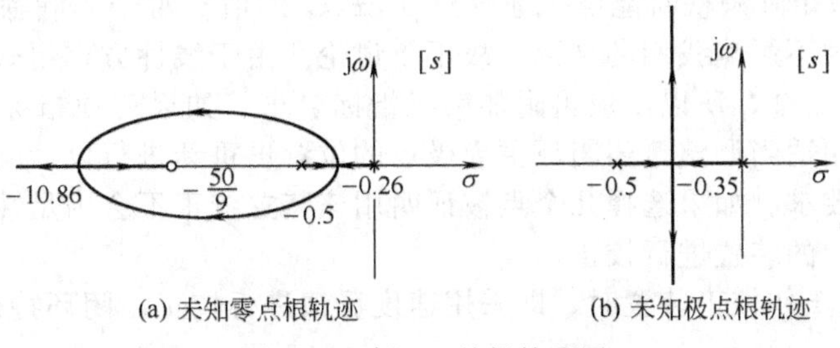

(a) 未知零点根轨迹　(b) 未知极点根轨迹

图 6-15　例 6-5 的根轨迹图

从上面用二阶校正装置进行校正的论述中，读者会发现除校正器阶次增加以外，二阶校正的方法步骤与一阶的完全一致，而且特性设计也遵循相同的规则。

6.3.2 并联校正

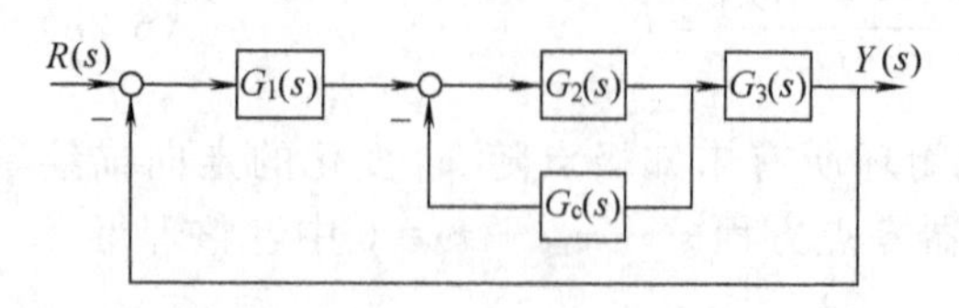

图 6-16 并联校正方式

并联校正和串联校正的不同在于校正装置的位置，串联校正一般都置于被校正系统的前向通道上，而并联校正的方式却是不惟一的。解析法不受校正位置的局限可普遍适用，以最常见的图6-16所示的连接方式为例，先做一介绍。设并联校正系统中各环节的传递函数为

$$G_1(s)=\frac{s^{l_1}+d_{11}s^{l_1-1}+\cdots+d_{l_1 1}}{s^{k_1}+c_{11}s^{k_1-1}+\cdots+c_{k_1 1}},\ G_2(s)=\frac{s^{l_2}+d_{12}s^{l_2-1}+\cdots+d_{l_2 2}}{s^{k_2}+c_{12}s^{k_2-1}+\cdots+c_{k_2 2}}$$

$$G_3(s)=\frac{s^{l_3}+d_{13}s^{l_3-1}+\cdots+d_{l_3 3}}{s^{k_3}+c_{13}s^{k_3-1}+\cdots+c_{k_3 3}},\ G_1(s)G_2(s)G_3(s)=\frac{s^m+b_1s^{m-1}+\cdots+b_m}{s^n+a_1s^{n-1}+\cdots+a_n}$$

不失一般性，假设 $n>m$。则闭环传递函数为$\frac{G_1(s)G_2(s)G_3(s)}{1+G_2(s)G_c(s)+G_1(s)G_2(s)G_3(s)}$。根据性能指标要求，确定希望的闭环主导极点为 $s_{1,2}=-\zeta\omega_n\pm j\omega_n\sqrt{1-\zeta^2}$。

① 当 $G_c(s)=\frac{k_c s}{s+x}$时的校正方法。校正系统的闭环特征方程为

$$\begin{aligned}0&=1+G_2(s)G_c(s)+G_1(s)G_2(s)G_3(s)\\&=1+\frac{k_c s}{s+x}\times\frac{s^{l_2}+d_{12}s^{l_2-1}+\cdots+d_{l_2 2}}{s^{k_2}+c_{12}s^{k_2-1}+\cdots+c_{k_2 2}}+\frac{s^m+b_1s^{m-1}+\cdots+b_m}{s^n+a_1s^{n-1}+\cdots+a_n}\end{aligned}$$

为了使校正后的系统满足性能要求，则 $n+1$ 个闭环特征根中应包含期望主导极点 $s_{1,2}$，因此可构造同解多项式：$(s^{n-1}+\beta_1s^{n-2}+\cdots+\beta_{n-1})(s^2+2\zeta\omega_n s+\omega_n^2)$，令该分式与上述闭环特征方程的分子多项式系数对应相等，得 $n+1$ 阶线性方程组

$$\begin{bmatrix}1&0&0&0&\cdots&0&0&-1-*&*\\2\zeta\omega_n&1&0&0&\cdots&0&0&-a_1-*&*\\\omega_n^2&2\zeta\omega_n&1&0&\cdots&0&0&-a_2-*&*\\0&\omega_n^2&2\zeta\omega_n&1&\cdots&0&0&-a_3-*&*\\\vdots&\vdots&\vdots&\vdots&\ddots&\vdots&\vdots&\vdots&\vdots\\0&0&0&0&\cdots&\omega_n^2&2\zeta\omega_n&-a_{n-1}-b_{m-1}&*\\0&0&0&0&\cdots&0&\omega_n^2&-a_n-b_m&*\end{bmatrix}\begin{bmatrix}\beta_1\\\beta_2\\\beta_3\\\beta_4\\\vdots\\x\\k_c\end{bmatrix}=\begin{bmatrix}*\\*\\*\\*\\\vdots\\*\\*\end{bmatrix}\tag{6-27}$$

当式（6-27）的系数矩阵满秩时能惟一地解出 β_i,x,k_c 的值。对于非满秩矩阵的情况，在实际情况中为特例，因不影响我们的结论，故不予讨论。由于线性方程组式（6-27）为$n+1$阶的，未知数共有 $n+1$ 个，所以不应再附加第三指标要求。如果三项指标中部分以取值区间的要求给出，可采用适当调整希望闭环主导极点的位置再重新进行设计的步骤，使校正后的系统满足性能指标要求。如果选择几个点被证明用该装置校正不会满足性能指标时，就要考虑用其他方式或结构的装置进行校正。

② 当 $G_c(s)=k_c s$ 作校正装置时，即采用速度反馈进行校正。闭环特征多项式为

$$s^n+a_1s^{n-1}+\cdots+a_n+k_c s(s^l+d_1s^{l-1}+\cdots+d_l)+s^m+b_1s^{m-1}+\cdots+b_m$$

构造同解多项式为（$s^{n-2}+\beta_1 s^{n-3}+\cdots+\beta_{n-2}$）$(s^2+2\zeta\omega_n s+\omega_n^2)$，根据上面两个不同形式的闭环特征多项式同幂指数的系数必相等，得如下 n 阶线性方程组。

$$\begin{bmatrix} 1 & 0 & 0 & 0 & \cdots & 0 & 0 & * \\ 2\zeta\omega_n & 1 & 0 & 0 & \cdots & 0 & 0 & * \\ \omega_n^2 & 2\zeta\omega_n & 1 & 0 & \cdots & 0 & 0 & * \\ 0 & \omega_n^2 & 2\zeta\omega_n & 1 & \cdots & 0 & 0 & * \\ \vdots & \vdots & \vdots & \vdots & \ddots & \vdots & \vdots & \vdots \\ 0 & 0 & 0 & 0 & \cdots & \omega_n^2 & 2\zeta\omega_n & * \\ 0 & 0 & 0 & 0 & \cdots & 0 & \omega_n^2 & * \end{bmatrix} \begin{bmatrix} \beta_1 \\ \beta_2 \\ \beta_3 \\ \beta_4 \\ \vdots \\ \beta_{n-2} \\ k_c \end{bmatrix} = \begin{bmatrix} * \\ * \\ * \\ * \\ \vdots \\ * \\ * \end{bmatrix} \tag{6-28}$$

式（6-28）是一个 n 阶方程组，但未知量却只有 $n-1$ 个，因而这类方程组系数矩阵若为 $n-1$ 阶的，则可以解出 k_c 值；若小于 $n-1$ 阶，则 k_c 值可能为一区间；若出现矛盾方程，则说明用速度反馈进行校正不合适。当然，若指标要求的是一范围，则需要重新进行调整闭环主导极点，再进行重新设计。另外解出 k_c 值后，还应该从理论上分析一下校正后系统的动态特性，即闭环主导极点与零极点对系统性能的影响。

③ 当用速度微分反馈校正时，即 $G_c(s)=\dfrac{k_c s^2}{s+x}$。闭环的特征方程为

$$(s+x)(s^n+a_1 s^{n-1}+\cdots+a_n)+k_c s(s^l+d_1 s^{l-1}+\cdots+d_l)+(s+x)(s^m+b_1 s^{m-1}+\cdots+b_m)$$

当 $l<n$ 时，构造同解方程（$s^{n-1}+\beta_1 s^{n-2}+\cdots+\beta_{n-1}$）（$s^2+2\zeta\omega_n s+\omega_n^2$）。由对应系数相等得 $n+1$ 阶线性方程组

$$\begin{bmatrix} 1 & 0 & 0 & 0 & \cdots & 0 & 0 & * & * \\ 2\zeta\omega_n & 1 & 0 & 0 & \cdots & 0 & 0 & * & * \\ \omega_n^2 & 2\zeta\omega_n & 1 & 0 & \cdots & 0 & 0 & * & * \\ 0 & \omega_n^2 & 2\zeta\omega_n & 1 & \cdots & 0 & 0 & * & * \\ \vdots & \vdots & \vdots & \vdots & \ddots & \vdots & \vdots & \vdots & \vdots \\ 0 & 0 & 0 & 0 & \cdots & \omega_n^2 & 2\zeta\omega_n & * & * \\ 0 & 0 & 0 & 0 & \cdots & 0 & \omega_n^2 & * & * \end{bmatrix} \begin{bmatrix} \beta_1 \\ \beta_2 \\ \beta_3 \\ \beta_4 \\ \vdots \\ k_c \\ x \end{bmatrix} = \begin{bmatrix} * \\ * \\ * \\ * \\ \vdots \\ * \\ * \end{bmatrix} \tag{6-29}$$

式（6-29）也为 $n+1$ 阶线性方程组，有 $n+1$ 个变量，当系数矩阵满秩时，可得到惟一解。有关此类校正装置设计的讨论与前面两种校正装置设计讨论相同，此处不再给出。

6.3.3　一般二次型校正装置的设计

在 6.3.1 节与 6.3.2 节的串并联校正装置的设计中，通常使用两大类校正装置，即 $G_c(s)=k_c\dfrac{s+x_1}{s+x_2}$ 和 $G_c(s)=k_c\dfrac{s^2+x_1 s+x_2}{s^2+x_3 s+x_2}$，除此之外还有许多在实际工程中已经应用的校正装置类型，称为非标准校正装置。下面给出不区分一阶、二阶或是否为标准装置的串联校正通用设计方法。

设被校正系统为 $G(s)=\dfrac{s^m+b_1 s^{m-1}+\cdots+b_m}{s^n+a_1 s^{n-1}+\cdots+a_n}$，校正装置为 $G_c(s)=\dfrac{x_1 s^2+x_2 s+x_3}{x_4 s^2+x_5 s+x_6}$，闭环系统特征多项式为

$$(x_4 s^2+x_5 s+x_6)(s^n+a_1 s^{n-1}+\cdots+a_n)+(s^m+b_1 s^{m-1}+\cdots+b_m)(x_1 s^2+x_2 s+x_3)$$

根据性能指标要求确定希望的闭环主导极点 $s_{1,2}=-\zeta\omega_n \pm j\omega_n\sqrt{1-\zeta^2}$，因而闭环特征多项式可构造成 $(\beta_1 s^n+\beta_2 s^{n-1}+\cdots+\beta_{n+1})(s^2+2\zeta\omega_n s+\omega_n^2)$ 的形式，令上述两式对应系数相等得

$$\begin{bmatrix} 1 & 0 & 0 & 0 & \cdots & 0 & 0 & * & * & * & -1 & 0 & 0 \\ 2\zeta\omega_n & 1 & 0 & 0 & \cdots & 0 & 0 & * & * & * & -a_1 & -1 & 0 \\ \omega_n^2 & 2\zeta\omega_n & 1 & 0 & \cdots & 0 & 0 & * & * & * & -a_2 & -a_1 & -1 \\ 0 & \omega_n^2 & 2\zeta\omega_n & 1 & \cdots & 0 & 0 & * & * & * & -a_3 & -a_2 & -a_1 \\ \vdots & \vdots & \vdots & \vdots & \ddots & \vdots & \vdots & \vdots & \vdots & \vdots & \vdots & \vdots & \vdots \\ 0 & 0 & 0 & 0 & \cdots & 2\zeta\omega_n & 1 & -b_m & -b_{m-1} & -b_{m-2} & -a_n & -a_{n-1} & -a_{n-2} \\ 0 & 0 & 0 & 0 & \cdots & \omega_n^2 & 2\zeta\omega_n & 0 & -b_m & -b_{m-1} & 0 & -a_n & -a_{n-1} \\ 0 & 0 & 0 & 0 & \cdots & 0 & \omega_n^2 & 0 & 0 & -b_m & 0 & 0 & -a_n \end{bmatrix} \begin{bmatrix} \beta_1 \\ \vdots \\ \beta_{n+1} \\ x_1 \\ x_2 \\ x_3 \\ x_4 \\ x_5 \\ x_6 \end{bmatrix} = \begin{bmatrix} 0 \\ 0 \\ 0 \\ 0 \\ \vdots \\ 0 \\ 0 \\ 0 \end{bmatrix} \tag{6-30}$$

式（6-30）包含 $n+3$ 个方程，$n+7$ 个变量，因而存在 4 个自由变量。此外控制系统校正的性能要求可能是多指标的，但真正转化成实质性的指标只有三个，所以就目前的系统设计最多产生一个可用的方程。

① 当 $G_c(s)=k_c$ 时，$x_1=x_2=x_4=x_5=0$，$k_c=x_3/x_6$，$\beta_1=\beta_2=0$。式（6-30）退变成

$$\begin{bmatrix} 1 & 0 & 0 & 0 & \cdots & 0 & 0 & * \\ 2\zeta\omega_n & 1 & 0 & 0 & \cdots & 0 & 0 & * \\ \omega_n^2 & 2\zeta\omega_n & 1 & 0 & \cdots & 0 & 0 & * \\ 0 & \omega_n^2 & 2\zeta\omega_n & 1 & \cdots & 0 & 0 & * \\ \vdots & \vdots & \vdots & \vdots & \ddots & \vdots & \vdots & \vdots \\ 0 & 0 & 0 & 0 & \cdots & \omega_n^2 & 2\zeta\omega_n & -b_{m-1} \\ 0 & 0 & 0 & 0 & \cdots & 0 & \omega_n^2 & -b_m \end{bmatrix} \begin{bmatrix} \beta_3 \\ \beta_4 \\ \beta_5 \\ \beta_6 \\ \vdots \\ \beta_n \\ k_c \end{bmatrix} = \begin{bmatrix} 1 \\ a_1 \\ a_2 \\ a_3 \\ \vdots \\ a_{n-1} \\ a_n \end{bmatrix}$$

上述方程组有 n 个变量，$n+1$ 个方程。此类方程组有合理解的时候不多。因而，对这种情况，采用解方程组的方法并不合适，通常是对校正后的开环系统

$$G(s)G_c(s)=k_c\frac{s^m+b_1 s^{m-1}+\cdots+b_m}{s^n+a_1 s^{n-1}+\cdots+a_n} \tag{6-31}$$

作出根轨迹图来说明系统能否满足性能指标。

② 当 $G_c(s)=\dfrac{k_c}{s+x}$ 时，$x_1=x_2=x_4=0$，$x_3=x_5=1$，$\beta_1=0$。式（6-30）退变成

$$\begin{bmatrix} 1 & 0 & 0 & 0 & \cdots & 0 & 0 & 0 & * \\ 2\zeta\omega_n & 1 & 0 & 0 & \cdots & 0 & 0 & -1 & * \\ \omega_n^2 & 2\zeta\omega_n & 1 & 0 & \cdots & 0 & 0 & -a_1 & * \\ 0 & \omega_n^2 & 2\zeta\omega_n & 1 & \cdots & 0 & 0 & -a_2 & * \\ \vdots & \vdots & \vdots & \vdots & \ddots & \vdots & \vdots & \vdots & \vdots \\ 0 & 0 & 0 & 0 & \cdots & \omega_n^2 & 2\zeta\omega_n & -a_{n-1} & -b_{m-1} \\ 0 & 0 & 0 & 0 & \cdots & 0 & \omega_n^2 & -a_n & -b_m \end{bmatrix} \begin{bmatrix} \beta_2 \\ \beta_3 \\ \beta_4 \\ \beta_5 \\ \vdots \\ x \\ k_c \end{bmatrix} = \begin{bmatrix} 1 \\ a_1 \\ a_2 \\ a_3 \\ \vdots \\ a_{n-1} \\ a_n \end{bmatrix}$$

上述方程组有 $n+2$ 个变量，$n+2$ 个方程，大多数情况有惟一解，解出后代入系统，检验能否满足性能指标。

③ 当 $G_c(s)=k_c\dfrac{s+x_1}{s+x_2}$时，属于标准型装置，在前面中已详细讨论。

④ 当 $G_c(s)=\dfrac{k_c}{s^2+x_5s+x_6}$时，$x_1=x_2=0$，$x_3=x_4=1$，式 (6-30) 退变为

$$\begin{bmatrix} 1 & 0 & 0 & 0 & \cdots & 0 & 0 & * \\ 2\zeta\omega_n & 1 & 0 & 0 & \cdots & -1 & 0 & * \\ \omega_n^2 & 2\zeta\omega_n & 1 & 0 & \cdots & -a_1 & -1 & * \\ 0 & \omega_n^2 & 2\zeta\omega_n & 1 & \cdots & -a_2 & -a_1 & * \\ \vdots & \vdots & \vdots & \vdots & & \vdots & \vdots & \vdots \\ 0 & 0 & 0 & 0 & \cdots & -a_n & -a_{n-1} & -b_{m-1} \\ 0 & 0 & 0 & 0 & \cdots & 0 & -a_n & -b_m \end{bmatrix} \begin{bmatrix} \beta_1 \\ \beta_2 \\ \vdots \\ \beta_{n+1} \\ x_5 \\ x_6 \\ k_c \end{bmatrix} = \begin{bmatrix} 1 \\ a_1 \\ \vdots \\ a_n \\ 0 \\ 0 \\ 0 \end{bmatrix}$$

它有 $n+3$ 个变量，$n+3$ 个方程。若该方程组有解，需要分析和验证此解能否使系统满足性能指标。

⑤ 当 $G_c(s)=k_c\dfrac{s^2+x_2s+x_3}{s^2+x_5s+x_3}$时，标准的二阶校正，前面已有详细讨论。

⑥ $G_c(s)=k_c\dfrac{s^2}{s^2+x_5s+x_6}$。

⑦ $G_c(s)=k_c\dfrac{s+x_3}{s^2+x_5s+x_6}$。

⑧ $G_c(s)=k_c\dfrac{s^2+x_2s+x_3}{s^2+x_5s+x_6}$。

限于篇幅，此处不再给出对⑥、⑦、⑧形校正装置的具体设计过程，只要给出上述各类非标准校正装置设计中的关键性方程组，其他问题就与第 6.3.1 节串联校正的特性设计完全一样了。此外未知的闭环零点最多由一个二次方程决定，也很简单。上述的八大类校正装置将所有二阶以下情况全部列出，且在数学模型上完全相对独立，均可用解析法进行设计。

前面第 6.3.2 节曾给出几类并联校正装置的设计，下面以 $G_c(s)=k_c\dfrac{x_1s^2+x_2s+x_3}{x_4s^2+x_5s+x_6}$为代表，对并联校正装置的设计作一般性的说明，以证实解析法的可实现性，这里仍采用图 6-16 的连接方式和传递函数的约定。写出校正系统的特征多项式为

$$(x_4s^2+x_5s+x_6)(s^n+a_1s^{n-1}+\cdots+a_n)+k_c(s^m+b_1s^{m-1}+\cdots+b_m)(x_1s^2+x_2s+x_3)$$

根据闭环主导极点构造同解多项式 $(\beta_1s^n+\beta_2s^{n-1}+\cdots+\beta_{n+1})$ $(s^2+2\zeta\omega_ns+\omega_n^2)$。由这两个多项式恒等，可得如下方程组

$$\begin{bmatrix} 1 & 0 & 0 & 0 & \cdots & 0 & 0 & * & * \\ 2\zeta\omega_n & 1 & 0 & 0 & \cdots & 0 & 0 & * & * \\ \omega_n^2 & 2\zeta\omega_n & 1 & 0 & \cdots & 0 & 0 & * & * \\ 0 & \omega_n^2 & 2\zeta\omega_n & 1 & \cdots & 0 & 0 & * & * \\ \vdots & \vdots & \vdots & \vdots & \ddots & \vdots & \vdots & \vdots & \vdots \\ 0 & 0 & 0 & 0 & \cdots & \omega_n^2 & 2\zeta\omega_n & * & * \\ 0 & 0 & 0 & 0 & \cdots & 0 & \omega_n^2 & * & * \end{bmatrix} \begin{bmatrix} \beta_1 \\ \beta_2 \\ \beta_3 \\ \vdots \\ \beta_{n+1} \\ x_4 \\ x_5 \end{bmatrix} = \begin{bmatrix} * \\ * \\ * \\ * \\ \vdots \\ * \\ * \end{bmatrix}$$

$$\begin{bmatrix} * \\ * \\ * \\ * \\ \vdots \\ * \\ * \end{bmatrix} k_c x_1 + \begin{bmatrix} * \\ * \\ * \\ * \\ \vdots \\ * \\ * \end{bmatrix} k_c x_2 + \begin{bmatrix} * \\ * \\ * \\ * \\ \vdots \\ * \\ * \end{bmatrix} k_c x_3 + \begin{bmatrix} * \\ * \\ * \\ * \\ \vdots \\ * \\ * \end{bmatrix} x_6$$

显然，若将 $k_c x_1, k_c x_2, k_c x_3$ 分别当作一个变量，而不是两变量的乘积，那么上述方程组就是线性的，对此方程组求解，并按照前面介绍的设计思想对系统进行特性设计。从上面的叙述可以看出，方程组的线性性质是关键，只要具有线性特性就可以求解并完成系统设计了。因此解析法也适用二阶以下各类并联校正装置的设计。

6.3.4 PID 控制器的理论设计

本节给出串联 PID 控制器的解析设计法，为 PID 控制器在实际中的应用提供指导。

① 比例控制 $G_c(s)=k_p$，6.3.3 节已经给出它的设计方法，在此不再重复。

② 比例积分控制 $G_c(s)=\frac{k_p s+k_i}{s}=k_c\frac{s+x_1}{s}$，属于 $G_c(s)=k_c\frac{s+x_1}{s+x_2}$ 的特殊形式，也不再重复给出它的设计方法。

③ 比例微分控制 $G_c(s)=k_p+k_d s$，设计思路如下：根据性能指标确定希望的闭环主导极点为 $s_{1,2}=-\zeta\omega_n \pm j\omega_n\sqrt{1-\zeta^2}$，被校正系统开环传递函数为 $G(s)=\frac{s^m+b_1 s^{m-1}+\cdots+b_m}{s^n+a_1 s^{n-1}+\cdots+a_n}$，$m\leqslant n$。校正系统闭环特征多项式可写成下面两种形式

$$(\beta_0 s^{n-2}+\beta_1 s^{n-3}+\cdots+\beta_{n-2})(s^2+2\zeta\omega_n s+\omega_n^2)$$

$$s^n+a_1 s^{n-1}+\cdots+a_n+(k_p+k_d s)(s^m+b_1 s^{m-1}+\cdots+b_m)$$

由这两个多项式对应系数相等得

$$\begin{bmatrix} 1 & 0 & 0 & 0 & \cdots & 0 & * & * \\ 2\zeta\omega_n & 1 & 0 & 0 & \cdots & 0 & * & * \\ \omega_n^2 & 2\zeta\omega_n & 1 & 0 & \cdots & 0 & * & * \\ 0 & \omega_n^2 & 2\zeta\omega_n & 1 & \cdots & 0 & * & * \\ \vdots & \vdots & \vdots & \vdots & & \vdots & \vdots & \vdots \\ 0 & 0 & 0 & 0 & \cdots & 2\zeta\omega_n^2 & -b_{m-1} & -b_m \\ 0 & 0 & 0 & 0 & \cdots & \omega_n^2 & -b_m & 0 \end{bmatrix} \begin{bmatrix} \beta_0 \\ \beta_1 \\ \beta_2 \\ \beta_3 \\ \vdots \\ k_p \\ k_d \end{bmatrix} = \begin{bmatrix} 1 \\ a_1 \\ a_2 \\ a_3 \\ \vdots \\ a_{n-1} \\ a_n \end{bmatrix}$$

上述方程组是 $n+1$ 阶的，变量也有 $n+1$ 个，一般情况下有惟一解。校正后的系统性能分析与前面分析完全相同。

④ 比例积分微分控制 $G_c(s)=\dfrac{k_d s^2+k_p s+k_i}{s}=K\dfrac{s^2+x_1 s+x_2}{s}$，$K=k_d$。系统闭环特征多项式为 $s^{n+1}+a_1 s^n+\cdots+a_n s+K(s^2+x_1 s+x_2)(s^m+b_1 s^{m-1}+\cdots+b_m)$。根据期望闭环主导极点可将特征多项式写出如下形式

$$(s^{n-1}+\beta_1 s^{n-2}+\cdots+\beta_{n-1})(s^2+2\zeta\omega_n s+\omega_n^2)，若\ m\leqslant n-2$$

$$(\beta_0 s^{n-1}+\beta_1 s^{n-2}+\cdots+\beta_{n-1})(s^2+2\zeta\omega_n s+\omega_n^2)，若\ m=n-1$$

$$(\beta_0 s^m+\beta_1 s^{m-1}+\cdots+\beta_m)(s^2+2\zeta\omega_n s+\omega_n^2)，若\ m=n$$

对于上述三种情况，可分别获得不同表达形式的线性方程组、具体求解及零、极点特性分析，限于篇幅这里不再详细写出，感兴趣的读者可自己推导。

6.4　前馈校正和复合校正

控制系统的控制方式、控制过程以及各个系统所处的外环境不尽相同，种类繁多。前面串联、并联校正虽然可以很有成效地解决许多系统的校正问题，但是它们并不是放之四海皆准的万能方式。在一些抗外来干扰，提高系统稳态精度等方面，前馈校正和复合校正才是有效的校正手段，例如在火炮控制系统中就采用了前馈校正技术。

6.4.1　前馈校正的第一种形式

图 6-3 (b) 所示的前馈校正方式与图 6-17 连接方式在原理上是一致的，这类前馈校正可以消除可测干扰对输出变量的影响。分析此类前馈校正系统的输出为

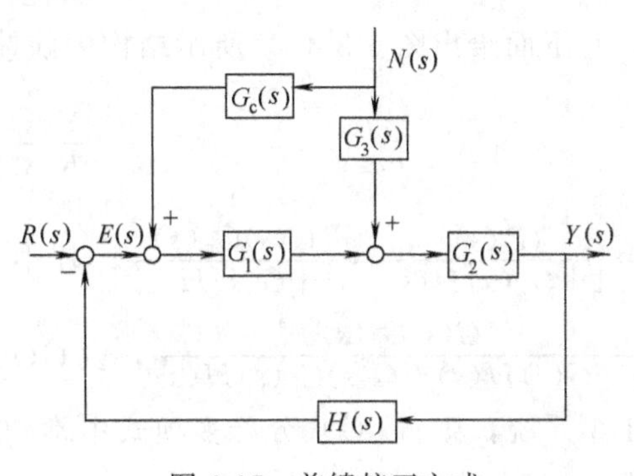

图 6-17　前馈校正方式

$$Y(s)=\frac{G_2(s)G_3(s)+G_1(s)G_2(s)G_c(s)}{1+G_1(s)G_2(s)H(s)}N(s)+\frac{G_1(s)G_2(s)}{1+G_1(s)G_2(s)H(s)}R(s) \qquad (6\text{-}32)$$

为了消除扰动 $N(s)$ 对输出的影响，应当使 $Y(s)$ 表达式中 $N(s)$ 的系数项为零，可通过设计适当校正装置 $G_c(s)$ 达到此目的，为此令 $G_2(S)G_3(s)+G_1(s)G_2(s)G_c(s)=0$，求得

$$G_c(s)=-\frac{G_3(s)}{G_1(s)} \qquad (6\text{-}33)$$

从理论上讲，当 $G_c(s)$ 按照式 (6-33) 形式选择时，闭环系统的输出就可以不受干扰的影响。当然由于工程中许多不确定因素和数学模型上的误差等多种原因，使得不可能完全抵消干扰对输出的影响。

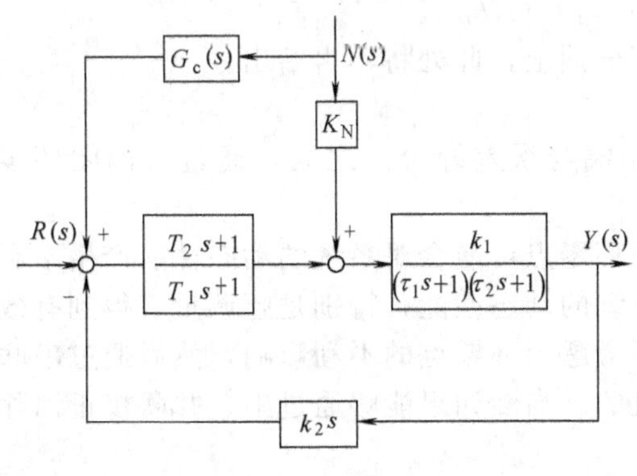

图 6-18　例 6-6 的框图

从式 (6-32) 可以看出，这种前馈校正方式对系统输出无影响，也可以说对系统自身的特性不产生任何的影响，既不能改善系统的动态特性，也不能提高系统的稳态特性。但从抵消干扰这个积极因素上来说，意义非常大，也可以说是改善了系统的性能。

【例 6-6】 系统如图 6-18 所示，试求前馈校正器 $G_c(s)$，以抵消干扰对系统输出的影响。

解 $G_1(s)=\dfrac{T_2s+1}{T_1s+1}$，$G_3(s)=K_N$，由式（6-33）得

$$G_c(s)=-\frac{K_N}{\dfrac{T_2s+1}{T_1s+1}}=-\frac{K_N(T_1s+1)}{T_2s+1}$$

本例中 $G_1(s)$ 可能是超前或滞后校正装置，如果 $G_1(s)$ 具有$\dfrac{1}{Ts+1}$的形式，就会造成 $G_c(s)$ 的微分形式，物理上难于实现，所以选择好适当的 $G_c(s)$ 形式对前馈校正也很重要。

6.4.2 前馈校正的第二种形式

在前向通道上串联校正装置并增大开环增益，可能会使某些系统稳定裕度下降，甚至结构不稳定。稳定性与精度是一对矛盾体，仅靠改善内环路解决这类问题物理上不易实现，而且会增加积分环节的数目，使结构复杂化。图 6-3（a）和图 6-19 所示的前馈校正方式原理是一致的，将附加校正装置放在闭环系统之外，能够将低型系统改造成Ⅰ型或Ⅱ型的系统，从而改善系统的精度。因此，这种形式的前馈校正在工程中也得到了很好的应用。

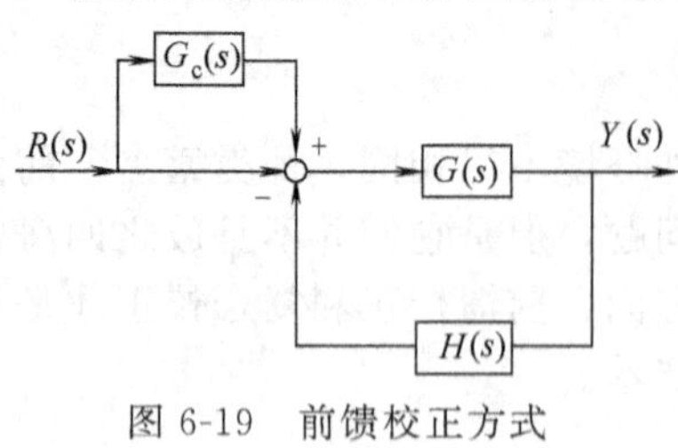

图 6-19　前馈校正方式

下面给出图 6-3（a）所示结构中前馈校正器 $G_c(s)$ 的设计方法。对系统结构图分析知

$$\frac{Y(s)}{R(s)}=\frac{G(s)G_c(s)}{1+G(s)H(s)}$$

令$\dfrac{G^*(s)}{1+G^*(s)H(s)}=\dfrac{G(s)G_c(s)}{1+G(s)H(s)}$，其中 $G^*(s)$ 为前向通道等效传递函数，则有$G^*(s)=\dfrac{G(s)G_c(s)}{1+G(s)H(s)-G(s)G_c(s)H(s)}$，设$G(s)\ H(s)=K\dfrac{s^m+bs^{m-1}+\cdots+b_m}{s^n+as^{n-1}+\cdots+a_n}$。若将系统校正成Ⅰ型系统，则 $G^*(s)$ 分母多项式中常数项应为零。令 $G_c(s)=\lambda$，则 $G^*(s)$ 分母多项式为 $s^n+a_1s^{n-1}+\cdots+a_n+K(s^m+b_1s^{m-1}+\cdots+b_m)(1-\lambda)$，其常数项 $a_n+Kb_m-Kb_m\lambda=0$，解得 $\lambda=a_n/K+1$，前馈校正装置 $G_c(s)=a_n/K+1$，即在输入端和误差综合点之间串联一个增益为 $a_n/K+1$ 的放大器，可满足性能要求。这也是物理上可实现的。

若要求将系统校正成Ⅱ型系统，可令 $G_c(s)=\lambda_1s+\lambda_2$，$G^*(s)$ 的分母多项式

$$s^n+a_1s^{n-1}+\cdots+a_n+K(s^m+b_1s^{m-1}+\cdots+b_m)(1-\lambda_1s-\lambda_2)$$

中常数项和 s 一次幂系数均应为零，即 $a_n+Kb_m-Kb_m\lambda_2=0$，$a_{n-1}+Kb_{m-1}-Kb_m\lambda_1-Kb_{m-1}\lambda_2=0$，解得 $\lambda_2=a_n/K+1$，$\lambda_1=(a_{n-1}-a_nb_{m-1})/(Kb_m)$。

校正成Ⅲ系统的情况较少见，理论推导方法完全同上，此处将不再给出。

6.4.3 前馈滤波器问题

前馈滤波器一般如图 6-3（a）串接在输入开始端与误差综合点之间，通过对消闭环零点，达到改变系统动态性能的目的。

一般来说，对系统进行串联或并联校正后，闭环零点可能会对系统的动态性能产生不利影响，串联前馈滤波器直接对消不利的零点，使系统的动态性能，特别是超调量，得到有效改善。所以在设计串、并联校正装置时，可以暂不考虑闭环零点的不利影响，然后通过串联前馈滤波器来消除零点的影响，达到复合校正的目的。当然如果能够通过串、并联校正消除零点影响的情况下，就不必考虑前馈滤波器。

【例 6-7】 如图 6-20 所示的单位负反馈系统，要求使用 PI 控制器作为串联校正装置，

使校正后闭环系统的单位阶跃响应的超调量小于10%，调节时间为 1s。设计适当前馈滤波器对消新的闭环零点。

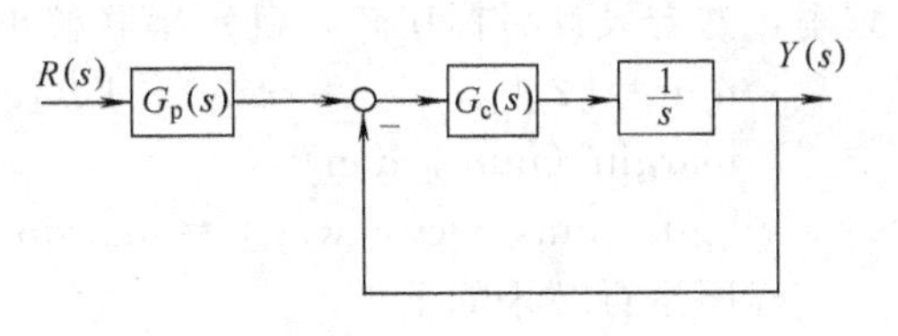

图 6-20　例 6-7 的框图

解　根据超调量为 10%，调节时间为 1s，计算得 $\zeta=0.59$，$\omega_n=7.6$，希望闭环主导极点为 $-4.5\pm j6.14$。取 PI 控制器 $G_c(s)=\frac{k_p s+k_i}{s}$，根据解析法得 $k_p=9$，$k_i=57.9496\approx57.95$。校正后系统闭环传递函数为 $\frac{9s+57.95}{s^2+9s+57.95}$，输出仿真如下

$$Y_1(t)=1-e^{-4.5t}\cos6.14t+0.73e^{-4.5t}\sin6.14t$$

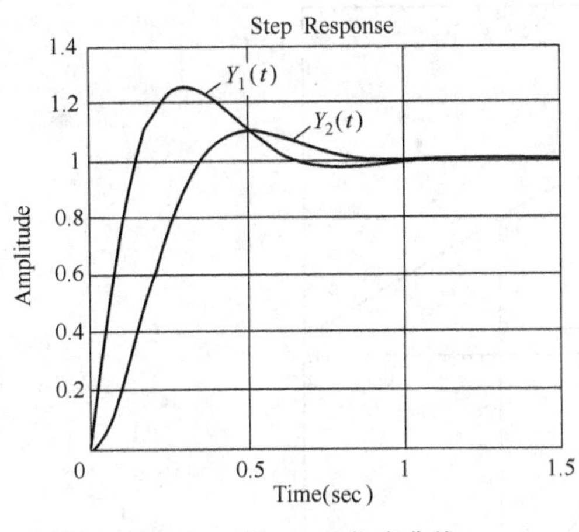

图 6-21　例 6-7 的仿真曲线

令 $G_p(s)=\frac{6.44}{s+6.44}$，加入前馈滤波器后闭环系统传递函数为 $\frac{57.95}{s^2+9s+57.95}$，输出为 $Y_2(t)=1-e^{-4.5t}\cos6.14t-0.73e^{-4.5t}\sin6.14t$，仿真结果如图 6-21 所示。

前馈滤波器已被理论和实际证明了它的物理可实现性和工程价值。前馈滤波器采用前向通道传递函数与整个闭环系统的零点对消，零点本身对系统性能的影响不起主要作用，所以是可行的。而闭环内部无论是串联还是并联校正，采用校正装置与原开环传递函数的零、极点对消，一般将会影响闭环极点，如果发生参数漂移或由于理论计算模型等问题上的偏差，零、极点实际上并不能对消，闭环极点对系统的性能起到了决定性的作用，因此会导致理论设计结果与实际结果相差较大，因此一般是不可取的。

6.4.4　复合校正

一般来说，复合校正是上述三大类校正方式的组合，这类校正装置的设计不像前面三类校正装置那样，有既系统又明确的校正方法，可以分步、分路地采用上述已介绍过的方法实现理论设计，也可以用本书中介绍的校正装置设计解析法进行总体设计。因其复杂性，在此将不再对这类校正装置的设计展开讨论。事实上，在 6.4.3 节前馈滤器设计的例子就属于复合校正。

复合校正已在工程中广泛地应用，特别是在庞大的控制系统中，单个回路或子系统可以用单一的校正方式，但对整个系统而言却属于复合校正。

6.5　Matlab 在系统校正中的应用

Matlab 为系统校正设计提供了非常方便的工具，不断修改校正装置的类型与参数，通过 Matlab 仿真可以及时、清楚地了解校正对系统性能的影响。下面举例说明。

【例 6-8】　已知单位负反馈系统的开环传递函数为

$$G(s)=\frac{200}{s(0.1s+1)}$$

试设计一个串联校正环节，使系统的相位裕度不小于 45°，幅值交角频率不低于 55rad/s。

解　首先应该画出校正前系统的对数幅频特性和相频特性，确定其相位裕度和幅值交角

频率，并与设计目标比较，确定串联校正器的类型。采用如下 Matlab 语句。

```
≫num=[200]; den=conv ([1 0], [0.1 1]);
≫margin (num, den)
≫[gm, pm, wcg, wcp] =margin (num, den)
```

程序运行结果如下

gm=Inf, pm=12.7580, wcg=Inf, wcp=44.1649

绘出系统对数幅相频率特性如图 6-22 所示。可以看出未校正系统的相位裕度为 $\gamma=12.8°$，幅值交角频率为 $\omega_c=44.2\text{rad/s}$，均低于性能指标要求，因此考虑采用串联超前校正装置，以增加系统的相位裕度。

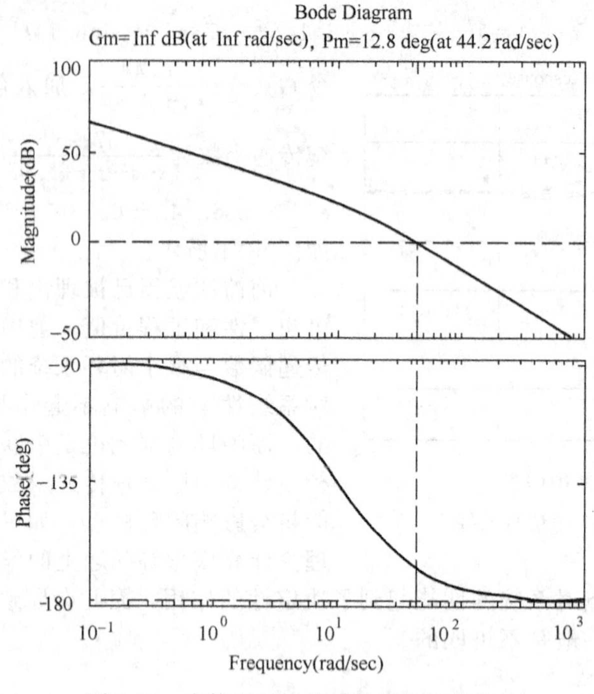

图 6-22　未校正系统的对数幅相频率特性

根据串联超前校正设计原则，计算 $\varphi_m'=45°-12.8°=32.2°$，因为未校正系统开环对数幅频特性渐近线在幅值交角频率处的斜率为 -40dB/dec，一般取 $5°<\varphi_m-\varphi_m'<12°$，则 $\varphi_m=\varphi_m'+10.8°=43°$，串联超前校正装置参数 $\alpha=\dfrac{1-\sin\varphi_m}{1+\sin\varphi_m}=0.19$。为使超前校正装置的相角补偿作用最大，选择校正后系统的幅值交角频率在最大超前相角发生的频率上，即由图 6-22 找到未校正系统幅值为 $10\lg\alpha=-7.23$ 处对应的频率 67.8，即 $\omega_m=67.8$。校正装置的时间常数为 $T=\dfrac{1}{\omega_m\sqrt{\alpha}}=\dfrac{1}{67.8\times\sqrt{0.19}}=0.0338$，即串联超前校正装置为

$$G_c(s)=\frac{1+Ts}{1+\alpha Ts}=\frac{1+0.0338s}{1+0.0064s}$$

利用如下 Matlab 语句，求出校正后系统的相位裕度和幅值交角频率，并作出幅相频率特性曲线如图 6-23 所示。

```
≫num1=[200]; den1=conv ([1 0], [0.1 1]);
≫numc=[0.0338 1]; denc=[0.0064 1];
≫[num, den] =series (numc, denc, num1, den1);
```

≫margin(num,den)

≫[gm,pm,wcg,wcp]=margin(num,den)

显示结果如下

gm=Inf，pm=51.4382，wcg=Inf，wcp=67.1331

可以看出校正后系统的相位裕度为 $\gamma=51.4°$，幅值交角频率为 $\omega_c=67.1\text{rad/s}$，均满足性能指标要求。

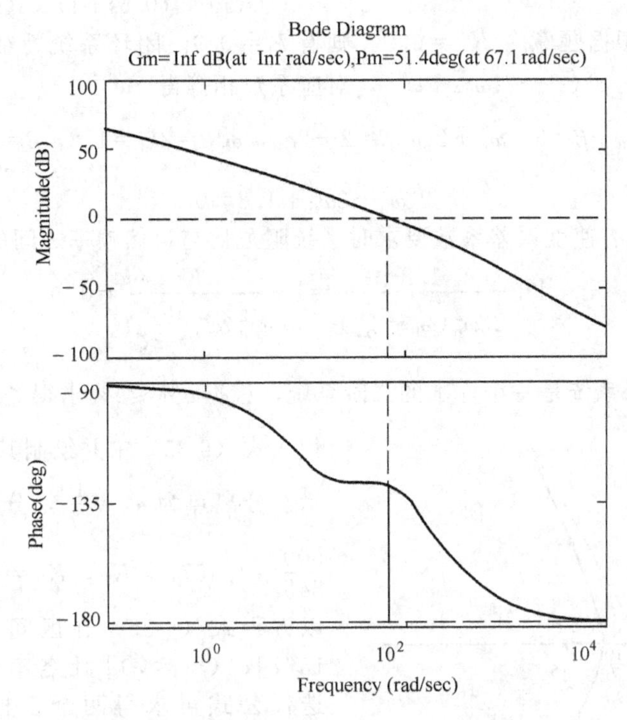

图 6-23　校正后系统的对数幅相频率特性

6.6　学生自读

6.6.1　学习目标

(1) 重点掌握的内容

① 掌握用解析法设计一阶、二阶串联校正装置的方法。

② 掌握本书介绍的两大类利用 Bode 图设计串联校正装置的频率域方法。

③ 掌握本书中介绍的前馈校正装置（包括前置滤波器）的设计方法。

(2) 一般掌握的内容

① 掌握用解析法设计串联 PID 控制器的方法。

② 掌握用解析法设计并联校正装置的方法。

(3) 一般了解的内容

①了解校正的四大方式及其作用。

②了解校正装置的 RC 网络实现的物理构成。

③了解解析法设计一般二次校正装置的思想。

④ 了解频率域与时域指标间的互换公式。

6.6.2　例题分析与工程实例

【例 6-9】 移动机器人利用摄像系统观测周围环境，作出正确判断以支持机器人的动作，其中控制部分是一个单位负反馈的系统，开环传递函数为$G(s)=\dfrac{1}{s(s+1)(0.5s+1)}$。要求串联一个 PI 控制器$G_c(s)=\dfrac{k_p s+k_i}{s}$，确定参数$k_p,k_i$，使系统单位阶跃响应的超调量小于或等于5%，调节时间小于6s，峰值时间最小，速度误差系数K_v大于或等于0.9。

解 校正后系统的开环传递函数为$G(s)G_c(s)=\dfrac{k_p s+k_i}{s(s+1)(0.5s+1)}=\dfrac{2k_p s+2k_i}{s(s+1)(s+2)}$，其速度误差系数$K_v=k_i$，根据题意令$K_v=0.9$，则有$k_i=0.9$。闭环系统特征多项式为$s^3+3s^2+(2+2k_p)s+2k_i=(s+\beta)(s^2+2\zeta\omega_n s+\omega_n^2)$，对应系数相等得

$$2\zeta\omega_n+\beta=3，\ \omega_n^2+2\zeta\omega_n\beta=2+2k_p，\ \omega_n^2\beta=2k_i=1.8，\ \beta=\frac{1.8}{\omega_n^2}$$

重新整理得

$$2\zeta\omega_n^3-3\omega_n^2+1.8=0 \tag{6-34}$$

式（6-34）为仅有速度误差系数要求时系统阻尼比与自然频率之间的关系，将其变换为

$$1+\frac{1.8}{2\zeta\omega_n^2\left(\omega_n-\dfrac{3}{2\zeta}\right)}=1+\frac{K}{\omega_n^2\left(\omega_n-\dfrac{3}{2\zeta}\right)}=0 \tag{6-35}$$

其中$K_0=\dfrac{1.8}{2\zeta}$。如果系统是一个标准的二阶系统，根据$\sigma\%\leqslant5\%$求得$\zeta\geqslant0.688$，取$\zeta=0.7$，代入式（6-35）中并绘制其根轨迹如图6-24所示。分离点为$\omega_n=\dfrac{10}{7}$，分离点处的增益$K_{分}=\dfrac{500}{343}=1.4577>K_0$，$K_0=\dfrac{1.8}{2\times0.7}=1.286$。所以方程式（6-35）在区间[0,10/7]，[10/7,15/7]，$(-\infty,0]$上各有一个根。用 Newton 迭代公式可求得两个正根分别近似为$\omega_n=1.11$，$\omega_n=1.71$（第3个根为负，无意义）。

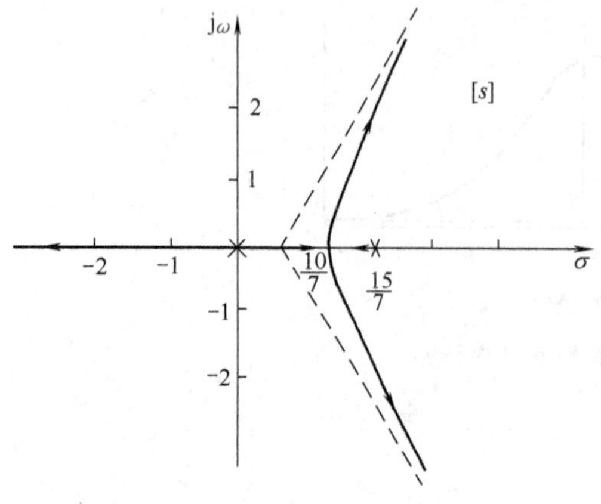

图 6-24 例 6-9 的根轨迹图

取$\omega_n=1.11$，则$\beta=1.446$，$k_p=0.74$。闭环传递函数为$\dfrac{1.48s+1.8}{(s+1.446)(s^2+1.554s+1.2321)}$，仿真结果为

$$Y(t)=1+0.2296e^{-1.446t}-1.2296e^{-0.777t}\cos(0.793t)-0.786e^{-0.777t}\sin(0.793t)$$

验证结果：$t_s<6$，$\sigma\%\approx5.9\%$，超出指标要求。

取$\omega_n=1.71$，则$\beta=0.606$，$k_p=1.1187$，闭环传递函数为

$$\frac{2.3749s+1.8}{(s+0.606)(s^2+2.394s+2.9241)}$$

仿真结果为

$$Y(t)=1-0.2984e^{-0.606t}-0.7016e^{-1.197t}\cos(1.221t)-0.8355e^{-1.197t}\sin(1.221t)$$

验证结果：$t_s<6$，系统无超调，其中一个极点-0.606，起主导作用。当然也不存在峰值时间，从理论上来说，除峰值时间外满足了所要求的性能指标。

下面来找最有特征的一个根，即找到一个ζ使式（6-34）有重实根，显然这样的根是根轨迹方程（6-35）的分离点。由式（6-35）得

$$K=\frac{3}{2\zeta}\omega_n^2-\omega_n^3 \tag{6-36}$$

对其进行求导得$\frac{dK}{d\omega_n}=\frac{3}{\zeta}\omega_n-3\omega_n^2$，$\omega_n=\frac{1}{\zeta}$。将$\omega_n=\frac{1}{\zeta}$代入式（6-36），且令$K=K_0$，得方程$\frac{1.8}{2\zeta}=\frac{3}{2\zeta}\times\frac{1}{\zeta^2}-\frac{1}{\zeta^3}$，解出$\zeta=\frac{\sqrt{5}}{3}$，$\omega_n=\frac{3}{\sqrt{5}}$，即当$\zeta$取$\frac{\sqrt{5}}{3}$时，式（6-34）有重根，且重根为$\frac{3}{\sqrt{5}}$，此时根轨迹式（6-35）增益$K_0=0.54\sqrt{5}$。利用根轨迹方法对三阶方程根的性质进行判断，可知当$\zeta>\frac{\sqrt{5}}{3}$时，式（6-34）有一负实根和两个共轭复根。本例ω_n取共轭复根和负实根没有意义，也说明$\zeta>\frac{\sqrt{5}}{3}$的取值无意义。

特别取$\zeta=\frac{\sqrt{5}}{3}$，根据方程组可求得$\omega_n=\frac{3}{\sqrt{5}}$，$\beta=1$，$k_p=0.9$，闭环系统的实极点为$-1$，惟一的零点也为$-1$，恰好相消，闭环传递函数为$\frac{Y(s)}{R(s)}=\frac{1.8}{s^2+2s+1.8}$，因而系统的超调量：$\sigma=2.98\%$；调节时间：$t_s=4.5$；峰值时间：$t_p=3.5124$。根据分析推理，这个时间应该是在满足了其他性能指标条件下的最小峰值时间了，是本例的最佳结果。

从以上的分析中，可以看出$\zeta\in[0.688,\sqrt{5}/3]$应该是适合的。不妨再取$\zeta=0.73$，则有$\omega_n=1.2$，$\beta=1.24$，$k_p=0.816$。系统的闭环传递函数为

$$\frac{Y(s)}{R(s)}=\frac{2(0.816s+0.9)}{(s+1.24)(s^2+1.752s+1.44)}\approx\frac{1.44}{s^2+1.752s+1.44}$$

该系统中实数零极点构成偶极子，因此上式近似成立。此时$\sigma=3.5\%$，$t_s=5.14<6$，$t_p=3.83$，满足性能指标要求。

本例看起来过于繁琐，事实上实际控制器的设计正是这样繁琐细致的过程。像例题那样单纯易解的问题在实际中并不多见。本例子很难用过去传统的根轨迹法或频率域的作图法解决，但用解析法就能够很好地解决此类问题。

【例 6-10】 卫星接收天线一般都是抛物线锅形的，为了更好地接收卫星信号，就必须让其随卫星的运行而改变跟踪方向。拖动天线跟踪方向的控制系统采用的是电枢控制电机驱动，是一个单位负反馈的系统，其开环传递函数为$G(s)=\frac{10}{s(s+5)(s+10)}$。要求设计校正装置使系统单位阶跃响应的超调量小于或等于5%，调节时间小于2s。

解 根据性能指标，取超调量$e^{-\frac{\zeta\pi}{\sqrt{(1-\zeta^2)}}}=4\%$，则$\zeta=0.72$；取调节时间$t_s=\frac{4.5}{\zeta\omega_n}=1.5$，则$\omega_n=\frac{3}{0.72}=4.17$，故希望的闭环主导极点$\zeta\omega_n\pm j\sqrt{1-\zeta^2}\,\omega_n=-3\pm j2.894$。

设校正装置为$G_c(s)=K\frac{s+x_1}{s+x_2}$，则闭环特征多项式为

$$s(s+5)(s+10)(s+x_2)+Ks+Kx_1=s^4+(15+x_2)s^3+(15x_2+50)s^2+(K+50x_2)s+Kx_1$$

根据闭环主导极点原则，特征多项式也可写成$(s^2+\beta_1 s+\beta_2)(s^2+6s+17.3889)$的形式，两个特征多项式对应系数相等得

$$15+x_2=6+\beta_1,\quad 15x_2+50=\beta_2+6\beta_1+17.3889$$

$$K+50x_2=6\beta_2+17.3889\beta_1,\quad Kx_1=17.3889\beta_2$$

解得

$$\beta_1=9+x_2,\quad \beta_2=9x_2-21.3889$$

$$K=21.3889x_2+28.1667,\ Kx_1=156.5x_2-371.93$$

将上述解代入未知极点方程中，有

$$s^2+\beta_1 s+\beta_2=s^2+9s-21.3889+x_2 s+9x_2$$

则未知闭环极点的根轨迹方程为

$$1+x_2\frac{s+9}{s^2+9s-21.3889}=0$$

令 $x_2^*=\dfrac{21.3889x_2}{28.1667}$，则未知闭环零点的根轨迹方程为 $s+x_1=0$，整理得 $1+x_2^*\ \dfrac{s+7.32}{s-13.2}=0$，其根轨迹如图 6-25 所示。

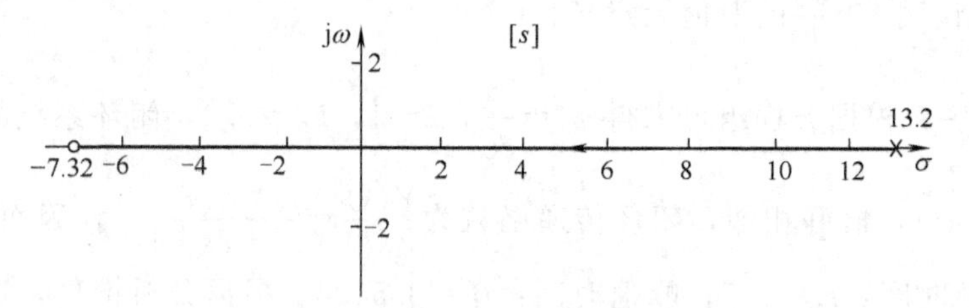

(a) 未知闭环零点的根轨迹

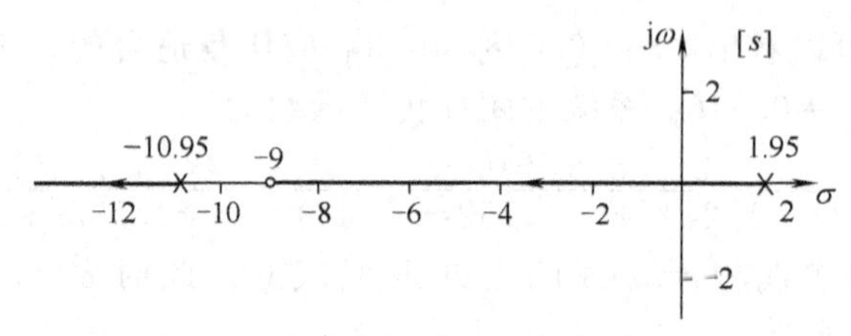

(b) 未知闭环极点的根轨迹

图 6-25　例 6-10 的根轨迹

取 $x_2=21.7593$，$x_2^*=16.5$，则闭环极点为 -7.5，-23.2593；闭环零点为 -6.15；$K=493.57$。闭环系统传递函数为 $\dfrac{493.57(s+6.15)}{(s+7.5)(s+23.2593)(s^2+6s+17.3889)}$，输出仿真结果为

$Y(t)=1+0.197462139\mathrm{e}^{-7.5t}-0.055027564\mathrm{e}^{-23.2593t}-1.142434575\mathrm{e}^{-3t}\cos(2.894t)-2.5\mathrm{e}^{-3t}\sin(2.894t)$

其仿真曲线如图 6-26 所示。仿真结果表明满足性能指标，其中 $t_\mathrm{p}=1.163$（峰值时间），超调量 $\sigma<5\%$。

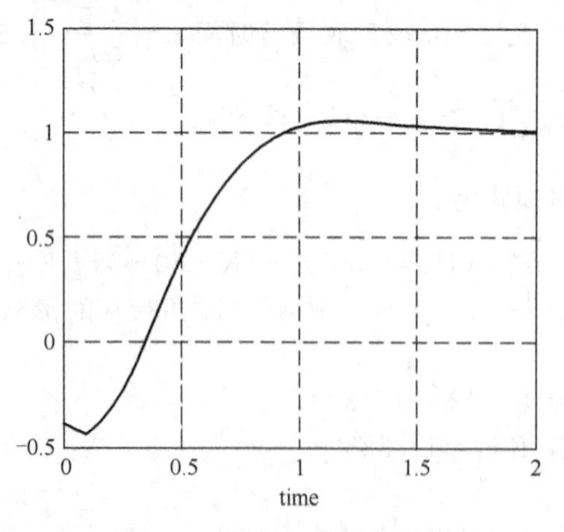

图 6-26　例 6-10 的仿真曲线

一般设计中还有稳态误差和误差系数方面的要求，如果稳态误差太大，一定影响系统的跟踪效果。在本例设计中，稳态误差为 $e_{\mathrm{ss}}=\dfrac{1}{K_\mathrm{v}}=\dfrac{50x_2}{10Kx_1}=0.0358$。

如果选用滞后-超前校正装置来实现，设计过程更加繁琐，限于篇幅此处不再给出。此外也曾用 PID 控制器来实现，理论设计表明效果并不理想。可以看出实际工程问题远比教材中的例题复杂得多，有些参数过大也会让计算非常复杂，而不易于理论设计和工程实现。

6.6.3　本章小结

本章讨论单输入单输出系统校正装置的理论设计问题，首先介绍性能指标的互化，校正的四种方式，以及常用 RC 网络的物理构成，校正装置的特性、传递函数以及工程上常用的 PID 控制器，然后详细介绍频率域串联超前、串联滞后校正装置的设计方法。

本章重点介绍一种适用范围广泛的新方法——解析法。解析法在时域上直接对系统进行设计，适用于串、并联方式下所有校正装置的理论设计，而且更加方便于工程，其中二阶系统时域与频率域动态性能指标之间的相互转化是基础。此外还介绍了有实际意义的一般二次型校正问题。

前馈校正和前置滤波器也是校正中很重要的问题，本章中也进行详细介绍。复合校正，由于其复杂性，本章未作详细展开。

习　题　6

6-1　单位负反馈系统的开环传递函数为 $G(s)=\dfrac{2000}{s(s+10)}$。设计串联超前校正装置，使相角裕量大于 45°。(建议采用频率域的方法)

6-2　单位负反馈系统的开环传递函数为 $G(s)=\dfrac{6}{s(s+1)(s+2)}$。设计串联滞后校正装置，使相角裕量大于 45°。(建议采用频率域的方法)

6-3　单位负反馈系统的开环传递函数为 $G(s)=\dfrac{K}{s(s+10)(s+20)}$。设计串联超前校正装置，使系统的相角裕量大于等于 45°，斜坡响应的误差系数为 $K_v\geqslant 10$。(建议采用频率域的方法)

6-4　单位负反馈系统的开环传递函数为 $G(s)=\dfrac{K}{s(s+2)(s+4)}$。设计串联超前校正装置，使系统的相角裕量大于等于 50°，速度误差系数为 $K_v\geqslant 2$。(建议采用频率域的方法)

6-5　单位负反馈系统的开环传递函数为 $G(s)=\dfrac{K}{s(s+10)(s+45)}$。用一阶串联校正装置，将闭环系统校正成超调量在 7%以下，调节时间 0.4s 以内。

6-6　单位负反馈系统的开环传递函数为 $G(s)=\dfrac{K}{s(s+1)}$。用一阶串联校正装置，将闭环系统校正成超调量小于 10%，调节时间小于 2s。

6-7　单位负反馈系统的开环传递函数为 $G(s)=\dfrac{K}{s(s+10)(s+15)}$。用一阶串联校正装置，使闭环系统的单位斜坡响应的稳态误差为 0.1，闭环主导极点的阻尼比 $\zeta=0.7$。选出一个具体的校正装置，并在仿真曲线上计算校正后系统的超调量和调节时间。

6-8　单位负反馈系统的开环传递函数为 $G(s)=\dfrac{K}{s^2}$。用一阶串联校正装置，将闭环系统校正成超调量小于 4%，调节时间小于 1.5s，加速度误差系数小于 20。

6-9　单位负反馈系统的开环传递函数为 $G(s)=\dfrac{4}{s(s+0.5)}$。仿例题，设定新的闭环主导极点，设计二阶串联校正装置，将闭环系统校正成超调量小于 25%，调节时间小于 2s，闭环系统的单位斜坡响应的稳态误差为 0.01。

6-10　单位负反馈系统的开环传递函数为 $G(s)=\dfrac{K}{s(s+10)}$。串联一个 PI 控制器 $G_c(s)=k_p+\dfrac{k_i}{s}$，使得校正后闭环系统的阻尼比 $\zeta=\dfrac{1}{\sqrt{2}}$，调节时间小于 4s。

6-11　采用如图 6-27 所示的并联校正方式，$G(s)=\dfrac{K}{s^2}$，$G_c(s)=k_1 s$。使得校正后闭环系统满足超调量 5%，调节时间为 2s。

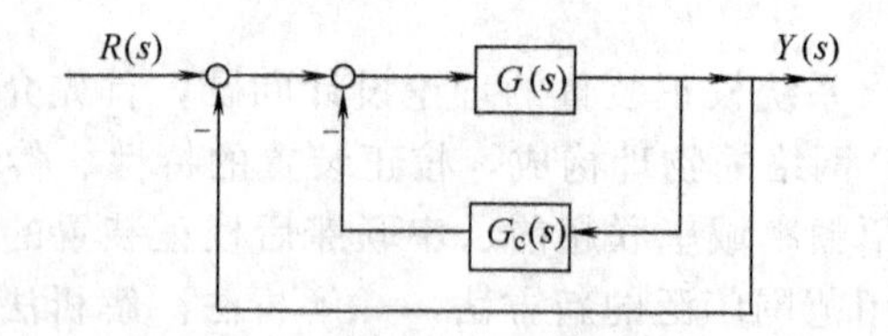

图 6-27 习题 6-11 的框图

6-12 如图 6-28 所示，求出使干扰 $N(s)$ 不影响输出 $Y(s)$ 的校正装置 $G_c(s)$。

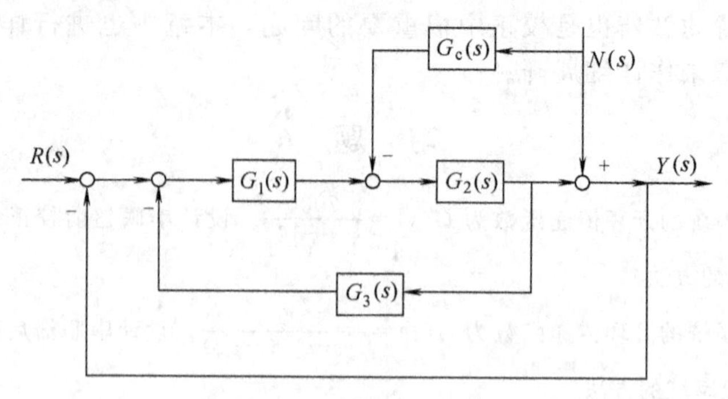

图 6-28 习题 6-12 的框图

6-13 单位负反馈系统的开环传递函数为 $G(s)=\dfrac{K}{s^2}$。串联一个 PD 控制器 $G_c(s)=k_p+k_d s$，使得校正后闭环系统的超调量小于 2%，峰值时间小于 2s。

第7章 状态空间分析设计方法

20世纪50年代中期，线性系统的经典控制理论已经发展成熟，它的数学基础是拉普拉斯变换，主要用于处理单输入-单输出系统。系统的基本数学模型是传递函数，采用的分析和综合方法主要是频率响应法。这种经典控制论的一个明显缺点就是难于有效地处理多输入-多输出系统，难以揭示系统的更深刻特性。

20世纪60年代前后，线性系统理论的研究开始了从经典阶段向现代阶段的过渡，这时出现了状态空间法。它采用状态空间描述取代了先前的传递函数那种外部输入输出描述，对系统的分析和综合直接在时间域内进行，集中表现为用系统的内部研究代替了外部研究，从而大大地扩充了所能处理问题的范围，这种方法就称为现代控制理论。

本章主要介绍现代控制理论中最重要和影响最广泛的一个分支——状态空间分析设计方法，内容包括状态空间模型的建立、与传递函数描述之间的相互转化；系统的状态空间运动分析；能控性和能观性的基本概念与判据、能控、能观标准形及结构分解；基于状态空间模型的控制系统设计方法——极点配置和观测器设计。

在状态空间法中，用来表征系统动力学特性的数学模型，是反映输入、状态、输出三种变量间相互关系的一对方程，称为状态方程和输出方程。状态空间方法是一种时间域方法，主要的数学基础是线性代数，在系统分析和综合中所涉及的计算主要是矩阵运算和矩阵变换，非常适宜在计算机上进行。

7.1 线性系统的状态空间数学模型

7.1.1 系统状态空间表达的基本概念

建立控制系统在状态空间的数学模型，首先需要引入状态、状态变量、状态向量和状态空间等概念。

状态：表示系统在过去、现在和未来时刻的状况。例如反应釜内的温度、液位、压力，电机的转速等都可以称为系统的状态。

状态变量：是指能够完全描述系统行为的最小一组变量，只要给定了当前时刻的这组变量以及未来时刻作用在系统上的输入，那么系统在未来任意时刻的行为就可以完全确定。例如一个质点作直线运动，如果一旦给定质点在某一时刻的位置和速度以及外加作用力，就可以完全确定此质点在其他时刻的位置和速度，那么质点的位置和速度就是能够完全表征该系统的状态变量。

状态变量的选取不是惟一的，只要满足作为状态变量的条件都可以选择做状态变量。从理论上讲，可以有无穷多组状态变量，它们并不一定要求在物理上是可测量的，但实际上，通常还是希望能够选择那些易于测量的物理量作为状态变量，因为控制系统需要把这些状态变量作为反馈量而获得所需的控制律。总之，状态变量的选择要充分考虑完全表征系统和最小数目独立变量两点。

状态向量：如果完全表述一个给定系统的动力学行为需要 n 个状态变量，那么以这些状态变量为元构成的向量就是状态向量。设 $x_1(t), x_2(t), \cdots, x_n(t)$ 是系统的一组状态变量，则状态向量就是以这组状态变量为分量的向量

$$\boldsymbol{x}(t)=\begin{bmatrix} x_1(t) \\ x_2(t) \\ \vdots \\ x_n(t) \end{bmatrix}$$

状态空间：以 n 个状态变量 $x_1(t),x_2(t),\cdots,x_n(t)$ 为基底所构成的 n 维空间就称为状态空间，状态空间中的一个点就代表系统在某一特定时刻的状态。如果给定初始 t_0 时刻的状态 $\boldsymbol{x}(t_0)$，那么 $t\geqslant t_0$ 各时刻系统的状态就构成了状态空间中的一条轨线，这条轨线完全是由系统的初始状态 $\boldsymbol{x}(t_0)$ 和 $t\geqslant t_0$ 时的输入以及系统的动力学特性惟一确定。

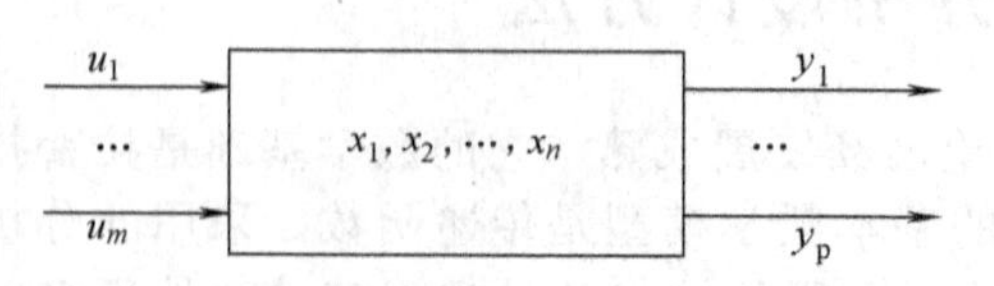

图 7-1　多输入-多输出系统结构示意

7.1.2　线性系统的状态空间描述

考察如图 7-1 所示的多输入-多输出系统

图中系统内部是由一些相互制约的部件构成的整体，方块以外的部分称为系统环境，外部环境与系统的相互作用可以看成是输入 $\boldsymbol{u}$ 和输出 $\boldsymbol{y}$，这两种变量被称为是系统的外部变量。而在系统内部用来描述系统在每个时刻所处状况的变量就是状态 x，是内部变量。系统的数学描述就是系统变量间因果关系和变换关系的一种数学模型。选取不同的变量组就可以得到不同的数学描述。在经典控制论中采用系统的外部描述形式——传递函数。它把系统看作是一个黑箱，不去表征系统的内部结构和内部变量，只反映外部变量组输入与输出间的因果关系，这是对系统的一种不完全描述。

状态空间描述方法是一种完全的描述，能够完全表征系统的一切动力学特征。它对系统的动态过程采用一种更为细致的方式描述：

① 输入作用引起系统状态发生变化，通常这是一个动态过程，可以采用微分方程来表示，称为状态方程。

$$\dot{\boldsymbol{x}}(t)=\boldsymbol{A}\boldsymbol{x}(t)+\boldsymbol{B}\boldsymbol{u}(t) \tag{7-1}$$

② 状态和输入的改变决定了输出的变化，通常这种变化属于变量之间的相互转换，可以用一般的代数方程表示，称为输出方程

$$\boldsymbol{y}(t)=\boldsymbol{C}\boldsymbol{x}(t)+\boldsymbol{D}\boldsymbol{u}(t) \tag{7-2}$$

式 (7-1) 和式 (7-2) 就是线性定常系统的状态空间表达，其中 $\boldsymbol{x}\in R^n$，$\boldsymbol{u}\in R^m$，$\boldsymbol{y}\in R^p$，$\boldsymbol{x}(t),\dot{\boldsymbol{x}}(t)$分别为系统的状态向量及其一阶导数，$\boldsymbol{u}(t),\boldsymbol{y}(t)$分别是系统的输入变量和输出变量，$\boldsymbol{A},\boldsymbol{B},\boldsymbol{C},\boldsymbol{D}$ 分别为具有 $n\times n$，$n\times m$，$p\times n$，$p\times m$ 维的系统矩阵。

图 7-2 给出了系统状态空间描述的结构示意。

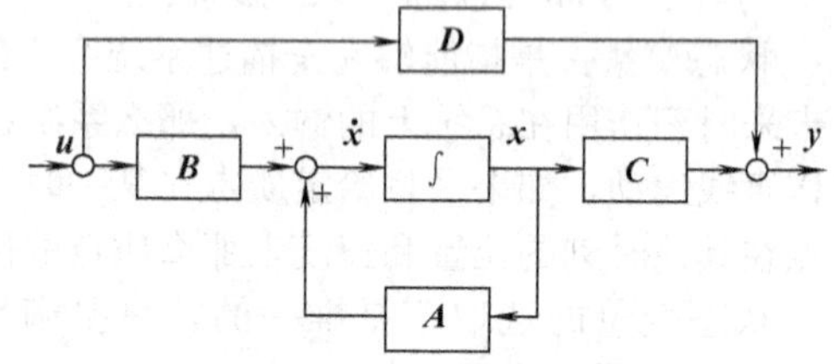

图 7-2　系统状态空间描述的结构示意

7.1.3　由机理分析建立状态空间表达式

建立状态空间表达式的方法主要有两种：一是根据系统的机理分析，选择适当的状态变量，从而建立其状态空间表达式；二是由其他已知的系统数学描述转化得到状态空间表达式。本节通过例题来介绍如何根据机理分析建立线性定常系统的状态空间表达式。

【例 7-1】 试列写下面两种简单系统——电路系统和力学系统的机理方程，选择适当的变量作为状态变量，并建立相应的状态空间表达式。

解　(1) 图 7-3 为弹簧-质量-阻尼器组成的力学系统，以外加拉力 F_i 为输入，质量单元的位移 y 为输出，根据牛顿第二定律可得

$$ma=\sum F=m\frac{\mathrm{d}^2y}{\mathrm{d}t^2} \tag{7-3}$$

其中，合力：$\sum F=F_{\mathrm{i}}+F_{\mathrm{k}}+F_{\mathrm{f}}$；弹簧阻力 $F_{\mathrm{k}}=-ky$，k 是弹簧的弹性系数；壁摩擦力 $F_{\mathrm{f}}=-f\dfrac{\mathrm{d}y}{\mathrm{d}t}$，$f$ 是摩擦系数。将上述方程代入式（7-3）得

$$m\frac{\mathrm{d}^2y}{\mathrm{d}t^2}+f\frac{\mathrm{d}y}{\mathrm{d}t}+ky=F_{\mathrm{i}} \tag{7-4}$$

可以看出弹簧平移运动是一个二阶线性系统。定义状态向量、控制向量和输出向量如下

$$\begin{cases}x_1=y\\ x_2=\dot{y}=\dot{x}_1\end{cases},\quad u=F_{\mathrm{i}},\quad y=y$$

于是可将式（7-4）表示的二阶微分方程写成两个一阶微分方程组的形式

$$\frac{\mathrm{d}x_1}{\mathrm{d}t}=x_2$$

$$\frac{\mathrm{d}x_2}{\mathrm{d}t}=-\frac{f}{m}x_2-\frac{k}{m}x_1+\frac{1}{m}u$$

上述方程组是用每个状态变量的变化率来描述系统状态的变化规律，可以进一步表示为矩阵形式

$$\begin{aligned}\dot{\boldsymbol{x}}&=\begin{bmatrix}\dot{x}_1\\ \dot{x}_2\end{bmatrix}=\begin{bmatrix}0 & 1\\ -\dfrac{k}{m} & -\dfrac{f}{m}\end{bmatrix}\begin{bmatrix}x_1\\ x_2\end{bmatrix}+\begin{bmatrix}0\\ \dfrac{1}{m}\end{bmatrix}u\\ y&=\begin{bmatrix}1 & 0\end{bmatrix}\begin{bmatrix}x_1\\ x_2\end{bmatrix}\end{aligned} \tag{7-5}$$

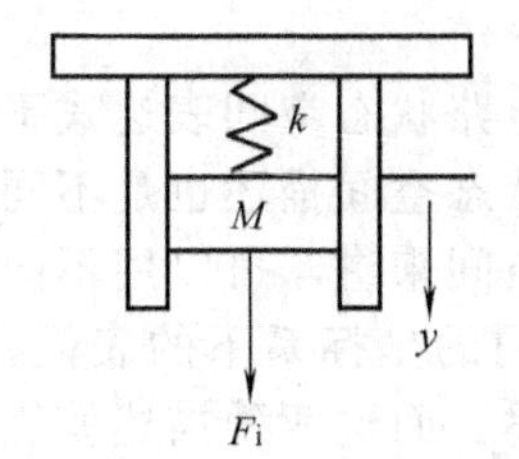

图 7-3　弹簧-质量-阻尼器

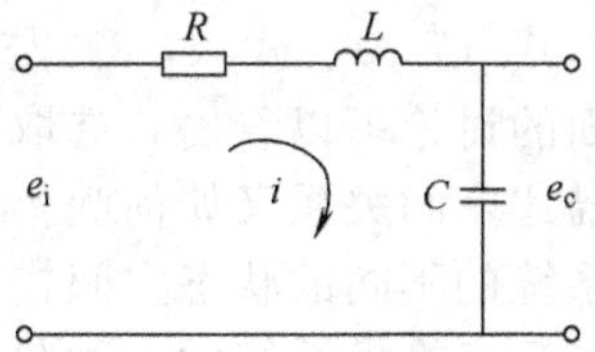

图 7-4　RLC 电路

（2）图 7-4 为 RLC 电路，设 e_{i} 为输入，电压 e_{c} 为输出，根据基本电路定律有

$$L\frac{\mathrm{d}i}{\mathrm{d}t}+Ri+\frac{1}{C}\int i\mathrm{d}t=e_{\mathrm{i}} \tag{7-6}$$

选择状态变量为 $x_1=i$，$x_2=\int i\mathrm{d}t$，可推导出两个一阶微分方程组

$$\frac{\mathrm{d}x_1}{\mathrm{d}t}=-\frac{R}{L}x_1-\frac{1}{LC}x_2+\frac{1}{L}u$$

$$\frac{\mathrm{d}x_2}{\mathrm{d}t}=x_1$$

写成状态方程

$$\dot{\boldsymbol{x}}=\begin{bmatrix}\dot{x}_1\\ \dot{x}_2\end{bmatrix}=\begin{bmatrix}-\dfrac{R}{L} & -\dfrac{1}{LC}\\ 1 & 0\end{bmatrix}\begin{bmatrix}x_1\\ x_2\end{bmatrix}+\begin{bmatrix}\dfrac{1}{L}\\ 0\end{bmatrix}u \tag{7-7}$$

再根据输出 $y=e_{\mathrm{c}}=\dfrac{1}{C}\int i\mathrm{d}t$，可得相应的输出方程为

$$y=\begin{bmatrix}0 & \frac{1}{C}\end{bmatrix}\begin{bmatrix}x_1\\x_2\end{bmatrix} \tag{7-8}$$

上面讨论的两个实例表明，对于一个结构和参数已知的物理系统，可根据其物理属性，直接建立系统的状态空间表达式，显然此状态空间表达式反映了系统的真实结构特性。

值得注意的是：状态变量选择的不同，得到的状态空间表达式也是不同的，这点与传递函数所代表的外部描述不同，对于一个系统，如果输入和输出确定，那么传递函数就是惟一确定的，而状态空间描述则根据状态变量选择的不同而不同，同一个系统可以具有不同的状态空间表达式。

例如上面例题中提到的 RLC 电路，如果以 $x_1=i$，$x_2=e_c$ 作为一组状态变量，同样图 7-4 的 RLC 电路的状态空间描述可以表示如下

$$\frac{\mathrm{d}x_1}{\mathrm{d}t}=-\frac{R}{L}x_1-\frac{1}{L}x_2+\frac{1}{L}u$$

$$\frac{\mathrm{d}x_2}{\mathrm{d}t}=\frac{1}{C}x_1$$

则得到系统的状态空间表达式为

$$\begin{aligned}\dot{\boldsymbol{x}}=\begin{bmatrix}\dot{x}_1\\\dot{x}_2\end{bmatrix}&=\begin{bmatrix}-\frac{R}{L} & -\frac{1}{L}\\\frac{1}{C} & 0\end{bmatrix}\begin{bmatrix}x_1\\x_2\end{bmatrix}+\begin{bmatrix}\frac{1}{L}\\0\end{bmatrix}u\\y&=\begin{bmatrix}0 & 1\end{bmatrix}\begin{bmatrix}x_1\\x_2\end{bmatrix}\end{aligned} \tag{7-9}$$

显然，式（7-7）、式（7-8）与式（7-9）表示的 RLC 电路状态空间表达式不同。

从前面的讨论可以看出，选取不同的状态变量得到的状态空间描述也是不同的，那么这些不同的描述之间关系又如何呢？实际上对一个 n 维状态空间来讲，可以用不同的坐标系表示，那么系统的不同的状态空间描述就是同一个系统在不同的坐标系下的表征，换句话说，可以通过坐标变换把系统的一种状态描述转化为另一种描述，而这两种描述就称为代数等价的。下面给出代数等价的概念。

代数等价：给定一线性定常系统$\Sigma(\boldsymbol{A},\boldsymbol{B},\boldsymbol{C},\boldsymbol{D})$，如果引入一非奇异变换 $\overline{\boldsymbol{x}}=\boldsymbol{P}\boldsymbol{x}$，其中 $\boldsymbol{P}$ 是非奇异矩阵，经过状态变换后，系统可以写成

$$\begin{aligned}\dot{\overline{\boldsymbol{x}}}&=\overline{\boldsymbol{A}}\,\overline{\boldsymbol{x}}+\overline{\boldsymbol{B}}\boldsymbol{u}=\boldsymbol{P}\boldsymbol{A}\boldsymbol{P}^{-1}\overline{\boldsymbol{x}}+\boldsymbol{P}\boldsymbol{B}\boldsymbol{u}\\\boldsymbol{y}&=\overline{\boldsymbol{C}}\,\overline{\boldsymbol{x}}+\overline{\boldsymbol{D}}\boldsymbol{u}=\boldsymbol{C}\boldsymbol{P}^{-1}\overline{\boldsymbol{x}}+\boldsymbol{D}\boldsymbol{u}\end{aligned} \tag{7-10}$$

那么就称这两个状态空间描述是代数等价的。

显然，同一系统由于采用不同的状态变量而得到的不同状态描述之间必定是代数等价的。由于坐标系的选择带有人为的性质，而系统的特性却带有客观性，因此系统在坐标变换下的不变性和不变属性就反映出系统的固有特征。例如对于 $n\times n$ 维系统矩阵 $\boldsymbol{A}$，$s\boldsymbol{I}-\boldsymbol{A}$ 为 $\boldsymbol{A}$ 的特征方阵，行列式$|s\boldsymbol{I}-\boldsymbol{A}|$称为 $\boldsymbol{A}$ 的特征多项式，$|s\boldsymbol{I}-\boldsymbol{A}|=0$ 称为 A 的特征方程，它的根称为 $\boldsymbol{A}$ 矩阵的特征根或特征值，是系统最重要的特征参数之一。系统经过状态变换后，其特征多项式保持不变，从而特征值也不发生改变，反映出系统稳定性这一固有特性。

7.1.4 由微分方程建立状态空间表达式

微分方程和传递函数是描述连续线性定常系统常用的数学模型，本节和下一节主要介绍通过 n 阶微分方程或传递函数导出系统状态空间表达式的一般方法，建立统一的研究理论，

揭示系统内部固有的重要结构特性。

对于单变量系统，通常可以用如下的微分方程来描述此系统的动力学特性

$$y^{(n)}+a_{n-1}y^{(n-1)}+\cdots+a_1 y^{(1)}+a_0 y=b_m u^{(m)}+\cdots+b_1 u^{(1)}+b_{0u} \tag{7-11}$$

通常为保证系统的可实现性，均有 $m\leqslant n$。欲把此微分方程转化为相应的状态空间方程，核心问题就在于适当地选取状态变量，并根据微分方程的已知系数 a_0，…，a_{n-1}，b_0，…，b_m，确定系统矩阵 $\boldsymbol{A},\boldsymbol{B},\boldsymbol{C},\boldsymbol{D}$。下面给出一种典型转化方法。

引入微分算子 $p=\dfrac{\mathrm{d}}{\mathrm{d}t}$，则系统式（7-11）可以写成这样的形式

$$y=\frac{b_m p^m+\cdots+b_1 p+b_0}{p^n+a_{n-1}p^{n-1}+\cdots+a_1 p+a_0}u \tag{7-12}$$

分两种情况 $m=n$，$m<n$ 来讨论。

① 当 $m<n$ 时，定义中间变量 $\tilde{y}$

$$\tilde{y}=\frac{1}{p^n+a_{n-1}p^{n-1}+\cdots+a_1 p+a_0}u$$

则式（7-12）可以改成

$$\begin{aligned}&\tilde{y}^{(n)}+a_{n-1}\tilde{y}^{(n-1)}+\cdots+a_1\tilde{y}^{(1)}+a_0\tilde{y}=u\\&y=b_m\tilde{y}^{(m)}+\cdots+b_1\tilde{y}^{(1)}+b_0\tilde{y}\end{aligned} \tag{7-13}$$

选取状态为

$$x_1=\tilde{y},\ x_2=\tilde{y}^{(1)},\ \cdots,\ x_n=\tilde{y}^{(n-1)}$$

就可以得到系统的状态空间描述

$$\begin{aligned}&\dot{x}_1=\tilde{y}^{(1)}=x_2\\&\dot{x}_2=\tilde{y}^{(2)}=x_3\\&\quad\vdots\\&\dot{x}_{n-1}=\tilde{y}^{(n-1)}=x_n\\&\dot{x}_n=\tilde{y}^{(n)}=-a_{n-1}\tilde{y}^{(n-1)}-\cdots-a_1\tilde{y}^{(1)}-a_0\tilde{y}+u=-a_{n-1}x_n-\cdots-a_1x_2-a_0x_1+u\\&y=b_m\tilde{y}^{(m)}+\cdots+b_1\tilde{y}^{(1)}+b_0\tilde{y}=b_m x_{m+1}+\cdots+b_1x_2+b_0x_1\end{aligned}$$

写成矩阵的形式如下

$$\begin{aligned}\dot{\boldsymbol{x}}&=\begin{bmatrix}0&1&0&\cdots&0\\0&0&1&\cdots&0\\\vdots&\vdots&\vdots&\vdots&\vdots\\0&0&0&\cdots&1\\-a_0&-a_1&-a_2&\cdots&-a_{n-1}\end{bmatrix}\boldsymbol{x}+\begin{bmatrix}0\\0\\\vdots\\0\\1\end{bmatrix}u\\y&=[b_0\ \ \cdots\ \ b_m\ \ 0\ \ \cdots\ \ 0]\boldsymbol{x}\end{aligned} \tag{7-14}$$

② 当 $m=n$ 时，如果按照上面的方法，那么在式（7-13）的输出方程中出现了 $y^{(n)}$ 项，这不是我们选取的状态变量，还需要经过一番求导才能写成关于状态和输入的函数。所以这里采用另外一种方法，首先对式（7-12）进行有理分式严格真化

$$y=\left[b_n+\frac{(b_{n-1}-b_n a_{n-1})p^{n-1}+\cdots+(b_1-b_n a_1)p+(b_0-b_n a_0)}{p^n+a_{n-1}p^{n-1}+\cdots+a_1 p+a_0}\right]u \tag{7-15}$$

经过中间变量 $\tilde{y}$ 的作用，式（7-15）可以写成下面的形式

$$\tilde{y}^{(n)}+a_{n-1}\tilde{y}^{(n-1)}+\cdots+a_1\tilde{y}^{(1)}+a_0\tilde{y}=u$$

$$y=(b_{n-1}-b_na_{n-1})\tilde{y}^{(n-1)}+\cdots+(b_1-b_na_1)\tilde{y}^{(1)}+(b_0-b_na_0)\tilde{y}+b_nu$$

选择与 $m<n$ 情况下相同的状态变量

$$x_1=\tilde{y},\ x_2=\tilde{y}^{(1)},\ \cdots,\ x_n=\tilde{y}^{(n-1)}$$

可以看出式（7-15）中的严格真有理分式按照上面的算法可以转换成状态空间形式，状态是一样的，得到的状态方程表达形式也是一样的，惟一不同的就是输出方程中比 $m<n$ 情况多了一项 b_nu

$$\begin{aligned}y&=(b_{n-1}-b_na_{n-1})\tilde{y}^{(n-1)}+\cdots+(b_1-b_na_1)\tilde{y}^{(1)}+(b_0-b_na_0)\tilde{y}+b_nu\\&=[b_0-b_na_0\quad\cdots\quad b_{n-1}-b_na_{n-1}]\boldsymbol{x}+b_nu\end{aligned}$$

此时系统的状态空间表达式为

$$\dot{\boldsymbol{x}}=\begin{bmatrix}0&1&0&\cdots&0\\0&0&1&\cdots&0\\\vdots&\vdots&\vdots&\vdots&\vdots\\0&0&0&\cdots&1\\-a_0&-a_1&-a_2&\cdots&-a_{n-1}\end{bmatrix}\boldsymbol{x}+\begin{bmatrix}0\\0\\\vdots\\0\\1\end{bmatrix}u \tag{7-16}$$

$$y=[b_0\quad -b_na_0\quad\cdots\quad b_{n-1}\quad -b_na_{n-1}]$$

上述方法的优点就在于可以利用控制系统的微分方程系数 a_0，…，a_{n-1}，b_0，…，b_m，直接列写出系统的状态空间表达式。

【例 7-2】 设控制系统的动态过程可以用下述微分方程表示。

① $\dddot{y}+2\ddot{y}+7\dot{y}+6y=2u$　　　　② $\dddot{y}+6\ddot{y}+11\dot{y}+6y=2\dddot{u}+4\ddot{u}+u$

请写出上述两个控制系统的状态空间表达式。

解 （1）对照式（7-11）可得，$n=3$，$m=0$，$a_0=6$，$a_1=7$，$a_2=2$，$b_0=2$。显然属于第一种 $m<n$ 的情况，根据式（7-14），可以直接写出系统的状态表达式

$$\dot{\boldsymbol{x}}=\begin{bmatrix}0&1&0\\0&0&1\\-6&-7&-2\end{bmatrix}\boldsymbol{x}+\begin{bmatrix}0\\0\\1\end{bmatrix}u$$

$$y=[2\quad 0\quad 0]\boldsymbol{x}$$

（2）对照式（7-11）可得

$$n=3,\ m=3,\ a_0=6,\ a_1=11,\ a_2=6,\ b_0=2,\ b_1=0,\ b_2=4,\ b_3=2$$

显然属于第二种 $m=n$ 的情况，计算

$$b_0-b_3a_0=-10,\ b_1-b_3a_1=-22,\ b_2-b_3a_2=-8$$

根据式（7-16），可以直接写出系统的状态表达式

$$\dot{\boldsymbol{x}}=\begin{bmatrix}0&1&0\\0&0&1\\-6&-11&-6\end{bmatrix}\boldsymbol{x}+\begin{bmatrix}0\\0\\1\end{bmatrix}u$$

$$y=[-10\quad -22\quad -8]\boldsymbol{x}+2u$$

7.1.5 由传递函数建立状态空间表达式

传递函数是描述线性定常系统动力学特性的一种重要频域模型，如何将其化为系统的状态空间描述，称为“实现”，应该特别重视。

假设控制系统的传递函数为

$$G(s)=\frac{b_m s^m+\cdots+b_1 s+b_0}{s^n+a_{n-1}s^{n-1}+\cdots+a_1 s+a_0}$$

由传递函数建立状态空间表达式通常采用这样的步骤：首先将系统的传递函数进行反拉氏变换，得到式（7-11）所示的输入/输出微分方程表达式，然后利用 7.1.4 节介绍的方法将微分方程表达式转化为状态空间表达式。

对于单输入/单输出系统的传递函数，可能存在这样的情况：传递函数分子和分母多项式有可约去的因子（即零点、极点可以对消），那么此传递函数的实现可以选取不同维数的状态变量，把系统状态变量数目最少的实现称为“最小实现”。下面以一个例子说明传递函数的状态空间实现和最小实现。

【例 7-3】 设系统的传递函数为

$$G(s)=\frac{s+3}{(s+3)(s+2)(s+1)} \tag{7-17}$$

试求该传递函数的一个状态空间实现和最小实现。

解 由式（7-17）可以看出，传递函数的分子和分母多项式中存在可约去的因子（$s+3$），首先直接对给定传递函数式（7-17）进行反拉式变换，可得

$$\dddot{y}+6\ddot{y}+11\dot{y}+6y=\dot{u}+3u$$

根据式（7-14），可以直接得到系统的状态空间表达式

$$\dot{\boldsymbol{x}}=\begin{bmatrix}0 & 1 & 0\\ 0 & 0 & 1\\ -6 & -11 & -6\end{bmatrix}\boldsymbol{x}+\begin{bmatrix}0\\0\\1\end{bmatrix}u$$

$$y=[3\quad 1\quad 0]\boldsymbol{x}$$

再进一步对给定的传递函数式（7-17）进行零、极点对消处理，最终化简成不可约的传递函数形式

$$G(s)=\frac{1}{(s+2)(s+1)} \tag{7-18}$$

采用相同的方法可以得到式（7-18）的状态空间表达式

$$\dot{\boldsymbol{x}}=\begin{bmatrix}0 & 1\\ -2 & -3\end{bmatrix}\boldsymbol{x}+\begin{bmatrix}0\\1\end{bmatrix}u$$

$$y=[1\quad 0]\boldsymbol{x}$$

可以看出，对于数学表达式上相等的两个传递函数式（7-17）和式（7-18），可以求出两种不同阶次的状态空间表达式，其中不可约传递函数对应的状态空间实现就是最小实现。

7.1.6 状态空间表达式与传递函数矩阵

传递函数只能用来描述单输入/单输出线性定常系统的动态特性，而实际的控制系统可能是多输入/多输出的线性定常系统，如图 7-1 所示，若不考虑内部状态信息，其动态特性通常采用传递矩阵来进行描述

$$G(s)=\begin{bmatrix} G_{11}(s) & G_{12}(s) & \cdots & G_{1m}(s) \\ \vdots & \vdots & \cdots & \vdots \\ G_{p1}(s) & G_{p2}(s) & \cdots & G_{pm}(s) \end{bmatrix} \tag{7-19}$$

其中 $G_{ij}(s)$ 为第 j 个输入对第 i 个输出的传递函数。

对于式（7-1）和式（7-2）描述的多输入/多输出线性定常系统，在初始条件为零时，对系统的状态方程和输出方程进行拉氏变换为

$$s\boldsymbol{X}(s)=\boldsymbol{AX}(s)+\boldsymbol{BU}(s)$$
$$\boldsymbol{Y}(s)=\boldsymbol{CX}(s)+\boldsymbol{DU}(s)$$

对上式整理得

$$(s\boldsymbol{I}-\boldsymbol{A})\boldsymbol{X}(s)=\boldsymbol{BU}(s)\Rightarrow \boldsymbol{X}(s)=(s\boldsymbol{I}-\boldsymbol{A})^{-1}\boldsymbol{BU}(s)$$

代入输出方程可得

$$\boldsymbol{Y}(s)=[\boldsymbol{C}(s\boldsymbol{I}-\boldsymbol{A})^{-1}\boldsymbol{B}+\boldsymbol{D}]\boldsymbol{U}(s)$$

从而得到系统的传递函数矩阵为

$$\boldsymbol{G}(s)=\boldsymbol{C}(s\boldsymbol{I}-\boldsymbol{A})^{-1}\boldsymbol{B}+\boldsymbol{D} \tag{7-20}$$

利用式（7-20），可以直接根据系统状态空间表达式中的系数矩阵 $\boldsymbol{A},\boldsymbol{B},\boldsymbol{C},\boldsymbol{D}$，求取系统的传递函数或传递函数矩阵。

对于两个代数等价的系统 $\sum(\boldsymbol{A},\boldsymbol{B},\boldsymbol{C},\boldsymbol{D})$ 和 $\sum(\overline{\boldsymbol{A}},\overline{\boldsymbol{B}},\overline{\boldsymbol{C}},\overline{\boldsymbol{D}})$，其中系统矩阵之间存在如下关系：$\overline{\boldsymbol{A}}=\boldsymbol{PAP}^{-1}$，$\overline{\boldsymbol{B}}=\boldsymbol{PB}$，$\overline{\boldsymbol{C}}=\boldsymbol{CP}^{-1}$，$\overline{\boldsymbol{D}}=\boldsymbol{D}$。根据传递函数矩阵的表达形式可以求出

$$\boldsymbol{G}(s)=\boldsymbol{C}(s\boldsymbol{I}-\boldsymbol{A})^{-1}\boldsymbol{B}+\boldsymbol{D}$$
$$\begin{aligned}\overline{\boldsymbol{G}}(s)&=\boldsymbol{CP}^{-1}(s\boldsymbol{I}-\boldsymbol{PAP}^{-1})^{-1}\boldsymbol{PB}+\boldsymbol{D}=\boldsymbol{C}(\boldsymbol{P}^{-1}s\boldsymbol{IP}-\boldsymbol{P}^{-1}\boldsymbol{PAP}^{-1}\boldsymbol{P})\boldsymbol{B}+\boldsymbol{D}\\&=\boldsymbol{C}(s\boldsymbol{I}-\boldsymbol{A})^{-1}\boldsymbol{B}+\boldsymbol{D}\end{aligned}$$

从上述推导可以看出，一旦系统的输入输出变量确定以后，不管如何选取状态变量组，所得到的输入输出传递函数矩阵总是一样的，也就是说所有代数等价的状态空间描述均具有相同的输入输出关系。

【例 7-4】 试将下述系统的状态空间表达式转化为传递函数矩阵。

$$\dot{\boldsymbol{x}}=\begin{bmatrix}0&0&0\\0&-1&0\\0&0&-8\end{bmatrix}\boldsymbol{x}+\begin{bmatrix}1\\1\\1\end{bmatrix}u$$
$$y=\begin{bmatrix}\frac{1}{2}&-\frac{1}{7}&\frac{9}{14}\end{bmatrix}\boldsymbol{x}$$

解 根据题意有 $\boldsymbol{A}=\begin{bmatrix}0&0&0\\0&-1&0\\0&0&-8\end{bmatrix}$，$\boldsymbol{B}=\begin{bmatrix}1\\1\\1\end{bmatrix}$，$\boldsymbol{C}=\begin{bmatrix}\frac{1}{2}&-\frac{1}{7}&\frac{9}{14}\end{bmatrix}$，那么

$$(s\boldsymbol{I}-\boldsymbol{A})^{-1}=\begin{bmatrix}s&0&0\\0&s+1&0\\0&0&s+8\end{bmatrix}^{-1}=\begin{bmatrix}\frac{1}{s}&0&0\\0&\frac{1}{s+1}&0\\0&0&\frac{1}{s+8}\end{bmatrix}$$

利用式（7-20）可以求出系统的传递函数（单输入单输出系统）为

$$G(s)=\begin{bmatrix}\frac{1}{2} & -\frac{1}{7} & \frac{9}{14}\end{bmatrix}\begin{bmatrix}\frac{1}{s} & 0 & 0\\ 0 & \frac{1}{s+1} & 0\\ 0 & 0 & \frac{1}{s+8}\end{bmatrix}\begin{bmatrix}1\\1\\1\end{bmatrix}=\frac{s^2+4s+4}{s(s+1)(s+8)}$$

7.2　系统的状态空间运动分析

7.1 节讨论了关于线性定常系统状态空间表达式的建立，在此基础上就可以对该系统的行为和特性进行分析。分析系统运动的目的就在于从数学模型出发，定量地或是精确地给出系统运动的变化规律，以便为系统的实际运动过程作出估计。对于线性定常系统，其运动分析就是要在初始状态 $\boldsymbol{x}_0$ 和外加输入 $\boldsymbol{u}(t)$ 的作用下，对状态方程求解。为保证状态方程解的存在和惟一性，系统矩阵 $\boldsymbol{A}$ 和 $\boldsymbol{B}$ 中的所有元必须是有界的。一般来说，在实际工程中，这个条件都是满足的。

7.2.1　线性定常系统状态运动分析

由于线性系统的一个基本属性就是满足叠加原理，利用这个属性，可以把系统在初始状态及输入向量作用下的运动分解成两个独立的分运动：一个是无输入作用，单纯由初始状态引起的系统状态的自由运动［即 $\boldsymbol{u}=0$ 时，系统 $\dot{\boldsymbol{x}}=\boldsymbol{A}(t)\boldsymbol{x}$，在 $\boldsymbol{x}(0)=\boldsymbol{x}_0$ 条件下的解］，称为零输入响应；另外一个是初始状态为零的条件下，单纯由输入作用引起的状态强迫运动［即强迫方程 $\dot{\boldsymbol{x}}=\boldsymbol{A}(t)\boldsymbol{x}+\boldsymbol{B}(t)\boldsymbol{u}$，$\boldsymbol{x}(t_0)=0$ 的解］，称为零状态响应。系统由初始状态和输入共同作用而引起的整个响应是二者的叠加，即

系统状态运动=零输入响应+零状态响应

无论是初始状态引起的还是由输入作用引起的，这两种状态运动都是一种状态的转移，零输入状态响应是由零初始状态引起的，使状态从初始点转移到当前的位置，零状态响应就是在输入作用下，使状态从零点开始转移，所以这两种运动的形态可以通过状态转移矩阵来表征，而且状态转移矩阵还有一种非常重要的作用，也就是利用这个状态转移矩阵可以对线性系统的运动规律，包括定常的、时变的、离散的都建立起一个统一的表达形式。

定义：给定线性时变系统，它的状态转移矩阵 $\boldsymbol{\Phi}(t,t_0)$ 就是满足下述矩阵微分方程及初始条件

$$\dot{\boldsymbol{\Phi}}(t,t_0)=\boldsymbol{A}(t)\boldsymbol{\Phi}(t,t_0),\quad \boldsymbol{\Phi}(t_0,t_0)=\boldsymbol{I} \tag{7-21}$$

的 $n\times n$ 维的矩阵。

下面不加证明地给出有关状态转移矩阵的重要性质：

① $\boldsymbol{\Phi}(t,t)=\boldsymbol{I}$

② $\boldsymbol{\Phi}(t,t_0)$ 是非奇异的，且 $\boldsymbol{\Phi}^{-1}(t,t_0)=\boldsymbol{\Phi}(t_0,t)$

③ $\boldsymbol{\Phi}(t_2,t_0)=\boldsymbol{\Phi}(t_2,t_1)\boldsymbol{\Phi}(t_1,t_0)$

④ 当 $\boldsymbol{A}(t)$ 给定后，$\boldsymbol{\Phi}(t,t_0)$ 是惟一的，其表达式为

$$\boldsymbol{\Phi}(t,t_0)=\boldsymbol{I}+\int_{t_0}^{t}\boldsymbol{A}(\tau)\mathrm{d}\tau+\int_{t_0}^{t}\boldsymbol{A}(\tau)\left[\int_{t_0}^{t}\boldsymbol{A}(\tau_1)\mathrm{d}\tau_1\right]\mathrm{d}\tau+\cdots,t\in[t_0,t_f]$$

下面从状态转移矩阵的角度分析线性定常系统的状态运动规律。

从状态转移矩阵的定义可以看出，状态转移矩阵 $\boldsymbol{\Phi}(t,t_0)$ 就是将 t_0 的状态 $\boldsymbol{x}_0$ 映射到时刻 t 的状态 $\boldsymbol{x}(t)$ 的一个线性变换，它在规定的时间区间内决定了状态向量的自由运动，即

$$零输入响应=\boldsymbol{\Phi}(t,t_0)\cdot\boldsymbol{x}_0$$

零状态响应其实也是一种状态的转移，假设用待定向量 $\boldsymbol{\xi}(t)$ 的转移来表示，那么整个系统的运动就可以写成

$$\boldsymbol{x}(t)=\boldsymbol{\Phi}(t,t_0)\boldsymbol{x}_0+\boldsymbol{\Phi}(t,t_0)\boldsymbol{\xi}(t) \tag{7-22}$$

为了找到运动规律的表达式，就是要确定式（7-22）中的待定向量 $\xi(t)$。对式（7-22）求导可得

$$\begin{aligned}\dot{\boldsymbol{x}}(t)&=\dot{\boldsymbol{\Phi}}(t,t_0)(\boldsymbol{x}_0+\boldsymbol{\xi}(t))+\boldsymbol{\Phi}(t,t_0)\dot{\boldsymbol{\xi}}(t)=\boldsymbol{A\Phi}(t,t_0)(\boldsymbol{x}_0+\boldsymbol{\xi}(t))+\boldsymbol{\Phi}(t,t_0)\dot{\boldsymbol{\xi}}(t)\\&=\boldsymbol{A}(t)\boldsymbol{x}(t)+\boldsymbol{\Phi}(t,t_0)\dot{\boldsymbol{\xi}}(t)\end{aligned}$$

与状态方程 $\dot{\boldsymbol{x}}=\boldsymbol{A}(t)\boldsymbol{x}+\boldsymbol{B}(t)\boldsymbol{u}$ 比较可得

$$\boldsymbol{\Phi}(t,t_0)\dot{\boldsymbol{\xi}}(t)=\boldsymbol{B}(t)\boldsymbol{u}(t)\Rightarrow\dot{\boldsymbol{\xi}}(t)=\boldsymbol{\Phi}(t_0,t)\boldsymbol{B}(t)\boldsymbol{u}(t)$$

将上式中的 t 换为 τ，再从 t_0 到 t 进行积分，就可以求出待定向量 $\boldsymbol{\xi}(t)$

$$\boldsymbol{\xi}(t)=\boldsymbol{\xi}(t_0)+\int_{t_0}^{t}\boldsymbol{\Phi}(t_0,\tau)\boldsymbol{B}(\tau)\boldsymbol{u}(\tau)\mathrm{d}\tau \tag{7-23}$$

把式（7-23）代入式（7-22）中，则有

$$\begin{aligned}\boldsymbol{x}(t)&=\boldsymbol{\Phi}(t,t_0)\boldsymbol{x}_0+\boldsymbol{\Phi}(t,t_0)\int_{t_0}^{t}\boldsymbol{\Phi}(t_0,\tau)\boldsymbol{B}(\tau)\boldsymbol{u}(\tau)\mathrm{d}\tau+\boldsymbol{\Phi}(t,t_0)\boldsymbol{\xi}(t_0)\\&=\boldsymbol{\Phi}(t,t_0)\boldsymbol{x}_0+\int_{t_0}^{t}\boldsymbol{\Phi}(t,\tau)\boldsymbol{B}(\tau)\boldsymbol{u}(\tau)\mathrm{d}\tau+\boldsymbol{\Phi}(t,t_0)\boldsymbol{\xi}(t_0)\end{aligned} \tag{7-24}$$

根据初始条件 $\boldsymbol{x}(t_0)=\boldsymbol{x}_0$，就可以定出待定向量 $\boldsymbol{\xi}(t)$ 的初始位置 $\boldsymbol{\xi}(t_0)=0$，则

$$\boldsymbol{x}(t)=\boldsymbol{\Phi}(t,t_0)\boldsymbol{x}_0+\int_{t_0}^{t}\boldsymbol{\Phi}(t,\tau)\boldsymbol{B}(\tau)\boldsymbol{u}(\tau)\mathrm{d}\tau \tag{7-25}$$

式（7-25）就是线性时变系统的运动规律表达式，一旦确定了系统的状态转移矩阵 $\boldsymbol{\Phi}(t,t_0)$，就可以通过系统的运动方程计算得到系统的状态运动轨迹。从表达式中可以看出，状态 $\boldsymbol{x}(t)$ 的运动很自然地可以分解成两个分运动：一是单纯由初始条件 $\boldsymbol{x}_0$ 作用引起的零输入响应；另一个是在初始条件为零时，单纯由输入作用引起的零状态响应。

在线性时变系统中状态转移矩阵用 $\boldsymbol{\Phi}(t,t_0)$ 来表示，其物理意义就是 $\boldsymbol{\Phi}(t,t_0)$ 依赖于初始时刻 t_0，而在线性定常系统中通常采用 $\boldsymbol{\Phi}(t-t_0)$ 的方法来表示状态转移矩阵，这说明了在线性定常系统中，状态转移矩阵是依赖于实际的时间差值 $t-t_0$，而与初始时刻 t_0 没有直接关系。而且在线性定常系统中，系统矩阵（$\boldsymbol{A},\boldsymbol{B},\boldsymbol{C},\boldsymbol{D}$）都是已知的定常矩阵，而状态转移矩阵完全可以由系统矩阵来确定，此时就可以写出它的具体表达形式，即

$$\boldsymbol{\Phi}(t,t_0)=\mathrm{e}^{\boldsymbol{A}(t-t_0)}=\boldsymbol{\Phi}(t-t_0)$$

通常初始时刻 t_0 取为 0 时刻，就可以得到线性定常系统的状态运动表达式

$$\boldsymbol{x}(t)=\boldsymbol{\Phi}(t)\boldsymbol{x}_0+\int_{0}^{t}\boldsymbol{\Phi}(t-\tau)\boldsymbol{Bu}(\tau)\mathrm{d}\tau=\mathrm{e}^{\boldsymbol{A}t}\boldsymbol{x}_0+\int_{0}^{t}\mathrm{e}^{\boldsymbol{A}(t-\tau)}\boldsymbol{Bu}(\tau)\mathrm{d}\tau \tag{7-26}$$

和时变系统一样，线性定常系统的运动被分解成两个分运动，其中一项是初始状态的转移项，另外一项是控制输入作用下的受控项。正是由于受控项的存在，才使得工程人员能够通过选取适当的控制输入 $\boldsymbol{u}(t)$，使得系统的状态运动轨线 $\boldsymbol{x}(t)$ 满足期望的要求。这一思想就是通过分析系统的结构特性，并对系统进行综合控制的基本依据。

另外从系统的运动规律表达式（7-26）中可以看出，如果将时间 t 取成某个固定的值，

那么零输入响应就是状态空间中由初始状态 $\boldsymbol{x}_0$ 经过线性变换 $\mathrm{e}^{\boldsymbol{A}t}$ 导出的一个变换点，而整个系统的自由运动就应该是由初始状态 x_0 出发，并由各个时刻的变换点所组成的一条轨迹，是由状态转移矩阵 $\mathrm{e}^{\boldsymbol{A}t}$ 惟一确定的，换句话说就是系统矩阵 $\boldsymbol{A}$ 决定了系统的自由运动形态。与系统自由运动有关的一个重要性质就是稳定性，如果当时间 $t\to\infty$ 时，自由运动轨迹最终趋近于系统的平衡状态 $\boldsymbol{x}_e=0$（状态空间原点），那么称系统是渐近稳定的。从自由运动轨线的定义看出线性定常系统为渐近稳定的充分必要条件是

$$\lim_{t\to\infty}\mathrm{e}^{\boldsymbol{A}t}=0 \tag{7-27}$$

当且仅当矩阵 $\boldsymbol{A}$ 的特征值均具有负实部，也就是均位于左半开复平面上，式（7-27）成立，系统是渐近稳定的。

7.2.2　矩阵指数函数 $\mathrm{e}^{\boldsymbol{A}t}$

在线性定常系统中，状态转移矩阵 $\mathrm{e}^{\boldsymbol{A}t}$ 又称作是矩阵指数函数，对于线性定常系统的运动分析有着十分重要的作用。这里将对它的计算方法做详细的介绍。

首先直接给出几种典型矩阵 $\boldsymbol{A}$ 的矩阵指数函数 $\mathrm{e}^{\boldsymbol{A}t}$。

① $\boldsymbol{A}$ 为对角线矩阵，即 $\boldsymbol{A}=\mathrm{diag}\{\lambda_1\quad\lambda_2\quad\cdots\quad\lambda_n\}$，则

$$\mathrm{e}^{\boldsymbol{A}t}=\mathrm{diag}\{\mathrm{e}^{\lambda_1 t}\quad \mathrm{e}^{\lambda_2 t}\quad\cdots\quad \mathrm{e}^{\lambda_n t}\}$$

② $\boldsymbol{A}$ 为对角线分块矩阵，即 $\boldsymbol{A}=\mathrm{diag}\{\boldsymbol{A}_1\quad\boldsymbol{A}_2\quad\cdots\quad\boldsymbol{A}_n\}$，则

$$\mathrm{e}^{\boldsymbol{A}t}=\mathrm{diag}\{\mathrm{e}^{\boldsymbol{A}_1 t}\quad \mathrm{e}^{\boldsymbol{A}_2 t}\quad\cdots\quad \mathrm{e}^{\boldsymbol{A}_n t}\}$$

③ 幂零矩阵 $\boldsymbol{A}=\begin{bmatrix}0 & 1 & & 0\\ & 0 & \ddots & \\ & & \ddots & 1\\ 0 & & & 0\end{bmatrix}$，它的矩阵指数函数为

$$\mathrm{e}^{\boldsymbol{A}t}=\begin{bmatrix}1 & t & \frac{1}{2!}t^2 & \cdots & \frac{1}{(n-1)!}t^{n-1}\\ & 1 & t & \ddots & \vdots\\ & & 1 & \ddots & \frac{1}{2!}t^2\\ & & & \ddots & t\\ 0 & & & & 1\end{bmatrix}$$

而且矩阵 $\boldsymbol{A}$ 的转置矩阵 $\boldsymbol{A}^{\mathrm{T}}$ 也是幂零矩阵，它的左下角次对角线元为 1，其余元均为零，其矩阵指数函数具有如下性质

$$\mathrm{e}^{\boldsymbol{A}^{\mathrm{T}}t}=(\mathrm{e}^{\boldsymbol{A}t})^{\mathrm{T}}$$

④ 约当块矩阵 $\boldsymbol{A}=\begin{bmatrix}\lambda & 1 & & 0\\ & \lambda & \ddots & \\ & & \ddots & 1\\ 0 & & & \lambda\end{bmatrix}$，其矩阵指数函数为

$$\mathrm{e}^{\boldsymbol{A}t}=\begin{bmatrix}\mathrm{e}^{\lambda t} & t\mathrm{e}^{\lambda t} & \cdots & \frac{\mathrm{e}^{\lambda t}}{(n-1)!}t^{n-1}\\ & \mathrm{e}^{\lambda t} & \ddots & \vdots\\ & & \ddots & t\mathrm{e}^{\lambda t}\\ 0 & & & \mathrm{e}^{\lambda t}\end{bmatrix}$$

下面介绍矩阵指数函数 $\mathrm{e}^{\boldsymbol{A}t}$ 的一些常用计算方法，并举例说明它们的应用。

方法一：直接利用状态转移矩阵的特性 **4**，可以写出 e^{At} 的表达式

$$e^{At}=I+\int_0^t A\mathrm{d}\tau+\int_0^t A\left[\int_0^t A\mathrm{d}\tau_1\right]\mathrm{d}\tau+\cdots=I+At+\frac{1}{2!}A^2t^2+\cdots \tag{7-28}$$

通常这种方法只能求出 e^{At} 的数值结果，难以写出具体的数学表达式。当采用计算机进行计算时，这种方法具有编程方便、计算简单等特点。

方法二：利用典型矩阵的矩阵指数函数来求 e^{At}。例如 A 矩阵具有 n 个互异的特征值，那么肯定存在一个非奇异变换矩阵 P，使得 $A=P\begin{bmatrix}\lambda_1 & & 0\\ & \ddots & \\ 0 & & \lambda_n\end{bmatrix}P^{-1}$，那么

$$e^{At}=P\begin{bmatrix}e^{\lambda_1 t} & & 0\\ & \ddots & \\ 0 & & e^{\lambda_n t}\end{bmatrix}P^{-1} \tag{7-29}$$

如果矩阵 A 出现重根，那么肯定存在一个非奇异变换矩阵 Q，使得 A 阵可以化为约当规范形，原理上可以利用类似于式（7-29）的关系式写出相应的 e^{At}。例如 $A_{3\times3}$ 具有两个特征根 λ_1（1 重根），λ_2（2 重根），而且可以找到非奇异变换矩阵 Q，使得 A 约当化。

$$A=Q\begin{bmatrix}\lambda_1 & 0 & 0\\ 0 & \lambda_2 & 1\\ 0 & 0 & \lambda_2\end{bmatrix}Q^{-1}$$

则矩阵指数函数为

$$e^{At}=Q\begin{bmatrix}e^{\lambda_1 t} & 0 & 0\\ 0 & e^{\lambda_2 t} & te^{\lambda_2 t}\\ 0 & 0 & e^{\lambda_2 t}\end{bmatrix}Q^{-1}$$

方法三：把 e^{At} 表示成 A^k，$k=0,1,\cdots,n-1$ 的一个多项式形式，即

$$e^{At}=a_0(t)I+a_1(t)A+\cdots+a_{n-1}(t)A^{n-1} \tag{7-30}$$

其中 $a_0(t),a_1(t),\cdots,a_{n-1}(t)$ 为待定系数，当 A 的特征根是互异时可由下式确定

$$\begin{bmatrix}a_0(t)\\ a_1(t)\\ \vdots\\ a_{n-1}(t)\end{bmatrix}=\begin{bmatrix}1 & \lambda_1 & \cdots & \lambda_1^{n-1}\\ 1 & \lambda_2 & \cdots & \lambda_2^{n-1}\\ \vdots & \vdots & \vdots & \vdots\\ 1 & \lambda_n & \cdots & \lambda_n^{n-1}\end{bmatrix}^{-1}\begin{bmatrix}e^{\lambda_1 t}\\ e^{\lambda_2 t}\\ \vdots\\ e^{\lambda_n t}\end{bmatrix} \tag{7-31}$$

对于 A 的特征根出现重根的情况，计算形式比较复杂，这里将不作进一步介绍。

方法四：利用拉式反变换求 e^{At}：对 e^{At} 定义式（7-28）进行拉式变换得

$$\mathrm{L}(e^{At})=\frac{I}{s}+\frac{A}{s^2}+\frac{A^2}{s^3}+\cdots=(sI-A)^{-1}$$

然后再对上式两边求拉式反变换，就可以求出 e^{At}

$$e^{At}=\mathrm{L}^{-1}\left[(sI-A)^{-1}\right]$$

$(sI-A)^{-1}$ 被称为预解矩阵，它在频域分析中所起的作用与 e^{At} 在时域分析中所起的作用是一样的，都是用于讨论系统的运动规律。

【例 7-5】 给定线性定常系统自治方程为 $\dot{x}=\begin{bmatrix}0 & 1\\ -2 & -3\end{bmatrix}x$，试采用上述 4 种方法来求 e^{At}。

解 ① 利用矩阵指数函数 e^{At} 的表达式(7-28)，直接求出矩阵指数函数

$$e^{At}=I+At+\frac{1}{2!}A^2t^2+\cdots=\begin{bmatrix}1 & 0\\ 0 & 1\end{bmatrix}+\begin{bmatrix}0 & t\\ -2t & -3t\end{bmatrix}+\begin{bmatrix}-t^2 & -1.5t^2\\ 3t^2 & 3.5t^2\end{bmatrix}+\cdots$$

$$=\begin{bmatrix}1-t^2+\cdots & t-1.5t^2+\cdots\\ -2t+3t^2+\cdots & 1-3t+3.5t^2+\cdots\end{bmatrix}$$

② 求出 A 的特征值为 $\lambda_1=-1$，$\lambda_2=-2$，再求出使 A 实现对角线化的变换阵 P 及其逆 P^{-1}

$$P=\begin{bmatrix}1 & 1\\ -1 & -2\end{bmatrix},\ P^{-1}=\begin{bmatrix}2 & 1\\ -1 & -1\end{bmatrix}$$

使得 $PAP^{-1}=\begin{bmatrix}-1 & 0\\ 0 & -2\end{bmatrix}$，则矩阵指数函数为

$$e^{At}=P^{-1}\begin{bmatrix}e^{\lambda_1 t} & 0\\ 0 & e^{\lambda_2 t}\end{bmatrix}P=\begin{bmatrix}2e^{-t}-e^{-2t} & e^{-t}-e^{-2t}\\ -2e^{-t}+2e^{-2t} & -e^{-t}+2e^{-2t}\end{bmatrix}$$

③ 因为矩阵 A 的特征值是两两相异的，则有

$$\begin{bmatrix}a_0(t)\\ a_1(t)\end{bmatrix}=\begin{bmatrix}1 & \lambda_1\\ 1 & \lambda_2\end{bmatrix}^{-1}\begin{bmatrix}e^{\lambda_1 t}\\ e^{\lambda_2 t}\end{bmatrix}=\begin{bmatrix}1 & -1\\ 1 & -2\end{bmatrix}^{-1}\begin{bmatrix}e^{-t}\\ e^{-2t}\end{bmatrix}=\begin{bmatrix}2e^{-t}-e^{-2t}\\ e^{-t}-e^{-2t}\end{bmatrix}$$

从而可以定出

$$\begin{aligned}e^{At}&=a_0(t)I+a_1(t)A\\ &=(2e^{-t}-e^{-2t})\begin{bmatrix}1 & 0\\ 0 & 1\end{bmatrix}+(2e^{-t}-e^{-2t})\begin{bmatrix}0 & 1\\ -2 & -3\end{bmatrix}\\ &=\begin{bmatrix}2e^{-t}-e^{-2t} & e^{-t}-e^{-2t}\\ -2e^{-t}+2e^{-2t} & -e^{-t}+2e^{-2t}\end{bmatrix}\end{aligned}$$

④ 先求出预解矩阵

$$(sI-A)^{-1}=\begin{bmatrix}s & -1\\ 2 & s+3\end{bmatrix}^{-1}=\begin{bmatrix}\frac{(s+3)}{(s+1)(s+2)} & \frac{1}{(s+1)(s+2)}\\ \frac{-2}{(s+1)(s+2)} & \frac{s}{(s+1)(s+2)}\end{bmatrix}$$

$$=\begin{bmatrix}\frac{2}{(s+1)}+\frac{-1}{(s+2)} & \frac{1}{(s+1)}+\frac{-1}{(s+2)}\\ \frac{-2}{(s+1)}+\frac{2}{(s+2)} & \frac{-1}{(s+1)}+\frac{2}{(s+2)}\end{bmatrix}$$

对上式进行拉式反变换，即可定出

$$e^{At}=\begin{bmatrix}2e^{-t}-e^{-2t} & e^{-t}-e^{-2t}\\ -2e^{-t}+2e^{-2t} & -e^{-t}+2e^{-2t}\end{bmatrix}$$

7.3　线性定常系统的能控性与能观测性

能控性和能观测性是系统的两个基本结构特性，早在 20 世纪 60 年代初由 R. E. Kalman

首先提出并研究，这两个概念对于系统的控制和估计问题研究都有非常重要的意义。

能控性实质上就是研究系统在某个控制作用下是否有解，这一点在工程应用中十分重要。通常设计某个控制系统使其达到某种控制目的，都应先探讨一下该系统的能控性。能观性体现了输出对状态变量的反映能力，在工程应用中主要用于观测器的设计。因为在工程中控制通常采用状态反馈的形式，但对于实际系统而言，并不是所有的状态变量都是物理可检测的，就需要利用测量得到的输出来构造全部的状态变量，从而实现反馈控制。在工程应用中，状态反馈和观测器通常是联合使用的。

7.3.1 基本概念

粗略地讲，所谓能控性就是研究系统的全部状态是否都会受到输入的影响，从而实现对系统状态的控制。对应地，如果系统状态变量的任何运动完全可以由输出来反映，那么就称系统是能观测的，简称为能观性。总而言之，能控性体现了系统输入对状态的控制能力，而能观测性表征了输出对状态的反映能力。

【例 7-6】 考虑图 7-5 所示的两个实际电路。图（a）中，选取电压 u 为输入，两个电容的端电压 x_1 和 x_2 作为状态变量，可以看出输入不同的电压值 u 可以使系统状态转移到任意目标值，但是永远不可能将两个状态分别转移到不同的目标值，也就是说无论输入取为何种形式，对所有的 $t>0$ 都有 $x_1(t)\equiv x_2(t)$，这表明该电路系统不完全能控，两个状态中总有一个状态是永远跟随另一个状态变化。

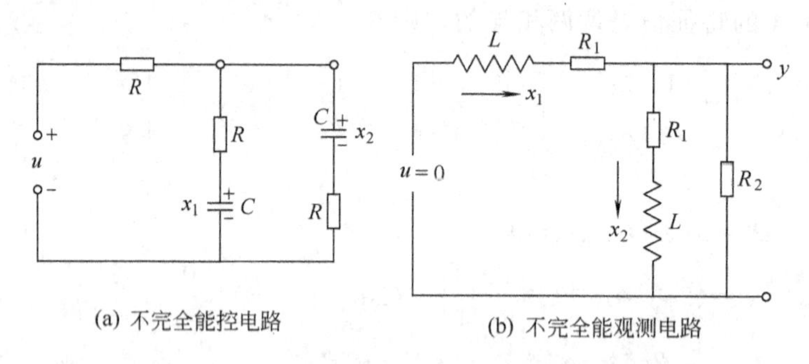

图 7-5 不完全能控电路与不完全能观测电路

在图（b）中，电压为输入，两个电感流过的电流是状态变量 x_1 和 x_1，输出是电阻 R_2 的端电压 y。如果外加电压 $u=0$，对任意两个相等的非零初始状态，都不会有电流流过电阻 R_2，也就是说对于所有的 $t>0$ 都有 $y=0$。在这种情况下，根本无法从系统的输出判断初始状态是什么，说明该电路是不完全能观的。

【例 7-7】 给定线性定常系统

$$\dot{\boldsymbol{x}}=\boldsymbol{A}\boldsymbol{x}+\boldsymbol{B}u$$
$$y=\boldsymbol{C}\boldsymbol{x}$$

其中 $\boldsymbol{A}=\begin{bmatrix}-5 & 0\\ 0 & -2\end{bmatrix}$，$\boldsymbol{B}=\begin{bmatrix}1\\1\end{bmatrix}$，$\boldsymbol{C}=[1\quad 0]$，从状态方程中可以看出，可以通过选择输入 u 使得状态变量 x_1 和 x_2 从初始点转移到原点，因而系统是完全能控的，但从输出方程只能反映出状态 x_1，状态 x_2 与输出既无直接关系也无间接关系，所以是不完全能观测的。若系统矩阵 $\boldsymbol{A}=\begin{bmatrix}-5 & 1\\ 0 & -2\end{bmatrix}$，此时不能简单由输出方程 $y=x_1$ 判断 x_1 可观，x_2 不可观，因为根据状态方程 $\dot{x}_1(t)=-5x_1(t)+x_2(t)$ 可以看出，$x_1(t)$ 含有 $x_2(t)$ 信息。

上面是对能控性和能观测性所作的直观的不严密的描述，只能用来解释和判断一些非常简单直观系统的能控性和能观测性。为了揭示这两个概念的本质属性，并利于分析和判断更为一般和较为复杂的系统，下面给出它们的严格定义。

考虑如下线性系统

$$\dot{\boldsymbol{x}}=\boldsymbol{A}\boldsymbol{x}+\boldsymbol{B}\boldsymbol{u},\ t\in J \tag{7-32}$$

其中 $x\in R^n$，$u\in R^m$，J 是时间定义域。

① 能控性定义　对于这样一个线性系统式（7-32），如果对于一个非零初始状态 $\boldsymbol{x}_0$，都存在某一时刻 $t_1\in J$，$t_1>0$ 和一个无约束的容许控制 $\boldsymbol{u}(t)$，$t\in[0,t_1]$，使得状态由 $\boldsymbol{x}_0$ 转移到 t_1 时刻的 $\boldsymbol{x}(t_1)=0$ 点，则称此初始状态 $\boldsymbol{x}_0$ 是能控的。如果状态空间中所有的非零初始状态都是能控的，那么就称系统是完全能控的。

在上述能控性定义中，所谓的无约束容许控制，其中无约束表示的是输入分量的幅值无限制，可以任意大到所要求的值。容许控制就是说控制作用要满足状态方程解的存在性和惟一性，通常工程上指每个控制分量都是连续或是分段连续的时间函数。

从能控性定义可以看出，只要能够找到控制输入 $\boldsymbol{u}$，使得初始零时刻的非零初始状态 $\boldsymbol{x}_0$ 经过一段时间之后转移到状态空间中的原点，而对状态转移的轨迹不作任何要求和限制，这就是说能控性是表征系统状态运动的一个定性的特性。在能控性问题的讨论中，感兴趣的并不是研究非零初始状态 $\boldsymbol{x}_0$ 转移到状态空间中原点的具体轨线形态，也不是寻找控制函数 $\boldsymbol{u}(t)$ 的具体数学表达式，而是着重考察能控状态 $\boldsymbol{x}_0$ 在整个状态空间的分布。

如果将能控性定义中非零初始状态 $\boldsymbol{x}_0$ 向状态空间原点的转移，改成由初始零状态转移到非零点 $\boldsymbol{x}(t)$，就称之为系统状态 $\boldsymbol{x}(t)$ 是能达的。对于连续的线性定常系统，其能控性和能达性是等价的，而对于离散系统和时变系统，二者严格来讲是不等价的，可能会出现这样的情况，系统是不完全能控的，却是完全能达的。

能观测性表征的是状态是否可由输出完全反映，所以应同时考虑到它的状态方程和输出方程

$$\dot{\boldsymbol{x}}=\boldsymbol{A}\boldsymbol{x}+\boldsymbol{B}\boldsymbol{u},\ t\in J$$
$$\boldsymbol{y}=\boldsymbol{C}\boldsymbol{x}+\boldsymbol{D}\boldsymbol{u},\ \boldsymbol{x}(0)=\boldsymbol{x}_0$$

在研究能观测性问题时，输入 $\boldsymbol{u}(t)$ 和输出 $\boldsymbol{y}(t)$ 都假定为已知，只有内部变量也就是初始状态 $\boldsymbol{x}_0$ 是未知的。所谓能观测性也就是研究在某个确定输入 $\boldsymbol{u}(t)$ 的作用下，初始状态 $\boldsymbol{x}_0$ 是否可以由输出 $\boldsymbol{y}(t)$ 来完全估计。由于输出 $\boldsymbol{y}(t)$ 和初始状态 $\boldsymbol{x}_0$ 的任意性，所以系统的能观测性又等价于研究输入 $\boldsymbol{u}=0$ 时，完全由输出 $\boldsymbol{y}(t)$ 来估计 $\boldsymbol{x}_0$ 的可能性，即系统零输入方程的能观测性。下面从零输入方程出发，给出系统能观测性的有关定义。

② 能观测性定义　对给定的零输入方程

$$\begin{aligned}&\dot{\boldsymbol{x}}=\boldsymbol{A}\boldsymbol{x},\ t\in J\\&\boldsymbol{y}=\boldsymbol{C}\boldsymbol{x},\ \boldsymbol{x}(0)=\boldsymbol{x}_0\end{aligned} \tag{7-33}$$

初始零时刻的状态 $\boldsymbol{x}(0)=\boldsymbol{x}_0\neq 0$（未知）。如果存在这样一个有限时刻 $t_1>0$，通过这段有限时间区间 $[0,t_1]$ 内所测得的输出 $\boldsymbol{y}(t)$ 可以确定出系统的初始状态 $\boldsymbol{x}_0$，那么就把 $\boldsymbol{x}_0$ 称作是可观测状态，如果状态空间中所有的非零状态都是可观测的，那么就称系统是完全能观测的。

另外与能观测性相类似的一个概念就是可检测性。所谓可检测性就是系统从初始零时刻出发经过 $[0,t_1]$ 段时间的运行，如果能够利用这段时间内测得的输出 $\boldsymbol{y}(t)$ 来确定出 t_1 时刻的状态 $\boldsymbol{x}(t_1)$，那么就称状态 $\boldsymbol{x}(t_1)$ 在 t_1 时刻是可检测的。对于连续的线性定常系统，可检测性就等价于它的能观测性，而对于时变或是离散系统来说，二者并不一定等价。不过在对线性系统进行研究时，一般只讨论它的能控性和能观测性，而不考虑能达性和可检测性，

所以读者只需对能达性和可检测性作一般了解。

7.3.2 能控性与能观测性判据

(1) 线性定常系统的能控性判据

考虑如下线性定常系统

$$\dot{\boldsymbol{x}}=\boldsymbol{A}\boldsymbol{x}+\boldsymbol{B}\boldsymbol{u},\ \boldsymbol{x}(0)=\boldsymbol{x}_0,\qquad t\geqslant 0 \tag{7-34}$$

其中 $\boldsymbol{x}\in R^n$，$\boldsymbol{u}\in R^m$，下面不加证明地给出直接根据 $\boldsymbol{A}$ 和 $\boldsymbol{B}$ 判别系统能控性的格拉姆矩阵判据。

格拉姆矩阵判据　线性定常系统（7-34）完全能控的充分必要条件是存在这样一个 $t_1>0$ 时刻，使得格拉姆矩阵

$$\boldsymbol{W}_{\mathrm{c}}(0,t_1)\stackrel{\Delta}{=}\int_0^{t_1}\mathrm{e}^{-\boldsymbol{A}t}\boldsymbol{B}\boldsymbol{B}^{\mathrm{T}}\mathrm{e}^{-\boldsymbol{A}^{\mathrm{T}}t}\mathrm{d}t \tag{7-35}$$

是非奇异的。

通过运动分析，我们知道系统的状态响应为

$$\boldsymbol{x}(t)=\mathrm{e}^{\boldsymbol{A}t}\boldsymbol{x}_0+\int_0^t\mathrm{e}^{\boldsymbol{A}(t-\tau)}\boldsymbol{B}\boldsymbol{u}(\tau)\mathrm{d}\tau$$

根据能控性定义，对于能控系统总可以找到这样一个时刻 t_1 及其作用在 $[t_0,\ t_1]$ 上的容许控制 $\boldsymbol{u}(t)$，使得系统在 t_1 时刻转移到零点，即

$$\begin{aligned}0=\boldsymbol{x}(t_1)&=\mathrm{e}^{\boldsymbol{A}t_1}\boldsymbol{x}_0+\int_0^{t_1}\mathrm{e}^{\boldsymbol{A}(t_1-\tau)}\boldsymbol{B}\boldsymbol{u}(\tau)\mathrm{d}\tau\\ \Rightarrow\qquad -\boldsymbol{x}_0&=\mathrm{e}^{-\boldsymbol{A}t_1}\int_0^{t_1}\mathrm{e}^{\boldsymbol{A}(t_1-\tau)}\boldsymbol{B}\boldsymbol{u}(\tau)\mathrm{d}\tau\\ \Rightarrow\qquad \boldsymbol{x}_0&=-\int_0^{t_1}\mathrm{e}^{-\boldsymbol{A}\tau}\boldsymbol{B}\boldsymbol{u}(\tau)\mathrm{d}\tau,\qquad \forall\,\boldsymbol{x}_0\in X\end{aligned} \tag{7-36}$$

关键的问题就是如何找到这样的控制 $\boldsymbol{u}(t)$，根据格拉姆矩阵判据可知，如果系统是完全能控的，必定存在非奇异的格拉姆矩阵，其逆也肯定存在，于是选取控制输入如下

$$u(t)=-[\mathrm{e}^{-\boldsymbol{A}t}\boldsymbol{B}]^{\mathrm{T}}\boldsymbol{W}_{\mathrm{c}}^{-1}(0,t_1)\cdot\boldsymbol{x}_0 \tag{7-37}$$

在这样的控制作用下，式（7-36）恰好成立，这就是说无论系统的初始状态 $\boldsymbol{x}_0$ 位于状态空间中的何处，都可以按照式（7-37）中控制作用的选取方法，使得在 t_1 时刻能够将系统状态从初始点转移到状态空间零点。这种控制的选择又称为按能控性格拉姆矩阵方式选取。一般来说，如果系统是能控的，能够把系统由初始状态 $\boldsymbol{x}_0$ 转移到原点的输入控制有很多种，这是因为能控性对状态转移的轨迹没有任何要求。但相比较而言，在所有可以完成同一状态转移目的的控制输入中，按格拉姆矩阵方式选取的控制输入耗能最少。

格拉姆矩阵判据主要应用于理论分析，这是因为在应用格拉姆矩阵判据时，首先要计算出矩阵指数函数 $\mathrm{e}^{\boldsymbol{A}t}$，而当 $\boldsymbol{A}$ 的维数较大时这并非易事。利用格拉姆矩阵判据可以推出其他几个较为实用的能控性判据。

秩判据　线性定常系统完全能控的充分必要条件是

$$\mathrm{rank}[\boldsymbol{B}\quad \boldsymbol{A}\boldsymbol{B}\quad \boldsymbol{A}^2\boldsymbol{B}\quad \cdots\quad \boldsymbol{A}^{n-1}\boldsymbol{B}]=n \tag{7-38}$$

矩阵 $\boldsymbol{Q}_{\mathrm{c}}=[\boldsymbol{B}\quad \boldsymbol{A}\boldsymbol{B}\quad \boldsymbol{A}^2\boldsymbol{B}\quad \cdots\quad \boldsymbol{A}^{n-1}\boldsymbol{B}]$ 称为系统的能控性判别阵。

【例 7-8】 考虑例 7-6 中不完全能控电路，用秩判据判定该系统的能控性。

解　根据基尔霍夫电压定律可以得到

$$RC\dot{x}_1+x_1=RC\dot{x}_2+x_2=u-R(C\dot{x}_1+C\dot{x}_2)$$

设 $RC=\frac{1}{3}$，则可以得到系统的状态方程为

$$\dot{\boldsymbol{x}}=\boldsymbol{A}\boldsymbol{x}+\boldsymbol{B}u\text{，}\boldsymbol{A}=\begin{bmatrix}-2 & 1\\ 1 & -2\end{bmatrix}\text{，}\boldsymbol{B}=\begin{bmatrix}1\\ 1\end{bmatrix}$$

能控性判别矩阵 $\boldsymbol{Q}_{\mathrm{c}}=\begin{bmatrix}1 & -1\\ 1 & -1\end{bmatrix}$，其秩为 1，系统不完全能控。

【例 7-9】　考虑例 7-7 中给定的线性定常系统，用秩判据判定该系统的能控性。

解　通过计算可得

$$\boldsymbol{Q}_{\mathrm{c}}=[\boldsymbol{B}\quad \boldsymbol{A}\boldsymbol{B}]=\begin{bmatrix}1 & -5\\ 1 & -2\end{bmatrix}$$

容易判定，$\mathrm{rank}\boldsymbol{Q}_{\mathrm{c}}=2$，因此系统为完全能控的。

PBH 秩判据　线性定常系统完全能控的充分必要条件是对矩阵 $\boldsymbol{A}$ 的所有特征值 λ_i，$i=1，2，\cdots，n$，均有下式成立

$$\mathrm{rank}[\lambda_i\boldsymbol{I}-\boldsymbol{A}\boldsymbol{B}]=n\text{，}i=1,2,\cdots,n \tag{7-39}$$

例如用 PBH 判据判定例 7-8 系统的能控性。首先求出系统 $\boldsymbol{A}$ 的特征根为 -1，-3，则有

$$\lambda_1=-1\text{，}\mathrm{rank}[\lambda_1\boldsymbol{I}-\boldsymbol{A}\quad \boldsymbol{B}]=\mathrm{rank}\begin{bmatrix}1 & -1 & 1\\ -1 & 1 & 1\end{bmatrix}=2$$

$$\lambda_2=-3\text{，}\mathrm{rank}[\lambda_2\boldsymbol{I}-\boldsymbol{A}\quad \boldsymbol{B}]=\mathrm{rank}\begin{bmatrix}-1 & -1 & 1\\ -1 & -1 & 1\end{bmatrix}=1$$

可以看出，条件式（7-39）不成立，所以系统是不完全能控的。

PBH 特征向量判据　线性定常系统完全能控的充分必要条件是 $\boldsymbol{A}$ 不能有与 $\boldsymbol{B}$ 的所有列相正交的非零左特征向量，即对 $\boldsymbol{A}$ 的任一特征值 λ_i 使同时满足

$$\boldsymbol{\alpha}^{\mathrm{T}}\boldsymbol{A}=\lambda_i\boldsymbol{\alpha}^{\mathrm{T}}\text{，}\boldsymbol{\alpha}^{\mathrm{T}}\boldsymbol{B}=0 \tag{7-40}$$

的特征向量 $\boldsymbol{\alpha}\equiv 0$。

应当指出的是，因为无法找到 $\boldsymbol{A}$ 矩阵全部的非零左特征向量进行判断，所以 PBH 特征向量判据主要用于理论分析，特别是线性系统的复频域分析。

约当规范形判据　线性定常系统完全能控的充分必要条件如下。

① 当 $\boldsymbol{A}$ 矩阵的特征根两两相异时，通过线性坐标变换导出对角线规范形

$$\dot{\bar{\boldsymbol{x}}}=\begin{bmatrix}\lambda_1 & & 0\\ & \ddots & \\ 0 & & \lambda_{n-1}\end{bmatrix}\bar{\boldsymbol{x}}+\bar{\boldsymbol{B}}\boldsymbol{u} \tag{7-41}$$

中，矩阵 $\bar{\boldsymbol{B}}$ 不包含元素全为零的行。

② 当 $\boldsymbol{A}$ 的特征值为 $\lambda_1(\sigma_1$ 重)，$\lambda_2(\sigma_2$ 重)，$\cdots$，$\lambda_i(\sigma_i$ 重)，且 $\sum\limits_{k=1}^{i}\sigma_i=n$ 时，通过线性变换导出约当规范形

$$\dot{\bar{x}}=\begin{bmatrix}J_1 & & 0\\ & \ddots & \\ 0 & & J_i\end{bmatrix}\bar{x}+\begin{bmatrix}\bar{B}_1\\ \vdots\\ \bar{B}_i\end{bmatrix}u \tag{7-42}$$

其中 J_i 是 $\sigma_i\times\sigma_i$ 维对应特征根 λ_i 的由若干个约当块组成的对角矩阵，那么对应每个约当块的 $\bar{\boldsymbol{B}}_i$ 矩阵中最后一行行向量是线性无关的。换句话说，矩阵 $\bar{\boldsymbol{B}}$ 中对应每个约当块的最后一行行向量中无零行，且对应同一特征根的这些行分别是线性无关的。

【例 7-10】 假设 $\boldsymbol{A}=\begin{bmatrix}-4 & 1 & & \\ 0 & -4 & & \\ & & -3 & 1\\ & & 0 & -3\end{bmatrix}$，用约当规范形判据判定系统的能控性。

解 ① 若 $\boldsymbol{B}=\begin{bmatrix}0 & 1\\ 2 & 0\\ 0 & 0\\ 0 & 4\end{bmatrix}$，系统存在两个约当块，与之相对应的 $\boldsymbol{B}$ 矩阵相关行是：[2 0] 和 [0 4]，均为非零行，则系统完全能控。

② 若 $\boldsymbol{B}=\begin{bmatrix}0 & 0\\ 0 & 0\\ 0 & 4\\ 0 & 0\end{bmatrix}$，与之相对应的 $\boldsymbol{B}$ 矩阵相关行是：[0 0] 和 [0 0]，均为零行，则系统是不完全能控的，而且可以进一步判定 x_1,x_2,x_4 不可控，x_3 可控。

【例 7-11】 给出约当规范形系统

$$\dot{\bar{x}}=\begin{bmatrix}\lambda_1 & 1 & & & & 0\\ & \lambda_1 & 1 & & & \\ & & \lambda_1 & & & \\ & & & \lambda_1 & 1 & \\ & & & & \lambda_1 & \\ 0 & & & & & \lambda_2\end{bmatrix}\bar{x}+\begin{bmatrix}b_1\\ b_2\\ b_3\\ b_4\\ b_5\\ b_6\end{bmatrix}u$$

其中 b_i 代表了 $\boldsymbol{B}$ 矩阵中的第 i 行。在规范形中一共有三个约当块，要保证系统是完全能控的，必须保证 $\boldsymbol{B}$ 矩阵中对应每个约当块的最后一行非零，即 b_3,b_5,b_6 应该是非零的行向量，同时对应同一特征根的这些行分别是线性无关的，即对应特征根 λ_1 的这些行 b_3,b_5 是线性无关的。

【例 7-12】 给出线性定常系统

$$\dot{x}=\begin{bmatrix}1 & 0 & 0\\ 0 & 0 & 1\\ 0 & 5 & 0\end{bmatrix}x+\begin{bmatrix}1\\ 1\\ 0\end{bmatrix}u$$

试用两种不同方法来判定系统的能控性。

解 秩判据

$$\text{rank}\boldsymbol{Q}_c=\text{rank}[\boldsymbol{B}\quad \boldsymbol{AB}\quad \boldsymbol{A}^2\boldsymbol{B}]=\text{rank}\begin{bmatrix}1 & 1 & 1\\ 1 & 0 & 5\\ 0 & 5 & 0\end{bmatrix}=3$$

因此系统是完全能控的。

PBH 判据

首先计算出系统特征值 $\lambda=1$，$\pm\sqrt{5}$，则

$$\operatorname{rank}[\lambda_1 \boldsymbol{I}-\boldsymbol{A} \quad \boldsymbol{B}]=\operatorname{rank}\begin{bmatrix}0 & 0 & 0 & 1\\ 0 & 1 & -1 & 1\\ 0 & -5 & 1 & 0\end{bmatrix}=3$$

$$\operatorname{rank}[\lambda_2 \boldsymbol{I}-\boldsymbol{A} \quad \boldsymbol{B}]=\operatorname{rank}\begin{bmatrix}\sqrt{5}-1 & 0 & 0 & 1\\ 0 & \sqrt{5} & -1 & 1\\ 0 & -5 & \sqrt{5} & 0\end{bmatrix}=3$$

$$\operatorname{rank}[\lambda_3 \boldsymbol{I}-\boldsymbol{A} \quad \boldsymbol{B}]=\operatorname{rank}\begin{bmatrix}-\sqrt{5}-1 & 0 & 0 & 1\\ 0 & -\sqrt{5} & -1 & 1\\ 0 & -5 & -\sqrt{5} & 0\end{bmatrix}=3$$

可见系统是完全能控的。

(2) 输出能控性及其判据

前面讨论的是系统的状态能控性问题，但在实际控制系统的设计中，常常关心的是系统的输出而不完全是系统的状态，最先应该了解系统的输出是否完全能控，为此简单介绍一下系统的输出能控性问题。

输出能控性定义：如果存在时刻 $t_1 \in J$ 和某个容许控制 $\boldsymbol{u}(t)$，$t\in[0,t_1]$ 使得系统的输出从初始点 $\boldsymbol{y}_0$（非零）转移到零点，就称系统的输出 $\boldsymbol{y}_0$ 是能控的，如果系统任一非零的输出都是能控的，就称系统的输出是完全能控的。

输出能控性判据：线性定常系统输出完全能控的充分必要条件是

$\operatorname{rank}[\boldsymbol{CB} \quad \boldsymbol{CAB} \quad \cdots \quad \boldsymbol{CA}^{n-1}\boldsymbol{B} \quad \boldsymbol{D}]=\operatorname{rank}[\boldsymbol{CQ}_c \quad \boldsymbol{D}]=p$，其中 p 是系统输出维数

需要注意的是状态能控性与输出能控性是两个不同的概念，两者之间没有什么必然的联系。

【例 7-13】 已知系统的状态方程和输出方程为

$$\dot{\boldsymbol{x}}=\begin{bmatrix}-2 & 1\\ 1 & -2\end{bmatrix}\boldsymbol{x}+\begin{bmatrix}1\\ 1\end{bmatrix}u$$

$$y=[1 \quad 0]\boldsymbol{x}$$

试判断系统的状态能控性和输出能控性。

解 系统的状态能控性矩阵为

$$\boldsymbol{Q}_c=[\boldsymbol{B} \quad \boldsymbol{AB}]=\begin{bmatrix}1 & -1\\ 1 & -1\end{bmatrix}$$

$\operatorname{rank}\boldsymbol{Q}_c=1<2$，故状态是不完全能控的。

输出能控性矩阵为

$$\boldsymbol{S}_0=[\boldsymbol{CB} \quad \boldsymbol{CAB} \quad \boldsymbol{D}]=[1 \quad -1 \quad 0]$$

$\operatorname{rank}\boldsymbol{S}_0=1=p$，故输出是完全能控的。

(3) 线性定常系统的能观测性判据

考虑如下零输入线性定常系统

$$\dot{\boldsymbol{x}}(t)=\boldsymbol{A}\boldsymbol{x}(t),\ \boldsymbol{y}(t)=\boldsymbol{C}\boldsymbol{x}(t),\ \boldsymbol{x}(0)=\boldsymbol{x}_0,\ t\geqslant 0$$

其中 $\boldsymbol{x}\in R^n$，$\boldsymbol{y}\in R^p$。下面给出几种直接根据 $\boldsymbol{A}$ 和 $\boldsymbol{C}$ 来判定系统能观测性的常用判据。

格拉姆矩阵判据：线性定常系统完全能观测的充分必要条件是存在这样一个 $t_1>0$ 时刻，使得格拉姆矩阵

$$\boldsymbol{W}_{\mathrm{o}}(0,t_1)\triangleq\int_0^{t_1}\mathrm{e}^{\boldsymbol{A}^{\mathrm{T}}t}\boldsymbol{C}^{\mathrm{T}}\boldsymbol{C}\mathrm{e}^{\boldsymbol{A}t}\mathrm{d}t \tag{7-43}$$

是非奇异的。

和能控性格拉姆矩阵判据一样，能观测性的格拉姆矩阵判据也主要应用于理论分析中。

秩判据：线性定常系统完全能观测的充分必要条件是

$$\mathrm{rank}\boldsymbol{Q}_{\mathrm{o}}=\mathrm{rank}\begin{bmatrix}\boldsymbol{C}\\ \boldsymbol{C}\boldsymbol{A}\\ \boldsymbol{C}\boldsymbol{A}^2\\ \vdots\\ \boldsymbol{C}\boldsymbol{A}^{n-1}\end{bmatrix}=n \tag{7-44}$$

矩阵 $\boldsymbol{Q}_{\mathrm{o}}$ 称为系统的能观测性判别阵。

【例 7-14】 考虑例 7-6 中不完全能观测电路，用秩判据判定该系统的能观测性。

解 根据基尔霍夫电压定律可以得到

$$L\dot{x}_1+x_1R_1=u-R_2(x_1-x_2)$$
$$L\dot{x}_2+x_2R_1=R_2(x_1-x_2)$$
$$y=R_2(x_1-x_2)$$

设 $R_1=1\Omega$，$R_2=1\Omega$，$L=1\mathrm{H}$，则可以得到系统方程为

$$\dot{\boldsymbol{x}}=\begin{bmatrix}-2 & 1\\ 1 & -2\end{bmatrix}\boldsymbol{x}+\begin{bmatrix}1\\ 0\end{bmatrix}u$$
$$y=\begin{bmatrix}1 & -1\end{bmatrix}\boldsymbol{x}$$

能观测性判别矩阵 $\boldsymbol{Q}_{\mathrm{o}}=\begin{bmatrix}1 & -1\\ -3 & 3\end{bmatrix}$，其秩为 1，系统不完全能观测。

PBH 秩判据：线性定常系统完全能观测的充分必要条件是对矩阵 $\boldsymbol{A}$ 的所有特征值 λ_i，$i=1,2,\cdots,n$，均有下式成立

$$\mathrm{rank}\begin{bmatrix}\boldsymbol{C}\\ \lambda_i\boldsymbol{I}-\boldsymbol{A}\end{bmatrix}=n,\ i=1,\ 2,\ \cdots,\ n \tag{7-45}$$

PBH 特征向量判据：线性定常系统完全能观测的充分必要条件是 $\boldsymbol{A}$ 不能有与 $\boldsymbol{C}$ 的所有行相正交的非零右特征向量，即对 $\boldsymbol{A}$ 的任一特征值 λ_i 使同时满足

$$\boldsymbol{A}\boldsymbol{\alpha}=\lambda_i\boldsymbol{\alpha},\ \boldsymbol{C}\boldsymbol{\alpha}=0 \tag{7-46}$$

的特征向量 $\boldsymbol{\alpha}\equiv 0$。

约当规范形判据：线性定常系统完全能观测的充分必要条件如下。

① 当 A 矩阵的特征根两两相异时，通过线性变换导出的对角线规范形

$$\dot{\bar{x}}=\begin{bmatrix}\lambda_1 & & 0\\ & \ddots & \\ 0 & & \lambda_{n-1}\end{bmatrix}\bar{x}$$
$$y=\overline{C}\,\bar{x}=[c_1 \quad \cdots \quad c_n]\bar{x}$$

中，矩阵 $\overline{C}$ 不包含元素全为零的列。

② 当 A 的特征值为 $\lambda_1(\sigma_1$ 重)，$\lambda_2(\sigma_2$ 重)，…，$\lambda_i(\sigma_i$ 重)，且 $\sigma_1+\sigma_2+\cdots+\sigma_i=n$ 时，通过线性变换导出约当规范形

$$\dot{\bar{x}}=\begin{bmatrix}J_1 & & 0\\ & \ddots & \\ 0 & & J_i\end{bmatrix}\bar{x}$$
$$y=[\overline{C}_1 \quad \cdots \quad \overline{C}_i]\bar{x}$$

其中 J_i 是 $\sigma_i\times\sigma_i$ 维对应特征根 λ_i 的由若干个约当块组成的对角矩阵，那么对应每个约当块的 $\overline{C}_i$ 矩阵中的第一列列向量是线性无关的。换句话说，矩阵 $\overline{C}$ 中对应每个约当块的第一列列向量中无零列，且对应同一特征根的这些列分别是线性无关的。

【例 7-15】 给出约当规范形系统如下

$$\dot{\bar{x}}=\begin{bmatrix}\lambda_1 & 1 & & & & 0\\ & \lambda_1 & 1 & & & \\ & & \lambda_1 & & & \\ & & & \lambda_1 & 1 & \\ & & & & \lambda_1 & \\ 0 & & & & & \lambda_2\end{bmatrix}\bar{x}$$
$$y=[c_1 \quad c_2 \quad c_3 \quad c_4 \quad c_5 \quad c_6]\bar{x}$$

其中 c_i 代表了 C 矩阵的第 i 列。可以看出在上述约当规范形中一共有三个约当块，要保证系统是完全能观测的，必须保证 C 矩阵中对应每个约当块的第一列非零，即 c_1，c_4，c_6 是非零的列向量，而且对应同一特征根的这些列是线性无关的，即对应特征根 λ_1 的这些列 c_1，c_4 是线性无关的。

下面给出一个例子应用上述判据来判断系统的能观测性。

【例 7-16】 给出线性定常系统

$$\dot{x}=\begin{bmatrix}1 & 0 & 0\\ 0 & 0 & 1\\ 0 & 5 & 0\end{bmatrix}x+\begin{bmatrix}1\\ 1\\ 0\end{bmatrix}u$$
$$y=[1 \quad 1 \quad 0]x$$

试用两种不同的方法来判断系统的能观测性。

解　秩判据

$$\mathrm{rank}Q_o=\mathrm{rank}\begin{bmatrix}C\\ CA\\ CA^2\end{bmatrix}=\mathrm{rank}\begin{bmatrix}1 & 1 & 0\\ 1 & 0 & 1\\ 1 & 5 & 0\end{bmatrix}=3$$

因此系统是完全能观测的。

PBH 判据：首先计算出系统特征值 $\lambda=1$，$\pm\sqrt{5}$，则有

$$\operatorname{rank}\begin{bmatrix}\boldsymbol{C}\\\lambda_1\boldsymbol{I}-\boldsymbol{A}\end{bmatrix}=\operatorname{rank}\begin{bmatrix}1&1&0\\0&0&0\\0&1&-1\\0&-5&1\end{bmatrix}=3$$

$$\operatorname{rank}\begin{bmatrix}\boldsymbol{C}\\\lambda_2\boldsymbol{I}-\boldsymbol{A}\end{bmatrix}=\operatorname{rank}\begin{bmatrix}1&1&0\\\sqrt{5}-1&0&0\\0&\sqrt{5}&-1\\0&-5&\sqrt{5}\end{bmatrix}=3$$

$$\operatorname{rank}\begin{bmatrix}\boldsymbol{C}\\\lambda_3\boldsymbol{I}-\boldsymbol{A}\end{bmatrix}=\operatorname{rank}\begin{bmatrix}1&1&0\\-\sqrt{5}-1&0&0\\0&-\sqrt{5}&-1\\0&-5&-\sqrt{5}\end{bmatrix}=3$$

可见系统是完全能观测的。

（4）对偶原理

能控性和能观测性无论是从概念上还是从判据的形式上都是对偶的，这种对偶关系反映了系统的能控问题与估计问题之间的对偶性，首先给出对偶系统的定义。

给定线性定常系统 Σ

$$\dot{\boldsymbol{x}}=\boldsymbol{A}\boldsymbol{x}+\boldsymbol{B}\boldsymbol{u},\ \boldsymbol{y}=\boldsymbol{C}\boldsymbol{x},\ \boldsymbol{x}\in R^n,\ \boldsymbol{u}\in R^m,\ \boldsymbol{y}\in R^p \tag{7-47}$$

则它的对偶系统 Σ_{d} 为

$$\dot{\boldsymbol{\varphi}}=\boldsymbol{A}^{\mathrm{T}}\boldsymbol{\varphi}+\boldsymbol{C}^{\mathrm{T}}\boldsymbol{\eta},\ \boldsymbol{\omega}=\boldsymbol{B}^{\mathrm{T}}\boldsymbol{\varphi},\ \boldsymbol{\varphi}\in R^n,\ \boldsymbol{\eta}\in R^p,\ \boldsymbol{\omega}\in R^m \tag{7-48}$$

对偶系统又称为伴随系统，可以看出给定系统和对偶系统之间的状态维数一致，而给定系统的输入、输出维数分别等于对偶系统的输出和输入维数。

对偶原理：给定系统 Σ 和对偶系统 Σ_{d} 在能控性和能观测性上具有以下对应关系。

系统 Σ 的完全能控性等价于对偶系统 Σ_{d} 的完全能观测性，系统 Σ 的完全能观测性等价于对偶系统 Σ_{d} 的完全能控性。

可根据能控性和能观测性的秩判据对上述对偶原理进行证明，具体过程可由读者自己推导。

7.3.3 单输入单输出系统的能控/能观测标准形

对于完全能控或是完全能观测的线性定常系统，如果从能控性或是能观测性这两个基本特性出发构造一个非奇异变换矩阵，那么就可以通过这样的线性变换，把系统的状态空间表达式转化成只有能控系统或能观测系统才具有的标准形式，通常称之为能控标准形和能观测标准形。这一小节就单输入单输出系统来讨论能控性标准形和能观测标准形的形式及变换矩阵的构造方法。

（1）能控标准形

给定单变量的线性定常系统

$$\dot{\boldsymbol{x}}=\boldsymbol{A}\boldsymbol{x}+\boldsymbol{b}u,\ y=\boldsymbol{c}\boldsymbol{x} \tag{7-49}$$

且系统是完全能控的，有

$$\operatorname{rank}[\boldsymbol{b}\quad \boldsymbol{A}\boldsymbol{b}\quad \cdots\quad \boldsymbol{A}^{n-1}\boldsymbol{b}]=n$$

该系统的特征多项式为

$$\det(s\boldsymbol{I}-\boldsymbol{A})\overset{\Delta}{=}\alpha(s)=s^n+a_{n-1}s^{n-1}+\cdots+a_1s+a_0 \tag{7-50}$$

并定义 n 个常数

$$\begin{aligned}\beta_{n-1}&=\boldsymbol{cb}\\ \beta_{n-2}&=\boldsymbol{cAb}+a_{n-1}\boldsymbol{cb}\\ &\cdots\\ \beta_1&=\boldsymbol{cA}^{n-2}\boldsymbol{b}+a_{n-1}\boldsymbol{cA}^{n-3}\boldsymbol{b}+\cdots+a_2\boldsymbol{cb}\\ \beta_0&=\boldsymbol{cA}^{n-1}\boldsymbol{b}+a_{n-1}\boldsymbol{cA}^{n-2}\boldsymbol{b}+\cdots+a_1\boldsymbol{cb}\end{aligned} \tag{7-51}$$

这样可以构造变换矩阵

$$\boldsymbol{P}=[\boldsymbol{A}^{n-1}\boldsymbol{b}\quad\cdots\quad\boldsymbol{Ab}\quad\boldsymbol{b}]\begin{bmatrix}1 & & & 0\\ a_{n-1} & 1 & & \\ \vdots & \ddots & \ddots & \\ a_1 & \cdots & a_{n-1} & 1\end{bmatrix} \tag{7-52}$$

显然矩阵 $\boldsymbol{P}$ 是非奇异的，通过线性变换 $\bar{\boldsymbol{x}}=\boldsymbol{P}^{-1}\boldsymbol{x}$，可以导出系统的能控标准形

$$\begin{aligned}\dot{\bar{\boldsymbol{x}}}&=\boldsymbol{A}_c\bar{\boldsymbol{x}}+\boldsymbol{b}_cu\\ y&=\boldsymbol{c}_c\bar{\boldsymbol{x}}\end{aligned} \tag{7-53}$$

其中

$$\boldsymbol{A}_c=\boldsymbol{P}^{-1}\boldsymbol{AP}=\begin{bmatrix}0 & 1 & & \\ 0 & 0 & \ddots & \\ 0 & 0 & 0 & 1\\ -a_0 & -a_1 & \cdots & -a_{n-1}\end{bmatrix},\ \boldsymbol{b}_c=\boldsymbol{P}^{-1}\boldsymbol{b}=\begin{bmatrix}0\\ \vdots\\ 0\\ 1\end{bmatrix} \tag{7-54}$$

$$\boldsymbol{c}_c=\boldsymbol{cP}=[\beta_0\quad\beta_1\quad\cdots\quad\beta_{n-1}]$$

【例 7-17】 给定线性定常系统

$$\dot{\boldsymbol{x}}=\begin{bmatrix}-1 & 1 & 2\\ 0 & -2 & 1\\ 0 & 0 & -3\end{bmatrix}\boldsymbol{x}+\begin{bmatrix}0\\ 1\\ 1\end{bmatrix}u$$

$$y=[1\quad 0\quad 1]\boldsymbol{x}$$

将其化为能控标准形。

解　首先写出系统的特征多项式为

$$\det(s\boldsymbol{I}-\boldsymbol{A})\overset{\Delta}{=}\alpha(s)=s^3+6s^2+11s+6$$

根据式 (7-52) 选取非奇异变换矩阵 $\boldsymbol{P}$

$$\boldsymbol{P}=\begin{bmatrix}-10 & 3 & 0\\ -1 & -1 & 1\\ 9 & -3 & 1\end{bmatrix}\begin{bmatrix}1 & 0 & 0\\ 6 & 1 & 0\\ 11 & 6 & 1\end{bmatrix}=\begin{bmatrix}8 & 3 & 0\\ 4 & 5 & 1\\ 2 & 3 & 1\end{bmatrix},\ \boldsymbol{P}^{-1}=\frac{1}{10}\begin{bmatrix}2 & -3 & 3\\ -2 & 8 & -8\\ 2 & -18 & 28\end{bmatrix}$$

并根据式 (7-51) 构造常数 β_0，…，β_{n-1}

$$\begin{aligned}\beta_2&=\boldsymbol{cb}=1\\ \beta_1&=\boldsymbol{cAb}+a_2\boldsymbol{cb}=6\\ \beta_0&=\boldsymbol{cA}^2\boldsymbol{b}+a_2\boldsymbol{cAb}+a_1\boldsymbol{cb}=10\end{aligned}$$

因此可以得到系统的能控标准形

$$\dot{\boldsymbol{x}}=\begin{bmatrix}0 & 1 & 0\\0 & 0 & 1\\-6 & -11 & -6\end{bmatrix}\boldsymbol{x}+\begin{bmatrix}0\\0\\1\end{bmatrix}u$$
$$y=\begin{bmatrix}10 & 6 & 1\end{bmatrix}\boldsymbol{x}$$

（2）能观测标准形

对上述给定系统式（7-49），其中矩阵 $\boldsymbol{A}$ 的特征多项式及常数 β_0，…，β_{n-1} 定义不变，利用能观测性与能控性的对偶关系，可以定义非奇异变换矩阵

$$\boldsymbol{Q}=\begin{bmatrix}1 & a_{n-1} & \cdots & a_1\\ & 1 & \ddots & \vdots\\ & & \ddots & a_{n-1}\\0 & & & 1\end{bmatrix}\begin{bmatrix}\boldsymbol{cA}^{n-1}\\ \vdots\\ \boldsymbol{cA}\\ \boldsymbol{c}\end{bmatrix} \tag{7-55}$$

通过线性变换关系 $\bar{\boldsymbol{x}}=\boldsymbol{Qx}$，可以导出系统的能观测标准形

$$\begin{aligned}\dot{\bar{\boldsymbol{x}}}&=\boldsymbol{A}_{\mathrm{o}}\bar{\boldsymbol{x}}+\boldsymbol{b}_{\mathrm{o}}u\\ y&=\boldsymbol{c}_{\mathrm{o}}\bar{\boldsymbol{x}}\end{aligned} \tag{7-56}$$

其中

$$\boldsymbol{A}_{\mathrm{o}}=\boldsymbol{QAQ}^{-1}=\begin{bmatrix}0 & 0 & 0 & -a_0\\1 & 0 & 0 & -a_1\\ & \ddots & 0 & \vdots\\0 & & 1 & -a_{n-1}\end{bmatrix},\quad \boldsymbol{b}_{\mathrm{o}}=\boldsymbol{Qb}=\begin{bmatrix}\beta_0\\ \beta_1\\ \vdots\\ \beta_{n-1}\end{bmatrix} \tag{7-57}$$
$$\boldsymbol{c}_{\mathrm{o}}=\boldsymbol{c}\,\boldsymbol{Q}^{-1}=\begin{bmatrix}0 & 0 & \cdots & 1\end{bmatrix}$$

从上述讨论可以看到，能控标准形和能观测标准形是通过一种简单的、明显的方式把系统的状态空间描述与反映系统结构特性的特征多项式联系起来，$\boldsymbol{A}_{\mathrm{c}}$ 或 $\boldsymbol{A}_{\mathrm{o}}$ 矩阵是由系统特征多项式的系数组成，这对于以后讨论系统的综合控制及观测器设计问题给予了很大的方便，例如在讨论极点配置问题上，根据给定的期望极点可以写出期望的特征多项式，利用能控标准形中系统矩阵 $\boldsymbol{A}_{\mathrm{c}}$ 与特征多项式之间的关系可以轻易地写出经过配置后的能控标准形，与原始系统加以比较就可以很容易地找到相应的反馈控制输入 u。另外还有其他一些控制问题，如镇定、跟踪等都可以转化为适当的极点配置问题，而且观测器的设计也是基于能观标准形提出的。

能控标准形和能观标准形是基于线性变换得到的，对于完全能控（或完全能观测）的两个等价系统来讲，虽然自身的状态空间表达不一样，但是它们的能控（观测）标准形是完全一样的。更进一步来讲，代数等价系统的能控性与能观测性保持不变，也就是说系统经过线性变换之后，能控性和能观测性两个性质保持不变，完全能控（观测）的系统变换之后对应的仍是完全能控（观测），不完全能控（观测）的系统仍旧对应为不完全能控（观测），而且不完全能控（观测）的程度不变，换句话说就是能控（观测）子空间、不能控（观测）子空间的维数保持不变。

此外，对于多输入多输出系统的能控标准形和能观测标准形与单输入单输出系统不同，是非惟一的。以能控性标准形为例，因为能控判别矩阵 $\boldsymbol{Q}_{\mathrm{c}}$ 是 $n\times mn$ 维的，在 mn 列中有 n 列是线性无关的，如果选取不同的 n 个线性无关列，那么就会得到不同的线性变换矩阵，得到的能控标准形也是不惟一的，可以有多种形式，这里将不再介绍。

7.3.4 结构分解

本节从系统的动态方程角度来讨论不完全能控或不完全能观测系统的结构特性，也就是

把状态方程按照能控性或是能观测性或是同时按照二者进行结构分解，把系统的结构以明显的方式区分成能控子系统、不能控子系统、能观测子系统、不能观测子系统，或者分解成能控且能观测的子系统、能控但不能观测子系统、不能控但能观测子系统以及不能控又不能观测子系统四部分。研究系统的结构分解，一方面是为了了解系统的结构特性，另一方面可以看出状态空间描述与输入输出描述之间的本质差别。

对线性系统加以结构分解是基于于 7.3.3 节中提到的一个结论，两个代数等价系统或者说对系统进行线性变换，并不会改变系统的能控性与能观测性，也不改变系统的不完全能控及不完全能观测程度。基于这一点提出了一种系统可结构分解的具体途径。

（1）按能控性分解

对不完全能控系统 $\Sigma(\boldsymbol{A},\boldsymbol{B},\boldsymbol{C})$

$$\dot{\boldsymbol{x}}=\boldsymbol{A}\boldsymbol{x}+\boldsymbol{B}\boldsymbol{u},\quad \boldsymbol{y}=\boldsymbol{C}\boldsymbol{x} \tag{7-58}$$

其中 $\mathrm{rank}\boldsymbol{Q}_c=k<n$，在 n 个状态中只有 k 个是能控的，其余 $n-k$ 个状态是不能控的，按能控性进行结构分解就是找到其中 k 个能控的状态，并写出能控状态与不能控状态分别对应的状态方程，采用的方法就是线性非奇异变换。

从 $\boldsymbol{Q}_c=[\boldsymbol{B}\quad \boldsymbol{AB}\quad \cdots\quad \boldsymbol{A}^{n-1}\boldsymbol{B}]$ 中任意选取 k 个线性无关列，记做 $[\boldsymbol{p}_1\quad \cdots\quad \boldsymbol{p}_k]$，此外再从 n 维实数空间中任意选取 $n-k$ 个线性无关列向量 $[\boldsymbol{p}_{k+1}\quad \cdots\quad \boldsymbol{p}_n]$，并保证这 $n-k$ 个列向量与原来的 k 个列向量都是线性无关的，这样就构成了非奇异变换矩阵

$$\boldsymbol{P}=[\boldsymbol{p}_1\quad \cdots \boldsymbol{p}_k\quad \boldsymbol{p}_{k+1}\quad \cdots\quad \boldsymbol{p}_n] \tag{7-59}$$

通过线性变换 $\bar{\boldsymbol{x}}=\boldsymbol{P}^{-1}\boldsymbol{x}$，就可以把不能控系统 $\Sigma(\boldsymbol{A},\ \boldsymbol{B},\ \boldsymbol{C})$ 按能控性进行结构分解

$$\dot{\bar{\boldsymbol{x}}}=\bar{\boldsymbol{A}}\bar{\boldsymbol{x}}+\bar{\boldsymbol{B}}\boldsymbol{u}=\boldsymbol{P}^{-1}\boldsymbol{A}\boldsymbol{P}\bar{\boldsymbol{x}}+\boldsymbol{P}^{-1}\boldsymbol{B}\boldsymbol{u}=\begin{bmatrix}\bar{\boldsymbol{A}}_c & \bar{\boldsymbol{A}}_{12}\\ 0 & \bar{\boldsymbol{A}}_{\bar{c}}\end{bmatrix}\begin{bmatrix}\bar{\boldsymbol{x}}_c\\ \bar{\boldsymbol{x}}_{\bar{c}}\end{bmatrix}+\begin{bmatrix}\bar{\boldsymbol{B}}_c\\ 0\end{bmatrix}\boldsymbol{u} \tag{7-60}$$

$$\boldsymbol{y}=\bar{C}\bar{\boldsymbol{x}}=CP\bar{\boldsymbol{x}}=[\bar{C}_c\quad \bar{C}_{\bar{c}}]\begin{bmatrix}\bar{\boldsymbol{x}}_c\\ \bar{\boldsymbol{x}}_{\bar{c}}\end{bmatrix}$$

值得注意的是，由于非奇异变换矩阵 $\boldsymbol{P}$ 的各个列是任意选取的，所以结构分解后得到的系统总体形式上虽然都一样，但由于矩阵 $\boldsymbol{P}$ 的不同，变换后得到的结构分解矩阵中具体的元素值是不同的，惟一确定不变的是 $\bar{\boldsymbol{A}}_c$（能控部分系统矩阵）是 $k\times k$ 维的，$\bar{\boldsymbol{A}}_{\bar{c}}$（不能控部分系统矩阵）是 $(n-k)\times(n-k)$ 维的。

在分解规范表达式（7-60）中，系统被明显地分解成能控子系统和不能控子系统，其中能控子系统的 k 维状态方程为

$$\begin{aligned}\dot{\bar{\boldsymbol{x}}}_c&=\bar{\boldsymbol{A}}_c\bar{\boldsymbol{x}}_c+\bar{\boldsymbol{A}}_{12}\bar{\boldsymbol{x}}_{\bar{c}}+\bar{\boldsymbol{B}}_c\boldsymbol{u}\\ \boldsymbol{y}_1&=\bar{\boldsymbol{C}}_c\bar{\boldsymbol{x}}_c\end{aligned} \tag{7-61}$$

不能控子系统的 $n-k$ 维状态方程如下

$$\begin{aligned}\dot{\bar{\boldsymbol{x}}}_{\bar{c}}&=\bar{\boldsymbol{A}}_{\bar{c}}\bar{\boldsymbol{x}}_{\bar{c}}\\ \boldsymbol{y}_2&=\bar{\boldsymbol{C}}_{\bar{c}}\bar{\boldsymbol{x}}_{\bar{c}}\end{aligned} \tag{7-62}$$

不完全能控系统按照能控性进行结构分解后，其结构如图 7-6 所示，其中不能控子系统中所有的箭头都是向外的，即不受输入 u 的直接作用，也没有通过能控状态从而受到输入 u 的间接作用，这就是系统黑箱内部完全不受外加作用控制的部分。

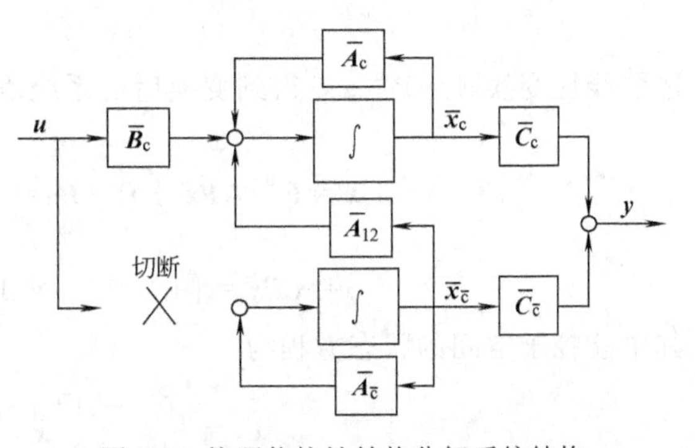

图 7-6　按照能控性结构分解系统结构

事实上，线性变换不会改变系统的特征值，对按能控性进行结构分解后的系统式（7-60）的特征值进行分析

$$\det(s\boldsymbol{I}-\boldsymbol{A})=\det(s\boldsymbol{I}-\bar{\boldsymbol{A}})=\det\begin{bmatrix}s\boldsymbol{I}-\bar{\boldsymbol{A}}_{c} & -\bar{\boldsymbol{A}}_{12}\\0 & s\boldsymbol{I}-\bar{\boldsymbol{A}}_{\bar{c}}\end{bmatrix}=\det(s\boldsymbol{I}-\bar{\boldsymbol{A}}_{c})\times\det(s\boldsymbol{I}-\bar{\boldsymbol{A}}_{\bar{c}}) \tag{7-63}$$

可见系统特性值也被分成两部分：一部分是 $\bar{\boldsymbol{A}}_c$（能控子系统）的特征值，称为能控振型；另一部分是 $-\bar{\boldsymbol{A}}_{\bar{c}}$（不能控子系统）的特征值，称为不能控振型。外加输入 $u(t)$ 的引入只能改变能控振型的位置，而对不能控振型无丝毫影响。

另外，线性变换也不会改变系统的传递函数矩阵表达

$$\begin{aligned}\boldsymbol{G}(s)&=\boldsymbol{C}(s\boldsymbol{I}-\boldsymbol{A})^{-1}\boldsymbol{B}=\bar{\boldsymbol{C}}(s\boldsymbol{I}-\bar{\boldsymbol{A}})^{-1}\bar{\boldsymbol{B}}=[\bar{\boldsymbol{C}}_c\bar{\boldsymbol{C}}_{\bar{c}}]\begin{bmatrix}s\boldsymbol{I}-\bar{\boldsymbol{A}}_c & -\bar{\boldsymbol{A}}_{12}\\0 & s\boldsymbol{I}-\bar{\boldsymbol{A}}_{\bar{c}}\end{bmatrix}^{-1}\begin{bmatrix}\bar{\boldsymbol{B}}_c\\0\end{bmatrix}\\&=[\bar{\boldsymbol{C}}_c\quad\bar{\boldsymbol{C}}_{\bar{c}}]\begin{bmatrix}(s\boldsymbol{I}-\bar{\boldsymbol{A}}_c)^{-1} & *\\0 & (s\boldsymbol{I}-\bar{\boldsymbol{A}}_{\bar{c}})^{-1}\end{bmatrix}\begin{bmatrix}\bar{\boldsymbol{B}}_c\\0\end{bmatrix}\\&=\bar{\boldsymbol{C}}_c(s\boldsymbol{I}-\bar{\boldsymbol{A}}_c)^{-1}\bar{\boldsymbol{B}}_c\end{aligned} \tag{7-64}$$

可见整个系统的传递函数只能反映出能控子系统的特征值，而不会出现不能控子系统的特征值，也就是说不能控部分不能用输入进行激发，再一次证明了输入输出描述是一种不完全的描述，只能体现系统能控部分的特性。

【例 7-18】 给定线性定常系统

$$\dot{\boldsymbol{x}}=\begin{bmatrix}-2 & 2 & -1\\0 & 2 & 0\\1 & -4 & 0\end{bmatrix}\boldsymbol{x}+\begin{bmatrix}0\\0\\1\end{bmatrix}u$$

$$y=[1\quad -1\quad 1]\boldsymbol{x}$$

试按能控性进行分解，写出能控和不能控子系统的状态空间表达。

解 系统能控性判别矩阵为

$$\text{rank}\boldsymbol{Q}_c=\text{rank}[\boldsymbol{B}\quad\boldsymbol{AB}\quad\boldsymbol{A}^2\boldsymbol{B}]=\text{rank}\begin{bmatrix}0 & -1 & 2\\0 & 0 & 0\\1 & 0 & -1\end{bmatrix}=2$$

系统是不完全能控的，可以按照能控性进行结构分解。从 $\boldsymbol{Q}_c$ 中选取两个线性无关列 $[0\quad 0\quad 1]^T$，$[-1\quad 0\quad 0]^T$，再附加任意列向量 $[0\quad 1\quad 0]^T$，构成非奇异变换矩阵 P。

$$\boldsymbol{P}=\begin{bmatrix}0 & -1 & 0\\0 & 0 & 1\\1 & 0 & 0\end{bmatrix},\ \boldsymbol{P}^{-1}=\begin{bmatrix}0 & 0 & 1\\-1 & 0 & 0\\0 & 1 & 0\end{bmatrix}$$

选取线性变换 $\bar{x}=\boldsymbol{P}^{-1}\boldsymbol{x}$，得到变换后的系统表达

$$\dot{\bar{x}}=\boldsymbol{P}^{-1}\boldsymbol{AP}\bar{x}+\boldsymbol{P}^{-1}\boldsymbol{B}u=\begin{bmatrix}0 & -1 & -4\\1 & -2 & -2\\0 & 0 & -2\end{bmatrix}\bar{x}+\begin{bmatrix}1\\0\\0\end{bmatrix}u$$

$$y=\boldsymbol{CP}\bar{x}=[1\quad -1\quad -1]\bar{x}$$

其中能控子空间的状态方程为

$$\dot{\bar{x}}_c=\begin{bmatrix}0 & -1\\1 & -2\end{bmatrix}\bar{x}_c+\begin{bmatrix}-4\\-2\end{bmatrix}\bar{x}_{\bar{c}}+\begin{bmatrix}1\\0\end{bmatrix}u$$

$$y_1=[1\quad -1]\bar{x}_c$$

不能控子空间的状态方程为

$$\dot{\bar{x}}_{\bar{c}}=-2\bar{x}_{\bar{c}},\ \ y_2=-\bar{x}_{\bar{c}}$$

(2) 按能观测性分解

对不完全能观测系统式 (7-58)，$\mathrm{rank}\boldsymbol{Q}_o=k<n$，在 n 个状态中只有 k 个是能观测的，其余 $n-k$ 个状态是不能观测的。按能观测性进行结构分解就是找出这 k 个能观测的状态，并分别写出能观测子系统与不能观测子系统对应的状态方程，采用的方法仍是线性非奇异变换。

从 $\boldsymbol{Q}_o=\begin{bmatrix}\boldsymbol{C}\\ \boldsymbol{CA}\\ \vdots\\ \boldsymbol{CA}^{n-1}\end{bmatrix}$ 中任意选取 k 个线性无关行，记做 $\begin{bmatrix}\boldsymbol{q}_1\\ \vdots\\ \boldsymbol{q}_k\end{bmatrix}$，此外再从 n 维实数空间中任意选取 $n-k$ 个线性无关行向量 $\boldsymbol{q}_{k+1}$，…，$\boldsymbol{q}_n$，并保证这 $n-k$ 个行向量与原来的 k 个行向量都是线性无关的，这样就构成了非奇异变换矩阵

$$\boldsymbol{Q}=[\boldsymbol{q}_1^{\mathrm{T}}\quad \cdots\quad \boldsymbol{q}_k^{\mathrm{T}}\quad \boldsymbol{q}_{k+1}^{\mathrm{T}}\quad \cdots\quad \boldsymbol{q}_n^{\mathrm{T}}]^{\mathrm{T}} \tag{7-65}$$

经过线性变换 $\bar{\boldsymbol{x}}=\boldsymbol{Qx}$，就可以把原系统按能观测性进行结构分解

$$\dot{\bar{\boldsymbol{x}}}=\bar{\boldsymbol{A}}\bar{\boldsymbol{x}}+\bar{\boldsymbol{B}}\boldsymbol{u}=\boldsymbol{QAQ}^{-1}\bar{\boldsymbol{x}}+\boldsymbol{QBu}=\begin{bmatrix}\bar{\boldsymbol{A}}_o & 0\\ \bar{\boldsymbol{A}}_{21} & \bar{\boldsymbol{A}}_{\bar{o}}\end{bmatrix}\begin{bmatrix}\bar{\boldsymbol{x}}_o\\ \bar{\boldsymbol{x}}_{\bar{o}}\end{bmatrix}+\begin{bmatrix}\bar{\boldsymbol{B}}_o\\ \bar{\boldsymbol{B}}_{\bar{o}}\end{bmatrix}\boldsymbol{u} \tag{7-66}$$

$$\boldsymbol{y}=\bar{\boldsymbol{C}}\bar{\boldsymbol{x}}=\boldsymbol{CQ}^{-1}\bar{\boldsymbol{x}}=[\bar{\boldsymbol{C}}_o\quad 0]\begin{bmatrix}\bar{\boldsymbol{x}}_o\\ \bar{\boldsymbol{x}}_{\bar{o}}\end{bmatrix}$$

值得注意的是，虽然结构分解后得到的系统式 (7-66) 总体形式上都一样，但是由于非奇异变换矩阵 $\boldsymbol{Q}$ 的各个行是任意选取的，所以得到的系统式 (7-66) 各矩阵中具体的元素值是不同的，惟一确定不变的是 $\bar{\boldsymbol{A}}_o$ (能观测子系统矩阵) 是 $k\times k$ 维的，$\bar{\boldsymbol{A}}_{\bar{o}}$ (不能观测子系统矩阵) 是 $(n-k)\times(n-k)$ 维的。

在按能观测性分解的规范表达式 (7-66) 中，系统被明显地分解成能观测子系统和不能观测子系统，其中能观测子系统的 k 维方程为

$$\begin{aligned}\dot{\bar{\boldsymbol{x}}}_o&=\bar{\boldsymbol{A}}_o\bar{\boldsymbol{x}}_o+\bar{\boldsymbol{B}}_o\boldsymbol{u}\\ \boldsymbol{y}&=\bar{C}_o\bar{\boldsymbol{x}}_o\end{aligned} \tag{7-67}$$

不能观测子系统的 $n-k$ 维状态方程如下

$$\dot{\bar{\boldsymbol{x}}}_{\bar{o}}=\bar{\boldsymbol{A}}_{\bar{o}}\bar{\boldsymbol{x}}_{\bar{o}}+\bar{\boldsymbol{A}}_{21}\bar{\boldsymbol{x}}_o+\bar{\boldsymbol{B}}_{\bar{o}}\boldsymbol{u} \tag{7-68}$$

另外从能观测性结构分解后的结构图 7-7中也可以看出系统状态被分解成两部分，系统的输出与能测状态之间只差系数矩阵 $\boldsymbol{C}_o$，完全体现了能测状态 $\bar{\boldsymbol{x}}_o$。而不能观测子系统的所有箭头都是向内的，没有输出与之对应，自然也就不能有输出来观测这部分状态了。

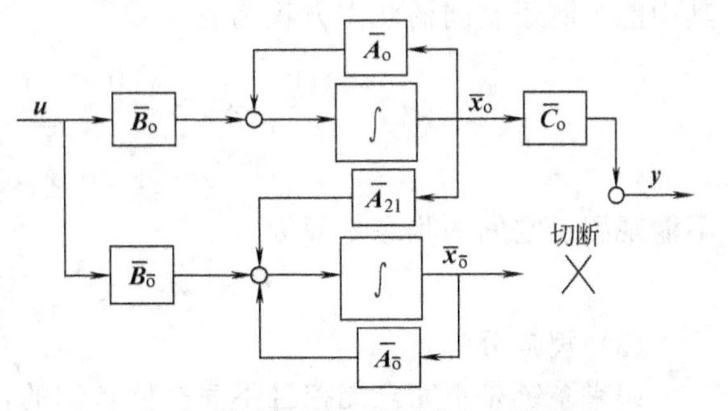

图 7-7　按能观测性结构分解系统结构

再来讨论按能观测性进行结构分解后系统式 (7-66) 的特征值

$$\begin{aligned}\det(s\boldsymbol{I}-\boldsymbol{A})&=\det(s\boldsymbol{I}-\bar{\boldsymbol{A}})=\det\begin{bmatrix}s\boldsymbol{I}-\bar{\boldsymbol{A}}_o & 0\\ \bar{\boldsymbol{A}}_{21} & s\boldsymbol{I}-\bar{\boldsymbol{A}}_{\bar{o}}\end{bmatrix}\\ &=\det(s\boldsymbol{I}-\bar{\boldsymbol{A}}_o)\times\det(s\boldsymbol{I}-\bar{\boldsymbol{A}}_{\bar{o}})\end{aligned} \tag{7-69}$$

可见系统特性值也被明显地分成两部分：一组是 $\bar{A}_o$（能观测子系统矩阵）的特征值，称为能观测振型；另一组是 $\bar{A}_{\bar{o}}$（不能观测子系统系统矩阵）的特征值，称为不能观测振型。

系统的传递函数矩阵表达式为

$$
\begin{aligned}
G(s)&=C(sI-A)^{-1}B=\bar{C}(sI-\bar{A})^{-1}\bar{B}=[\bar{C}_o\quad 0]\begin{bmatrix} sI-\bar{A}_o & 0 \\ -\bar{A}_{21} & sI-\bar{A}_{\bar{o}} \end{bmatrix}^{-1}\begin{bmatrix} \bar{B}_o \\ \bar{B}_{\bar{o}} \end{bmatrix} \\
&=[\bar{C}_o\quad 0]\begin{bmatrix} (sI-\bar{A}_o)^{-1} & 0 \\ * & (sI-\bar{A}_{\bar{o}})^{-1} \end{bmatrix}\begin{bmatrix} \bar{B}_o \\ \bar{B}_{\bar{o}} \end{bmatrix} \\
&=\bar{C}_o(sI-\bar{A}_o)^{-1}\bar{B}_o
\end{aligned} \tag{7-70}
$$

可见系统的传递函数矩阵只能反映出系统能观测子系统的特征值，而不会出现不能观测子系统的特征值，也就是说不能观测状态不能用输出来确定，再一次证明了输入输出描述是一种不完全的描述，它只能体现系统能观测子系统的特性。

【例 7-19】 考虑例 7-18 中给定的线性定常系统，试将其按能观测性进行分解，写出能观测和不能观测子系统的状态空间表达。

解 系统能观测性判别矩阵为

$$
\text{rank}Q_o=\text{rank}\begin{bmatrix} C \\ CA \\ CA^2 \end{bmatrix}=\text{rank}\begin{bmatrix} 1 & -1 & 1 \\ -1 & 0 & -1 \\ 1 & 2 & 1 \end{bmatrix}=2
$$

系统是不完全能观测的，可以按照能观测性进行结构分解。从 Q_o 中选取两个线性无关行 $[1\quad -1\quad 1]$，$[-1\quad 0\quad -1]$，再附加任意行向量 $[0\quad 0\quad 1]$，构成非奇异变换矩阵 Q

$$
Q=\begin{bmatrix} 1 & -1 & 1 \\ -1 & 0 & -1 \\ 0 & 0 & 1 \end{bmatrix},\ Q^{-1}=\begin{bmatrix} 0 & -1 & 1 \\ -1 & -1 & 0 \\ 0 & 0 & 1 \end{bmatrix}
$$

选取线性变换 $\bar{x}=Qx$，得到变换后的系统表达

$$
\dot{\bar{x}}=QAQ^{-1}\bar{x}+QBu=\begin{bmatrix} 0 & 1 & 0 \\ -2 & -3 & 0 \\ 4 & 3 & -1 \end{bmatrix}\bar{x}+\begin{bmatrix} 1 \\ -1 \\ 1 \end{bmatrix}u
$$

$$
y=CQ^{-1}\bar{x}=[1\quad 0\quad 0]\bar{x}
$$

其中能观测子空间的状态方程为

$$
\dot{\bar{x}}_o=\begin{bmatrix} 0 & 1 \\ -2 & -3 \end{bmatrix}\bar{x}_o+\begin{bmatrix} 1 \\ -1 \end{bmatrix}u
$$

$$
y=[1\quad 0]\bar{x}_o
$$

不能观测子空间的状态方程为

$$
\dot{\bar{x}}_{\bar{o}}=[4\quad 3]\bar{x}_o-\bar{x}_{\bar{o}}+u
$$

（3）规范分解

如果系统是不完全能控且不完全能观测的，那么单纯对系统进行一次分解（按能控性或者能观测性）并不可能对整个系统的结构有完全的了解，这时必须进行二次分解，在能观测性分解的基础上进行能控性分解，这样才可能对系统的结构有更好的了解。我们把同时按照能控性和能观测性进行结构分解称为规范分解。

假设给定线性定常系统式（7-58）是不完全能控和不完全能观测的，即 $\text{rank}Q_c=k_1<n$，

$\mathrm{rank}\boldsymbol{Q}_o=k_2<n$，首先按照式（7-65）和式（7-66）对其进行能观测性分解得

$$\dot{\bar{\boldsymbol{x}}}=\bar{\boldsymbol{A}}\bar{\boldsymbol{x}}+\bar{\boldsymbol{B}}\boldsymbol{u}=\boldsymbol{QAQ}^{-1}\bar{\boldsymbol{x}}+\boldsymbol{QBu}=\begin{bmatrix}\bar{\boldsymbol{A}}_o & 0\\ \bar{\boldsymbol{A}}_{21} & \bar{\boldsymbol{A}}_{\bar{o}}\end{bmatrix}\begin{bmatrix}\bar{\boldsymbol{x}}_o\\ \bar{\boldsymbol{x}}_{\bar{o}}\end{bmatrix}+\begin{bmatrix}\bar{\boldsymbol{B}}_o\\ \bar{\boldsymbol{B}}_{\bar{o}}\end{bmatrix}\boldsymbol{u}$$

$$\boldsymbol{y}=\bar{\boldsymbol{C}}\bar{\boldsymbol{x}}=\boldsymbol{CQ}^{-1}\bar{\boldsymbol{x}}=[\bar{\boldsymbol{C}}_o\quad 0]\begin{bmatrix}\bar{\boldsymbol{x}}_o\\ \bar{\boldsymbol{x}}_{\bar{o}}\end{bmatrix} \tag{7-71}$$

线性变换不会改变系统的能控性和能观测性，所以按能观测性结构分解后的系统式（7-71）仍是不能观测的，在能观测状态中同时包括了能控状态和不能控状态，在不能观测状态也同时包括了能控和不能控状态两部分，为此需要对能观测子系统和不能观测子系统式（7-71）分别按照式（7-59）和式（7-60）进行能控性结构分解。

$$\begin{bmatrix}\dot{\hat{\boldsymbol{x}}}_{co}\\ \dot{\hat{\boldsymbol{x}}}_{\bar{c}o}\\ \dot{\hat{\boldsymbol{x}}}_{c\bar{o}}\\ \dot{\hat{\boldsymbol{x}}}_{\bar{c}\bar{o}}\end{bmatrix}=\hat{\boldsymbol{A}}\hat{\boldsymbol{x}}+\hat{\boldsymbol{B}}\boldsymbol{u}=\begin{bmatrix}\hat{\boldsymbol{A}}_{co} & \hat{\boldsymbol{A}}_{12} & 0 & 0\\ 0 & \hat{\boldsymbol{A}}_{\bar{c}o} & 0 & 0\\ \hat{\boldsymbol{A}}_{31} & \hat{\boldsymbol{A}}_{32} & \hat{\boldsymbol{A}}_{c\bar{o}} & \hat{\boldsymbol{A}}_{34}\\ 0 & \hat{\boldsymbol{A}}_{42} & 0 & \hat{\boldsymbol{A}}_{\bar{c}\bar{o}}\end{bmatrix}\begin{bmatrix}\hat{\boldsymbol{x}}_{co}\\ \hat{\boldsymbol{x}}_{\bar{c}o}\\ \hat{\boldsymbol{x}}_{c\bar{o}}\\ \hat{\boldsymbol{x}}_{\bar{c}\bar{o}}\end{bmatrix}+\begin{bmatrix}\hat{\boldsymbol{B}}_{co}\\ 0\\ \hat{\boldsymbol{B}}_{c\bar{o}}\\ 0\end{bmatrix}\boldsymbol{u}$$

$$\boldsymbol{y}=\hat{\boldsymbol{C}}\hat{\boldsymbol{x}}=[\hat{\boldsymbol{C}}_{co}\quad \hat{\boldsymbol{C}}_{\bar{c}o}\quad 0\quad 0]\begin{bmatrix}\hat{\boldsymbol{x}}_{co}\\ \hat{\boldsymbol{x}}_{\bar{c}o}\\ \hat{\boldsymbol{x}}_{c\bar{o}}\\ \hat{\boldsymbol{x}}_{\bar{c}\bar{o}}\end{bmatrix} \tag{7-72}$$

写出系统的传递函数矩阵为

$$\boldsymbol{G}(s)=\boldsymbol{C}(s\boldsymbol{I}-\boldsymbol{A})^{-1}\boldsymbol{B}=\hat{\boldsymbol{C}}(s\boldsymbol{I}-\hat{\boldsymbol{A}})^{-1}\hat{\boldsymbol{B}}=\hat{\boldsymbol{C}}_{co}(s\boldsymbol{I}-\hat{\boldsymbol{A}}_{co})^{-1}\hat{\boldsymbol{B}}_{co} \tag{7-73}$$

可以看出系统的传递函数矩阵只反映出既能控又能观测子系统的特征值，而不能控或是不能观测部分的特征值在传递函数矩阵中并没有体现。这些不能控或是不能观测的模态也代表了系统的内部特征，在有关文献中被称为隐藏模态。所以说状态空间描述要比输入输出描述全面，它不光能够反映出系统的外部特征，同时也可以体现系统的内部特征。系统结构如图 7-8 所示。

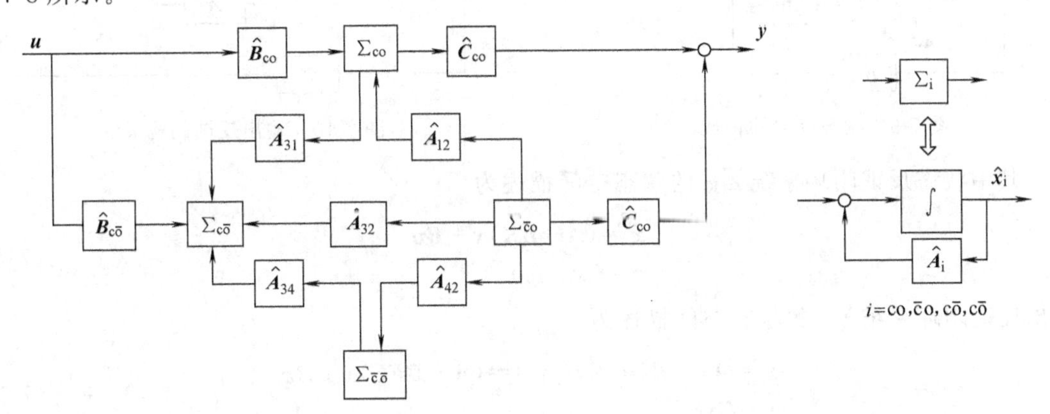

图 7-8　规范分解系统式（7-72）结构图

应该注意的是，在进行规范分解的过程，必须采用先按照能观测性进行分解，然后再进行能控性分解的步骤，而不能首先对系统按能控性进行分解，然后再分别对能控子系统式（7-61）和不能控子系统式（7-62）按能观测性分解，其原因就在于按能控性分解后得到的

能控性子系统的输出 y_1 和不能控子系统的输出 y_2 之和才是整个系统真正的输出 y，系统的能观测性反映的是输出 y 对状态 x 的观测能力，它与子系统的输出 y_1 和 y_2 对状态 x 的观测能力是不同的，所以分别对能控子系统和不能控子系统再按能观测进行结构分解，得到的结果可能是错误的。

7.4 线性系统的状态反馈与极点配置

前面几节中讲述的内容均属于线性系统分析的范畴，也就是在已知系统的结构、参数以及外加输入的作用下，研究系统运动的定性行为（包括能控性、能观测性、稳定性等）以及运动的定量变化规律。本节开始讨论线性系统的综合问题，其研究内容是已知系统的结构、参数以及所期望得到的系统运动形式或是其他某些特征，需要确定施加于系统的外加输入作用，也就是控制律。当然对系统综合问题的研究是建立在系统分析的基础上，要利用前面几节所学的一些基本概念和结论。

7.4.1 状态反馈与输出反馈

反馈是系统综合设计的主要方法。由于在经典控制论中系统采用传递函数描述，只能是采用输出量作为反馈变量，而现代控制理论由于采用系统内部的状态变量来描述系统，因此除了输出反馈形式以外，还常常采用状态反馈。本节主要介绍状态反馈和输出反馈两种反馈的构成形式，以及对系统性能的影响。

综合设计问题中的控制作用 $\boldsymbol{u}$ 一般是依赖于系统的实际响应，也就是说 $\boldsymbol{u}$ 可以表示成系统状态或输出的一个线性函数

$$\boldsymbol{u}=-\boldsymbol{K}\boldsymbol{x}+\boldsymbol{v} \tag{7-74}$$

或

$$\boldsymbol{u}=-\boldsymbol{F}\boldsymbol{y}+\boldsymbol{v} \tag{7-75}$$

如果系统的控制律 $\boldsymbol{u}$ 取为状态 $\boldsymbol{x}$ 的线性函数，那么就称它为线性系统的状态反馈，见式（7-74），对应闭环系统结构图为图 7-9；如果控制律 $\boldsymbol{u}$ 取为输出 $\boldsymbol{y}$ 的线性函数，那么相应地就称为线性系统的输出反馈，见式（7-75），闭环系统结构图为图 7-10。

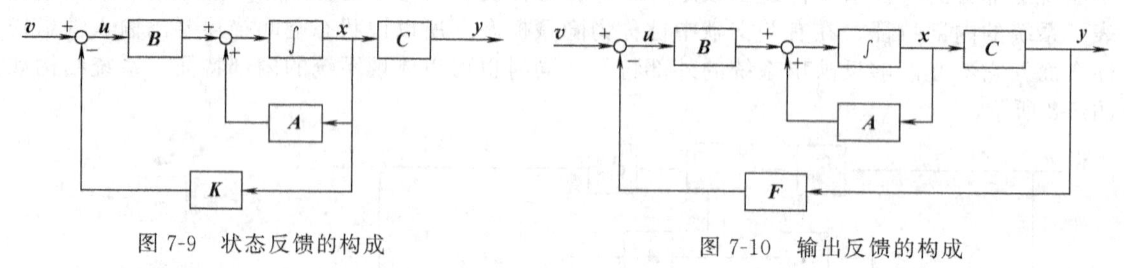

图 7-9 状态反馈的构成　　图 7-10 输出反馈的构成

其中状态反馈闭环系统 Σ_K 的状态空间描述为

$$\begin{aligned}\dot{\boldsymbol{x}}&=(\boldsymbol{A}-\boldsymbol{B}\boldsymbol{K})\boldsymbol{x}+\boldsymbol{B}\boldsymbol{v}\\ \boldsymbol{y}&=\boldsymbol{C}\boldsymbol{x}\end{aligned} \tag{7-76}$$

输出反馈闭环系统 Σ_F 的状态空间描述为

$$\begin{aligned}\dot{\boldsymbol{x}}&=\boldsymbol{A}\boldsymbol{x}+\boldsymbol{B}(-\boldsymbol{F}\boldsymbol{y}+\boldsymbol{v})=(\boldsymbol{A}-\boldsymbol{B}\boldsymbol{F}\boldsymbol{C})\boldsymbol{x}+\boldsymbol{B}\boldsymbol{v}\\ \boldsymbol{y}&=\boldsymbol{C}\boldsymbol{x}\end{aligned} \tag{7-77}$$

很显然，无论是状态反馈还是输出反馈都改变了系统的系数矩阵，但是这并不能说明这两种反馈形式在改变系统结构属性和实现性能指标方面具有相同的功效。事实上，在改善系统性能方面，状态反馈的效果要远远优于输出反馈。

下面讨论反馈的引入对系统基本结构特性——能控性和能观测性的影响，结论如下。

状态反馈的引入不改变系统的能控性，但可能改变系统的能观测性，输出反馈的引入能够同时不改变系统的能控性和能观测性。

应该注意的是，系统经过反馈之后，能控性（或能观测性）不发生改变，包含两部分的意义：对于完全能控（或完全能观测）的系统来讲，反馈系统仍旧是完全能控的（或完全能观测的）；另外对于不完全能控（或不完全能观测）的系统来讲，反馈后系统能控（或能观测）子空间及不能控（或不能观测）子空间的维数保持不变。

通过判断受控系统Σ与反馈系统Σ_K（或Σ_F）的能控性（或能观测性）判别矩阵的秩是否相同证明上述结论，读者可自己推导证明过程。

对于状态反馈系统不一定能够保持能观测性这一点，只需举例说明。

【例 7-20】 给定被控系统Σ的状态空间表达为

$$\dot{\boldsymbol{x}}=\begin{bmatrix}1&2\\0&3\end{bmatrix}\boldsymbol{x}+\begin{bmatrix}0\\1\end{bmatrix}u$$
$$y=[1\quad 1]\boldsymbol{x}$$

① 判断能观测性

$$\text{rank}\boldsymbol{Q}_o=\text{rank}\begin{bmatrix}\boldsymbol{C}\\\boldsymbol{CA}\end{bmatrix}=\text{rank}\begin{bmatrix}1&1\\1&5\end{bmatrix}=2$$

故给定系统是完全能观测的。

② 引入状态反馈，其中反馈增益矩阵$\boldsymbol{K}=[0\quad 4]$，得到状态反馈系统$\Sigma_K$

$$\begin{aligned}\dot{\boldsymbol{x}}&=(\boldsymbol{A}-\boldsymbol{BK})\boldsymbol{x}+\boldsymbol{B}u=\begin{bmatrix}1&2\\0&-1\end{bmatrix}\boldsymbol{x}+\begin{bmatrix}0\\1\end{bmatrix}u\\y&=\boldsymbol{Cx}=[1\quad 1]\boldsymbol{x}\end{aligned}\tag{7-78}$$

判断反馈系统Σ_K能观测性

$$\text{rank}\boldsymbol{Q}_o=\text{rank}\begin{bmatrix}\boldsymbol{C}\\\boldsymbol{C}\ (\boldsymbol{A}-\boldsymbol{BK})\end{bmatrix}=\text{rank}\begin{bmatrix}1&1\\1&1\end{bmatrix}=1$$

状态反馈系统是不完全能观测的。

③ 若引入反馈：$\boldsymbol{K}=[0\quad 5]$，可得反馈系统$\Sigma_K$

$$\begin{aligned}\dot{\boldsymbol{x}}&=(\boldsymbol{A}-\boldsymbol{BK})\boldsymbol{x}+\boldsymbol{B}u=\begin{bmatrix}1&2\\0&-2\end{bmatrix}\boldsymbol{x}+\begin{bmatrix}0\\1\end{bmatrix}u\\y&=[1\quad 1]\boldsymbol{x}\end{aligned}\tag{7-79}$$

判断反馈系统Σ_K能观测性

$$\text{rank}\boldsymbol{Q}_o=\text{rank}\begin{bmatrix}\boldsymbol{C}\\\boldsymbol{C}(\boldsymbol{A}-\boldsymbol{BK})\end{bmatrix}=\text{rank}\begin{bmatrix}1&1\\1&0\end{bmatrix}=2$$

此时反馈系统是完全能观测的。

上例说明选择不同的反馈矩阵$\boldsymbol{K}$，得到的反馈系统Σ_K能观测性是不同的，从而表明状态反馈可能改变系统的能观测性。

单从上面结论来看，可以说输出反馈能够更好地保持系统的能控性和能观测性，但这并不能说明输出反馈要比状态反馈更好，具体选择何种反馈形式还要根据具体情况而定，下面将这两种反馈形式加以比较。

首先从反馈信息性质的角度比较：状态反馈所反馈的信息是系统的状态，是一种可以完全表征系统结构的信息，所以状态反馈又称为完全的系统信息反馈。而输出反馈所反馈的信息是系统输出，这是一种不完全的系统信息反馈。比较式（7-76）和式（7-77）可以看出，如果把矩阵 $\boldsymbol{FC}$ 看作是状态反馈矩阵 $\boldsymbol{K}$ 的话，那么从这一点上来讲，任意一个输出反馈 $\boldsymbol{F}$ 所能达到的功效，必然可以找到一个相应的状态反馈 $\boldsymbol{K}$ 来获得，但是反过来看，给定任意一个 $\boldsymbol{K}$，方程 $\boldsymbol{FC}=\boldsymbol{K}$ 的解 $\boldsymbol{F}$ 可能是不存在的，也就是说引入状态反馈 $\boldsymbol{K}$ 改变系统性能，但并不能找到一个适当的输出反馈 $\boldsymbol{F}$ 使它获得相同的结果。这样也就说明了输出反馈的作用要远远小于状态反馈。

一般来说要想使系统获得良好的动态性能，必须采用完全的信息反馈，也就是状态反馈。从改善系统性能上来看，状态反馈要比输出反馈强，但也不是说就不再用输出反馈。要想使输出反馈也能达到满意的性能，就应该引入串联补偿器和并联补偿器，如图 7-11 所示，构成一个动态的输出反馈系统。通常情况下，补偿器为阶次较低的线性系统，它的引入提高了整个反馈系统的阶次，这也是它的一个主要缺点。

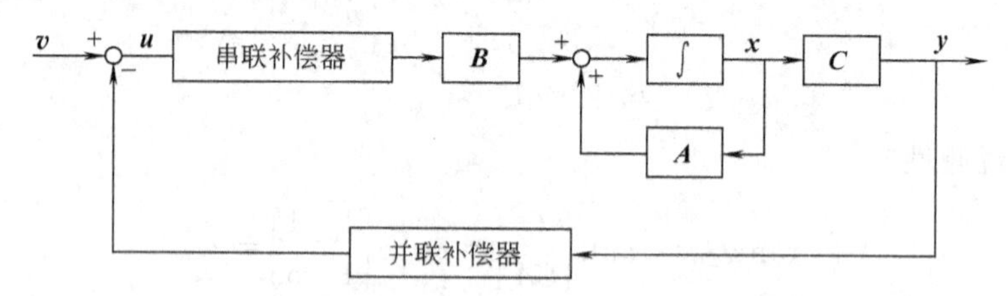

图 7-11　动态的输出反馈系统

从反馈系统的工程实现角度比较：因为输出变量是可以直接测量的，所以输出反馈显然要比状态反馈更容易在工程中实现。从这一点上来讲，输出反馈要优于状态反馈。要想解决状态反馈的实现问题，就必须引入一个附加的状态观测器，如图 7-12 所示，利用受控系统的可测变量输入 $\boldsymbol{u}$ 和输出 $\boldsymbol{y}$ 作为观测器的输入，以获得受控系统的真实状态 $\boldsymbol{x}$ 的重构值 $\tilde{\boldsymbol{x}}$，并把 $\tilde{\boldsymbol{x}}$ 作为状态反馈中所需要反馈的状态量。通常状态 $\boldsymbol{x}$ 和它的重构状态 $\tilde{\boldsymbol{x}}$ 是不可能完全相等的，但是可以做到让二者渐近相等。带有状态观测器的状态反馈系统也存在着一个明显的缺点：通常情况下，线性系统的状态观测器也是个线性系统，其维数等于或小于被观测系统的维数，那么引入这样一个状态观测器之后，就会大大地提高整个反馈系统的阶次。

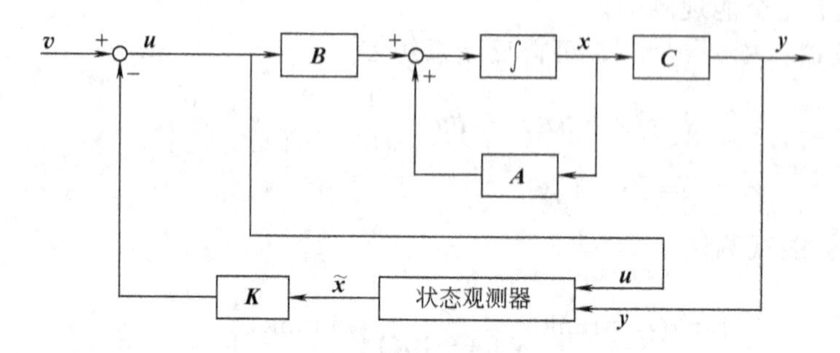

图 7-12　利用观测器实现状态反馈

7.4.2　状态反馈极点配置

因为线性定常系统的运动形态、动态特性，如时域中过渡过程的超调量、过渡时间及频域中的增益稳定裕度、相位稳定裕度等直观的系统性能指标，都是由系统的极点位置所决定的，把闭环极点配置到期望位置也就是让系统的运动性能达到期望的要求。所以说进行极点配置问题的研究是非常有意义的。

假设给定线性定常系统

$$\dot{\boldsymbol{x}}=\boldsymbol{Ax}+\boldsymbol{Bu} \tag{7-80}$$

状态反馈极点配置问题就是找到这样一个反馈控制 $\boldsymbol{u}=-\boldsymbol{K}\boldsymbol{x}+\boldsymbol{v}$，使得所导出的状态反馈闭环系统 $\dot{\boldsymbol{x}}=(\boldsymbol{A}-\boldsymbol{B}\boldsymbol{K})\boldsymbol{x}+\boldsymbol{B}\boldsymbol{v}$ 的极点达到给定的期望极点（$\lambda_1^*,\lambda_2^*,\cdots,\lambda_n^*$），即

$$\lambda_i(\boldsymbol{A}-\boldsymbol{B}\boldsymbol{K})=\lambda_i^* \tag{7-81}$$

要解决状态反馈极点配置问题，首先是建立极点配置条件，即受控系统式（7-80）可以利用状态反馈任意配置极点的条件，其次就是建立相应的算法，求出满足极点配置要求的状态反馈增益矩阵 $\boldsymbol{K}$。

（1）极点配置条件

定理：线性定常系统式（7-80）可以通过状态反馈在 S 平面上，任意配置其全部极点的充要条件是系统完全能控。

这点很容易理解，如果系统式（7-80）是不完全能控的，那么通过结构分解，系统可以分解成两个小子系统：能控与不能控子系统。

$$\dot{\bar{\boldsymbol{x}}}=\begin{bmatrix}\bar{\boldsymbol{A}}_c & \bar{\boldsymbol{A}}_{12}\\ 0 & \bar{\boldsymbol{A}}_{\bar{c}}\end{bmatrix}\bar{\boldsymbol{x}}+\begin{bmatrix}\bar{\boldsymbol{B}}_c\\ 0\end{bmatrix}\boldsymbol{u} \tag{7-82}$$

取状态反馈 $\boldsymbol{u}=-\boldsymbol{K}\bar{\boldsymbol{x}}+\boldsymbol{v}=-[\boldsymbol{k}_1\quad \boldsymbol{k}_2]\bar{\boldsymbol{x}}+\boldsymbol{v}$，得

$$\bar{\boldsymbol{A}}-\bar{\boldsymbol{B}}\boldsymbol{K}=\begin{bmatrix}\bar{\boldsymbol{A}}_c-\bar{\boldsymbol{B}}_c\boldsymbol{k}_1 & \bar{\boldsymbol{A}}_{12}-\bar{\boldsymbol{B}}_c\boldsymbol{k}_2\\ 0 & \bar{\boldsymbol{A}}_{\bar{c}}\end{bmatrix} \tag{7-83}$$

很显然状态反馈是可以改变能控子系统的极点，而对不能控子系统的极点来讲却丝毫不起作用，因此也就不能任意配置系统的全部极点。所以只有在系统完全能控的情况下，也就是说不存在不能控极点时，系统才可以在 S 平面上任意配置其极点。

（2）单输入系统（$s\boldsymbol{I}$）的极点配置算法

① 首先判断系统式（7-80）是否完全能控，如果是，则系统可以进行极点任意配置，继续②步，否则停止。

② 计算 $\boldsymbol{A}$ 矩阵的特征多项式

$$\alpha(s)=\det(s\boldsymbol{I}-\boldsymbol{A})=s^n+a_{n-1}s^{n-1}+\cdots+a_1s+a_0 \tag{7-84}$$

③ 根据给定期望特征值，确定闭环系统的期望特征多项式

$$\alpha^*(s)=\det(s\boldsymbol{I}-\boldsymbol{A}^*)=s^n+a_{n-1}^*s^{n-1}+\cdots+a_1^*s+a_0^* \tag{7-85}$$

④ 计算增益矩阵

$$\bar{\boldsymbol{k}}=[a_0^*-a_0\quad a_1^*-a_1\quad \cdots\quad a_{n-1}^*-a_{n-1}] \tag{7-86}$$

⑤ 计算非奇异变换矩阵 $\boldsymbol{P}=[\boldsymbol{A}^{n-1}\boldsymbol{b}\quad\cdots\quad\boldsymbol{b}]\begin{bmatrix}1 & & & \\ a_{n-1} & \ddots & & \\ \vdots & \ddots & \ddots & \\ a_1 & \cdots & a_{n-1} & 1\end{bmatrix}$ 及 $\boldsymbol{P}^{-1}$，$\boldsymbol{P}$ 的作用是把系统式（7-80）转化为能控标准形。

⑥ 计算反馈增益矩阵

$$\boldsymbol{K}=\bar{\boldsymbol{k}}\boldsymbol{P}^{-1} \tag{7-87}$$

该算法思路如下：能控标准型是将状态空间表达形式与系统特征根或特征多项式联系起来的最简形式，而任意给定的系统式（7-80）通常不具有能控标准形的形式，所以首先要采用非奇异变换 $\bar{\boldsymbol{x}}=\boldsymbol{P}^{-1}\boldsymbol{x}$ 把系统转化成标准形

$$\dot{\bar{x}}=A_c\bar{x}+B_cu=\begin{bmatrix}0 & 1 & 0 & \\ & 0 & \ddots & 0\\ & & 0 & 1\\ -a_0 & -a_1 & \cdots & -a_{n-1}\end{bmatrix}\bar{x}+\begin{bmatrix}0\\ \vdots\\ 0\\ 1\end{bmatrix}u$$

事实上，因为非奇异变换不改变系统的特征值，所以要想将此标准形的极点配置到期望值，所采用的反馈应为 $u=-\bar{k}\bar{x}+v$，即

$$\begin{bmatrix}0 & 1 & 0 & \\ & 0 & \ddots & 0\\ & & 0 & 1\\ -a_0 & -a_1 & \cdots & -a_{n-1}\end{bmatrix}-\begin{bmatrix}0\\ \vdots\\ 0\\ 1\end{bmatrix}\bar{k}=\begin{bmatrix}0 & 1 & 0 & \\ & 0 & \ddots & 0\\ & & 0 & 1\\ -a_0^* & -a_1^* & \cdots & -a_{n-1}^*\end{bmatrix}$$

$$\Rightarrow\quad \bar{k}=[a_0^*-a_0\quad a_1^*-a_1\quad \cdots\quad a_{n-1}^*-a_{n-1}]$$

因为上述计算得到的状态反馈是针对新状态 $\bar{x}$，而不是初始的状态 x，所以必须对此反馈进行变换，回到原来的状态空间中，即

$$u=-\bar{k}\bar{x}+v=-\bar{k}P^{-1}x+v=-Kx+v$$

其中 $K=\bar{k}P^{-1}$ 就是所需要的状态反馈增益矩阵。

值得注意的是，如果是系统低阶比较低（$n\leqslant 3$），那么将线性反馈增益矩阵 K 直接代入期望的特征多项式，可能更为简便。例如，若 $n=3$，则可将状态反馈增益矩阵 K 写为

$$K=[k_1\quad k_2\quad k_3]$$

进而将该矩阵 K 代入期望的特征多项式 $|sI-A+BK|$，使其等于根据期望极点写出期望的特征多项式 $(s-\lambda_1^*)(s-\lambda_2^*)(s-\lambda_3^*)$，即

$$|sI-A+BK|=(s-\lambda_1^*)(s-\lambda_2^*)(s-\lambda_3^*) \tag{7-88}$$

由于该特征方程的两端均为 s 的多项式，故可通过使其两端的 s 同次幂系数相等，来确定 k_1,k_2,k_3 的值。当系统阶次较低时，这种直接代入方法非常简便。

【例 7-21】 考虑如下线性定常系统

$$\dot{x}=Ax+Bu=\begin{bmatrix}0 & 1 & 0\\ 0 & 0 & 1\\ -1 & -5 & -6\end{bmatrix}x+\begin{bmatrix}0\\ 0\\ 1\end{bmatrix}u$$

利用状态反馈控制 $u=-Kx+v$，将该系统的闭环极点配置到期望值：$\lambda_1=-8$ 和 $\lambda_{2,3}=-2\pm \mathrm{j}2$，试确定状态反馈增益矩阵 K。

解 首先检验该系统是否完全能控。计算能控性矩阵为

$$Q_c=[B\quad AB\quad A^2B]=\begin{bmatrix}0 & 0 & 1\\ 0 & 1 & -6\\ 1 & -6 & 31\end{bmatrix}$$

$\mathrm{rank}Q_c=3$，因而该系统是完全能控的，可任意配置极点。

下面采用刚才介绍的两种方法对极点配置问题求解。

第一种方法是单输入系统的极点配置算法。计算此系统的特征方程为

$$|sI-A|=\begin{bmatrix}s & -1 & 0\\ 0 & s & -1\\ 1 & 5 & s+6\end{bmatrix}=s^3+6s^2+5s+1=s^3+a_2s^2+a_1s+a_0=0$$

计算期望的特征方程为

$$(s+2-j2)(s+2+j2)(s+8)=s^3+12s^2+40s+64=s^3+a_2^*s^2+a_1^*s+a_0^*=0$$

因为给定系统已经是能控标准形的形式，所以变换矩阵 $\boldsymbol{P}=\boldsymbol{I}$，参照式 $\boldsymbol{K}=\bar{k}\boldsymbol{P}^{-1}$，可得

$$\boldsymbol{K}=[64-1 \quad 40-5 \quad 12-6]=[63 \quad 35 \quad 6]$$

第二种方法是采用直接代入法，设状态反馈增益矩阵为

$$\boldsymbol{K}=[k_1 \quad k_2 \quad k_3]$$

并使 $|s\boldsymbol{I}-\boldsymbol{A}+\boldsymbol{BK}|$ 和期望的特征多项式相等，可得

$$|s\boldsymbol{I}-\boldsymbol{A}+\boldsymbol{BK}|=\begin{bmatrix} s & -1 & 0 \\ 0 & s & -1 \\ 1+k_1 & 5+k_2 & s+6+k_3 \end{bmatrix}=s^3+(6+k_3)s^2+(5+k_2)s+1+k_1$$

$$=s^3+12s^2+40s+64$$

因此

$$6+k_3=12，5+k_2=40，1+k_1=64$$

从中可得　　　　　　$\boldsymbol{K}=[63 \quad 35 \quad 6]$

显然，这两种方法所得到的反馈增益矩阵 $\boldsymbol{K}$ 是相同的。使用状态反馈方法，正如所期望的那样，可将闭环极点配置在 $\lambda_1=-8$ 和 $\lambda_{2,3}=-2\pm j2$ 处。

极点配置原理就是通过系统的状态反馈来改变系统的闭环极点，实现这一点的惟一条件就是系统完全能控。对于单输入单输出系统而言，状态反馈并不会改变系统的零点，但是可能会出现这种情况：引入状态反馈后，恰好把某些极点配置到与零点相同的位置上，从而产生了零极点对消，造成了被抵消的极点变成不可观测，这就是状态反馈可能引起系统能观测性发生改变的直观解释。

由极点配置条件可知，只要系统是完全能控的，那么无论系统开环矩阵 $\boldsymbol{A}$ 是否稳定，都可以通过适当选择反馈矩阵 $\boldsymbol{K}$ 使得系统变成稳定的。而且控制作用的大小与闭环极点的位置有关。开环极点经反馈后被移动的幅度越大，那么反馈的控制作用越剧烈，反馈增益 $\boldsymbol{K}$ 也就越大。

通常，对于给定的线性定常系统和期望的性能指标，状态反馈矩阵 $\boldsymbol{K}$ 不是惟一的，而是依赖于期望闭环极点的位置。首先工程上要求系统都是稳定的，所以闭环极点一定选在左半平面上。另外如果系统是 2 阶的，那么系统的动态特性（响应特性）正好与系统期望的闭环极点和零点的位置联系起来。对于更高阶的系统，所期望的闭环极点位置不能和系统的动态特性（响应特性）直接联系起来，通常可以根据上升时间、超调量、回复时间等性能指标，按照主导极点的原则来选取。具体如下：选择一对期望的主导极点，其余极点选在距主导极点左边较远的地方，不过此时系统的零点应该位于左半开平面上距离虚轴较远的地方，使得其余极点及可能出现的零点对系统动态性能的影响减小。因此，在确定系统的状态反馈增益矩阵 $\boldsymbol{K}$ 时，最好通过计算机仿真来检验系统在几种不同矩阵 $\boldsymbol{K}$（基于几种不同的所期望的特征方程）下的响应特性，并且选出使系统总体性能最好的矩阵 $\boldsymbol{K}$。

7.4.3　输出反馈极点配置

状态反馈是一种系统信息结构的完全反馈，这一点从极点配置问题中就可以看出，因为它可以完全地将极点配置到任意位置，下面就来看一看输出反馈对系统的极点会起到什么样的作用。

以单输入单输出（SISO）系统为例，考虑系统

$$\dot{x}=Ax+bu,\ y=cx \tag{7-89}$$

采用输出反馈为 $u=-fy+v=-fcx+v$，闭环系统的状态空间表达为

$$\dot{x}=(A-bfc)x+bu,\ y=cx$$

根据经典控制理论中输出反馈系统的闭环传递函数表达式，可知

$$G_f(s)=c(sI-A+bfc)^{-1}b=\frac{G(s)}{1+fG(s)} \tag{7-90}$$

其中 $G(s)$ 是受控系统式（7-89）的传递函数，令 $G(s)=\frac{\beta(s)}{\alpha(s)}$，$\alpha(s)=0$，$\beta(s)=0$ 分别对于系统式（7-89）的极点和零点方程，则式（7-90）可写成

$$G_f(s)=\frac{\beta(s)}{\alpha(s)+f\beta(s)} \tag{7-91}$$

则输出反馈闭环系统的特征方程为

$$\alpha(s)+f\beta(s)=0 \tag{7-92}$$

根据经典控制论中根轨迹技术可知，当输出反馈增益 $f=0$ 时，闭环系统的极点对应着开环系统的极点 $\alpha(s)=0$，当 $f\to\infty$时，闭环极点对应着开环零点，所以当输出反馈增益f：$0\to\pm\infty$时，闭环系统的极点只能分布在从开环极点出发到开环零点中止的这样一组轨线上，也就是说输出反馈具有不完全性，它不能任意配置系统的极点。如果在引入输出反馈的同时，附加引入补偿器，通过适当地选取补偿器的结构和特性，就可以实现输出反馈系统的全部极点任意配置，这里将不作详细讨论。

7.5 状态观测器的设计

前已指出，对于状态完全能控的线性定常系统，可以通过状态反馈任意配置闭环系统的极点。事实上，不仅是极点配置，其他诸如系统镇定、解耦控制、线性二次型最优控制（LQ）等问题，也都可由状态反馈实现。然而，状态反馈的实现取决于所有的状态变量均可有效地用于反馈。但在实际情况中，由于不易直接测量，或者由于测量设备在经济上和使用上的限制，使得不可能真正获得所有的状态变量，这时需要估计不可量测的状态变量。状态反馈在性能上的无比优越性和物理上的不可实现性形成了一个尖锐的矛盾。解决这一矛盾的方法就是对不能测量的状态变量进行估计，称为状态观测或状态重构。用于估计或者观测状态变量的动态系统称为状态观测器，或简称观测器。

通常状态观测器也是一个动态系统，利用原系统中可以直接测量的变量，如输入变量和输出变量作为它的输入信号，并使它的输出信号 $\tilde{x}(t)$ 渐近等价于被观测系统的真实状态 $x(t)$，即

$$\lim_{t\to\infty}[x(t)-\tilde{x}(t)]=0 \tag{7-93}$$

如果状态观测器能观测到系统的全部状态变量，不管其是否能直接测量，那么这种状态观测器就称为全维状态观测器，它的维数与被观测系统的维数相同，均等于 n。此外如果观测器只用于观测不可测量的那部分状态变量，其维数小于系统的阶次 n 时，称之为降维状态观测器。当降维状态观测器的阶数最小时，称为最小阶状态观测器。本节将讨论全维状态观测器和最小阶状态观测器的设计问题。

7.5.1 全维观测器的设计

考虑如下线性定常系统

$$\dot{x}=Ax+Bu,\ y=Cx \tag{7-94}$$

此系统的状态是无法测量到的，但是系统系数矩阵 $\boldsymbol{A}, \boldsymbol{B}, \boldsymbol{C}$ 是已知的，那么一个直观的想法就是利用这些系数矩阵来对被估计系统进行直接复制，构造观测器系统

$$\dot{\tilde{\boldsymbol{x}}} = \boldsymbol{A}\tilde{\boldsymbol{x}} + \boldsymbol{B}\boldsymbol{u}, \quad \tilde{\boldsymbol{y}} = \boldsymbol{C}\tilde{\boldsymbol{x}} \tag{7-95}$$

从而达到状态重构的目的。如果令观测器的初始状态与给定系统的初始状态完全相同，并保证两个系统的输入是相同的，那么就可以实现在整个时间区域上的状态复制，这是一种完全的状态重构，如图 7-13 所示。

当然这只是理论上的一种设想，在实际中这种开环型的观测器是很难应用的，主要缺点就在于应用此类观测器必须计算出给定系统的初始状态，并设置观测器的初始状态与给定系统相同。由于初始状态通常是不易计算的，要设置二者相等通常是不可行的。比较给定系统方程式（7-94）和观测器方程式（7-95）可知，观测器误差 $\boldsymbol{e}(t) = \boldsymbol{x}(t) - \tilde{\boldsymbol{x}}(t)$ 的方程为

$$\dot{\boldsymbol{e}} = \boldsymbol{A}\boldsymbol{e} \tag{7-96}$$

如果矩阵 $\boldsymbol{A}$ 中包含了不稳定特征根的话，那么即使观测器和给定系统的初始状态之间存在的差异非常微小，也会随着时间的增加而无限放大。所以一般来讲，这种开环型的观测器本身没有任何的实际价值。

为了克服上述缺点，使得这种观测器能够在实际中应用，对其进行改进，引入一个修正项 $\boldsymbol{L}(\boldsymbol{y} - \boldsymbol{C}\tilde{\boldsymbol{x}})$，利用给定系统的输入和输出构成了反馈型观测器。其方程为

$$\dot{\tilde{\boldsymbol{x}}} = \boldsymbol{A}\tilde{\boldsymbol{x}} + \boldsymbol{B}\boldsymbol{u} + \boldsymbol{L}(\boldsymbol{y} - \boldsymbol{C}\tilde{\boldsymbol{x}}) = (\boldsymbol{A} - \boldsymbol{L}\boldsymbol{C})\tilde{\boldsymbol{x}} + \boldsymbol{B}\boldsymbol{u} + \boldsymbol{L}\boldsymbol{y} \tag{7-97}$$

其中 $\boldsymbol{L}$ 称为观测器的增益矩阵。图 7-14 所示为带有闭环形式的全维状态观测器的系统结构图。可以看出此状态观测器的输入为 $\boldsymbol{y}$ 和 $\boldsymbol{u}$，输出为 $\tilde{\boldsymbol{x}}$，动态方程中右端最后一项包括可量测输出 $\boldsymbol{y}$ 与估计输出 $\boldsymbol{C}\tilde{\boldsymbol{x}}$ 之差的修正项，矩阵 $\boldsymbol{L}$ 起到加权矩阵的作用，用于调整状态变量 $\tilde{\boldsymbol{x}}$，使其渐近跟踪系统的真实状态。

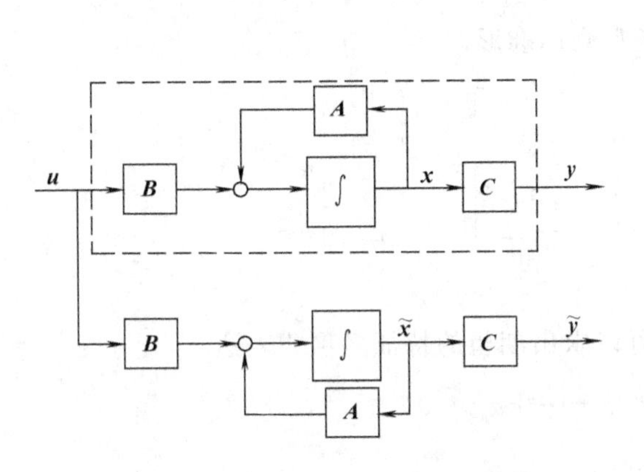

图 7-13　全维状态观测器的开环结构

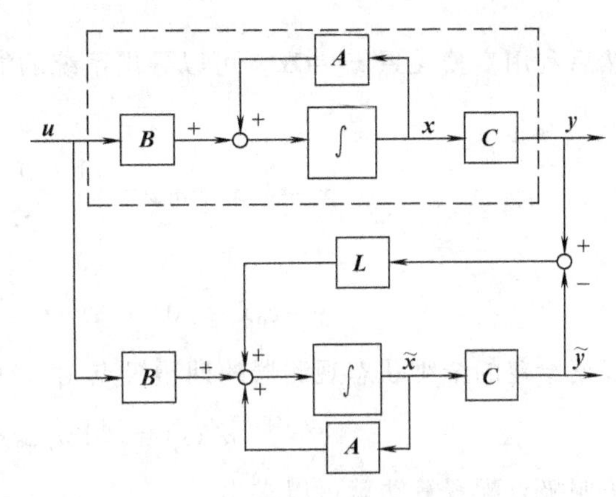

图 7-14　全维状态观测器的设计

下面将详细讨论用式（7-97）表征的状态观测器。在讨论过程中，假设在此观测器模型中使用的矩阵 $\boldsymbol{A}$ 和 $\boldsymbol{B}$ 与实际系统中的严格相同。

为了得到观测器的误差方程，将给定系统的状态方程式（7-94）和观测器方程式（7-97）相减得

$$\dot{\boldsymbol{e}} = \dot{\boldsymbol{x}} - \dot{\tilde{\boldsymbol{x}}} = (\boldsymbol{A} - \boldsymbol{L}\boldsymbol{C})\boldsymbol{e}, \quad \boldsymbol{e}(0) = \boldsymbol{x}(0) - \tilde{\boldsymbol{x}}(0) \tag{7-98}$$

由式（7-98）可看出，误差向量的动态特性由矩阵 $\boldsymbol{A} - \boldsymbol{L}\boldsymbol{C}$ 的特征值决定。如果矩阵 $\boldsymbol{A} - \boldsymbol{L}\boldsymbol{C}$ 是稳定矩阵，则对任意初始误差向量 $\boldsymbol{e}(0)$，误差向量 $\boldsymbol{e}(t)$ 都将趋近于零。也就是说，不管给

定系统的初始状态 $\boldsymbol{x}(0)$ 和观测器的初始状态 $\tilde{\boldsymbol{x}}(0)$ 的值如何，观测器的状态 $\tilde{\boldsymbol{x}}(t)$ 都将收敛到系统的真实状态 $\boldsymbol{x}(t)$。如果矩阵 $\boldsymbol{A}-\boldsymbol{LC}$ 的特征值使得误差向量的动态特性渐近稳定且收敛速度足够快，则任意误差向量 $\boldsymbol{e}(t)$ 都将以足够快的速度趋近于零（原点），此时将 $\tilde{\boldsymbol{x}}(t)$ 称为 $\boldsymbol{x}(t)$ 的渐近估计或重构。

下面给出全维状态观测器式（7-97）进行任意极点配置的条件。

存在 $\boldsymbol{L}$ 使得 $\boldsymbol{A}-\boldsymbol{LC}$ 具有任意的期望特征值的充分必要条件是给定系统式（7-94）是 $(\boldsymbol{A},\boldsymbol{C})$ 完全能观测的。

根据对偶原理可知，给定系统 $(\boldsymbol{A},\boldsymbol{C})$ 完全能观测等价于对偶系统的 $(\boldsymbol{A}^{\mathrm{T}},\boldsymbol{C}^{\mathrm{T}})$ 完全能控，利用极点配置的基本结论可知，必定存在常数矩阵 $\boldsymbol{K}$ 使得 $\boldsymbol{A}^{\mathrm{T}}-\boldsymbol{C}^{\mathrm{T}}\boldsymbol{K}$ 的特征根可以任意配置，由于 $(\boldsymbol{A}-\boldsymbol{LC})^{\mathrm{T}}=\boldsymbol{A}^{\mathrm{T}}-\boldsymbol{C}^{\mathrm{T}}\boldsymbol{L}^{\mathrm{T}}$ 具有相同的特征根，所以当 $\boldsymbol{L}=\boldsymbol{K}^{\mathrm{T}}$ 时，即可任意配置 $\boldsymbol{A}-\boldsymbol{LC}$ 的全部特征根。

在设计全维状态观测器时，如果给定系统是完全能观测的，那么采用对偶原理，把观测器增益 $\boldsymbol{L}$ 的选择问题转化为 $\boldsymbol{A}^{\mathrm{T}}-\boldsymbol{C}^{\mathrm{T}}K$ 的极点配置问题，使得

$$\lambda_i(\boldsymbol{A}^{\mathrm{T}}-\boldsymbol{C}^{\mathrm{T}}\boldsymbol{K})=\lambda_i^* \tag{7-99}$$

假设给定系统的特征多项式为

$$\det(s\boldsymbol{I}-\boldsymbol{A})\overset{\Delta}{=}\alpha(s)=s^n+a_{n-1}s^{n-1}+\cdots+a_1s+a_0$$

那么定义一个变换矩阵 $\boldsymbol{Q}$，使得

$$\boldsymbol{Q}=\begin{bmatrix}1 & a_{n-1} & \cdots & a_1\\ & 1 & \ddots & \vdots\\ & & \ddots & a_{n-1}\\ 0 & & & 1\end{bmatrix}\begin{bmatrix}cA^{n-1}\\ \vdots\\ cA\\ c\end{bmatrix}$$

然后利用变换关系 $\bar{\boldsymbol{x}}=\boldsymbol{Qx}$，可以导出系统的能观测标准形

$$\dot{\bar{\boldsymbol{x}}}=\boldsymbol{A}_{\mathrm{o}}\bar{\boldsymbol{x}}+\boldsymbol{b}_{\mathrm{o}}u=\begin{bmatrix}0 & 0 & 0 & -a_0\\ 1 & 0 & 0 & -a_1\\ & \ddots & 0 & \vdots\\ 0 & & 1 & -a_{n-1}\end{bmatrix}\bar{\boldsymbol{x}}+\begin{bmatrix}\beta_0\\ \beta_1\\ \vdots\\ \beta_{n-1}\end{bmatrix}u$$

$$y=\boldsymbol{c}_{\mathrm{o}}\bar{\boldsymbol{x}}=[0\quad 0\quad \cdots\quad 1]\bar{\boldsymbol{x}}$$

根据给定的全维状态观测器的期望极点 λ_i^*，可以求出期望的特征多项式表达

$$\alpha^*(s)=s^n+a_{n-1}^*s^{n-1}+\cdots+a_1^*s+a_0^*$$

仿照极点配置算法就可以求出

$$\boldsymbol{L}=\boldsymbol{Q}^{-1}\begin{bmatrix}a_0^*-a_0\\ a_1^*-a_1\\ \vdots\\ a_{n-1}^*-a_{n-1}\end{bmatrix} \tag{7-100}$$

式（7-100）确定了所需的状态观测器增益矩阵 $\boldsymbol{L}$。

此外，与极点配置算法的情况类似，如果给定系统是低阶的（$n\leqslant 3$），也可将矩阵 $\boldsymbol{L}$ 直接代入期望的观测器特征多项式中进行计算。例如，若状态 $\boldsymbol{x}$ 是 3 维的，则观测器增益矩阵可写为

$$\boldsymbol{L}=\begin{bmatrix}l_1\\l_2\\l_3\end{bmatrix}$$

将该增益矩阵 $\boldsymbol{L}$ 代入期望的特征多项式

$$|s\boldsymbol{I}-(\boldsymbol{A}-\boldsymbol{LC})|=(s-\lambda_1^*)(s-\lambda_2^*)(s-\lambda_3^*) \tag{7-101}$$

通过使上式两端 s 的同次幂系数相等，即可确定出 l_1, l_2, l_3 的值。对于低阶系统（$n\leqslant 3$），这种直接代入的方法比较简单，但对高阶系统而言，计算起来相对复杂。

一旦选择了期望的特征值（或期望的特征方程），只要系统状态完全能观测，就能设计出全维状态观测器式（7-97）。当观测器期望极点的选择，使得观测器误差衰减太快，即 $\boldsymbol{A}-\boldsymbol{LC}$ 特征值的实部太负，将导致观测器的作用接近于一个微分器，从而使频带加宽，不可避免地将高频噪声分量放大，而且也存在观测器的可实现性问题（因为衰减速度太快，所以矩阵 $\boldsymbol{L}$ 较大），因此，进行观测器本身的极点配置时，只需使观测器的期望极点在闭环反馈系统 $\boldsymbol{A}-\boldsymbol{BK}$ 极点的左边不远处。一般地，期望极点的选择应使状态观测器的响应速度至少比所考虑的闭环系统响应速度快 2～5 倍。

【例 7-22】 考虑如下的线性定常系统

$$\dot{\boldsymbol{x}}=\boldsymbol{Ax}+\boldsymbol{Bu}=\begin{bmatrix}0&20\\1&0\end{bmatrix}\boldsymbol{x}+\begin{bmatrix}0\\1\end{bmatrix}u$$

$$y=\boldsymbol{Cx}=[0\quad 1]\boldsymbol{x}$$

试设计一个期望极点为 $\lambda_1=-2+\mathrm{j}4$，$\lambda_2=-2-\mathrm{j}4$ 的全维状态观测器。

解　首先检验此系统的能观测性

$$\mathrm{rank}\boldsymbol{Q}_o=\mathrm{rank}\begin{bmatrix}\boldsymbol{C}\\\boldsymbol{CA}\end{bmatrix}=\mathrm{rank}\begin{bmatrix}0&1\\1&0\end{bmatrix}=2$$

可见此系统是完全能观测的，可以找到适当地观测器增益矩阵 $\boldsymbol{L}$，将其极点配置到期望位置。下面用 2 种方法来求解该问题。

方法 1　采用式（7-100）来确定观测器的增益矩阵。由于该状态空间表达式已是能观测标准形，因此变换矩阵 $\boldsymbol{Q}=\boldsymbol{I}$。计算给定系统的特征方程为

$$|s\boldsymbol{I}-\boldsymbol{A}|=\begin{vmatrix}s&-20\\-1&s\end{vmatrix}=s^2-20=s^2+a_1s+a_0=0$$

计算观测器的期望特征方程为

$$(s+2-\mathrm{j}4)(s+2+\mathrm{j}4)=s^2+4s+20=s^2+a_1^*s+a_0^* \tag{7-102}$$

故观测器增益矩阵 $\boldsymbol{L}$ 可由式（7-100）求得如下

$$\boldsymbol{L}=\boldsymbol{Q}^{-1}\begin{bmatrix}a_0^*-a_0\\a_1^*-a_1\end{bmatrix}=\begin{bmatrix}1&0\\0&1\end{bmatrix}\begin{bmatrix}20+20\\4-0\end{bmatrix}=\begin{bmatrix}40\\4\end{bmatrix}$$

根据式（7-97）写出全维状态观测器的方程

$$\dot{\tilde{\boldsymbol{x}}}=(\boldsymbol{A}-\boldsymbol{LC})\tilde{\boldsymbol{x}}+\boldsymbol{Bu}+\boldsymbol{L}y=\begin{bmatrix}0&-20\\1&-4\end{bmatrix}x+\begin{bmatrix}0\\1\end{bmatrix}u+\begin{bmatrix}40\\4\end{bmatrix}y$$

方法 2　直接代入方法，定义观测器增益矩阵 $\boldsymbol{L}=[l_1\quad l_2]^{\mathrm{T}}$，列写期望特征方程

$$|s\boldsymbol{I}-\boldsymbol{A}+\boldsymbol{LC}|=\left|\begin{bmatrix}s&0\\0&s\end{bmatrix}-\begin{bmatrix}0&20\\1&0\end{bmatrix}+\begin{bmatrix}l_1\\l_2\end{bmatrix}[0\quad 1]\right|=\begin{vmatrix}s&-20+l_1\\-1&s+l_2\end{vmatrix}$$
$$=s^2+l_2s-20+l_1=0$$

与期望的特征方程式（7-102）比较得

$$\begin{matrix} -20+l_1=20 \\ l_2=4 \end{matrix} \Rightarrow \begin{matrix} l_1=40 \\ l_2=4 \end{matrix}$$

两种不同方法得到的观测器增益矩阵是一样的。

7.5.2 最小阶观测器

前面讨论的全维状态观测器都是重构系统所有的状态变量。实际上，有一些状态变量可以准确量测的，对它们就不必估计了。

假设状态变量 $\boldsymbol{x}$ 为 n 维的，可量测的输出变量 $\boldsymbol{y}$ 为 q 维。根据输出方程可知，此 q 个输出变量是状态变量的线性组合，所以当 $\text{rank}\boldsymbol{C}=q$ 时，有 q 个状态变量就不必进行估计，只需估计 $n-q$ 个状态变量即可，因此，该降维观测器为 $n-q$ 维观测器，它的阶次最小，是最小阶观测器。当然如果输出变量的量测中含有严重的噪声，相对而言比较不准确的话，那么利用全维观测器可以得到更好的系统性能。下面介绍最小阶观测器的设计方法。

设计最小阶观测器的步骤可归结如下。

① 判断系统是否能观测，如果是，则继续下面的设计步骤。

② 通过某线性变换 $\bar{\boldsymbol{x}}=\boldsymbol{P}\boldsymbol{x}$，使得系统可测量的输出 $\boldsymbol{y}=[\boldsymbol{I}_q \quad 0]\bar{\boldsymbol{x}}$，即将系统的前 q 个状态变量可以直接用输出表示，剩余 $n-q$ 个状态变量采用观测器进行估计。

③ 列写剩余 $n-q$ 个状态变量的状态方程与输出方程，按照全维状态观测器设计的方法，对其进行 $n-q$ 维观测器的设计。

④ 最后将系统输出和剩余 $n-q$ 个状态变量的估计值组合，写出全部状态的估计表达。

下面根据上述步骤，给出最小阶观测器的设计。考虑如下线性定常系统

$$\dot{\boldsymbol{x}}=\boldsymbol{A}\boldsymbol{x}+\boldsymbol{B}\boldsymbol{u}, \quad \boldsymbol{y}-\boldsymbol{C}\boldsymbol{x} \tag{7-103}$$

当 $\text{rank}\boldsymbol{C}=q$ 时，构造变换矩阵

$$\boldsymbol{P}=\begin{bmatrix}\boldsymbol{C}\\ \boldsymbol{R}\end{bmatrix} \tag{7-104}$$

其中，$\boldsymbol{C}_{q\times n}$是系统的输出矩阵，$\boldsymbol{R}_{(n-q)\times n}$是使矩阵 $\boldsymbol{P}$ 非奇异的任选矩阵。令 $\boldsymbol{P}^{-1}=\boldsymbol{Q}=[\boldsymbol{Q}_1 \quad \boldsymbol{Q}_2]$，则有

$$\boldsymbol{P}\boldsymbol{P}^{-1}=\begin{bmatrix}\boldsymbol{C}\\ \boldsymbol{R}\end{bmatrix}[\boldsymbol{Q}_1 \quad \boldsymbol{Q}_2]=\begin{bmatrix}\boldsymbol{C}\boldsymbol{Q}_1 & \boldsymbol{C}\boldsymbol{Q}_2\\ \boldsymbol{R}\boldsymbol{Q}_1 & \boldsymbol{R}\boldsymbol{Q}_2\end{bmatrix}=\begin{bmatrix}\boldsymbol{I}_q & 0\\ 0 & \boldsymbol{I}_{n-q}\end{bmatrix} \tag{7-105}$$

通过线性变换 $\bar{\boldsymbol{x}}=\boldsymbol{P}\boldsymbol{x}$，系统式（7-103）可以写为

$$\dot{\bar{\boldsymbol{x}}}=\bar{\boldsymbol{A}}\bar{\boldsymbol{x}}+\bar{\boldsymbol{B}}\boldsymbol{u}=\boldsymbol{P}\boldsymbol{A}\boldsymbol{P}^{-1}\bar{\boldsymbol{x}}+\boldsymbol{P}\boldsymbol{B}\boldsymbol{u}, \quad \boldsymbol{y}=\bar{\boldsymbol{C}}\bar{\boldsymbol{x}}=\boldsymbol{C}\boldsymbol{P}^{-1}\bar{\boldsymbol{x}} \tag{7-106}$$

其中

$$\bar{\boldsymbol{x}}=\begin{bmatrix}\bar{\boldsymbol{x}}_q\\ \bar{\boldsymbol{x}}_{n-q}\end{bmatrix}, \ \bar{\boldsymbol{A}}=\begin{bmatrix}\bar{\boldsymbol{A}}_{11} & \bar{\boldsymbol{A}}_{12}\\ \bar{\boldsymbol{A}}_{21} & \bar{\boldsymbol{A}}_{22}\end{bmatrix}, \ \bar{\boldsymbol{B}}=\begin{bmatrix}\bar{\boldsymbol{B}}_1\\ \bar{\boldsymbol{B}}_2\end{bmatrix}, \ \bar{\boldsymbol{C}}=[\boldsymbol{I}_q \quad 0] \tag{7-107}$$

此时系统的状态可划分为 $\bar{\boldsymbol{x}}_q$（q 维）和 $\bar{\boldsymbol{x}}_{n-q}$（$n-q$ 维）两部分。状态变量 $\bar{\boldsymbol{x}}_q=\boldsymbol{y}$，因而可直接量测，而 $\bar{\boldsymbol{x}}_{n-q}$是不可量测的，必须采用观测器进行估计。将式（7-106）展开有

$$\dot{\bar{\boldsymbol{x}}}_q=\bar{\boldsymbol{A}}_{11}\bar{\boldsymbol{x}}_q+\bar{\boldsymbol{A}}_{12}\bar{\boldsymbol{x}}_{n-q}+\bar{\boldsymbol{B}}_1\boldsymbol{u}\Rightarrow\dot{\boldsymbol{y}}=\bar{\boldsymbol{A}}_{11}\boldsymbol{y}+\bar{\boldsymbol{A}}_{12}\bar{\boldsymbol{x}}_{n-q}+\bar{\boldsymbol{B}}_1\boldsymbol{u} \tag{7-108}$$

$$\dot{\bar{\boldsymbol{x}}}_{n-q}=\bar{\boldsymbol{A}}_{21}\bar{\boldsymbol{x}}_q+\bar{\boldsymbol{A}}_{22}\bar{\boldsymbol{x}}_{n-q}+\bar{\boldsymbol{B}}_2\boldsymbol{u}=\bar{\boldsymbol{A}}_{21}\boldsymbol{y}+\bar{\boldsymbol{A}}_{22}\bar{\boldsymbol{x}}_{n-q}+\bar{\boldsymbol{B}}_2\boldsymbol{u} \tag{7-109}$$

因为系统输出可测量，所以将上述方程整理，就可以得到 $n-q$ 维需观测的子系统的状态空间表达

$$\begin{aligned}\dot{\bar{x}}_{n-q}&=\bar{A}_{22}\bar{x}_{n-q}+v\\ w&=\bar{A}_{12}\bar{x}_{n-q}\end{aligned}\tag{7-110}$$

其中$v=\bar{B}_2u+\bar{A}_{21}y$，$w=\dot{y}-\bar{A}_{11}y-\bar{B}_1u$ 分别是$n-q$ 维子系统式（7-110）的输入和输出变量。对该子系统进行全维状态观测器设计。

$$\begin{aligned}\dot{\tilde{\bar{x}}}_{n-q}&=(\bar{A}_{22}-L\bar{A}_{12})\tilde{\bar{x}}_{n-q}+v+Lw\\ &=(\bar{A}_{22}-L\bar{A}_{12})\tilde{\bar{x}}_{n-q}+\bar{B}_2u+\bar{A}_{21}y+L(\dot{y}-\bar{A}_{11}y-\bar{B}_1u)\\ &=(\bar{A}_{22}-L\bar{A}_{12})\tilde{\bar{x}}_{n-q}+(\bar{A}_{21}-L\bar{A}_{11})y+(\bar{B}_2-L\bar{B}_1)u+L\dot{y}\end{aligned}\tag{7-111}$$

因为被控系统是完全能观测的，其中部分状态变量也是能观测的，必存在观测器增益矩阵L使得矩阵$\bar{A}_{22}-L\bar{A}_{12}$的特征值可以任意配置。

显而易见，在上述观测器方程中包含输出的导数项，从抗扰动性上是不希望的，为此引入中间变量

$$\eta=\tilde{\bar{x}}_{n-q}-Ly\tag{7-112}$$

从而达到消去输出导数的目的。为此可以得出观测器方程：

$$\begin{aligned}\dot{\eta}&=\dot{\tilde{\bar{x}}}_{n-q}-L\dot{y}\\ &=(\bar{A}_{22}-L\bar{A}_{12})\tilde{\bar{x}}_{n-q}+(\bar{A}_{21}-L\bar{A}_{11})y+(\bar{B}_2-L\bar{B}_1)u\\ &=(\bar{A}_{22}-L\bar{A}_{12})\eta+(\bar{B}_2-L\bar{B}_1)u+[(\bar{A}_{22}-L\bar{A}_{12})L+(\bar{A}_{21}-L\bar{A}_{11})]y\end{aligned}\tag{7-113}$$

这是一个以u和y为输入的$n-p$ 维动态系统。下面写出变换后状态$\bar{x}$的重构状态为

$$\tilde{\bar{x}}=\begin{bmatrix}\tilde{\bar{x}}_q\\ \tilde{\bar{x}}_{n-q}\end{bmatrix}=\begin{bmatrix}y\\ \eta+Ly\end{bmatrix}$$

考虑到线性变换$\tilde{\bar{x}}=Px$，由此可以得到系统真实状态的估计为

$$\tilde{x}=P^{-1}\tilde{\bar{x}}=[Q_1\quad Q_2]\begin{bmatrix}y\\ \eta+Ly\end{bmatrix}\tag{7-114}$$

式（7-113）和式（7-114）就是最小阶观测器的状态方程和输出方程。最小阶状态观测器的结构如图 7-15 所示。

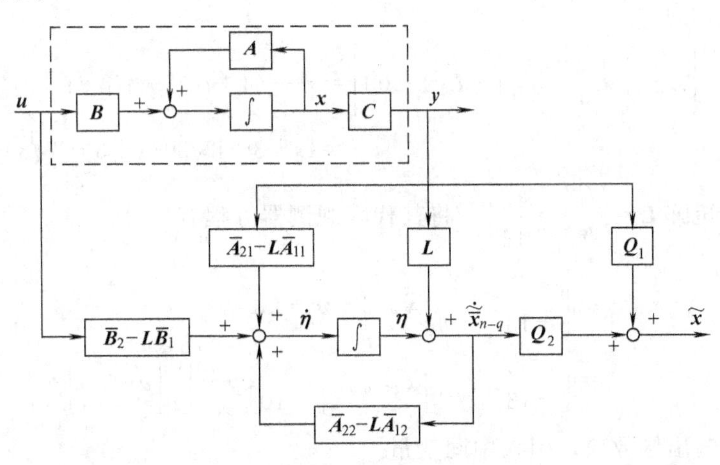

图 7-15　最小阶状态观测器的设计

【例 7-23】　考虑如下线性定常系统

$$\dot{\boldsymbol{x}}=\boldsymbol{A}\boldsymbol{x}+\boldsymbol{B}u=\begin{bmatrix}0&1&0\\0&0&1\\-10&-9&-4\end{bmatrix}\boldsymbol{x}+\begin{bmatrix}0\\0\\1\end{bmatrix}u$$

$$y=\boldsymbol{C}\boldsymbol{x}=[1\quad 0\quad 0]\boldsymbol{x}$$

假设输出 y 可准确量测，试设计一个最小阶观测器，假设最小阶观测器的期望特征值为$\lambda_1=-3+\mathrm{j}2\sqrt{3}$，$\lambda_2=-3-\mathrm{j}2\sqrt{3}$。

解 首先判断系统的能观测性

$$\mathrm{rank}\boldsymbol{Q}_o=\mathrm{rank}\begin{bmatrix}\boldsymbol{C}\\\boldsymbol{CA}\\\boldsymbol{CA}^2\end{bmatrix}=\mathrm{rank}\begin{bmatrix}1&0&0\\0&1&0\\0&0&1\end{bmatrix}=3$$

此系统是完全能观测的，因此可以设计观测器。从输出方程可以看出，此系统输出就等于第一个状态，即变换矩阵 $\boldsymbol{P}$ 为单位阵，而最小阶观测器的阶次为 2。将 $x_1=y$ 代入系统方程中，并重新整理得

$$\dot{y}=\dot{x}_q=[1\quad 0]\boldsymbol{x}_{n-q}$$

$$\dot{\boldsymbol{x}}_{n-q}=\begin{bmatrix}0\\-10\end{bmatrix}y+\begin{bmatrix}0&1\\-9&-4\end{bmatrix}\boldsymbol{x}_{n-q}+\begin{bmatrix}0\\1\end{bmatrix}u$$

定义输入、输出变量为

$$\boldsymbol{v}=\begin{bmatrix}0\\-10\end{bmatrix}y+\begin{bmatrix}0\\1\end{bmatrix}u,\quad w=\dot{y}$$

于是导出 2 维子系统的动态方程

$$\dot{\boldsymbol{x}}_{n-q}=\begin{bmatrix}0&1\\-9&-4\end{bmatrix}\boldsymbol{x}_{n-q}+\boldsymbol{v}$$

$$w=[1\quad 0]\boldsymbol{x}_{n-q}$$

对上述 2 维子系统构造状态观测器：

$$\dot{\tilde{\boldsymbol{x}}}_{n-q}=\left(\begin{bmatrix}0&1\\-9&-4\end{bmatrix}-\boldsymbol{L}[1\quad 0]\right)\tilde{\boldsymbol{x}}_{n-q}+\boldsymbol{v}+\boldsymbol{L}w$$

期望的特征多项式为

$$\left|s\boldsymbol{I}-\begin{bmatrix}0&1\\-9&-4\end{bmatrix}+\boldsymbol{L}[1\quad 0]\right|=s^2+(4+l_1)s+4l_1+9+l_2$$

$$=(s+3+\mathrm{j}2\sqrt{3})(s+3-\mathrm{j}2\sqrt{3})=s^2+6s+21$$

则有观测器增益矩阵 $\boldsymbol{L}=\begin{bmatrix}l_1\\l_2\end{bmatrix}=\begin{bmatrix}2\\4\end{bmatrix}$，将其代入观测器方程有

$$\dot{\tilde{\boldsymbol{x}}}_{n-q}=\begin{bmatrix}-2&1\\-13&-4\end{bmatrix}\tilde{\boldsymbol{x}}_{n-q}+\boldsymbol{v}+\boldsymbol{L}w$$

$$=\begin{bmatrix}-2&1\\-13&-4\end{bmatrix}\tilde{\boldsymbol{x}}_{n-q}+\begin{bmatrix}0\\-10\end{bmatrix}y+\begin{bmatrix}0\\1\end{bmatrix}u+\begin{bmatrix}2\\4\end{bmatrix}\dot{y}$$

为消除上式中的输出导数项，引入中间变量

$$\boldsymbol{\eta}=\tilde{\boldsymbol{x}}_{n-q}-\boldsymbol{L}y=\tilde{\boldsymbol{x}}_{n-q}-\begin{bmatrix}2\\4\end{bmatrix}y$$

最后得到最小阶观测器的状态方程

$$\dot{\boldsymbol{\eta}}=\begin{bmatrix}-2 & 1\\-13 & -4\end{bmatrix}\tilde{\boldsymbol{x}}_{n-q}+\begin{bmatrix}0\\-10\end{bmatrix}y+\begin{bmatrix}0\\1\end{bmatrix}u=\begin{bmatrix}-2 & 1\\-13 & -4\end{bmatrix}\boldsymbol{\eta}+\begin{bmatrix}0\\-52\end{bmatrix}y+\begin{bmatrix}0\\1\end{bmatrix}u$$

观测器的输出方程为

$$\tilde{\boldsymbol{x}}=\boldsymbol{P}^{-1}\begin{bmatrix}y\\ \boldsymbol{\eta}+\boldsymbol{L}y\end{bmatrix}=\begin{bmatrix}y\\ \eta_1+2y\\ \eta_2+4y\end{bmatrix}$$

7.5.3　具有观测器的状态反馈控制系统

在极点配置的设计过程中，假设真实状态 $\boldsymbol{x}(t)$ 可用于反馈。然而实际上，真实状态 $\boldsymbol{x}(t)$可能无法量测，所以必须设计观测器，并且将观测到的状态 $\tilde{\boldsymbol{x}}(t)$ 用于反馈，如图 7-12 所示。因为状态反馈是相对于受控系统的真实状态进行设计的，因此采用重构状态代替真实状态实现状态反馈将会产生哪些影响和问题，就是本节要讨论的内容。

无论是全维状态观测器还是最小阶状态观测器，它们的引入对反馈控制效果的作用是相同的。所以，这里以全维状态观测器的反馈控制系统为例进行分析。考虑如下线性定常系统

$$\dot{\boldsymbol{x}}=\boldsymbol{A}\boldsymbol{x}+\boldsymbol{B}\boldsymbol{u},\ \boldsymbol{y}=\boldsymbol{C}\boldsymbol{x} \tag{7-115}$$

假定该系统状态完全能控且完全能观测。采用基于重构状态 $\tilde{\boldsymbol{x}}$ 实现线性状态反馈控制

$$\boldsymbol{u}=-\boldsymbol{K}\tilde{\boldsymbol{x}}+\boldsymbol{v} \tag{7-116}$$

其中重构状态 $\tilde{\boldsymbol{x}}$ 由全维状态观测器实现

$$\dot{\tilde{\boldsymbol{x}}}=(\boldsymbol{A}-\boldsymbol{L}\boldsymbol{C})\tilde{\boldsymbol{x}}+\boldsymbol{B}\boldsymbol{u}+\boldsymbol{L}\boldsymbol{y} \tag{7-117}$$

则带有观测器的闭环控制系统状态方程为

$$\begin{aligned}\dot{\boldsymbol{x}}&=\boldsymbol{A}\boldsymbol{x}-\boldsymbol{B}\boldsymbol{K}\tilde{\boldsymbol{x}}+\boldsymbol{B}\boldsymbol{v}\\ \dot{\tilde{\boldsymbol{x}}}&=(\boldsymbol{A}-\boldsymbol{L}\boldsymbol{C}-\boldsymbol{B}\boldsymbol{K})\tilde{\boldsymbol{x}}+\boldsymbol{B}\boldsymbol{v}+\boldsymbol{L}\boldsymbol{C}\boldsymbol{x}\end{aligned} \tag{7-118}$$

即

$$\begin{bmatrix}\dot{\boldsymbol{x}}\\ \dot{\tilde{\boldsymbol{x}}}\end{bmatrix}=\begin{bmatrix}\boldsymbol{A} & -\boldsymbol{B}\boldsymbol{K}\\ \boldsymbol{L}\boldsymbol{C} & \boldsymbol{A}-\boldsymbol{L}\boldsymbol{C}-\boldsymbol{B}\boldsymbol{K}\end{bmatrix}\begin{bmatrix}\boldsymbol{x}\\ \tilde{\boldsymbol{x}}\end{bmatrix}+\begin{bmatrix}\boldsymbol{B}\\ \boldsymbol{B}\end{bmatrix}\boldsymbol{v} \tag{7-119}$$

显然，观测器的引入，提高了状态反馈控制系统的维数。包含观测器的状态反馈控制系统的维数等于被控系统维数和观测器维数之和。下面来分析整个闭环系统的特征根。

$$\begin{aligned}\left|s\boldsymbol{I}-\begin{bmatrix}\boldsymbol{A} & -\boldsymbol{B}\boldsymbol{K}\\ \boldsymbol{L}\boldsymbol{C} & \boldsymbol{A}-\boldsymbol{L}\boldsymbol{C}-\boldsymbol{B}\boldsymbol{K}\end{bmatrix}\right|&=\begin{vmatrix}s\boldsymbol{I}-\boldsymbol{A} & \boldsymbol{B}\boldsymbol{K}\\ -\boldsymbol{L}\boldsymbol{C} & s\boldsymbol{I}-\boldsymbol{A}+\boldsymbol{L}\boldsymbol{C}+\boldsymbol{B}\boldsymbol{K}\end{vmatrix}\\ &=|(s\boldsymbol{I}-\boldsymbol{A})^2+(\boldsymbol{L}\boldsymbol{C}+\boldsymbol{B}\boldsymbol{K})(s\boldsymbol{I}-\boldsymbol{A})+\boldsymbol{L}\boldsymbol{C}\boldsymbol{B}\boldsymbol{K}|\\ &=|(s\boldsymbol{I}-\boldsymbol{A}+\boldsymbol{B}\boldsymbol{K})(s\boldsymbol{I}-\boldsymbol{A}+\boldsymbol{L}\boldsymbol{C})|\\ &=|s\boldsymbol{I}-\boldsymbol{A}+\boldsymbol{B}\boldsymbol{K}|\,|s\boldsymbol{I}-\boldsymbol{A}+\boldsymbol{L}\boldsymbol{C}|\end{aligned} \tag{7-120}$$

从式（7-120）中可以看出，带有观测器的状态反馈控制系统的特征根集合是状态反馈的特征根和观测器特征根的分离集。换而言之，观测器的引入不会改变状态反馈矩阵 $\boldsymbol{K}$ 所配置的系统特征根，而状态反馈的实现，也不会影响到已配置好的观测器特征根。因此对于带有观测器的状态反馈控制系统的设计可以分离进行，即状态反馈控制律的设计和观测器的设计可分开进行。这就是人们常说的分离定理。分离定理为闭环控制器的设计和实现提供了极大的方便。

由状态反馈（极点配置）选择所产生的期望闭环极点，应使系统满足性能要求。观测器极点的选取通常使得观测器响应比系统的响应快 2～5 倍。值得注意的是，由于在极点配置中，观测器极点位于期望的闭环极点的左边，所以后者在响应中起主导作用。

【例 7-24】 考虑下列线性定常系统的控制器设计问题。

$$\dot{x}=Ax+Bu=\begin{bmatrix}0 & 20\\1 & 0\end{bmatrix}x+\begin{bmatrix}0\\1\end{bmatrix}u$$

$$y=Cx=[1\quad 0]x$$

请采用极点配置方法来设计该系统，并使其闭环极点为 $\lambda_{1,2}=-2\pm j2$。同时采用观测状态反馈控制替代真实状态反馈控制，其中观测器的期望特征值选择为 $\mu_1=\mu_2=-8$。

解 首先验证系统的能控性和能观测性

$$\text{rank}Q_c=\text{rank}[B\quad AB]=\text{rank}\begin{bmatrix}0 & 20\\1 & 0\end{bmatrix}=2$$

$$\text{rank}Q_o=\text{rank}\begin{bmatrix}C\\CA\end{bmatrix}=\text{rank}\begin{bmatrix}1 & 0\\0 & 20\end{bmatrix}=2$$

可见，系统是完全能控、完全能观测的，可以设计观测器实现的状态反馈极点配置控制器。根据分离定理，可以将观测器的设计和极点配置状态反馈的设计独立，首先设状态反馈增益矩阵 $K=[k_1\quad k_2]$，进行极点配置控制器的设计。

$$|sI-A+BK|=\begin{vmatrix}s & -20\\k_1-1 & s+k_2\end{vmatrix}=s^2+k_2s+20(k_1-1)$$

$$=(s+2+2j)(s+2-2j)=s^2+4s+8$$

在此情况下，可得状态反馈增益矩阵 K 为

$$K=[1.4\quad 4]$$

根据题意可知，观测器是全维状态观测器，令 $L=[l_1\quad l_2]^T$，则有

$$|sI-A+LC|=\begin{vmatrix}s+l_1 & -20\\l_2-1 & s\end{vmatrix}=s^2+l_1s+20(l_2-1)$$

$$=(s+8)(s+8)=s^2+16s+64$$

比较系数可求出观测器增益矩阵

$$L=[16\quad 4.2]^T$$

全维观测器的方程为

$$\dot{\tilde{x}}=(A-LC)\tilde{x}+Bu+Ly=\begin{bmatrix}-16 & 20\\-3.2 & 0\end{bmatrix}\tilde{x}+\begin{bmatrix}0\\1\end{bmatrix}u+\begin{bmatrix}16\\4.2\end{bmatrix}y$$

考虑到状态反馈采用观测状态实现，即

$$u=-K\tilde{x}+v=-[1.4\quad 4]\tilde{x}+v$$

整个系统应该是 4 阶的，其状态空间表达为

$$\begin{bmatrix}\dot{x}\\\dot{\tilde{x}}\end{bmatrix}=\begin{bmatrix}0 & 20 & 0 & 0\\1 & 0 & -1.4 & -4\\16 & 0 & -16 & 20\\4.2 & 0 & -4.6 & -4\end{bmatrix}\begin{bmatrix}x\\\tilde{x}\end{bmatrix}+\begin{bmatrix}0\\1\\0\\1\end{bmatrix}v$$

$$y=\begin{bmatrix}1 & 0 & 0 & 0\end{bmatrix}\begin{bmatrix}\boldsymbol{x}\\ \tilde{\boldsymbol{x}}\end{bmatrix}$$

通过 Matlab 验证闭环系统的特征根

eig([0 20 0 0;1 0 −1.4 −4;16 0 −16 20;4.2 0 −4.6 −4])

得 ans=−8.0000　−8.0000　−2.0000+2.0000i　−2.0000−2.0000i，与设计目标相符。

下面给出全维观测器——状态反馈控制系统在单位阶跃输入作用下的仿真结果，如图 7-16 所示。可以看出在不同初始条件 $\boldsymbol{x}_0=[0\quad 0]^{\mathrm{T}}$，$\tilde{\boldsymbol{x}}_0=[2\quad -1]^{\mathrm{T}}$ 下，观测器的估计状态在 0.9s 左右很快跟踪上系统的真实状态，远小于整个系统的响应时间（约 3s）。

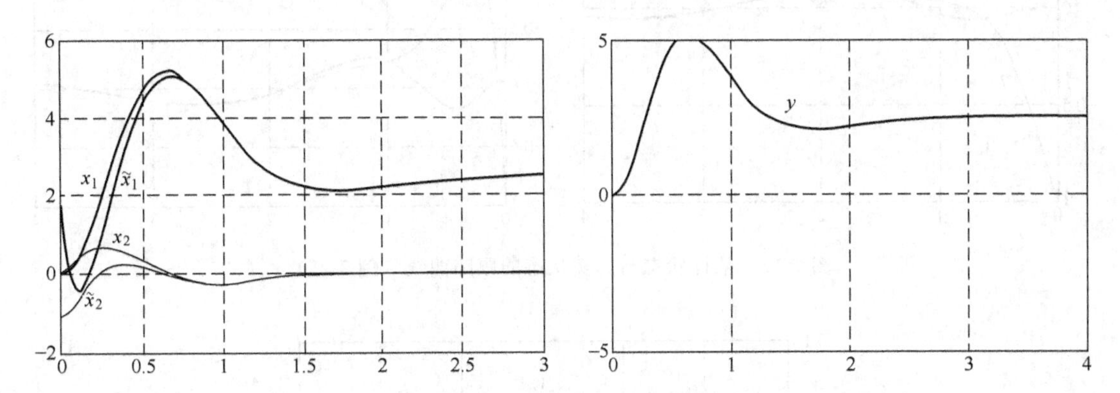

图 7-16　状态估计跟踪曲线与输出响应（例 7-24）

【例 7-25】 考虑例 7-23 中给出的线性定常系统。

$$\dot{\boldsymbol{x}}=\boldsymbol{A}\boldsymbol{x}+\boldsymbol{B}u=\begin{bmatrix}0 & 1 & 0\\ 0 & 0 & 1\\ -10 & -9 & -4\end{bmatrix}\boldsymbol{x}+\begin{bmatrix}0\\ 0\\ 1\end{bmatrix}u$$

$$y=\boldsymbol{C}\boldsymbol{x}=\begin{bmatrix}1 & 0 & 0\end{bmatrix}\boldsymbol{x}$$

已经设计一个最小阶观测器，其期望特征值为 $\lambda_{1,2}=-3\pm \mathrm{j}2\sqrt{3}$，现请设计状态反馈控制器，使闭环极点配置到期望值 $\mu_{1,2}=-0.5\pm \mathrm{j}\sqrt{3}$，$\mu_3=-5$，并采用观测状态实现反馈控制。

解　根据例 7-23 已经得到最小阶观测器的状态方程和输出方程为

$$\dot{\boldsymbol{\eta}}-\begin{bmatrix}-2 & 1\\ -13 & -4\end{bmatrix}\boldsymbol{\eta}+\begin{bmatrix}0\\ -52\end{bmatrix}y+\begin{bmatrix}0\\ 1\end{bmatrix}u$$

$$\tilde{\boldsymbol{x}}=\boldsymbol{P}^{-1}\begin{bmatrix}y\\ \boldsymbol{\eta}+\boldsymbol{L}y\end{bmatrix}=\begin{bmatrix}y\\ \eta_1+2y\\ \eta_2+4y\end{bmatrix}$$

下面设计状态反馈控制律，分别写出给定系统和期望极点对应的特征多项式

$$\alpha(s)=|s\boldsymbol{I}-\boldsymbol{A}|=s^3+4s^2+9s+10$$

$$\alpha^*(s)=(s+5)(s+0.5+\mathrm{j}\sqrt{3})(s+0.5-\mathrm{j}\sqrt{3})=s^3+6s^2+8.25s+16.25$$

给定系统已是能控规范形，则利用极点配置的算法可以得到

$$\boldsymbol{K}=[16.25-10 \quad 8.25-9 \quad 6-4]=[6.25 \quad -0.75 \quad 2]$$

反馈控制律为
$$u=-[6.25 \quad -0.75 \quad 2]\tilde{\boldsymbol{x}}+v$$

利用 simulink 构成闭环系统，得到单位阶跃输入作用下，从不同初始条件 $x_0=0$ 和 $\eta=[-1 \quad -1]^{\mathrm{T}}$ 出发的观测器观测状态和系统真实状态的跟踪曲线，如图 7-17 所示，系统输出曲线如图 7-18 所示。

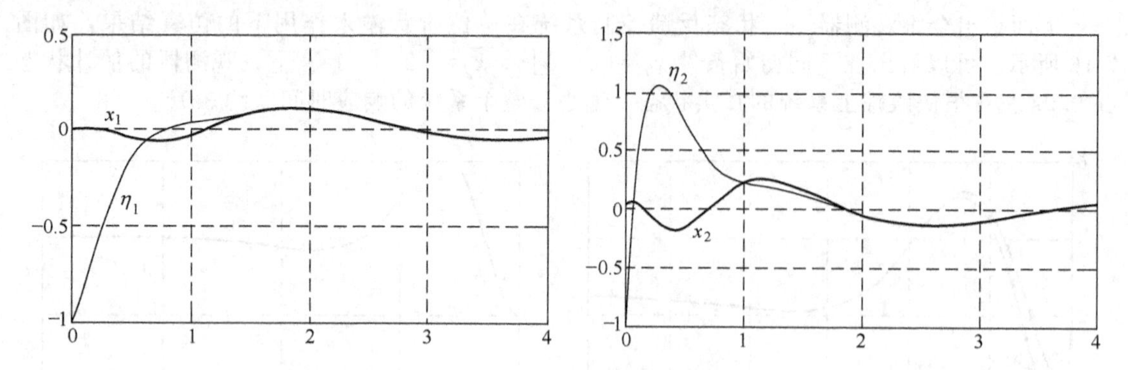

图 7-17　估计状态与真实状态的跟踪曲线（例 7-25）

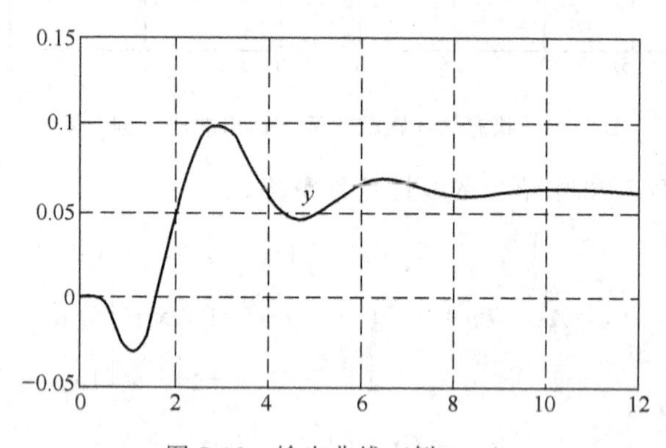

图 7-18　输出曲线（例 7-25）

7.6　Matlab 在状态空间分析中的应用

Matlab 在状态空间分析中起着重要作用。无论是从系统模型的转换、状态响应还是控制系统设计等方面，都可以用 Matlab 研究，得出形象化结果，有利于加深对状态空间分析法的理解。下面介绍 Matlab 在各方面的应用。

（1）模型之间的转换

Matlab 中有许多模型转换函数，可以实现状态空间模型、传递函数模型之间的相互转化。值得注意的是，任何系统的状态空间表达都是不惟一的。对于同一系统，可以有无穷多个状态空间表达式，按照 Matlab 模型转换函数得到的状态空间表达只是其中的一种。例如，给定传递函数为

$$G(s)=\frac{2s^3+5s^2+3s+6}{s^3+6s^2+11s+6}$$

欲将其转换为状态空间表达，可采用如下语句

≫num=[2　5　3　6]；den=[1　6　11　6]；

```
≫ [A, B, C, D] =tf2ss (num, den)
```

显示结果如下

```
A=                        B=      C=                   D=2
    -6   -11   -6          1        -7   -19   -6
     1     0    0          0
     0     1    0          0
```

反之，欲从系统的状态空间表达得到传递函数，可以采用 ss2tf（A，B，C，D，iu）函数，对于多变量系统，例如

$$\begin{bmatrix}\dot{x}_1\\ \dot{x}_2\end{bmatrix}=\begin{bmatrix}0 & 1\\ -15 & -4\end{bmatrix}\begin{bmatrix}x_1\\ x_2\end{bmatrix}+\begin{bmatrix}1 & 0\\ 0 & 1\end{bmatrix}\begin{bmatrix}u_1\\ u_2\end{bmatrix}$$

$$\begin{bmatrix}y_1\\ y_2\end{bmatrix}=\begin{bmatrix}1 & 1\\ 0 & 1\end{bmatrix}\begin{bmatrix}x_1\\ x_2\end{bmatrix}+\begin{bmatrix}0 & 1\\ 0 & 0\end{bmatrix}\begin{bmatrix}u_1\\ u_2\end{bmatrix}$$

必须指出具体的 iu，iu 的值为 x 就代表第 x 个输入。

系统有两个输入两个输出，传递函数矩阵是 2×2 的，其中每个传递函数元可以通过下面的语句获得

```
≫A=[0  1; -15  -4]; B=[1  0; 0  1]; C=[1  1; 0  1]; D=[0  1; 0  0];
≫ [num1, den] =ss2tf (A, B, C, D, 1)
≫ [num2, den] =ss2tf (A, B, C, D, 2)
```

可以得到以下结果

```
num1=                                  num2=
        0   1.0000   -11.0000               1.0000   5.0000   16.0000
        0   0.0000   -15.0000                    0   1.0000    0.0000

den=                                   den=
     1.0000   4.0000   15.0000              1.0000   4.0000   15.0000
```

从而得到系统的传递函数矩阵为

$$\begin{bmatrix}\dfrac{s-11}{s^2+4s+15} & \dfrac{-15}{s^2+4s+15}\\ \dfrac{s^2+5s+16}{s^2+4s+15} & \dfrac{s}{s^2+4s+15}\end{bmatrix}$$

（2）判断系统稳定性

状态空间表达系统的稳定性可以通过系统矩阵 **A** 的特征根来判定，据此编写 Matlab 程序如下。

```
lambda=eig(A);                         %获得矩阵 A 的特征根
for i=1:length(lambda)                 %如果存在一个特征根的实部大
    if lambda(i)>=0                    %于等于零,则系统是不稳定的
        disp('The system is unstable');
        return
    end
end
disp('The system is stable');
```

（3）判断系统的能控性或能观性

在 Matlab 中给出了求能控性、能观测性判别矩阵的函数，如 ctrb（$\boldsymbol{A},\boldsymbol{B}$）和 obsv（$\boldsymbol{A},\boldsymbol{C}$），也可以按照下面的程序自己编写判别矩阵，判定系统的能控性和能观测性。

```
n=length(A);                              %获得系统维数
Qc=[B];Qo=[C];                            %构造判别矩阵 Qc,Qo
for i=1:n-1
    Qc=[Qc A^(i) * B];Qo=[Qo;C * A^(i)];
end
if rank(Qc)= =n                           %如果 Qc 的秩等于系统维数,则系
disp('the system is controllable');       %统是完全能控的
else
    disp('the system is uncontrollable');
end
if rank(Qo)= =n                           %如果 Qo 的秩等于系统维数,则系
    disp('the system is observable');     %统是完全能观测的
else
    disp('the system is observable');
end
```

（4）极点配置问题的求解

在 Matlab 中有两个求解极点配置问题的函数：acker（$\boldsymbol{A},\boldsymbol{B},\boldsymbol{P}$）（仅限于单变量系统）和 place（$\boldsymbol{A},\boldsymbol{B},\boldsymbol{P}$），其中 $\boldsymbol{A},\boldsymbol{B},\boldsymbol{P}$ 是系统矩阵和期望极点。利用这两个函数可以求出满足极点配置要求的反馈增益矩阵。本书附录 3.1.2（7）中还给出了根据单变量系统极点配置算法编制的函数 pole _ assignment（A，B，Lambda），也可以用来计算极点配置状态反馈增益矩阵。例如已知系统矩阵为

$$\boldsymbol{A}=\begin{bmatrix}0&1&0&0\\0&0&-1&0\\0&0&0&1\\0&0&11&0\end{bmatrix},\ \boldsymbol{B}=\begin{bmatrix}0\\1\\0\\-1\end{bmatrix}$$

期望极点为 $-1\pm\mathrm{j}\sqrt{3}$，-4，-5，则反馈增益矩阵可通过下面的语句获得。

```
≫A=[0  1  0  0;0  0  -1  0;0  0  0  1;0  0  11  0];B=[0; 1; 0; -1];
≫lambda=[-1+sqrt(3)*j  -1-sqrt(3)*j  -4  -5];
≫k=pole _ assignment(A,B,lambda);
≫%k=acker(A,B,lambda)or k=place(A,B,lambda);
```

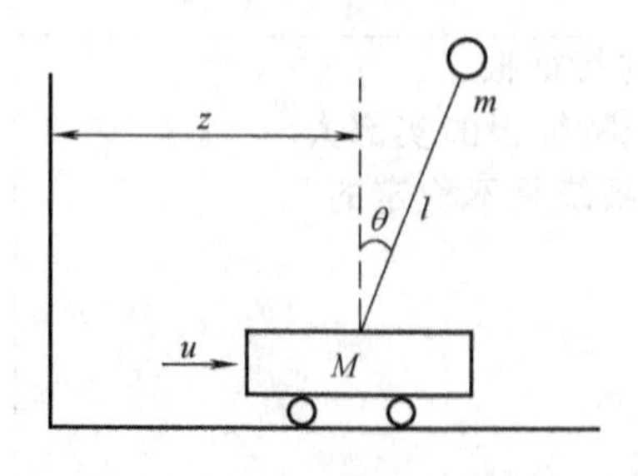

图 7-19　单倒置摆系统原理

运行结果为

```
k=
        -8.0000   -7.6000   -61.0000   -18.6000
```

下面给出一个具体实例，采用 Matlab 对稳定性、能控性和能观测性进行分析，选择适当闭环极点进行状态反馈控制，并结合观测器具体实现。

单倒置摆系统原理如图 7-19 所示，长度为 l，质量为 m 的单倒置摆，用铰链安装在质量为 M 的小车上，小车受执行电机操纵，在水平方向施加控制力 u，相对位移为

z。控制的目的是当倒置摆出现偏角 θ 以后能通过小车的水平运动使倒置摆保持在垂直位置。

① 建立倒置摆的运动方程并将其线性化　如图小车瞬时位置为 z，摆心瞬时位置为 $(z+l\sin\theta)$。在输入 u 作用下，小车及摆均产生加速运动，根据牛顿第二定律，在水平直线运动方向的惯性力应与 u 平衡，于是有

$$(M+m)\ddot{z}+ml\ddot{\theta}\cos\theta-ml\dot{\theta}^2\sin\theta=u$$

另外绕摆轴旋转运动的惯性力矩应与重力力矩平衡，因而有

$$\ddot{z}\cos\theta+l\ddot{\theta}\cos^2\theta-l\dot{\theta}^2\sin\theta c\cos\theta=g\sin\theta$$

以上两个都是非线性方程，由于控制的目的是保持倒置摆直立，在施加适当控制的条件下，假定 $\theta,\dot{\theta}$ 均接近零是合理的。此时 $\sin\theta\approx\theta$，$\cos\theta=1$，且可以忽略 $\dot{\theta}^2\theta$ 项，于是

$$(M+m)\ddot{z}+ml\ddot{\theta}=u$$

$$\ddot{z}+l\ddot{\theta}=g\theta$$

选取小车的位移 z 及其速度 $\dot{z}$，摆的角位移 θ 及角速度 $\dot{\theta}$ 作为状态变量，z 为输出变量。假设系统参数为 $M=1\text{kg}$，$m=0.1\text{kg}$，$l=1\text{m}$，$g=9.81\text{m/s}^2$，则可以列出系统的状态空间表达形式

$$\dot{\boldsymbol{x}}=\begin{bmatrix}0 & 1 & 0 & 0\\ 0 & 0 & -\dfrac{mg}{M} & 0\\ 0 & 0 & 0 & 1\\ 0 & 0 & \dfrac{(M+m)g}{Ml} & 0\end{bmatrix}\boldsymbol{x}+\begin{bmatrix}0\\ \dfrac{1}{M}\\ 0\\ -\dfrac{1}{Ml}\end{bmatrix}u=\begin{bmatrix}0 & 1 & 0 & 0\\ 0 & 0 & -1 & 0\\ 0 & 0 & 0 & 1\\ 0 & 0 & 11 & 0\end{bmatrix}\boldsymbol{x}+\begin{bmatrix}0\\ 1\\ 0\\ -1\end{bmatrix}u$$

$$y=[1\quad 0\quad 0\quad 0]\boldsymbol{x}$$

② 对被控对象进行稳定性、能控性及能观性检查　从物理上来分析，若不给小车施加控制力，倒置摆肯定会向左和向右倾倒，是个不稳定系统，可以用 Matlab 对该结论进行验证，并对能控性和能观测性进行判断，如果系统是完全能控的，那么就可以采用状态反馈控制倒置摆保持直立；如果系统是完全能观测的，那么就可以采用观测器来实现反馈控制。

首先在 Matlab 中输入系统矩阵 $\boldsymbol{A}$，$\boldsymbol{B}$，$\boldsymbol{C}$，$\boldsymbol{D}$，利用前面的稳定性、能控性和能观测性判别程序可以得到以下结论

The system is unstable，the system is controllable，the system is observable

符合状态反馈和观测器设计条件。

③ 用状态反馈方法使系统稳定并配置极点　首先选择所期望的闭环极点位置。由于要求系统具有相当短的调整时间（约 3s）和适当的阻尼（在标准二阶系统中等价于 $\zeta=0.5$），所以选择所期望的闭环极点为

$$\lambda_1=-1+\sqrt{3}\text{j},\ \lambda_2=-1-\sqrt{3}\text{j},\ \lambda_3=-4,\ \lambda_4=-5$$

在这种情况下，λ_1 和 λ_2 是一对具有 $\zeta=0.5$ 和 $\omega_n=2$ 的主导闭环极点。剩余的两个极点位于远离主导闭环极点对的左边，因此影响很小。所以可以满足快速性和阻尼要求。

然后构造状态反馈控制律为 $u=v-\boldsymbol{Kx}$，其中 $\boldsymbol{K}=[k_1\quad k_2\quad k_3\quad k_4]$ 分别是状态 $z,\dot{z},\theta,\dot{\theta}$ 反馈至 v 的增益，使得系统极点配置到期望位置，在 Matlab 中将系统矩阵 $\boldsymbol{A},\boldsymbol{B},\boldsymbol{C},\boldsymbol{D}$ 输入，利用前面的极点配置函数求出控制增益为

$$K=-8.0000 \quad -7.6000 \quad -61.0000 \quad -18.6000$$

给定倒置摆初始条件：偏离角度 $\theta(0)=0.1\text{rad}$，$\dot{\theta}(0)=0$，$z(0)=0$，$\dot{z}(0)=0$ 时，绘出反馈控制系统在初始条件下的状态响应曲线，观察其能否返回到参考位置 $[\theta(0)=0, z(0)=0]$ 以及响应速度是否符合设计要求。

不考虑参考输入 v，系统状态方程为 $\dot{\boldsymbol{x}}=(\boldsymbol{A}-\boldsymbol{BK})\boldsymbol{x}=\hat{\boldsymbol{A}}\boldsymbol{x}$，将初始条件向量定义为 $\hat{\boldsymbol{B}}=[0 \quad 0 \quad 0.1 \quad 0]^{\mathrm{T}}$，则系统对初始条件的响应等效于求解下列方程的单位阶跃响应

$$\dot{\boldsymbol{\xi}}=\hat{\boldsymbol{A}}\boldsymbol{\xi}+\hat{\boldsymbol{B}}u$$

$$\boldsymbol{x}=\hat{\boldsymbol{A}}\boldsymbol{\xi}+\hat{\boldsymbol{B}}u$$

式中 $\hat{\boldsymbol{B}}=\boldsymbol{x}(0)$，$u=1(t)$。编写 Matlab 程序如下

```
%programl
%* * * * * * enter matrices A B K to produce matrix Ahat * * * * * *
A=[0 1 0 0;0 0 -1 0;0 0 0 1;0 0 11 0];B=[0;1;0;-1];K=[-8 -7.6 -61 -18.6];
Ahat=A-B*K;

%* * * enter initial condition matrix Bhat,obtain the state response to initial condition * * *
Bhat=[0;0;0.1;0];Tf=6;%Tf is stop time
Sys=ss(Ahat,Bhat,Ahat,Bhat);
[x,t,xi]=step(Sys,Tf);

%* * * * * * plot the state response curve x1,x2,x3,x4 on one diagram * * * * * *
subplot(2,2,1),plot(t,x(:,1));grid;
title('x1(Displacement)versus t');xlabel('t/Sec');ylabel('x1=Displacement');

subplot(2,2,2),plot(t,x(:,2));grid;
title('x2(Velocity)versus t');xlabel('t/Sec');ylabel('x2=Velocity');

subplot(2,2,3),plot(t,x(:,3));grid;
title('x3(Theta)versus t');xlabel('t/Sec');ylabel('x3=Theta');

subplot(2,2,4),plot(t,x(:,4));grid;
title('x4(Theta dot)versus t');xlabel('t/Sec');ylabel('x4=Theta dot');
```

其运行结果如图 7-20 所示。如果采用 lsim（ ）正数，也可以很轻易求出状态响应。

期望闭环极点的选择是在误差向量的快速性和干扰以及测量噪声的灵敏性之间的一种折中，也就是说，如果加快误差响应速度，则干扰和测量噪声的影响通常也随之增大。因此在决定反馈增益矩阵 $\boldsymbol{K}$ 时，最好检验几组不同的期望闭环极点，并确定相应 $\boldsymbol{K}$ 阵，检验其响应曲线后，选择系统总体性能最好的矩阵 $\boldsymbol{K}$。下面给出另外两组期望闭环极点 $\lambda=\{-2\pm2\sqrt{3}\mathrm{j}, -10, -10\}$ 和 $\lambda=\{-1\pm\mathrm{j}, -1, -2\}$，重复上面的过程，观察增益矩阵 $\boldsymbol{K}$ 与闭环极点之间的关系。

- 期望极点为 $\lambda=\{-2\pm2\sqrt{3}\mathrm{j},-10,-10\}$，$\boldsymbol{K}=[-160 \quad -72 \quad -367 \quad -96]$
- 期望极点为 $\lambda=\{-1\pm\mathrm{j},-1,-2\}$，$\boldsymbol{K}=[-0.4000 \quad -1.0000 \quad -21.4000 \quad -6.0000]$

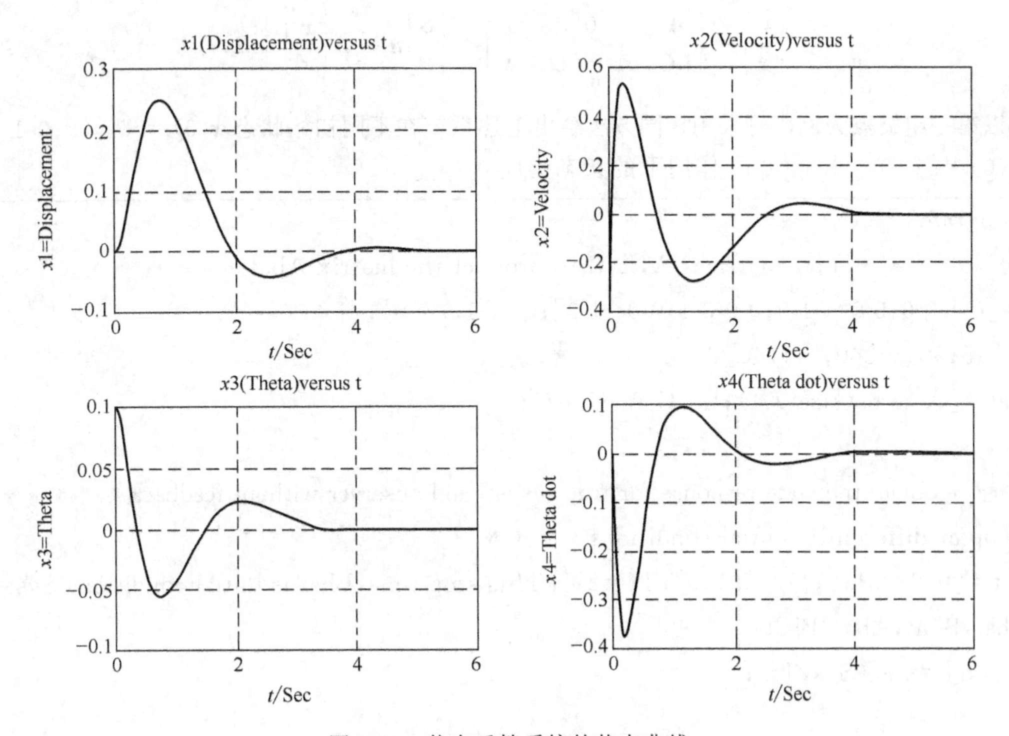

图 7-20　状态反馈系统的状态曲线

将三组不同期望极点对应的状态响应曲线进行比较，可以得出以下结论：期望极点在 s 平面上向左移动，虽然响应速度加快，但控制信号明显加大，且超调量也有所增加，反之，如果期望极点靠近原点，则控制信号较小，但响应时间明显加长。从响应快速性和工程实现角度综合考虑，选取反馈增益 $\boldsymbol{K}=[-8\quad -7.6\quad -61\quad -18.6]$。

④ 全维状态观测器的设计　一般来说，包含观测器的状态反馈系统在鲁棒性上较直接状态反馈控制系统差。为保证观测器 $\hat{\boldsymbol{x}}$ 逼近 $\boldsymbol{x}$ 的速率较反馈系统响应速率要快（即观测器的极点负实部要小于反馈极点的负实部），同时还有防止数值过大带来的实现困难，如饱和效应、噪声加剧等，通常，在考虑观测器的特征值时可参考这样的原则：观测器的主导极点的负实部是反馈主导极点负实部的 2～3 倍。在设计状态观测器时，与设计反馈控制律一样，最好是在几组不同期望极点的基础上决定观测器增益矩阵 $\boldsymbol{L}$，进行仿真以评估作为最终系统的性能。给出三组观测器极点 $\lambda=\{-2\pm \mathrm{j},\ -6,\ -5\}$，$\lambda=\{-3\pm 2\mathrm{j},\ -10,\ -10\}$ 和 $\lambda=\{-4\pm \mathrm{j},\ -5,\ -10\}$。

disp（L）	disp（L）	disp（L）
15	26	23
90	244	198
−340	−1146	−908
−1140	−3984	−3028

观测器的动态方程：$\dot{\tilde{\boldsymbol{x}}}=(\boldsymbol{A}-\boldsymbol{LC})\tilde{\boldsymbol{x}}+\boldsymbol{B}u+\boldsymbol{L}y$，需要确定观测器增益 $\boldsymbol{L}$。根据对偶原理，$\boldsymbol{L}$ 矩阵的计算可由极点配置函数得到，其中将系统矩阵对（$\boldsymbol{A},\boldsymbol{B}$）的输入分别改为（$\boldsymbol{A}^{\mathrm{T}}$，$\boldsymbol{C}^{\mathrm{T}}$），另外观测器增益矩阵 $\boldsymbol{L}=\boldsymbol{K}^{\mathrm{T}}$，针对三组观测器极点分别得到结果如下。

已知系统方程为 $\dot{\boldsymbol{x}}=\boldsymbol{A}\boldsymbol{x}+\boldsymbol{B}u$ 和观测器方程 $\dot{\tilde{\boldsymbol{x}}}=(\boldsymbol{A}-\boldsymbol{LC})\tilde{\boldsymbol{x}}+\boldsymbol{B}u+\boldsymbol{LC}\boldsymbol{x}$，可以写出组合系统的状态空间表达式。

$$\begin{bmatrix}\dot{x}\\ \dot{\tilde{x}}\end{bmatrix}=\begin{bmatrix}\boldsymbol{A} & 0\\ \boldsymbol{LC} & \boldsymbol{A}-\boldsymbol{LC}\end{bmatrix}\begin{bmatrix}x\\ \tilde{x}\end{bmatrix}+\begin{bmatrix}\boldsymbol{B}\\ \boldsymbol{B}\end{bmatrix}u\overset{\Delta}{=}\hat{\boldsymbol{A}}\begin{bmatrix}x\\ \tilde{x}\end{bmatrix}+\hat{\boldsymbol{B}}u$$

以第一组极点为例，可采用相同方法绘出上述系统在不同初始状态 $\boldsymbol{x}(0)=[0\quad 0\quad 0.1\quad 0]^{T}$ 和 $\tilde{\boldsymbol{x}}(0)=[1\quad 0\quad 0.1\quad 0]^{T}$ 作用下的状态响应。

```
%program2
%******enter matrices A,L,C to product the matrix Ahat******
A=[0 1 0 0;0 0 -1 0;0 0 0 1;0 0 11 0];C=[1 0 0 0];
L=[15;90;-340;-1140];
Ahat=[A zeros(size(A));L*C A-L*C];

%***obtain the state response for true system and observer without feedback******
%loop at differential initial conditions****
Bhat=[0;0;0.1;0;1;0;0.1;0];Tf=2;%Tf is stop time,Bhat is initial conditions Sys=ss
(Ahat,Bhat,Ahat,Bhat);
[x,t,xi]=step(Sys,Tf);

%******plot the state response curve x1,x2,x3,x4(true state)and xhat1,******
%xhat2,xhat3,xhat4(estimation state)on one diagram******
subplot(2,2,1)  plot(t,x(:,1),'-',t,x(:,5),'-.');grid;
title('x1(Displacement)versus t');xlabel('t/Sec');ylabel('x1=Displacement');

subplot(2,2,2)  plot(t,x(:,2),'-',t,x(:,6),'-.');grid;
title('x2(Velocity)versus t');xlabel('t/Sec');ylabel('x2=Velocity');

subplot(2,2,3)  plot(t,x(:,3),'-',t,x(:,7),'-.');grid;
title('x3(Theta)versus t');xlabel('t/Sec');ylabel('x3=Theta');

subplot(2,2,4)  plot(t,x(:,4),'-',t,x(:,8),'-.');grid;
title('x4(Theta dot)versus t');xlabel('t/Sec');ylabel('x4=Theta dot');
```

运行结果如图 7-21 所示，其中实线是真实系统的状态，虚线是观测状态。对另外两组极点也进行仿真，比较后可以得出这样的结论：随着观测器极点在 S 平面上向左移动，观测器状态逼近实际状态的速度加快，但增益矩阵 $\boldsymbol{L}$ 也随之增大，实现起来较为困难，容易产生饱和。综合考虑，这里选取观测器增益矩阵为 $\boldsymbol{L}=[15\quad 90\quad -340\quad -1140]^{T}$，其响应速度约为 2s，比反馈的响应速度 5s 要快得多。另外从仿真曲线中可以看出，如果没有反馈环节，那么系统是不稳定的。

⑤ 观测器的引入对闭环系统的影响　写出具有全维观测器的反馈闭环系统的状态空间表达式

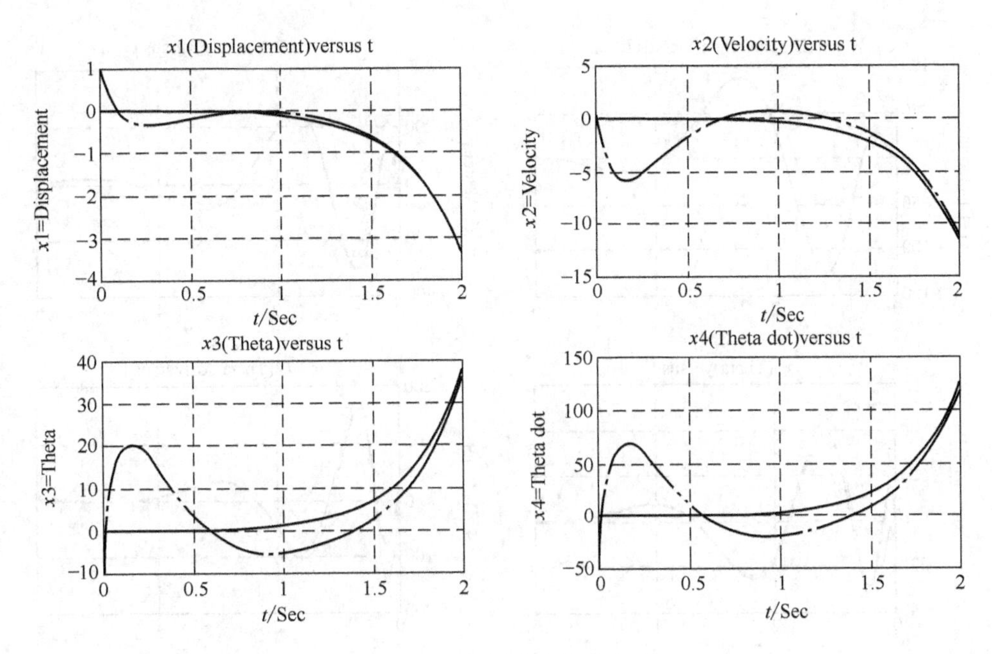

图 7-21　观测器的状态曲线

$$\begin{bmatrix} \dot{x} \\ \dot{\tilde{x}} \end{bmatrix} = \begin{bmatrix} \boldsymbol{A} & -\boldsymbol{BK} \\ \boldsymbol{LC} & \boldsymbol{A}-\boldsymbol{LC}-\boldsymbol{BK} \end{bmatrix} \begin{bmatrix} x \\ \tilde{x} \end{bmatrix}$$

以及误差状态方程 $\dot{\boldsymbol{e}}=(\boldsymbol{A}-\boldsymbol{LC})\boldsymbol{e}$。将 program2 中的 $\hat{\boldsymbol{A}}$ 矩阵的定义按照上式加以修改，就可以绘出组合系统的状态响应曲线，并验证分离定理。

```
%* * * * * * enter matrices A,L,C to product the matrix Ahat * * * * * *
A=[0 1 0 0;0 0 -1 0;0 0 0 1;0 0 11 0];C=[1 0 0 0];B=[0;1;0;-1];
L=[15;90;-340;-1140];K=[-8 -7.6 -61 -18.6];
Ahat=[A -B*K;L*C A-L*C-B*K];
lambda=eig(Ahat);
```

输出结果如下

```
disp(lambda)
-1.0000+1.7321i
-1.0000-1.7321i
-6.0000
-2.0000+1.0000i
-2.0000-1.0000i
-5.0000+0.0000i
-5.0000-0.0000i
-4.0000
```

可以看出闭环系统的特征值是由观测器特征值（$-2+j$，$-2-j$，-5，-6）和反馈环节的特征值（$-1+\sqrt{3}j$，$-1-\sqrt{3}j$，-4，-5）组合而成的，满足分离定理。

状态响应曲线如图 7-22 所示，实线为真实状态，虚线为观测状态，可以看出控制效果和跟踪效果都满足设计要求。

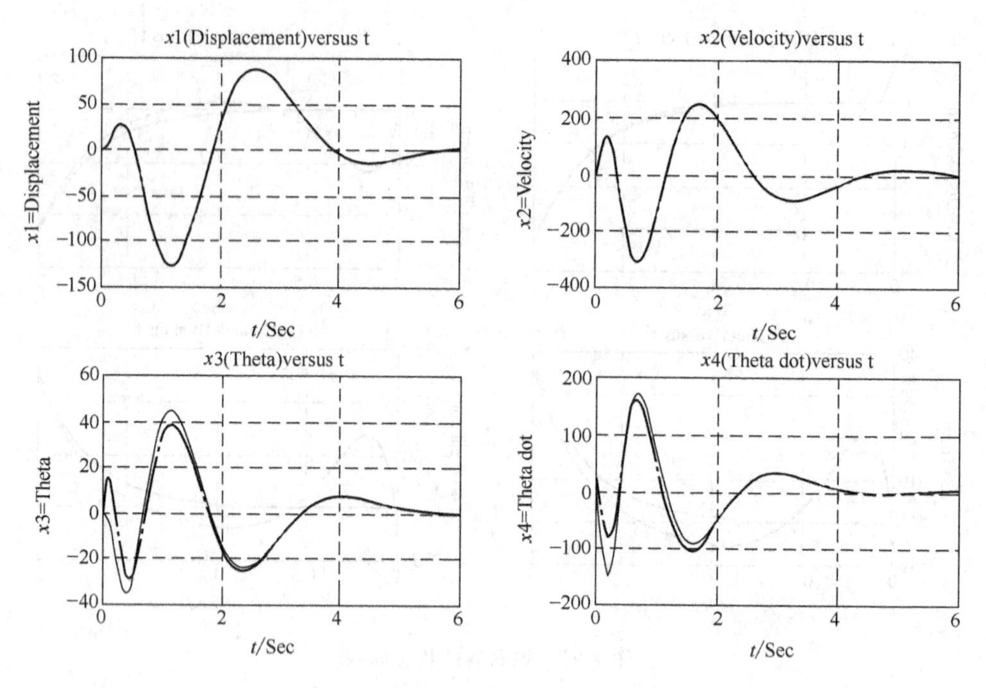

图 7-22 带观测器的状态反馈系统响应

7.7 学生自读

7.7.1 学习目标

① 掌握线性定常系统状态空间模型的建立方法与其他数学描述（微分方程、传递函数矩阵）之间的关系。

② 掌握采用状态空间表述的系统运动分析方法，状态转移矩阵的概念和求解。

③ 掌握系统基本性质——能控性和能观测性的定义、有关判据及两种性质之间的对偶性。

④ 理解状态空间表达在线性变换下的性质，对于完全能控或能观测系统，构造能控、能观测标准形的线性变换方法，对于不完全能控或不完全能观测系统，基于能控性或能观测性的结构分解方法。

⑤ 掌握单变量系统的状态反馈极点配置和全维状态观测器设计方法，理解分离定理，带状态观测器的状态反馈控制系统的设计。

7.7.2 例题分析与工程实例

从例 7-24 和例 7-25 可以看出，极点配置状态反馈控制只是改变控制系统的响应品质，如超调量、响应时间等，而无法保证系统的输出跟踪特性，因此欲使系统达到更高的性能要求，通常需要将极点配置状态反馈和其他控制策略结合使用。下面给出两个工程实例进行说明。

【例 7-26】 设如图 7-23 所示的某测试系统结构，试设计状态反馈，使得闭环系统满足

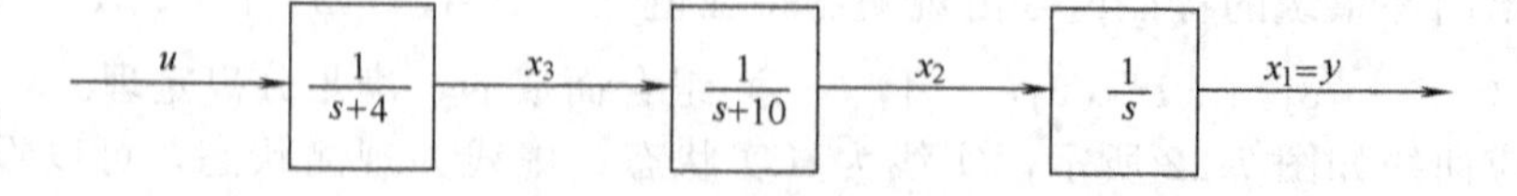

图 7-23 某测试系统结构

如下性能指标：超调量 $\sigma_p \leqslant 5\%$，峰值时间 $t_p \leqslant 0.5s$，阶跃输入作用下，稳态位置误差为零。

解　首先根据系统结构图列写方程为

$$x_3(s)=\frac{1}{s+4}u(s),\ x_2(s)=\frac{1}{s+10}x_3(s),\ x_1(s)=y=\frac{1}{s}x_2(s)$$

将上述方程反拉式变换，得到系统的状态空间表达

$$\dot{x}_3=-4x_3+u,\ \dot{x}_2=-10x_2+x_3,\ \dot{x}_1=x_2,\ y=x_1$$

$$\Rightarrow \dot{\boldsymbol{x}}=\begin{bmatrix}0 & 1 & 0\\ 0 & -10 & 1\\ 0 & 0 & -4\end{bmatrix}\boldsymbol{x}+\begin{bmatrix}0\\0\\1\end{bmatrix}u,\ y=\begin{bmatrix}1 & 0 & 0\end{bmatrix}\boldsymbol{x}$$

下面确定期望闭环极点的位置。给定系统是三阶系统，可以根据主导极点的原则，让系统的一个极点远离虚轴，另外一对共轭复数极点相对靠近虚轴，那么这一对共轭复数极点就是主导极点，系统的动态性能主要由主导极点决定。假设系统的主导极点为

$$\lambda_{1,2}=-\zeta\omega_n \pm j\sqrt{1-\zeta^2}\,\omega_n$$

利用二阶系统动态参数值之间的关系可得

$$t_p=\frac{\pi}{\omega_n\sqrt{1-\zeta^2}}\leqslant 0.5,\quad \sigma_p=e^{\frac{-\zeta\pi}{\sqrt{1-\zeta^2}}}\times 100\%\leqslant 5\%$$

由此可得 $\zeta \geqslant 0.707$，$\omega_n \geqslant 9$ 时，系统动态性能得到满足。选取 $\zeta=0.707$，$\omega_n=10$，则期望主导极点为 $\lambda_{1,2}^*=-7.07\pm j7.07$，选取第三个远离虚轴的极点为 $\lambda_3^*=-80$，闭环系统的期望特征多项式为

$$\alpha^*(s)=(s+80)(s+7.07+j7.07)(s+7.07-j7.07)=s^3+94.1s^2+1231.2s+8000 \tag{7-121}$$

最后进行极点配置，设状态反馈增益矩阵 $\boldsymbol{K}=[k_1\quad k_2\quad k_3]$，由此推导闭环系统的特征方程为

$$|s\boldsymbol{I}-\boldsymbol{A}+\boldsymbol{BK}|=\begin{vmatrix}s & -1 & 0\\ 0 & s+10 & -1\\ k_1 & k_2 & s+4+k_3\end{vmatrix}=s^3+(14+k_3)s^2+(k_2+10k_3+40)s+k_1$$

与式（7-120）比较系数，可得

$$14+k_3=91.4,\ k_2+10k_3+40=1231.2,\ k_1=8000\Rightarrow k_1=8000,\ k_2=417.2,\ k_3=77.4$$

因此得到系统的状态反馈增益矩阵 $\boldsymbol{K}=[8000\quad 417.2\quad 77.4]$。

给定测试系统为Ⅰ型系统，所以可采用前馈控制策略设计闭环系统，使其在单位阶跃输入作用下，稳态位置误差为零，如图 7-24 所示。

由闭环控制结构图可知，整个闭环系统的传递函数为

$$G(s)=\frac{F}{\alpha^*(s)}=\frac{F}{s^3+94.1s^2+1231.2s+8000}$$

根据要求，单位阶跃输入作用下，稳态位置误差为零，则必有

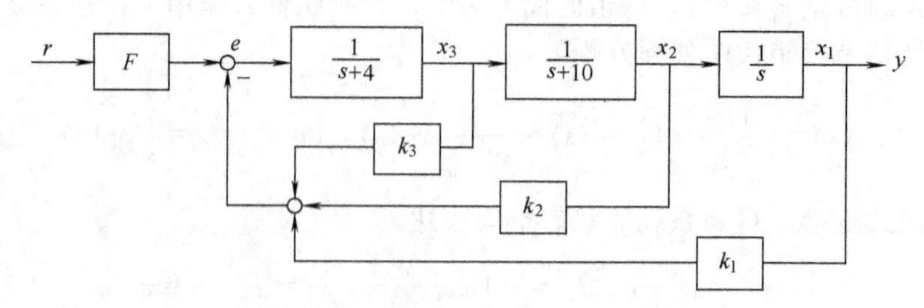

图 7-24　测试系统闭环控制结构

$$y(\infty)=\lim_{s\to 0}sG(s)R(s)=\lim_{s\to 0}s\frac{F}{s^3+94.1s^2+1231.2s+8000}\times\frac{1}{s}$$

于是可得前馈增益 $F=8000$。

闭环系统阶跃响应如图 7-25 所示，从图中可以看出输出响应的超调量、峰值时间满足题目要求。

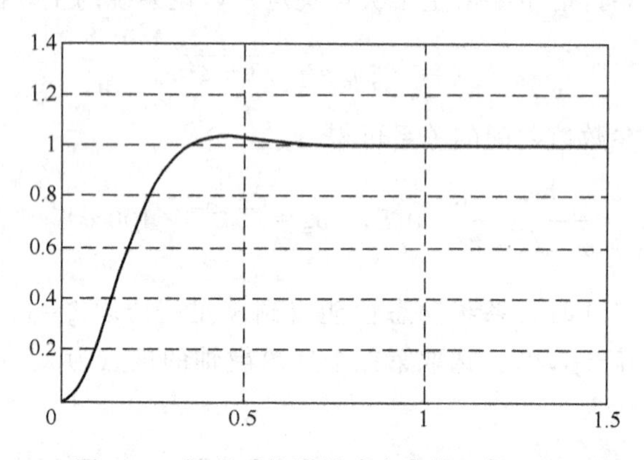

图 7-25　闭环系统阶跃响应曲线（例 7-26）

【例 7-27】 图 7-26 所示为水箱液位控制系统，液位 $h(t)$ 由浮子传感器测量，开环系统的输入信号是 $e(t)$，系统动态方程和参数如下。

电机阻抗：$R_a=10\ \Omega$　　电机电感：$L_a=0\ \text{H}$

转矩常数：$K_i=10\ \text{N}\cdot\text{cm/A}$　　反电势常数：$K_b=0.0706\ \text{V/rad/s}$

转动惯量：$J_m=0.005\ \text{N}\cdot\text{cm}\cdot\text{s}^2$　　负载惯量：$J_L=10\ \text{N}\cdot\text{cm}\cdot\text{s}^2$

传动比：$n=N_1/N_2=1/100$　　负载和电机摩擦力：可忽略不计

放大器增益：$K_a=50$　　水箱面积：$A=5\ \text{m}^2$

$$e_a(t)=K_ae(t)=R_ai_a(t)+K_b\omega_m(t),\ \omega_m(t)=d\theta_m(t)/dt \tag{7-122}$$

$$T_m(t)=K_ii_a(t)=(J_m+n^2J_L)d\omega_m(t)/dt,\ \theta_c(t)=n\theta_m(t) \tag{7-123}$$

从蓄水池出来有 $N=8$ 个特性相同的阀门与水箱相连，同时由 θ_c 控制，流量控制方程如下

$$\begin{aligned}&q_i(t)=K_iN\theta_c(t),\ K_i=1\ \text{m}^3/\text{s}\cdot\text{rad}\\&q_o(t)=K_oh(t),\ K_o=5\ \text{m}^2/\text{s}\\&Adh(t)/dt=q_i(t)-q_o(t)\end{aligned} \tag{7-124}$$

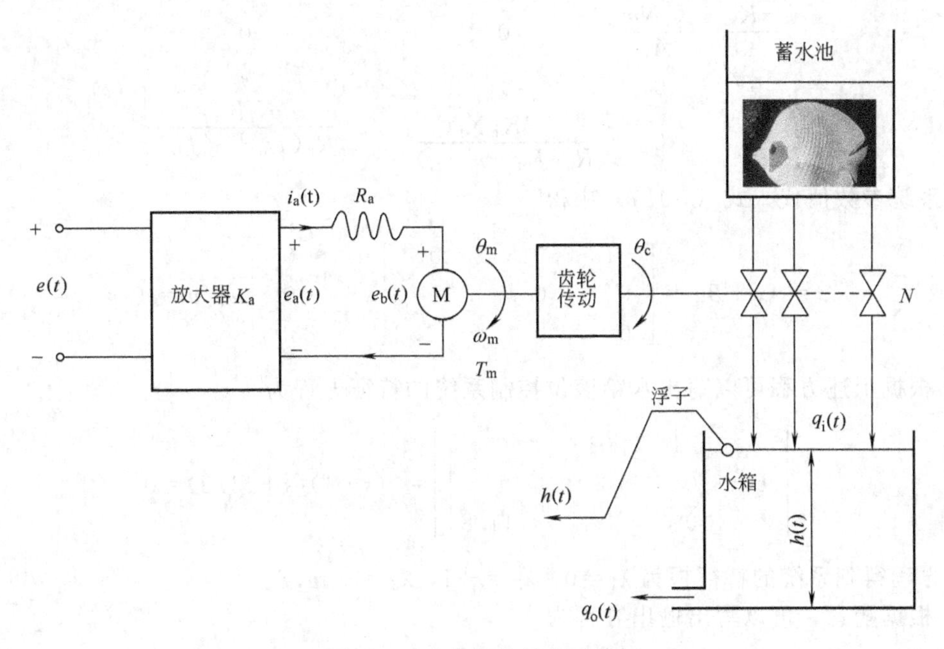

图 7-26　水箱液位控制系统

问题

① 定义 $x_1(t)=h(t)$，$x_2(t)=\theta_m(t)$，$x_3(t)=d\theta_m(t)/dt$ 为状态变量，写出系统的状态空间表达。

② 求出上述系统的特征方程以及系统的特征根。

③ 由于经济方面的原因，在三个状态变量中只有一个液位 $h(t)$ 是可测量的，作为输出并可用于反馈，分析系统的能控性和能观测性。

④ 试设计状态反馈使系统液位输出保持在设定值 R。

⑤ 考虑到另外两个状态的不可测量，请用观测器对它们进行估计，最终实现观测器-状态反馈控制。

解　① 根据式(7-122) 可以求出

$$i_a(t)=\frac{1}{R_a}\left[K_a e(t)-K_b\frac{d\theta_m(t)}{dt}\right]$$

将上式代入式 (7-123) 有

$$\frac{K_i}{R_a}\left[K_a e(t)-K_b\frac{d\theta_m(t)}{dt}\right]=(J_m+n^2J_L)\frac{d^2\theta_m(t)}{dt^2}$$

$$\frac{d^2\theta_m(t)}{dt^2}=\frac{K_i}{R_a(J_m+n^2J_L)}\left[K_a e(t)-K_b\frac{d\theta_m(t)}{dt}\right] \tag{7-125}$$

在对式 (7-124) 进行整理得

$$\frac{dh(t)}{dt}=\frac{K_i Nn\theta_m(t)}{A}-\frac{K_o h(t)}{A} \tag{7-126}$$

选取 $x_1(t)=h(t)$，$x_2(t)=\theta_m(t)$，$x_3(t)=d\theta_m(t)/dt$ 为状态变量，根据式 (7-125) 和式 (7-126) 写出系统的状态空间表达如下

$$\dot{\boldsymbol{x}}=\begin{bmatrix}\dfrac{-K_{\mathrm{o}}}{A} & \dfrac{K_{\mathrm{i}}Nn}{A} & 0\\ 0 & 0 & 1\\ 0 & 0 & \dfrac{-K_{\mathrm{b}}K_{\mathrm{i}}}{R_{\mathrm{a}}(J_{\mathrm{m}}+n^2J_{\mathrm{L}})}\end{bmatrix}\boldsymbol{x}+\begin{bmatrix}0\\0\\ \dfrac{K_{\mathrm{i}}K_{\mathrm{a}}}{R_{\mathrm{a}}(J_{\mathrm{m}}+n^2J_{\mathrm{L}})}\end{bmatrix}e(t) \tag{7-127}$$

将系统参数值代入式（7-127）中得

$$\dot{\boldsymbol{x}}=\boldsymbol{A}\boldsymbol{x}+\boldsymbol{B}u=\begin{bmatrix}-1 & 0.016 & 0\\ 0 & 0 & 1\\ 0 & 0 & -11.8\end{bmatrix}\boldsymbol{x}+\begin{bmatrix}0\\0\\8333\end{bmatrix}u,\ u=e(t) \tag{7-128}$$

② 根据上述方程可以写出水箱液位控制系统的特征方程为

$$\left|s\boldsymbol{I}-\begin{bmatrix}-1 & 0.016 & 0\\ 0 & 0 & 1\\ 0 & 0 & -11.8\end{bmatrix}\right|=s(s+1)(s+11.8)=0$$

解方程得到系统的特征根为 $\lambda_1=0$，$\lambda_2=-1$，$\lambda_3=-11.8$。

③ 根据题意，可以写出输出方程为

$$y=\boldsymbol{C}\boldsymbol{x}=[1\quad 0\quad 0]\boldsymbol{x} \tag{7-129}$$

判断系统的能控性和能观测性

$$\mathrm{rank}\boldsymbol{Q}_{\mathrm{c}}=\mathrm{rank}\ [\boldsymbol{B}\quad \boldsymbol{AB}\quad \boldsymbol{A}^2\boldsymbol{B}]\ =3$$

$$\mathrm{rank}\boldsymbol{Q}_{\mathrm{o}}=\mathrm{rank}\begin{bmatrix}\boldsymbol{C}\\ \boldsymbol{CA}\\ \boldsymbol{CA}^2\end{bmatrix}=3$$

系统是完全能控、完全能观测的，可以进行观测器和状态反馈控制器的设计。

④ 欲使液位跟踪设定值，必须采用带有积分反馈和状态反馈控制作用。

$$u=-\boldsymbol{K}\boldsymbol{x}+G\int(R-y)\mathrm{d}t=-\boldsymbol{K}\boldsymbol{x}+Gx_{\mathrm{c}} \tag{7-130}$$

其中 $x_{\mathrm{c}}=\int(R-y)\mathrm{d}t$，$\boldsymbol{K}_{1\times3}$，$\boldsymbol{G}_{1\times1}$都是具有定常值的反馈增益矩阵。结构图如 7-27 所示。

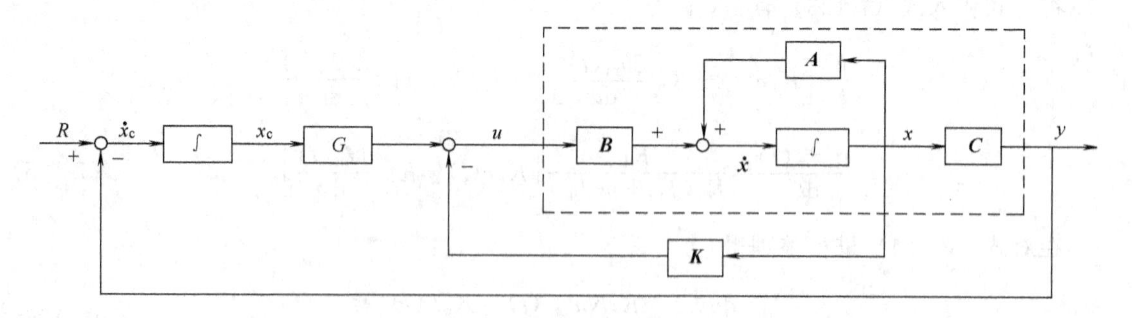

图 7-27　带状态反馈和积分反馈的控制系统

因为反馈控制式（7-130）带有一个附加的积分器，所以整个系统阶次从原来的 3 阶增加到 4 阶，写出反馈控制系统的状态空间方程。

$$\begin{bmatrix}\dot{\boldsymbol{x}}\\ \dot{\boldsymbol{x}}_c\end{bmatrix}=\begin{bmatrix}\boldsymbol{A} & 0\\ 0 & 0\end{bmatrix}\begin{bmatrix}\boldsymbol{x}\\ \boldsymbol{x}_c\end{bmatrix}+\begin{bmatrix}\boldsymbol{B}\\ 0\end{bmatrix}u+\begin{bmatrix}0\\ 1\end{bmatrix}R+\begin{bmatrix}0\\ -1\end{bmatrix}y=\begin{bmatrix}\boldsymbol{A} & 0\\ -\boldsymbol{C} & 0\end{bmatrix}\begin{bmatrix}\boldsymbol{x}\\ \boldsymbol{x}_c\end{bmatrix}+\begin{bmatrix}\boldsymbol{B}\\ 0\end{bmatrix}u+\begin{bmatrix}0\\ 1\end{bmatrix}R \tag{7-131}$$

显然，如果将系统式（7-131）的极点配置到稳定位置，那么该系统的全部状态都应该是稳定的，必有 $\lim\limits_{t\to\infty}x_c=\lim\limits_{t\to\infty}(R-y)=0$，此时输出液位保持在设定值 R。根据稳定要求，可以选取稳定的期望闭环极点为 $\lambda^*=-1\pm \mathrm{j}$；$-10$；$-10$，由此构造状态反馈得

$$\left|s\boldsymbol{I}-\begin{bmatrix}\boldsymbol{A} & 0\\ -\boldsymbol{C} & 0\end{bmatrix}+\begin{bmatrix}\boldsymbol{B}\\ 0\end{bmatrix}[\boldsymbol{K}\quad \boldsymbol{G}]\right|=(s+1+\mathrm{j})(s+1-\mathrm{j})(s+10)(s+10) \tag{7-132}$$

通过 Matlab 计算得 $\boldsymbol{K}=[0.893\quad 0.0145\quad 0.0011]$，$G=1.5$。

⑤ 因为观测器的设计和反馈控制器的设计满足分离原理，所以可以直接对给定的液位控制系统式（7-128）和式（7-129）设计 2 阶观测器。重写系统方程如下

$$\dot{y}=\dot{x}_1=-y+[0.016\quad 0]\begin{bmatrix}x_2\\ x_3\end{bmatrix}$$

$$\begin{bmatrix}\dot{x}_2\\ \dot{x}_3\end{bmatrix}=\begin{bmatrix}0 & 1\\ 0 & -11.8\end{bmatrix}\begin{bmatrix}x_2\\ x_3\end{bmatrix}+\begin{bmatrix}0\\ 8333\end{bmatrix}u$$

令 $\boldsymbol{v}=\begin{bmatrix}0\\ 8333\end{bmatrix}u$，$w=\dot{y}+y$，则构造 2 阶观测器如下

$$\begin{bmatrix}\dot{\tilde{x}}_2\\ \dot{\tilde{x}}_3\end{bmatrix}=\left(\begin{bmatrix}0 & 1\\ 0 & -11.8\end{bmatrix}-\boldsymbol{L}[0.016\quad 0]\right)\begin{bmatrix}\tilde{x}_2\\ \tilde{x}_3\end{bmatrix}+\begin{bmatrix}0\\ 8333\end{bmatrix}u+\boldsymbol{L}(\dot{y}+y) \tag{7-133}$$

根据工程要求，一般观测器的响应速度应比闭环系统状态的响应速度快 2～5 倍，闭环系统响应主要有主导极点 $\lambda=-1\pm\mathrm{j}$ 决定，所以选取观测器的两个期望极点均为 -5，则有

$$\left|s\boldsymbol{I}-\begin{bmatrix}0 & 1\\ 0 & -11.8\end{bmatrix}+\boldsymbol{L}[0.016\quad 0]\right|=(s+5)(s+5)$$

计算得观测器增益矩阵 $\boldsymbol{L}=\begin{bmatrix}-112.5\\ 2890\end{bmatrix}$。

定义变量 $\boldsymbol{\eta}=\begin{bmatrix}\tilde{x}_2\\ \tilde{x}_3\end{bmatrix}-\boldsymbol{L}y$，并对 2 阶观测器重新整理得

$$\dot{\boldsymbol{\eta}}=\begin{bmatrix}1.8 & 1\\ -46.24 & -11.8\end{bmatrix}\boldsymbol{\eta}+\begin{bmatrix}0\\ 8333\end{bmatrix}u+\begin{bmatrix}2575\\ -26010\end{bmatrix}y \tag{7-134}$$

观测器的输出方程为

$$\tilde{\boldsymbol{x}}=\begin{bmatrix}y\\ \boldsymbol{\eta}+\boldsymbol{L}y\end{bmatrix}=\begin{bmatrix}y\\ \eta_1-112.5y\\ \eta+2890y\end{bmatrix} \tag{7-135}$$

取液位设定值为 6，系统在不同初始条件 $x_0=0$，$\boldsymbol{\eta}=[30\quad 45]^{\mathrm{T}}$ 下的仿真结果如图 7-28 所示。

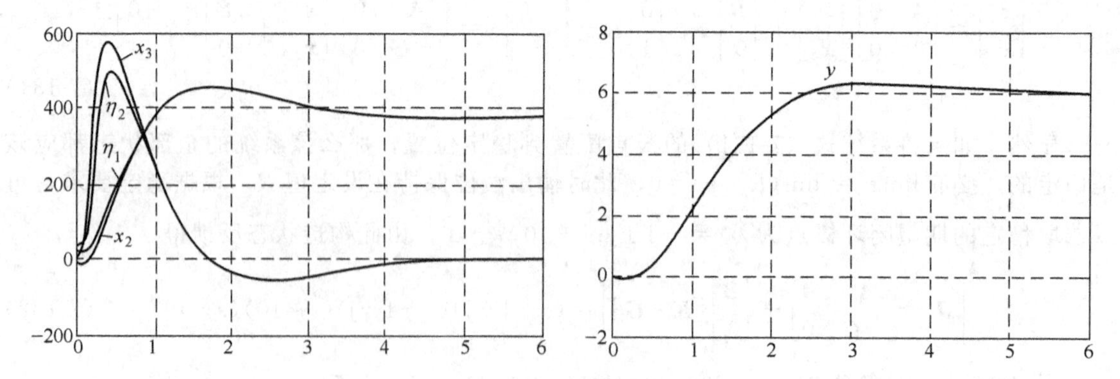

图 7-28 状态跟踪和输出响应曲线（例 7-27）

7.7.3 本章小结

状态空间分析方法是线性系统理论中一个最重要和影响最广泛的分支。该方法采用反映状态变量、输入变量、输出变量之间关系的状态方程和输出方程来描述系统，能够更全面、更深刻地揭示系统内在特性，特别适合处理多输入多输出系统。不管是系统的分析还是系统的综合控制，状态空间方法都有了一整套完整的、成熟的理论和方法。

本章主要从系统的状态空间表达式出发，系统地讨论了状态空间法的分析和综合控制问题。首先介绍状态空间描述的基本概念、基本性质，以及与其他线性系统描述形式之间的转化问题，这些是状态空间法的基础。然后讨论线性系统的运动分析，建立了系统在不同初始条件和输入作用下的状态响应一般表达式。接下来详细讨论系统的能控性和能观测性，给出它们的定义和各种判据形式，并在此基础上导出的结构分解进一步揭示了状态空间描述与传递函数矩阵描述之间的关系。最后专门讨论线性系统的综合控制问题——极点配置，给出系统极点可任意配置的条件和方法，同时为保证状态反馈控制的工程实现，还介绍了观测器的设计理论。

习 题 7

7-1 下面的微分方程代表了线性定常系统，请写出它们对应的状态空间表达。

（1）$\dfrac{d^2y(t)}{dt^2}+4\dfrac{dy(t)}{dt}+y(t)=5u(t)$

（2）$\dfrac{d^3y(t)}{dt^3}+5\dfrac{d^2y(t)}{dt^2}+4\dfrac{dy(t)}{dt}+y(t)+\int_0^t y(\tau)d\tau=u(t)$

（3）$\dfrac{d^3y(t)}{dt^3}+2\dfrac{d^2y(t)}{dt^2}+y(t)=u(t)+4\dfrac{du(t)}{dt}$

7-2 已知线性定常系统的状态方程为 $\dot{x}=Ax$，其中

（1）$A=\begin{bmatrix}0 & 1\\0 & -2\end{bmatrix}$　　（2）$A=\begin{bmatrix}0 & 1\\-1 & 0\end{bmatrix}$　　（3）$A=\begin{bmatrix}0 & 1 & 0\\0 & 0 & 1\\0 & 1 & 0\end{bmatrix}$

试求系统统的状态转移矩阵 e^{At}。

7-3 已知系统的状态方程为 $\dot{x}=\begin{bmatrix}0 & 1\\-2 & -3\end{bmatrix}x+\begin{bmatrix}0\\1\end{bmatrix}u$，初始条件为 $x(0)=\begin{bmatrix}0\\1\end{bmatrix}$，试求单位阶跃输入时系统的时间响应 $x(t)$。

7-4 已知矩阵

（1）$\Phi(t)=\begin{bmatrix}1 & 0 & 0\\0 & \sin t & \cos t\\0 & -\cos t & \sin t\end{bmatrix}$　　（2）$\Phi(t)=\begin{bmatrix}2e^{-2t} & e^t+e^{2t}\\e^{2t}-e^t & 2e^t-e^{2t}\end{bmatrix}$

试问：它们可能是某个系统的状态转移矩阵吗？为什么？

7-5　已知线性定常系统 $\dot{\boldsymbol{x}}=\boldsymbol{A}\boldsymbol{x}+\boldsymbol{B}u$ 的状态转移矩阵分别为

(1) $\boldsymbol{\Phi}(t)=\begin{bmatrix}2e^{-t}-e^{-2t} & -2e^{-t}+2e^{-2t}\\ e^{-t}-e^{-2t} & -e^{-t}+2e^{-2t}\end{bmatrix}$

(2) $\boldsymbol{\Phi}(t)=\begin{bmatrix}e^{-t} & 0 & 0\\ 0 & (1-2t)e^{-2t} & 4te^{-2t}\\ 0 & te^{-2t} & (1+2t)e^{-2t}\end{bmatrix}$

试求系统的矩阵 $\boldsymbol{A}$。

7-6　已知系统状态方程为

(1) $\dot{\boldsymbol{x}}=\begin{bmatrix}a & 1\\ -1 & 0\end{bmatrix}\boldsymbol{x}+\begin{bmatrix}b\\ -1\end{bmatrix}u$　　$y=[c\quad 1]\boldsymbol{x}$

(2) $\dot{\boldsymbol{x}}=\begin{bmatrix}a & b\\ c & 0\end{bmatrix}\boldsymbol{x}+\begin{bmatrix}0\\ 1\end{bmatrix}u$　　$y=[1\quad 0]\boldsymbol{x}$

试确定使系统完全能控、完全能观测时，参数 a，b，c 应满足什么关系？

7-7　假设系统的状态方程为

$$\dot{\boldsymbol{x}}=\begin{bmatrix}1 & 0\\ 2 & 2\end{bmatrix}\boldsymbol{x}+\begin{bmatrix}1\\ 0\end{bmatrix}u$$
$$y=[2\quad 1]\boldsymbol{x}$$

(1) 确定系统的能控和能观测性；

(2) 求系统的传递函数；

(3) 确定能控和能观测的状态变量个数。

7-8　已知系统的状态方程为

$$\dot{\boldsymbol{x}}=\begin{bmatrix}1 & -2\\ 3 & 4\end{bmatrix}\boldsymbol{x}+\begin{bmatrix}1\\ 1\end{bmatrix}u$$
$$y=[1\quad 0]\boldsymbol{x}$$

试将该系统转化为能控、能观测标准形。

7-9　已知系统状态空间表达式如下

$$\dot{\boldsymbol{x}}=\begin{bmatrix}0 & 0 & -1\\ 1 & 0 & -3\\ 0 & 1 & -3\end{bmatrix}\boldsymbol{x}+\begin{bmatrix}1\\ 1\\ 0\end{bmatrix}u$$
$$y=[0\quad 1\quad -2]\boldsymbol{x}$$

试判别

(1) 系统是否完全能控？如不完全能控，试写出能控子系统；

(2) 系统是否完全能观测？如不完全能观测，试写出能观测子系统。

7-10　已知系统传递函数为 $G(s)=\dfrac{s+1}{s^3+3s^2+4s+2}$，首先请确定给定系统的状态空间描述，并写出系统能控且能观测，能控不能观测，不能控能观测，不能控且不能观测子系统的动态方程。

7-11　线性定常系统的状态空间表达式为

$$\dot{\boldsymbol{x}}=\begin{bmatrix}0 & 1\\ -2 & -3\end{bmatrix}\boldsymbol{x}+\begin{bmatrix}0\\ 1\end{bmatrix}u$$
$$y=[3\quad 1]\boldsymbol{x}$$

试讨论当状态反馈矩阵 $\boldsymbol{K}$ 取哪些值时，会改变系统的能观测性。

7-12　已知被控系统由以下 3 个环节串联而成，如图 7-29 所示，其传递函数分别为 $G_1(s)=\dfrac{1}{s+1}$，$G_2(s)=\dfrac{1}{s+2}$，$G_3(s)=\dfrac{1}{s}$，试以图中标出状态为状态变量，列写状态方程，并设计状态反馈矩阵 $\boldsymbol{K}$，使闭环极点为 -3，$-2\pm j2$，并画出闭环系统的结构图。

7-13　已知系统的传递函数为 $G(s)=\dfrac{10}{s^3+3s^2+2s}$，试设计状态反馈矩阵 $\boldsymbol{K}$，使极点为 -2，$-1\pm j$。

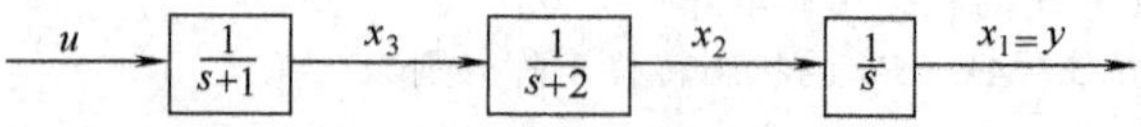

$$u \rightarrow \boxed{\frac{1}{s+1}} \xrightarrow{x_3} \boxed{\frac{1}{s+2}} \xrightarrow{x_2} \boxed{\frac{1}{s}} \xrightarrow{x_1=y}$$

图 7-29 习题 7-12

7-14 已知系统的状态空间表达式为

$$\dot{x}=\begin{bmatrix}0 & 1\\-2 & -3\end{bmatrix}x+\begin{bmatrix}0\\1\end{bmatrix}u$$

$$y=[2 \quad 0]x$$

试设计全维状态观测器，使其极点为－10，10。

7-15 设受控系统的状态空间表达式为

$$\dot{x}=\begin{bmatrix}0 & 3\\0 & -1\end{bmatrix}x+\begin{bmatrix}0\\1\end{bmatrix}u$$

$$y=[1 \quad 1]x$$

试设计极点为－2，－2 的全维状态观测器，构成状态反馈系统，使其闭环极点配置在 $-1\pm j$ 上。

7-16 给定单输入单输出系统的传递函数

$$g_0(s)=\frac{1}{s(s+1)}$$

（1）写出系统的状态空间表达；

（2）请构造状态反馈，使闭环极点为 $\lambda^*=-1\pm\sqrt{3}j$；

（3）试确定全维状态观测器，使其特征根均为－4；

（4）画出带有观测器的状态反馈闭环控制系统的组成结构图；

（5）写出整个闭环控制系统的状态空间表达。

7-17 给定系统 $\sum(A,B,C)$，其中 $A=\begin{bmatrix}-2 & 2 & -1\\0 & -2 & 0\\1 & -4 & 0\end{bmatrix}$，$B=\begin{bmatrix}0\\0\\1\end{bmatrix}$，$C=[0 \quad 1 \quad 0]$

（1）问系统是否能控，若完全能控，则化成能控标准形，若不完全能控，则分别写出能控、不能控子系统表达式。

（2）问能否设计状态反馈，使闭环极点为－2，－3，－4，请说明原因。

7-18 已知受控系统为

$$\dot{x}=\begin{bmatrix}0 & 1\\0 & -5\end{bmatrix}x+\begin{bmatrix}0\\100\end{bmatrix}u$$

$$y=[1 \quad 0]x$$

要求用一维状态估计加状态反馈控制方案实现闭环阻尼比 $\zeta=0.707$ 和无阻尼自然振荡频率 $\omega_n=10\text{rad/s}$（闭环期望极点 $\lambda=-\zeta\omega_n\pm j\sqrt{\zeta^2-1}\omega_n=-7.07\pm j7.07$，观测器期望极点为－10）。

第 8 章　采样控制系统分析方法

8.1　采样控制系统概述

在控制工程中，控制系统通常分成两大类：一类是连续时间控制系统；另一类是离散时间控制系统。在前几章中主要研究的是线性连续控制系统，在线性连续控制系统中各种信号都是连续的时间函数，这种在时间上连续，在幅值上也连续的信号称为模拟信号。近年来，随着计算机的发展以及数字信号技术的发展，可以用数字计算机来实现控制器。这种用数字计算机来实现控制器的就是数字控制器。数字控制器在许多场合取代了模拟控制器。作为分析和设计数字控制系统的基本理论，有必要研究采样控制系统理论方法。而且，这类数字型控制器与连续系统的模拟控制器比较起来，使系统能获得最优的性能。所以当前的各类动态系统的控制均倾向于采用数字控制，而不是模拟控制。如果控制系统中有一处或数处信号不是时间的连续函数，而是整量化的调幅脉冲信号序列和数字信号，则称这类系统为离散时间控制系统或采样控制系统。

从严格意义上来讲，离散控制、数字控制、采样控制的含义并不完全相同。离散控制处理的是离散信号；采样控制处理的是采样信号；数字控制处理的是数字信号。所谓离散控制是指系统中有一处或几处信号是一串脉冲或数码，这些信号仅在离散瞬时上有值，这样的系统称为离散时间系统。而控制系统中的离散信号是脉冲序列形式的离散系统，称为采样控制系统或脉冲控制系统。而把那些幅值被整量化了的离散信号的控制系统，换句话说也就是数字序列形式的离散系统称为数字控制系统或计算机控制系统。离散控制系统的内涵最广，它涵盖了采样和数字控制系统。数字控制系统实际上就是计算机控制系统，如图 8-1 所示，它的输入信号是一个数字序列，如数字仿真系统。由于被控量是一个物理量，而计算机只能处理数字的离散信号，因此采用模数转换器（A/D）将连续信号转换为离散信号（数字量）送给计算机，计算机按某种控制算法进行计算，输出的控制量为数字信号，然后再经过数模转换器（D/A）将离散信号转换为连续的模拟量来控制被控对象。采样控制系统包括了采样数字信号和数字信号，如过程控制系统，如图 8-2 所示。将计算机控制系统中的 A/D 换成采样开关，D/A 换成保持器，那么计算机控制系统则变成了采样控制系统。

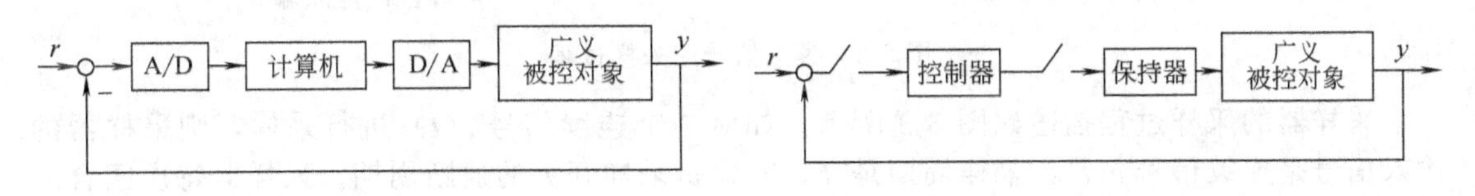

图 8-1　计算机控制系统　　　　图 8-2　采样控制系统

与连续控制系统的分析方法类似，采样控制系统可以通过从 S 域到 Z 域的变换用脉冲传递函数来分析系统的稳定性、稳态特性和动态响应，并能在 Z 域内用根轨迹方法和频域方法来分析和设计系统。本章主要着重讲述线性离散系统的分析方法，首先讨论信号的采样和保持的数学描述，接下来介绍 Z 变换理论和方法以及数学模型的离散化，然后介绍脉冲传递函数，最后介绍线性离散系统性能分析，包括系统的稳定性、稳态特性、动态特性。

8.2 信号的采样与保持

8.2.1 采样器与采样过程

与连续系统显著不同的特点是，在采样系统中一处或数处的信号不是连续的模拟信号，而是在时间上离散的一系列脉冲。这种脉冲序列通常是按一定时间间隔对连续的模拟信号进行采样而得到的，因而称为采样信号。由于采样信号在时间上是离散的，所以又称为离散信号。而采样控制系统一方面为了把连续信号变换成离散信号，需要使用采样器；另一方面，为了控制连续过程中的物理量，又需要使用保持器将离散信号变换为连续信号。典型的采样控制系统如图 8-2 所示，它包括含了连续量到离散量的变换及离散量到连续量的变换。

把连续信号变为脉冲序列或数字序列的装置称为采样器，又称采样开关。采样开关的采样过程可以用一个周期闭合的开关 K 来表示，如图 8-3（a）所示。如果按一定的时间间隔对连续信号进行采样，则是周期采样，如果采样的时间间隔是不确定的，而是随机变化的则是随机采样。如果对连续信号进行采样时有多个采样周期并存，则是多速采样。本章主要研究周期采样。

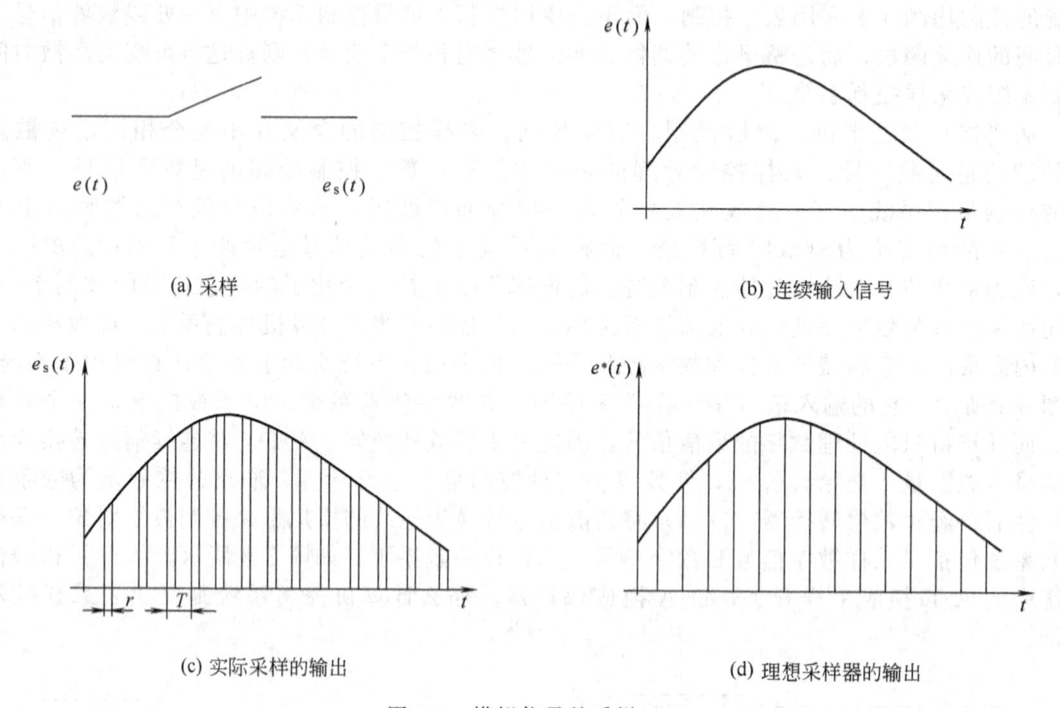

图 8-3 模拟信号的采样过程

采样器的采样过程描述如图 8-3 所示。如对一个连续信号 $e(t)$ 进行采样，则采样器的输入信号是连续信号 $e(t)$，采样周期是 T，T 即是采样开关的通断周期。采样器每次闭合的时间为 $r(nT)$，其称为采样时间。采样角频率 $\omega=\frac{2\pi}{T}$（rad/s）和采样频率 $f_s=\frac{1}{T}$。输出信号 $e_s(t)$ 是经过采样开关后得到的一个离散的脉冲序列，且是一个宽度等于 r 的调幅脉冲系列，在采样瞬时 $nT(n=0,1,2,\cdots)$ 出现。如在 $t=0$ 时，采样器闭合 r 秒，此时 $e_s(t)=e(t)$；$t=r$ 以后，采样器断开，输出 $e_s(t)=0$；以后每隔 T 秒重复上述这种过程。显然，采样过程中丢失了采样间隔之间的信息。

在实际采样中，由于采样开关闭合时间极短，通常为毫秒到微秒级，远远小于采样周期 T，而且控制对象又具有低通滤波特性，同时为了利于数学分析，可以近似认为 $r(nT)$ 趋于零，这样采样器就可以用一个瞬时接通的理想采样开关来代替实际的采样开关。就可以把脉动信号序列 $e_s(t)$ 变为脉冲信号序列 $e^*(t)$。采样瞬时的幅值 $e^*(t)$。等于相应瞬时值$e(t)$的幅值，即 $e(0)$，$e(T)$，$e(2T)$，$e(3T)$，…，$e(nT)$。

采样过程可以看成是一个脉冲幅值调制过程。理想的采样开关相当于一个单位理想脉冲序列发生器，它能够产生一系列单位脉冲。

单位脉冲序列的数学表达式为

$$\delta_T(t)=\sum_{n=-\infty}^{\infty}\delta(t-nT) \tag{8-1}$$

式中，T 为采样周期；n 为整数。它由周期为 T 的一系列宽度为零、幅值为无穷大、面积为 1 的单位理想脉冲所组成（图 8-4）。

因此，单位脉冲序列 $\delta_T(t)$ 可以看成是脉冲调制器的载波信号，如图 8-5 所示。

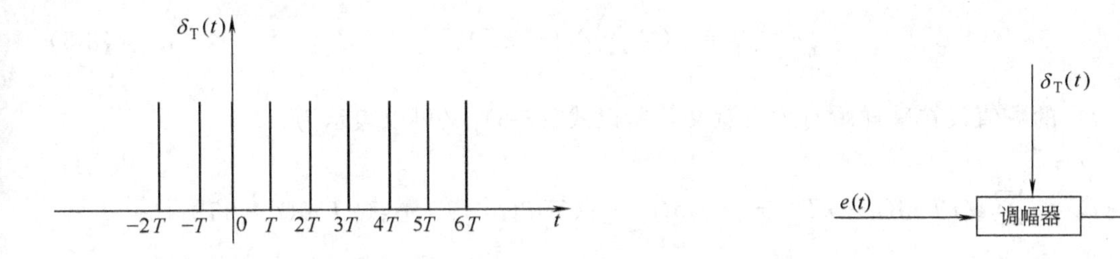

图 8-4　单位脉冲序列　　　　图 8-5　采样信号的调制过程

理想的采样过程可以看成是单位理想脉冲序列发生器的脉冲对输入信号 $e(t)$ 的调制过程，理想的采样器就像一个载波为 δ_T 的幅值调制器，如图 8-5 所示。所以，采样过程可以看成是一个脉冲幅值的调制过程，采样开关的输出 $e^*(t)$ 可以表示为函数 $\delta_T(t)$ 和 $e(t)$ 的乘积，其中载波信号 $\delta_T(t)$ 决定采样时间，即输出函数存在的时间，而采样信号的幅值由输入信号 $e(t)$ 决定。图 8-6 表示了理想的采样过程。其中图 8-6（a）所示的是输入的连续信号 $e(t)$，图 8-6（c）所示的是理想采样器的输出 $e^*(t)$，图 8-6（b）所示的是理想脉冲发生器的脉冲序列 $\delta_T(t)$。

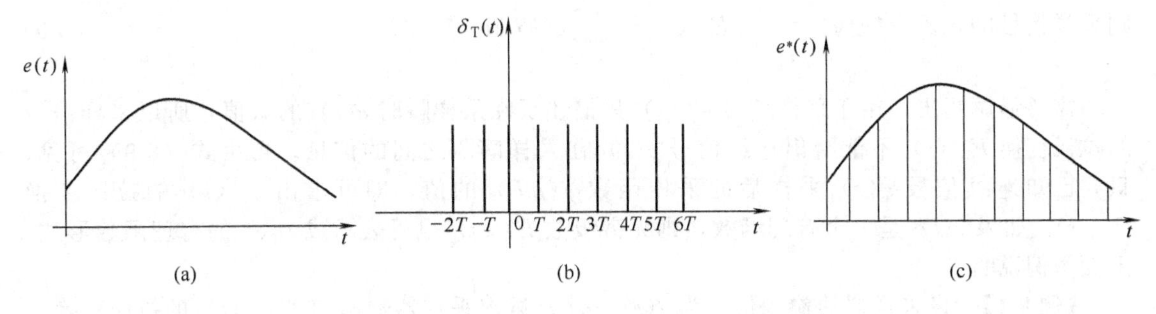

图 8-6　理想的采样过程

8.2.2　采样过程的数学描述

理想采样器的输出 $e^*(t)$ 可以用数学形式描述。理想的采样开关相当于一个单位理想脉冲序列发生器。单位脉冲函数的定义

$$\delta(t)=\begin{cases}\infty, & t=0\\ 0, & t\neq 0\end{cases} \tag{8-2}$$

其中$\int_{-\infty}^{+\infty}\delta(t)\mathrm{d}t=1$。$\delta(t)$ 函数的一个重要特性就是筛选性。

$$\int_{-\infty}^{+\infty}e(t)\delta(t-t_0)\mathrm{d}t=e(t_0) \tag{8-3}$$

由此可见用单位脉冲函数去乘以某一函数并对其进行积分，其结果等于脉冲所在处的该函数的值。移动脉冲所在处的位置，就可以筛选所需时刻上的函数值。

脉冲调制器的输出信号可以表示为输入信号 $e(t)$ 与调制信号 δ_T 的乘积

$$e^*(t)=e(t)\delta_\mathrm{T}(t) \tag{8-4}$$

其中 $\delta_\mathrm{T}(t)=\sum\limits_{-\infty}^{\infty}\delta(t-nT)$ 为理想的单位脉冲序列。在实际的控制系统中，当 $t<0$ 时，均有 $e(t)=0$，故式（8-4）可写为

$$e^*(t)=e(t)\sum_{n=0}^{\infty}\delta(t-nT) \tag{8-5}$$

由于 $e^*(t)$ 的数值仅在采样瞬时才有意义，所以式（8-5）又可以表示为

$$e^*(t)=\sum_{n=0}^{\infty}e(nT)\delta(t-nT)=e(0)\delta(t)+e(T)\delta(t-T)+e(2T)\delta(t-2T)+\cdots \tag{8-6}$$

对采样信号进行拉氏变换有

$$E^*(s)=\mathrm{L}[e^*(t)]=\mathrm{L}\Big[\sum_{n=0}^{\infty}e(nT)\delta(t-nT)\Big] \tag{8-7}$$

根据拉氏变换的位移定理

$$\mathrm{L}[\delta(t-nT)]=\mathrm{e}^{-nTs}\int_0^{\infty}\delta(t)\mathrm{e}^{-st}\mathrm{d}t=\mathrm{e}^{-nTs} \tag{8-8}$$

则采样信号的拉氏变换为

$$E^*(s)=\sum_{n=0}^{\infty}e(nT)\mathrm{e}^{-nTs} \tag{8-9}$$

需要强调指出，由于采样信号 $e^*(t)$ 只描述了在采样瞬时 $e(t)$ 的数值，所以采样信号的拉氏变换 $E^*(s)$ 不能给出连续信号 $e(t)$ 在采样间隔之间的信息。再由式（8-9）可见，只要已知连续信号 $e(t)$ 采样后的采样函数 $e(nT)$ 的值，即可求出 $e^*(t)$ 的拉氏变换 $E^*(s)$。如果 $e(t)$ 是一个有理函数，则无穷级数 $E^*(s)$ 也可表示成为 e^{Ts} 的有理函数形式。下面举例说明。

【例 8-1】 设采样器的输入信号为 $e(t)=a^{\frac{t}{T}}$，试求采样器输出信号 $e^*(t)$ 的拉氏变换。

解 因为 $e(t)=a^{\frac{t}{T}}$，则

$$e(nT)=a^{\frac{nT}{T}}=a^n$$

$$E^*(s)=\sum_{n=0}^{\infty}e(nT)\mathrm{e}^{-nTs}=\sum_{n=0}^{\infty}a^n\mathrm{e}^{-nTs}=1+a\mathrm{e}^{-Ts}+a^2e^{-2Ts}+\cdots\cdots$$

这是一个无穷递减等比级数，公比为 $a\mathrm{e}^{-Ts}$，由等比级数的求和公式可得

$$E^*(s)=\frac{1}{1-a\mathrm{e}^{-Ts}}=\frac{\mathrm{e}^{Ts}}{\mathrm{e}^{Ts}-a}$$

8.2.3　采样定理及采样保持

(1) 采样定理

信号的采样确定了连续信号 $e(t)$ 的采样表达式 $e^*(t)$，然而，采样信号 $e^*(t)$ 是否仍然保留原来连续信号 $e(t)$ 的所有信息或者能够保留原来连续信号的多少信息，从上面的分析中已经知道：采样信号的信息并不等于连续信号的全部信息，所以采样信号的频谱与连续信号的频谱相比，要发生变化。为了确定采样信号保留连续信号信息的理论依据，我们要研究采样信号的特性，因此讨论其频谱展开。

根据傅氏级数展开，周期性的理想单位脉冲序列可以展开为

$$\delta_{\mathrm{T}}(t)=\sum_{n=0}^{\infty}\delta(t-nT)=\sum_{n=-\infty}^{\infty}C_n\mathrm{e}^{-\mathrm{j}n\omega_{\mathrm{s}}t} \tag{8-10}$$

式中，T 为采样周期；$\omega_{\mathrm{s}}=\frac{2\pi}{T}$为采样角频率；$C_n$ 为傅氏级数

$$C_n=\frac{1}{T}\int_{T/2}^{T/2}\delta_{\mathrm{T}}(t)\mathrm{e}^{-\mathrm{j}n\omega_{\mathrm{t}}t}\mathrm{d}t=\frac{1}{T} \tag{8-11}$$

所以，理想单位脉冲序列 $\delta_{\mathrm{T}}(t)$ 的傅氏级数为

$$\delta_{\mathrm{T}}(t)=\frac{1}{T}\sum_{n=-\infty}^{\infty}\mathrm{e}^{-\mathrm{j}n\omega_{\mathrm{s}}t} \tag{8-12}$$

将式 (8-12) 代入式 (8-6) 可得

$$e^*(t)=e(t)\delta_{\mathrm{T}}(t)=\sum_{n=-\infty}^{\infty}e(nT)\delta(t-nT)=\frac{1}{T}\sum_{n=-\infty}^{\infty}e(t)\mathrm{e}^{-\mathrm{j}n\omega_{\mathrm{s}}t} \tag{8-13}$$

式 (8-13) 的拉氏变换为

$$E^*(s)=\frac{1}{T}\sum_{n=-\infty}^{\infty}E(s-\mathrm{j}n\omega_{\mathrm{s}}) \tag{8-14}$$

式 (8-14) 表明，采样函数的拉氏变换式 $E^*(t)$ 是以 ω_{s} 为周期的周期函数，该式提供了理想采样器在频域中的特点。通常 $E^*(s)$ 的全部极点位于 s 平面的左半部，因此可用 $\mathrm{j}\omega$ 代替式 (8-14) 中的复变量 s，直接求得

$$E^*(\mathrm{j}\omega)=\frac{1}{T}\sum_{n=-\infty}^{\infty}E(\mathrm{j}\omega-\mathrm{j}n\omega_{\mathrm{s}}) \tag{8-15}$$

式 (8-15) 即为采样信号的频谱函数。其中，$E(\mathrm{j}\omega)$ 为连续信号 $e(t)$ 的频谱；$E^*(\mathrm{j}\omega)$ 为采样信号 $e^*(t)$ 的频谱，它反映了离散信号频谱和连续信号频谱之间的关系。

一般来说，连续信号 $e(t)$ 的频谱 $E(\mathrm{j}\omega)$ 是单一的连续频谱，其频带宽是有限的，上限频率为有限值 $\omega_{\max}$，如图 8-7 (b) 所示。

而对于采样信号来说，当 $n=0$ 时，采样信号为主频谱，即将 $n=0$ 代入式 (8-15) 得 $\frac{1}{T}E(\mathrm{j}\omega)$，可见主频谱分量除了幅值相差一个常数$\frac{1}{T}$外，与连续时间信号 $e(t)$ 的傅氏变换相同，因此其频谱形状相同，上限频率也为有限值 $\omega_{\max}$，而 $n\neq0$ 时，采样信号的频谱是无穷

多个频谱的周期重复，它是以采样角频率 ω_s 为周期的无穷多个频谱，除了主频谱以外，采样信号的频谱 $F^*(j\omega)$ 还包括了无穷多个高频谱，是从主频谱分量的中心频率 $\omega=0$ 出发，以 ω_s 的整数倍向频率轴两端作频移。采样频谱 $F^*(j\omega)$ 会出现两种情况。

① 当满足条件 $\omega_s \geqslant 2\omega_{max}$，相邻两频谱彼此不重叠，如图 8-7（d）所示，此时 $\omega_s \geqslant 2\omega_{max}$ 的高频频谱与主频谱相互分离，如果采用一个理想的低通滤波器，如图 8-8 所示，可将 $\omega_s \geqslant 2\omega_{max}$ 的高频频谱全部滤掉。保留了主频谱 $\frac{1}{T}E^*(j\omega)$，则可以恢复原来信号的频谱，采样信号能够复现原连续信号 $e(t)$。

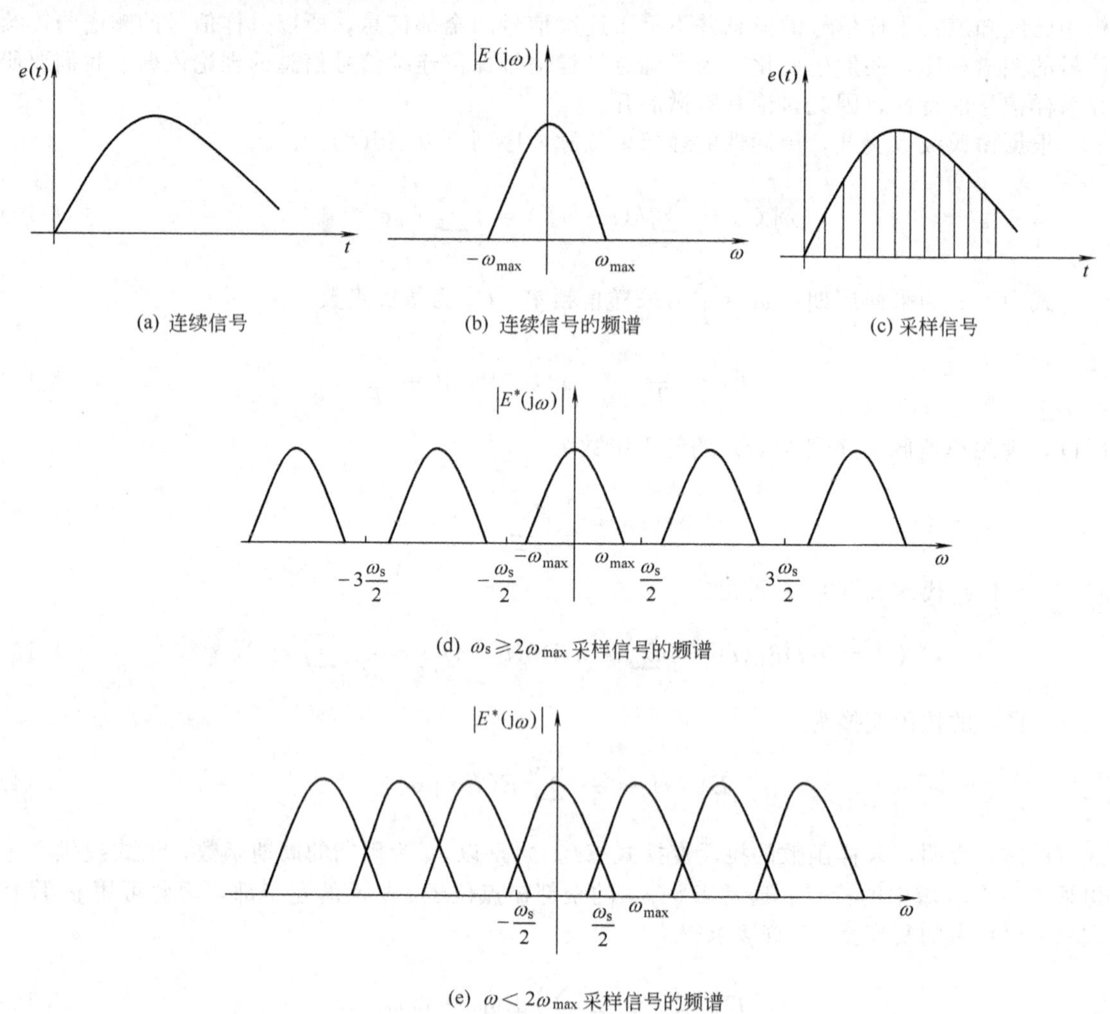

(a) 连续信号　(b) 连续信号的频谱　(c) 采样信号

(d) $\omega_s \geqslant 2\omega_{max}$ 采样信号的频谱

(e) $\omega < 2\omega_{max}$ 采样信号的频谱

图 8-7　连续信号和采样信号的频谱

② 当 $\omega_s < 2\omega_{max}$ 时，频谱会出现重叠，如图 8-7（e）所示。此时，即使采用了如图 8-8 所示的理想低通滤波器也无法恢复原来连续信号的频谱，因为重叠后的频谱形状已经与原连续信号的频谱 $E(j\omega)$ 不同，已不可能无失真地复现原来的连续信号 $e(t)$。要想从采样信号 $e^*(t)$ 中完全复现原信号，对采样频率有一定的要求，香农采样定理解决了从采样信号 $e^*(t)$ 中不失真地复现原连续信号 $e(t)$ 所必需的理论上的最小采样频率 ω_s，成为设计采样控制系统的一条重要依据。

香农采样定理：对有限频谱（$-\omega_{max} < \omega < \omega_{max}$）的连续信号 $e(t)$ 采样，采样角频率为

ω_s，当 $\omega_s \geqslant 2\omega_{max}$，采样信号 $e^*(t)$ 才能无失真地复现原连续信号 $e(t)$。

采样定理给出了采样周期 T 或采样角频率 ω_s 选择的基本原则，在控制过程实践中，一般总是取 $\omega_s > 2\omega_{max}$，而不取 $\omega_s = 2\omega_{max}$。同时，采样角频率 ω_s 选得越高，也就是采样周期 T 选得越小，获得的控制过程的信息越多，控制效果也会越好。但是，采样周期 T 选得太小，计算负担加重，占用计算机内存太多，计算机的资源开销加大，而且采样周期 T 小到一定程度后，再减小 T 已经没有实际意义了。反之，采样周期 T 选得过大，又会给控制过程带来较大的误差，降低控制系统的动态性能，甚至会使得整个控制系统失去稳定。采样周期的选取在很大程度上取决于控制系统的性能指标，从时域性能指标来看，采样周期 T 可以通过单位阶跃响应的上升时间 t_r 或调节时间 t_s，按照经验公式 $T=\frac{1}{10}t_r$ 或 $T=\frac{1}{40}t_s$ 选取。采样周期 T 的选择要根据实际情况，综合考虑，合理地选择。

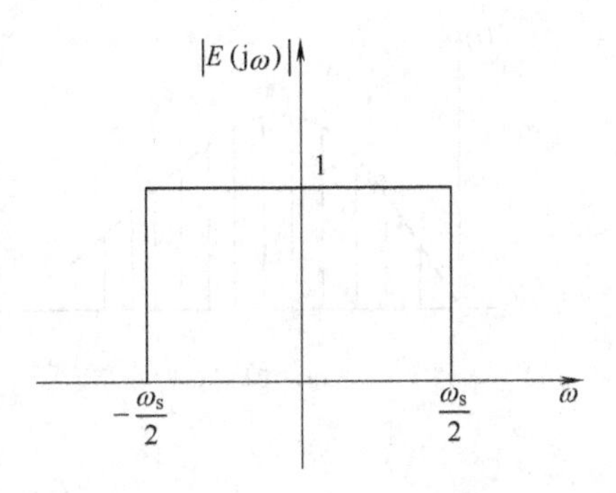

图 8-8　理想滤波器的频率特性

(2) 采样保持

采样周期选得是否得当，是连续信号可以从采样信号中完全复现的前提，然而，连续信号经采样后变为离散信号，其频谱除含有原连续信号的频谱外，还产生了无穷多个 $\omega > 2\omega_{max}$ 的高频频谱，高频分量会使控制系统元件过度磨损和增大损耗，需要除去高频信号，同时为了使得采样信号可以完全复现原连续信号，也需要除去高频信号。因此将采样后的信号经过一个理想的低通滤波器，从理想的低通滤波器的输出端便可以得到主频频谱，只是幅值变化了 $1/T$ 倍，频谱形状并没有发生畸变。然而理想的低通滤波器实际上并不存在，工程上只能用特性接近理想低通滤波器的保持器来代替。保持器是一种将采样信号恢复为连续信号的装置，它是一种在时域内的外推装置，具有常值、线性、二次函数（抛物线）型外推规律的保持器，分别称为零阶、一阶、二阶保持器，能够在物理上实现的保持器必须按现在时刻和过去时刻的采样值实行外推，而不能按将来时刻的采样值来外推，保持器的任务是解决各采样点的插值问题。过程控制中常用的是零阶保持器，它在离散控制系统的位置应处在采样开关之后，如图 8-9 所示。

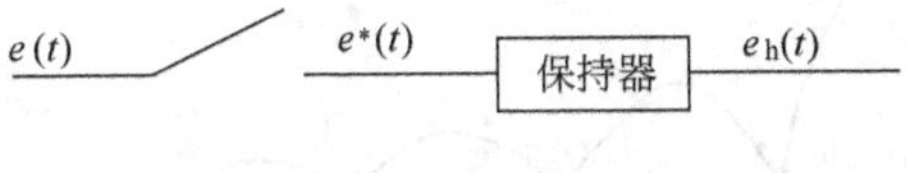

$e(t)$　$e^*(t)$　保持器　$e_h(t)$

图 8-9　保持器

零阶保持器是一种按常值规律外推的保持器。它把前一时刻 nT 的采样值 $e(nT)$ 不增不减地保持到下一个采样时刻 $(n+1)T$，当下一个采样时刻 $(n+1)T$ 到来时，应换成新的采样值 $e[(n+1)T]$ 继续外推。如图 8-10 可见零阶保持器的输出为阶梯信号，它与要恢复的连续信号是有区别的。

如果取两个采样点的中点来进行插值的话，连接插值点后得到的平滑信号与原来的连续信号 $e(t)$ 相比有 $\frac{T}{2}$ 的滞后，得到的曲线为 $e(t-\frac{1}{2}T)$，这反映了零阶保持器的相位滞后特性。因此无论采样周期 T 选得多么小，经过零阶保持器以后所得到的连续信号都是时间滞后 $\frac{T}{2}$ 的曲线。

零阶保持器可以实现采样点的常值外推，它的输出是一个高度为 A、宽度为 T 的方波，如图 8-11 所示，零阶保持器的输出相当于一个幅值为 A 的阶跃函数 $u(t)$ 和滞后 T 时间的

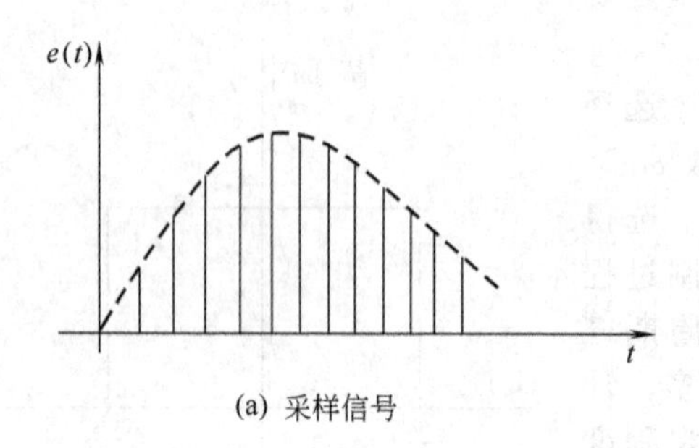

(a) 采样信号

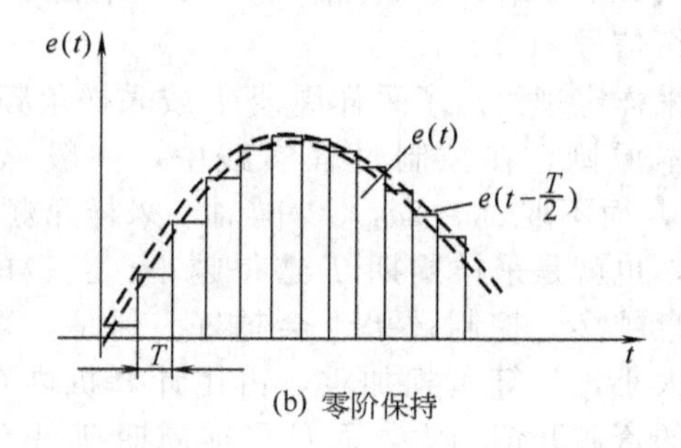

(b) 零阶保持

图 8-10　信号的保持

反向阶跃函数 $u(t-T)$ 之差，即

$$e_{\mathrm{h}}(t)=Au(t)-Au(t-T) \tag{8-16}$$

则零阶保持器的传递函数为

$$G_0(s)=\frac{\mathrm{L}[e_{\mathrm{h}}(t)]}{\mathrm{L}[e(t)]}=\frac{A\dfrac{1}{s}-A\dfrac{1}{s}\mathrm{e}^{-Ts}}{A}=\frac{1-\mathrm{e}^{-Ts}}{s} \tag{8-17}$$

令 $s=\mathrm{j}\omega$，可得到零阶保持器的频率特性为

$$G_0(\mathrm{j}\omega)=\frac{1-\mathrm{e}^{-\mathrm{j}\omega T}}{\mathrm{j}\omega}=\frac{\mathrm{e}^{-\frac{\mathrm{j}\omega T}{2}}}{\dfrac{\omega}{2}}\frac{(\mathrm{e}^{\mathrm{j}\frac{\omega T}{2}}-\mathrm{e}^{-\mathrm{j}\frac{\omega T}{2}})}{2\mathrm{j}}=T\frac{\sin\dfrac{\omega T}{2}}{\dfrac{\omega T}{2}}\mathrm{e}^{-\mathrm{j}\frac{\omega T}{2}} \tag{8-18}$$

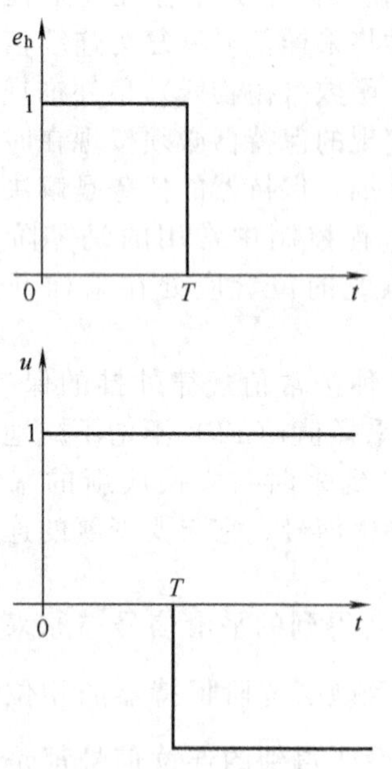

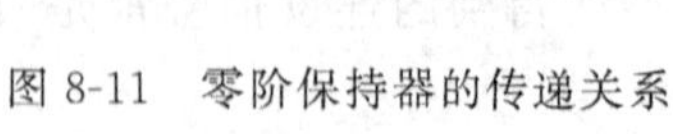
图 8-11　零阶保持器的传递关系

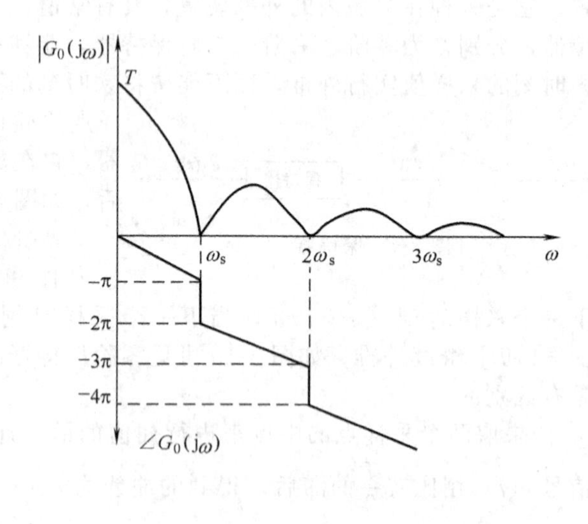

图 8-12　零阶保持器的频率特性

由于采样周期 $T=\dfrac{2\pi}{\omega_{\mathrm{s}}}$，零阶保持器的频率特性还可以写成

$$G_0(\mathrm{j}\omega)=\frac{2\pi}{\omega_s}\times\frac{\sin\left(\frac{\pi\omega}{\omega_s}\right)}{\frac{\pi\omega}{\omega_s}}\times \mathrm{e}^{-\mathrm{j}\frac{\pi\omega}{\omega_s}} \tag{8-19}$$

其中幅频特性和相频特性分别为

$$|G_0(\mathrm{j}\omega)|=\left|T\frac{\sin\frac{\omega T}{2}}{\frac{\omega T}{2}}\right|,\quad \angle G_0(\mathrm{j}\omega)=\angle\sin\frac{\omega T}{2}+\angle \mathrm{e}^{-\mathrm{j}\frac{\omega T}{2}}$$

零阶保持器的幅频特性和相频特性如图 8-12 所示。由图中可以看出零阶保持器具有如下特性。

① 低通特性　零阶保持器幅频特性的输出随着信号频率的提高而迅速衰减，具有明显的低通特性，虽然它不是一个理想的低通滤波器，但是可以近似实现理想的低通滤波器的功能，与理想低通滤波器相比，其幅频特性对于信号中低于 ω_s 的主频谱分量有不同程度的衰减，而对于频率高于 ω_s 的高频成分达不到零衰减，还能使得一部分高频分量通过，因此经零阶保持器恢复的连续信号与原来的信号是有差别的。

② 零阶保持器使主频信号的幅值提高了 T 倍，刚好能补偿连续信号经过采样后使得主频谱的幅值衰减的$\frac{1}{T}$倍。

③ 相角滞后特性　由相频特性可见，零阶保持器还将产生相角滞后，而且随着 ω 的增加相角滞后增加，零阶保持器的相角滞后对于采样控制系统的稳定性会有一定的影响，会降低系统的相对稳定性。

④ 时间滞后特性　零阶保持器的输出信号是阶梯信号 $e_h(t)$，连接阶梯信号幅值的中点，得到其平均响应为 $e\left(t-\frac{T}{2}\right)$，它与要恢复的连续信号 $e(t)$ 是有区别的，比连续信号 $e(t)$ 滞后了$\frac{T}{2}$。使得系统总的相角滞后增大，使系统的相对稳定性变差。

8.3　采样信号的 Z 变换

和连续信号一样，Z 变换的思想来源于连续系统。线性连续系统采用线性微分方程来描述，用拉氏变换的方法得到传递函数，并分析系统的性能。与此类似，线性离散系统可以用线性差分方程描述，用 Z 变换的方法分析系统的性能，而采用 Z 变换，得到脉冲传递函数。Z 变换在采样系统中的作用与拉氏变换在连续系统中的作用是等效的。Z 变换是由拉氏变换引出，Z 变换可以看作是采样函数的拉氏变换。拉氏变换将线性微分方程变换为 S 域中的代数方程，Z 变换将线性差分方程变换为 Z 域中的代数方程。因此 Z 变换与拉氏变换有许多相似之处，它是研究离散系统的重要的数学工具。

8.3.1　采样信号的 Z 变换

(1) Z 变换的定义

设连续函数 $e(t)$ 的拉氏变换为

$$E(s)=\mathrm{L}[e(t)]=\int_0^\infty e(t)\mathrm{e}^{-st}\,\mathrm{d}t \tag{8-20}$$

而对于采样信号 $e^*(t)$ [式 (8-6)] 进行拉氏变换为

$$E^*(s)=\int_0^{\infty}e^*(t)\mathrm{e}^{-st}\,\mathrm{d}t=\int_0^{\infty}\sum_{n=0}^{\infty}e(nT)\delta(t-nT)\mathrm{e}^{-st}\,\mathrm{d}t=\sum_{n=0}^{\infty}e(nT)\int_0^{\infty}\delta(t-nT)\mathrm{e}^{-st}\,\mathrm{d}t \tag{8-21}$$

根据脉冲函数 $\delta(t)$ 的筛选性有

$$\int_0^{\infty}\mathrm{e}^{-st}\delta(t-nT)\mathrm{d}t=\mathrm{e}^{-snT} \tag{8-22}$$

因此采样的拉氏变换为

$$E^*(s)=\sum_{n=0}^{\infty}e(nT)\mathrm{e}^{-snT} \tag{8-23}$$

式（8-23）含有指数因子 e^{-snT}，为 s 的超越函数，为运算方便引入复自变量 $z=\mathrm{e}^{sT}$，得到采样信号 $e^*(t)$ 的拉氏变换为

$$E^*(s)\big|_{s=\frac{1}{T}\ln z}=\sum_{n=0}^{\infty}e(nT)z^{-n} \tag{8-24}$$

实际上，式（8-23）和式（8-24）均表示采样信号 $e^*(t)$ 的拉氏变换，只不过一个定义在 S 域，一个定义在 Z 域内，通常就把式（8-24）定义为 $e^*(t)$ 的 Z 变换

$$E(z)=\mathrm{Z}[e^*(t)]=E^*(s)=\sum_{n=0}^{\infty}e(nT)z^{-n} \tag{8-25}$$

将连续信号 $e(t)$ 拉氏变换式（8-20）与采样信号 $e^*(t)$ 的 Z 变换式（8-25）进行比较可见：连续信号 $e(t)$ 的拉氏变换以无穷大为极限的积分对应于采样信号 $e^*(t)$ 的拉氏变换为无穷项求和，连续信号 $e(t)$ 对应于采样序列 $e(nT)$，连续时间变量 t 对应于序列数 nT，而且一个定义在 S 域，另一个定义在 Z 域，显然 Z 变换就是采样信号的拉氏变换。

另外还需强调的是 $E(z)$ 实际上是采样信号 $e^*(t)$ 的 Z 变换，而不是连续函数 $e(t)$ 的 Z 变换，即把 $e(t)$ 采样后得到的 $e^*(t)$ 进行 Z 变换，换句话说 Z 变换只考虑了连续函数在采样时刻的值，而并没有考虑其在采样时刻之间的函数值。

只有在采样点上才有：$e(t)=e(nT)$，所以

$$E(z)=\mathrm{Z}[e(t)]=\mathrm{Z}[e^*(t)] \tag{8-26}$$

同时，采样函数 $e^*(t)$ 与其所对应的 $E(z)$ 是一一对应的。或者说，采样函数 $e^*(t)$ 所对应的 Z 变换是惟一的，反之亦然。但是一个采样函数 $e^*(t)$ 所对应的连续函数却不是惟一的，而是有无穷多个，如图 8-13 所示。

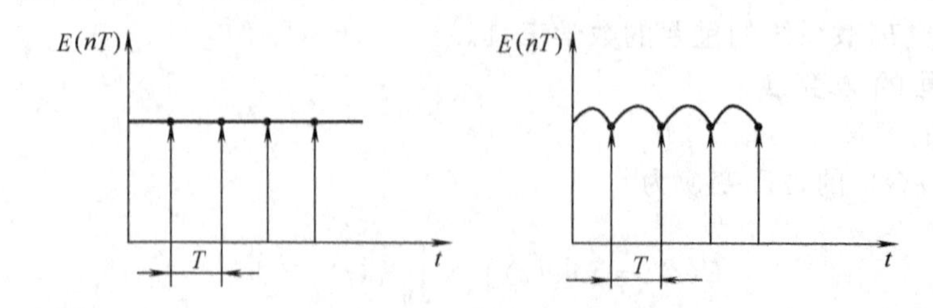

图 8-13　离散函数所对应的连续函数

(2) Z 变换的方法

求采样函数的 Z 变换方法常用的主要有两种，下面分别根据例子加以介绍。

① 级数求和法　级数求和法是直接根据 Z 变换的定义，将采样函数的 Z 变换写成展开式的形式

$$E(z)=\sum_{n=0}^{\infty}e(nT)z^{-n}=e(0)+e(T)z^{-1}+e(2T)z^{-2}+\cdots+e(nT)z^{-k}+\cdots \tag{8-27}$$

只要知道连续函数 $e(t)$ 在各个采样时刻的值，然后便可按式（8-27）求其 Z 变换。用这种方法求出的 Z 变换，由于是级数展开式的形式，有无穷多项，如果不能写成闭合式，则很难应用。但是，对于常用连续函数 Z 变换的级数展开形式一般都可以写成闭合式。

【例 8-2】 求单位阶跃函数的 Z 变换。

解　单位阶跃函数为：$e(t)=1(t)$；代入式（8-27）得到

$$E(z)=\sum_{n=0}^{\infty}e(nT)z^{-n}=\sum_{n=0}^{\infty}1\times z^{-n}=1+z^{-1}+z^{-2}+\cdots+z^{-n}+\cdots$$

若 $|z^{-1}|<1$，则上式的无穷等比级数是收敛的，利用无穷递减等比级数求和公式，可得单位阶跃的 Z 变换

$$E(z)=\frac{1}{1-z^{-1}}=\frac{z}{z-1}$$

【例 8-3】 求单位斜坡函数的 Z 变换。

解　单位斜坡函数为 $e(t)=t$，$e(nT)=nT(n=0,1,2,\cdots)$，则

$$\begin{aligned}E(z)&=\sum_{n=0}^{\infty}e(nT)z^{-n}=\sum_{n=0}^{\infty}nTz^{-n}=0+Tz^{-1}+2Tz^{-2}+3Tz^{-3}\cdots\\&=Tz^{-1}(1+2z^{-1}+3z^{-2}+\cdots)\end{aligned} \tag{8-28}$$

将式（8-28）两边乘 z^{-1} 再与原式相减有

$$E(z)-z^{-1}E(z)=Tz^{-1}(1+z^{-1}+z^{-2}+\cdots)$$

$$E(z)=\frac{Tz^{-1}}{(1-z^{-1})^2}=\frac{Tz}{(z-1)^2}$$

【例 8-4】 求 $e(t)=a^{t/T}$ 的 Z 变换。

解　$e(t)$ 在所有的采样时刻的值为 $e(nT)=a^{nT/T}=a^n(n=0,1,2,\cdots)$，则

$$E(z)=\sum_{n=0}^{\infty}e(nT)z^{-n}=\sum_{n=0}^{\infty}a^nz^{-n}=1+az^{-1}+a^2z^{-2}+a^3z^{-3}+\cdots=\frac{1}{1-az^{-1}}=\frac{z}{z-a}$$

【例 8-5】 求指数函数 $e(t)=\mathrm{e}^{-at}$ 的 Z 变换。

解　$e(t)$ 在所有的采样时刻的值为

$$e(nT)=\mathrm{e}^{-anT}$$

$$E(z)=\sum_{n=0}^{\infty}e(nT)z^{-n}=1+\mathrm{e}^{-aT}z^{-1}+\mathrm{e}^{-2at}z^{-2}+\mathrm{e}^{-3at}z^{-3}+\cdots=\frac{1}{1-\mathrm{e}^{-aT}z^{-1}}=\frac{z}{z-\mathrm{e}^{-aT}}$$

② 部分分式法　当连续函数 $e(t)$ 可以表示为指数函数之和，如

$$e(t)=A_1\mathrm{e}^{-p_1t}+A_2\mathrm{e}^{-p_2t}+A_3\mathrm{e}^{-p_3t}+\cdots$$

或连续函数 $e(t)$ 的拉氏变换 $E(s)$ 可表示为部分分式的形式

$$E(s)=\frac{A_1}{s+p_1}+\frac{A_2}{s+p_2}+\frac{A_3}{s+p_3}+\cdots=\sum_{i=1}^{n}\frac{A_i}{s+p_i}$$

则根据连续函数的 Z 变换 $Z[e^{-at}]=\frac{z}{z-e^{-aT}}$ 可以求出连续函数 $e(t)$ 的 Z 变换

$$E(z)=\sum_{i=1}^{n}\frac{A_i}{z-e^{-p_iT}} \tag{8-29}$$

【例 8-6】 求 $E(s)=\frac{1}{s(s+1)}$ 的 Z 变换。

解 将 $E(s)$ 展开成部分分式的形式 $E(s)=\frac{1}{s}-\frac{1}{s+1}$，根据阶跃函数和指数函数的 Z 变换得

$$E(z)=\frac{z}{z-1}-\frac{z}{z-e^{-T}}=\frac{z(1-e^{-T})}{(z-1)(z-e^{-T})}=\frac{z(1-e^{-T})}{z^2-(1+e^{-T})z+e^{-T}}$$

【例 8-7】 求 $e(t)=\sin\omega t$ 的 Z 变换。

解 $e(t)$ 的拉氏变换为 $E(s)=\frac{\omega}{s^2+\omega^2}$，将其展开成部分分式的形式

$$E(s)=\frac{\omega}{(s+j\omega)(s-j\omega)}=\frac{1}{2j}\left(\frac{1}{s-j\omega}-\frac{1}{s+j\omega}\right)$$

根据指数函数的 Z 变换，可得到

$$E(z)=\frac{1}{2j}\left(\frac{z}{z-e^{j\omega T}}+\frac{z}{z-e^{-j\omega T}}\right)=\frac{1}{2j}\times\frac{z(e^{j\omega T}-e^{-j\omega T})}{z^2-z(e^{j\omega T}+e^{-j\omega T})+1}$$

$$=\frac{z\sin\omega T}{z^2-2z\cos\omega T+1}$$

常用函数的 Z 变换可以查阅附录 1

8.3.2 Z 变换的基本性质

和拉氏变换相似，Z 变换也有一些相应的基本定理。利用这些基本定理，可以使得 Z 变换的运算更简单。

(1) 线性定理

如果连续信号 $e_1(t)$ 和 $e_2(t)$ 的 Z 变换分别为 $Z[e_1(t)]=E_1(z)$，$Z[e_2(t)]=E_2(z)$，且 a，b 均为常数，则有

$$Z[ae_1(t)+be_2(t)]=aE_1(z)+bE_2(z) \tag{8-30}$$

Z 变换的线性定理表明：连续信号线性组合的 Z 变换等于单独信号 Z 变换的线性组合。

证明 由 Z 变换定义

$$Z[ae_1(t)\pm be_2(t)]=a\sum_{n=0}^{\infty}e_1(nT)z^{-n}+b\sum_{n=0}^{\infty}e_2(nT)z^{-n}=aE_1(z)+bE_2(z)$$

(2) 滞后定理

滞后定理又称负偏移定理，是指整个采样序列在时间轴上向右平移若干采样周期。设连续函数 $e(t)$，当 $t<0$ 时，$e(t)=0$，且 $Z[e(t)]=E(z)$，那么滞后 k 个采样周期的函数为 $e(t-kT)$，则其 Z 变换

$$Z[e(t-kT)]=z^{-k}E(z) \tag{8-31}$$

证明　$$Z[e(t-kT)]=\sum_{n=0}^{\infty}e(nT-kT)z^{-n}=e(-kT)+e(T-kT)z^{-1}+\cdots+e(0)z^{-k}+e(T)z^{-k-1}+\cdots$$

由于 $t<0$ 时，$e(t)=0$，那么，$n<k$ 时，$e(nT-kT)=0$。

所以有

$$Z[e(t-kT)]=z^{-k}(e(0)+e(T)z^{-1}+e(2T)z^{-2}+\cdots)=z^{-k}E(z)$$

滞后定理说明，原函数在时域中延迟了 k 个采样周期，就相当于其 Z 变换乘以 z^{-k}，显然算子 z^{-k} 的物理意义就表示时域中的时滞环节，它把采样信号延迟了 k 个采样周期。

(3) 超前定理

超前定理又称正偏移定理。是指整个采样序列在时间轴上向左平移若干采样周期。设连续函数为 $e(t)$，且 $Z[e(t)]=E(z)$，那么超前 k 个采样周期的函数为 $e(t+kT)$，则其 Z 变换

$$Z[e(t+kT)]=z^{k}E(z)-z^{k}\sum_{n=0}^{k-1}e(nT)z^{-n} \tag{8-32}$$

若初始条件满足 $e(0)=e(T)=e(2T)\cdots=e[(k-1)T]=0$，则超前定理可表示为

$$Z[e(t+kT)]=z^{k}E(z) \tag{8-33}$$

证明　根据 Z 变换定义

$$\begin{aligned}Z[e(t+kT)]&=\sum_{n=0}^{\infty}e(nT+kT)z^{-n}\\&=z^{k}\{e(kT)z^{-k}+e[(k+1)T]z^{-(k+1)}+\cdots+e[(n+k)T]z^{-(k+n)}+\cdots\}\\&=z^{k}\{\sum_{n=0}^{\infty}e(nT)z^{-n}-\sum_{n=0}^{k-1}e(nT)z^{-n}\}=z^{k}E(z)-z^{k}\sum_{n=0}^{k-1}e(nT)z^{-n}\end{aligned}$$

如果初始条件满足 $e(0)=e(T)=e(2T)\cdots=e[(k-1)T]=0$，则上式为

$$Z[e(t+kT)]=z^{k}E(z)$$

算子 z^{k} 的物理意义表示时域中的超前环节，它把采样信号超前了 k 个采样周期。滞后定理和超前定理是两个重要的定理，其作用相当于拉氏变换中的微分和积分定理。应用超前和滞后定理可将描述采样系统的差分方程转化为 Z 域的代数方程。

(4) 复数偏移定理

设连续函数为 $e(t)$，且 $Z[e(t)]=E(z)$，则

$$Z[e(t)\mathrm{e}^{\pm at}]=E(z\mathrm{e}^{\mp aT}) \tag{8-34}$$

证明　根据 Z 变换定义

$$Z[e(t)\mathrm{e}^{\pm at}]=\sum_{n=0}^{\infty}e(nT)\mathrm{e}^{\pm anT}z^{-n}=\sum_{n=0}^{\infty}e(nT)(z\mathrm{e}^{\mp aT})^{-n}$$

令 $z_1=z\mathrm{e}^{\mp aT}$，则有

$$Z[e(t)\mathrm{e}^{\pm at}]=\sum_{n=0}^{\infty}e(nT)z_1^{-n}=E(z_1)=E(z\mathrm{e}^{\mp aT})$$

(5) 初值定理

设连续函数为 $e(t)$，且 $Z[e(t)]=E(z)$，并且采样时间序列的初值存在，则有

$$e(0)=\lim_{z\to\infty}E(z) \tag{8-35}$$

证明　连续函数 $e(t)$ 的 Z 变换为

$$E(z)=\sum_{n=0}^{\infty}e(nT)z^{-n}=e(0)+e(T)z^{-1}+e(2T)z^{-2}+\cdots$$

$$\lim_{z\to\infty}E(z)=\lim_{z\to\infty}[e(0)+e(T)z^{-1}+e(2T)z^{-2}+\cdots]=e(0)$$

(6) 终值定理

设连续函数为 $e(t)$，且 $Z[e(t)]=E(z)$，并且函数序列 $e(nT)$ 为有限值（$n=0,1,2,\cdots$），则极限 $\lim\limits_{n\to\infty}e(nT)$ 存在，有

$$e(\infty)=\lim_{n\to\infty}e(nT)=\lim_{z\to1}(z-1)E(z)=\lim_{z\to1}(1-z^{-1})E(z) \tag{8-36}$$

证明 离散函数 $e(nT)$ 的 Z 变换为

$$Z[e(nT)]=\sum_{n=0}^{\infty}e(nT)z^{-n}=E(z) \tag{8-37}$$

根据超前定理可得，离散函数 $e[(n+1)T]$ 的 Z 变换为

$$\begin{aligned}Z\{e[(n+1)T]\}&=\sum_{n=0}^{\infty}e[(n+1)T]z^{-n}=z[e(0)+e(T)z^{-1}+e(2T)z^{-2}+\cdots+e(nT)^{-n}z-e(0)]\\&=zE(z)-ze(0)\end{aligned} \tag{8-38}$$

式（8-38）减去式（8-37）得

$$(z-1)E(z)=ze(0)+\left\{\sum_{n=0}^{\infty}e[(n+1)T]-\sum_{n=0}^{\infty}e(nT)\right\}z^{-n}$$

方程两边取极限，经整理得

$$\lim_{z\to1}[e(\infty)-e(0)+ze(0)]=\lim_{z\to1}(z-1)E(z)\Rightarrow e(\infty)=\lim_{t\to\infty}e(t)=\lim_{z\to1}(z-1)E(z)$$

在采样控制系统中，经常应用终值定理求取系统的稳态误差。

(7) 卷积定理

在离散控制系统中，采样序列 $e_1^*(t)$，$e_2^*(t)$ 从零时刻开始，即 $e_1^*(t)=e_2^*(t)=0$，$t<0$，则 $e_1^*(t),e_2^*(t)$ 卷积和定义为

$$e_1^*(t)*e_2^*(t)=\sum_{n=0}^{k}e_1(nT)e_2(kT-nT) \tag{8-39}$$

其 Z 变换为

$$Z[e_1^*(t)*e_2^*(t)]=Z\left[\sum_{n=0}^{k}e_1(nT)e_2(kT-nT)\right]=E_1(z)E_2(z) \tag{8-40}$$

证明 $$Z\left[\sum_{n=0}^{k}e_1(nT)e_2(kT-nT)\right]=\sum_{k=0}^{\infty}\left[\sum_{n=0}^{k}e_1(nT)e_2(kT-nT)\right]z^{-k}$$

当 $n>k$ 时有

$$e_2(kT-nT)=0$$

上式改写成

$$Z\left[\sum_{n=0}^{k}e_1(nT)e_2(kT-nT)\right]=\sum_{k=0}^{\infty}\sum_{n=0}^{\infty}e_1(nT)e_2(kT-nT)z^{-k}$$

令 $k-n=m$，则 $k=n+m$，上式可以写成

$$Z\left[\sum_{n=0}^{k}e_1(nT)e_2(kT-nT)\right]=\sum_{n=0}^{\infty}e_1(nT)\sum_{m=-n}^{\infty}e_2(mT)z^{-(m+n)}=\sum_{n=0}^{\infty}e_1(nT)z^{-n}\sum_{m=0}^{\infty}e_2(mT)z^{-m}$$

$$=E_1(z)E_2(z)$$

卷积定理说明，两个采样函数卷积的 Z 变换，就等于这两个采样函数相应的 Z 变换的乘积。在采样系统的分析中，卷积定理是连接时域和 Z 域的桥梁。

8.3.3　Z 反变换

在连续系统中，用微分方程来描述系统的数学模型，采用拉氏变换的方法把微分方程转换成为传递函数，然后，可以通过拉氏反变换求出系统的时间响应。同理，在采样控制系统中，用差分方程来描述系统的数学模型，采用 Z 变换的方法把差分方程转换成脉冲传递函数，再通过 Z 反变换来求出采样系统的时间响应。

与拉氏反变换类似，所谓 Z 反变换，是已知 Z 变换表达式 $E(z)$，可以对其作 Z 反变换来求得时域的离散响应时间序列 $e(nT)=Z^{-1}[E(z)]$。需要注意的是：Z 变换仅仅描述了采样时刻的特性，不包含采样时刻之间的信息，因而 Z 反变换实质上求出的是 $e(nT)$ 或 $e^*(t)$，而不是连续函数 $e(t)$。Z 反变换有三种方法，以下分别加以介绍。

（1）幂级数法

幂级数法又称长除法。一般 $E(z)$ 为 Z 的有理级数，通常表示为

$$E(z)=\frac{b_m z^m+b_{m-1}z^{m-1}+\cdots+b_0}{z^n+a_{n-1}z^{n-1}+a_{n-2}z^{n-2}+\cdots+a_0},\quad n\geqslant m$$

其中 a_i（$i=0,1,2,\cdots,n-1$）和 b_j（$j=0,1,2,\cdots,m$）均为常系数，对上式采用长除法，用分子多项式除以分母多项式得到

$$E(z)=c_0+c_1z^{-1}+c_2z^{-2}+\cdots+c_nz^{-n}+\cdots=\sum_{n=0}^{\infty}c_nz^{-n} \tag{8-41}$$

如果得到的无穷幂级数是收敛的，则比较 Z 变换的定义式（8-25）可知，上式中的系数 c_n（$n=0,1,2,3,\cdots$），对应脉冲系列的强度 $e(nT)$，因此得到上式的 Z 反变换为

$$\begin{aligned} e(nT) &= c_0\delta(t)+c_1\delta(t-T)+c_2\delta(t-2T)+\cdots+c_n\delta(t-nT)+\cdots \\ &= \sum_{n=0}^{\infty}c_n\delta(t-nT) \end{aligned} \tag{8-42}$$

用幂级数法求 Z 反变换的方法，优点是计算简便，实际应用中，只需要求出几项就可以了。但是此方法的缺点是要写成通项的表达式很困难。

【例 8-8】 已知 $E(z)=\dfrac{(1-e^{-aT})z}{(z-1)(z-e^{-aT})}$，用长除法求 Z 反变换。

解　$$E(z)=\frac{(1-e^{-aT})z}{(z-1)(z-e^{-aT})}=\frac{(1-e^{-aT})z}{z^2-z(1+e^{-aT})+e^{-aT}}$$

用长除法　即分子多项式除以分母多项式

$$(1-e^{-aT})z^{-1}+(1-e^{-2aT})z^{-2}+(1-e^{-3aT})z^{-3}+\cdots$$

$$z^2-z(1+e^{-aT})+e^{-aT}\ \big)\ (1-e^{-aT})z$$

$$\underline{(1-e^{-aT})z-(1-e^{-2aT})+e^{-aT}(1-e^{-aT})z^{-1}}$$

$$(1-e^{-2aT})-e^{-aT}(1-e^{-aT})z^{-1}$$

$$\underline{(1-e^{-2aT})-(1+e^{-aT})(1-e^{-2aT})z^{-1}+e^{-aT}(1-e^{-2aT})z^{-2}}$$

$$(1-e^{-3aT})z^{-1}-e^{-aT}(1-e^{-2aT})z^{-2}$$

$$\underline{(1-e^{-3aT})z^{-1}-(1+e^{-aT})(1-e^{-3aT})z^{-2}+e^{-aT}(1-e^{-3aT})z^{-3}}$$

…………

展开式为

$$E(z)=0+(1-e^{-aT})z^{-1}+(1-e^{-2aT})z^{-2}+(1-e^{-3aT})z^{-3}+\cdots=\sum_{n=0}^{\infty}(1-e^{-naT})z^{-n}$$

则有采样函数
$$e^{*}(t)=\sum_{n=0}^{\infty}(1-e^{-nT})\delta(t-nT)$$

（2）部分分式法

部分分式法又称查表法，可以求出脉冲序列的通项表达式。具体求法与求拉氏反变换的部分分式展开法相似。该方法的基本思想就是已知 $E(z)$，由于 $E(z)$ 在分子中都有因子 z，因此将$\frac{E(z)}{z}$进行部分分式展开

$$\frac{E(z)}{z}=\frac{a_1}{z-a_1}+\frac{a_2}{z-a_2}+\cdots+\frac{a_n}{z-a_n}$$

然后对上式两边同乘 z 得到 $E(z)$ 的部分分式展开的期望形式

$$E(z)=\frac{za_1}{z-a_1}+\frac{za_2}{z-a_2}+\cdots+\frac{za_n}{z-a_n}$$

查表，求出采样瞬时相应的脉冲序列表达式及对应的采样函数为

$$e^{*}(t)=\sum_{n=0}^{\infty}e(nT)\delta(t-nT) \tag{8-43}$$

【例 8-9】 已知 $E(z)=\frac{(1-e^{-aT})z}{(z-1)(z-e^{-aT})}$，用部分分式法求 Z 反变换。

解 进行部分分式展开有

$$E(z)=z\frac{E(z)}{z}=z\frac{(1-e^{-aT})}{(z-1)\ (z-e^{-aT})}=z\left(\frac{1}{z-1}-\frac{1}{z-e^{-aT}}\right)=\frac{z}{z-1}-\frac{z}{z-e^{-aT}}$$

查 Z 变换表得到采样瞬时相应的脉冲序列 $e(nT)=1-e^{-anT}$，则采样函数为

$$e^{*}(t)=\sum_{n=0}^{\infty}(1-e^{-anT})\delta(t-nT)$$

【例 8-10】 已知 $E(z)=\frac{z}{(z-9)(z-10)}$，用部分分式法求 Z 反变换。

解
$$E(z)=z\frac{E(z)}{z}=z\frac{1}{(z-9)(z-10)}=\frac{-z}{z-9}+\frac{z}{z-10}$$

查 Z 变换表得到采样瞬时相应的脉冲序列：$e(nT)=-9^n+10^n$，则采样函数为

$$e^{*}(t)=\sum_{n=0}^{\infty}(10^n-9^n)\delta(t-n)$$

（3）留数计算法

留数计算法又称反演积分法。因为在实际问题中遇到的 Z 变换函数 $E(z)$ 除了是有理函数外，还可能是超越函数，因此无法用部分分式法或级数求和法来求 Z 反变换，只能采用留数计算法来计算。根据 Z 变换定义

$$E(z)=\sum_{n=0}^{\infty}e(nT)z^{-n}=e(0)+e(T)z^{-1}+e(2T)z^{-2}+\cdots+e(nT)z^{-n}+\cdots \tag{8-44}$$

式（8-44）可看成是 z 平面上的级数。级数的各项系数为 $e(nT)$（$n=0,1,2,3,\cdots$），可通过积分的方法求出，此时用到了留数定理，因此称为留数计算法。

由于用到留数定理，因此用 z^{n-1} 乘式（8-44）两边，得到

$$E(z)z^{n-1}=e(0)z^{n-1}+e(T)z^{n-2}+\cdots+e(nT)z^{-1}+\cdots+e(nT)z^{-1}+\cdots \tag{8-45}$$

设积分曲线 Γ 为 z 平面上包围 $E(z)z^{n-1}$ 全部极点的任何封闭曲线，对式（8-45）两端同时积分得

$$\oint_{\Gamma}E(z)z^{n-1}\mathrm{d}z=\oint_{\Gamma}e(0)z^{n-1}\mathrm{d}z+\oint_{\Gamma}e(T)z^{n-2}\mathrm{d}z+\cdots+\oint_{\Gamma}e(nT)z^{-1}\mathrm{d}z\cdots \tag{8-46}$$

由复变函数理论可知：对于围绕原点的积分封闭曲线 Γ，有如下关系

$$\oint_{\Gamma}z^{k-n-1}\mathrm{d}z=\begin{cases}0, & k\neq n\\ 2\pi\mathrm{j}, & k=n\end{cases}$$

因此式（8-46）变为

$$\oint_{\Gamma}E(z)z^{n-1}\mathrm{d}z=2\pi\mathrm{j}e(nT)$$

由此得到

$$e(nT)=\frac{1}{2\pi\mathrm{j}}\oint_{\Gamma}E(z)z^{n-1}\mathrm{d}z \tag{8-47}$$

根据柯西留数定理

$$e(nT)=\frac{1}{2\pi\mathrm{j}}\oint_{\Gamma}E(z)z^{n-1}\mathrm{d}z=\sum_{i=1}^{k}\mathrm{Res}[E(z_i)z_i^{n-1}]_{z_i\to p_i} \tag{8-48}$$

其中，$\sum_{i=1}^{k}\mathrm{Res}[E(z_i)z_i^{n-1}]_{z_i\to p_i}$ 为函数 $E(z)z^{n-1}$ 在所有 p_i 处的留数之和。

对于一阶极点 $z=p$ 的留数为

$$r=\lim_{z\to p}(z-p)[E(z)z^{n-1}]$$

对于 q 阶重极点 $z=p$ 的留数为

$$r=\frac{1}{(q-1)!}\lim_{z\to p}\frac{\mathrm{d}^{q-1}}{\mathrm{d}z^{q-1}}[(z-p)^qE(z)z^{n-1}]$$

【例 8-11】 已知 $E(z)=\dfrac{2z}{(z-9)(z-10)}$，用留数法求 Z 反变换。

解　$E(z)$ 有两个极点：$z_1=9$，$z_2=10$。根据留数法求得极点处的留数

$$\begin{aligned}e(nT)&=\frac{1}{2\pi\mathrm{j}}\oint_{\Gamma}E(z)z^{n-1}\mathrm{d}z=\sum_{i=1}^{2}\mathrm{Res}[E(z_i)z_i^{n-1}]\\&=\lim_{z\to 9}(z-9)\frac{2z}{(z-9)(z-10)}z^{n-1}+\lim_{z\to 10}(z-10)\frac{2z}{(z-9)(z-10)}z^{n-1}\\&=-18\times 9^{n-1}+20\times 10^{n-1}\end{aligned}$$

$$e^*(t)=\sum_{n=0}^{\infty}e(nT)\delta(t-nT)=\sum_{n=0}^{\infty}(20\times 10^{n-1}-18\times 9^{n-1})\delta(t-nT)$$

【例 8-12】 已知 $E(z)=\dfrac{Tz}{(z-1)^2}$，用留数法求 Z 反变换。

解　$E(z)$ 在 $z=1$ 处有二重极点。根据留数法求得极点处的留数

$$\begin{aligned}e(nT)&=\frac{1}{2\pi\mathrm{j}}\oint_{\Gamma}E(z)z^{n-1}\mathrm{d}z=\sum_{i=1}^{2}\mathrm{Res}[E(z_i)z_i^{n-1}]\\&=\lim_{z\to 1}\frac{\mathrm{d}}{\mathrm{d}z}\left[(z-1)^2\frac{Tz}{(z-1)^2}z^{n-1}\right]=\lim_{z\to 1}\frac{\mathrm{d}}{\mathrm{d}z}(Tz^n)=nT\end{aligned}$$

相应的采样函数

$$
\begin{aligned}
e^*(t) &= \sum_{n=0}^{\infty} e(nT)\delta(t-nT) = \sum_{n=0}^{\infty}(nT)\delta(t-nT) \\
&= T\delta(t-T) + 2T\delta(t-2T) + 3T\delta(t-3T) + \cdots
\end{aligned}
$$

8.4 离散系统的数学模型

在离散控制系统中，被控对象的模型可能是连续模型，为了分析和设计离散控制系统，需要建立离散控制系统的数学模型。与连续系统的数学模型微分方程、传递函数、状态方程相对应，离散控制系统的数学模型是差分方程、脉冲传递函数、离散状态方程。本节主要研究连续模型：微分方程、传递函数、状态方程的离散化及其求解，脉冲传递函数的基本概念，以及开环脉冲传递函数及闭环脉冲传递函数的建立方法。

8.4.1 微分方程的离散化

对于连续时间控制系统来说，用微分方程来描述系统输入信号与输出信号之间的关系，而对于离散控制系统，是用差分方程来描述系统的输入和输出之间的关系。

(1) 差分方程

所谓差分是指两个采样信息之间的差值称为差分。实际应用中，采用数学中的微商代替差分。

对于离散时间控制系统用差分来描述

$$\frac{\Delta y_k}{\Delta x_k} = \frac{y(x+\Delta x) - y(x)}{\Delta x}$$

或

$$\frac{\Delta y_k}{\Delta t_k} = \frac{y(k+1) - y(k)}{T}$$

在分析时，为了分析方便，可以设采样周期 $T=1\text{s}$，则将上式简化为

$$\Delta y_k = y(k+1) - y(k) \tag{8-49}$$

差分又分为前差分和后差分。当前时刻 k 的各阶差分的获得全部依赖于当前时刻的采样值 $y(k)$ 和未来时刻 $k+1$，$k+2$，…时刻的采样值 $y(k+1)$，$y(k+2)$，…称为前向差分。而式 (8-49) 表示的是前差分，如果用后差分表示，则为

$$\Delta y_k = y(k) - y(k-1) \tag{8-50}$$

当前时刻 k 的各阶差分的获得全部依赖于当前时刻的采样值 $y(k)$ 和历史时刻 $k-1$，$k-2$，…时刻的采样值 $y(k-1)$，$y(k-2)$，…称为后向差分。在采样控制系统中经常使用的后向差分。前向差分较少使用。

将微分方程离散化后就得到差分方程。例如给定一阶微分方程

$$T_1\frac{\mathrm{d}y}{\mathrm{d}t} + y(t) = kx(t) \tag{8-51}$$

对于一些计算精度要求不高的场合，微分方程可以用近似差分的方法求出，近似差分为

$$\frac{\mathrm{d}y}{\mathrm{d}t} = \frac{y(k+1) - y(k)}{T} \tag{8-52}$$

其中，T 为采样周期。将式 (8-52) 代入式 (8-51) 中，经整理得到

$$y(k+1) + ay(k) = bx(k) \tag{8-53}$$

其中，$a=\dfrac{T-T_1}{T_1}$，$b=\dfrac{kT}{T_1}$。

一般 n 阶微分方程离散化后得到 n 阶差分方程

$$y(k+n)+a_{n-1}y(k+n-1)+a_{n-2}y(k+n-2)+\cdots+a_1y(k+1)+a_0y(k)$$
$$=b_mx(k+m)+b_{m-1}x(k+m-1)+\cdots+b_0x(k)\qquad (n\geqslant m)\tag{8-54}$$

离散化时要确定系数：a_0，a_1，$\cdots a_{n-1}$及 b_0，b_1，$\cdots b_m$。

（2）差分方程的求解

已知常系数线性差分方程，求出满足该方程的离散输出的序列称为差分方程的求解。差分方程的求解方法有：经典法、迭代法和 Z 变换法，工程上常用的方法是迭代法和 Z 变换法。

① 迭代法求解　由于差分方程本身就是方程求解的迭代式，如果已知给定输出序列的初值，将差分方程写成递推关系，就可以利用递推关系求出离散输出的序列 $y(k)$。尤其是采用计算机求解是非常方便的。

【例 8-13】 已知差分方程为 $y(k)=5y(k-1)-6y(k-2)+u(k)$，输入序列 $u(k)=1$，输出序列的初始条件为 $y(0)=1$，$y(1)=6$。试用迭代法求输出序列 $y(k)$，$k=0,1,2,\cdots$。

解　根据初始条件及递推关系

$$y(0)=1$$
$$y(1)=6$$
$$y(2)=5y(1)-6y(0)+u(2)=5\times6-6+1=25$$
$$y(3)=5y(2)-6y(1)+u(3)=5\times25-6\times6+1=90$$
$$y(4)=5y(3)-6y(2)+u(4)=5\times90-6\times25+1=301$$

………………

② Z 变换法求解　Z 变换求解的实质是使得差分运算变成代数运算。方法是对差分方程两边取 Z 变换，并利用 Z 变换的滞后和超前定理，得到以 z 为变量的代数方程，将初始条件代入 Z 变换式，然后求出代数方程的解 $Y(z)$，再取 Z 反变换，从而求出离散的输出序列 $y(k)$。

【例 8-14】 差分方程 $y(k)=5y(k-1)-6y(k-2)+u(k)$，输入序列 $u(k)=1$，试用 Z 变换法求输出序列。

解　对差分方程进行 Z 变换

$$Y(z)=5z^{-1}Y(z)-6z^{-2}Y(z)+U(z)$$

经整理得

$$Y(z)=\frac{1}{1-5z^{-1}+6z^{-2}}U(z)=\frac{1}{1-5z^{-1}+6z^{-2}}\frac{z}{z-1}=\frac{z^3}{(z-1)(z-2)(z-3)}$$
$$=\frac{1}{2}\left[\frac{z}{(z-1)}-8\frac{z}{(z-2)}+9\frac{z}{(z-3)}\right]$$

查 Z 变换表求出

$$y(nT)=\frac{1}{2}(1-8\times2^n+9\times3^n)$$

或
$$y^*(t)=\sum_{n=0}^{\infty}y(nT)\delta(t-nT)=\sum_{n=0}^{\infty}\frac{1}{2}(1-8\times2^n+9\times3^n)\delta(t-nT)$$

8.4.2　连续状态方程的离散化

（1）离散状态方程

连续系统的数学模型的另一种表达式是连续状态方程，而与采样系统相对应的数学模型是离散状态方程，在采样系统中需要将连续系统的状态数学模型转化为离散系统的状态数学模型。

线性定常系统的状态方程为

$$\begin{cases}\dot{\boldsymbol{x}}=\boldsymbol{A}\boldsymbol{x}+\boldsymbol{B}\boldsymbol{u}\\ \boldsymbol{y}=\boldsymbol{C}\boldsymbol{x}+\boldsymbol{D}\boldsymbol{u}\end{cases}\tag{8-55}$$

经过采样后连续信号变为离散信号，而连续状态方程经离散后变为离散状态方程为

$$\begin{cases}\boldsymbol{x}(k+1)=\boldsymbol{G}\boldsymbol{x}(k)+\boldsymbol{H}\boldsymbol{u}(k)\\ \boldsymbol{y}(k)=\boldsymbol{C}\boldsymbol{x}(k)+\boldsymbol{D}\boldsymbol{u}(k)\end{cases} \tag{8-56}$$

式中，$\boldsymbol{G},\boldsymbol{H},\boldsymbol{C},\boldsymbol{D}$ 均为常数矩阵，且有 $\boldsymbol{G}=\mathrm{e}^{\boldsymbol{A}T}$，$\boldsymbol{H}=\int_0^T \mathrm{e}^{\boldsymbol{A}\mathrm{T}}\boldsymbol{B}\mathrm{d}t$，$T$ 为采样周期。

证明 因为对于输入的连续信号来说要经过采样和保持，对于零阶保持器来说，在一个采样周期 T 内输入 $\boldsymbol{u}(t)$ 是不变的。因此有

$$u_i(t)=u_i(kT),\quad kT\leqslant t\leqslant(k+1)T \qquad (k=0,1,2,\cdots)$$

对于连续状态空间表达系统其解为

$$\boldsymbol{x}(t)=\mathrm{e}^{[\boldsymbol{A}(t-t_0)]}\boldsymbol{x}(t_0)+\int_{t_0}^{t}\mathrm{e}^{[\boldsymbol{A}(t-\tau)]}\boldsymbol{B}\boldsymbol{u}(\tau)\mathrm{d}\tau$$

考虑到从 $t_0=kT$ 时刻到 $t=(k+1)T$ 时刻这一采样周期内的解，上式可以写成

$$\boldsymbol{x}(k+1)=\mathrm{e}^{\boldsymbol{A}T}\boldsymbol{x}(k)+\int_{kT}^{(k+1)T}e^{\{\mathrm{A}[(k+1)T]-\mathrm{A}\tau\}}\boldsymbol{B}\boldsymbol{u}(k)\mathrm{d}\tau \tag{8-57}$$

令 $\lambda=(k+1)T-\tau$，则有 $\mathrm{d}\lambda=-\mathrm{d}\tau$，式（8-57）变为

$$\begin{aligned}\boldsymbol{x}(k+1)&=\mathrm{e}^{\boldsymbol{A}T}\boldsymbol{x}(k)-\int_{\lambda+\tau-T}^{\lambda+\tau}\mathrm{e}^{\boldsymbol{A}\lambda}\boldsymbol{B}\boldsymbol{u}(k)\mathrm{d}\lambda=\mathrm{e}^{\boldsymbol{A}T}\boldsymbol{x}(k)-\int_{-T}^{0}\mathrm{e}^{\boldsymbol{A}\lambda}\boldsymbol{B}\boldsymbol{u}(k)\mathrm{d}\lambda\\&=\mathrm{e}^{\boldsymbol{A}T}\boldsymbol{x}(k)+\left[\int_0^T\mathrm{e}^{\boldsymbol{A}t}\boldsymbol{B}\,\mathrm{d}t\right]\boldsymbol{u}(k)=\boldsymbol{G}\boldsymbol{x}(k)+\boldsymbol{H}\boldsymbol{u}(k)\end{aligned}$$

其中 $\boldsymbol{G}=\mathrm{e}^{\boldsymbol{A}T},\boldsymbol{H}=\int_0^T\mathrm{e}^{\boldsymbol{A}t}\boldsymbol{B}\,\mathrm{d}t$。可见，$\boldsymbol{G},\boldsymbol{H}$ 阵不仅与连续系统状态方程的系统矩阵和输入矩阵 $\boldsymbol{A},\boldsymbol{B}$ 有关，而且与采样周期 T 有关。

【例 8-15】 已知连续系统的状态方程为

$$\begin{cases}\dot{\boldsymbol{x}}=\begin{bmatrix}0 & 1\\0 & -2\end{bmatrix}\boldsymbol{x}+\begin{bmatrix}0\\1\end{bmatrix}u\\ y=\begin{bmatrix}1 & 0\end{bmatrix}\boldsymbol{x}\end{cases}$$

采样周期为 $T=1\mathrm{s}$，求离散状态方程。

解 $$[sI-A]^{-1}=\frac{1}{s(s+2)}\begin{bmatrix}s+2 & 1\\0 & s\end{bmatrix}=\begin{bmatrix}\dfrac{1}{s} & \dfrac{1}{2}\left(\dfrac{1}{s}-\dfrac{1}{s+2}\right)\\0 & \dfrac{1}{s+2}\end{bmatrix}$$

$$\boldsymbol{G}=\mathrm{e}^{\boldsymbol{A}T}=\mathrm{L}^{-1}[(s\boldsymbol{I}-\boldsymbol{A})^{-1}]\big|_{t=T=1}=\begin{bmatrix}1 & 0.5\times(1-\mathrm{e}^{-2T})\\0 & \mathrm{e}^{-2T}\end{bmatrix}=\begin{bmatrix}1 & 0.4325\\0 & 0.135\end{bmatrix}$$

$$\boldsymbol{H}=\int_0^T\mathrm{e}^{\boldsymbol{A}t}\boldsymbol{B}\,\mathrm{d}t=\left.\begin{bmatrix}0.5\left(T+\dfrac{\mathrm{e}^{-2T}-1}{2}\right)\\0.5(1-\mathrm{e}^{-2T})\end{bmatrix}\right|_{T=1}=\begin{bmatrix}0.284\\0.4325\end{bmatrix}$$

得离散状态方程

$$\boldsymbol{x}(k+1)=\begin{bmatrix}1 & 0.4325\\0 & 0.135\end{bmatrix}\boldsymbol{x}(k)+\begin{bmatrix}0.284\\0.4325\end{bmatrix}u(k)$$
$$y(k)=\begin{bmatrix}1 & 0\end{bmatrix}\boldsymbol{x}(k)$$

（2）离散状态方程求解

将高阶差分方程化为一阶差分方程组就可以得到离散状态方程。所以求解差分方程的方法同样适用于求解离散状态方程。求解离散状态方程主要有：经典法、迭代法和 Z 变换法，工程上常用的方法是迭代法和 Z 变换法。

① 迭代法　若给定离散状态方程式（8-56），且已知状态的初始条件 $\boldsymbol{x}(0)$ 及输入 $\boldsymbol{u}(k)$，则将 $k=0,1,2,3\cdots$ 代入式（8-56）递推可得到

$$\boldsymbol{x}(1)=\boldsymbol{G}\boldsymbol{x}(0)+\boldsymbol{H}\boldsymbol{u}(0)$$

$$\boldsymbol{x}(2)=\boldsymbol{G}\boldsymbol{x}(1)+\boldsymbol{H}\boldsymbol{u}(1)=\boldsymbol{G}^2\boldsymbol{x}(0)+\boldsymbol{G}\boldsymbol{H}\boldsymbol{u}(0)+\boldsymbol{H}\boldsymbol{u}(1)$$

$$\boldsymbol{x}(3)=\boldsymbol{G}\boldsymbol{x}(2)+\boldsymbol{H}\boldsymbol{u}(2)=\boldsymbol{G}^3\boldsymbol{x}(0)+\boldsymbol{G}^2\boldsymbol{H}\boldsymbol{u}(0)+\boldsymbol{G}\boldsymbol{H}\boldsymbol{u}(1)+\boldsymbol{H}\boldsymbol{u}(2)$$

………………

$$\boldsymbol{x}(k)=\boldsymbol{G}^k\boldsymbol{x}(0)+\boldsymbol{G}^{k-1}\boldsymbol{H}\boldsymbol{u}(0)+\boldsymbol{G}^{k-2}\boldsymbol{H}\boldsymbol{u}(1)+\cdots+\boldsymbol{H}\boldsymbol{u}(k-1)=\boldsymbol{G}^k\boldsymbol{x}(0)+\sum_{i=0}^{k-1}\boldsymbol{G}^{k-i-1}\boldsymbol{H}\boldsymbol{u}(i)$$

令 $\boldsymbol{\Phi}(k)=\boldsymbol{G}^k$，称为离散系统状态转移矩阵。状态转移矩阵具有如下性质：

a. $\boldsymbol{\Phi}(k+1)=\boldsymbol{G}\boldsymbol{\Phi}(k)$；

b. $\boldsymbol{\Phi}(0)=\boldsymbol{I}$。

由状态转移矩阵的定义，离散状态方程的解又可以写成

$$\begin{aligned}\boldsymbol{x}(k)&=\boldsymbol{\Phi}(k)\boldsymbol{x}(0)+\sum_{i=0}^{k-1}\boldsymbol{\Phi}(k-i-1)\boldsymbol{H}\boldsymbol{u}(i)\\ \boldsymbol{y}(k)&=\boldsymbol{C}\boldsymbol{x}(k)+\boldsymbol{D}\boldsymbol{u}(k)=\boldsymbol{C}\boldsymbol{\Phi}(k)\boldsymbol{x}(0)+\boldsymbol{C}\sum_{i=0}^{k-1}\boldsymbol{\Phi}(k-i-1)\boldsymbol{H}\boldsymbol{u}(i)+\boldsymbol{D}\boldsymbol{u}(k)\end{aligned}\tag{8-58}$$

用迭代法求解离散状态方程，只能得到有限项时间序列，得不到状态变量和输出变量的数学解析式。

② Z 变换法求解　Z 变换求解的方法是对离散差分方程式（8-56）两边取 Z 变换，根据 Z 变换的超前定理，得到以 z 为变量的代数方程 $z\boldsymbol{X}(z)-z\boldsymbol{x}(0)=\boldsymbol{G}\boldsymbol{X}(z)+\boldsymbol{H}\boldsymbol{U}(z)$，对其进行整理得

$$\boldsymbol{X}(z)=(z\boldsymbol{I}-\boldsymbol{G})^{-1}[z\boldsymbol{x}(0)+\boldsymbol{H}\boldsymbol{U}(z)]\tag{8-59}$$

对式（8-59）做 Z 反变换

$$\boldsymbol{x}(k)=\mathrm{Z}^{-1}[(z\boldsymbol{I}-\boldsymbol{G})^{-1}z\boldsymbol{x}(0)]+\mathrm{Z}^{-1}[(z\boldsymbol{I}-\boldsymbol{G})^{-1}\boldsymbol{H}\boldsymbol{U}(z)]\tag{8-60}$$

与用迭代法得到的离散方程解式（8-58）相比有

$$\boldsymbol{\Phi}(k)=\boldsymbol{G}^k=\mathrm{Z}^{-1}[(z\boldsymbol{I}-\boldsymbol{G})^{-1}z]\tag{8-61}$$

用 Z 变换法求解离散系统状态方程，可得到离散状态变量和输出变量的数学解析表达式。

8.4.3　脉冲传递函数

在线性连续系统中，已经定义了传递函数的概念，即在初始条件为零时，系统输出的拉氏变换与输入信号的拉氏变换之比，并且用传递函数来描述系统的特性。与此相类似，对于线性采样系统，Z 变换的更为重要的意义在于得出线性采样系统的脉冲传递函数。以此来分析和设计采样系统的性能以及设计采样控制系统。

（1）脉冲传递函数的定义

如图 8-14 所示的线性采样系统，零初始条件下，采样系统的输入序列 $r^*(t)$ 和输出序列 $y^*(t)$ 的 Z 变换分别是 $R(z)$ 和 $Y(z)$，则线性采样系统的脉冲传递函数的定义为：系统在零初始条件下，输出采样信号的 Z 变换与输入采样信号的 Z 变换之比，称为脉冲传递函数，记做

$$G(z)=\frac{Y(z)}{R(z)}=\frac{\sum_{n=0}^{\infty}y(nT)z^{-n}}{\sum_{n=0}^{\infty}r(nT)z^{-n}} \tag{8-62}$$

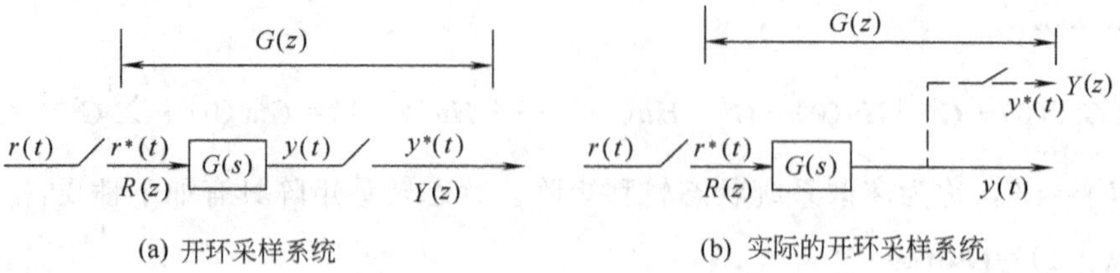

(a) 开环采样系统

(b) 实际的开环采样系统

图 8-14　开环采样系统

对于多数实际控制系统中，输出信号是连续信号 $y(t)$ 而不是采样信号 $y^*(t)$，如图 8-14（b）所示。为了能使用脉冲传递函数这个概念，可以在系统的输出端虚设一个采样开关，如图 8-14（b）虚线所示的开关，它与输入采样开关具有相同的采样周期 T，也就是它与输入采样开关同步。在实际系统中虚设的采样开关是不存在的。

（2）脉冲传递函数的意义

为了说明脉冲传递函数的物理意义，以下从系统单位脉冲响应的角度来推导脉冲传递函数。对于图 8-14 所示的采样系统，输入信号经采样开关后得到输入的采样信号 $r^*(t)$，它是一系列脉冲信号

$$r^*(t)=\sum_{n=0}^{\infty}r(nT)\delta(t-nT) \tag{8-63}$$

由于系统环节为连续环节 $G(s)$，因此在采样信号 $r^*(t)$ 的输入下，其输出信号 $y(t)$ 为连续信号，是一系列脉冲响应之和

$$y(t)=r(0)g(t)+r(T)g(t-T)+\cdots+r(kT)g(t-kT) \tag{8-64}$$

式中，$g(t-kT)$ 为不同时刻单位脉冲响应函数，$g(t)=\mathrm{L}^{-1}[G(s)]$，$g(t-T)=\mathrm{L}^{-1}[G(s)\mathrm{e}^{-Ts}]$，…。$t=nT$ 时刻的采样输出值等于 nT 时刻及 nT 时刻以前所有脉冲在该时刻的脉冲响应之和。

$$\begin{aligned}y(nT)&=r(0)g(nT)+r(T)g(nT-T)+\cdots+r(kT)g(nT-kT)+\cdots\\&=\sum_{k=0}^{n}r(kT)g(nT-kT)\end{aligned} \tag{8-65}$$

因为系统的脉冲响应 $g(t)$ 是从 $t=0$ 以后出现的信号，当 $t<0$ 时，$g(t)=0$。所以当 $k>n$ 时，$g(nT-kT)=0$，即 nT 时刻以后的所有脉冲不会对 nT 时刻的输出产生作用，所以式（8-65）中的求和上限可以扩展到∞，式（8-65）又可以写成

$$y(nT) = \sum_{k=0}^{\infty} r(kT) g(nT - kT) \tag{8-66}$$

式（8-66）两边同乘 z^{-n}，并取和，得到 $y(t)$ 的 Z 变换

$$Y(z) = \sum_{n=0}^{\infty} y(nT) z^{-n} = \sum_{n=0}^{\infty}\sum_{k=0}^{\infty} r(kT) g(nT - kT) z^{-n} \tag{8-67}$$

令 $m=n-k$，则有

$$Y(z) = \sum_{m=-k}^{\infty}\sum_{k=0}^{\infty} r(kT) g(mT) z^{-(m+k)} \tag{8-68}$$

当 $n<k$（即 $m<0$）时，$g(nT-kT)=0$。因此，式（8-68）中的求和下限 m 可以到 0。

$$Y(z) = \sum_{m=0}^{\infty}\sum_{k=0}^{\infty} r(kT) g(mT) z^{-(m+k)} = \sum_{m=0}^{\infty} g(mT) z^{-m} \times \sum_{k=0}^{\infty} r(kT) z^{-k} = G(z)R(z) \tag{8-69}$$

系统的脉冲传递函数为

$$G(z) = \frac{Y(z)}{R(z)} = \sum_{m=0}^{\infty} g(mT) z^{-m} \tag{8-70}$$

由此可见，系统的脉冲传递函数是系统单位脉冲响应 $g(t)$ 经过采样后 $g^*(t)$ 的 Z 变换，即是在零初始条件下输出的 Z 变换与输入的 Z 变换之比。

（3）脉冲传递函数的求法

求取采样控制系统的脉冲传递函数 $G(z)$，有两种方法。一种方法是利用脉冲传递函数的物理意义——单位脉冲响应的 Z 变换，已知系统的传递函数 $G(s)$，根据 $g(t)=\mathrm{L}^{-1}[G(s)]$ 来求取系统的脉冲响应 $g(t)$，然后对其进行采样，得到采样表达式 $g^*(t)$ 或离散化表达式 $g(nT)$，再由 Z 变换的定义 $G(z)=\sum_{n=0}^{\infty} g(nT) z^{-n}$ 求出脉冲传递函数 $G(z)$。另一种方法是直接根据 Z 变换表，采用查表法将连续系统的传递函数 $G(s)$ 离散化，从而得到脉冲传递函数 $G(z)$。如果 $G(s)$ 为阶次较高的有理分式，则需将 $G(s)$ 展开成部分分式的形成，然后再经过查 Z 变换表求出 $G(z)$。以上两种方法中，第一种方法求取脉冲传递函数过程比较复杂，而采用第二种方法计算量较小。

【例 8-16】 已知如图 8-14 所示的开环系统 $G(s)=\dfrac{1}{s(s+1)}$，求相应的脉冲传递函数。

解　方法一：先求系统的脉冲响应

$$g(t)=\mathrm{L}^{-1}[G(s)]=\mathrm{L}^{-1}\left[\frac{1}{s(s+1)}\right]=\mathrm{L}^{-1}\left[\frac{1}{s}-\frac{1}{s+1}\right]=1-\mathrm{e}^{-t}$$

脉冲响应的离散形式为 $g(nT)=1-\mathrm{e}^{-nT}$，对其进行 Z 变换求出脉冲传递函数

$$G(z) = \sum_{n=0}^{\infty} g(nT) z^{-n} = \sum_{n=0}^{\infty} (1-\mathrm{e}^{-nT}) z^{-n} = \sum_{n=0}^{\infty} 1 \times z^{-n} - \sum_{n=0}^{\infty} \mathrm{e}^{-nT} z^{-n}$$

$$=\frac{z}{z-1}-\frac{z}{z-\mathrm{e}^{-T}}=\frac{z(1-\mathrm{e}^{-T})}{(z-1)(z-\mathrm{e}^{-T})}$$

方法二：将 $G(s)$ 展开成部分分式

$$G(s)=\frac{1}{s(s+1)}=\frac{1}{s}-\frac{1}{s+1}$$

查 Z 变换表得到

$$G(z)=\frac{z}{z-1}-\frac{z}{z-\mathrm{e}^{-T}}=\frac{z(1-\mathrm{e}^{-T})}{(z-1)(z-\mathrm{e}^{-T})}$$

(4) 开环系统的脉冲传递函数

根据采样系统的方块图求采样系统的脉冲传递函数的求法与线性连续系统很相似，但不完全相同，必须注意采样开关的位置，采样开关的数目和位置不同求出的开环脉冲传递函数也会截然不同。

① 连续环节串联之间有采样开关　设系统如图 8-15 所示，在两个串联环节 $G_1(s)$ 和 $G_2(s)$ 之间有采样开关分隔。根据图 8-15，有

$$Y(s)=G_2(s)Y_1^*(s) \tag{8-71}$$

对 $Y(s)$ 进行离散化有

$$\begin{aligned}Y^*(s)&=[G_2(s)Y_1^*(s)]^*=G_2^*(s)Y_1^*(s)=G_2^*(s)[G_1(s)R^*(s)]^*\\&=G_1^*(s)G_2^*(s)R^*(s)\end{aligned} \tag{8-72}$$

由于 Z 变换为采样函数的拉氏变换，即 $Y(z)=Y^*(s)$，则输出采样函数的 Z 变换为 $Y(z)=G_1(z)G_2(z)R(z)$，因此开环脉冲传递函数为

$$G(z)=\frac{Y(z)}{R(z)}=G_1(z)G_2(z) \tag{8-73}$$

当被采样开关分隔的两环节串联时，其开环等效脉冲传递函数为这两个环节脉冲传递函数之积。这一结论可以推广到 n 个环节串联的情况。

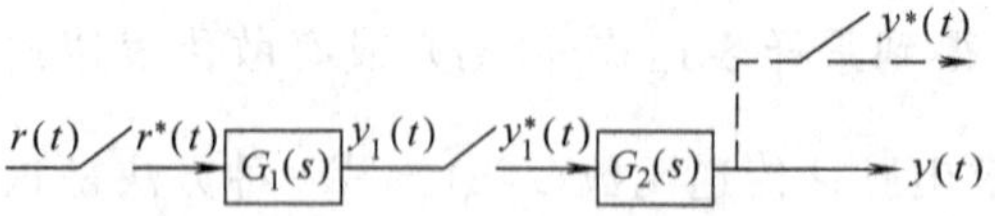

图 8-15　两环节串联之间有采样开关

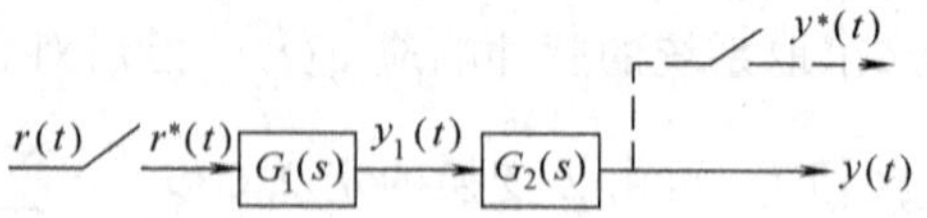

图 8-16　两环节串联之间无采样开关

② 连续环节串联之间无采样开关　设系统如图 8-16 所示，在两个串联环节 $G_1(s)$ 和 $G_2(s)$ 之间，没有采样开关分隔。根据图 8-16，有

$$Y(s)=G_1(s)\cdot G_2(s)\cdot R^*(s) \tag{8-74}$$

对 $Y(s)$ 进行离散化有

$$Y^*(s)=[G_1(s)G_2(s)R^*(s)]^*=[G_1(s)G_2(s)]^*R^*(s) \tag{8-75}$$

并求出开环脉冲传递函数为

$$G(z)=\frac{Y(z)}{R(z)}=G_1G_2(z) \tag{8-76}$$

当无采样开关分隔的两环节串联时，其开环等效脉冲传递函数为这两个环节传递函数之积以后的 Z 变换。这一结论可以推广到 n 个环节串联的情况。

这里要注意的是图 8-15 和图 8-16 两种情况下，脉冲传递函数是不一样的，即

$$G_1(z)G_2(z)\neq G_1G_2(z)$$

【例 8-17】 在图 8-15 和图 8-16 中，$G_1(s)=\dfrac{1}{s}$，$G_2(s)=\dfrac{1}{s+1}$，分别求两图的脉冲传递函数。

解 在图 8-15 所示的开环系统中，其脉冲传递函数为

$$G(z)=G_1(z)G_2(z)=Z[G_1(s)]Z[G_2(s)]=\frac{z}{z-1}\times\frac{z}{z-\mathrm{e}^{-T}}$$

而在图 8-16 所示的开环系统中，其脉冲传递函数为

$$G(z)=G_1G_2(z)=Z[G_1(s)G_2(s)]=Z\left[\frac{1}{s}\times\frac{1}{s+1}\right]=Z\left[\frac{1}{s}-\frac{1}{s+1}\right]=\frac{z}{z-1}-\frac{z}{z-\mathrm{e}^{-T}}$$

显然
$$G_1(z)G_2(z)\neq G_1G_2(z)$$

需要注意的是，在求系统的脉冲传递函数时，需要判断各个环节之间有无采样开关隔开，有无采样开关得到的脉冲传递函数是完全不同的。但是不同之处只表现在其零点不同，极点仍然一样，这一点和连续系统不同，它是开环采样系统特有的现象。

③ 带有零阶保持器的脉冲传递函数　实际的采样系统都带有采样器和零阶保持器，如果在开环系统中带有零阶保持器，其采样控制系统如图 8-17 所示。其中 $G_p(s)$ 为连续部分的传递函数，$G_0(s)$ 为采样保持器，两个环节串联，串联环节之间无采样开关。

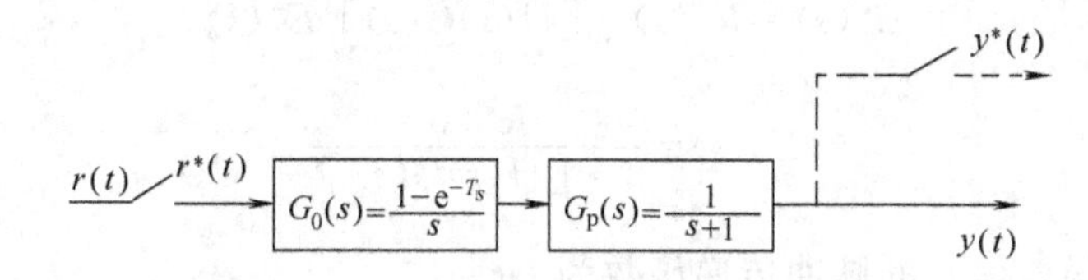

图 8-17　带有零阶保持器的开环离散系统

开环系统的脉冲传递函数为

$$G(z)=Z[G_0(s)G_p(s)]=Z\left[\frac{1-\mathrm{e}^{-Ts}}{s}\times\frac{1}{s+1}\right]$$

根据 Z 变换的线性定理

$$G(z)=Z\left[\frac{1}{s(s+1)}\right]-Z\left[\frac{1}{s(s+1)}\mathrm{e}^{-Ts}\right]$$

再根据 Z 变换的滞后定理

$$G(z)=Z\left[\frac{1}{s(s+1)}\right]-z^{-1}Z\left[\frac{1}{s(s+1)}\right]=(1-z^{-1})Z\left[\frac{1}{s(s+1)}\right]$$

$$=(1-z^{-1})Z\left[\frac{1}{s}-\frac{1}{s+1}\right]=(1-z^{-1})\left[\frac{z}{z-1}-\frac{z}{z-\mathrm{e}^{-T}}\right]=\frac{1-\mathrm{e}^{-T}}{z-\mathrm{e}^{-T}}$$

④ 采样系统输入端无采样器的开环脉冲传递函数　采样系统输入端无采样开关时，求不出系统的脉冲传递函数，只能求出系统输出信号的 Z 变换 $Y(z)$。

如图 8-18 所示系统，输入端无采样开关，图中 $Y_1(s)=G_1(s)R(s)$，经过采样开关后有 $Y_1^*(s)=[G_1(s)R(s)]^*$，其 Z 变换为 $Y_1(z)=G_1R(z)$，系统的输出为 $Y(s)=G_2(s)Y_1^*(s)$，经过采样开关后有 $Y^*(s)=[G_2(s)Y_1^*(s)]^*=G_2^*(s)Y_1^*(s)$，其 Z 变换为

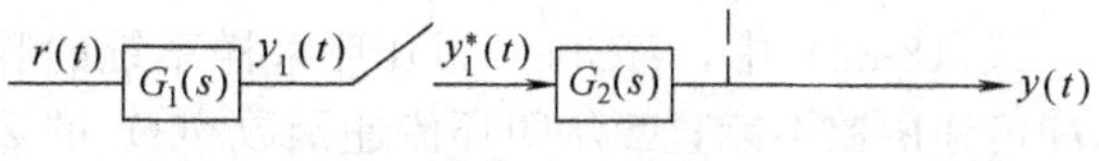

图 8-18　采样系统输入端无采样开关

$$Y(z)=G_2(z)Y_1(z)=G_2(z)G_1R(z)\tag{8-77}$$

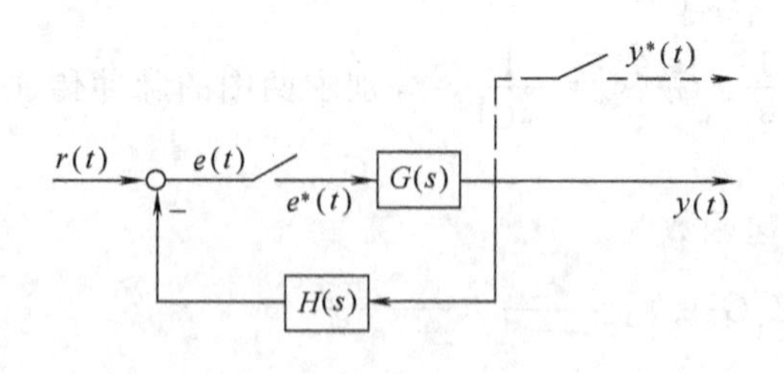

图 8-19 闭环采样控制系统结构

由于 $G_1R(z)$ 是 $G_1(s)$ 和 $R(s)$ 相乘以后的Z变换，所以在 $Y(z)$ 表达式中，输入信号的Z变换不是独立的，而是一个与 $G_1(s)$ 环节复合后的Z变换信号 $G_1R(z)$。所以输入端无采样开关时，求不出系统的脉冲传递函数，只能求出系统输出信号的Z变换 $Y(z)$。

(5) 采样系统的闭环脉冲传递函数

由于采样开关在闭环控制系统中放置的位置可以有很多方法，因此闭环采样系统的结构形式不是惟一的，求取脉冲传递函数要根据闭环系统的结构以及采样开关的位置。不同的采样控制系统结构和不同的采样开关位置得到的脉冲传递函数是不同的。图 8-19 所示为一种常见的闭环采样控制系统结构。

从图中可知，输出信号的拉氏变换 $Y(s)=G(s)E^*(s)$，误差信号的拉氏变换为

$$E(s)=R(s)-H(s)Y(s)=R(s)-H(s)G(s)E^*(s)$$

采样后变为

$$E^*(s)=R^*(s)-[H(s)G(s)]^*E^*(s)$$

整理得

$$E^*(s)=\frac{R^*(s)}{1+[H(s)G(s)]^*} \tag{8-78}$$

则采样系统输出对误差信号的脉冲传递函数为

$$\phi_e(z)=\frac{E(z)}{R(z)}=\frac{1}{1+HG(z)} \tag{8-79}$$

将式 (8-78) 代入输出的拉氏变换式中得到 $Y(s)=\frac{G(s)R^*(s)}{1+[H(s)G(s)]^*}$，采样后变为

$$Y^*(s)=\frac{G^*(s)}{1+[H(s)G(s)]^*}R^*(s) \tag{8-80}$$

采样系统输出对输入的脉冲传递函数表达式

$$\phi(z)=\frac{Y(z)}{R(z)}=\frac{G(z)}{1+HG(z)} \tag{8-81}$$

式 (8-79) 与式 (8-81) 是闭环采样系统中经常使用的两个闭环脉冲传递函数，与连续系统类似，令它们的分母多项式为零，便可得到采样系统的闭环特征方程。

$$1+HG(z)=0 \tag{8-82}$$

式 (8-82) 中，$HG(z)$ 为开环采样系统的脉冲传递函数。需要注意的是闭环采样系统的脉冲传递函数不能直接从闭环传递函数 $\phi(s)$ 的Z变换来求得，即 $\phi(z)\neq Z[\phi(s)]$，这是因为采样开关的位置不同得到的结果也不同，脉冲传递函数与采样开关的位置有着密切的关系。

【例 8-18】 如图 8-20 所示，已知系统中加入了数字控制器 $D(s)$，$G_p(s)$ 是被控对象的传递函数，求采样系统的闭环脉冲传递函数。

解 由系统结构图可知：输出信号 $Y(s)=G_p(s)Y_1^*(s)$，经采样后

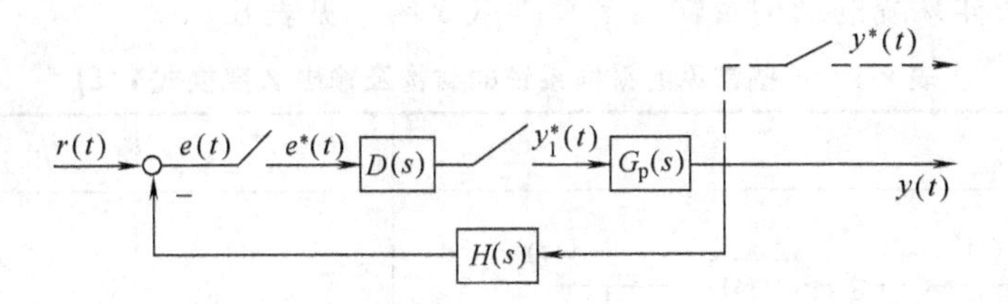

图 8-20　具有数字控制器的采样控制系统

$$Y^*(s)=G_p^*(s)Y_1^*(s)=G_p^*(s)[D(s)E^*(s)]^*=G_p^*(s)D^*(s)E^*(s)$$

误差信号为 $E(s)=R(s)-G_p(s)H(s)Y_1^*(s)$，经采样后

$$E^*(s)=R^*(s)-[G_p(s)H(s)]^*Y_1^*(s)=R^*(s)-[G_p(s)H(s)]^*[D(s)E^*(s)]^*$$

$$=R^*(s)-[G_p(s)H(s)]^*D^*(s)E^*(s)$$

整理得

$$E^*(s)=\frac{R^*(s)}{1+[G_p(s)H(s)]^*D^*(s)} \tag{8-83}$$

将式（8-83）代入输出采样信号得

$$Y^*(s)=G_p^*(s)D^*(s)E^*(s)=\frac{G_p^*(s)D(s)R^*(s)}{1+[G_p(s)H(s)]^*D^*(s)} \tag{8-84}$$

采样系统输出对输入的脉冲传递函数表达式

$$\phi(z)=\frac{Y(z)}{R(z)}=\frac{G_p(z)D(z)}{1+G_pH(z)D(z)} \tag{8-85}$$

通过上面两个例子，分析了根据采样系统方块图求取脉冲传递函数的方法，但是使用上述方法逐步推导往往过于复杂，我们可以采用连续系统方块图的运算规则，再考虑有无采样开关以及采样开关的位置来进行处理的原则直接写出脉冲传递函数。

【例 8-19】 求图 8-21 所示采样系统的脉冲传递函数。

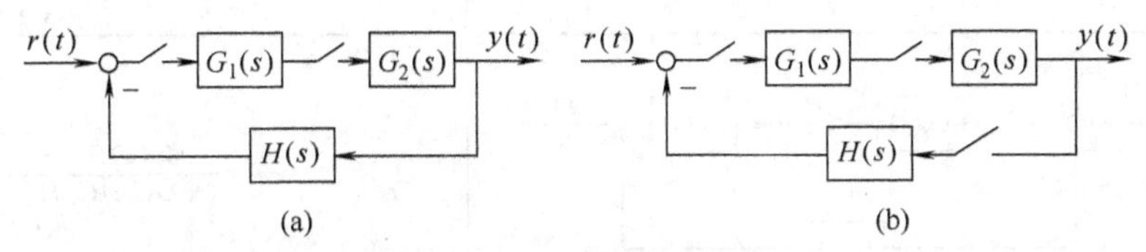

图 8-21　采样控制系统

解　对于图 8-21（a），由于 $G_1(s)$ 和 $G_2(s)$ 之间有采样开关，而 $G_2(s)$ 与 $H(s)$ 之间无采样开关，所以其闭环脉冲传递函数为

$$G(z)=\frac{G_1(z)G_2(z)}{1+G_1(z)G_2H(z)}$$

对于图 8-21（b），由于 $G_1(z)$,$G_2(z)$ 和 $H(s)$ 之间均有采样开关，所以其脉冲传递函数为

$$G(z)=\frac{G_1(z)G_2(z)}{1+G_1(z)G_2(z)H(z)}$$

一些常见的采样系统的结构及输出Z变换式 $Y(z)$ 见表8-1。

表8-1　一些常见的采样系统的结构及输出Z变换式 $Y(z)$

序　号	结　构　图	输　　出 $Y(z)$
1	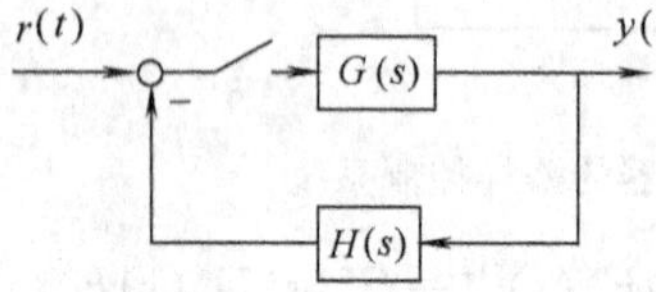 $r(t)$, $G(s)$, $y(t)$, $H(s)$	$Y(z)=\frac{G(z)}{1+GH(z)}R(z)$
2	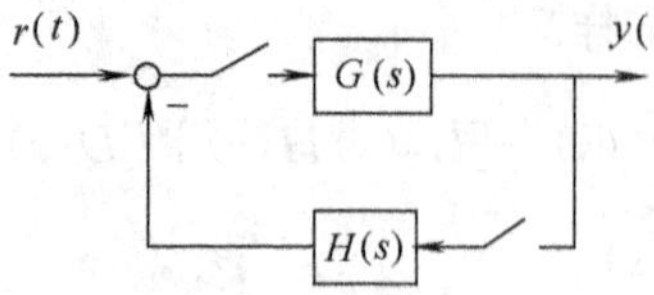 $r(t)$, $G(s)$, $y(t)$, $H(s)$	$Y(z)=\frac{G(z)}{1+G(z)H(z)}R(z)$
3	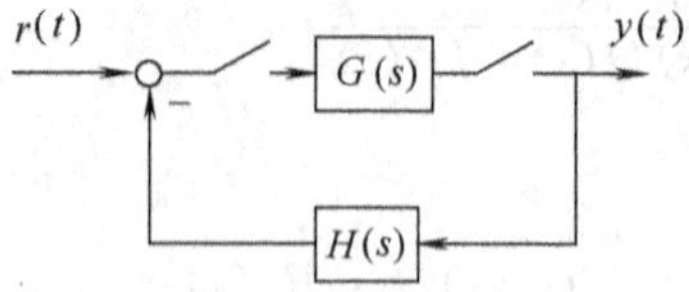 $r(t)$, $G(s)$, $y(t)$, $H(s)$	$Y(z)=\frac{G(z)}{1+G(z)H(z)}R(z)$
4	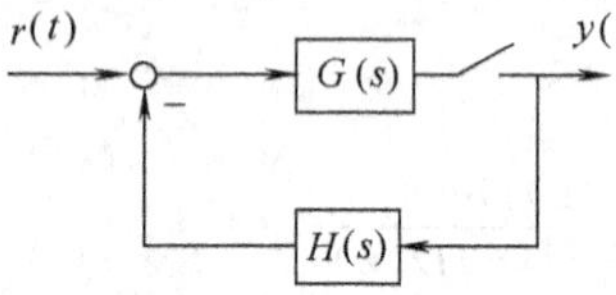 $r(t)$, $G(s)$, $y(t)$, $H(s)$	$Y(z)=\frac{RG(z)}{1+GH(z)}$
5	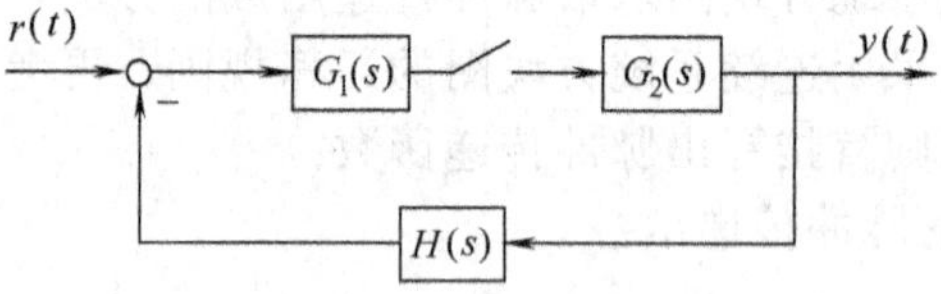 $r(t)$, $G_1(s)$, $G_2(s)$, $y(t)$, $H(s)$	$Y(z)=\frac{RG_1(z)G_2(z)}{1+G_1G_2H(z)}$
6	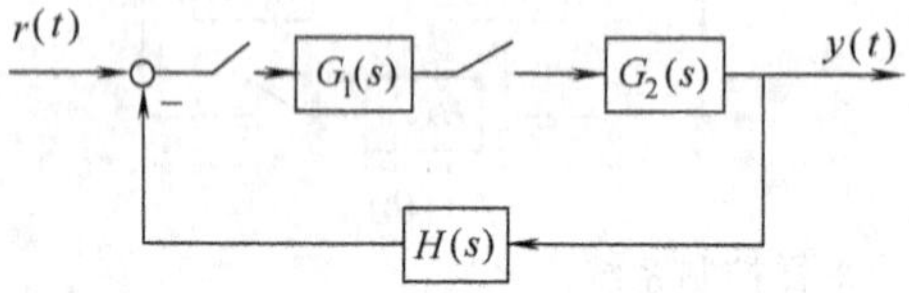 $r(t)$, $G_1(s)$, $G_2(s)$, $y(t)$, $H(s)$	$Y(z)=\frac{G_1(z)G_2(z)}{1+G_1(z)G_2H(z)}R(z)$
7	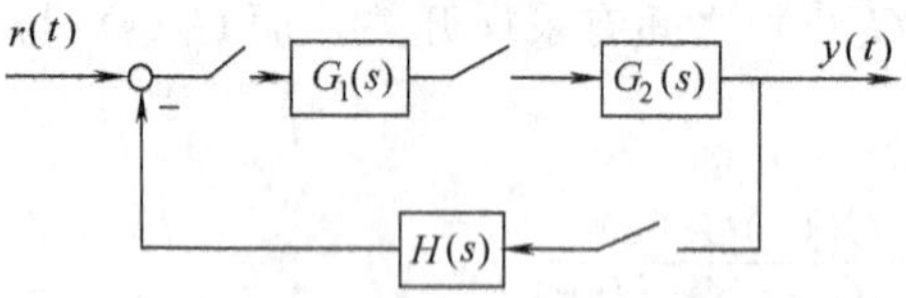 $r(t)$, $G_1(s)$, $G_2(s)$, $y(t)$, $H(s)$	$Y(z)=\frac{G_1(z)G_2(z)}{1+G_1(z)G_2(z)H(z)}R(z)$
8	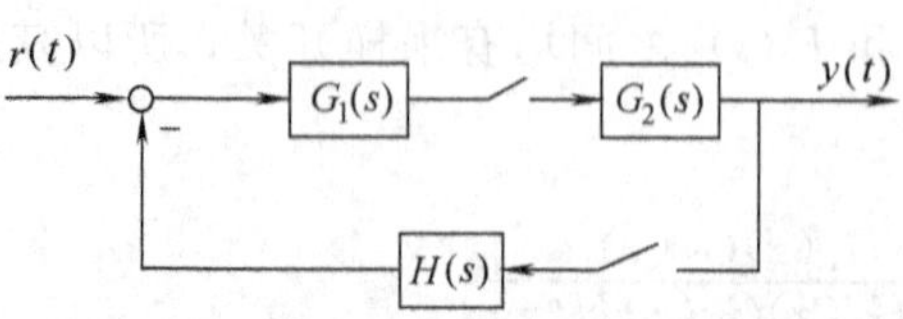 $r(t)$, $G_1(s)$, $G_2(s)$, $y(t)$, $H(s)$	$Y(z)=\frac{G_2(z)RG_1(z)}{1+G_2(z)G_1H(z)}$

8.5　采样系统的数学模型之间的相互转换

与线性连续系统类似，采样控制系统的三种数学模型在一定条件下也可以相互转换。本节主要讨论三种离散数学模型之间的相互转换。

8.5.1　差分方程和脉冲传递函数之间的转换

用差分方程表示的数学模型是离散系统的时域表达形式，而用脉冲传递函数表示的数学模型是离散系统的 Z 域表达形式。两种数学模型之间可以通过 Z 变换和 Z 反变换进行相互转换。

描述一个单输入单输出的线性离散时间系统的 n 阶差分方程

$$y(k+n)+a_{n-1}y(k+n-1)+\cdots+a_1y(k+1)+a_0y(k)$$
$$=b_mu(k+m)+b_{m-1}u(k+m-1)+\cdots+b_0u(k) \tag{8-86}$$

采样系统的输入信号和输出信号分别为 $u(mT)$ 与 $y(nT)$，它们均为离散时间序列。式（8-86）中省略了采样周期 T，a_i 和 b_i 是常数；k,n,m 为整数，且 $n\geqslant m$。

现要求取采样系统的脉冲传递函数，则根据 Z 变换的超前定理，对式（8-86）两边做 Z 变换，并令初始条件为零，则式（8-86）变为

$$(z^n+a_{n-1}z^{n-1}+\cdots+a_1z+a_0)Y(z)=(b_mz^m+b_{m-1}z^{m-1}+\cdots+b_0)U(z) \tag{8-87}$$

采样系统的脉冲传递函数为

$$G(z)=\frac{Y(z)}{U(z)}=\frac{b_mz^m+b_{m-1}z^{m-1}+\cdots+b_1z+b_0}{z^n+a_{n-1}z^{n-1}+\cdots+a_1z+a_0} \tag{8-88}$$

需要注意的是脉冲传递函数是在零初始条件下定义的，只有在零初始条件下，两者才能相互转化。

而对于脉冲传递函数转化成差分方程，可对式（8-88）进行 Z 反变换，得到前差分或后差分的形式。

【例 8-20】 已知采样系统的差分方程为 $y(k)=u(k)+5y(k-1)-6y(k-2)$，初始条件为零，求系统的脉冲传递函数。

解　对差分方程进行 Z 变换，并利用 Z 变换的滞后定理

$$Y(z)=U(z)+5z^{-1}Y(z)-6z^{-2}Y(z)$$

脉冲传递函数为　$$G(z)=\frac{Y(z)}{U(z)}=\frac{1}{1-5z^{-1}+6z^{-2}}$$

【例 8-21】 已知采样控制系统中，控制器的脉冲传递函数为：$D(z)=\dfrac{U(z)}{E(z)}=\dfrac{z+2}{z^2+5z+3}$，现要化成计算机可以实现的算法，求差分方程。

解　由脉冲传递函数可得

$$(z^2+5z+3)U(z)=(z+2)E(z)$$

对上式进行 Z 反变换，得到前差分方程的形式

$$u(k+2)+5u(k+1)+3u(k)=e(k+1)+2e(k)$$

或后差方程的形式　$u(k)+5u(k-1)+3u(k-2)=e(k)+2e(k-1)$

8.5.2　差分方程和离散状态方程之间的转换

线性离散控制系统的状态空间表达式

$$\begin{aligned}\boldsymbol{x}(k+1)&=\boldsymbol{G}\boldsymbol{x}(k)+\boldsymbol{H}\boldsymbol{u}(k)\\ \boldsymbol{y}(k)&=\boldsymbol{C}\boldsymbol{x}(k)+\boldsymbol{D}\boldsymbol{u}(k)\end{aligned} \tag{8-89}$$

线性离散系统的差分方程转化成离散状态方程的方法与线性连续系统的微分方程转化成状态方程的方法相类似，以下逐一加以介绍。

(1) 输入变量不包含高于一阶的差分时，由差分方程转化为离散状态方程

对于一个单输入单输出的 n 阶差分方程，当输入变量不包含高于一阶的差分时，也就是式（8-86）中的 $m=0$ 时，差分方程可以写成如下形式

$$y(k+n)+a_{n-1}y(k+n-1)+\cdots+a_1y(k+1)+a_0y(k)=b_0u(k) \tag{8-90}$$

要想将式（8-90）转化为离散的状态方程，则需选状态变量

$$x_1(k)=y(k),\ x_2(k)=y(k+1),\ \cdots,\ x_n(k)=y(k+n-1) \tag{8-91}$$

则根据式（8-90）和式（8-91）得到

$$\begin{aligned}&x_1(k+1)=y(k+1)=x_2(k)\\ &x_2(k+1)=y(k+2)=x_3(k)\\ &\cdots\cdots\cdots\cdots\\ &x_n(k+1)=y(k+n)=-a_{n-1}x_n(k)-a_{n-2}x_{n-1}(k)-\cdots-a_0x_1(k)+b_0u(k)\end{aligned}$$

写成矩阵的形式

$$\begin{bmatrix}x_1(k+1)\\ x_2(k+1)\\ \vdots\\ x_n(k+1)\end{bmatrix}=\begin{bmatrix}0&1&0&\cdots&0&0\\ 0&0&1&\cdots&0&0\\ \cdots&\cdots&\cdots&\cdots&\cdots&\cdots\\ 0&0&0&\cdots&1&0\\ 0&0&0&\cdots&0&1\\ -a_0&-a_1&-a_2&\cdots&-a_{n-2}&-a_{n-1}\end{bmatrix}\begin{bmatrix}x_1(k)\\ x_2(k)\\ \vdots\\ x_{n-2}(k)\\ x_{n-1}(k)\\ x_n(k)\end{bmatrix}+\begin{bmatrix}0\\ 0\\ \vdots\\ 0\\ 0\\ b_0\end{bmatrix}u(k)$$

$$y(k)=[1\quad 0\quad \cdots\quad 0]\boldsymbol{x}(k) \tag{8-92}$$

(2) 输入变量包含高于一阶的差分时

对于一个单输入单输出的 n 阶差分方程，当输入变量包含高于一阶的差分时，也就是式（8-86）中的 $m\neq 0$ 时，差分方程的输入项包含了 $u(k+1),u(k+2),\cdots,u(k+m)$ 项，此时，状态变量的选取不能像上面提到的方法那样简单地进行选取，与线性连续系统相类似，常用的有两种方法：一种方法是直接取状态变量；另一种方法是将差分方程转化成脉冲传递函数的形式，然后再求出离散状态方程，将在下面由脉冲传递函数求取离散状态方程的方法中给予介绍。这里只介绍第一种方法。

假设 $m=n$，若 $m<n$，可令 $b_n=\cdots=b_{m+1}=0$ 对式（8-86）补足。取状态变量

$$x_1(k)=y(k)-h_0u(k),\ x_2(k)=x_1(k+1)-h_1u(k),\ \cdots,\ x_n(k)=x_{n-1}(k+1)-h_{n-1}u(k)$$

式中

$$\begin{aligned}&h_0=b_n,\ h_1=b_{n-1}-a_{n-1}h_0,\ h_2=b_{n-2}-a_{n-1}h_1-a_{n-2}h_0,\ \cdots,\\ &h_n=b_0-a_{n-1}h_{n-1}-a_{n-2}h_{n-2}-\cdots-a_0h_0\end{aligned}$$

可以直接写出线性系统的离散状态空间表达式为

$$\boldsymbol{x}(k+1)=\boldsymbol{G}\boldsymbol{x}(k)+\boldsymbol{H}u(k)$$

$$y(k)=\boldsymbol{C}\boldsymbol{x}(k)+Du(k)$$

其中状态矩阵或系统矩阵为

$$\boldsymbol{G}=\begin{bmatrix} 0 & 1 & 0 & \cdots & 0 & 0 \\ 0 & 0 & 1 & \cdots & 0 & 0 \\ \cdots & \cdots & \cdots & \cdots & \cdots & \cdots \\ 0 & 0 & 0 & \cdots & 1 & 0 \\ 0 & 0 & 0 & \cdots & 0 & 1 \\ -a_0 & -a_1 & -a_2 & \cdots & -a_{n-2} & -a_{n-1} \end{bmatrix},\quad \boldsymbol{H}=\begin{bmatrix} h_1 \\ h_2 \\ \vdots \\ h_n \end{bmatrix}$$

$$\boldsymbol{C}=[1 \quad 0 \quad \cdots \quad 0],\quad D=[h_0]=[b_n]$$

对于一个单输入单输出的 n 阶差分方程，当输入变量包含高于一阶的差分时，用上述方法转化成离散状态方程较麻烦，比较方便的方法是将差分方程转化成脉冲传递函数的形式，然后再求出离散状态方程的方法，这种方法将在由脉冲传递函数求取离散状态方程的方法中给予介绍。

由于状态变量的选取不是惟一的，因此由差分方程转化为离散状态方程的实现不是惟一的。但是由离散状态方程转化成差分方程，得到的差分方程却是惟一的。离散状态方程转化成差分方程的方法有两种：其一是直接将离散系统的状态方程转化成差分方程；其二是将离散状态方程转化成脉冲传递函数，然后再求差分方程。通常第一种方法比较复杂，推荐使用第二种方法。

8.5.3　离散状态方程和脉冲传递函数之间的转换

(1) 由脉冲传递函数求取离散状态方程

由脉冲传递函数求取离散状态方程也称为实现问题，当采用模拟器件来实现系统的数学模型时，需要把高阶微分方程或脉冲传递函数转化为离散状态方程，然后，根据离散状态变量图可以得到其物理实现。如果控制系统是用计算机程序来实现控制系统的仿真，则需要把被仿真的高阶数学模型转化成信号流程图或状态变量图，得到模块连接式仿真图来进行编程。由脉冲传递函数求取离散状态方程常用的方法有：直接程序法、嵌套程序法、并联程序法、串联程序法。这些方法都是将脉冲传递函数转化为信号流程图，根据信号流程图选取状态变量，然后列写离散状态方程。

① 直接程序法　此方法不需要将脉冲传递函数的分子和分母写成因式相乘的形式，即当脉冲传递函数的零点和极点未知时，可采用直接程序法求离散状态空间表达式。

一个 n 阶采样系统的脉冲传递函数为

$$G(z)=\frac{Y(z)}{U(z)}=\frac{b_n z^n+b_{n-1}z^{n-1}+\cdots+b_0}{z^n+a_{n-1}z^{n-1}+\cdots+a_0} \tag{8-93}$$

将式 (8-93) 的分子和分母同时除以 z^n，得到

$$G(z)=\frac{b_n+b_{n-1}z^{-1}+\cdots+b_0 z^{-n}}{1+a_{n-1}z^{-1}+\cdots+a_0 z^{-n}} \tag{8-94}$$

按照梅逊公式 $P=G(z)=\dfrac{1}{\Delta}\sum_{k=0}^{n}P_k\Delta_k$，其中，$\Delta=1-(-a_{n-1}z^{-1}-a_{n-2}z^{-2}+\cdots+a_0 z^{-n})$；并令 $\Delta_k=1$，画出系统的流程图如图 8-22 所示，然后根据流程图在每个 z^{-1} 环节后选取状态变量 $x_1(k),x_2(k),\cdots,x_n(k)$。列写状态空间表达式。以下分两种情况考虑。

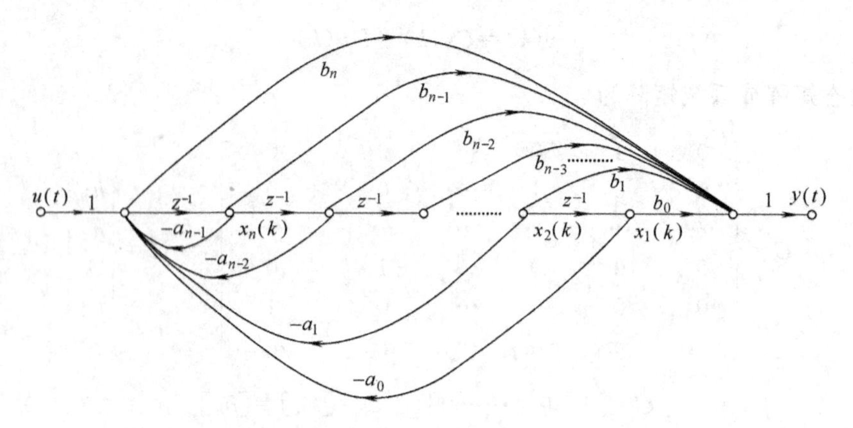

图 8-22 系统流程图

a. 分子的阶数等于分母的阶数，即当 $b_n \neq 0$ 时，离散方程为

$$
\begin{aligned}
&x_1(k+1)=x_2(k)\\
&x_2(k+1)=x_3(k)\\
&\vdots\\
&x_n(k+1)=-a_{n-1}x_n(k)-a_{n-2}x_{n-1}(k)-\cdots-a_1x_2(k)-a_0x_1(k)+u(k) \quad (8\text{-}95)\\
&y(k)=b_0x_1(k)+b_1x_2(k)+\cdots+b_{n-1}x_n(k)+b_nx_n(k+1)\\
&\quad=(b_0-b_na_0)x_1(k)+(b_1-b_na_1)x_2(k)+\cdots+(b_{n-1}-b_na_{n-1})x_n(k)+b_nu(k)
\end{aligned}
$$

写成离散状态矩阵的形式

$$
\begin{bmatrix}x_1(k+1)\\x_2(k+1)\\\vdots\\x_n(k+1)\end{bmatrix}=\begin{bmatrix}0&1&0&\cdots&0\\0&0&1&\cdots&0\\\cdots&\cdots&\cdots&\cdots&\cdots\\0&0&0&0&1\\-a_0&-a_1&-a_2&\cdots&-a_{n-1}\end{bmatrix}\begin{bmatrix}x_1(k)\\x_2(k)\\\vdots\\x_n(k)\end{bmatrix}+\begin{bmatrix}0\\\vdots\\0\\1\end{bmatrix}u(k) \quad (8\text{-}96)
$$

$$
y(k)=[b_0-b_na_0 \quad b_1-b_na_1\cdots\cdots b_{n-1}-b_na_{n-1}]\begin{bmatrix}x_1(k)\\x_2(k)\\\vdots\\x_n(k)\end{bmatrix}+b_0u(k)
$$

b. 分子的阶数小于分母的阶数，即当 $b_n=0$ 时，此时，式 (8-94) 变为

$$
G(z)=\frac{b_{n-1}z^{-1}+\cdots+b_0z^{-n}}{1+a_{n-1}z^{-1}+\cdots+a_0z^{-n}} \quad (8\text{-}97)
$$

根据梅逊公式得到的流程图如图 8-22 所示，图中去掉 b_0 这根线。写成离散状态矩阵的形式

$$
\begin{bmatrix}x_1(k+1)\\x_2(k+1)\\\vdots\\x_n(k+1)\end{bmatrix}=\begin{bmatrix}0&1&0&\cdots&0\\0&0&1&\cdots&0\\\cdots&\cdots&\cdots&\cdots&\cdots\\0&0&0&0&1\\-a_0&-a_1&-a_2&\cdots&-a_{n-1}\end{bmatrix}\begin{bmatrix}x_1(k)\\x_2(k)\\\vdots\\x_n(k)\end{bmatrix}+\begin{bmatrix}0\\\vdots\\0\\1\end{bmatrix}u(k) \quad (8\text{-}98)
$$

$$
y(k)=[b_0 \quad b_1\cdots\cdots b_{n-1}]\begin{bmatrix}x_1(k)\\x_2(k)\\\vdots\\x_n(k)\end{bmatrix}
$$

② 并联程序法　当脉冲传递函数 $G(z)$ 的极点已知，$G(z)$ 的分母可以分解成因式相乘的形式时，则可以利用部分分式展开的形式对其实现状态流程图及编程，这种方法就是并联程序法。

考虑 n 阶线性离散控制系统式（8-93）如果脉冲传递函数 $G(z)$ 没有零极点对消，则 $G(z)$ 分两种情况来考虑：

a. $G(z)$ 具有 n 个不同的极点（特征根无重根），系统矩阵呈对角阵；

b. $G(z)$ 具有相同的极点（特征根有重根），系统矩阵呈约当标准形。

这里主要介绍第一种情况，即特征根无重根的情况。如果 $G(z)$ 具有 n 个不同的极点，根据式（8-93）脉冲传递函数可以写成

$$G(z)=b_n+\sum_{i=1}^{n}\frac{C_i}{z+p_i}=b_n+\sum_{i=1}^{n}\frac{C_i z^{-1}}{1+p_i z^{-1}} \tag{8-99}$$

其中：$C_i=\lim\limits_{z\to -p_i}[(z+p_i)G(z)]$，$i=1,2,3,\cdots,n$，其流程图如图 8-23 所示。

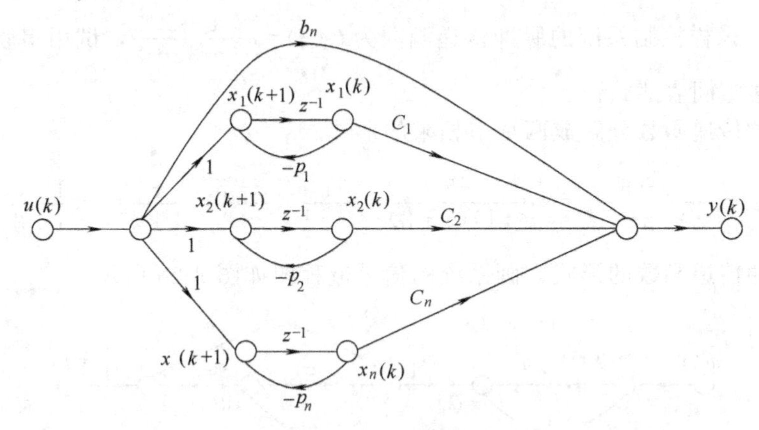

图 8-23　流程图

根据流程图列写离散系统的状态方程

$$\begin{aligned}
x_1(k+1)&=-p_1x_1(k)+u(k)\\
x_2(k+1)&=-p_2x_2(k)+u(k)\\
&\vdots\\
x_n(k+1)&=-p_nx_n(k)+u(k)\\
y(k)&=C_1x_1(k)+C_2x_2(k)+\cdots+C_nx_n(k)+b_nu(k)
\end{aligned} \tag{8-100}$$

③ 串联程序法　当脉冲传递函数 $G(z)$ 的分子和分母均可以分成因式相乘的形式时，可以将脉冲传递函数写成一阶环节相乘的形式，对其实现状态流程图及编程，这种方法就是串联程序法。

考虑 n 阶的离散控制系统，脉冲传递函数为

$$G(z)=\frac{Y(z)}{U(z)}=K\frac{(z+c_1)(z+c_2)\cdots(z+c_m)}{(z+p_1)(z+p_2)\cdots(z+p_n)}\quad (n\geqslant m) \tag{8-101}$$

从式（8-101）可见，当 $k=1,2,3,\cdots,n$ 时，串联程序法主要是以下两种环节的串联。

$k=1,2,3,\cdots,m$ 时

$$G_k(z)=\prod_{k=1}^{m}\frac{z+c_k}{z+p_k}=\prod_{k=1}^{m}\frac{1+c_kz^{-1}}{1+p_kz^{-1}} \tag{8-102}$$

$k=m+1,m+2,\cdots,n$ 时

$$G_k(z)=\prod_{k=m+1}^{n}\frac{1}{z+p_k}=\prod_{k=m+1}^{n}\frac{z^{-1}}{1+p_k z^{-1}} \tag{8-103}$$

分别画出这两种环节的信号流程图，则根据流程图便可写出系统的离散状态方程。对于式（8-102）中的 m 个环节的串联，其中第 k 个环节的流程图如图 8-24 所示。

而对于式（8-103）中的 $n-m$ 个环节的串联，其中第 k 个环节的流程图如图 8-25 所示。整个系统总的流程就是上述两种流程的串联。

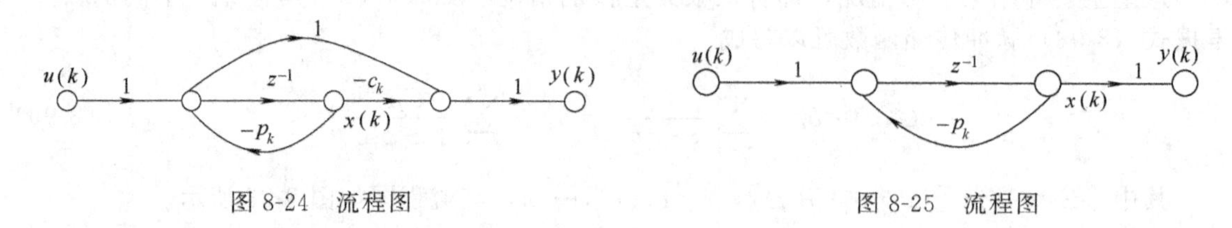

图 8-24　流程图　　　　图 8-25　流程图

【例 8-22】 采样控制系统的脉冲传递函数为 $G(z)=\dfrac{z+5}{z^2+3z+2}$，试用串联程序法求采样系统的离散状态空间表达式。

解　将脉冲传递函数分解成两环节相乘的形式

$$G(z)=\frac{z+5}{z^2+3z+2}=\frac{z+5}{(z+1)(z+2)}=\frac{1}{z+1}\times\frac{z+5}{z+2}=\frac{z^{-1}}{1+z^{-1}}\times\frac{1+5z^{-1}}{1+2z^{-1}}$$

根据上式的脉冲传递函数的形式，画系统的信号流程图如图 8-26 所示。

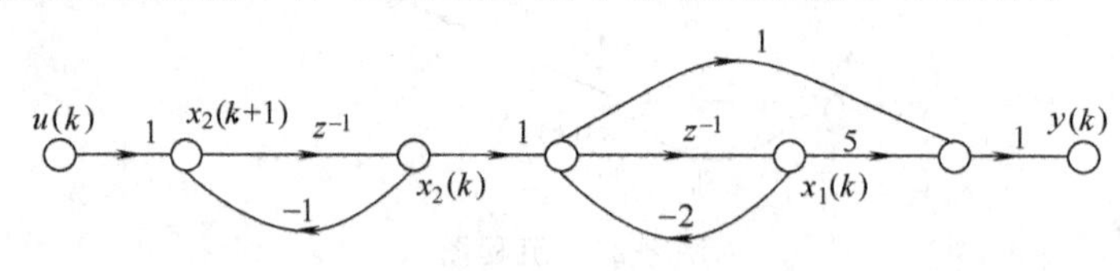

图 8-26　信号流程图

根据信号流程图写出离散系统状态方程

$$\begin{aligned}x_1(k+1)&=-2x_1(k)+x_2(k)\\x_2(k+1)&=-x_2(k)+u(k)\\y(k)&=5x_1(k)-2x_1(k)+x_2(k)=3x_1(k)+x_2(k)\end{aligned}$$

（2）由离散状态方程求脉冲传递函数

多输入多输出的线性采样系统的离散状态空间表达式为

$$\boldsymbol{x}(k+1)=\boldsymbol{G}\boldsymbol{x}(k)+\boldsymbol{H}\boldsymbol{u}(k),\quad \boldsymbol{y}(k)=\boldsymbol{C}\boldsymbol{x}(k)+\boldsymbol{D}\boldsymbol{u}(k)$$

对其进行 Z 变换得到

$$z\boldsymbol{X}(z)-z\boldsymbol{X}(0)=\boldsymbol{G}\boldsymbol{X}(z)+\boldsymbol{H}\boldsymbol{u}(z),\quad \boldsymbol{y}(z)=\boldsymbol{C}\boldsymbol{X}(z)+\boldsymbol{D}\boldsymbol{U}(z)$$

经整理得

$$\begin{aligned}\boldsymbol{X}(z)&=(z\boldsymbol{I}-\boldsymbol{G})^{-1}z\boldsymbol{X}(0)+(z\boldsymbol{I}-\boldsymbol{G})^{-1}\boldsymbol{H}\boldsymbol{U}(z)\\\boldsymbol{Y}(z)&=\boldsymbol{C}\boldsymbol{X}(z)+\boldsymbol{D}\boldsymbol{U}(z)\end{aligned}$$

则有

$$Y(z)=C(zI-G)^{-1}zX(0)+C(zI-G)^{-1}HU(z)+DU(z)$$

当初始条件为零时，可以求出描述系统输入输出关系的脉冲传递函数（矩阵）

$$\frac{Y(z)}{U(z)}=C(zI-G)^{-1}H+D \tag{8-104}$$

对于多输入多输出系统来说，$G(z)$ 为脉冲传递矩阵。对于单输入单输出系统来说，$G(z)$ 是脉冲传递函数。

8.6 采样系统的性能分析

与连续系统的性能分析一样，采样系统的性能分析也包括系统稳定性分析、系统的动态特性分析及系统的稳态特性分析。本节主要讨论如何在 Z 域中分析离散控制系统的稳定性、稳态特性以及动态特性。

8.6.1 稳定性分析

分析和设计采样控制系统时，需要对系统进行稳定性分析，在连续系统中，判别系统稳定性的方法是根据特征方程的根在 s 平面的位置。若系统特征方程的所有根都在 s 平面的左半部，系统是稳定的。而采样控制系统进行了 Z 变换，所以采样控制系统的稳定性分析是在 z 平面上。只要找到 s 平面与 z 平面的关系，采样控制系统的稳定性分析就会迎刃而解。

（1）s 平面与 z 平面的映射

根据 Z 变换的定义，复自变量 s 与 z 之间的关系是 $z=e^{Ts}$，S 域的任何一点都可以表示成 $s=\sigma+j\omega$，将其代入得

$$z=e^{Ts}=e^{T(\sigma+j\omega)}=e^{\sigma T}e^{j\omega T}$$

S 域到 Z 域的基本映射关系为

$$模：|z|=e^{\sigma T}；\quad 幅角:\angle z=\omega T$$

其中，T 为采样周期。

① 当 $\sigma=0$ 时，$s=j\omega$，相当于取 s 平面的虚轴，$|z|=e^{\sigma T}=1$，复角随 ω 的变化而变化，所以 s 平面的虚轴映射到 z 平面上是以原点为圆心的单位圆周。

$\sigma=0$ 时，　　有：$z=e^{j\omega T}$

$\omega=0$ 时，　　$z=1\angle 0°$

$\omega=\frac{\omega_s}{4}=\frac{\pi}{2T}$时，　　$z=1\angle\frac{\pi}{2}$

$\omega=\frac{\omega_s}{2}=\frac{\pi}{T}$时，　　$z=1\angle\pi$

$\omega=\frac{3\omega_s}{4}=\frac{3\pi}{2T}$时，　　$z=1\angle\frac{3\pi}{2}$

$\omega=\omega_s=\frac{2\pi}{T}$时，　　$z=1\angle 2\pi$

说明：s 平面的虚轴上的值 ω 由零增加到 ω_s 时，z 平面上映射的单位圆正好逆时针旋转一周，以后，每增加一个采样角频率 ω_s，则 z 平面上的单位圆将逆时针旋转一周，即 s 平面的虚轴上的值是以 $\omega_s=\frac{2\pi}{T}$为周期分段的。因此 s 平面的多值映射到 z 平面上是一个单值。其映射关系如图 8-27 所示。

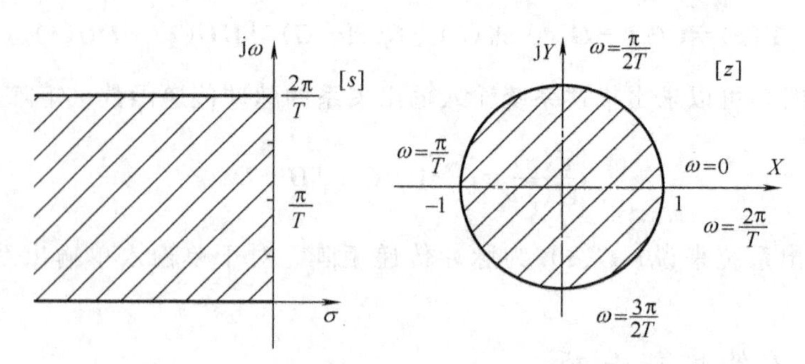

图 8-27　s 平面与 z 平面的映射关系

如果 $\sigma=\sigma_1$ 时，ω 由 0 到 ω_s 变化时，z 的模为 e^{σ_1}，z 平面上的曲线是逆时针旋转一周，模为 e^{σ_1} 的圆。如图 8-28 所示。

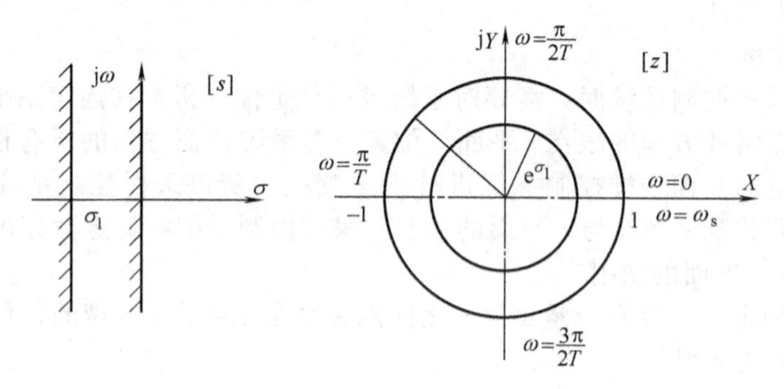

图 8-28　S 平面与 Z 平面的映射关系

② 当 $\sigma<0$ 时，$s=\sigma+j\omega$，即 s 平面的左半部分，在 z 平面的模为 $|z|=e^{\sigma T}<1$，所以 s 平面的左半部分映射到 z 平面上是以原点为圆心的单位圆内部分。

③ 当 $\sigma>0$ 时，$s=\sigma+j\omega$，即 s 平面的右半部分，在 z 平面的模为 $|z|=e^{\sigma T}>1$，所以 s 平面的右半部分映射到 z 平面上是以原点为圆心的单位圆外部分。

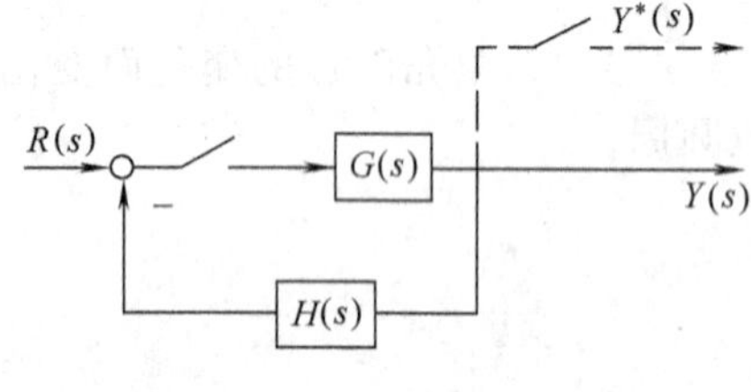

图 8-29　闭环采样系统的结构

④ 离散系统的采样角频率较系统的通频带高出许多时，一般只讨论主频区，即 $-\frac{\omega_s}{2}<\omega<\frac{\omega_s}{2}$ $\left(-\frac{\pi}{T}<\omega<\frac{\pi}{T}\right)$为主频区。

（2）线性离散系统稳定的充分与必要条件

设采样控制系统的结构如图 8-29 所示，其闭环脉冲传递函数为

$$G(z)=\frac{Y(z)}{R(z)}=\frac{G(z)}{1+GH(z)}$$

闭环特征方程为

$$D(z)=1+GH(z)=0 \tag{8-105}$$

如果闭环脉冲传递函数是 n 阶的，则有 n 个特征根：$z_1, z_2, z_3, \cdots, z_n$。根据 s 平面到 z 平面的映射关系可知：s 平面的左半部映射为 z 平面上的单位圆内的区域，对应于稳定区域，s 平面的右半部映射为 z 平面上的单位圆外的区域，对应于不稳定区域。因此线性采样系统稳定的充分与必要条件为

如果采样系统的闭环特征方程的所有特征根：$z_1, z_2, z_3, \cdots, z_n$ 全部分布于 z 平面上的单位圆内，换句话说：所有特征根的模 $|z_i|<1(i=1,2,3,\cdots,n)$，则系统是稳定的，否则系统是不稳定的。

根据采样系统稳定的充分与必要条件，判断一个采样控制系统是否稳定，需要求解系统特征方程的根，对于二阶以下的系统来说，计算方便，但是对于三阶以上的高阶系统来说用这样的方法来判断系统的稳定性很不方便。所以离散系统的稳定性判据，需要采用间接的、比较实用的判别系统稳定性的方法，这对于研究离散系统某一参数变化时对于系统稳定性的影响也是必要的。与连续系统稳定性分析一样可以不求解特征方程的根，而采用代数判据——也就是劳斯判据。

（3）采样系统的劳斯稳定性判据

在采样控制系统中直接采用劳斯判据是不行的，因为劳斯判据是 S 域中的一种代数判据不能直接应用在采样控制系统中的 Z 域中，因此必须进行一种新的坐标变换，使 z 平面的单位圆在新的坐标系中的映射为另一坐标系中的虚轴。所以必须考虑新的坐标变换，这种新的坐标变换就是双线性变换。

对复自变量 z 做双线性变换

$$z=\frac{w+1}{w-1} \tag{8-106}$$

则有 $w=\dfrac{z+1}{z-1}$，z,w 是两个不同坐标系中的复自变量，取 $z=x+\mathrm{j}y$，$w=u+\mathrm{j}v$，将其代入 z,w 关系式中，有

$$w=u+\mathrm{j}v=\frac{x+\mathrm{j}y+1}{x+\mathrm{j}y-1}=\frac{x^2+y^2-1}{(x-1)^2+y^2}-\frac{2y}{(x-1)^2+y^2}\mathrm{j} \tag{8-107}$$

w 平面的实部和虚部分别为

$$u=\frac{x^2+y^2-1}{(x-1)^2+y^2},\ v=-\frac{2y}{(x-1)^2+y^2}$$

对 z,w 的关系进行分析。

① w 平面的虚轴为 $u=0$，则有 $x^2+y^2=1$。此式为 z 平面上以原点为圆心的单位圆圆周。

② w 平面的左半部为 $u<0$，则有 $x^2+y^2<1$。此式为 z 平面上的单位圆以内的区域。

③ w 平面的右半部为 $u>0$，则有 $x^2+y^2>1$。此式为 z 平面上的单位圆以外的区域。这样双线性变换就把 z 平面上的单位圆内映射为 w 平面的左半平面。如图 8-30 所示。

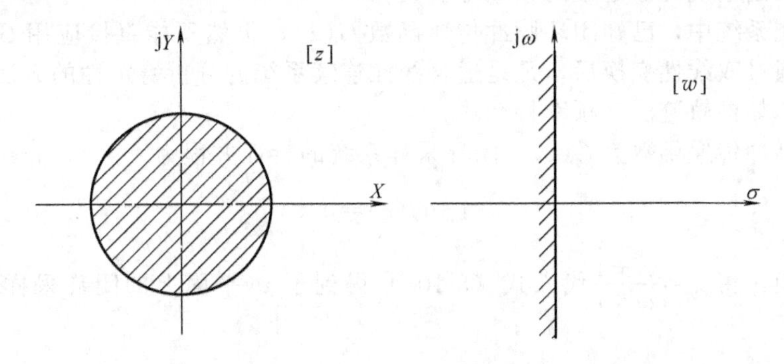

图 8-30　z 平面到 w 平面的映射

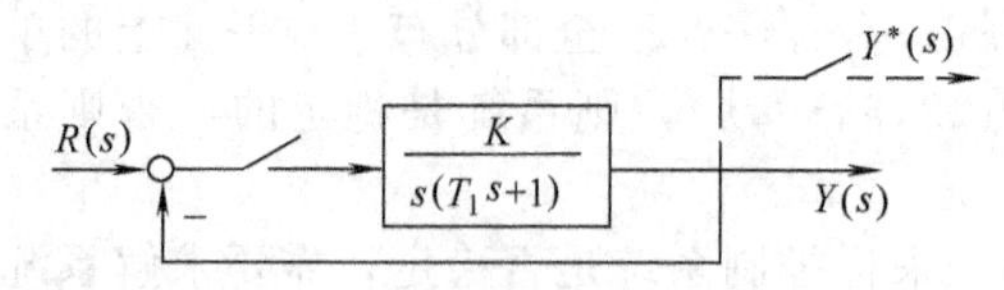

图 8-31 采样控制系统方块图

这样对于闭环采样系统的特征方程，利用双线性变换，将 Z 域变为 w 域，就可以应用劳斯判据对采样控制系统进行稳定性判据。

【例 8-23】 系统方块图如图 8-31 所示，试说明系统在下列条件下是稳定的。

$$0<K<\frac{2\left(1+e^{-\frac{T}{T_1}}\right)}{1-e^{-\frac{T}{T_1}}},\quad T>0 \qquad (T\text{ 为采样周期})$$

解 开环脉冲传递函数

$$G(z)=Z\left[\frac{K}{s(T_1s+1)}\right]=KZ\left[\frac{1}{s}-\frac{1}{s+\frac{1}{T_1}}\right]$$

$$=K\left[\frac{z}{z-1}-\frac{z}{z-e^{-\frac{T}{T_1}}}\right]$$

闭环特征方程为 $1+G(z)=0$，即 $1+K\left[\frac{z}{z-1}-\frac{z}{z-\frac{T}{T_1}}\right]=0$

经整理

$$z^2+\left(K-K\,e^{-\frac{T}{T_1}}-1-e^{-\frac{T}{T_1}}\right)z+e^{-\frac{T}{T_1}}=0$$

进行双线性变换

$$\left(\frac{w+1}{w-1}\right)^2+\left(K-Ke^{-\frac{T}{T_1}}-1-e^{-\frac{T}{T_1}}\right)\left(\frac{w+1}{w-1}\right)+e^{-\frac{T}{T_1}}=0$$

经整理 $K\left(1-e^{-\frac{T}{T_1}}\right)w^2+\left(2-2e^{-\frac{T}{T_1}}\right)w+2\left(1+e^{-\frac{T}{T_1}}\right)+K\left(e^{-\frac{T}{T_1}}-1\right)=0$

列劳斯阵列

w^2	$K\left(1-e^{-\frac{T}{T_1}}\right)$	$2\left(1+e^{-\frac{T}{T_1}}\right)+K\left(e^{-\frac{T}{T_1}}-1\right)$
w	$2\left(1-e^{-\frac{T}{T_1}}\right)$	0
w^0	$2\left(1+e^{-\frac{T}{T_1}}\right)+K\left(e^{-\frac{T}{T_1}}-1\right)$	0

要使系统稳定，则有

$$\begin{cases}K\left(1-e^{-\frac{T}{T_1}}\right)>0\\ \left(1-e^{-\frac{T}{T_1}}\right)>0\\ 2\left(1+e^{-\frac{T}{T_1}}\right)+K\left(e^{-\frac{T}{T_1}}-1\right)>0\end{cases}\quad \text{有}\quad \begin{cases}T>0\\ 0<K<\frac{2\left(1+e^{-\frac{T}{T_1}}\right)}{1-e^{-\frac{T}{T_1}}}\end{cases}$$

(4) 采样控制系统的稳定性的频域分析法

在采样控制系统中，已知闭环脉冲传递函数 $G(z)$，仍然不能直接应用 $G(z)$ 来分析频率特性，但是通过双线性变换后，凡是适合线性连续系统的分析稳定性的方法均适合于线性采样控制系统。如根轨迹法、频率特性法。

已知开环脉冲传递函数为 $G(z)$，闭环采样系统的特征方程为

$$1+G(z)=0 \tag{8-108}$$

进行双线性变换：将 $z=\frac{w+1}{w-1}$ 代入式 (8-108) 得到了 w 平面上的闭环采样系统的特征方程为

$$1+G(w)=0 \tag{8-109}$$

令 $w=\mathrm{j}\omega'$，ω'为虚拟频率或伪频率可得到

$$1+G(\mathrm{j}\omega')=0 \tag{8-110}$$

利用式（8-110）便可以进行与线性连续系统方法一样的频域稳定性判据，如乃奎斯特稳定性判据和利用伯德图分析采样系统的稳定性。分析方法与连续系统一样，这里就不再介绍了。

8.6.2　稳态特性分析

在连续系统中，系统的稳态误差是根据拉氏变换的终值定理求出的，与连续系统类似，连续控制系统求稳态误差的方法可以推广到采样控制系统中，只不过采样控制系统的稳态误差是根据 Z 变换的终值定理求出的。

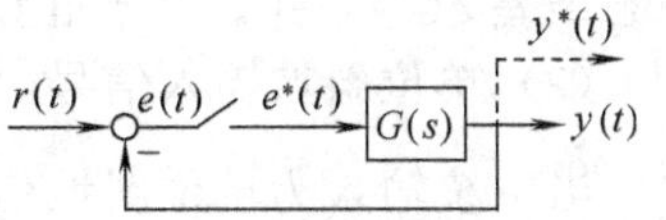

图 8-32　单位反馈采样控制系统

由于采样控制系统的结构不同，对应的误差脉冲传递函数也不同，所以采样控制系统的稳态误差要根据不同结构的控制系统来求取。这里以图 8-32 所示的单位负反馈采样控制系统结构图为例说明稳态误差的求法。

系统的脉冲误差函数

$$E(z)=\frac{R(z)}{1+G(z)} \tag{8-111}$$

如果 $E(z)$ 的全部极点都位于 z 平面上的单位圆内，闭环系统稳定，只有稳定的系统才可以利用终值定理求出稳态误差，稳态误差为

$$e(\infty)=\lim_{k\to\infty}e(k)=\lim_{z\to1}(1-z^{-1})E(z)=\lim_{z\to1}(z-1)E(z)=\lim_{z\to1}(z-1)\frac{R(z)}{1+G(z)} \tag{8-112}$$

稳态误差不仅与系统本身的结构有关，而且与输入序列 $r(t)$ 的形式有关。同时由于 $R(z)$和 $G(z)$ 与采样周期 T 有关，所以稳态误差还与采样周期 T 有关。如果希望求出其他结构的采样系统的稳态误差，只要求出误差的脉冲函数 $E(z)$，在闭环采样系统稳定的前提下，应用 Z 变换的终值定理即可求出系统的稳态误差。但是当开环脉冲传递函数 $G(z)$ 较复杂时，计算 $e(\infty)$ 也较复杂。为了简化稳态误差的计算过程，可以把在线性连续系统中开环系统的型号及稳态误差系数引入到采样控制系统中。

在连续控制系统中，系统的型号是以开环传递函数 $G(s)$ 中所含积分环节的个数来决定的。在采样控制系统中，由于 Z 变换算子为 $z=\mathrm{e}^{Ts}$，因此 $s=0$ 时对应于 $z=1$，所以采样控制系统中开环脉冲传递函数 $G(z)$ 对应的积分环节为$\frac{1}{z-1}$，采样控制系统中系统的型号也是以开环脉冲传递函数 $G(z)$ 中所含积分环节的个数来决定的。采样控制系统的开环脉冲传递函数为

$$G(z)=\frac{b_m z^m+b_{m-1}z^{m-1}+\cdots+b_0}{(z-1)^v(z^{n-v}+a_{n-v-1}z^{n-v-1}+\cdots+a_0)} \tag{8-113}$$

当 $v=0,1,2,3,\cdots$时，分别称为 0 型、Ⅰ型、Ⅱ型和Ⅲ型系统……

以下将根据图 8-32 所示系统，介绍在不同型号的开环脉冲传递函数以及三种典型信号输入信号作用下，系统的稳态误差及稳态误差系数。

（1）单位阶跃输入信号时的稳态误差

当系统输入为单位阶跃信号 $r(t)=1(t)$ 时，其 Z 变换为 $R(z)=\frac{z}{z-1}$，由式（8-112）

可知，系统的稳态误差为

$$e(\infty)=\lim_{z\to1}[(z-1)E(z)]=\lim_{z\to1}\left[(z-1)\times\frac{1}{1+G(z)}\times\frac{z}{z-1}\right]=\lim_{z\to1}\frac{1}{1+G(z)}=\frac{1}{1+K_p} \tag{8-114}$$

其中 $K_p=\lim_{z\to1}G(z)$，称为稳态位置误差系数。对于 0 型系统：式（8-113）中的积分环节个数 $v=0$，此时，K_p 为一常数，稳态误差 $e(\infty)=\frac{1}{1+K_p}$。对于Ⅰ型系统：$v=1$，$K_p=\infty$，稳态误差 $e(\infty)=0$。对于Ⅱ型以上的系统：稳态误差 $e(\infty)=0$。

（2）单位斜坡输入信号时的稳态误差

当系统输入为单位斜坡信号 $r(t)=t$ 时，其 Z 变换为 $R(z)=\frac{Tz}{(z-1)^2}$，由式（8-112）可知系统的稳态误差为

$$e(\infty)=\lim_{z\to1}\left[(z-1)\times\frac{1}{1+G(z)}\times\frac{Tz}{(z-1)^2}\right]=\lim_{z\to1}\frac{T}{(z-1)+(z-1)G(z)}=\frac{T}{K_v} \tag{8-115}$$

其中 $K_v=\lim_{z\to1}(z-1)G(z)$，称为稳态速度误差系数。对于 0 型系统：式（8-113）中的积分环节个数 $v=0$，此时，$K_v=0$，稳态误差 $e(\infty)=\infty$；对于Ⅰ型系统：$v=1$，K_v 为常数，稳态误差 $e(\infty)=\frac{T}{K_v}$；对于Ⅱ型系统：$v=2$，$K_v=\infty$，稳态误差 $e(\infty)=0$；对于Ⅲ型以上的系统，稳态误差 $e(\infty)=0$。

（3）单位加速度输入信号时的稳态误差

当系统输入为单位加速度信号 $r(t)=\frac{1}{2}t^2$ 时，其 Z 变换为 $R(z)=\frac{T^2z(z+1)}{2(z-1)^3}$，由式（8-112）可知系统的稳态误差为

$$e(\infty)=\lim_{z\to1}\left[(z-1)\times\frac{1}{1+G(z)}\times\frac{T^2z(z+1)}{2(z-1)^3}\right]=\lim_{z\to1}\left[\frac{T^2}{(z-1)^2+(z-1)^2G(z)}\right]=\frac{T^2}{K_a} \tag{8-116}$$

其中 $K_a=\lim_{z\to1}(z-1)^2G(z)$，称为稳态加速度误差系数。对于 0 型系统：式（8-112）中的积分环节个数 $v=0$，此时，$K_a=0$，稳态误差 $e(\infty)=\frac{T^2}{K_a}=\infty$；对于Ⅰ型系统：$v=1$，$K_a=0$，稳态误差 $e(\infty)=\infty$；对于Ⅱ型系统：K_a 为常数，稳态误差 $e(\infty)=\frac{T^2}{K_a}$；对于Ⅲ型以上的系统：$K_a=\infty$，稳态误差 $e(\infty)=0$。

表 8-2 列出了不同型号的开环脉冲传递函数，三种典型的输入信号作用时的稳态误差。

表 8-2　单位反馈采样控制系统的稳态误差

输入 / 系统类别	位置误差 $r(t)=1(t)$	速度误差 $r(t)=t$	加速度误差 $r(t)=\frac{1}{2}t^2$	输入 / 系统类别	位置误差 $r(t)=1(t)$	速度误差 $r(t)=t$	加速度误差 $r(t)=\frac{1}{2}t^2$
0 型系统	$\frac{1}{1+K_p}$	∞	∞	Ⅱ型系统	0	0	$\frac{T^2}{K_a}$
Ⅰ型系统	0	$\frac{T}{K_v}$	∞	Ⅲ型系统	0	0	0

8.6.3　动态特性分析

与连续系统一样，采样控制系统的动态特性分析方法有：时域法，根轨迹法和频域法，本节重点介绍时域分析法，由于采样控制系统的分析是在 z 平面上，有着自身的特点，它与连续系统的分析是不相同的，如时域中如何求取采样控制系统的时间响应，定性地分析采样系统闭环极点的分布与动态响应的关系。

(1) 采样控制系统的动态品质

在连续系统的分析中已经知道，系统的特征根在 s 平面的分布与系统动态响应有着一一对应的关系。同样在采样控制系统中，特征根在 z 平面的位置与采样控制系统的动态响应也有着密切的关系。在连续系统中，分析系统的特征根在 s 平面的分布与系统动态响应的关系是以二阶系统为例来说明的。在二阶系统中，特征根为

$$s_{1,2}=-\alpha+\mathrm{j}\beta=-\zeta\omega_0\pm\mathrm{j}\omega_0\sqrt{1-\zeta^2}=-\zeta\omega_0\pm\mathrm{j}\omega_\mathrm{d}$$

对应的动态品质，如等频线（等 ω_d 线）、等 α 线、等 ζ 线映射到 z 平面上时的情况。

① 等频线（等 ω_d 线）　在 s 平面上，等频线是一条平行于实轴的直线，如图 8-33（a）所示。它反映了系统阶跃响应的峰值时间的大小，根据 $z=\mathrm{e}^{Ts}=\mathrm{e}^{\sigma T}\mathrm{e}^{\mathrm{j}\omega T}$，$s$ 平面上的等 ω_d 线映射到 z 平面上的轨迹是一簇从原点出发向外辐射的直线，其相角为 $\angle z=\omega T=\dfrac{2\pi\omega}{\omega_\mathrm{s}}$，从正实轴开始计量，对于 s 平面上的 $\omega=\dfrac{\omega_\mathrm{s}}{2}$ 水平线，在 z 平面上的相角 $\angle z=\omega T=\pi$，正好映射为负实轴。

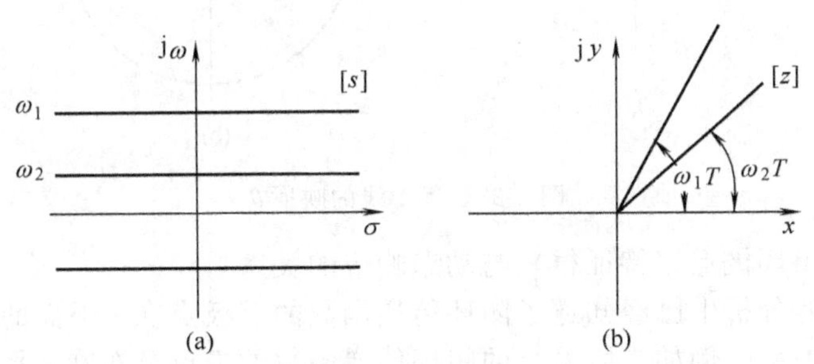

图 8-33　等 ω 线的映射

② 等 α 线　在 s 平面上的等 α 线可以反映单位阶跃响应衰减的快慢，即反映了系统恢复时间的大小。那么 s 平面上的等 α 线映射到 z 平面上的轨迹是以原点为圆心，以 $|z|=\mathrm{e}^{\sigma}$ 为半径的圆，如图 8-34 所示。在 s 平面上，左半 s 平面上的等 α 线（$\alpha<0$），映射到 z 平面上为 z 平面上的同心圆，且在单位圆内；右半 s 平面上的等 α 线（$\alpha>0$），映射到 z 平面上为 z 平面上的同心圆，且在单位圆外。

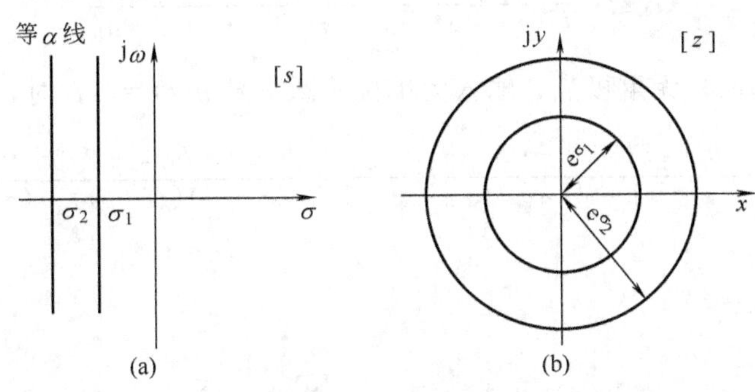

图 8-34　等 α 线的映射

③ 等ζ线　s平面上的等ζ线是经过原点且与实轴的夹角为θ的辐射线，阻尼比ζ的大小反映系统过渡过程的形状，阻尼比ζ可以用式（8-117）描述。

$$\zeta=\cos\theta \tag{8-117}$$

其中，θ为等ζ线与负实轴之间的夹角，于是有

$$s_{1,2}=-\zeta\omega_0\pm \mathrm{j}\omega_0\sqrt{1-\zeta^2}=-\omega_0\cos\theta\pm \mathrm{j}\omega_\mathrm{d} \tag{8-118}$$

其中，$\omega_\mathrm{d}=\omega_0\sqrt{1-\zeta^2}$，根据$S$域与$Z$域的关系

$$z=\mathrm{e}^{sT}=\mathrm{e}^{(-\omega_0\cos\theta+\mathrm{j}\omega_\mathrm{d})T}=\mathrm{e}^{-\omega_0 T\cos\theta}\mathrm{e}^{\mathrm{j}\omega_\mathrm{d}T}=\mathrm{e}^{-(2\pi/\omega_\mathrm{s})\omega_0\cos\theta}\mathrm{e}^{\mathrm{j}\frac{2\pi\omega_\mathrm{d}}{\omega_\mathrm{s}}} \tag{8-119}$$

由式（8-119）可见，当$0<\theta<90°$时，s平面上的等ζ线映射到z平面上为单位圆内一簇收敛的对数螺旋线，对数螺旋线的起点为z平面上正实轴的单位圆上，而终点为z平面的原点，如图8-35所示。

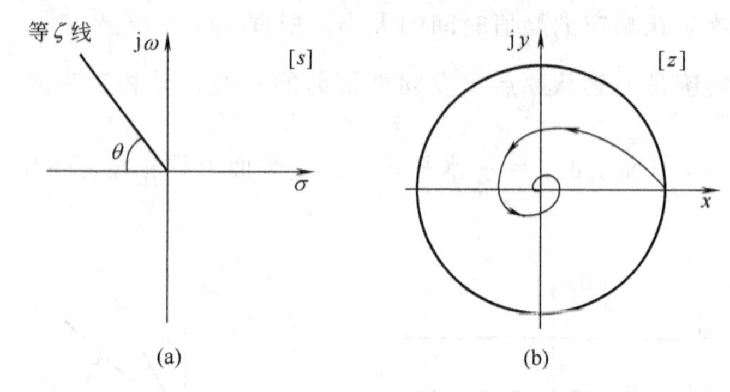

图 8-35　等ζ线的映射θ

（2）采样系统闭环极点（特征根）与动态响应的关系

在连续系统性能分析中已经知道了闭环传递函数的零极点在s平面的分布，与输出的动态特性有着密切的关系。例如二阶系统的闭环传递函数的极点分布在s平面的左半平面（负实轴上），输出的动态响应为单调的衰减过程，如果二阶系统的闭环传递函数的极点是分布在s平面的左半平面内的共轭复数极点，则输出的动态响应对应着衰减的振荡过程，而衰减的快慢决定于极点实部到原点的距离。与连续系统相类似，对于采样系统、闭环系统脉冲传递函数极点在Z平面上的位置，也与输出的动态响应有着密切的关系。

设闭环脉冲传递函数为

$$G(z)=\frac{Y(z)}{U(z)}=\frac{b_m z^m+b_{m-1}z^{m-1}+\cdots+b_0}{z^n+a_{n-1}z^{n-1}+\cdots a_n z+a_0}$$

为了简化问题，设$G(z)$无重极点，输入为单位阶跃信号$u(t)=1(t)$时，采样系统的输出为

$$Y(z)=\frac{b_m z^m+b_{m-1}z^{m-1}+\cdots+b_0}{z^n+a_{n-1}z^{n-1}+\cdots+a_1 z+a_0}\times\frac{z}{z-1}=\frac{b_m z^m+b_{m-1}z^{m-1}+\cdots+b_0}{(z-p_1)(z-p_2)\cdots(z-p_n)}\times\frac{z}{z-1} \tag{8-120}$$

展开成部分分式的形式

$$Y(z)=A_0\frac{z}{z-1}+\sum_{i=1}^{k}A_i\frac{z}{z-p_i} \tag{8-121}$$

其中 p_i 为闭环脉冲传递函数的极点（$i=1,2,3,\cdots,k$）。对式（8-121）进行 Z 反变换

$$y(nT)=A_0\times 1(nT)+\sum_{i=1}^{k}A_i p_i^n=A_0+\sum_{i=1}^{k}A_i p_i^n \tag{8-122}$$

式中，第一项为稳态响应分量；第二项为暂态响应分量。系统的动态响应是由暂态分量来决定的。因此，分下面几种情况考虑。

① 闭环脉冲传递函数的极点 p_i 为正实数，动态响应为

$$y(nT)=\sum_{i=1}^{k}A_i p_i^n \tag{8-123}$$

令 $a=\frac{1}{T}\ln p_i$，则式（8-123）可以写成

$$y(nT)=\sum_{i=0}^{k}A_i e^{anT} \tag{8-124}$$

动态响应分三种情况。

当 $p_i>1$，闭环极点位于 z 平面上的单位圆以外，$a>0$，系统的动态响应是按指数规律发散的脉冲序列。

当 $0<p_i<1$，闭环极点位于 z 平面上的单位圆内的正实轴上，有 $a<0$，则系统的动态响应是按指数规律收敛的脉冲序列。且 p_i 越靠近原点，$|a|$ 越大，系统的动态响应收敛得越快。

当 $p_i=1$，闭环极点位于右半 z 平面的单位圆周上，$a=0$，系统的动态响应为等幅脉冲序列。

② 闭环脉冲传递函数的极点 p_i 为负实数　由式（8-123）可知，n 为偶数时，p_i^n 为正；n 为奇数时，p_i^n 为负。所以系统的动态响应为交替变号的双向脉冲序列，也分三种情况来考虑。

当 $|p_i|<1$ 时，闭环极点位于 z 平面上的单位圆内的负实轴上，所以系统的动态响应为交替变号收敛的双向脉冲序列。且 p_i 越靠近原点，系统的动态响应收敛得越快。

当 $p_i=-1$ 时，闭环极点位于左半 z 平面的单位圆上，所以系统的动态响应为交替变号的等幅的双向脉冲序列。

当 $p_i<-1$ 时，闭环极点位于 z 平面上的单位圆外的负实轴上，所以系统的动态响应为交替变号发散的双向脉冲序列。

③ 闭环脉冲传递函数有一对共轭复数极点　设 p_i 和 $\bar{p}_i$ 为一对共轭复数极点，可分别表示为 $p_i=|p_i|e^{j\theta}$，$\bar{p}_i=|\bar{p}_i|e^{j\theta}$，那么，系统的动态响应为

$$y_i(nT)=A_i\,|p_i|^n e^{j\theta}+A_i\,|p_i|^n e^{-j\theta}=2|A_i||p_i|^n\cos(n\theta_i+\varphi_i) \tag{8-125}$$

当$|p_i|<1$ 时，闭环复数极点位于 z 平面的单位圆内，系统的动态响应为收敛的余弦振荡脉冲序列。且 p_i 越靠近原点，系统的动态响应收敛得越快。

当$|p_i|>1$ 时，闭环复数极点位于 z 平面的单位圆外，系统的动态响应为发散的余弦振荡脉冲序列。

当$|p_i|=1$ 时，闭环复数极点位于 z 平面的单位圆周上，系统的动态响应为等幅的余弦振荡脉冲序列。

图 8-36 示出了闭环极点分布与动态响应的关系。

从采样控制系统的闭环极点的分布与动态响应的关系中，可得出选择采样控制系统的闭

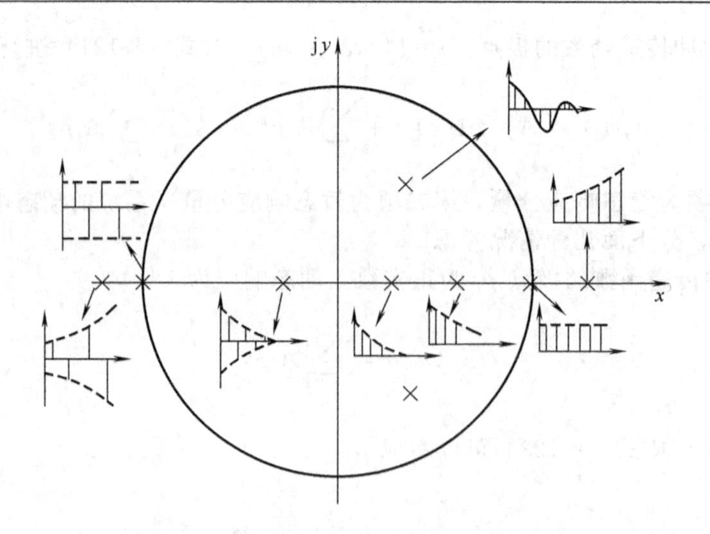

图 8-36　闭环极点分布与动态响应的关系

环极点的原则：在采样系统的设计中，闭环极点的位置最好选在 z 平面单位圆内右半部，且尽量靠近原点。主要是因为当闭环实数极点位于 z 平面单位圆内左半部时，输出脉冲序列为交替变号的衰减振荡脉冲序列，动态响应过程的质量较差。当闭环复数极点位于 z 平面单位圆内左半部时，由于输出为衰减高频振荡脉冲序列，动态响应过程的质量也会受到会影响。

8.7　Matlab 在离散系统中的应用

首先介绍几个 Matlab 中用于处理离散系统的常见命令。

① 把连续系统模型转换为离散系统模型的命令：

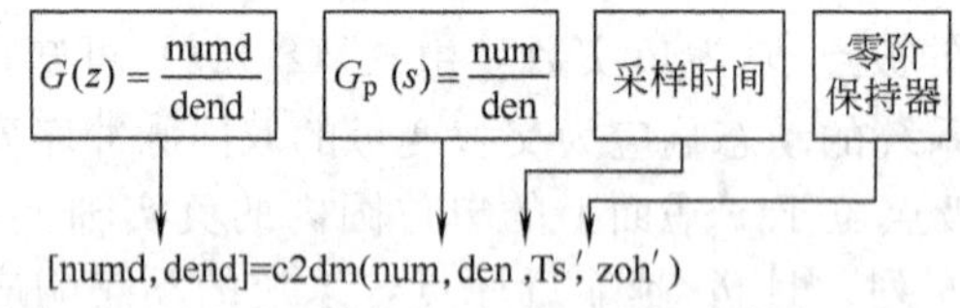

② 求取离散系统的单位阶跃响应和单位脉冲响应的命令是：

```
desep(num,den)
dimpulse(num,den)
```

通过上面几个函数就可以在 Matlab 中轻松实现连续系统的离散化、离散控制系统的输出响应以及离散控制系统的设计等。下面通过几个例子说明上述命令的应用。

【例 8-24】 给定带有零阶保持器的开环离散系统，如图 8-17 所示，采样周期 $T=1\mathrm{s}$，请用 Matlab 求出开环脉冲传递函数。

解　利用 Matlab 中的模型离散化函数 c2dm（）可以方便地求出结果，程序如下

```
≫num=[1];den=[1 1];T=1;
≫[numd,dend]=c2dm(num,den,T,'zoh');
≫printsys(numd,dend,'Z')
```

显示结果如下

```
0.63212
------------
Z-0.36788
```

下面举例说明采样时间 T 的取值对连续系统离散化的影响。

【例 8-25】 对一连续对象 $G(s)=\dfrac{1}{s(s+1)}$，使用 $K_c=1$ 的比例控制器实现闭环控制，分别使用两种控制方案：模拟式控制器实现的连续系统控制方案和数字计算机实现的离散系统控制方案，如图 8-37 所示。当设定值为单位阶跃信号时，离散系统的采样周期 T 分别取 0.1s，0.5s，1s 和 2s，得到输出响应曲线，并与连续控制系统的结果做比较，说明采样时间对系统过渡过程的影响。

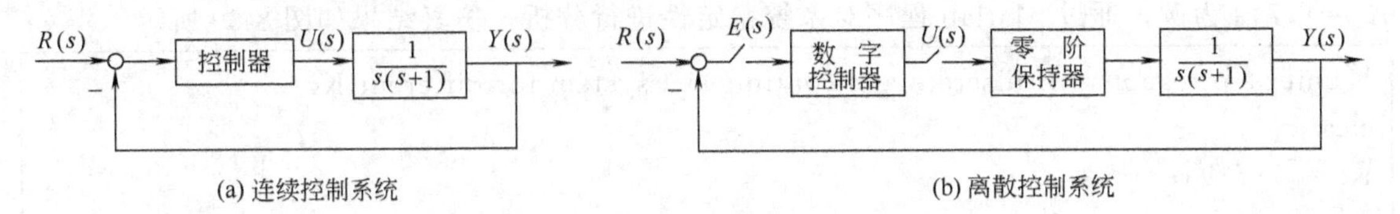

图 8-37　连续控制系统和离散控制系统

解　对此例采用 Matlab 程序如下

```
%discrete system unit-step response for different T
numc=[1];denc=conv([1 0],[1 1]);
Ts=[0.1,0.5,1,2];
for i=1:length(Ts)
x=Ts(i);
t=0:x:20;
[numd,dend]=c2dm(numc,denc,x,'zoh');%printsys(numd,dend,'z')
[num1,den1]=cloop(numd,dend,-1);    %printsys(num1,den1,'z')
dstep(num1,den1,t),hold on
end
[num,den]=cloop(numc,denc,-1);
step(num,den)
```

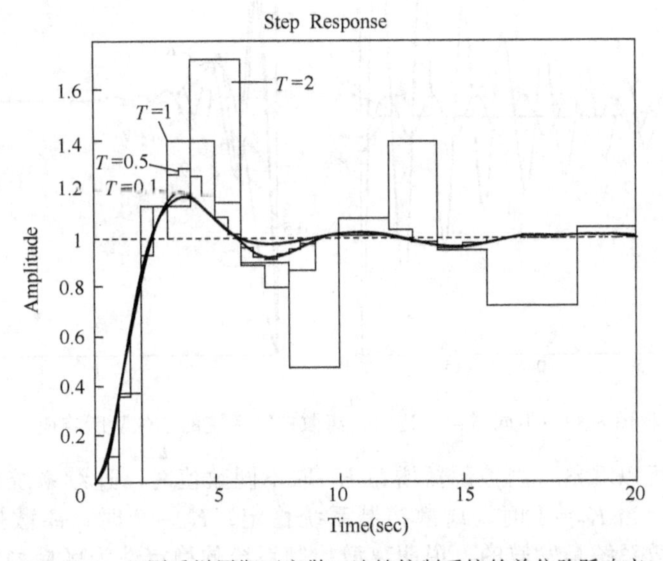

图 8-38　不同采样周期下离散、连续控制系统的单位阶跃响应

输出响应结果如图 8-38 所示。从图中可以看出，采用离散控制方案增加了输出响应的超调量，采样周期越小，其响应与连续系统真实响应越接近，采样周期越大，超调也越大，与连续系统响应差异越大，当采样周期增大到一定程度，系统将不稳定，读者可自己按照上述程序进行验证。

对以上连续和离散控制系统，以控制器增益 K_c 为变量，分析控制器增益对系统稳定性的影响。对于连续控制系统，控制器增益的变化不会改变系统的稳定性，即当 $0<K_c<\infty$ 时，系统均稳定。但对于离散控制系统，控制器增益的变化对系统稳定性有影响。下面以 $K_c=1,7,9$ 为例，通过 Matlab 程序对系统稳定性进行分析，仿真结果如图 8-39 所示。

```
%unit-step response of discrete and continuosus system for different Kc
clear
Kc=[1;7;9];
numc=1;denc=conv([1 0],[1 1]);
Ts=0.3;t=0:Ts:20
for i=1:length(Kc)
[numd,dend]=c2dm(numc,denc,Ts,'zoh');
[num1,den1]=cloop(numd*Kc(i),dend,-1);
[yd,xd,td]=dstep(num1,den1,t);
subplot(1,2,1),plot(t,yd);axis([0 20-10 10]);hold on
[num,den]=cloop(numc*Kc(i),denc,-1);
[y,x,t]=step(num,den,t);
subplot(1,2,2),plot(t,y);axis([0 20 0 1.7]);hold on
end
subplot(1,2,1),title('discrete system output');
subplot(1,2,2),title('continuous system output');
```

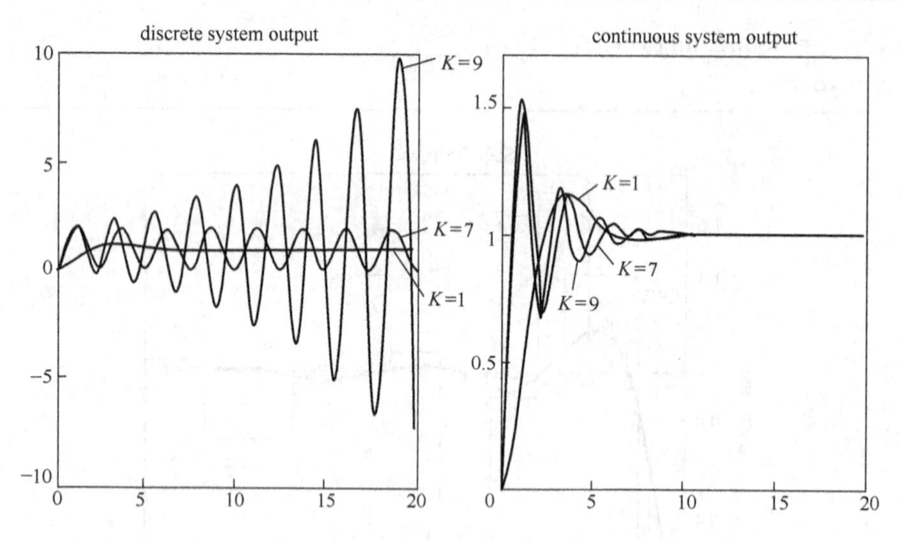

图 8-39 不同增益下连续、离散控制系统的单位阶跃响应

从仿真结果中可以看出，当控制器增益 K_c 取不同数值时，连续系统仍保持稳定性，而对离散系统则不同，当 $K_c=1$ 时，离散控制系统稳定；$K_c=7$ 时，离散控制系统做等幅振荡；$K_c=9$ 时，离散系统是发散的，说明离散控制系统的稳定性为区域稳定性。

8.8　学生自读

8.8.1　学习目标

① 掌握线性采样控制系统的基本原理，采样过程和采样定理及其数学描述。掌握线性连续系统数学模型的离散化方法、Z 变换、脉冲传递函数的概念。掌握采样控制系统的性能分析、稳定性分析、稳态特性分析。

② 理解采样控制系统的动态特性分析。

③了解计算机控制系统是采样控制系统的典型应用。

8.8.2　例题分析与工程实例

【例 8-26】 如图 8-40 所示，某一磁盘驱动数字控制系统的方块图如下，其中：$D(z)$ 为数字控制器，$G_0(s)=\dfrac{1-e^{-Ts}}{s}$ 为零阶保持器，$G_p(s)=\dfrac{5}{s(s+20)}$ 为被控对象，现数字控制器采用比例控制器，采样周期为 $T=1\text{ms}$，要使系统稳定工作，求比例控制器比例系数的取值范围。

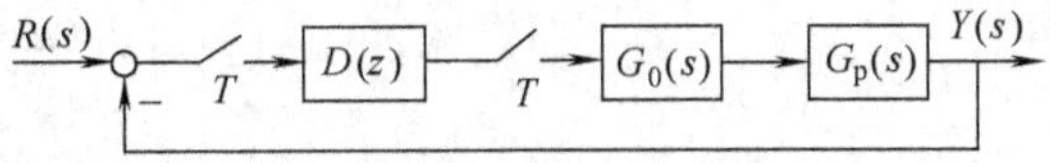

图 8-40　磁盘驱动数字控制系统

解　首先来确定 $G(s)$

$$G(s)=G_0(s)G_p(s)=\frac{1-e^{-Ts}}{s}\frac{5}{s(s+20)}$$

由于极点 $s=-20$ 对系统的响应影响很小，为了运算方便起见，$G_p(s)$近似为

$$G_p(s)\cong\frac{0.25}{s}$$

被控对象的脉冲传递函数为

$$G(z)=Z\left[\frac{1-e^{-Ts}}{s}\times\frac{0.25}{s}\right]=0.25\times(1-z^{-1})Z\left[\frac{1}{s^2}\right]=\frac{0.25T}{z-1}=\frac{0.25\times0.001}{z-1}$$

控制器 $D(z)=K$，系统的开环脉冲传递函数为

$$D(z)G(z)=\frac{K(0.25\times10^{-3})}{z-1}$$

系统的闭环脉冲传递函数

$$\phi(z)=\frac{D(z)G(z)}{1+D(z)G(z)}=\frac{K(0.25\times10^{-3})}{z-1+K(0.25\times10^{-3})}$$

特征方程为　$z-1+K(0.25\times10^{-3})=0$

特征根为　$z=1-K(0.25\times10^{-3})$

要使系统稳定　$|z|<1$

则有　$0<K<8000$

【例 8-27】 某采样控制系统的开环脉冲传递函数为

$$G(z)=\frac{10}{(z+1)(z+0.2)}$$

试求：① 写出闭环系统的差分方程；　② 画出闭环系统的离散状态变量流程图；
③ 写出闭环离散系统的状态方程；④ 判断闭环系统的稳定性。

解　闭环脉冲传递函数为

$$\phi(z)=\frac{Y(z)}{U(z)}=\frac{G(z)}{1+G(z)}=\frac{10}{(z+1)(z+0.2)+10}=\frac{10}{z^2+1.2z+10.2}$$

① 差分方程　由上式

$$z^2Y(z)+1.2zY(z)+10.2Y(z)=10U(z)$$

进行Z反变换，得到系统的差分方程

$$y(k+2)+1.2y(k+1)+10.2y(k)=10u(k)$$

② 画出闭环系统的离散状态变量流程图　对闭环脉冲传递函数的分子分母同除以 z^2

$$\phi(z)=\frac{Y(z)}{U(z)}=\frac{10z^{-2}}{1+1.2z^{-1}+10.2z^{-2}}$$

根据上式，画出系统的流程图如8-41所示，并选择状态变量。

③ 写出闭环系统的状态方程　根据状态流程图写出闭环离散系统的状态方程

$$x_1(k+1)=x_2(k)$$
$$x_2(k+1)=-10.2x_1(k)-1.2x_2(k)+u(k)$$
$$y_1(k)=10x_1(k)$$

④ 确定闭环系统的稳定性　根据闭环脉冲传递函数

$$\phi(z)=\frac{Y(z)}{U(z)}=\frac{10}{z^2+1.2z+10.2}$$

特征方程为　$z^2+1.2z+10.2=0$

求得两根为　$z_1=-0.6+\mathrm{j}3.14$，　$z_2=-0.6-\mathrm{j}3.14$

两根在单位圆外，所以系统不稳定。

【例8-28】 某采样控制系统的方块图如图8-42所示。其中 $D(z)$ 为数字控制器，其差分方程为 $E_2(k)=E_2(k-1)+E_1(k)$，$G_0(s)=\frac{1-\mathrm{e}^{-Ts}}{s}$ 为零阶保持器，$G_p(s)=\frac{1}{s+1}$ 为被控对象，采样周期 $T=1\mathrm{s}$。

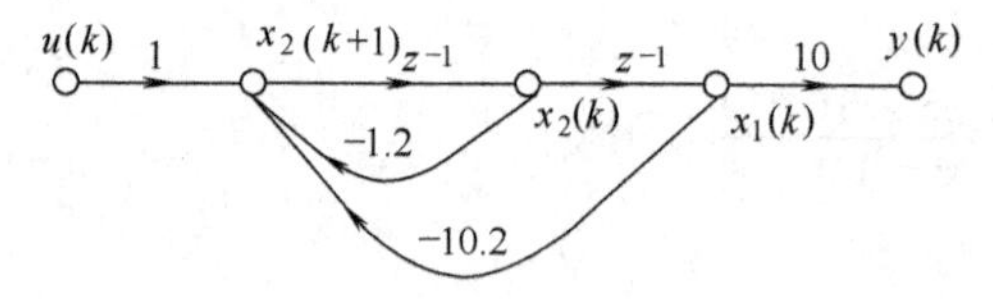

图8-41　闭环离散状态流程图

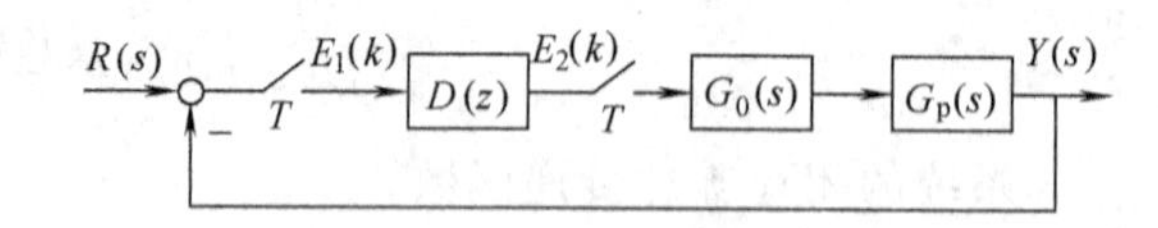

图8-42　采样控制系统

试求：① 数字控制器 $D(z)$ 的脉冲传递函数；

② 采样控制系统的闭环脉冲传递函数；

③ 当输入信号为 $r(t)=t$ 时，试求系统的稳态误差。

解　① 求数字控制器的脉冲传递函数　根据滞后定理，对控制器差分方程进行Z变换

$$(1-z^{-1})E_2(z)=E_1(z)$$

控制器的脉冲传递函数为

$$D(z)=\frac{E_2(z)}{E_1(z)}=\frac{1}{1-z^{-1}}$$

② 求采样控制系统的脉冲传递函数

$$G(z)=\mathrm{Z}[G_0(s)G_p(s)]=\mathrm{Z}\left[\frac{1-\mathrm{e}^{-Ts}}{s}\times\frac{1}{s+1}\right]=(1-z^{-1})\mathrm{Z}\left[\frac{1}{s}-\frac{1}{s+1}\right]$$
$$=(1-z^{-1})\left(\frac{z}{z-1}-\frac{z}{z-\mathrm{e}^{-T}}\right)$$

开环脉冲传递函数为

$$D(z)G(z)=\frac{1}{1-z^{-1}}(1-z^{-1})\left(\frac{z}{z-1}-\frac{z}{z-e^{-T}}\right)$$

当 $T=1$ 时，闭环脉冲传递函数为

$$\phi(z)=\frac{D(z)G(z)}{1+D(z)G(z)}=\frac{\left(\frac{z}{z-1}-\frac{z}{z-e^{-T}}\right)}{1+\left(\frac{z}{z-1}-\frac{z}{z-e^{-T}}\right)}=\frac{z(1-e^{-T})}{z^2-2ze^{-T}+e^{-T}}$$

$$=\frac{0.632z}{z^2-0.736z+0.367}$$

③ 求系统的稳态误差　输入信号为斜坡信号时，稳态误差系数为

$$K_v=\lim_{z\to 1}(z-1)D(z)G(z)=\lim_{z\to 1}(z-1)\left[\frac{z}{z-1}-\frac{z}{z-e^{-T}}\right]=1$$

稳态误差为：

$$e(\infty)=\frac{T}{K_v}=1$$

【例 8-29】 控制器采用的是比例积分控制器的控制系统，如图 8-43 所示。

① 设计控制器，使其满足超调量 $\sigma=18\%$，调节时间 $t_s<5s$；

② 如果控制器用微机软件实现，采样周期为 $T=0.01s$，写出控制器的离散算式。

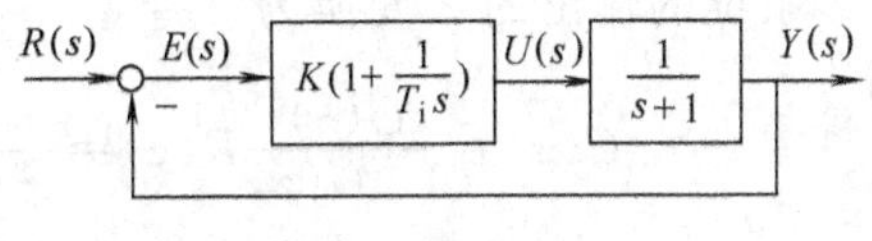

图 8-43　反馈控制系统

解　系统的开环传递函数为

$$G(s)=K\frac{(T_is+1)}{T_is}\frac{1}{s+1}=\frac{K(T_is+1)}{T_is(s+1)}$$

系统的闭环特征方程为

$$T_is(s+1)+K(T_is+1)=0$$

经整理

$$s^2+(1+K)s+\frac{K}{T_i}=0$$

根据给定的系统时域性能指标 $\sigma=18\%$，调节时间 $t_s<5s$，可以得到

阻尼比 $\zeta=0.5$

无阻尼自然振荡频率 $\omega_n=1.2$

因此有

$$\begin{cases}\omega_n^2=\dfrac{K}{T_i}\\2\zeta\omega_n=(1+K)\end{cases}\quad 解得\quad K=0.2\quad T_i=0.139$$

PI 控制器的表达式为

$$\frac{U(s)}{E(s)}=K\left(1+\frac{1}{T_is}\right)=\frac{K(1+T_is)}{T_is}$$

写成微分方程的形式

$$\dot{u}(t)=\frac{K}{T_i}[e(t)+T_i\dot{e}(t)]$$

方程两边取数值微分得到差分方程

$$\frac{u(k)-u(k-1)}{T}=\frac{K}{T_i}\left[e(k)+T_i\frac{e(k)-e(k-1)}{T}\right]$$

其中 T 为采样时间，上式经整理得到

$$u(k)=u(k-1)+K\left(\frac{T}{T_{\mathrm{i}}}+1\right)e(k)-Ke(k-1)$$

将 $K=0.2$，$T_{\mathrm{i}}=0.139$ 和采样周期 $T=0.01\mathrm{s}$ 代入上式得

$$u(k)=u(k-1)+0.214e(k)-0.2e(k-1)$$

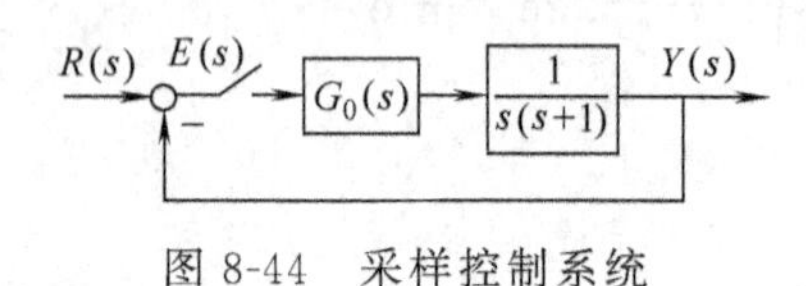

图 8-44　采样控制系统

【例 8-30】 采样控制系统的方块图如图 8-44 所示。$G_0(s)$ 为零阶保持器，求系统的单位阶跃响应。采样周期 $T=0.01\mathrm{s}$。

解　系统的开环脉冲传递函数为

$$G(z)=\mathrm{Z}\left[\frac{1-\mathrm{e}^{-Ts}}{s}\times\frac{1}{s(s+1)}\right]=(1-z^{-1})\mathrm{Z}\left[\frac{1}{s^2(s+1)}\right]=(1-z^{-1})\mathrm{Z}\left(\frac{1}{s^2}-\frac{1}{s}+\frac{1}{s+1}\right)$$

$$=(1-z^{-1})\left(\frac{z}{(z-1)^2}-\frac{z}{z-1}+\frac{z}{z-\mathrm{e}^{-1}}\right)=\frac{\mathrm{e}^{-1}z+1-2\mathrm{e}^{-1}}{z^2-(1+\mathrm{e}^{-1})z+\mathrm{e}^{-1}}=\frac{0.368z+0.264}{z^2-1.368z+0.368}$$

输入的 Z 变换为　　$R(z)=\mathrm{Z}\left[\frac{1}{s}\right]=\frac{z}{z-1}$

系统的输出的 Z 变换为

$$C(z)=\frac{G(z)}{1+G(z)}R(z)=\frac{0.368z+0.264}{z^2-1.368z+0.368+0.368z+0.264}\times\frac{z}{z-1}$$

$$=\frac{0.368z^2+0.264z}{z^3-2z^2+1.632z-0.632}$$

应用长除法　　$C(z)=0.368z^{-1}+z^{-2}+1.34z^{-3}+1.34z^{-4}+1.147z^{-5}+\cdots$

对 $C(z)$ 进行 Z 反变换，得到各采样时刻的输出值

$$c(0)=0$$
$$c(T)=0.368$$
$$c(2T)=1$$
$$c(3T)=1.34$$
$$c(4T)=1.34$$
$$\cdots\cdots$$

8.8.3　本章小结

采样控制系统的分析方法是经典控制理论中的重要内容。目前工业控制中，采样控制几乎就是计算机控制，因此采样控制需要把连续的时间信号转变成离散的时间信号，采样器就是完成把连续时间信号转变成离散信号的一种装置，在计算机控制的系统中对应的就是模数转换器（A/D）。为保证信号不失真，采样周期的选择必须满足采样定理，经过采样器得到的采样信号一方面加入了高频信号，另一方面是离散的时间信号，这些信号被送到连续环节之前，要加入低通滤波器和采样保持器，在计算机控制的系统中对应的就是数模转换器（D/A）。

由于采样控制系统的信号是离散信号，所以采样控制系统的分析是在 Z 域进行的。采样控制系统的数学模型有三种：差分方程、脉冲传递函数和离散状态方程，它们之间可以相互转换。通过差分方程、离散状态方程可以求解系统的输出响应和状态响应。

在采样系统的性能分析中，主要介绍了系统的稳定性、稳态特性和动态特性。并给出了

采样控制系统稳定的充分和必要条件。同时，通过双线性变换，将 Z 域变换到 w 域，使得线性连续系统的稳定性分析方法（如频率特性法、根轨迹法）完全适合于采样控制系统。

习　题　8

8-1　求下列函数的 Z 变换。

(1) $e(t)=\cos\omega t$　　(2) $e(t)=te^{-at}$　　(3) $e(t)=1-e^{-6t}$

8-2　求下式的 Z 变换。

(1) $E(s)=\dfrac{s+3}{(s+1)(s+2)}$　　(2) $E(s)=\dfrac{1}{s^2(s+1)}$　　(3) $E(s)=\dfrac{s+1}{s^2}$

8-3　求下式的 Z 反变换。

(1) $E(z)=\dfrac{0.5z}{(z-1)(z-0.5)}$　　(2) $E(z)=\dfrac{z}{(z-1)^2(z-2)}$　　(3) $E(z)=\dfrac{(1-e^{aT})z}{(z-1)(z-e^{-aT})}$

8-4　求如图 8-45 所示系统的脉冲传递函数。

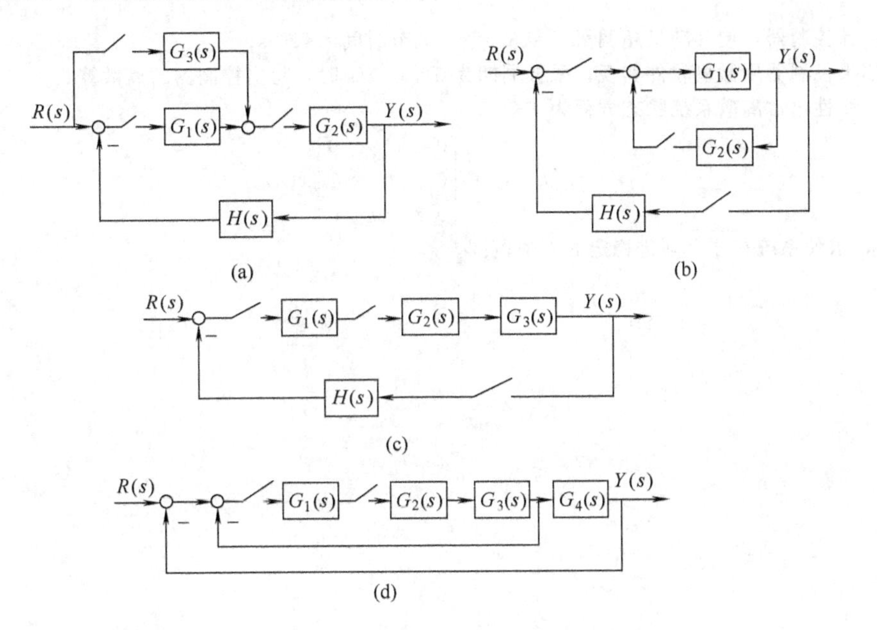

图 8-45　采样控制系统

8-5　如图 8-46 所示系统，$G(s)=\dfrac{K}{s(s+1)}$。试求：

(1) 采样周期 $T=0.1\text{s}$ 时，使系统稳定的临界增益；

(2) 采样周期 $T=1\text{s}$ 时，使系统稳定的临界增益。并说明采样周期对系统稳定性的影响。

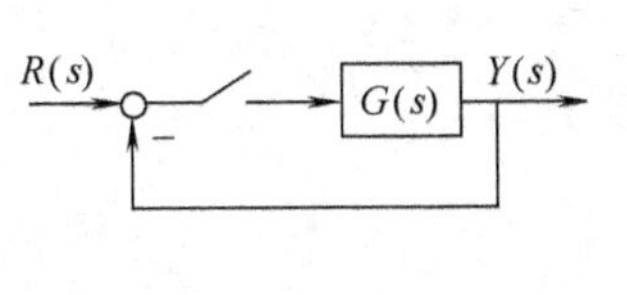

图 8-46　习题 8-5

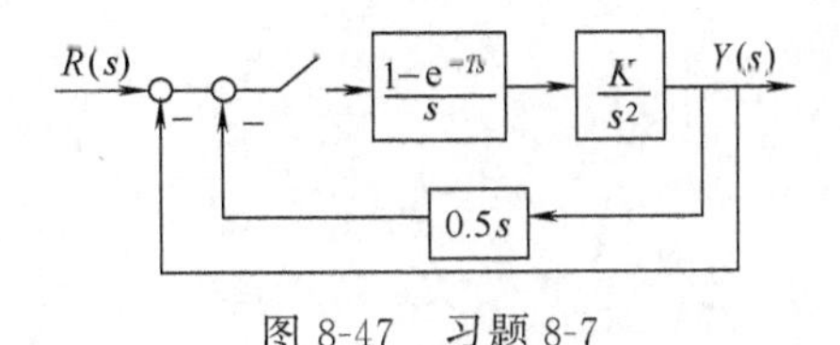

图 8-47　习题 8-7

8-6　已知系统的脉冲传递函数 $G(z)=\dfrac{Y(z)}{U(z)}=\dfrac{z+5}{z^2+6z+5}$。

(1) 求差分方程；

(2) 画出系统的状态流程图，建立离散状态空间表达式。

8-7　已知采样控制系统结构图如图 8-47 所示，$K=10$，$T=0.2\text{s}$，输入 $r(t)=1(t)+t+\dfrac{1}{2}t^2$，求系统

的稳态误差。

8-8　已知离散状态方程为

$$\boldsymbol{x}(k+1)=\begin{bmatrix}0 & 1\\ -0.16 & -1\end{bmatrix}\boldsymbol{x}(k)+\begin{bmatrix}0\\ 1\end{bmatrix}u(k)$$

$$y(k)=\begin{bmatrix}1 & 1\\ 0 & 1\end{bmatrix}\boldsymbol{x}(k)$$

求系统的脉冲传递矩阵。

8-9　离散控制系统如图 8-48 所示，数字控制器采用的是比例微分控制器。

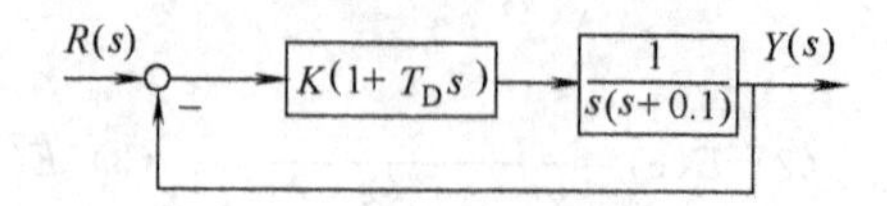

图 8-48　离散控制系统

(1) 设计控制器，使其满足超调量 $\sigma=16.3\%$，调节时间 $t_s<10s$；

(2) 如果控制器用微机软件实现，采样周期为 $T=0.01s$ 时，写出控制器的离散算式。

8-10　线性定常离散系统状态方程为

$$\boldsymbol{x}(k+1)=\begin{bmatrix}0 & 1 & 0\\ 0 & 0 & 1\\ 0 & 0.5h & 0\end{bmatrix}\boldsymbol{x}(k)$$

其中 $h>0$，求使系统在原点渐进稳定的 h 值范围。

第 9 章　非线性控制系统

9.1　概述

前面各章详细地讨论了线性定常控制系统的数学描述、性能分析及其设计问题。但是在实际中，理想的线性系统并不存在，即使选用了一个线性模型并且很好地描述了该系统，但是这也只是对它的一个近似的描述。这是因为组成控制系统的各个元件的动态和静态特性都存在着不同程度的非线性。当系统中存在一个或多个非线性元件时，就称该系统为非线性系统。

9.1.1　研究非线性系统的意义

一般的非线性控制系统通常由三部分组成：被控对象、测量装置与执行机构，如图 9-1 所示。

图 9-1　非线性控制系统结构

实际控制系统中的非线性特性是多种多样的，一般以解析函数的形式出现，如图 9-2 所示，弹簧运动系统的运动方程为

$$\ddot{x}+2a\dot{x}+w^2x+ax^3=u$$

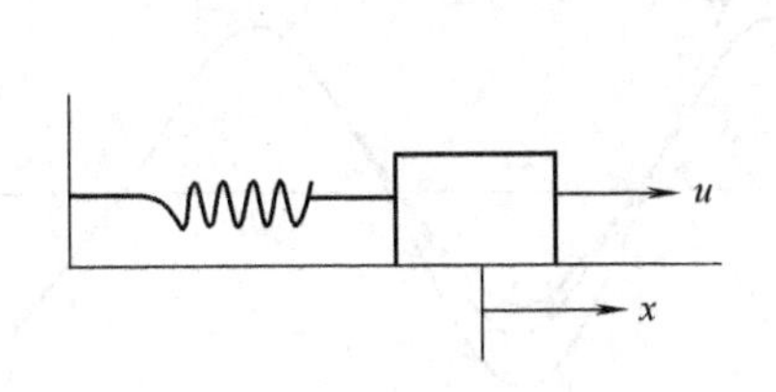

图 9-2　弹簧运动系统

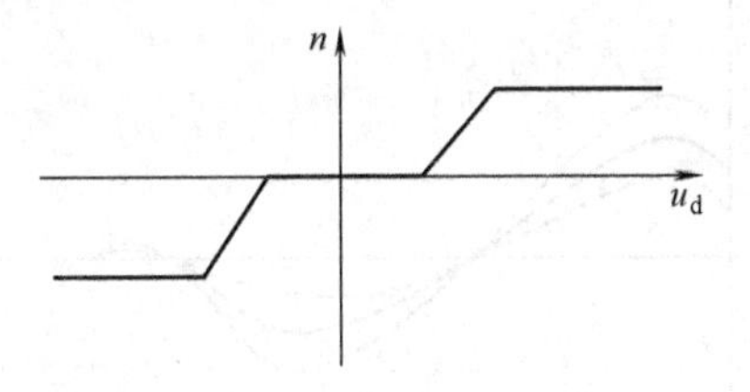

图 9-3　电动机死区＋饱和特性

又如执行元件的电动机，由于轴上存在着摩擦力矩和负载力矩，只有在电枢电压达到一定数值后，电枢才会转动，存在着死区。而当电枢电压达到定数值时，电机转速将不再增加，呈现饱和现象，如图 9-3 所示。

对非线性系统而言，因为构成系统的各个环节无法用线性关系来描述，那么在线性系统中广泛应用的叠加原理就不再适用了。许多用来分析线性系统的方法和技术就不能用来分析非线性系统。为了继续使用较为成熟的线性系统分析设计方法，通常是把非线性系统近似线性化。但是线性化方法只适用于非线性程度不严重的情况，例如电动机电枢转动的不灵敏区较小，即图 9-3 中死区较小时，都可以忽略非线性特征的影响，将非线性环节视为线性环节，另外当系统工作在某个数值附近的较小范围内，也可以将非线性系统近似看作线性的。但是对于非线性程度比较严重，且系统工作范围较大的非线性系统，建立在线性化基础上的分析和设计方法已经难以得到较为正确的结论，只有采用非线性系统的分析和设计方法才能解决高质量的控制问题。为此，必须针对非线性系统的数学模型，采用非线性控制理论进行研究。

9.1.2 非线性系统的一般特征

对于线性系统而言，一旦给定某个线性系统，那么在此系统中，只有一种运动形式，而且所有的状态变量都与其初值成比例。而非线性系统则不同，随着初始状态的不同，系统可能出现不同类型的运动。

首先讨论线性系统：$\dot{\boldsymbol{x}}=\boldsymbol{A}\boldsymbol{x}$，此系统的解可以表示为

$$\boldsymbol{x}(t)=\mathrm{e}^{\boldsymbol{A}t}\boldsymbol{x}_0\text{，}\boldsymbol{x}_0\text{ 为初始状态}$$

如研究另一个初始状态，它是 $\boldsymbol{x}_0$ 的 k 倍，即 $\tilde{\boldsymbol{x}}_0=k\boldsymbol{x}_0$，则由此初始状态出发的系统运动为

$$\tilde{\boldsymbol{x}}(t)=\mathrm{e}^{\boldsymbol{A}t}\tilde{\boldsymbol{x}}_0=\mathrm{e}^{\boldsymbol{A}t}k\boldsymbol{x}_0=k\mathrm{e}^{\boldsymbol{A}t}\boldsymbol{x}_0$$

可以看出，从不同初始状态出发的线性系统运动属于同一类型，而且成比例，如图 9-4 所示。

进而讨论非线性系统，以具体的二阶系统——范德波尔方程为例来说明非线性系统的运动特性。

$$\ddot{x}-0.1(1-x^2)\dot{x}+x=0$$

对于范德波尔方程来讲，系统存在三种不同的运动形式：周期运动、收敛运动和发散运动，而且完全由初始状态决定。图 9-5 画出三条从不同初始状态出发的运动轨线：轨线 A 的运动是等幅周期振荡；轨线 B 的运动是发散振荡，趋向于轨线 A 的周期运动；轨线 C 的运动则恰好相反，收敛到轨线 A 的周期运动。通过上述分析可以看出，系统能够克服扰动对状态的影响，保持固定振幅和频率的稳定周期运动 A，称之为自振。

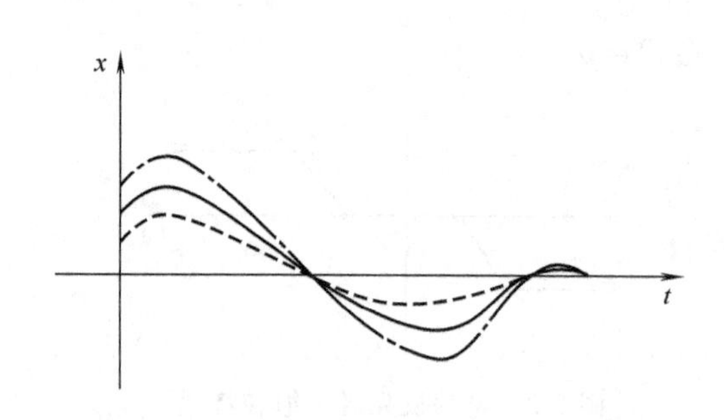

图 9-4 线性系统不同初始条件下的运动

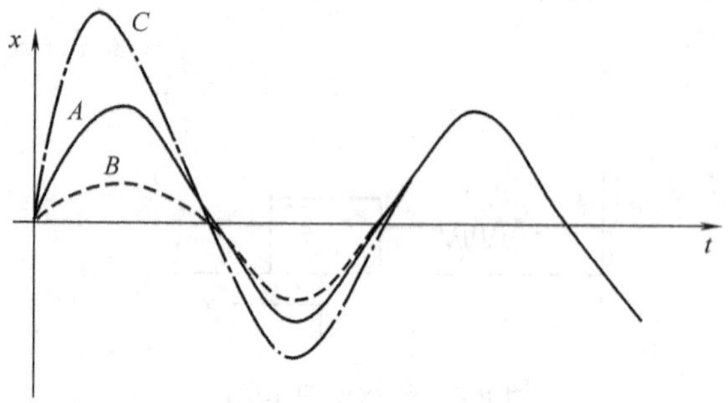

图 9-5 范德波尔方程不同初始条件下的运动

应该指出的是，系统长时间处于大幅度的振荡作用下，会造成机械磨损、控制误差增大等，因此多数情况下不希望系统有自振发生。但某些时候通过在控制中引入高频小幅值的颤振，可克服间歇、死区等非线性因素的不良影响。自振是非线性系统中非常重要的一种运动形式，分析自振的产生原因，确定自振的频率和幅值，研究自振的抑制方法是非线性系统分析的重要内容。

事实上，非线性系统的内容十分丰富，运动类型很多，除自振以外，还会出现一些线性系统中不可能出现的特性，如跳跃、多平衡状态、混沌，甚至是更复杂的过渡过程等。而且对于每一运动现象，也呈现出丰富的多样性，如自振，系统就可以有不同类型、数目、特点的自振。

9.1.3 模型线性化

与线性系统理论相比较，非线性控制系统的理论体系未建立起来，目前也没有统一的、普遍适用的非线性系统处理方法，远远不能满足工程技术和其他领域中出现的问题的需要。

线性系统作为非线性系统的一种特例，其分析和设计方法在非线性控制系统的研究中仍将发挥非常重要的作用。

最常见的线性化方法就是把非线性函数 $f(x)$ 在工作点 x_0 的某个邻域 $\delta(x_0)$ 内进行泰勒展开

$$f(x)=f(x_0)+(x-x_0)f'(x_0)+\varepsilon(x_0),\quad \varepsilon(x_0)\text{ 为高阶导数项} \tag{9-1}$$

忽略高阶导数项 $\varepsilon(x_0)$，就可以把非线性函数近似线性化。应该注意的是上述线性化过程只在邻域 $\delta(x_0)$ 内有效。下面给出几个例子说明。

【例 9-1】 给定实验室中的水槽装置如图 9-6 所示，其中 H 为液位高度，Q_i 为进水量，Q_o 为流出量，C 为储水槽横截面。根据水力学原理 $Q_o=K\sqrt{H}$，K 为比例系数，取决于液体的黏度与阀阻，可以列写出水槽系统的动态方程为

$$C\frac{\mathrm{d}H}{\mathrm{d}t}=Q_i-Q_o=Q_i-K\sqrt{H}$$

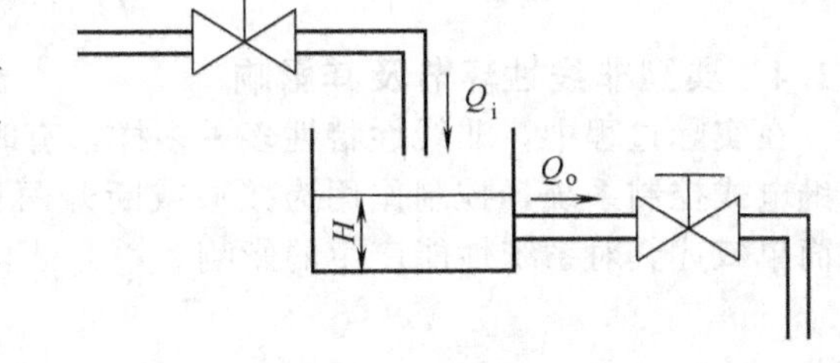

图 9-6　水槽示意

显然，液位与进水量 Q_i 之间为非线性关系。

假设，液位 H 工作在 H_0 附近，相应的进水量 Q_i 在 Q_{i0} 附近变化，令

$$\Delta H=H-H_0,\quad \Delta Q_i=Q_i-Q_{i0}$$

$\sqrt{H}$ 为非线性函数，将其在小邻域 Ω（H_0,Q_{i0}）内进行泰勒展开，并省略高阶导数项得

$$\sqrt{H}=\sqrt{H_0}+\frac{1}{2\sqrt{H_0}}(H-H_0)$$

于是可以得到水槽系统的小偏差近似线性方程

$$C\frac{\mathrm{d}\Delta H}{\mathrm{d}t}=\Delta Q_i-\frac{K}{2\sqrt{H_0}}\Delta H$$

通常在工作点附近可以直接写作

$$C\frac{\mathrm{d}H}{\mathrm{d}t}=Q_i-\frac{K}{2\sqrt{H_0}}H,\quad H,Q_i\in\Omega(H_0,Q_{i0})$$

【例 9-2】 给定系统状态方程为

$$\begin{aligned}\dot{x}_1&=x_1^2+2x_1x_2-x_1+u_1\triangleq f_1(x,u)\\ \dot{x}_2&=-x_2+u_2\triangleq f_2(x,u)\end{aligned} \tag{9-2}$$

其中工作点为（$\boldsymbol{x}_0,\boldsymbol{u}_0$），$\boldsymbol{f}(\boldsymbol{x},\boldsymbol{u})=\begin{bmatrix}f_1(\boldsymbol{x})\\ f_2(\boldsymbol{x})\end{bmatrix}$ 为非线性函数向量，将其在工作点进行泰勒展开

$$\boldsymbol{f}(\boldsymbol{x},\boldsymbol{u})=\boldsymbol{f}(\boldsymbol{x}_0,\boldsymbol{u}_0)+\left.\frac{\partial \boldsymbol{f}}{\partial \boldsymbol{x}}\right|_{(\boldsymbol{x}_0,\boldsymbol{u}_0)}(\boldsymbol{x}-\boldsymbol{x}_0)+\left.\frac{\partial \boldsymbol{f}}{\partial \boldsymbol{u}}\right|_{(\boldsymbol{x}_0,\boldsymbol{u}_0)}(\boldsymbol{u}-\boldsymbol{u}_0)+\cdots \tag{9-3}$$

忽略高阶导数项，令 $\Delta\boldsymbol{x}=\boldsymbol{x}-\boldsymbol{x}_0$，$\Delta\boldsymbol{u}=\boldsymbol{u}-\boldsymbol{u}_0$，再对式（9-3）重新整理得

$$\Delta\dot{\boldsymbol{x}}=\dot{\boldsymbol{x}}-\dot{\boldsymbol{x}}_0=\boldsymbol{f}(\boldsymbol{x},\boldsymbol{u})-\boldsymbol{f}(\boldsymbol{x}_0,\boldsymbol{u}_0)$$

$$=\left.\frac{\partial \boldsymbol{f}}{\partial \boldsymbol{x}}\right|_{(x_0,u_0)}\Delta \boldsymbol{x}+\left.\frac{\partial \boldsymbol{f}}{\partial \boldsymbol{u}}\right|_{(x_0,u_0)}\Delta \boldsymbol{u}\triangleq \boldsymbol{A}\Delta \boldsymbol{x}+\boldsymbol{B}\Delta \boldsymbol{u}$$

其中

$$\boldsymbol{A}=\left.\frac{\partial \boldsymbol{f}}{\partial \boldsymbol{x}}\right|_{(x_0,u_0)}=\begin{bmatrix}\frac{\partial f_1}{\partial x_1} & \frac{\partial f_1}{\partial x_2}\\ \frac{\partial f_2}{\partial x_1} & \frac{\partial f_2}{\partial x_2}\end{bmatrix}_{(x_0,u_0)},\quad \boldsymbol{B}=\left.\frac{\partial \boldsymbol{f}}{\partial \boldsymbol{u}}\right|_{(x_0,u_0)}=\begin{bmatrix}\frac{\partial f_1}{\partial u_1} & \frac{\partial f_1}{\partial u_2}\\ \frac{\partial f_2}{\partial u_1} & \frac{\partial f_2}{\partial u_2}\end{bmatrix}_{(x_0,u_0)} \tag{9-4}$$

通常在工作点（$\boldsymbol{x}_0,\boldsymbol{u}_0$）的某个小邻域 $\Omega(\boldsymbol{x}_0,\boldsymbol{u}_0)$ 内，系统可以写作线性形式

$$\dot{\boldsymbol{x}}=\boldsymbol{A}\boldsymbol{x}+\boldsymbol{B}\boldsymbol{u}$$

9.1.4 典型非线性环节及其影响

在实际过程中，非线性特性多种多样，有时无法使用泰勒级数展开得到线性化表达，例如继电式控制系统，控制作用为接通或断开两种。下面图 9-7 给出几种常见的非线性特性，并简单叙述其对系统性能产生的影响。

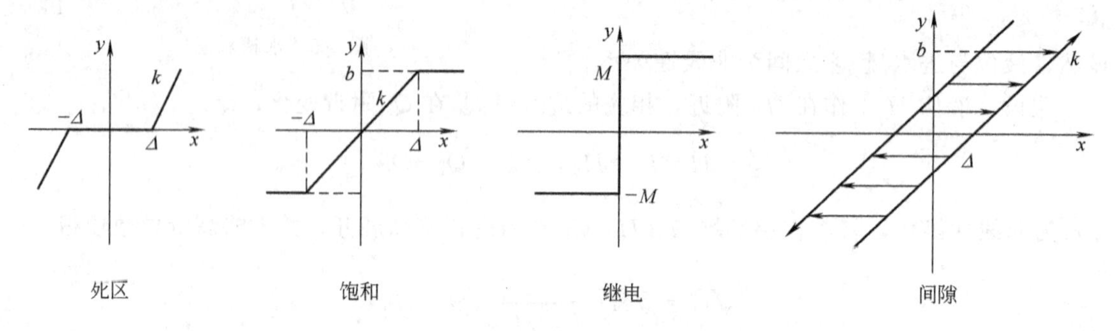

图 9-7 常见典型非线性环节

(1) 死区特性

通常大量地存在于液压系统、气动系统和各种放大器中，只要输入不达到定值 Δ，其输出为零，一旦大于 Δ，其输出随输入的增加而线性增加。其数学描述为

$$y=\begin{cases}0, & |x|<\Delta\\ k[x-\Delta\mathrm{sgn}(x)], & |x|\geqslant\Delta\end{cases} \tag{9-5}$$

式中，$\mathrm{sgn}(x)$ 为符号函数。

死区可由各种原因引起，如静摩擦、电气触点的气隙、触点压力、各种电路中的不灵敏值等。死区对系统性能也可产生各种不同的影响，有时可能导致系统不稳定或自激振荡，但有另外一些场合，由于系统不灵敏，有利于系统的稳定性或是消除自振。在随动控制系统中，死区的存在将会增大系统的稳态误差。

(2) 饱和特性

饱和特性是电子放大器中常见的一种非线性，其数学描述为

$$y=\begin{cases}kx, & |x|<\Delta\\ k\Delta\mathrm{sgn}(x), & |x|\geqslant\Delta\end{cases} \tag{9-6}$$

许多执行元件也都具有饱和特性，例如伺服电机，当输入电压超过一定数值时，电机的转速就会出现饱和，电机的转速将不随电压变化。通常进入饱和区后，系统放大系数下降，从而导致稳态精度降低。实际上，执行元件一般都兼有死区和饱和两种特性。

(3) 继电特性

继电器是控制系统与保护装置中常见的一种器件，除了图 9-7 给出的理想继电特性外，还有其他类型的继电器特性，如图 9-8 所示。

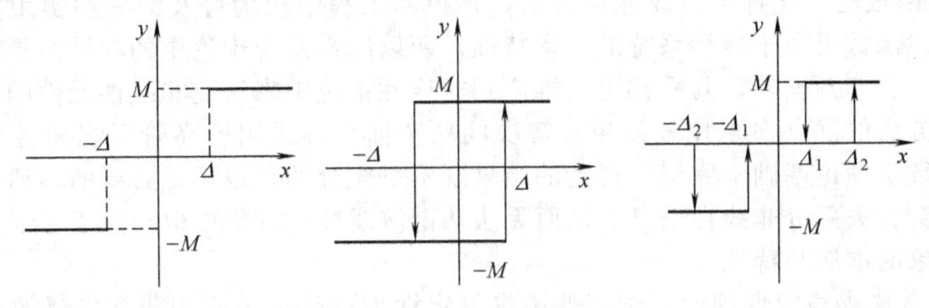

图 9-8　继电特性的各种形态

四种形态的继电特性数学表达如下。

理想继电特性
$$y=\begin{cases}M, & x>0\\ -M, & x<0\end{cases}\tag{9-7}$$

具死区的继电特性
$$y=\begin{cases}M, & x>\Delta\\ 0, & |x|<\Delta\\ -M, & x<-\Delta\end{cases}\tag{9-8}$$

具滞环的继电特性
$$y=\begin{cases}M, & x>\Delta \text{ 或 } |x|<\Delta,\ \dot{x}<0\\ -M, & x<-\Delta \text{ 或 } |x|<\Delta,\ \dot{x}>0\end{cases}\tag{9-9}$$

具死区与滞环的继电特性
$$y=\begin{cases}M, & x>\Delta_2 \text{ 或 } \Delta_1<|x|<\Delta_2,\ \dot{x}<0\\ 0, & |x|<\Delta_1\\ -M, & x<-\Delta_2 \text{ 或 } \Delta_1<|x|<\Delta_2,\ \dot{x}>0\end{cases}\tag{9-10}$$

继电特性常常使系统产生振荡，如果选择合适的继电特性可以构成正弦信号发生器。

(4) 间隙特性

一般常见于机械传动装置，例如传动齿轮，由于加工精度的限制和装配缺陷，主动齿轮与从动齿轮之间会产生间隙特性，其数学描述为

$$y=\begin{cases}k(x-\Delta), & \dot{x}>0\\ b\mathrm{sgn}(x), & \dot{x}=0\\ k(x+\Delta), & \dot{x}<0\end{cases}\tag{9-11}$$

控制系统中间隙特性的存在，往往促使系统产生自振，稳定性变差，稳态误差增加。

9.1.5　非线性系统的研究方法及特点

(1) 非线性系统研究方法介绍

目前非线性系统的研究方法有很多种，每一种方法都有一定的适用范围和局限性。归结起来，常用的方法有以下几种。

① 相平面方法　相平面方法的研究对象是二阶非线性系统，利用系统的非线性微分方程在相平面上建立系统解的几何形象，分析出各种初始状态下系统的动态和静态性能，从而获得二阶系统的运动性质。

对于非线性系统而言，系统解的解析表达式一般是求不出的，即使是采用计算机进行计算，也有不少困难。相平面方法的独特之处就在于无需求解非线性微分方程，直接绘制出能

够显示系统运动特征的相图，从而获得系统全部运动性质的定性知识，物理意义清晰。另外，相图的独特优越性在于，本来系统存在无限多的轨线运动，但是只要画出其中的几条轨线，就可以获得系统全部轨线的概貌。

② 描述函数法　又称谐波线性化方法，是控制工程中较为普及的一种实用方法。非线性元件的描述函数类似于线性系统的频率特性，所以线性系统理论中的频域结果，如奈氏判据、伯德图、劳斯判据等，几乎都可以推广到非线性系统中来研究非线性元件的稳定性、周期解等。该方法的优点在于比较简单，解决问题全面，且适用于高阶系统和各种非线性特性。但是其数学理论基础不完善，得到的结果既不是充分的，也不是必要的，而且在近似线性化过程中会丧失部分非线性信息，从而无法从谐波线性化方程中取得关于非线性系统的某些更复杂现象的本质与特性。

③ 李亚普诺夫稳定性理论　李亚普诺夫稳定性理论是一个应用非常广泛的理论，在非线性系统控制中，它是研究系统稳定性的主要方法。早在 1892 年，俄国学者李亚普诺夫发表了题为《运动稳定性的一般问题》的论文，把分析由常微分方程组所描述的动力学系统的稳定性方法归纳为本质不同的两种方法，分别称为李亚普诺夫第一方法和第二方法。

李亚普诺夫第一方法采用级数形式的解来研究系统稳定性，即将系统在工作点附近展开成泰勒级数的形式，得到一阶线性近似方程，通过分析它的稳定性就给出了原非线性系统在小范围内稳定的有关信息，为一般线性化方法奠定了基础，同时也给出了线性化方法成立的条件。

李亚普诺夫第二方法不需要引入线性近似，也无需求解系统方程而直接判断解的稳定性。此方法关键是找到一个正定且有界的 $V(x,t)$ 函数，且保证 V 函数沿时间 t 的导数为负定的，那么系统就是稳定的，其中 $V(x,t)$ 函数类似于能量系统的能量函数。从物理学角度来讲，如果一个系统的能量是有限的，且能量随时间的变化率为负时，那么这个系统的所有运动都是有界的，而且最终在能量为零时，所有运动都会返回到平衡位置，即系统达到稳定。李亚普诺夫第二方法概念直观，具有一般性，物理意义清晰。本书仅限于讲述李亚普诺夫第二方法，简称为李亚普诺夫方法。

④ 微分几何控制理论　前面介绍的三种方法对非线性系统的分析与控制主要是定性的，与线性系统的研究进展比较起来远远不如，其主要原因就在于没有合适的数学工具。在线性定常系统中，系统的性质仅取决于由系统矩阵 $\boldsymbol{A},\boldsymbol{B},\boldsymbol{C},\boldsymbol{D}$ 表示的各种变换形式，但是对于非线性系统来讲却非常复杂，数学上仅有的可利用结果只是微分几何中局部变换等并不十分完善的工具。微分几何控制理论就是在这种情势下，用微分几何来研究系统的能控性、能观测性等基本特性作为开始发展起来的。

非线性系统的微分几何控制理论是近年来非线性控制研究的主流，内容包括基本原理和反馈设计两大部分。意大利著名教授 Isidori 曾经指出：近 20 年来用微分几何方法研究非线性所取得的成功，就像 20 世纪 50 年代用拉氏变换及复变函数理论对单输入单输出系统的研究，或是 20 世纪 60 年代用线性代数对多变量线性系统的研究一样，都具有里程碑的性质。

当然微分几何控制方法在非线性系统的研究中并不是万能的，目前已经发现在涉及到非线性系统的可逆性质以及在动态反馈下的结构性质时呈现病态现象。而且目前对微分几何控制进行介绍的著作中，都是以微分几何、泛函等现代数学知识作为必备基础的，这样在客观上就给一般的工程技术人员或是工科院校的学生造成很大的困难，无法对其实质性成果有一个感性的认识。

⑤ 微分代数方法　为解决微分几何方法中遇到的病态问题，一方面，Fliss 成功地把微分代数引入到非线性控制理论中，另一方面，Di Benedetto，Grizzle 和 Moog 从更易于接受的线性代数角度重新考虑了非线性系统的结构性质。基于这方面的理解，从而形成了区别于

其他方法的非线性系统的微分代数方法，它已经成为与微分几何方法相辅的工具。

（2）研究方法的特点

目前通常用到的（不是全部）非线性方法有一个基本特点，就是总以某种方式通过线性化而建立起来的，换句话说就是以线性方法为基础加以修补使之能够适应解决非线性问题的需要。

例如，相平面方法是将非线性特性分段线性化之后，把整个相平面分成几个区域，使得系统在每个区域上都是线性的，然后分别在各个区域上作出相图，从而建立整个非线性系统的相图。相平面方法的实质就是分区线性化。

描述函数方法是一种近似线性化方法，实质是把非线性函数 $y=f(x)$ 用某个线性关系 $y=N(X)x$ 来代替，从而实现线性化，其中线性化系统中的系数 N 并不是常数，而是关于表征系统运动特性的常数 X 的某个函数（即描述函数），上式体现了系统输入变量为谐波时的线性化关系，所以又称为“谐波线性化”方法。值得注意的是，谐波线性化只是形式上将非线性特性进行了线性化，其实仍然保留了非线性的特性，这一点体现在线性化系数 $N(X)$ 与运动参数 X 有关。

李亚普诺夫第一稳定方法是一种真正的线性化方法，基于泰勒级数展开并忽略高阶导数项，从而实现一阶线性化。

李亚普诺夫第二稳定方法本质上是真正的非线性方法，但是却不存在一般的构造 V 函数方法。目前成功构造 V 函数的方法是鲁里叶与波斯特尼考夫于 1944 年提出的，对线性系统构造二次型 V 函数，然后附加一个修正项，作为相应非线性函数的 V 函数，从这一点上来看，真正的非线性方法也是在线性为基础的情况下才得以实现的。

另外，不以线性方法为基础的纯非线性方法也是有的，如微分几何、微分代数方法等，但毕竟对这些方法的研究还不是十分深入，而且也不具有普遍的实用性。

9.2　描述函数方法

描述函数方法是一种近似方法，在非线性控制中，已是工程中较普及的一种实用方法。从本质上说，描述函数方法是一种频域方法，几乎是全面地将线性系统［图 9-9（a)］的频域结果，推广到非线性系统［图 9-9（b)］。

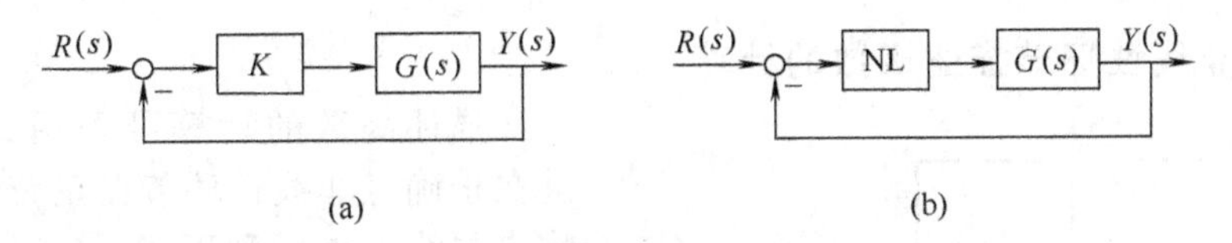

图 9-9　典型系统结构

描述函数的基本思想就是，当系统满足一定假设条件时，系统中非线性环节 NL 在正弦输入信号作用下的输出可用一次谐波分量来近似，由此导出非线性环节的近似等效频率特性，即描述函数。这时非线性系统就近似等效为线性系统，从而可以应用线性系统理论中的频率法对系统进行频域分析。所以与线性系统频域分析一样，非线性系统的描述函数方法主要是用来分析在无外加作用下，非线性系统的稳定性和自振问题。

从上述讲述过程可以看出，非线性系统描述函数方法的应用应该满足以下条件：首先系统中非线性环节和线性部分可以分开，最终简化为图 9-9（b）所示的典型结构；其次，线性部分必须具有低通滤波特性，只有这样才可以认为非线性环节输出中的高次谐波被完全滤掉，仅存在一次谐波；最后，非线性环节应该具有奇对称的静态特性关系，有关这一点，将在描述函数的概念一节中加以说明。

9.2.1 描述函数的概念

假设，非线性环节 $y=f(x)$ 的输入是正弦谐波

$$x=X\sin\omega t \tag{9-12}$$

一般情况下，其输出 $y(t)$ 也是周期函数，可以展开为傅里叶（Fourier）级数

$$y(t)=\frac{A_0}{2}+\sum_{n=1}^{\infty}(A_n\cos n\omega t+B_n\sin n\omega t)=\frac{A_0}{2}+\sum_{n=1}^{\infty}Y_n\sin(n\omega t+\varphi_n) \tag{9-13}$$

式中，A_0 为直流分量；$Y_n\sin(n\omega t+\varphi_n)$ 为第 n 次谐波分量，且有

傅里叶系数

$$A_n=\frac{1}{\pi}\int_0^{2\pi}y(t)\cos n\omega t\,\mathrm{d}(\omega t),\quad B_n=\frac{1}{\pi}\int_0^{2\pi}y(t)\sin n\omega t\,\mathrm{d}(\omega t) \tag{9-14}$$

$$Y_n=\sqrt{A_n^2+B_n^2},\quad \varphi_n=\arctan\frac{A_n}{B_n}$$

根据傅里叶系数定义可以看出，如果非线性环节本身具有奇对称的静态特性关系，必有 $A_0=0$。且当 $n>1$ 时，Y_n 均很小，则可以近似认为非线性环节的正弦响应式（9-13）仅有一次谐波分量

$$y(t)\approx A_1\cos\omega t+B_1\sin\omega t=Y_1\sin(\omega t+\varphi_1) \tag{9-15}$$

式（9-15）表明，非线性环节可近似看作具有和线性环节相类似的频率响应形式。为此定义描述函数为在正弦谐波作用下，非线性环节的稳态输出中一次谐波分量和输入信号的复数比，即

$$N(X)=\frac{Y_1}{X}\mathrm{e}^{\mathrm{j}\phi_1}=\frac{B_1+\mathrm{j}A_1}{X} \tag{9-16}$$

式中，Y_1 为输出一次谐波的幅值；φ_1 为输出一次谐波的相位。

傅里叶系数有如下特性：如果非线性环节的正弦响应 $y(t)$ 是关于 t 的奇函数，即 $y(t)=-y(-t)$，则必有 $A_n=0$；如果 $y(t)$ 是关于 t 的偶函数，即 $y(t)=y(-t)$，则必有 $B_n=0$。

9.2.2 典型非线性环节描述函数的计算

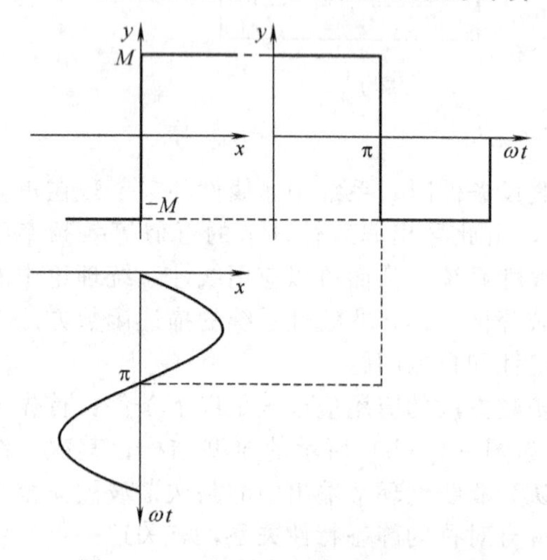

图 9-10 理想继电环节的正弦响应曲线

描述函数的计算可采用式（9-16），关键在于确定非线性环节在正弦输入作用下的响应曲线，然后利用式（9-14）计算傅里叶系数 A_1, B_1。下面针对几种典型非线性特性，介绍描述函数的计算过程和步骤。

【例 9-3】 计算理想继电非线性环节的描述函数。

解 首先根据图 9-10，写出理想继电环节在正弦输入作用下的响应

$$y(t)=\begin{cases}M, & 0<\omega t<\pi\\ -M, & \pi<\omega t<2\pi\end{cases}$$

可见，正弦响应 $y(t)$ 是奇函数，根据式（9-14）计算傅里叶系数 A_1, B_1，

$$A_1=0,\ B_1=\frac{1}{\pi}\int_0^{2\pi}y(t)\sin\omega t\,\mathrm{d}\omega t=\frac{2}{\pi}\int_0^{\pi}M\sin\omega t\,\mathrm{d}\omega t=\frac{4M}{\pi}$$

利用定义式（9-16）写出理想继电环节的描述函数为

$$N(X)=\frac{B_1}{X}=\frac{4M}{\pi X} \tag{9-17}$$

【例 9-4】 计算死区＋饱和非线性特性的描述函数。

解　图 9-11 给出了死区＋饱和非线性环节的正弦响应曲线，首先确定两个重要的角度。

$$x=d\Rightarrow X\sin\omega t=d\Rightarrow\alpha_d=\arcsin\frac{d}{X}$$

$$x=s\Rightarrow X\sin\omega t=s\Rightarrow\alpha_s=\arcsin\frac{s}{X}$$

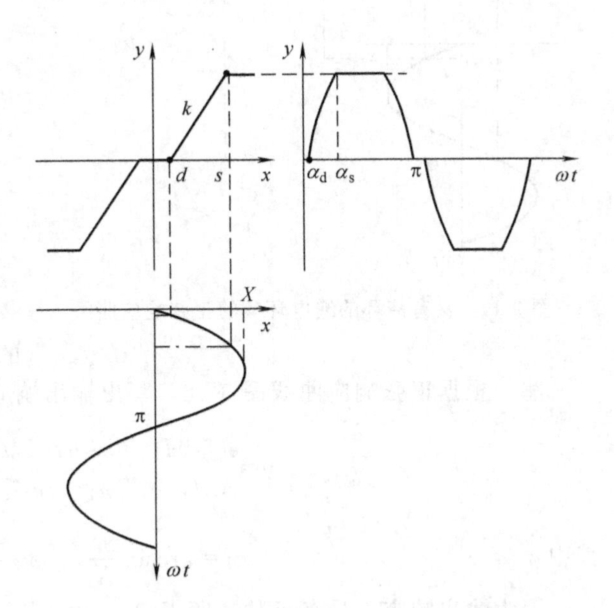

图 9-11　死区＋饱和非线性环节的正弦响应曲线

从而写出正弦响应函数为

$$y(t)=\begin{cases}0, & 0\leqslant\omega t\leqslant\alpha_d\\ k(X\sin\omega t-d), & \alpha_d<\omega t\leqslant\alpha_s\\ k(s-d), & \alpha_d<\omega t\leqslant\pi/2\end{cases}$$

显然，正弦响应函数 $y(t)$ 是奇函数，所以有

$$A_1=0,$$

$$\begin{aligned}B_1&=\frac{1}{\pi}\int_0^{2\pi}y(t)\sin\omega t\,\mathrm{d}\omega t=\frac{4}{\pi}\int_0^{\frac{\pi}{2}}y(t)\sin\omega t\,\mathrm{d}\omega t\\&=\frac{4}{\pi}\left[\int_{\alpha_d}^{\alpha_s}k(X\sin\omega t-d)\sin\omega t\,\mathrm{d}\omega t+\int_{\alpha_s}^{\frac{\pi}{2}}k(s-d)\sin\omega t\,\mathrm{d}\omega t\right]\\&=\frac{4kX}{\pi}\left[\left(\frac{\omega t}{2}-\frac{1}{4}\sin2\omega t+\frac{d}{X}\cos\omega t\right)\Bigg|_{\alpha_d}^{\alpha_s}-\frac{s-d}{X}\cos\omega t\Bigg|_{\alpha_s}^{\frac{\pi}{2}}\right]\\&=\frac{2kX}{\pi}\left[\alpha_s-\alpha_d-\frac{1}{2}\ (\sin2\alpha_s-\sin2\alpha_d)\ +\frac{2s}{X}\cos\alpha_s-\frac{2d}{X}\cos\alpha_d\right]\end{aligned}$$

其中

$$\alpha_d=\arcsin\frac{d}{X}\Rightarrow\begin{cases}\cos\alpha_d=\sqrt{1-\left(\dfrac{d}{X}\right)^2}\\ \sin2\alpha_d=2\dfrac{d}{X}\sqrt{1-\left(\dfrac{d}{X}\right)^2}\end{cases},\quad \alpha_s=\arcsin\frac{s}{X}\Rightarrow\begin{cases}\cos\alpha_s=\sqrt{1-\left(\dfrac{s}{X}\right)^2}\\ \sin2\alpha_s=2\dfrac{s}{X}\sqrt{1-\left(\dfrac{s}{X}\right)^2}\end{cases}$$

则重新整理得

$$B_1=\frac{2kX}{\pi}\left[\arcsin\left(\frac{s}{X}\right)-\arcsin\left(\frac{d}{X}\right)+\frac{s}{X}\sqrt{1-\left(\frac{s}{X}\right)^2}-\frac{d}{X}\sqrt{1-\left(\frac{d}{X}\right)^2}\right]$$

死区饱和特性的描述函数

$$N=\frac{B_1}{X}=\frac{2k}{\pi}\left[\arcsin\left(\frac{s}{X}\right)-\arcsin\left(\frac{d}{X}\right)+\frac{s}{X}\sqrt{1-\left(\frac{s}{X}\right)^2}-\frac{d}{X}\sqrt{1-\left(\frac{d}{X}\right)^2}\right] \tag{9-18}$$

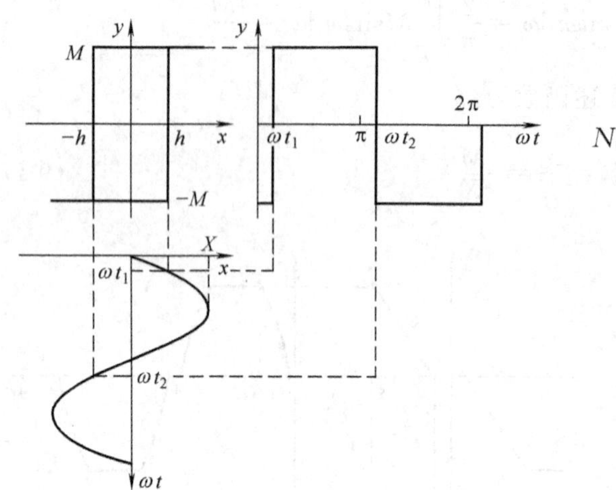

图 9-12 具有滞环的继电环节的正弦响应曲线

对于纯死区特性有

$$X<s,\quad \alpha_s=\frac{\pi}{2},\quad \sin 2\alpha_s=0$$

$$\begin{aligned}N&=\frac{B_1}{X}\\&=\frac{2k}{\pi}\left[\frac{\pi}{2}-\arcsin\left(\frac{d}{X}\right)-\frac{d}{X}\sqrt{1-\left(\frac{d}{X}\right)^2}\right]\end{aligned}\tag{9-19}$$

对于纯饱和特性有

$$d=0,\quad \alpha_d=0,\quad \sin 2\alpha_d=0$$

$$N=\frac{B_1}{X}=\frac{2k}{\pi}\left[\arcsin\frac{s}{X}+\frac{s}{X}\sqrt{1-\left(\frac{s}{X}\right)^2}\right]\tag{9-20}$$

【例 9-5】 具有滞环的继电非线性特性的描述函数计算。

解 根据正弦响应曲线图 9-12，写出输出响应如下

$$y=\begin{cases}-M, & 0\leqslant\omega t<\omega t_1,\ \omega t_2<\omega t\leqslant 2\pi\\ M, & \omega t_1<\omega t\leqslant\omega t_2\end{cases}$$

其中

$$\omega t_1=\arcsin\frac{h}{X},\quad \omega t_2=\arcsin\frac{h}{X}+\pi$$

因为输出响应不是奇函数，所以 $A_1\neq 0$，有

$$\begin{aligned}A_1&=\frac{1}{\pi}\int_0^{2\pi}y(t)\cos\omega t\,\mathrm{d}(\omega t)\\&=\frac{M}{\pi}\left[\int_{\omega t_1}^{\omega t_2}\cos\omega t\,\mathrm{d}(\omega t)-\int_0^{\omega t_1}\cos\omega t\,\mathrm{d}(\omega t)-\int_{\omega t_2}^{2\pi}\cos\omega t\,\mathrm{d}(\omega t)\right]\\&=-\frac{4Mh}{\pi X}\end{aligned}$$

$$\begin{aligned}B_1&=\frac{1}{\pi}\int_0^{2\pi}y(t)\sin\omega t\,\mathrm{d}(\omega t)\\&=\frac{M}{\pi}\left[\int_{\omega t_1}^{\omega t_2}\sin\omega t\,\mathrm{d}(\omega t)-\int_0^{\omega t_1}\sin\omega t\,\mathrm{d}(\omega t)-\int_{\omega t_2}^{2\pi}\sin\omega t\,\mathrm{d}(\omega t)\right]\\&=\frac{4M}{\pi}\sqrt{1-\left(\frac{h}{X}\right)^2}\end{aligned}$$

具有滞环的继电环节的描述函数为

$$N=\frac{B_1+\mathrm{j}A_1}{X}=\frac{4M}{\pi X}\sqrt{1-\left(\frac{h}{X}\right)^2}-\mathrm{j}\,\frac{4Mh}{\pi X^2}\tag{9-21}$$

表 9-1 列出了一些典型非线性特性及其描述函数，以供查用。

从上面描述函数的定义和计算过程中可以看出，描述函数在数值上等于非线性环节稳态输出的一次谐波与输入函数的复数比，是关于输入幅值 X 的函数；对于单值的非线性环节，如死区、饱和、继电等环节，其描述函数为实数；对于多值非线性环节，如间隙、带有滞环的继电环节等，其描述函数为复数。从物理意义上来讲，描述函数可以看作是非线性环节的等效复数放大增益。

表 9-1　非线性特性及其描述函数

非线性类型	静特性	描述函数
理想继电环节	y, M, x, −M	$\frac{4M}{\pi X}$
带死区的继电环节	y, M, h, x, −M	$\frac{4M}{\pi X}\sqrt{1-\left(\frac{h}{X}\right)^2}$，$X\geqslant h$
带滞环的继电环节	y, M, −h, h, x, −M	$\frac{4M}{\pi X}\sqrt{1-\left(\frac{h}{X}\right)^2}-\mathrm{j}\frac{4Mh}{\pi X^2}$，$X\geqslant h$
带死区和滞环的继电环节	y, M, $-h_2$, $-h_1$, h_1, h_2, x, −M	$\frac{2M}{\pi X}\left[\sqrt{1-\left(\frac{h_1}{X}\right)^2}+\sqrt{1-\left(\frac{h_2}{X}\right)^2}\right]-\mathrm{j}\frac{2M(h_2-h_1)}{\pi X^2}$，$X\geqslant h_2$
死区环节	y, k, −d, d, x	$\frac{2k}{\pi}\left[\frac{\pi}{2}-\arcsin\left(\frac{d}{X}\right)-\frac{d}{X}\sqrt{1-\left(\frac{d}{X}\right)^2}\right]$，$X\geqslant d$
饱和环节	y, k, −s, s, x	$\frac{2k}{\pi}\left[\arcsin\frac{s}{X}+\frac{s}{X}\sqrt{1-\left(\frac{s}{X}\right)^2}\right]$，$X\geqslant s$
带死区的饱和环节	y, k, d, s, x	$\frac{2k}{\pi}\left[\arcsin\left(\frac{s}{X}\right)-\arcsin\left(\frac{d}{X}\right)+\frac{s}{X}\sqrt{1-\left(\frac{s}{X}\right)^2}-\frac{d}{X}\sqrt{1-\left(\frac{d}{X}\right)^2}\right]$ $X\geqslant s$
间隙特性	y, k, b, x	$\frac{k}{\pi}\left[\frac{\pi}{2}+\arcsin\left(1-\frac{2b}{X}\right)+2\left(1-\frac{2b}{X}\right)\sqrt{\frac{b}{X}\left(1-\frac{b}{X}\right)}\right]+$ $\mathrm{j}\frac{4kb}{\pi X}\left(\frac{b}{X}-1\right)$，$X\geqslant b$

9.2.3 描述函数分析方法

非线性系统的描述函数分析方法是建立在图 9-9（b）所示的典型结构基础上。当系统的线性部分具有较好的低通滤波特性时，如果非线性环节的输入为正弦信号，实际输出中必定含有高次谐波分量，经过线性部分传递之后，由于低通滤波作用，高次谐波分量将被大大削弱，因此保证闭环通道内近似地只有一次谐波分量流通，从而保证非线性环节可以用描述函数来表示。而描述函数可以作为一个具有复变增益的比例环节，这样非线性系统经过谐波线性化后就等效为线性系统，可以应用线性系统的频率稳定判据分析非线性系统的稳定性。

（1）非线性系统的化简

当非线性系统具有多个非线性环节和多个线性环节时，通常可以通过等效变换，将系统化简为图 9-9（b）所示的典型结构形式。

等效变换的原则是在参考输入 $R(t)=0$ 的条件下，根据非线性特性的串、并联特性，把非线性部分简化成一个等效非线性环节，然后在保持等效非线性环节的输入输出关系不变的基础上来化简线性部分。

① 非线性环节的并联　非线性环节的并联特性如图 9-13 所示，根据描述函数的定义，等效非线性环节的描述函数等于两个非线性环节描述函数的叠加，即

$$N(X)=N_1(X)+N_2(X)$$

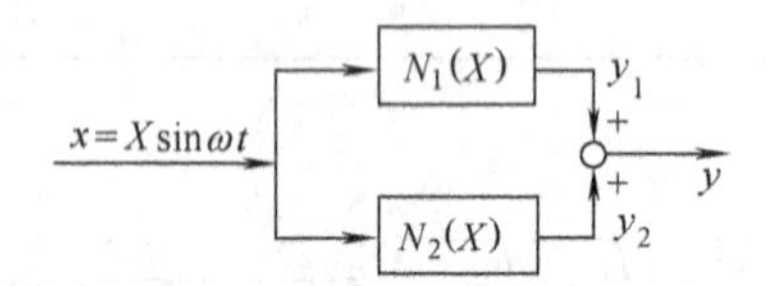

图 9-13　非线性环节的并联特性

$x=X\sin\omega t$ → $N_1(X)$ → $N_2(X)$ → y

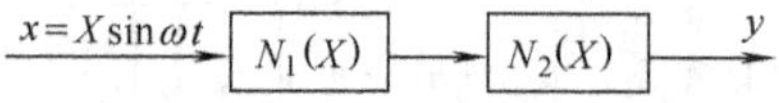

图 9-14　非线性环节的串联特性

② 非线性环节的串联　非线性环节的串联特性如图 9-14 所示，通常串联非线性等效环节的描述函数并不等于两个非线性环节描述函数的乘积，即

$$N(X)\neq N_1(X)N_2(X)$$

应该根据各线性环节输入输出关系图重新求 $N(X)$。

【例 9-6】 图 9-15 给出了继电环节和饱和非线性环节的串联，请写出等效非线性环节的描述函数。

解　分析图 9-15 给出的串联结构，可知

$$x_1=\begin{cases}M, & x>0\\ -M, & x<0\end{cases}$$

$$y=\begin{cases}b, & x_1\geqslant\Delta\\ kx_1, & |x_1|<\Delta\\ -b, & x_1\leqslant-\Delta\end{cases}$$

如果 $M>\Delta$，则有

$$y=\begin{cases}b, & x>0\\ -b, & x<0\end{cases}\tag{9-22}$$

说明继电环节和饱和环节按图 9-15 形式串联后，等效为式（9-22）所示的继电环节，其描述函数为

$$N(X)=\frac{4b}{\pi X}$$

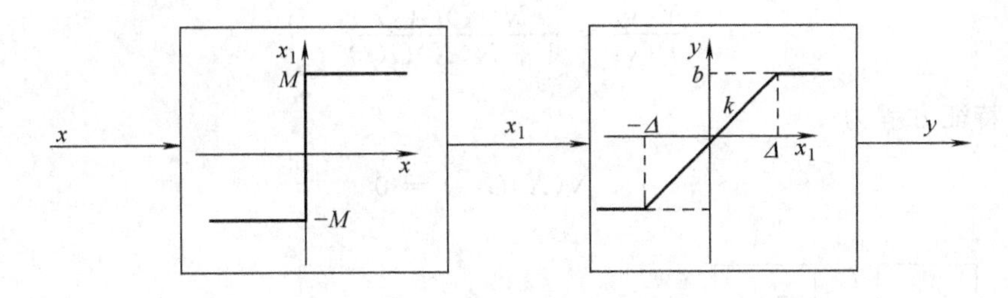

图 9-15　继电与饱和非线性环节的串联

③ 线性部分的化简　假设输入 $R(t)=0$，在保持等效非线性环节输入输出关系不变的基础上，根据等效变换原则将多个线性环节化简为一个。

【例 9-7】 将图 9-16 所示的两种不同结构非线性系统变换为适用于描述函数分析方法的等效结构，并写出线性部分的传递函数表达。

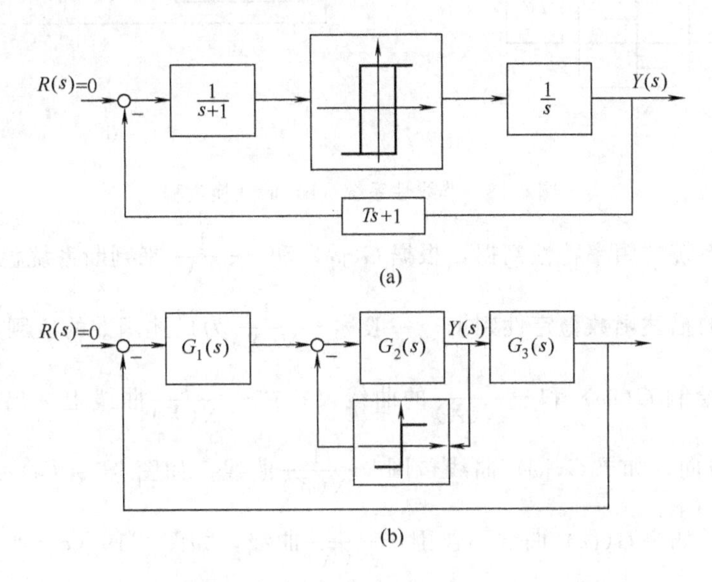

图 9-16　不同结构的非线性系统

解　① 图 9-16（a）的变换过程如图 9-17 所示。

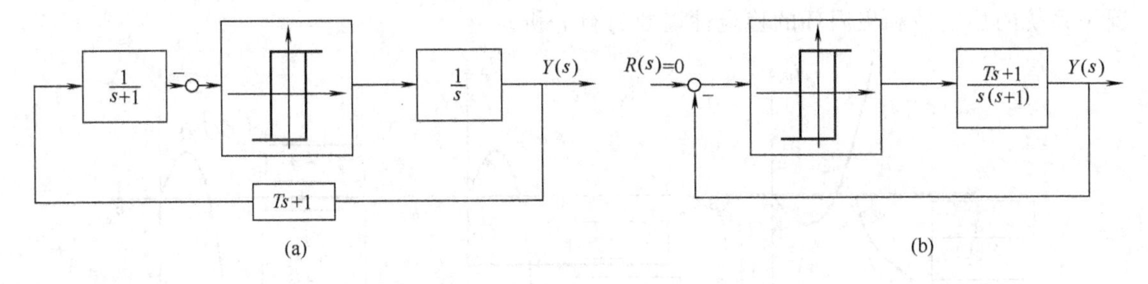

图 9-17　非线性系统（a）的变换过程

② 图 9-16（b）的变换过程如图 9-18 所示。

（2）描述函数分析方法

如果非线性系统经过化简后，具有图 9-9（b）所示的典型结构，那么经过谐波线性化，非线性系统已经等效为一个具有复变增益的比例环节和一个线性环节相串联的单位负反馈系统，其等效传递函数为

$$\frac{Y(s)}{R(s)}=\frac{N(X)G(s)}{1+N(X)G(s)} \tag{9-23}$$

闭环系统的特征方程为

$$1+N(X)G(s)=0 \tag{9-24}$$

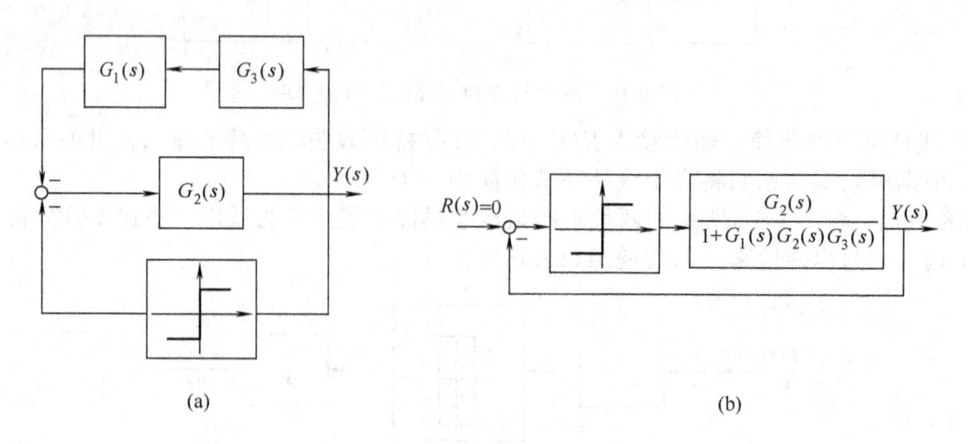

图 9-18　非线性系统（b）的变换过程

类似于线性系统的频率特性判据，根据 $G(\mathrm{j}\omega)$ 和 $-\dfrac{1}{N(X)}$ 来判断系统稳定性，从而可以得到非线性系统的描述函数稳定性判据。一般称 $-\dfrac{1}{N(X)}$ 为描述函数的负倒数。

在复平面上绘制 $G(\mathrm{j}\omega)$ 和 $-\dfrac{1}{N(X)}$ 的曲线，并在 $-\dfrac{1}{N(X)}$ 曲线上标出随幅值 X 增大，$-\dfrac{1}{N(X)}$ 的变化方向。如果 $G(\mathrm{j}\omega)$ 曲线包围 $-\dfrac{1}{N(X)}$ 曲线，如图 9-19（a）所示，此时闭环系统是不稳定的；如果 $G(\mathrm{j}\omega)$ 曲线不包围 $-\dfrac{1}{N(X)}$ 曲线，如图 9-19（c）所示，此时闭环系统是稳定的；如果 $G(\mathrm{j}\omega)$ 曲线和 $-\dfrac{1}{N(X)}$ 曲线出现交点，如图 9-19（b）所示，在交点处闭环系统处于临界稳定，将出现极限环振荡，交点的位置确定了极限环的幅值和频率。这种情况下系统的稳定性和极限环的稳定性需要另行分析。

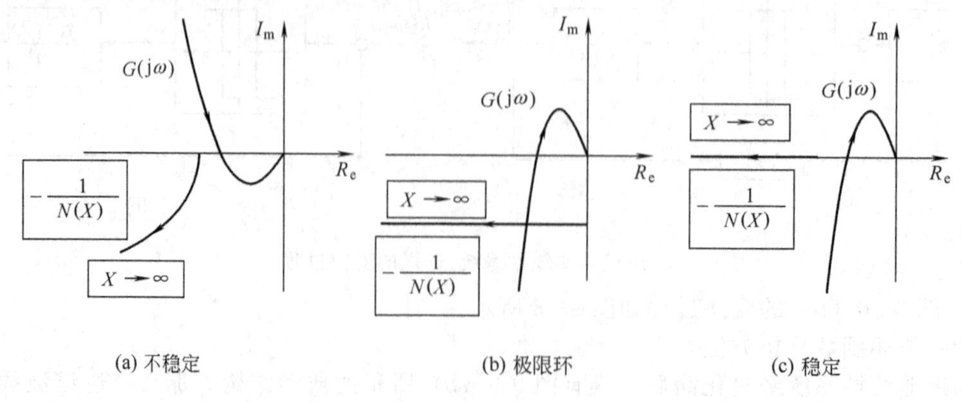

图 9-19　$G(\mathrm{j}\omega)$ 曲线和 $-\dfrac{1}{N(X)}$ 曲线

（3）极限环的分析

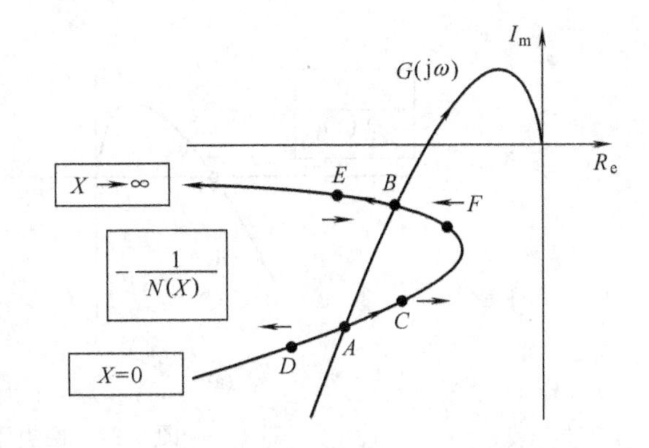

图 9-20　极限环稳定性分析曲线

当 $G(j\omega)$ 曲线和 $-\frac{1}{N(X)}$ 曲线出现交点时，假设如图 9-20 所示，在 A 和 B 两个交点上都出现了极限环振荡，分别对它们的稳定性进行分析。

首先在 $-\frac{1}{N(X)}$ 曲线上取另外四点 C,D,E,F，如图 9-20 所示，根据 $G(j\omega)$ 曲线对这四点的包围情况，可知在 D,E 两点上系统稳定，振幅将减小，而在 C,F 两点上系统不稳定，振幅将增加。如果存在外加扰动使得系统从 A 点的极限环振荡偏离到 D 点的稳定运动，振幅将进一步减小，最终衰减为零；当外加扰动使得系统从 A 点的极限环振荡偏离到 C 点的不稳定运动，振幅将进一步增大，最终发散到无穷。这表明 A 点的极限环振荡是不稳定的。

下面分析 B 点对应极限环振荡的稳定性。如果存在外加扰动使得系统从 B 点的极限环振荡偏离到 E 点的稳定运动，振幅将减小；当外加扰动使得系统从 B 点的极限环振荡偏离到 F 点的不稳定运动，振幅将增大，最终也会返回到 B 点的等幅周期振荡。这表明 B 点的极限环振荡是稳定的。

结合上面的分析过程，可以得到如下的极限环稳定性判据。

在 $G(j\omega)$ 曲线和 $-\frac{1}{N(X)}$ 曲线的交点处，如果 $-\frac{1}{N(X)}$ 曲线沿着振幅 X 增加的方向，从不稳定区域 [$G(j\omega)$ 曲线包围的区域] 进入稳定区域 [$G(j\omega)$ 曲线不包围的区域]，那么该点的极限环振荡是稳定的；反之，就称该点对应的极限环振荡是不稳定的。

非线性系统极限环振荡的振幅和频率可以通过下面的方法进行计算。

① 写出闭环特征方程

$$1+N(X)G(j\omega)=0$$

② 如果 $N(X)$ 是实函数，如图 9-21（a）所示，可根据下式计算振幅和频率

$$\mathrm{Im}G(j\omega)=0\Rightarrow\omega$$
$$\mathrm{Re}G(j\omega)=-\frac{1}{N(X)}\Rightarrow X \tag{9-25}$$

③ 如果 $N(X)$ 为复函数，如图 9-21（b）所示，可采用下面的方法进行计算

$$\begin{cases}\mathrm{Im}N(X)G(j\omega)=0\\ \mathrm{Re}N(X)G(j\omega)=-1\end{cases}\Rightarrow\omega,X \tag{9-26}$$

从上述分析过程可以看出，描述函数方法给出了系统稳定性的有关信息，但是无法给出系统的瞬时响应信息，而且采用描述函数方法遇到的困难程度和获得结果的准确程度与非线性环节的复杂程度有关。描述函数方法是一种近似方法，线性部分可以看作是低通滤波器，但实际上，仍会有一定的高频分量通过，系统自振并非纯正弦波形，分析结果的准确性还取决于 $G(j\omega)$ 曲线和 $-\frac{1}{N(X)}$ 曲线交叉的形状。$G(j\omega)$ 曲线与 $-\frac{1}{N(X)}$ 曲线越垂直，分析结果就越准确。若两曲线在交点处几乎相切，那么某些情况下（如高频分量衰减不充分）可能不存在自振。

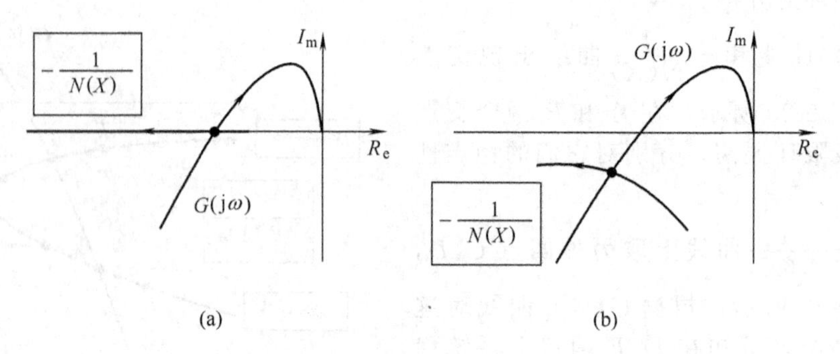

图 9-21　两类不同的极限环曲线

【例 9-8】 给定非线性系统如图 9-22 所示，其中线性部分的频率特性和死区非线性元件的描述函数分别为

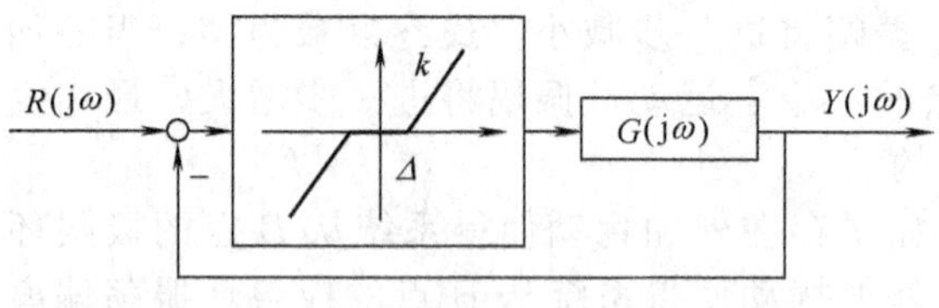

图 9-22　具有死区环节的非线性系统

$$G(j\omega)=\frac{K}{j\omega(1+j\omega)(1+0.5j\omega)}$$

$$N(X)=\frac{2k}{\pi}\left[\frac{\pi}{2}-\arcsin\frac{\Delta}{X}-\frac{\Delta}{X}\sqrt{1-\left(\frac{\Delta}{X}\right)^2}\right]$$

$$X\geqslant\Delta,\ 其中\ k=1$$

请分析：①当 $K=1$ 时，系统的稳定性如何？②当 K 取何值时系统存在极限环，并分析极限环的稳定性。

解　① 根据给定的非线性元件描述函数，可知

$$-\frac{1}{N(\Delta)}=-\infty,\quad -\frac{1}{N(\infty)}=-\frac{1}{k}=-1$$

绘制 $-\frac{1}{N(X)}$ 曲线如图 9-23 所示。

线性部分在 $K=1$ 时对应的 $G(j\omega)$ 曲线如图 9-23 中曲线 1 所示，其中穿越频率

$$\text{Im}G(j\omega)=0\Rightarrow\text{Im}\frac{K(1-j\omega)(1-0.5j\omega)}{j\omega(1+\omega^2)(1+0.25\omega^2)}=0\Rightarrow 1-\omega^2=0\Rightarrow\omega=\sqrt{2}$$

$G(j\omega)$ 曲线与负实轴的交点为

$$\text{Re}G(j\omega)=\text{Re}\frac{K(1-j\omega)(1-0.5j\omega)}{j\omega(1+\omega^2)(1+0.25\omega^2)}=-\frac{K}{3}=-\frac{1}{3}$$

从图 9-23 中可以看出，当 $K=1$ 时，$G(j\omega)$ 曲线不包围 $-\frac{1}{N(X)}$ 曲线，此时非线性系统是稳定的。

② 如果欲使系统出现极限环振荡，应调整 K 使 $G(j\omega)$ 曲线向左移动直到与 $-\frac{1}{N(X)}$ 曲线出现交点，如图 9-23 中曲线 2 所示，即

$$-\frac{K}{3}\leqslant-1\Rightarrow K\geqslant 3$$

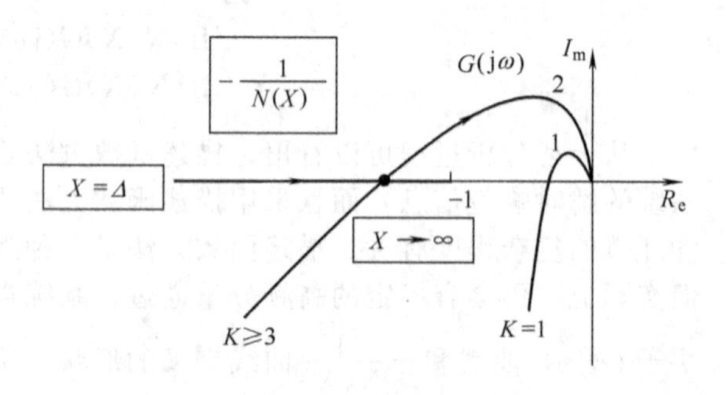

图 9-23　例 9-8 的 $G(j\omega)$ 曲线和 $-\frac{1}{N(X)}$ 曲线

此时系统存在极限环振荡，而且极限环是不稳定的。

9.3 相平面方法

非线性系统微分方程的解，不像线性系统那样，可以给出具体的解析表达式，而且非线性系统可能发生的运动类型也是多种多样的。相平面方法就是针对这个问题而提出的，它是一种图解的方法，不必求出系统微分方程的解，而是根据方程本身来获得有关解的一般性质。相平面方法适用于二阶系统，它把二阶系统的运动过程转化为位置和速度平面上的相轨迹，从而比较直观、准确地反映系统的稳定性、平衡状态和稳态精度以及初始条件及其参数对系统运动的影响。

9.3.1 相平面及相轨迹的特点

考虑二阶非线性系统

$$\ddot{x}=f(x,\dot{x}) \tag{9-27}$$

其中 $f(x,\dot{x})$ 是关于 $x(t)$ 和 $\dot{x}(t)$ 的非线性函数。相平面方法就是绘制出 $x(t)$ 和 $\dot{x}(t)$ 的关系曲线，该曲线与微分方程式（9-27）的解 $x(t)$ 的时间函数曲线是对应的，如图 9-24 所示。以 $x(t)$ 为横坐标，以 $\dot{x}(t)$ 为纵坐标构成的直角坐标平面称为相平面，$x(t)$ 和 $\dot{x}(t)$ 称为系统运动的相变量，相变量从初始点 $[x(0),\dot{x}(0)]$ 出发，随着时间 t 的增加，在相平面上移动形成的曲线就称为相轨迹，并用箭头表示出时间 t 增加的方向。根据微分方程解的存在性和惟一性定理，可知对于任意给定的一个初始条件 $[x(0),\dot{x}(0)]$，在相平面上只有惟一的一条相轨迹与之对应。多个不同初始点出发的相轨迹曲线形成相轨迹簇。由一族相轨迹组成的图形称为相平面图。

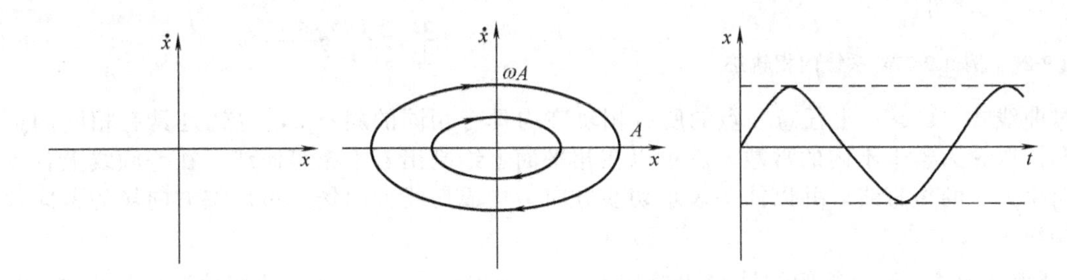

图 9-24　相平面、相轨迹簇及时间运动轨迹

对所有的相轨迹都满足：在相平面的上半平面，因为 $\dot{x}>0$，x 逐渐增加，相轨迹的方向为从左到右；在相平面的下半平面，因为 $\dot{x}<0$，x 逐渐减少，相轨迹的方向从右到左；如果相轨迹穿过 x 轴，则方向必定是垂直的。系统的奇点，即满足 $\dot{x}=0$，$\ddot{x}=f(x,\dot{x})=0$ 的点，肯定在 x 轴上，如图 9-25 所示。对于二阶系统来说，奇点处系统运动的速度和加速度同时为零，系统处于平衡状态，所以奇点又称为平衡状态。奇点附近的相轨迹，最能反映出系统的运动特性。

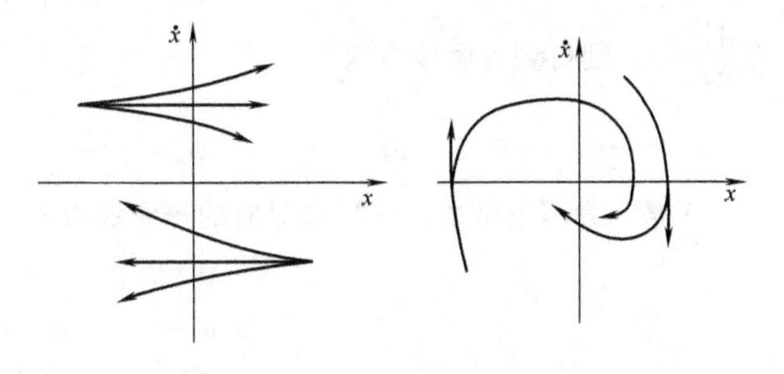

图 9-25　相轨迹的方向特点

9.3.2 相轨迹的绘制方法

通常相轨迹的绘制有两种方法：一种是解析方法，通过积分直接由微分方程获得相变量 $x(t)$ 和 $\dot{x}(t)$ 的解析关系式；另一种是无需求解微分方程的图解法，如等倾线法和 δ 法。对于这里求解困难的非线性系统，此方法显得尤其实用。这里仅介绍等倾线法。

(1) 解析法

下面通过举例说明解析法。

【例 9-9】 给定二阶系统：$\ddot{x}+\omega^2 x=0$，请作出从 $(x_0, \dot{x}_0)$ 点出发的相轨迹。

解 利用关系 $\ddot{x}=\dot{x}\dfrac{d\dot{x}}{dx}$，给定二阶系统可以写成

$$\dot{x}\frac{d\dot{x}}{dx}+\omega^2 x=0 \Rightarrow \dot{x}d\dot{x}+\omega^2 x dx=0$$

对上式进行积分得

$$\frac{\dot{x}^2}{\omega^2}+x^2=\frac{\dot{x}_0^2}{\omega^2}+x_0^2 \triangleq A^2$$

从 $(x_0, \dot{x}_0)$ 点出发的相轨迹如图 9-26 所示。

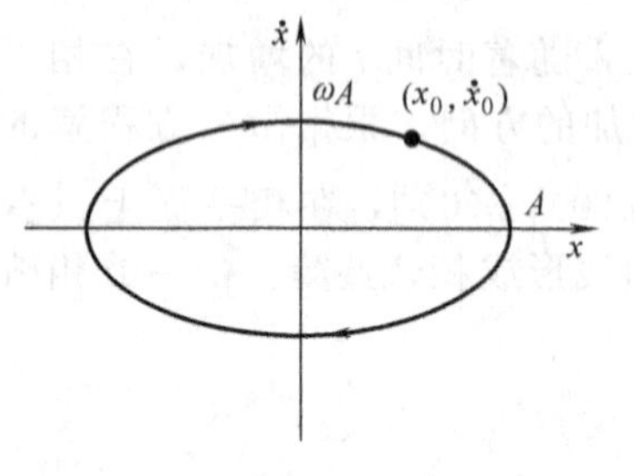

图 9-26 例 9-9 二阶系统的相轨迹

(2) 等倾线法

等倾线法的基本思想是确定相轨迹的等倾线，进而绘出相轨迹的切线方向场，然后从初始条件出发，沿方向场逐步绘制相轨迹。

把相轨迹上具有相同斜率 α 的相点连接起来，就构成等倾线，即

$$\frac{d\dot{x}}{dx}=\frac{f(x, \dot{x})}{\dot{x}}=\alpha \tag{9-28}$$

穿过曲线式 (9-28) 上任意一点的所有相轨迹均具有相同的斜率 α，也就是具有相同的运动方向。取 α 为若干不同的常数，就可以在相平面上绘制出若干条等倾线，在等倾线上各点处作斜率为 α 的短直线，并以箭头表示切线方向，构成切线方向场，最后按方向场的方向勾画出相轨迹。

【例 9-10】 采用等倾线法作出给定系统 $\ddot{x}+2\zeta\omega_n\dot{x}+\omega_n^2 x=0$ 的相轨迹，其中 $\zeta=0.5$，$\omega_n=1$。

解 给定系统可以写作

$$\dot{x}\frac{d\dot{x}}{dx}+2\zeta\omega_n\dot{x}+\omega_n^2 x=0$$

令 $\dfrac{d\dot{x}}{dx}=\alpha$，则得到等倾线方程

$$\alpha\dot{x}+2\zeta\omega_n\dot{x}+\omega_n^2 x=0 \Rightarrow \frac{\dot{x}}{x}=\frac{-\omega_n^2}{2\zeta\omega_n+\alpha}=\frac{-1}{1+\alpha}$$

考虑 α 为以下常数，并写出对应的等倾线方程

$$\begin{aligned} &\alpha=0 && \dot{x}=-x \\ &\alpha=\infty && \dot{x}=0 \\ &\alpha=-1 && x=0 \\ &\alpha=-2 && \dot{x}=x \end{aligned}$$

$$\alpha=-4 \qquad \dot{x}=\frac{1}{3}x$$

在图 9-27 上画出上述等倾线及方向场，并最终连接成相轨迹。

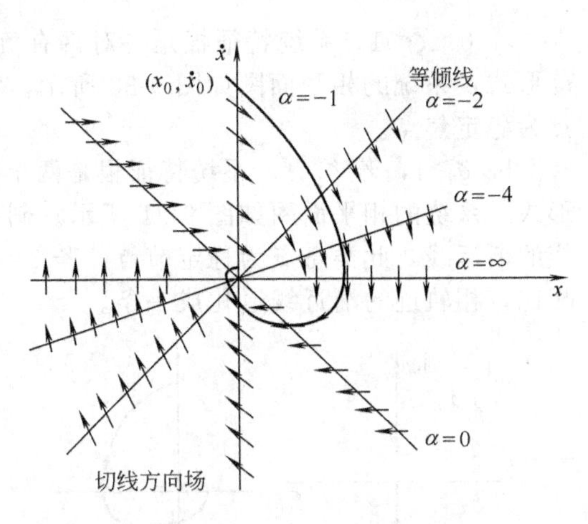

图 9-27 等倾线法绘制相轨迹

9.3.3 线性二阶系统的相轨迹

给定二阶线性系统的微分方程为

$$\ddot{x}+a\dot{x}+bx=0 \tag{9-29}$$

对于上述线性二阶系统式 (9-29)，其平衡状态或奇点只有一个，即坐标空间的原点 (0,0)。它的特征根可以表示为

$$\lambda_{1,2}=\frac{-a\pm\sqrt{a^2-4b}}{2} \tag{9-30}$$

下面对线性二阶系统在不同参数情况下的相平面图进行分析，并由此划分奇点 (0,0) 的类型，这里将不再详细叙述相轨迹的绘制过程，读者可采用等倾线法或解析法自己尝试。

① $b=0$，系统特征根为 $\lambda_1=0$，$\lambda_2=-a$，系统的相平面图如图 9-28 所示。当 $a<0$ 时，相轨迹发散到无穷大，当 $a>0$ 时，相轨迹收敛并截止到 x 轴。

② $b<0$，系统特征根为

$$\lambda_{1,2}=\frac{-a\pm\sqrt{a^2+4|b|}}{2}$$

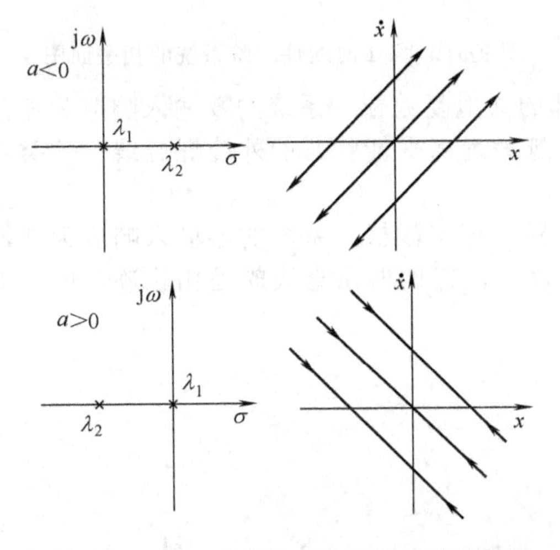

图 9-28 $b=0$ 时线性二阶系统的相平面图

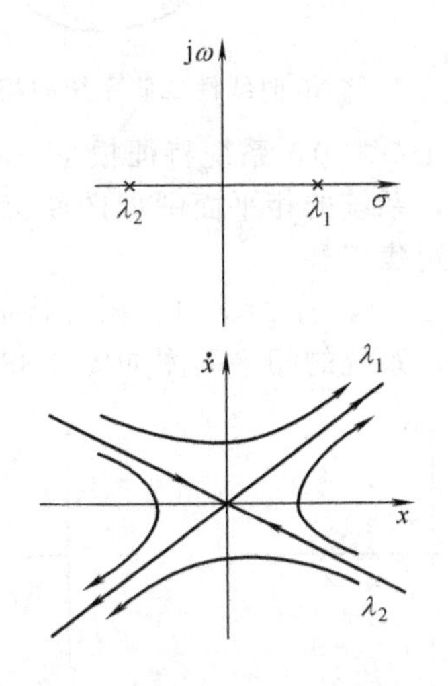

图 9-29 $b<0$ 时线性二阶系统的相平面图

λ_1,λ_2 是两个符号相反的互异实根，相平面图如图 9-29 所示，此时系统的奇点（或平衡状态）属于鞍点类型。斜率为 λ_1,λ_2 的两条直线既是相轨迹，也是相轨迹族的渐近线。当初始条件位于斜率为 λ_2 的直线上时，系统运动是稳定的，但只有受到极小的扰动，系统运动将偏离此相轨迹，最终沿斜率为 λ_1 的相轨迹发散至无穷。因此对于 $b<0$ 的系统是不稳定的。

③ $b>0$，系统微分方程可以写成如下形式

$$\ddot{x}+2\zeta\omega_n\dot{x}+\omega_n^2x=0$$

其中 $a=2\zeta\omega_n$，$b=\omega_n^2$，分成以下几种情况进行分析。

a. $0<\zeta<1$，系统特征根是一对具有负实部的共轭复数根，系统的零输入响应为衰减振荡形式，系统的相平面图如图 9-30 所示。相轨迹为收敛到平衡状态的内旋螺旋线，此类奇点为稳定焦点。

b. $\zeta\geqslant 1$，若 $\zeta>1$，系统特征根是两个互异的负实数根，系统的零输入响应为单调衰减形式，系统的相平面图如图 9-31 所示。斜率为 λ_1,λ_2 的两条直线既是相轨迹，也是相轨迹族的渐近线，此类奇点为稳定节点。若 $\zeta=1$，系统特征根是相同的两个负实数根 λ，与 $\zeta>1$ 相比，相轨迹的渐近线退化成一条。

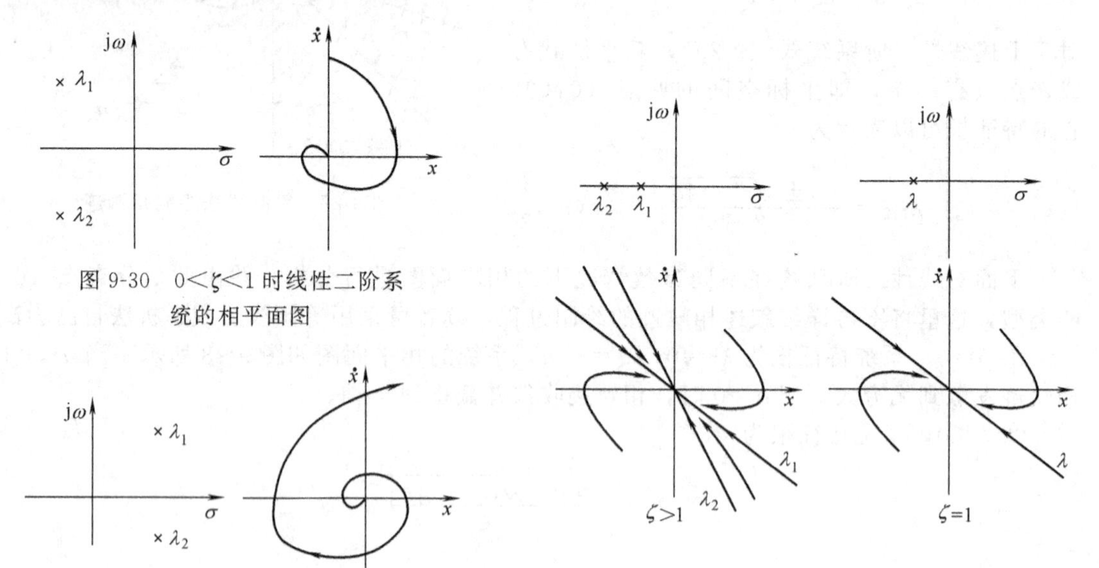

图 9-30　$0<\zeta<1$ 时线性二阶系统的相平面图

图 9-32　$-1<\zeta<0$ 时线性二阶系统的相平面图

图 9-31　$\zeta\geqslant 1$ 时线性二阶系统的相平面图

c. $-1<\zeta<0$，系统特征根是一对具有正实部的共轭复数根，系统的零输入响应为振荡发散形式，系统的相平面图如图 9-32 所示。相轨迹为远离平衡状态的外旋螺旋线，此类奇点为不稳定焦点。

d. $\zeta\leqslant -1$，若 $\zeta<-1$，系统特征根是两个互异的正实数根，系统的零输入响应为单调发散形式，系统的相平面图如图 9-33 所示。斜率为 λ_1，λ_2 的两条直线既是相轨迹，也是相

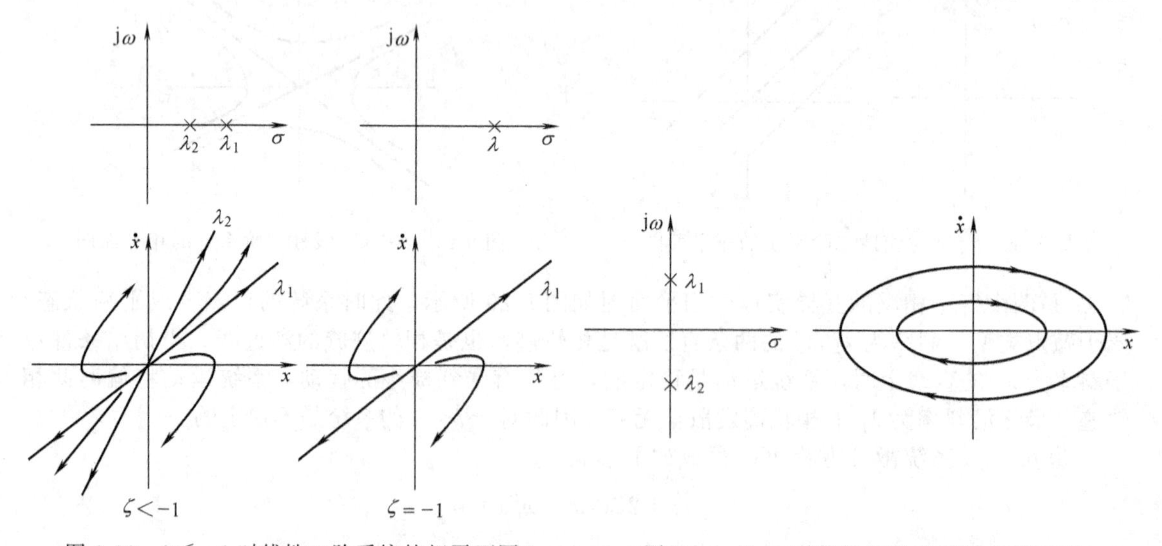

图 9-33　$\zeta\leqslant -1$ 时线性二阶系统的相平面图

图 9-34　$\zeta=0$ 时线性二阶系统的相平面图

轨迹族的渐近线，此类奇点为不稳定节点。若 $\zeta=-1$，系统特征根是相同的两个正实数根 λ，与 $\zeta<-1$ 相比，相轨迹的渐近线退化成一条。

e. $\zeta=0$，系统特征根是一对共轭纯虚数根，系统的零输入响应为等幅周期振荡形式，系统的相平面图如图 9-34 所示，是一族围绕坐标原点的椭圆。此类奇点又称为中心点。

【例 9-11】 给定二阶系统的结构如图 9-35 所示，输入 $r(t)=R\times1(t)$，请在 e—$\dot{e}$ 平面上绘出系统的相轨迹。

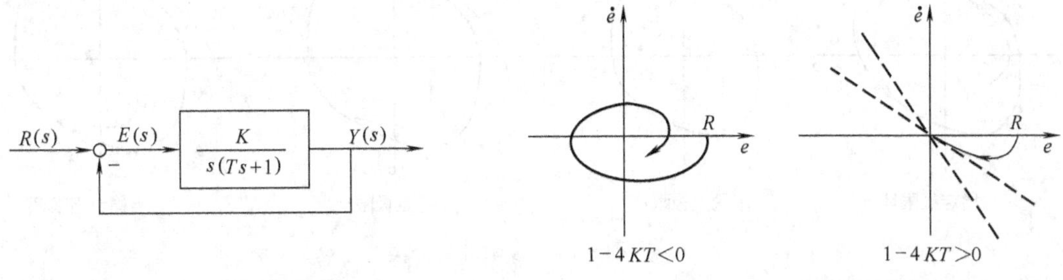

图 9-35　例 9-11 二阶系统结构图

图 9-36　例 9-11 二阶系统相轨迹

解　列出系统基本方程如下

$$\frac{Y(s)}{R(s)}=\frac{K}{Ts^2+s+K},\quad \frac{E(s)}{R(s)}=\frac{Ts^2+s}{Ts^2+s+K}$$

将上式进行反拉式变换得　　$T\ddot{e}+\dot{e}+Ke=T\ddot{r}+\dot{r}$

输入为阶跃函数，有 $r(t)=R\times1(t)$，$\dot{r}=\ddot{r}=0$，则系统的微分方程可以写成

$$T\ddot{e}+\dot{e}+Ke=0$$

考虑初始条件：$y(0)=0$，则有 $e(0)=R$，$\dot{e}(0)=0$，即相轨迹的出发点。奇点为 $e=0$，$\dot{e}=0$。对系统的微分方程进行分析可知：

当 $1-4KT<0$ 时，奇点是稳定焦点，当 $1-4KT\geqslant0$ 时，奇点是稳定节点。从而可以绘出系统在 e—$\dot{e}$ 平面上的相轨迹如图 9-36 所示。

从上面的叙述可以看出，根据特征根在 s 平面上的位置分布，线性二阶系统的奇点被分成焦点、节点、鞍点、中心点四类，从而决定了系统的自由运动形式。对于非线性系统而言，可能存在多个平衡状态，可以将各平衡点处的非线性系统进行线性化，得到基于线性系统的特征根分布，确定奇点的类型，从而确定各平衡点附近相轨迹的运动形式。但是由于采用了一阶线性近似化的方法来判断奇点的类型与相轨迹运动形状，所以奇点的相平面图仅在各平衡点处的邻域内成立，此时高阶导数项不起作用。但是对于邻域以外的区域，高阶导数项是不可以忽略的，因此无法猜出整个系统的相平面图，特别是离奇点较远的地方，有时还会产生特殊的相轨迹，这种特殊的相轨迹称为奇线。

非线性系统中最常见的奇线是极限环，它是相平面图上一根孤立的封闭曲线，对应的系统将会产生自激振荡。极限环既不趋于平衡点，也不趋于无穷远，而是自成一个封闭的环，它把相平面分隔成内部平面和外部平面两部分。相轨迹不可能从内部平面直接穿过极限环进入外部平面，反之亦然。根据极限环附近相轨迹的运动特点，可以将极限环分成稳定极限环、不稳定极限环和半稳定极限环三大类，如图 9-37 所示。稳定极限环对状态的微小扰动具有稳定性，也就是说，一旦存在微小扰动使得系统的运动偏离极限环，无论是内部还是外部，其相轨迹最终都趋向于极限环，内部及外部都是极限环的稳定区域。不稳定极限环恰好与之相反，当存在微小扰动使得系统的运动偏离极限环，无论是内部还是外部，其相轨迹最终都背离极限环，并永远也无法回到极限环。此极限环代表的周期运动是不稳定的，其内部及外部都是该极限环的不稳定区域。半稳定极限环对应两种不同情况：起始于极限环内部邻近区域的相轨迹均趋向极限环，而外部的相轨迹均背离极限环；或者内部的相轨迹均背离极限环，外部的相轨迹均趋向极限环。

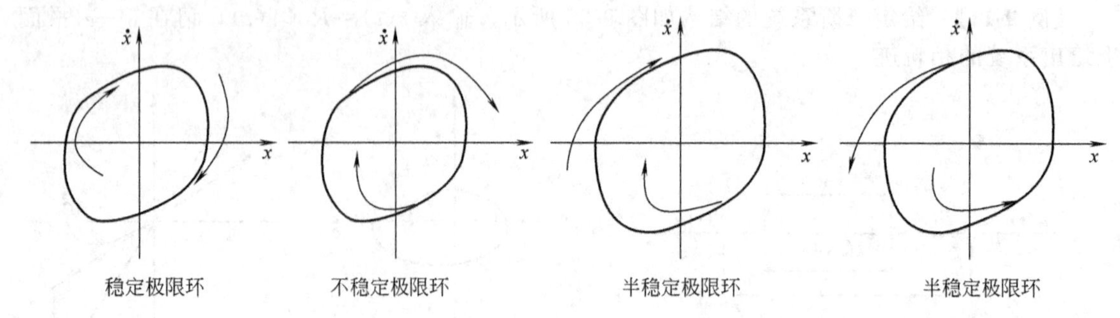

图 9-37 极限环的分类

只有将奇点和极限环的分析结合起来，才能对非线性系统的运动特性有完整的理解。

9.3.4 非线性系统相平面分析

非线性系统的相平面分析方法基于非线性特性的精确分段线性化，把整个相平面分成几个不同区域，使得系统在每个区域上系统都是线性的，分别建立每个区域上的线性微分方程，用于描述系统，并绘制出相应的相轨迹，以上一个区域相轨迹的终点作为下一个区域相轨迹的起点，从而将各个区域的相轨迹平滑地连接起来，得到整个非线性系统的相图，据此分析非线性系统的运动特性。下面给出几个例子说明非线性系统相平面分析方法的应用。

【例 9-12】 给定非线性系统如图 9-38 所示，输入为阶跃函数 $r(t)=R\times 1(t)$，非线性环节为

$$m=\begin{cases} e, & |e|>e_0 \\ ke, & |e|<e_0, k<1 \end{cases}$$

请在 e—$\dot{e}$ 平面上绘出此系统的相轨迹。

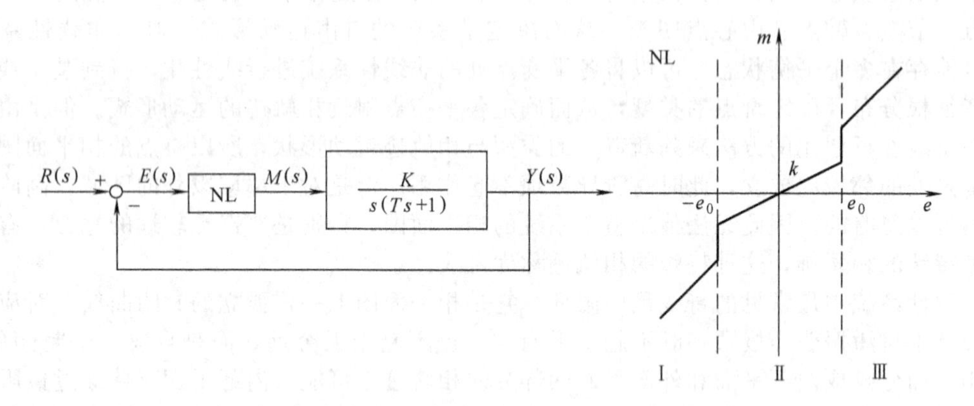

图 9-38 二阶非线性系统结构图（例 9-12）

解 从系统结构图中可以看出，系统方程为

$$\frac{Y(s)}{M(s)}=\frac{K}{s(Ts+1)}$$

$$E(s)=R(s)-Y(s)=R(s)-\frac{K}{s(Ts+1)}M(s)$$

将上述方程进行反拉式变换得

$$T\ddot{e}+\dot{e}=T\ddot{r}+\dot{r}-Km$$

输入为阶跃函数，则有 $r(t)=R\times1(t)$，$\dot{r}=0$，$\ddot{r}=0$。系统微分方程可以写成

$$T\ddot{e}+\dot{e}+Km=0$$

其中系统初始条件满足　　$e(0)=r(0)-y(0)=R$，$\dot{e}(0)=0$

根据非线性特性可以看出，e—$\dot{e}$ 平面可以分成Ⅰ，Ⅱ，Ⅲ三个区域，在三个区域上存在两个线性微分方程如下。

$$\begin{cases}T\ddot{e}+\dot{e}+Ke=0, & |e|>e_0，区域Ⅰ和Ⅲ\\ T\ddot{e}+\dot{e}+kKe=0, & |e|<e_0，区域Ⅱ\end{cases}$$

对上述线性微分方程进行分析，奇点均为 e—$\dot{e}$ 平面的原点，即 $e=0$，$\dot{e}=0$。

假设 $1-4kKT=0$，因为 $k<1$，所以 $1-4KT<0$，通过特征根的位置可以判断奇点的类型如下。

当 $|e|<e_0$ 时，$T\ddot{e}+\dot{e}+kKe=0$，特征根为两个互异的负实数根，奇点 (0,0) 为稳定节点。

当 $|e|>e_0$ 时，$T\ddot{e}+\dot{e}+Ke=0$，特征根为一对具有负实部的共轭复数根，奇点 (0,0) 为稳定焦点。

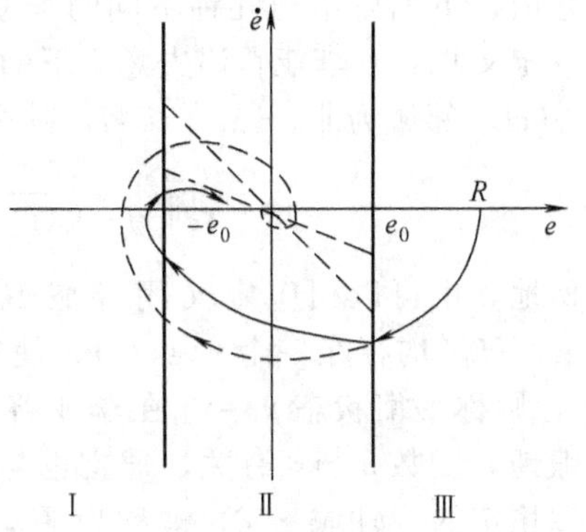

图 9-39　二阶非线性系统相轨迹（例 9-12）

根据上述分析可以绘出系统的相轨迹如图 9-39 所示，初始点为 $(R,0)$，当 $R>e_0$ 时，初始点位于第Ⅲ区域，各区域的相轨迹运动形式由该区域的线性微分方程的奇点类型决定，相轨迹在开关线上改变运动形式，上一个区域相轨迹达到开关线的终点就是下一个区域相轨迹的起点。

若将系统中的非线性环节去掉，即 $m=e$，线性二阶系统的相轨迹如图 9-39 中虚线所示。由此可见加入非线性环节后，当环路中信号较大时（Ⅰ和Ⅲ区域），系统处于振荡衰减形式，误差衰减较快，当环路中信号较小时（Ⅱ区域），系统运动单调衰减，完全避免了振荡出现，从而加速系统调节过程。

9.4　李亚普诺夫稳定性理论

对于一个给定的控制系统，稳定性分析通常是最重要的。如果系统是线性定常的，那么有很多稳定性判据，如劳斯稳定性判据和奈奎斯特稳定性判据等。然而，如果系统是非线性的，或是线性时变的，则上述稳定性判据将不再适用。分析非线性系统稳定性的描述函数方法和相平面方法也有各自的缺陷，如描述函数方法要求线性部分具有良好的低通滤波性能，相平面方法只适用于二阶系统。本节介绍的李亚普诺夫稳定性理论是确定非线性系统、时变系统稳定性的最一般方法。当然，这种方法也可适用于线性定常系统的稳定性分析。

9.4.1　李亚普诺夫意义下的稳定性

考虑如下非线性、时变系统

$$\dot{\boldsymbol{x}}=f(\boldsymbol{x},t) \tag{9-31}$$

式中，$\boldsymbol{x}$ 为 n 维状态向量；$f(\boldsymbol{x},t)$ 为变量 $x_1,x_2,\cdots,x_n$ 和 t 的 n 维向量函数。如果对所有 t，满足

$$f(\boldsymbol{x}_{\mathrm{e}},t)\equiv 0 \tag{9-32}$$

则称 $\boldsymbol{x}_{\mathrm{e}}$ 为系统的平衡状态或平衡点。如果系统是线性定常的，即 $f(\boldsymbol{x},\mathrm{t})=\boldsymbol{A}\boldsymbol{x}$，则当 $\boldsymbol{A}$ 为非奇异矩阵时，系统存在一个惟一的平衡状态；当 $\boldsymbol{A}$ 为奇异矩阵时，系统将存在无穷多个平衡状态。对于非线性系统，可有一个或多个平衡状态。

任意一个孤立的平衡状态（即彼此孤立的平衡状态）都可通过坐标变换，统一化为扰动方程 $\dot{\tilde{\boldsymbol{x}}}=\tilde{f}(\tilde{\boldsymbol{x}},t)$ 的坐标原点，即 $\tilde{f}(0,t)=0$ 或 $\tilde{\boldsymbol{x}}_{\mathrm{e}}=0$。在本节中，除非特别申明，将仅讨论扰动方程关于原点（$\boldsymbol{x}_{\mathrm{e}}=0$）处平衡状态的稳定性问题。这种"原点稳定性问题"使问题得到极大的简化，同时又不会丧失一般性，从而为稳定性理论的建立奠定了坚实的基础，这是李亚普诺夫的一个重要贡献。

所谓系统运动的稳定性，也就是研究平衡状态的稳定性，即当受扰运动偏离平衡状态之后，能不能依靠系统自身的内部结构因素重新返回到平衡状态，或是限制在它的一个有限邻域之内，下面就给出几种不同的李亚普诺夫意义下的稳定性定义。

定义 9-1 （李亚普诺夫意义下的稳定）假设非线性系统式（9-31）的平衡状态 $\boldsymbol{x}_{\mathrm{e}}=0$，及其 $S(H)$ 邻域为 $\|\boldsymbol{x}-\boldsymbol{x}_{\mathrm{e}}\|\leqslant H$，其中，$H>0$，$\|\times\|$ 为向量的 2-范数或欧几里德范数，即

$$\|\boldsymbol{x}-\boldsymbol{x}_{\mathrm{e}}\|=\sqrt{(x_1-x_{1\mathrm{e}})^2+(x_2-x_{2\mathrm{e}})^2+\cdots+(x_n-x_{n\mathrm{e}})^2}$$

类似地，也可以相应定义闭环域 $S(\varepsilon)$ 和 $S(\delta)$。在 $S(H)$ 邻域内，若对于任意给定的 $0<\varepsilon<H$，均存在一个 $\delta(\varepsilon,t_0)$，使得当 t 趋于无穷时，始于 $S(\delta)$ 的运动轨迹均不脱离 $S(\varepsilon)$，则称平衡状态 $\boldsymbol{x}_{\mathrm{e}}=0$ 在李亚普诺夫意义下是稳定的，其平面几何表示如图 9-40（a）。一般地，实数 δ 与 ε 有关，通常也与 t_0 有关。如果 δ 与 t_0 无关，则此时平衡状态 $\boldsymbol{x}_{\mathrm{e}}=0$ 称为一致稳定的。球域 $S(\delta)$ 被称为平衡状态 $\boldsymbol{x}_{\mathrm{e}}=0$ 的吸引域。

上述定义意味着：首先选择一个域 $S(\varepsilon)$，对应于每一个 $S(\varepsilon)$，必存在一个域 $S(\delta)$，使得当 t 趋于无穷时，始于 $S(\delta)$ 的轨迹总不脱离域 $S(\varepsilon)$，此定义体现了状态运动的有界性。注意此定义仅要求状态轨迹位于 $S(\varepsilon)$ 域内，并不要求它逼近平衡状态，所以它容许在平衡状态附近存在连续振荡，此时状态轨迹是一条被称为极限环的闭合回路，极限环反映了振荡频率和振荡幅度。这一点与经典控制论中稳定性的定义不同，李亚普诺夫意义下的稳定性包括了经典控制论中的临界稳定情况。

对于定常系统来讲，平衡状态 $\boldsymbol{x}_{\mathrm{e}}=0$ 的稳定性就等价于它的一致稳定性，而对于时变系统来讲，二者并不等价，在实际工程应用中，通常要求系统是一致稳定的，以保证在任意初始时刻 t_0 出发的受扰运动都是稳定的。

定义 9-2 （渐近稳定）如果平衡状态 $x_{\mathrm{e}}=0$ 在李亚普诺夫意义下是稳定的，并且始于域 $S(\delta)$ 的任一条轨迹，当时间 t 趋于无穷时，都不脱离 $S(\varepsilon)$，且收敛于 $\boldsymbol{x}_{\mathrm{e}}=0$，则称系统式（9-31）的平衡状态 $\boldsymbol{x}_{\mathrm{e}}=0$ 是渐近稳定的，如图 9-40（b）所示。如果实数 δ 与 t_0 无关，则此时平衡状态 $\boldsymbol{x}_{\mathrm{e}}=0$ 称为一致渐近稳定的。对于时变系统，考虑它的一致渐近稳定性要比渐近稳定性有意义得多。

从此定义中可以看出，第一点平衡状态是李亚普诺夫意义下稳定的，反映了系统运动的有界性，即由区域 $S(\delta)$ 出发的任何受扰运动都保持在区域 $S(\varepsilon)$ 内，第二点反映了运动的渐近性，即从区域 $S(\delta)$ 出发的任何受扰运动不仅都保持在 $S(\varepsilon)$ 这样一个较大的区域内，

而且随着时间 t 趋近于无穷，最终渐近地趋近于平衡状态。

另外，从工程应用的角度来看，渐近稳定性比李亚普诺夫意义下的稳定性更重要。实际上，渐近稳定就是工程意义下的稳定，而李亚普诺夫意义下的稳定则包含了工程意义下的临界不稳定情况。

考虑到非线性系统的渐近稳定性是一个局部概念，所以简单地确定渐近稳定性并不意味着系统能正常工作，通常有必要确定渐近稳定性的最大范围或吸引域，也就是能够发生渐近稳定运动轨迹的状态空间。换句话说，发生于吸引域内的每一个轨迹都是渐近稳定的。

定义 9-3 （大范围渐近稳定）如果由状态空间任意一点出发的状态运动轨迹都保持渐近稳定性，则就称平衡状态 $\boldsymbol{x}_e=0$ 是大范围渐近稳定的。或者说，系统平衡状态 $\boldsymbol{x}_e=0$ 渐近稳定的吸引域为整个状态空间。

显然，大范围渐近稳定的必要条件是在整个状态空间中只有一个平衡状态。而且对于线性系统来讲，根据叠加原理，它的渐近稳定就等价于它的大范围渐近稳定。

在控制工程问题中，总希望系统具有大范围渐近稳定的特性。如果平衡状态不是大范围渐近稳定的，那么问题就转化为确定渐近稳定的最大范围或吸引域，通常非常困难。然而，对所有的实际问题，如能确定一个足够大的渐近稳定的吸引域，以致扰动不会超过它就可以了。

定义 9-4 （不稳定）如果对于某实数 $\varepsilon>0$ 和 $\delta>0$，不管初始域 $S(\delta)$ 多么小，$S(\varepsilon)$ 多么大，在 $S(\delta)$ 内总存在一个状态 $\boldsymbol{x}_0$，使得始于这一状态的轨迹最终会脱离开 $S(\varepsilon)$，那么就称平衡状态 $\boldsymbol{x}_e=0$ 是不稳定的，如图 9-40（c）所示。

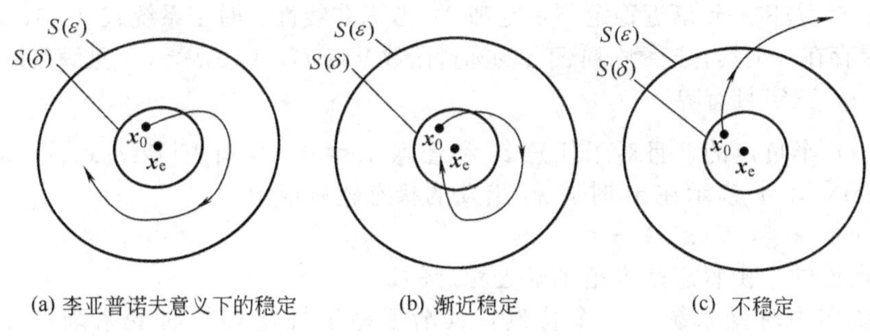

图 9-40　有关稳定性的几何描述

9.4.2　李亚普诺夫稳定性理论

李亚普诺夫第二法，可以在不求出状态方程解的条件下，确定系统的稳定性。由于求解非线性系统和线性时变系统的状态方程通常十分困难，所以这种方法显示出极大的优越性。当然采用李亚普诺夫第二法分析非线性系统的稳定性，需要相当的经验和技巧。

由经典力学理论可知，对于一个振动系统，如果系统总能量（正定函数）连续减小，这意味着总能量对时间的导数必然是负定的，最终系统会达到平衡状态，振动系统是稳定的。

李亚普诺夫第二法是建立在更为普遍的情况之上的，即：如果系统有一个稳定的平衡状态，则当其运动到平衡状态的吸引域内时，系统存储的能量随着时间的推移而衰减，直到在平稳状态处达到极小值为止。然而对于实际系统，很难求出“能量函数”的表达式。为了克服这个困难，李亚普诺夫引出了一个虚构的能量函数，称为李亚普诺夫函数。当然，这个函数无疑比能量更为一般，并且其应用也更广泛。李亚普诺夫函数与 $\boldsymbol{x}$ 和 t 有关，可用$V(\boldsymbol{x},t)$ 来表示。如果在李亚普诺夫函数中不含 t ，则用 $V(\boldsymbol{x})$ 表示。在李亚普诺夫第二法中，$V(\boldsymbol{x},t)$ 及其对时间的导数 $\dot{V}(\boldsymbol{x},t)=\mathrm{d}V(\boldsymbol{x},t)/\mathrm{d}t$ 的符号特征，提供了判断平衡状态处的稳定性、渐近稳定性或不稳定性的准则，而不必直接求出方程的解。

定理 9-1（大范围一致渐近稳定判别定理 1）考虑非线性、时变系统式（9-31），其平衡状态为原点。如果存在一个具有连续一阶偏导的标量函数 $V(\boldsymbol{x},t)$，$V(0,t)=0$，且满足以下条件。

① $V(\boldsymbol{x},t)$ 正定且有界，也就是介于两个连续的非减标量函数 $\alpha(\|\boldsymbol{x}\|)$，$\beta(\|\boldsymbol{x}\|)$之间，其中 $\alpha(0)=0$，$\beta(0)=0$，即

$$\beta(\|\boldsymbol{x}\|)\geqslant V(\boldsymbol{x},t)\geqslant\alpha(\|\boldsymbol{x}\|),\quad \forall t\geqslant t_0,\boldsymbol{x}\neq 0$$

② $\dot{V}(\boldsymbol{x},t)$ 负定。

③ 若 $\|\boldsymbol{x}\|\to\infty$，$V(\boldsymbol{x},t)\to\infty$。

则原点处的平衡状态是大范围一致渐近稳定的。

定理 9-1 是李亚普诺夫第二法的基本定理，仅给出了系统稳定的充分条件，也就是说，如果构造出了满足条件的李亚普诺夫函数 $V(\boldsymbol{x},t)$，那么系统是渐近稳定的。对于渐近稳定的平衡状态，满足上述条件的李亚普诺夫函数必定存在。通常情况下，$V(\boldsymbol{x},t)$ 函数的构造比较困难，如果没有找到合适的 $V(\boldsymbol{x},t)$ 函数，并不能据此给出任何结论，例如不能说该系统是不稳定的。

显然，定理 9-1 仍有一些限制条件，比如 $\dot{V}(\boldsymbol{x},t)$ 必须是负定函数。如果在 $\dot{V}(\boldsymbol{x},t)$ 上附加一个限制条件，即除了原点以外，沿任一运动轨迹 $\dot{V}(\boldsymbol{x},t)$ 均不恒等于零，则要求 $\dot{V}(\boldsymbol{x},t)$ 负定的条件可用负半定的条件来代替。

定理 9-2（大范围一致渐近稳定判别定理 2）考虑非线性、时变系统式（9-31），其平衡状态为原点。如果存在一个具有连续一阶偏导的标量函数 $V(\boldsymbol{x},t)$，$V(0,t)=0$，且满足以下条件。

① $V(\boldsymbol{x},t)$ 正定且有界。

② $\dot{V}(\boldsymbol{x},t)$ 半负定的，且对于任意 t_0 和任意 $x_0\neq 0$，均有 $\dot{V}[\Phi(t;\boldsymbol{x}_0,t_0),t]$ 不恒等于零，其中 $\Phi(t;\boldsymbol{x}_0,t_0)$ 表示在 t_0 时从 $\boldsymbol{x}_0$ 出发的状态轨迹或解。

③ 若 $\|\boldsymbol{x}\|\to\infty$，$V(\boldsymbol{x},t)\to\infty$。

则在系统原点处的平衡状态是大范围渐近稳定的。

定常系统作为时变系统的一个特例，其渐近稳定性定理较时变系统可以得到很大的简化。

定理 9-3（定常系统大范围渐近稳定判别定理 1）考虑如下非线性系统

$$\dot{\boldsymbol{x}}(t)=f(\boldsymbol{x}(t)) \tag{9-33}$$

平衡状态是原点，如果存在一个具有连续一阶偏导的标量函数 $V(\boldsymbol{x})$，$V(0)=0$，且满足

① $V(\boldsymbol{x})$ 正定；

② $\dot{V}(\boldsymbol{x})$ 负定；

③ 若 $\|\boldsymbol{x}\|\to\infty$，$V(\boldsymbol{x})\to\infty$；

则在原点处的平衡状态是大范围渐近稳定的。

定理 9-4（定常系统大范围渐近稳定判别定理 2）考虑非线性系统式（9-33），平衡状态是原点，如果存在一个具有连续一阶偏导的标量函数 $V(\boldsymbol{x})$，$V(0)=0$，且满足

① $V(\boldsymbol{x})$ 正定；

② $\dot{V}(\boldsymbol{x})$ 半负定，且对于任意 $\boldsymbol{x}_0\neq 0$，具有 $\dot{V}[\Phi(t;\boldsymbol{x}_0,0)]$ 不恒等于零，其中 $\Phi(t;\boldsymbol{x}_0,0)$ 表示 $t=0$ 时刻从 $\boldsymbol{x}_0$ 出发的状态轨迹或解；

③ 若 $\|\boldsymbol{x}\|\to\infty$，$V(\boldsymbol{x})\to\infty$。

则在系统原点处的平衡状态是大范围渐近稳定的。

【例 9-13】 考虑如下非线性系统

$$\dot{x}_1 = x_2 - x_1(x_1^2 + x_2^2)$$
$$\dot{x}_2 = -x_1 - x_2(x_1^2 + x_2^2)$$

原点（$x_1=0$，$x_2=0$）是惟一的平衡状态，试确定其稳定性。

解　定义一个正定标量函数 $V(\boldsymbol{x}) = x_1^2 + x_2^2$，则有

$$\dot{V}(\boldsymbol{x}) = \frac{\partial V}{\partial x_1}\dot{x}_1 + \frac{\partial V}{\partial x_2}\dot{x}_2 = -2(x_1^2 + x_2^2)^2$$

$\dot{V}(\boldsymbol{x})$ 是负定的，这说明 $V(\boldsymbol{x})$ 沿任一轨迹连续地减小，因此 $V(\boldsymbol{x})$ 是一个李亚普诺夫函数。由于 $V(\boldsymbol{x})$ 随 $\boldsymbol{x}$ 偏离平衡状态趋于无穷而变为无穷，即当 $\|\boldsymbol{x}\| = \sqrt{x_1^2 + x_2^2} \to \infty$ 时，$V(\boldsymbol{x}) = \|\boldsymbol{x}\|^2 \to \infty$，则按照定理 9-3，该系统在原点处的平衡状态是大范围渐近稳定的。

【例 9-14】 考虑如下非线性系统

$$\dot{x}_1 = x_2$$
$$\dot{x}_2 = -x_1 - x_2(1 + x_2^2)$$

原点（$x_1=0$，$x_2=0$）是惟一的平衡状态，试确定其稳定性。

解　定义正定标量函数　　$V(\boldsymbol{x}) = x_1^2 + x_2^2$

$$\dot{V}(\boldsymbol{x}) = \frac{\partial V}{\partial x_1}\dot{x}_1 + \frac{\partial V}{\partial x_2}\dot{x}_2 = -2x_2^2(1 + x_2)^2$$

$\dot{V}(\boldsymbol{x})$ 是半负定的，因为使 $\dot{V}(\boldsymbol{x})=0$ 存在两种情况，故只需检验这两种情况是否为系统的运动解。

① x_1 任意，$x_2=0$，将其代入系统方程得

$$\left.\begin{aligned}\dot{x}_1 &= x_2 = 0\\ \dot{x}_2 &= -x_1 = 0\end{aligned}\right. \Rightarrow x_1 = x_2 = 0$$

说明除了（0，0）点以外，（x_1，0）并不是系统的运动解。

② x_1 任意，$x_2=-1$，将其代入系统方程得

$$\dot{x}_1 = x_2 = -1$$
$$\dot{x}_2 = -x_1 = 0$$

结果矛盾，说明（x_1，-1）也不是系统的运动解。

另外当 $\|\boldsymbol{x}\| = \sqrt{x_1^2 + x_2^2} \to \infty$ 时，$V(\boldsymbol{x}) = \|\boldsymbol{x}\|^2 \to \infty$。根据定理 9-4 可知，该系统在原点处的平衡状态是大范围渐近稳定的。

对上面给出的四个李亚普诺夫稳定性判别定理进行分析、说明如下。

① 如果上述定理中给出的标量函数 $V(\boldsymbol{x}, t)$ 或 $V(\boldsymbol{x})$ 的符号特征只是在围绕原点的某个邻域 Ω 上成立，且第三个条件 $\|\boldsymbol{x}\| \to \infty$，$V(\boldsymbol{x}, t) \to \infty$ 不成立，那么系统的平衡状态就是局部一致渐近稳定的或局部渐近稳定的，这个邻域 Ω 就是平衡状态的吸引域。

② 如果对于时变系统，标量函数 $V(\boldsymbol{x}, t)$ 是正定而非有界的，那么系统平衡状态的稳定性是非一致的，其中 $V(\boldsymbol{x}, t)$ 有界保证了其稳定性是一致的。

③ 如果上述定理中的第二个条件改为 $\dot{V}(\boldsymbol{x}, t)$ 或 $\dot{V}(\boldsymbol{x})$ 是半负定的，那么系统的平衡状

态应该是李亚普诺夫意义下稳定的，$\dot{V}(\boldsymbol{x},t)$ 或 $\dot{V}(\boldsymbol{x})$ 严格负定条件保证了其稳定性是渐近的。

根据上述三个原则可以直接得出其他系统稳定性的判别方法。

下面介绍不稳定性定理。

定理 9-5（不稳定判别定理）考虑时变系统式（9-31）或定常系统式（9-33），若存在一个具有连续一阶偏导数的标量函数 $V(\boldsymbol{x},t)$ 或 $V(\boldsymbol{x})$，其中 $V(0,t)=0$ 或 $V(0)=0$，以及围绕原点的一个邻域 Ω，使得对一切 $\boldsymbol{x}\in\Omega$ 和 $t\geqslant 0$ 都满足以下条件：

① $V(\boldsymbol{x},t)$ 正定且有界或 $V(\boldsymbol{x})$ 正定；

② $\dot{V}(\boldsymbol{x},t)$ 正定且有界或 $\dot{V}(\boldsymbol{x})$ 正定。

则原点处的平衡状态是不稳定的。

从该结论中可以看出如果 V 函数与它的一阶导数同号时，系统的受扰运动轨迹在理论上将发散到无穷大。

9.4.3 线性系统的李亚普诺夫稳定性分析

下面介绍李亚普诺夫第二法在线性定常系统稳定性分析中的应用。

考虑如下线性定常系统

$$\dot{\boldsymbol{x}}=\boldsymbol{A}\boldsymbol{x} \tag{9-34}$$

式中，$\boldsymbol{x}\in R^{n}$，$\boldsymbol{A}\in R^{n\times n}$。假设 $\boldsymbol{A}$ 为非奇异矩阵，则有惟一的平衡状态 $\boldsymbol{x}_{e}=0$，其平衡状态的稳定性很容易通过李亚普诺夫第二法进行研究。

定理 9-6　线性定常系统式（9-34）的原点平衡状态为渐近稳定的充要条件是对任意给定的一个正定实对称矩阵 $\boldsymbol{Q}$，如下形式的李亚普诺夫矩阵方程

$$\boldsymbol{A}^{\mathrm{T}}\boldsymbol{P}+\boldsymbol{P}\boldsymbol{A}=-\boldsymbol{Q} \tag{9-35}$$

有惟一的正定对称矩阵解 $\boldsymbol{P}$。

对于线性定常系统式（9-34），通常选取二次型李亚普诺夫函数，即 $V(\boldsymbol{x})=\boldsymbol{x}^{\mathrm{T}}\boldsymbol{P}\boldsymbol{x}$，其中 $\boldsymbol{P}$ 为正定实对称矩阵，对其求导得

$$\dot{V}(\boldsymbol{x})=\dot{\boldsymbol{x}}^{\mathrm{T}}\boldsymbol{P}\boldsymbol{x}+\boldsymbol{x}^{\mathrm{T}}\boldsymbol{P}\dot{\boldsymbol{x}}=(\boldsymbol{A}\boldsymbol{x})^{\mathrm{T}}\boldsymbol{P}\boldsymbol{x}+\boldsymbol{x}^{\mathrm{T}}\boldsymbol{P}\boldsymbol{A}\boldsymbol{x}=\boldsymbol{x}^{\mathrm{T}}(\boldsymbol{A}^{\mathrm{T}}\boldsymbol{P}+\boldsymbol{P}\boldsymbol{A})\boldsymbol{x}\overset{\Delta}{=}-\boldsymbol{x}^{\mathrm{T}}\boldsymbol{Q}\boldsymbol{x}$$

由于 $V(\boldsymbol{x})$ 正定，若保证平衡状态的渐近稳定性，要求 $\dot{V}(\boldsymbol{x})$ 为负定的，即 $\boldsymbol{Q}$ 是正定实对称矩阵。然而采用先给定 $\boldsymbol{P}$ 阵，然后检验 $\boldsymbol{Q}$ 阵是否正定的方法很不方便，容易造成 $\boldsymbol{P}$ 阵的反复选取。因而在实际中，均按照定理 9-6 来判别系统的稳定性，首先选取正定实对称矩阵 $\boldsymbol{Q}$ 阵，再求解方程式（9-35），判断解阵 $\boldsymbol{P}$ 是否为正定对称。通常 $\boldsymbol{Q}$ 阵可以选为单位阵或对角线阵。

另外根据定理 9-4 可知，若对系统任意非零的状态运动轨迹，均有 $\dot{V}(\boldsymbol{x})$ 不恒为零，那么可取 $\boldsymbol{Q}\geqslant 0$（正半定），即允许 $\boldsymbol{Q}$ 取单位阵主对角线上部分元素为零。

结合经典控制论来考虑，可知该李亚普诺夫判据的结论实质上给出了系统矩阵 $\boldsymbol{A}$ 的所有特征值均具有负实部的充要条件。

【例 9-15】 设二阶线性定常系统的状态方程为

$$\begin{bmatrix}\dot{x}_1\\ \dot{x}_2\end{bmatrix}=\begin{bmatrix}0 & 1\\ -1 & -1\end{bmatrix}\begin{bmatrix}x_1\\ x_2\end{bmatrix}$$

平衡状态是原点。试确定该系统的稳定性。

解　取李亚普诺夫函数为 $V(\boldsymbol{x})=\boldsymbol{x}^{\mathrm{T}}\boldsymbol{P}\boldsymbol{x}$，得到李亚普诺夫矩阵方程式（9-35）

$$A^{T}P+PA=-Q=-I$$

上式可写为

$$\begin{bmatrix}0 & -1\\1 & -1\end{bmatrix}\begin{bmatrix}p_{11} & p_{12}\\p_{12} & p_{22}\end{bmatrix}+\begin{bmatrix}p_{11} & p_{12}\\p_{12} & p_{22}\end{bmatrix}\begin{bmatrix}0 & 1\\-1 & -1\end{bmatrix}=\begin{bmatrix}-1 & 0\\0 & -1\end{bmatrix}$$

将矩阵方程展开，可得联立方程组为

$$-2p_{12}=-1，\ p_{11}-p_{12}-p_{22}=0，\ 2p_{12}-2p_{22}=-1$$

解得

$$P=\begin{bmatrix}p_{11} & p_{12}\\p_{12} & p_{22}\end{bmatrix}=\begin{bmatrix}\frac{3}{2} & \frac{1}{2}\\\frac{1}{2} & 1\end{bmatrix}$$

为了检验 P 的正定性，校核各主子行列式

$$\frac{3}{2}>0，\ \begin{bmatrix}\frac{3}{2} & \frac{1}{2}\\\frac{1}{2} & 1\end{bmatrix}>0$$

显然，P 是正定的。因此，在原点处的平衡状态是渐近稳定的。

9.5　应用 Matlab 分析非线性系统

非线性系统较线性系统复杂，但应用 Matlab 可以容易地对其进行仿真分析。本节以非线性根轨迹稳定性分析为例，说明 Matlab 在非线性系统分析中的重要性。

如图 9-41 所示给定非线性控制系统（无局部反馈 k，$0<k<1$）和非线性环节 NL，其中参考输入 $r(t)=R$，$R>a$，取控制 $R=5$，$a=2$，$b=1$，$k=0.5$。根据分段线性化的原则，写出分区条件及不同区域内的系统方程，在相平面 $e-\dot{e}$ 上绘出非线性系统的相轨迹及时域响应，并分析系统稳定性。

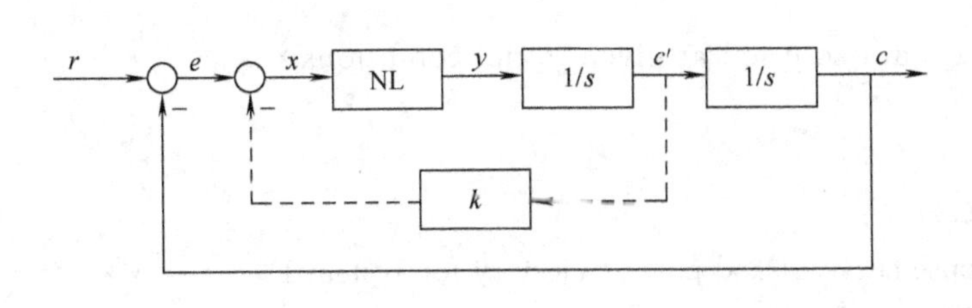

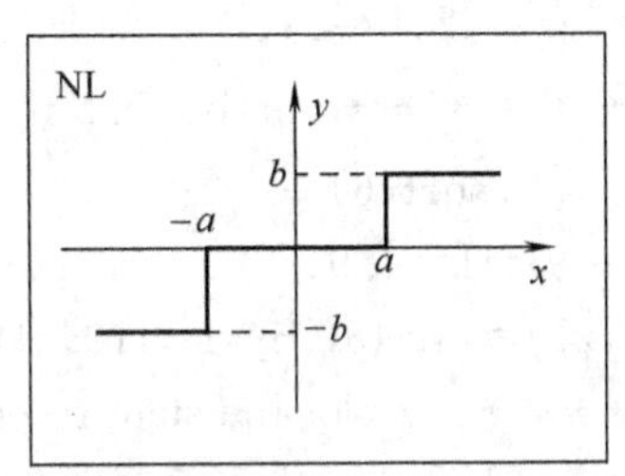

图 9-41　非线性控制系统

当无内环反馈时，由系统结构图可以得出以下一些方程。

开环方程：
$$\frac{c(s)}{y(s)}=\frac{1}{s^{2}}\Rightarrow \ddot{c}=y$$

非线性特性：
$$y(t)=\begin{cases}b， & x>a\\0， & |x|<a\\-b， & x<-a\end{cases}$$

闭环特性：$e=x=R-c$

由此可以得到闭环系统的微分方程为

$$\ddot{e}=\begin{cases}-b, & e>a \\ 0, & |e|<a=K, \qquad K=b,0,-b \\ b, & e<-a\end{cases}$$

取状态变量 $z_1=e$，$z_2=\dot{e}$，并令 $u(t)=1$，则上述微分方程可以转化为状态空间描述

$$\dot{z}=\begin{bmatrix}0 & 1\\0 & 0\end{bmatrix}z+\begin{bmatrix}0\\K\end{bmatrix}$$

所以相变量 e，$\dot{e}$ 可以对上述微分方程求解得到，具体编程见 program1、program2。

```
%program 1
%* * * * * * compile system function in three differential construct * * * * * * *
%* * * * * * system 1 in domain e>a * * * * * *
function xdot=Sys1(t,x)
xdot(1,:)=x(2);
xdot(2,:)=-1;
%* * * * * * system 2 in domain |e|<a * * * * * *
function xdot=Sys2(t,x)
xdot(1,:)=x(2);
xdot(2,:)=0;
%* * * * * * system 3 in domain e<-a * * * * * *
function xdot=Sys3(t,x)
xdot(1,:)=x(2);
xdot(2,:)=1;
```

```
%program 2
clear
R=5; a=2;b=1;
%* * * * * * obtain system 1 state solution at given initial conditions * * * * * *
z10=[2;sqrt(6)];
t10=0;t1f=4.9;
[t1,z1]=ode45('Sys1',t10,t1f,z10);
%* * * * * * plot the state response curve e, and phase trajectory for system 1 * * * * * *
subplot(1,2,1),plot(t1,z1(:,1));grid on;
title('state response curve ');xlabel('t Sec');ylabel('state variable e');hold on;
subplot(1,2,2),plot(z1(:,1),z1(:,2));grid on;
title('phase trajectory');xlabel('e');ylabel('dot e');hold on;
%* * * * * * obtain state solution and plot phase trajedtory for system 2 * * * * * *
t20=4.9;t2f=6.55;z20=[2;-sqrt(6)];
[t2,z2]=ode45('Sys2',t20,t2f,z20);
subplot(1,2,1),plot(t2,z2(:,1));grid on;
```

```
title('state response curve ');xlabel('t Sec');ylabel('state variable e');hold on;
subplot(1,2,2),plot(z2(:,1),z2(:,2));grid on;
title('phase trajectory');xlabel('e');ylabel('dot e');hold on;
%******obtain state solution and plot phase trajedtory for system 3******
t30=6.55;t3f=11.45;z30=[-2;-sqrt(6)];
[t3,z3]=ode45('Sys3',t30,t3f,z30);
subplot(1,2,1),plot(t3,z3(:,1));grid on;
title('state response curve ');xlabel('t Sec');ylabel('state variable e');hold on;
subplot(1,2,2),plot(z3(:,1),z3(:,2));grid on;
title('phase trajectory');xlabel('e');ylabel('dot e');hold on;
%******obtain state solution and plot phase trajedtory for system 2******
t20=11.45;t2f=13.1; z20=[-2;sqrt(6)];
[t2,z2]=ode45('Sys2',t20,t2f,z20);
subplot(1,2,1),plot(t2,z2(:,1));grid on;
title('state response curve ');xlabel('t Sec');ylabel('state variable e');hold on;
subplot(1,2,2),plot(z2(:,1),z2(:,2));grid on;
title('phase trajectory');xlabel('e');ylabel('dot e');hold on;
```

运行结果如图 9-42 所示。可以看出无内环反馈的系统相轨迹状态运动为周期振荡，相轨迹出现了极限环。

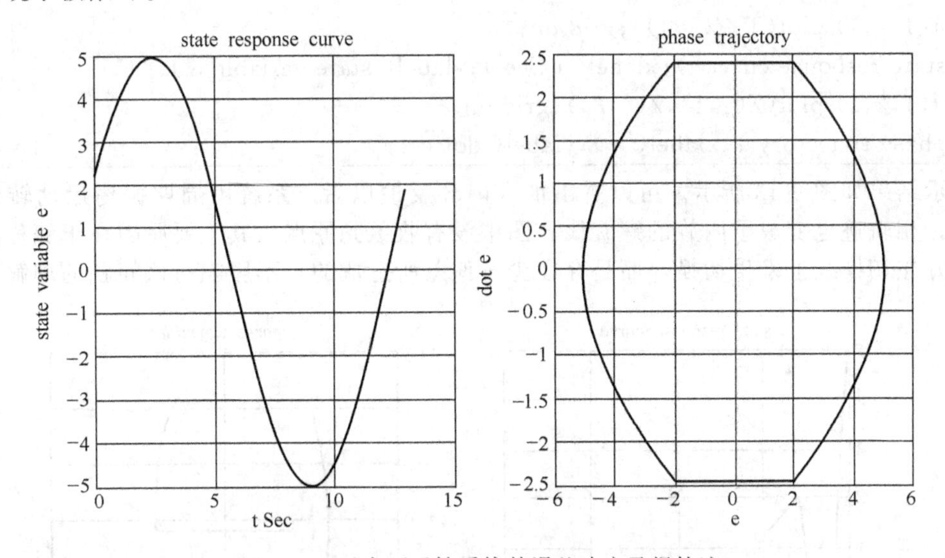

图 9-42　无内环反馈系统的误差响应及根轨迹

加入局部反馈之后非线性环节的输入信号由 e 变为 x，此时闭环特性为

$$\begin{array}{l} e=R-c \\ x=e-k\dot{c} \end{array} \Rightarrow x=e+k\dot{e}$$

由此可以得到闭环系统的微分方程为

$$\ddot{e}=\begin{cases} -b, & e+k\dot{e}>a \\ 0, & |e+k\dot{e}|<a \stackrel{\Delta}{=} K, \qquad K=b,0,-b \\ b, & e+k\dot{e}<-a \end{cases}$$

可以看出加入内环反馈以后，闭环系统微分方程并没有发生改变，变化的是切换线，由原来的直线 $e=\pm a$ 变成了 $e+k\dot{e}=\pm a$，其中 $k=0.5$，初始点为 $e=R$，$\dot{e}=0$。Matlab 程序如下。

```
%program3
clear
R=5; a=2;b=1;k=0.5;z0=[R;0];T=[ ];Z=[ ]; %T is time variable and Z is state variable
for i=0:0.05:60
  t0=i;tf=i+0.05;
  P=z0(1)+k*z0(2); %P is switch condition
  if P>=a
    [t,z]=ode45('Sys1',t0,tf,z0);
  elseif P<a&P>-a
    [t,z]=ode45('Sys2',t0,tf,z0);
  else
    [t,z]=ode45('Sys3',t0,tf,z0);
  end
  T=[T;t]; Z=[Z;z]; n=length(T); z0=[Z(n,1);Z(n,2)];
end
%******plot state curve and phase trajectory******
subplot(1,2,1) plot(T,Z(:,1));grid on;
title('state response curve ');xlabel('t Sec');ylabel('state variable e');
subplot(1,2,2) plot(Z(:,1),Z(:,2));grid on;
title('phase trajectory');xlabel('e');ylabel('dot e');
```

显示结果如图 9-43 所示。可以看出加入内环反馈以后，系统由周期振荡运动转化为振荡收敛，相轨迹也变成了内旋的螺旋线，图中没有收敛到原点，其主要原因在于编程实现中没有恰好在切换线上发生切换，而是存在少量偏差所造成的，不影响对该问题的理解。

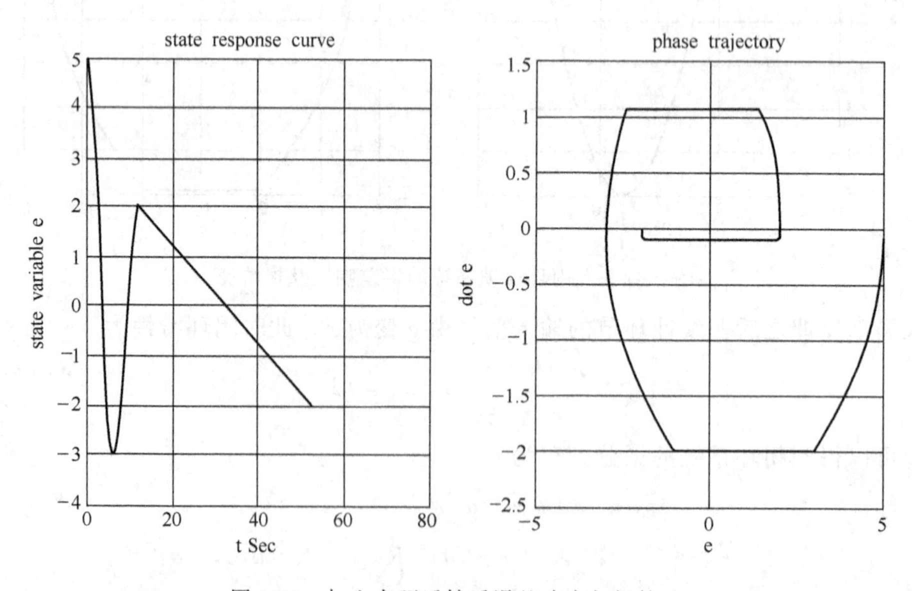

图 9-43　加入内环反馈后误差响应与根轨迹

对于此例，也可以采用 Simulink 仿真工具箱完成分析，限于篇幅这里不再介绍，感兴趣的读者可以自己尝试。

9.6　学生自读

9.6.1　学习目标

①了解什么是非线性系统、非线性系统的特点、一阶线性近似化方法。

② 理解描述函数的概念及计算方法，掌握非线性系统的描述函数分析法。

③ 掌握相轨迹的绘制方法、线性二阶系统相轨迹及奇点分析以及非线性系统的相平面分析方法。

④ 理解李亚普诺夫各类稳定性的定义及判定方法。

9.6.2　例题分析与工程实例

对于具有死区特性的非线性系统，当死区范围较小且线性部分的时间常数较大时，特别容易产生极限环振荡。在非线性控制系统中采用内部反馈的方法来抑制或消除极限环振荡。

【例 9-16】 给定如图 9-44 所示的温度控制系统，输入 $R(s)=0$，G_0 为被控对象特性，G_1 为执行机构特性，G_2 为内部反馈特征，试用相平面分析法说明内部反馈的作用。

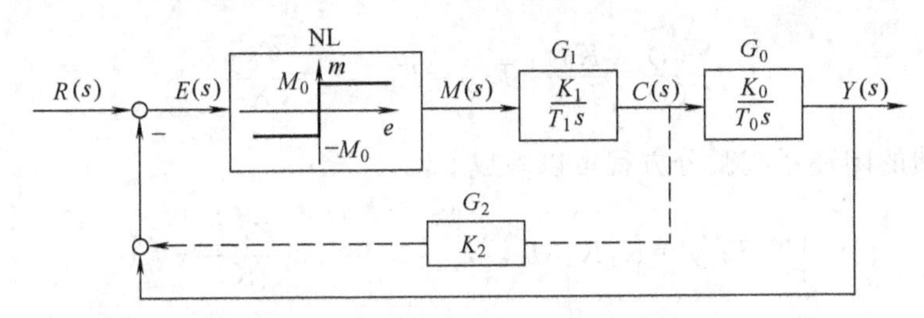

图 9-44　带有内部反馈的温度控制系统

解　首先假设系统无内部反馈 G_2，根据系统结构图可知

$$\frac{Y(s)}{M(s)}=\frac{K_0K_1}{T_0T_1s^2}\Rightarrow T_0T_1\ddot{y}=K_0K_1m$$

考虑负反馈作用 $e=r-y=-y$，则具有继电特性的非线性环节可以写为

$$m=\begin{cases}M_0, & e>0\Rightarrow y<0\\ -M_0, & e<0\Rightarrow y>0\end{cases}$$

则非线性系统可以用下面两个线性微分方程来描述

$$\begin{cases}T_0T_1\ddot{y}=K_0K_1M_0, & y<0\\ T_0T_1\ddot{y}=-K_0K_1M_0, & y>0\end{cases}$$

采用解析法可以求出上述两个线性微分方程对应的相轨迹方程

$$\begin{cases}\dot{y}^2=\dfrac{2K_0K_1M_0}{T_0T_1}y+A_0, & y<0\\ \dot{y}^2=\dfrac{-2K_0K_1M_0}{T_0T_1}y+A_1, & y>0\end{cases}$$

其中 A_0 和 A_1 是由相轨迹初始点确定的两个常数。两个线性方程对应的相轨迹是两个开口完全相反的抛物线，如图 9-45（a）、（b）所示。开关线为 $y=0$，可以看出无内部反馈的温

度控制系统的相轨迹就是这样一组封闭极限环曲线，如图 9-45（c）所示。无论从任何初始值出发都会产生自振。只是振荡的幅度和周期不同。

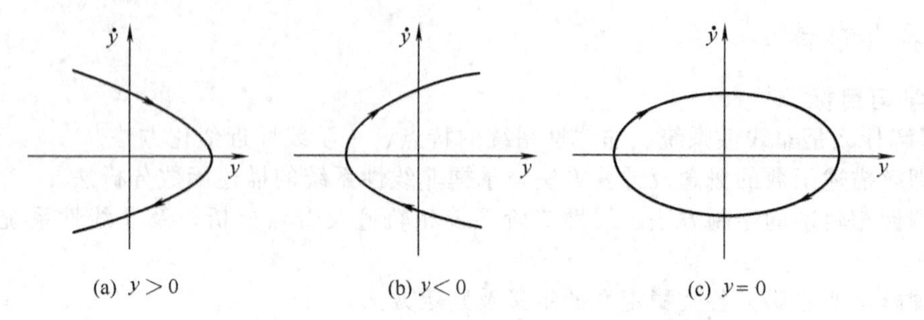

(a) $y>0$　(b) $y<0$　(c) $y=0$

图 9-45　无内部反馈时系统的相轨迹

下面分析加入内部反馈 G_2 对系统的影响。此时反馈作用可以写成

$$e=r-y-K_2c=-(y+K_2c)$$

信号 $C(s)$ 与 $Y(s)$ 之间的关系可以下式来表示

$$\frac{Y(s)}{C(s)}=\frac{K_0}{T_0 s}\Rightarrow T_0\dot{y}=K_0c\Rightarrow c=\frac{T_0\dot{y}}{K_0}$$

则带有内部反馈的闭环系统微分方程可以写成

$$\begin{cases}T_0T_1\ddot{y}=K_1K_0M_0, & e>0\Rightarrow y+\dfrac{K_2T_0}{K_0}\dot{y}<0\\ T_0T_1\ddot{y}=-K_1K_0M_0, & e<0\Rightarrow y+\dfrac{K_2T_0}{K_0}\dot{y}>0\end{cases}$$

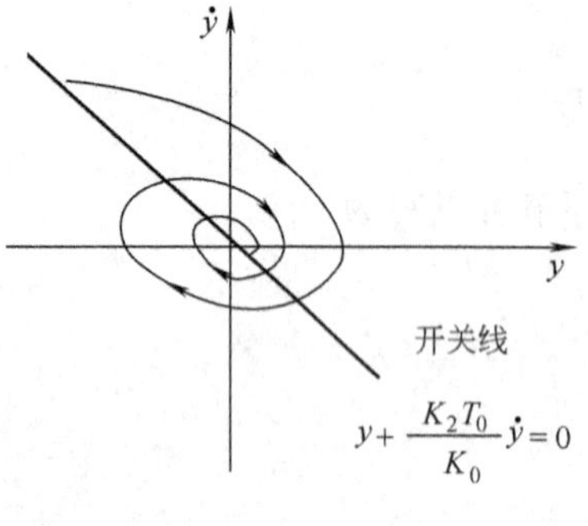

可见加入内部反馈之后，描述系统的微分方程并未发生改变，但开关线由原来的 $y=0$ 变为

$$y+\frac{K_2T_0}{K_0}\dot{y}=0$$

绘出此时系统的相轨迹如图 9-46 所示。可见开关线的变化使得相轨迹由原来的封闭曲线转化成内螺旋形，并最终收敛于原点，这时系统运动由极限环的等幅振荡变成了衰减振荡。内部负反馈的作用就是消除自振。

开关线 $y+\frac{K_2T_0}{K_0}\dot{y}=0$

图 9-46　有内部反馈时系统的相轨迹

如果能够通过引入内部反馈来改变开关线，使开关线变成一条经过原点且收敛到原点的相轨迹，那么无论是从任何一点出发的运动，只要其到达开关线上，就会沿开关线收敛到原点。这种控制肯定是时间最短的最优控制，称做 Bang-Bang 控制。

【例 9-17】　给定非线性环节

$$\ddot{x}+2\dot{x}=+1,\ \dot{x}-x>0$$

$$\ddot{x}+2\dot{x}=-1,\ \dot{x}-x<0$$

试用描述函数分析法分析系统的稳定性，如果存在自振，求出自振的振幅和频率。

解　根据题意，首先画出闭环系统的基本结构图，如图 9-47 所示。

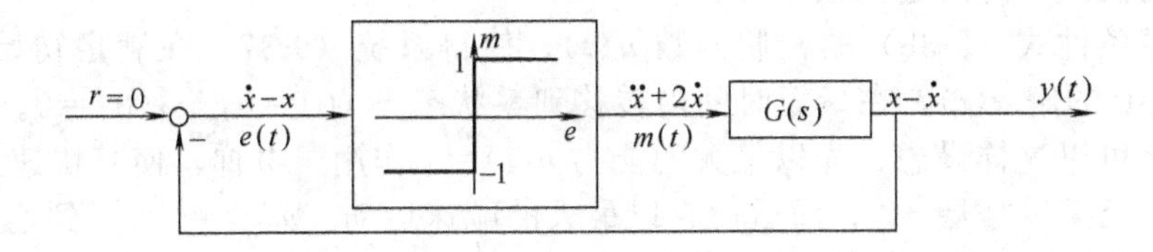

图 9-47　非线性系统基本结构图（例 9-17）

根据结构图可以看出，非线性环节为继电环节，其描述函数为

$$N(E)=\frac{4M}{\pi E}=\frac{4}{\pi E}$$

线性部分的传递函数为

$$G(s)=\frac{Y(s)}{M(s)}=\frac{L(x-\dot{x})}{L(\ddot{x}+2\dot{x})}=\frac{(1-s)X(s)}{(s^2+2s)X(s)}=\frac{1-s}{s(s+2)}$$

分别绘出 $G(j\omega)$ 曲线和 $-\dfrac{1}{N(E)}$ 曲线如图 9-48 所示，可以看出闭环系统是不稳定的，存在自振，而且极限环是稳定的。

下面来计算极限环周期振荡的频率和幅值。

$$G(j\omega)=\frac{1-j\omega}{j\omega(j\omega+2)}=\frac{-3\omega+j(2-\omega^2)}{\omega(4+\omega^2)}$$

$$\mathrm{Im}[G(j\omega)]=\frac{(2-\omega^2)}{\omega(4+\omega^2)}=0\Rightarrow\omega=\sqrt{2}\,\mathrm{rad/s}$$

$$\mathrm{Re}[G(j\sqrt{2})]=\frac{-3\omega}{\omega(4+\omega^2)}\bigg|_{\omega=\sqrt{2}}=-\frac{1}{2}$$

令　$$-\frac{1}{N(E)}=\mathrm{Re}[G(j\sqrt{2})]=-\frac{1}{2}\Rightarrow E=\frac{2}{\pi}$$

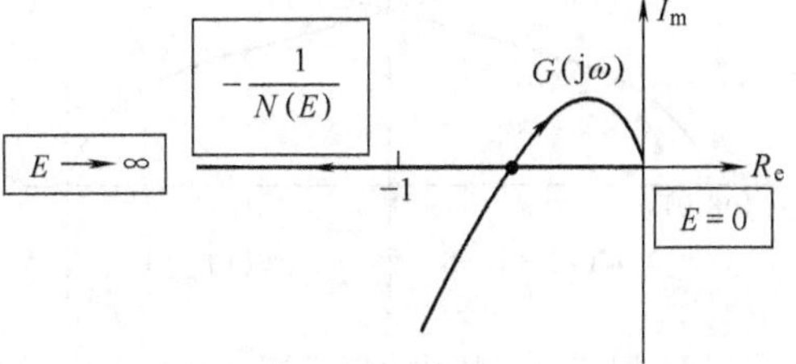

图 9-48　$G(j\omega)$ 曲线和 $-\dfrac{1}{N(X)}$ 曲线（例 9-17）

【例 9-18】 电梯快速升降问题，它是机车的快速运行、轧钢机的快速控制、机械振动的快速消除、卫星的快速会合等问题中最简单的例子，但用它可以阐述这类问题的特点。

设有一个运送货物用的可逆电机带动的电梯，欲使它从底层升到第八层楼，如何开动电梯才能以最快速度到达第八层楼。

解　假设没有阻力，而电梯的重量已被平衡，这时，电梯的升降仅受电机主动力 $p(t)$ 的作用，其大小是可控的，并受到限制。今取一垂直坐标轴，其正向向上，第八层楼为坐标原点，由力学中牛顿第二定律可知

$$m\ddot{h}=p(t)\Rightarrow\ddot{h}=\frac{p(t)}{m}\stackrel{\Delta}{=}u(t) \tag{9-36}$$

其中 m 是电梯的质量，h 为电梯位置。也可以将方程式（9-36）表示为状态空间的形式

$$\begin{bmatrix}\dot{x}_1\\ \dot{x}_2\end{bmatrix}=\begin{bmatrix}0&1\\0&0\end{bmatrix}\begin{bmatrix}x_1\\x_2\end{bmatrix}+\begin{bmatrix}0\\1\end{bmatrix}u(t) \tag{9-37}$$

其中 $x_1(t),x_2(t)$ 分别表示电梯的位移和速度。根据电机的限制，通常要求控制力在数量上是有界的，不妨设

$$|u(t)|\leqslant 1 \tag{9-38}$$

下面给出快速升降问题的数学提法。

找到满足条件式（9-38）的控制函数 $u(t)$，使得系统（9-37）在满足初始条件 $x_1(0)=-8$，$x_2(0)=0$ 的解 $\boldsymbol{x}(t)$，在最短时间内转移到零状态 $x_1(0)=0$，$x_2(0)=0$。

从直观上可以这样设想：先以最大的能力 $u(t)=1$ 作用于电梯，使其快速上升（这是最大加速阶段）至某一楼层 x^*；而后使它以最大的减速运动 $[u(t)=-1]$ 到达八楼时电梯速度刚好为 0，即停在 8 楼。则最优控制函数为

$$u^*(t)=\begin{cases}1, & x_1<x^* \\ -1, & x_1>x^*\end{cases} \tag{9-39}$$

采用相平面法对上述控制问题进行分析。在相轨迹的第一部分，有 $u^*(t)=1$，则系统方程为

$$\dot{x}_1=x_2\,,\ \dot{x}_2=1$$

采用解析法可以求出相轨迹方程为 $x_1=\dfrac{1}{2}x_2^2+c_1$，其中 c_1 为常数，由初值（-8,0）确定，故 $c_1=-8$。这是 x_1-x_2 坐标平面上的抛物线，因为此时速度 x_2 是上升的，所以抛物线如图 9-48 所示方向进行。

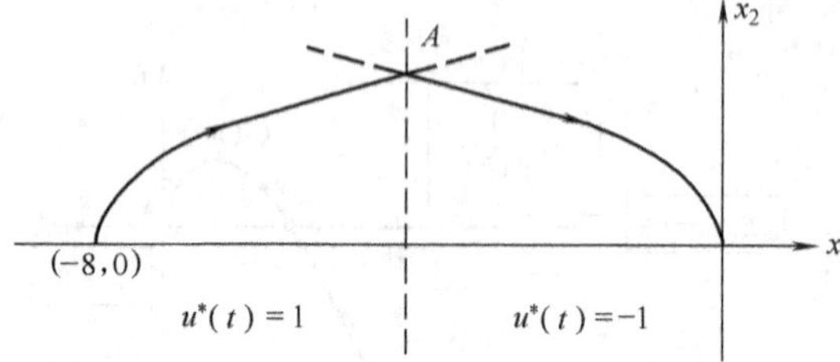

图 9-49　快速升降问题（例 9-18）

在相轨迹的第二部分，有 $u^*(t)=-1$，则系统方程为

$$\dot{x}_1=x_2\,,\ \dot{x}_2=-1$$

采用解析法可以求出相轨迹方程为 $x_1=-\dfrac{1}{2}x_2^2+c_2$，其中 c_2 为常数。考虑到相轨迹最终达到原点（0,0），故有 $c_2=0$。这也是 x_1-x_2 坐标平面上的抛物线，因为此时速度 x_2 是下降的，所以抛物线如图 9-49 所示方向进行。

根据计算可知两条相轨迹的交点 A 的坐标为（-4，$2\sqrt{2}$），由此可知 $x^*=-4$，即电梯在第一层楼到第四层楼在正向最大控制力 $u^*(t)=1$ 作用下，以最大加速度上升，从第四层楼开始在最大反向控制力 $u^*(t)=-1$ 作用下，以最大速度下降，从而能够以最快速度、最短的时间到达第八层楼。式（9-39）是分段为常值的 Bang-Bang 型控制。

9.6.3　本章小结

由于非线性系统形式多样，受数学工具的限制，一般情况下难以求得非线性系统微分方程的解，所以只能采用工程上适用的近似方法。本章重点介绍以下三种方法。

① 描述函数法，基于非线性环节谐波线性化和频域分析方法。此方法针对满足结构要求的一类非线性系统，通过谐波线性化将非线性特性近似地表示为复变增益环节，然后推广应用频域分析方法，从而分析非线性系统的稳定性和自振。

② 相平面法，适用于二阶的、能够进行精确分段线性化的非线性系统。此方法通过在相平面上绘制相轨迹曲线，了解非线性系统在不同初始条件下解的运动形式，进而分析系统的稳定性。

③ 李亚普诺夫稳定性理论，本质上是一种真正的非线性方法，通过构造正定的李亚普诺夫函数，并根据此函数及其导数的符号特性来判断系统的稳定性。在分析一些特定的系统稳定性时，此方法有效地解决了其他方法不能解决的问题。

习　题　9

9-1　试确定 $y=x^3$ 表示的非线性元件的描述函数。

9-2　非线性环节的特性如图 9-50 所示，试画出该环节在正弦输入信号作用下的输出波形，并求出其描述函数 $N(X)$。

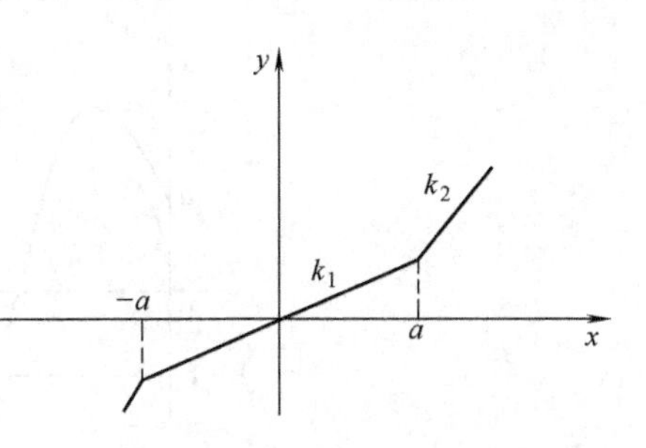

图 9-50　习题 9-2 给定的非线性环节

9-3　将图 9-51（a）、（b）、（c）所示的非线性系统化简成非线性环节 $N(X)$ 和等效线性部分 $G(s)$ 相串联的单位负反馈系统，并求出线性部分的传递函数。

9-4　试用描述函数法确定图 9-52 所示系统的极限环振幅与频率，并指出该极限环的稳定性。

9-5　非线性系统如图 9-53 所示，设 $a=1$，$b=3$，试用描述函数法分析系统的稳定性。为使系统稳定，参数 a，b 应如何调整。

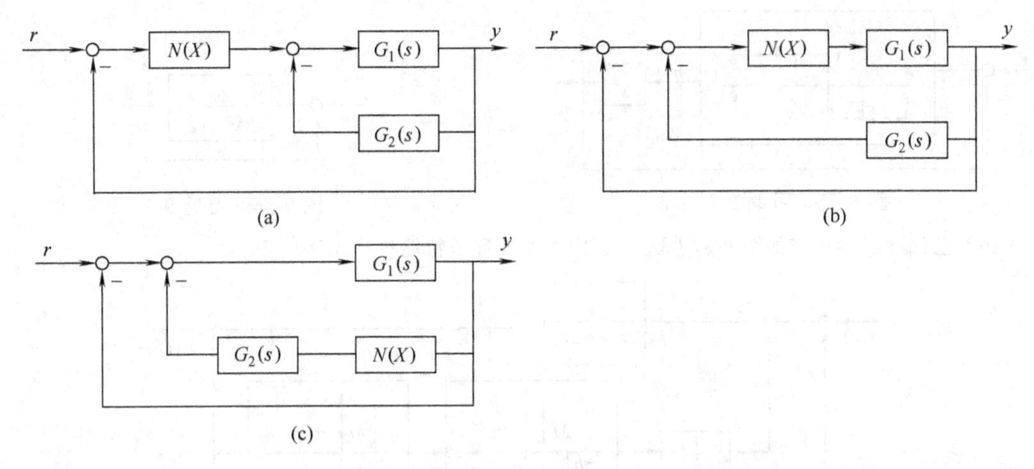

图 9-51　习题 9-3

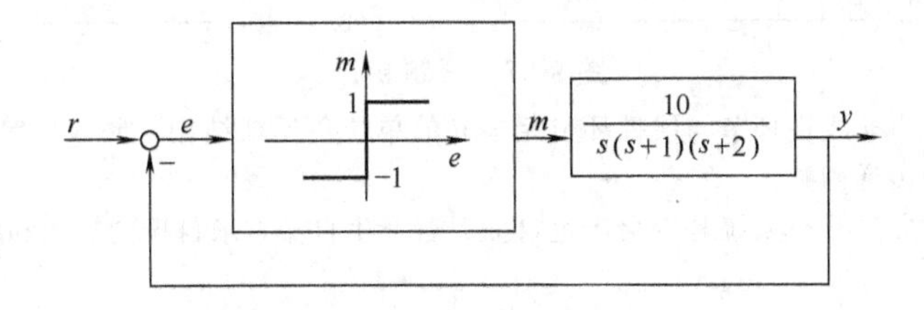

图 9-52　习题 9-4

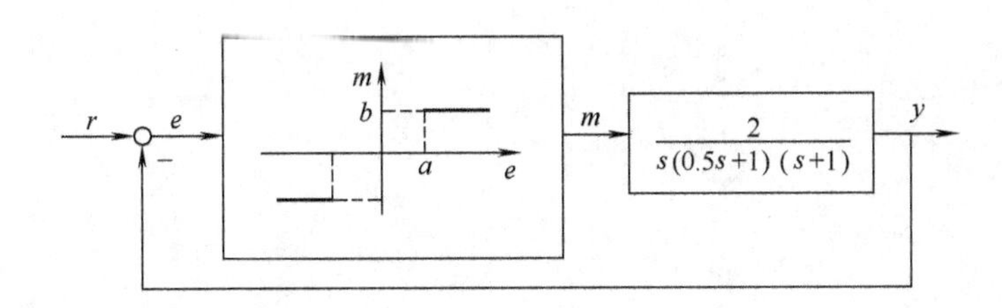

图 9-53　习题 9-5

9-6　某二阶系统的过渡过程曲线如图 9-54 所示，试绘制对应该过程的相轨迹的大致形状。

9-7　二阶系统如图 9-55 所示，输入 r 为单位阶跃函数，试画出 e—$\dot{e}$ 平面上的相轨迹。

9-8　试确定下列二次型函数是否正定：

（1）$V(\boldsymbol{x})=-x_1^2+4x_2^2+x_3^2+2x_1x_2-6x_2x_3-2x_1x_3$

（2）$V(\boldsymbol{x})=x_1^2+2x_3^2+6x_1x_3-2x_2x_3$

9-9　给定系统如图 9-56 所示，试用李亚普诺夫第二方法确定该系统渐近稳定时 K 的取值范围。

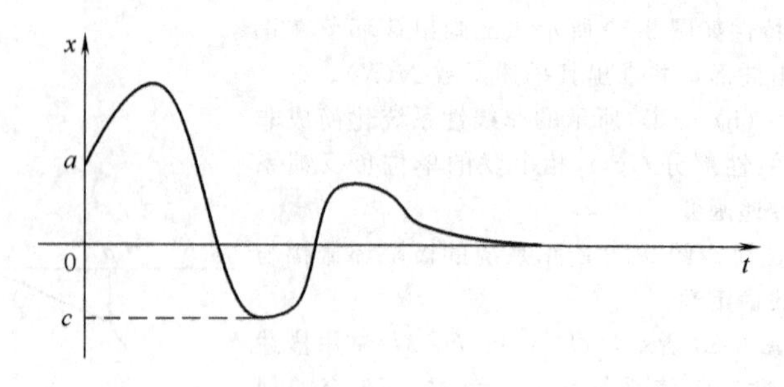

图 9-54　习题 9-6

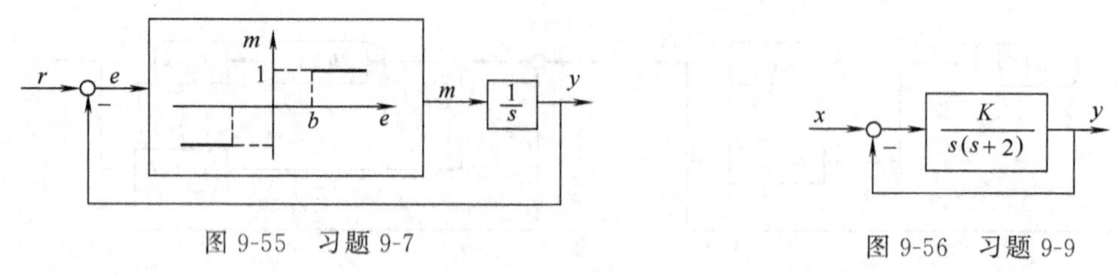

图 9-55　习题 9-7

图 9-56　习题 9-9

9-10　已知非线性环节如图 9-57 所示，其中非线性环节特性参数 $M>h$。

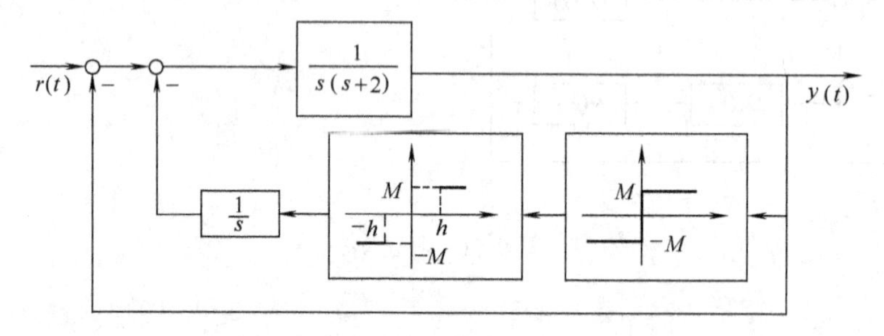

图 9-57　习题 9-10

（1）将系统化为一个非线性环节与线性环节相串联的单位负反馈结构，并求出等效非线性环节的描述函数和等效线性环节的传递函数。

（2）试用描述函数方法分析系统是否会产生自振，若产生自振，求自振的振幅和频率。

附录1　数学基础

1.1　复变函数部分分式展开式

设 $G(s)=\dfrac{P(s)}{Q(s)}$ 是 s 的有理函数，式中 $P(s)$ 和 $Q(s)$ 分别是 s 的 m 次与 n 次多项式，且 $m\leqslant n$。如果 $G(s)$ 的所有极点 $s_1, s_2, \cdots, s_n$ 均是单实数极点时，则 $G(s)$ 可展开为部分分式

$$G(s)=\frac{A_1}{s-s_1}+\frac{A_2}{s-s_2}+\cdots+\frac{A_n}{s-s_n}$$

式中，系数 A_i 分别等于函数 $G(s)$ 在单极点 s_i 的留数。

$$A_i=[(s-s_i)G(s)]_{s=s_i}$$

如果 $G(s)$ 有一个 r 阶极点 s_i，另有 $n-r$ 个单极点 $s_1, s_2, \cdots, s_{n-r}$，则 $G(s)$ 可展开部分分式

$$G(s)=\frac{A_1}{s-s_1}+\frac{A_2}{s-s_2}+\cdots+\frac{A_{n-r}}{s-s_{n-r}}+\frac{A_{n-r+1}}{s-s_i}+\frac{A_{n-r+2}}{(s-s_i)^2}+\cdots+\frac{A_{n-1}}{(s-s_i)^{r-1}}+\frac{A_n}{(s-s_i)^r}$$

其中系数 A_1，A_2，…，A_{n-r} 可用前述的单极点的留数求法求得，而系数 $A_{n-r+1}, A_{n-r+2}, \cdots, A_n$ 可用下述方法求得

$$A_n=[(s-s_i)^r G(s)]_{s=s_i}$$

$$A_{n-1}=\frac{\mathrm{d}}{\mathrm{d}s}[(s-s_i)^r G(s)]\Big|_{s=s_i}$$

$$\vdots$$

$$A_{n-r+1}=\frac{1}{(r-1)!}\frac{\mathrm{d}^{r-1}}{\mathrm{d}s^{r-1}}[(s-s_i)^r G(s)]\Big|_{s=s_i}$$

1.2　矩阵

① 矩阵的行列式　由 n 阶方阵 $\boldsymbol{A}=[a_{ij}]_{n\times n}$ 的元素组成的行列式叫做 $\boldsymbol{A}$ 的行列式，记为 $\det\boldsymbol{A}$，等于它任意一行（或列）各元素与其对应的代数余子式的乘积之和，即

$$\det\boldsymbol{A}=a_{i1}A_{i1}+a_{i2}A_{i2}+\cdots+a_{in}A_{in}$$

式中，A_{ij} 为 $\boldsymbol{A}$ 的元素 a_{ij} 的代数余子式，即是去掉 $|\boldsymbol{A}|$ 中的第 i 行第 j 列的元素所得到的行列式值再乘以 $(-1)^{i+j}$。

② 矩阵的奇异性　如果方阵 $\boldsymbol{A}$ 的行列式值等于零，则称该方阵 $\boldsymbol{A}$ 为奇异阵，否则称为非奇异矩阵。在非奇异矩阵中，所有的行（或所有的列）都是彼此线性无关的。

③ 伴随矩阵　方阵 $\boldsymbol{A}$ 伴随矩阵的元素是由 $\boldsymbol{A}$ 的各个元素的代数余子式构成，记为

$$\mathrm{adj}\boldsymbol{A}=\begin{bmatrix} A_{11} & A_{21} & \cdots & A_{n1} \\ A_{12} & A_{22} & \cdots & A_{n2} \\ \vdots & \vdots & \vdots & \vdots \\ A_{1n} & A_{2n} & \cdots & A_{nn} \end{bmatrix}$$

式中，A_{ij} 为 $\boldsymbol{A}$ 的元素 a_{ij} 的代数余子式。

④ 逆矩阵　若方阵 $\mathbf{A}$ 是非奇异的，则 $\det\mathbf{A}\neq 0$，其逆矩阵 $\mathbf{A}^{-1}$ 存在，可由下式计算

$$\mathbf{A}^{-1}=\frac{\mathrm{adj}\mathbf{A}}{\det\mathbf{A}}$$

1.3　二次型

齐次的多元二次多项式称为二次型，n 个变量 $x_1,x_2,\cdots,x_n$ 的二次型可写为矩阵形式 $f=\boldsymbol{x}^{\mathrm{T}}\mathbf{A}\boldsymbol{x}$，式中 $\boldsymbol{x}$ 为 n 维列向量，$\mathbf{A}$ 为实对称矩阵

$$\mathbf{A}=\begin{bmatrix} a_{11} & a_{12} & \cdots & a_{1n} \\ a_{12} & a_{22} & \cdots & a_{2n} \\ \vdots & \vdots & \vdots & \vdots \\ a_{1n} & a_{2n} & \cdots & a_{nn} \end{bmatrix}$$

因此二次型一般可表示为

$$f=a_{11}x_1^2+2a_{12}x_1x_2+\cdots+2a_{1n}x_1x_n+a_{22}x_2^2+\cdots+2a_{2n}x_2x_n+\cdots+a_{nn}x_n^2$$

矩阵 $\mathbf{A}$ 的秩也称为二次型 f 的秩，如果 $\mathbf{A}$ 为满秩，则称 f 为满秩二次型。如果对于变量 $x_i(i=1,2,\cdots,n)$ 的每组取不全为零的任意实数值，二次型 f 均大于零，则称该二次型为正定二次型，此时矩阵 $\mathbf{A}$ 为正定为称矩阵。

二次型正定的充分必要条件是 $\mathbf{A}$ 矩阵的所有对角线主子式均大于零，即

$$a_{11}>0,\quad \begin{vmatrix} a_{11} & a_{12} \\ a_{21} & a_{22} \end{vmatrix}>0,\ \cdots,\ \begin{vmatrix} a_{11} & a_{12} & \cdots & a_{1n} \\ \cdots & \cdots & \cdots & \cdots \\ a_{n1} & \cdots & \cdots & a_{nn} \end{vmatrix}>0$$

1.4　拉普拉斯变换简表

序号	时间函数 $f(t)$	拉氏变换 $F(s)$
1	1(单位阶跃函数)	$\frac{1}{s}$
2	t	$\frac{1}{s^2}$
3	t^n(n 为正整数)	$\frac{n!}{s^{n+1}}$
4	e^{-at}	$\frac{1}{s+a}$
5	$t^n\mathrm{e}^{-at}$	$\frac{n!}{(s+a)^{n+1}}$
6	$\frac{\mathrm{e}^{-at}-\mathrm{e}^{-bt}}{b-a}$	$\frac{1}{(s+a)(s+b)}$
7	$\frac{\omega_{\mathrm{n}}}{\sqrt{1-\zeta^2}}\mathrm{e}^{-\zeta\omega_{\mathrm{n}}t}\sin(\omega_{\mathrm{n}}\sqrt{1-\zeta^2}t)$	$\frac{\omega_{\mathrm{n}}^2}{s^2+2\zeta\omega_{\mathrm{n}}s+\omega_{\mathrm{n}}^2}$
8	$1-\frac{1}{\sqrt{1-\zeta^2}}\mathrm{e}^{-\zeta\omega_{\mathrm{n}}t}\sin(\omega_{\mathrm{n}}\sqrt{1-\zeta^2}t+\phi)\ \phi=\tan^{-1}\frac{\sqrt{1-\zeta^2}}{\zeta}$	$\frac{\omega_{\mathrm{n}}^2}{s(s^2+2\zeta\omega_{\mathrm{n}}s+\omega_{\mathrm{n}}^2)}$
9	$\frac{1}{T^n(n-1)!}t^{n-1}\mathrm{e}^{-\frac{t}{T}}$	$\frac{1}{(Ts+1)^n}$
10	$\sin\omega t$	$\frac{\omega}{s^2+\omega^2}$
11	$\cos\omega t$	$\frac{s}{s^2+\omega^2}$
12	$1-\mathrm{e}^{-\frac{t}{T}}$	$\frac{1}{s(Ts+1)}$
13	$1-\frac{t+T}{T}\mathrm{e}^{-\frac{t}{T}}$	$\frac{1}{s(Ts+1)^2}$
14	$t-2T+(t+2T)\mathrm{e}^{-\frac{t}{T}}$	$\frac{1}{s^2(Ts+1)^2}$
15	$1-\cos\omega_{\mathrm{n}}t$	$\frac{\omega_{\mathrm{n}}^2}{s(s^2+\omega_{\mathrm{n}}^2)}$
16	$\delta(t)$(单位脉冲函数)	1

1.5　Z变换表

序号	$f(t)$或$f(k)$	$F(z)$	序号	$f(t)$或$f(k)$	$F(z)$
1	$\delta(t)$(单位脉冲函数)	1	7	$1-e^{-at}$	$\frac{z(1-e^{-aT})}{(z-1)(z-e^{-aT})}$
2	$\delta(t-kT)$	z^{-k}	8	te^{-aT}	$\frac{Tze^{-aT}}{(z-e^{-aT})^2}$
3	1(单位阶跃函数)	$\frac{z}{z-1}$	9	$\sin\omega t$	$\frac{z\sin\omega T}{z^2-2z\cos\omega T+1}$
4	t	$\frac{Tz}{(z-1)^2}$	10	$\cos\omega t$	$\frac{z(z-\cos\omega T)}{z^2-2z\cos\omega T+1}$
5	$\frac{t^2}{2}$	$\frac{T^2z(z+1)}{2(z-1)^3}$	11	a^k	$\frac{z}{z-a}$
6	e^{-at}	$\frac{z}{z-e^{-aT}}$	12	$a^k\cos k\pi$	$\frac{z}{z+a}$

附录 2　根轨迹绘制法则的证明

法则 1　根轨迹起于开环极点，终于开环零点或无穷远。当 $n>m$ 时，有 $n-m$ 条根轨迹终于无穷远。

证明　根轨迹的起点是指根轨迹增益 $K=0$ 的根轨迹上的点。由根轨迹方程式（4-6）得

$$\prod_{j=1}^{n}(s-p_j)+K\prod_{i=1}^{m}(s-z_i)=0 \tag{2-1}$$

显然，当 $K=0$ 时，方程式（2-1）的根全部是 $\prod\limits_{j=1}^{n}(s-p_j)=0$ 的根，反过来，$\prod\limits_{j=1}^{n}(s-p_j)=0$ 的根也是方程式（2-1）的所有根。

又可将根轨迹方程式（4-6）变换成

$$\frac{1}{K}\prod_{j=1}^{n}(s-p_j)+\prod_{i=1}^{m}(s-z_j)=0 \tag{2-2}$$

当 $K\to+\infty$ 时，方程式（2-2）的根全部是 $\prod\limits_{i=1}^{m}(s-z_i)=0$ 的根。若 $n>m$，$K=\dfrac{\prod\limits_{j=1}^{n}|s-p_j|}{\prod\limits_{i=1}^{m}|s-z_i|}$，所以

$$K=\lim_{\|s\|\to\infty}\frac{\prod\limits_{j=1}^{n}|s-p_j|}{\prod\limits_{i=1}^{m}|s-z_i|}=\lim_{\|s\|\to\infty}|s|^{n-m}\to+\infty$$

法则 2　根轨迹方程式（4-6）有 n 条根轨迹分支关于 K 连续且对称于实轴。所谓根轨迹的一个分支，实质上就是由起点到终点（包括无穷远终点）的一条完整的根轨迹。

证明　由法则 1，根轨迹起点为 $\prod\limits_{j=1}^{n}(s-p_j)=0$ 的根，由代数基本定理，知 n 次方程必有 n 个根。所以，根轨迹方程式（4-6）有 n 个起点。而对应于任何给定的 K 值，根轨迹方程式（4-6）又可化为式（2-1），仍为一个 n 次方程，仍有 n 个根，对应于复平面上 n 个点。显然，这无穷多组 n 个点，就构成了根轨迹，也就组成了 n 条根轨迹分支。

由于闭环特征方程中的某些系数是根轨迹增益 K 的连续函数，所以，当 K 从零变化到无穷大时，特征方程的某些系数也随之连续地变化，因而特征方程根也必然是连续变化的，故根轨迹也连续。因为方程式（2-1）为实系数的方程，所以该方程的根可能为实数，也可能为复数，且复数根必然是共轭的，实数根必位于复平面的实轴上，而共轭复根必关于实轴对称。因而根轨迹关于实轴对称。

法则 3　当 $n>m$ 时，有 $n-m$ 条根轨迹分支沿着与实轴交角为 φ、交点为 σ 的一组渐近线趋于无穷远处，其中 $\varphi=\dfrac{(2k+1)\pi}{n-m}$ $(k=0,1,2,\cdots,n-m-1)$，$\sigma=\dfrac{\sum\limits_{j=1}^{n}p_j-\sum\limits_{i=1}^{m}z_i}{n-m}$。

证明　根轨迹方程式（4-6）中，$K\dfrac{\prod\limits_{i=1}^{m}(s-z_i)}{\prod\limits_{j=1}^{n}(s-p_j)}=G(s)H(s)=K\dfrac{s^m+b_1s^{m-1}+\cdots+b_m}{s^n+c_1s^{n-1}+\cdots+c_n}$，其中 $b_i=-\sum\limits_{i=1}^{m}z_i$，$c_i=-\sum\limits_{j=1}^{n}p_j$。当 $\|s\|\to\infty$ 时，上式可近似为 $G(s)H(s)=\dfrac{K}{s^{n-m}+(c_1-b_1)s^{n-m-1}}$，由 $G(s)H(s)=-1$，得渐近线方程

$$s^{n-m}\left(1+\frac{c_1-b_1}{s}\right)=-K \quad 或 \quad s\left(1+\frac{c_1-b_1}{s}\right)^{\frac{1}{n-m}}=(-K)^{\frac{1}{n-m}} \tag{2-3}$$

根据二项式定理可得

$$\left(1+\frac{c_1-b_1}{s}\right)^{\frac{1}{n-m}}=1+\frac{c_1-b_1}{(n-m)s}+\frac{1}{2!}\frac{1}{n-m}\left(\frac{1}{n-m}-1\right)\left(\frac{c_1-b_1}{s}\right)^2+\cdots$$

当 $\|s\|$ 值很大时，近似有 $\left(1+\frac{c_1-b_1}{s}\right)^{\frac{1}{n-m}}=1+\frac{c_1-b_1}{(n-m)s}$，将其代入到式（2-3）中，渐近线方程可表示为

$$s\left[1+\frac{c_1-b_1}{(n-m)s}\right]=(-K)^{\frac{1}{n-m}}$$

把 $s=\alpha+j\beta$ 代入上式得

$$\left(\alpha+\frac{c_1-b_1}{n-m}\right)+j\beta=\sqrt[n-m]{K}\left[\cos\frac{(2k+1)}{n-m}\pi+j\sin\frac{(2k+1)}{n-m}\pi\right], \quad k=0,1,\cdots,n-m-1$$

令等式两边实部和虚部分别对应相等，即

$$\alpha+\frac{c_1-b_1}{n-m}=\sqrt[n-m]{K}\cos\frac{(2k+1)}{n-m}\pi, \quad \beta=\sqrt[n-m]{K}\sin\frac{2k+1}{n-m}\pi$$

从上述两方程中解得

$$\sqrt[n-m]{K}=\frac{\beta}{\sin\varphi}=\frac{\alpha-\sigma}{\cos\varphi}, \quad \beta=(\alpha-\sigma)\tan\varphi$$

所以

$$\varphi=\frac{2k+1}{n-m}\pi$$

$$\sigma=-\frac{c_1-b_1}{n-m}=\frac{\sum\limits_{j=1}^{n}p_j-\sum\limits_{i=1}^{m}z_i}{n-m}$$

法则 4　实轴的某一区域必为根轨迹的充要条件，其右边的开环零极点的个数之和为奇数。

证明　设开环零、极点分布如图 1 所示。图中，s_0 是实轴上的一个试测点，φ_i 是各开环零点到 s_0 点向量的相角，θ_j 是各开环极点到 s_0 点向量的相角。显然，复数共轭点到实轴上任意一点的向量相角之和为 2π。如果开环系统存在复数的共轭零、极点，在确定实轴上的根轨迹时，可以不考虑复数开环零、极点的影响。s_0 点左边的开环实数零、极点到 s_0 点的向量相角为零度。而 s_0 点右边开环实数零、极点的向量相角均等于 π，如果令 $\sum\varphi_i$ 代表 s_0 点之右所有开环实数零点到 s_0 点向量相角和，$\sum\theta_j$ 代表 s_0 点之右所有开环实数极点到 s_0 点的向量相角和，那么 s_0 点位于根轨迹上的充分必要条件是下列相角条件成立

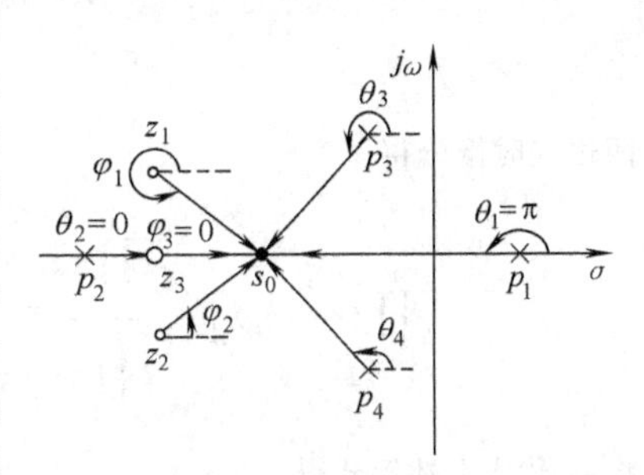

图 1　法则 4 的图

$$\sum\varphi_i-\sum\theta_j=(2k+1)\pi$$

其中 π 与 $-\pi$ 代表相同的角度，因而，$\sum\theta_i$ 前的一号可改为+，所以，上式可写成

$$\sum\varphi_i+\sum\theta_j=(2k+1)\pi$$

法则 5　根轨迹的分离点，是下列分式方程分子多项式的根

$$\sum_{i=1}^{m}\frac{1}{d-z_i}=\sum_{j=1}^{n}\frac{1}{d-p_j}$$

证明　根轨迹方程式（4-6）的闭环特征方程为 $D(s)=\prod\limits_{j=1}^{n}(s-p_j)+K\prod\limits_{i=1}^{m}(s-z_i)=0$，根轨迹在复平面上相交，说明闭环特征方程有重根出现。根据代数中重根条件，有

$$D'(s)=\frac{\mathrm{d}}{\mathrm{d}s}\left[\prod_{j=1}^{n}(s-p_j)+K\prod_{i=1}^{m}(s-z_i)\right]=0\Rightarrow\frac{\mathrm{d}}{\mathrm{d}s}\prod_{j=1}^{n}(s-p_j)=-K\frac{\mathrm{d}}{\mathrm{d}s}\prod_{i=1}^{m}(s-z_i)$$

或

$$\prod_{j=1}^{n}(s-p_j)=-K\prod_{i=1}^{m}(s-z_i)$$

将上述两式相除得

$$\frac{\frac{\mathrm{d}}{\mathrm{d}s}\prod_{j=1}^{n}(s-p_j)}{\prod_{j=1}^{n}(s-p_j)}=\frac{\frac{\mathrm{d}}{\mathrm{d}s}\prod_{i=1}^{m}(s-z_i)}{\prod_{i=1}^{m}(s-z_i)}\Rightarrow\frac{\mathrm{d}\ln\prod_{j=1}^{n}(s-p_j)}{\mathrm{d}s}=\frac{\mathrm{d}\ln\prod_{i=1}^{m}(s-z_i)}{\mathrm{d}s}$$

$$\Rightarrow\sum_{j=1}^{n}\frac{\mathrm{d}\ln(s-p_j)}{\mathrm{d}s}=\sum_{i=1}^{m}\frac{\mathrm{d}\ln(s-z_i)}{\mathrm{d}s}$$

即 $\sum_{j=1}^{n}\frac{1}{s-p_j}=\sum_{i=1}^{m}\frac{1}{s-z_i}$，从该式中解出 s，即为分离点。

本法则的另一种表达，根轨迹上的分离点，必满足方程$\left.\frac{\mathrm{d}K}{\mathrm{d}s}\right|_{s=s_0}=0$。

证明 不妨设 s_0 为根轨迹上的分离点。在该点处 $K_0=-\frac{\prod_{j=1}^{n}(s_0-p_j)}{\prod_{i=1}^{m}(s_0-z_i)}$。$s_0$ 为分离点，所以 s_0 满足方程 $\prod_{j=1}^{n}(s-p_j)+K_0\prod_{i=1}^{m}(s-z_i)=0$，也就是说，方程的左端一定可写成$(s-s_0)^l g(s)$，即

$$\prod_{j=1}^{n}(s-p_j)+K_0\prod_{i=1}^{m}(s-z_i)=(s-s_0)^l g(s),\quad l\geqslant 2$$

$$\prod_{j=1}^{n}(s-p_j)-\frac{\prod_{j=1}^{n}(s_0-p_j)}{\prod_{i=1}^{m}(s_0-z_i)}\prod_{i=1}^{m}(s-z_i)=(s-s_0)^l g(s)$$

两边同时微分得

$$\left[\prod_{j=1}^{n}(s-p_j)\right]'-\frac{\prod_{j=1}^{n}(s_0-p_j)}{\prod_{i=1}^{m}(s_0-z_i)}\left[\prod_{i=1}^{m}(s-z_i)\right]'=(s-s_0)^l g'(s)+l(s-s_0)^{l-1}g(s)$$

将 s_0 代入上述等式得

$$\left[\prod_{j=1}^{n}(s_0-p_j)\right]'-\frac{\prod_{j=1}^{n}(s_0-p_j)}{\prod_{i=1}^{m}(s_0-z_i)}\left[\prod_{i=1}^{m}(s_0-z_i)\right]'=0$$

$$\left[\prod_{j=1}^{n}(s_0-p_j)\right]'\prod_{i=1}^{m}(s_0-z_i)-\prod_{j=1}^{n}(s_0-p_j)\left[\prod_{i=1}^{m}(s_0-z_i)\right]'=0$$

根据 $K=-\frac{\prod_{j=1}^{n}(s_i-p_j)}{\prod_{i=1}^{m}(s-z_i)}$，则在分离点有下式成立

$$\left.\frac{\mathrm{d}K}{\mathrm{d}s}\right|_{s=s_0}=-\frac{\left[\prod_{j=1}^{n}(s_0-p_j)\right]'\prod_{i=1}^{m}(s_0-z_i)-\prod_{j=1}^{n}(s_0-p_j)\left[\prod_{i=1}^{m}(s_0-z_i)\right]'}{\prod_{i=1}^{m}(s_0-z_i)^2}=0$$

法则6　起角：$\theta_{p_k}=(2k+1)\pi+\sum_{i=1}^{m}\angle(p_k-z_i)-\sum_{j=1}^{n}\angle(p_k-p_j)$

终角：$\theta_{z_k}=(2k+1)\pi-\sum_{i=1}^{m}\angle(z_k-z_i)+\sum_{j=1}^{n}\angle(z_k-p_j)$

证明　开环系统有 m 个有限零点，n 个有限极点。在非常靠近待求起角（或终角）的复数极点（或复数零点）的根轨迹上，取一点 s_1。由于 s_1 无限接近于求起角的复数极点 p_k（或求终角的复数零点 z_k），因此，除 p_k（或 z_k）外，所有开环零、极点到 s_1 点的向量相角$\angle(s_1-z_i)$ 和$\angle(s_1-p_j)$ 都可以用它们到 p_k（或 z_k）的向量相角$\angle(p_k-z_i)$ [或$\angle(z_k-z_i)$] 和$\angle(p_k-p_j)$ [或$\angle(z_k-p_j)$] 来代替，而 p_k（或 z_k）到 s_1 点的向量相角即为起角 θ_{p_k}（或终角 θ_{z_k}）。根据 s_1 点必满足相角条件，应有

$$\sum_{i=1}^{m}\angle(p_k-z_i)-\sum_{j=1}^{m}\angle(p_k-p_j)-\theta_{p_k}=-(2k+1)\pi$$

$$\sum_{i=1}^{m}\angle(z_k-z_i)-\sum_{j=1}^{n}\angle(z_k-p_j)+\theta_{z_k}=(2k+1)\pi$$

在根轨迹的相角条件中，$(2k+1)\pi$ 与 $-(2k+1)\pi$ 是等价的，所以，在上面两式的右端均用 $-(2k+1)\pi$ 表示，移项后立即得到所需证明的两个等式。

附录 3　Matlab 基础知识

Matlab 名字由 MATrix 和 LABoratory 两词的前三个字母组合，是一种基于矩阵的数学与工程计算系统。而 Matlab 已经成为国际控制界公认的标准计算软件。在欧美大学里，诸如应用代数、数理统计、自动控制、数字信号处理、模拟与数字通信、时间序列分析、动态系统仿真等课程的教科书都把 Matlab 作为内容。这几乎成了九十年代教科书与旧版书籍的区别性标志。所以 Matlab 是攻读学位的大学生、硕士生、博士生必须掌握的基本工具。下面以 Matlab6.5 为例作简单介绍。

3.1　Matlab 简介

3.1.1　Matlab 环境的启动

Matlab 安装到硬盘上以后可创建 Matlab 的工作环境，双击 Matlab 的快捷图标，就会自动创建 Matlab 的工作环境，如图 3-1 所示。

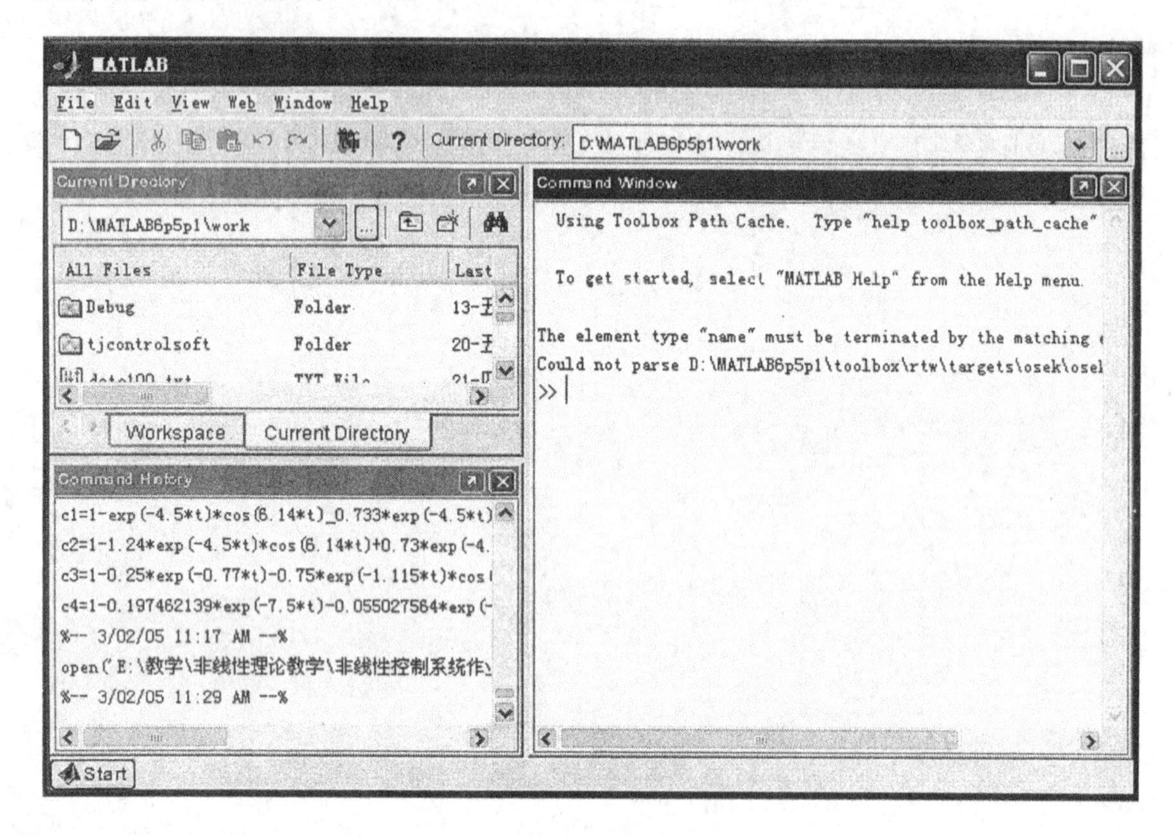

图 3-1　Matlab6.5 的工作界面

Matlab 菜单选项中共有六项，如基本文件操作（File）、编辑（Edit）、视图（View）、网络（WEb）、窗口（Window）以及帮助（Help）。用户可点击相应的图标，执行期望的操作。在视图（View）选项的定义下，Matlab 整个工作界面可以表现为不同的工作窗口形式，如图 3-1 所示，左上窗口包括工作空间（Workspace）和当前目录窗口（Current Directory）；左下窗口为命令的历史窗口（Command History）；右窗口为命令窗口（Command Window），它是 Matlab 用户与 Matlab 交互的重要部分。用户可在此输入相应的命令，以执行相应的操作。

3.1.2　Matlab 程序设计基础

Matlab 既是一种运行环境，也是一种编程语言。它的编程语言以矩阵和数组为基本单位，具有结构化和面向对象的特点。Matlab 中所有的数据都以矩阵形式存储，而不是像其他编程语言，单独对一个数据进行操作。对于初学者而言，掌握 Matlab 的最好方法是先了解 Matlab 中如何处理矩阵。

(1) Matlab 矩阵操作

在 Matlab 中矩阵表示一个矩形的数列，如果此矩形数列是 1×1 的，那么它就是标量。如果此矩形数列只有一行或是一列数值，那么它就是向量。

Matlab 矩阵输入以方括号（[ ]）作为分界标识，每个元素用空格或逗号分开，每一行元素用分号或是回车键分隔。例如在 Matlab 命令窗口中从键盘输入下列内容

A=[1，2，3；4，5，6；7，8，9]

A=[1 2 3；4 5 6；7 8 9]（数字之间用空格）

或

按【Enter】键，指令被执行，Matlab 命令窗口下将显示以下结果

```
A =
       1    2    3
       4    5    6
       7    8    9
```

在矩阵 **A** 中，第 i 行和第 j 列的元素可以用 **A**(i，j)。此外在 Matlab 中冒号 "：" 运算符是最重要的运算符之一，特别是在矩阵中使用冒号运算符，可以运行对子矩阵进行处理，例如 **A**(：，3) 表示 **A** 矩阵中第 3 列的全部元素；又如 **A**(1：2，2：3) 表示取 **A** 矩阵中第一行到第二行，第二列到第三列的所有元素构成子矩阵。

在 Matlab 中矩阵可以进行多种运算：

① 矩阵转置：符号为 "'"，例如 B=A'；

② 矩阵加减：符号为 "+，-"，例如 C=A+B；C=A-B；

③ 矩阵乘法：符号为 "*"，例如 C=A*B，注意相乘矩阵必须满足维数匹配条件；

④ 矩阵点乘：符号为 "."，表示维数相同的两个矩阵对应元素相乘；

⑤ 矩阵乘方：当矩阵是方阵时，可进行乘方运算，符号为 "^"，例如 C=A^2；如果希望对矩阵中的元素进行乘法，可采用运算符 ".^"。

此外还有一些函数可以用来对矩阵进行处理，如：inv(A)（求逆）；eig(A)（求特征根）；poly(A)（计算特征多项式系数）；diag(A)（提取对角线上元素）；sum(A)（求和）等。

(2) 多项式操作

在大量的工程计算中，都会遇到多项式的处理问题，Matlab 中提供了许多标准的多项式处理函数和高级的多项式应用函数。

在 Matlab 中多项式利用行向量来描述，其系数按照降序方式排列。例如对于多项式

$$G(s)=s^5+2s^3+4s^2+s$$

可以利用下面的命令直接输入

$$G=[1\ 0\ 2\ 4\ 1\ 0]$$

值得注意的是，在输入行列式时，对于系数为零的项也必须输入。常见的多项数函数有

roots：求多项式的根；

polyval：求当多项式的未知数为特定值时多项式的值；

polyvalm：与 polyval 作用相同，输入可为方阵；

residue：多项式的部分分式展开；

conv：多项式的乘积；

deconv：多项式的除法，可以返回多项式除法的结果和余数。

(3) 表达式

Matlab 中数学表达式通常由变量、数值、运算符和数学基本函数等组成。

① 变量　Matlab 中不需要对变量的类型和大小进行预先定义。当 Matlab 遇到一个新的变量名时，它自动建立一个新的变量，并给这个变量分配适当的存储单元。Matlab 变量的命名遵循这样的规则：以字母开

头，后面可以跟任意的字母、数字和下划线；最大有效长度为31，区分大小写。如果用户想知道某个变量的内容，只需在命令窗口中输入这个变量的名称即可。

② 数值　Matlab中数值的表示方法采用习惯的十进制数字表示，可以带小数点和正负号。在科学计数法中采用字母e表示十的幂次。复数使用字母i或j表示虚部。

③ 运算符　Matlab中采用用户熟悉的算术运算符“加+，减-，乘*，除/，左除\，乘方^”和优先法则：

- 表达式从左到右执行；
- 乘方具有最高的优先级；
- 乘法和除法具有相同的次优先级；
- 加法和减法具有相同的最低优先级；
- 括号可以改变优先次序，括号由内层的括号向外执行。

④ 函数　Matlab中提供大量标准的数学基本函数，如abs、sqrt、exp、sin、cos等。这些函数都是以用户熟悉的数学方式书写。

Matlab书写表达式的规则与“手写算式”几乎完全相同，例如表达式 $[12+2\times(7-4)]\div 3^2$ 可以采用如下的输入方法

```
>> (12+2* (7-4))/3^2
```

(4) 计算结果的图形表示

① 画 x-y 图　plot (x, y)：绘图指令。将画出 y 值相对于 x 值的关系曲线。

② 画多条曲线　可采用多个自变量的plot命令：

plot (x1, y1, x2, y2, ..., xn, yn)

在一幅图上画一条以上的曲线时，也可以利用命令hold。

hold的功能：可以保持当前的图形防止删除和修改比例尺。因此随后的一条曲线将会重叠地画在原曲线图上。再次输入命令hold，会使当前的图形复原。

③ 加进网格线　grid：在“坐标纸”画小方格。

④ 图形标题、x 轴标记，y 轴标记

title (图形标题)：给图形命名。

xlabel (x 轴标记)：给 x 轴定标记。

ylabel (y 轴标记)：给 y 轴定标记。

⑤ 在图形屏幕上书写文本　为了在图形屏幕的点 (x, y) 上书写文本text，采用命令

text (x, y,'text')

⑥ 绘制三维网格图

mesh (z)：绘制三维网格图

colormap (hot)：指定网格图用hot色图绘制

⑦ 图形类型

语句：plot (x, y,'x') 将利用标记符号x画出一个点状图。

语句：plot (t, y1,':', t, y2,'+')，y1曲线用虚线画，y2曲线用“+”符号画。

Matlab能提供的线和点的类型如下

线的类型				点的类型			
实线	—	虚线	:	圆点	.	星号	*
短画线	- -	点划线	_.	加号	+	圆圈	○
				×号	×		

⑧ 颜色

语句：plot (x, y,'r') %用红色

plot (x, y,'*b')　%用蓝色“*”号线标记。

Matlab能提供的颜色如下

红色	r	绿色	g	蓝色	b	白色	w	无色	i

【例 3-1】 画出衰减振荡曲线 $y=e^{-\frac{t}{3}}\sin 3t$ 及其包络线 $y_0=e^{-\frac{t}{3}}$。t 的取值范围是 $[0, 4\pi]$。

解 Matlab 程序如下

```
t=0: pi/50: 4 * pi;                          %定义自变量取值数组
y0=exp (-t/3);                               %计算与自变量相应的 y0 数组
y=exp (-t/3) . * sin (3 * t);                %计算与自变量相应的 y 数组
plot (t, y,'-r', t, y0,': b', t, -y0,': b')  %用不同颜色、线型绘制曲线
grid                                         %在"坐标纸"画小方格
```

运行结果如图 3-2 所示。

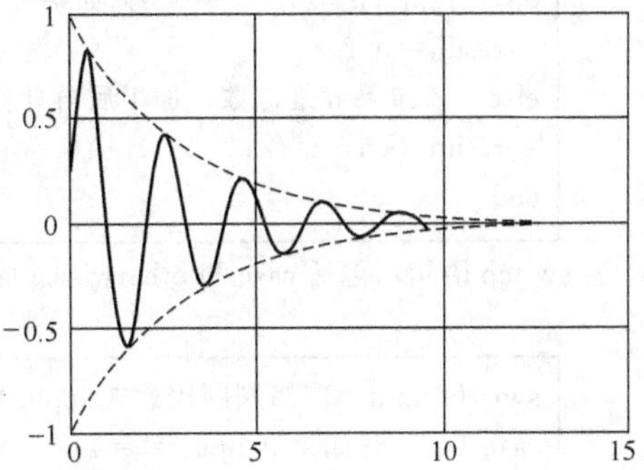

图 3-2　衰减振荡曲线与包络线

(5) 命令窗口的指令、操作和标点

① 标点：标点在 Matlab 中的地位及其重要。

“,” 逗号：用作输入量与输出量之间的分隔符；

用作要显示计算结果的指令与其后指令之间的分隔；

用作数组元素分隔符。

“;” 分号：用作不显示计算结果指令的“结尾”标志；

用作不显示计算结果指令与其后指令之间的分隔；

用作数组的行间分隔符。

“:” 冒号：用以生成一维数值数组；

用作单下标援引时，表示全部元素构成的长列；

用作多下标援引时，表示本维上的全部。

② 内存变量的查阅　指令 who 和 whos，两者都可用来列出 Matlab 工作空间驻留的变量名清单，两者的差别在于：后者给出驻留变量名的同时，还给出它们的维数及属性。

③ 变量的文件保存

a. 通过菜单保存和读取变量

选择指挥窗口中的 [file: Save Workspace As] 菜单项

上述过程的逆操作是：选择指挥窗口中的 [file: Load Workspace As] 菜单项

b. save 和 load 指令

save FileName：把全部内存变量保存为 FileName. mat 文件。

save FileName v1 v2：把变量 v_1, v_2 保存为 FileName. mat 文件。

save FileName v1 v2-append：把变量 v_1, v_2 添加到 FileName. mat 文件中。

save FileName v1 v2-ascii：把变量 v_1, v_2 保存为 FileName 8 位 ASCII 文件。

save FileName v1 v2-ascii-double：把变量 v_1, v_2 保存为 FileName 16 位 ASCII 文件。

Load FileName：把 FileName. mat 文件中的全部变量装入内存。

Load FileName v1 v2：把 FileName. mat 文件中的 v_1, v_2 变量装入内存。

Load FileName v1 v2-ascii：把 FileName ASCII 文件中的 v_1, v_2 变量装入内存。

【例 3-2】 数据的存取。

a. 建立用户目录，并使之成为当前目录，保存数据。

```
mkdir ('c: \','my_dir');      %在 C 盘上创建目录 my_dir
cd c: \my_dir    %使 c: \my_dir 成为当前目录
save saf X Y Z   %选择内存中的 X, Y, Z 变量保存为 saf. mat 文件
```

b. 清空内存，从 saf. mat 向内存装载变量 Z。

```
clear       %清除内存中的全部变量
load saf Z      %把 saf. mat 文件中的 Z 变量装入内存
who      %检查内存中有什么变量
```

(6) 程序流程控制

Matlab 编程语言是一种结构化的编程语言。同其他的编程语言一样，它包括一些用来控制程序流程的语句。在 Matlab 中有五种主要程序流程控制语句，它们分别如下。

① if 语句，包括 else 和 elseif。例如采用 if 语句对输入变量 n 的情况进行判断，如果 n 是负数，则显示错误信息；如果 n 是偶数，输出返回 n 被 2 除的商；如果 n 是奇数，输出返回 $n+1$ 被 2 除的商。程序如下。

```
if n<0      %如果 n 小于零，显示错误信息
disp ('input must be positive');
elseif rem (n, 2) = =0   %如果 n 是偶数，计算被 2 除的商
  result=n/2;
else   %如果 n 是奇数，加 1 后再计算被 2 除的商
  result=(n+1)/2;
end
```

② switch 语句，包括 case 和 otherwise。此语句根据变量或表达式的取值不同，分别执行不同的语句，例如

```
switch input      %判断表达式 input 的值
case 1      %如果 (input= =1)
disp ('input=1')
case {2, 3, 4}       %如果 (input= =2 或 3 或 4)
disp ('input=2, or 3, or 4')
otherwise      %其他情况
disp ('input unknown')
end
```

③ while 语句，一种循环语句，只要控制表达式的值为 1，那么它就会不断执行循环体之间的语句内容，通常此语句用于循环次数未知的情况。例如求 100 的阶乘

```
a=1; n=1;
while (n<=100)
a=a*n; n=n+1;
end
```

④ for 语句，也是一种循环语句，用来处理循环次数已知的情况。例如计算 **A** 矩阵中所有元素的和。

```
[m, n] =size (A); a=0;
for i=1: m
for j=1: n
a=a+A (i, j);
end
end
```

⑤ return 语句。用来终止当前正在执行的函数中的指令序列，并把程序的控制权移交给调用该函数的调用函数，或将控制权移交给键盘。

注意：所有的控制语句都是以 end 来标志流程控制块的结束。

（7）M 文件

利用 Matlab 编程语言编写的程序被称为 M 文件，此类文件的后缀形式都是“.m”。在 Matlab 中 M 文件分为两类：一种是命令（Script）文件，另一种是函数（Function）文件。

① 命令文件　没有输入和输出参数，只对存在于 Matlab 工作空间内的变量进行操作，其主要目的是简化命令输入。如果用户需要重复输入许多相同的指令时，就可以将这些命令放在一个命令文件中。例如对于线性状态空间模型，可以通过 **A** 矩阵的特征根位置来判断系统的稳定性（特征根实部小于零，系统稳

定，反之系统是不稳定的），可以把稳定性判定编写为命令文件如下。

```
clear
A= [0 1 0 0; 0 0 -1 0; 0 0 0 1; 0 0 11 0];    %输入系统矩阵 A
lambda=eig (A);                   %获得矩阵 A 的特征根
for i=1: length (lambda)          %如果存在一个特征根的实部大
if lambda (i) >=0                 %于等于零，则系统是不稳定的
disp ('The system is unstable');
return
end
end
disp ('The system is stable');
```

② 函数文件　用来扩充 Matlab 的应用范围，满足不同用户的实际应用需求。函数文件可以接受输入变量，也可以返回输出变量。函数文件必须以 function 开头，第一行为

function [output1, output2] =filename (input1, input2, input3)

下面给出一个自编单变量极点配置函数文件的例子，基本原理见第 7 章单变量极点配置算法。

```
function K=pole_assignment(A,B,Lambda)
%输入变量 A,B 是系统矩阵,Lambda 是期望极点组成的行向量
%输出变量 K 是状态反馈增益矩阵
if nargin<=3
  error('input parameters are wrong')
end
n=length(A);
JA=poly(A); %A 矩阵的特征多项式
JJA=poly(Lambda); %期望极点的特征多项式
% 定义能控标准形变换矩阵 P
  Q=[B];
for i=1:n-1
  Q=[A^(i) * B Q];
end
T=zeros(n,n);
for i=1:n
  T=T+sparse(i:n,1:n-i+1,JA(i) * ones(1,n-i+1),n,n);
end
P=Q * T;
K=(JJA(n+1:-1:2)-JA(n+1:-1:2)) * (inv(P)); %状态反馈增益矩阵 K
```

（8） Simulink

Simulink 是一个可视化动态仿真环境，一方面它是 Matlab 的扩展，保留了所有 Matlab 的函数和特性；另一方面又有可视化仿真和编程的特点。对于有几十个甚至是上百个环节的控制系统，这种可视化建模方法要比单纯在文字界面下输入方便得多；而且对于不习惯编程处理控制系统仿真的工程技术人员，甚至不用编写一句程序就可以完成相当复杂控制系统的模型构建及仿真。

在 Matlab 命令窗口中输入 Simulink，即可进入 Simulink 环境，如图 3-3 所示，其中左图是仿真元件库，右图是仿真环境，根据需要用鼠标点中元件库中相应元件，然后拖入仿真环境中，双击元件图标对其进行设置，最终搭建系统模型并进行仿真。在 Simulink 下构建的系统模型与通常使用的控制系统方框图模型非常相似，系统结构及各环节之间的关系一目了然。

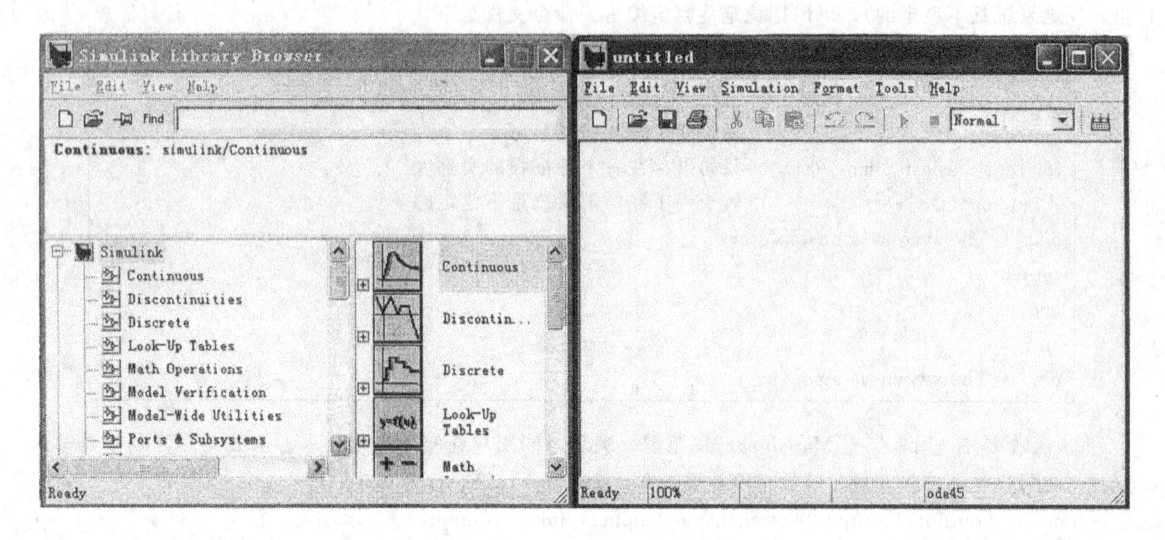

图 3-3 Simulink 仿真环境

3.2 控制系统工具箱常用函数

3.2.1 模型变换

(1) 传递函数模型

$$G(s)=\frac{b_1 s^n+b_2 s^{n-1}+\cdots+b_{m+1}}{a_1 s^n+a_2 s^{n-1}+\cdots+a_{n+1}}=\frac{K(s-z_1)(s-z_2)\cdots(s-z_m)}{(s-p_1)(s-p_2)\cdots(s-p_n)}$$

在 Matlab 中，直接用分子/分母的系数表示，即

$$\text{num}=[b_1,b_2,\cdots,b_n]$$
$$\text{den}=[a_1,a_2,\cdots,a_n]$$

(2) 零极点增益模型

在 Matlab 中，直接用 [z,p,k] 矢量组表示，即

$$z=[z_1,z_2,\cdots,z_m];$$
$$p=[p_1,p_2,\cdots,p_n];$$
$$k=[K];$$

(3) 状态空间模型

在 Matlab 中，可用 (A,B,C,D) 矩阵表示。

(4) 模型之间的转换

① $G(s)$ →状态空间

命令：[A, B, C, D]=tf2ss (num, den)

② $G(s)$ (零极点增益形式)→状态空间

命令：[A, B, C, D] =zp2ss (z, p, k)

③ 状态空间→$G(s)$

命令：[num, den] = ss2tf [A, B, C, D]

④ 状态空间→$G(s)$ (零极点增益形式)

命令：[z, p, k] =tf2zp (num, den)

⑤ $G(s)$ (零极点增益形式) →$G(s)$

命令：[num, den] =zp2tf (z, p, k)

⑥ 连续时间系统→离散时间系统

命令：[G，H] =c2d（A，B，Ts）将连续时间状态空间系统：$\dot{x}=Ax+Bu$ 变换成离散时间系统：$x(k+1)=Gx(k)+Hu(k)$，Ts 是采样时间。

⑦ 离散时间系统→连续时间系统

命令：[A，B]=d2c（G，H，Ts） 将离散时间状态空间模型：$x(k+1)=Gx(k)+Hu(k)$变换到连续时间模型：$\dot{x}=Ax+Bu$，Ts 是采样时间，且输入采用零阶保持器。

⑧ 传递函数的部分分式展开

命令：[r，p，k]=residue（num，den）

将传递函数 $G(s)$ 进行部分分式展开。展开后由下式表示

$$G(s)=\frac{r(1)}{s-p(1)}+\frac{r(2)}{s-p(2)}+\cdots\cdots+\frac{r(n)}{s-p(n)}+k(s)$$

(5) 产生二阶系统

命令：[A，B，C，D]=ord2（W_n，z），给出二阶系统 $G(s)=\frac{1}{s^2+2\zeta\omega_n s+\omega_n^2}$的自然频率 ω_n 和阻尼系数 ζ，得到它的状态空间表示形式。

命令：[num，den]=ord2（W_n，z），将获得二阶系统传递函数的表达式。

命令：damp（den），计算系统的特征根、阻尼比 ζ、无阻尼振荡频率 ω_n。

3.2.2　模型特性

求可控性和可观性矩阵

命令：co=ctrb（A，B）

可求出状态空间系统的可控性矩阵 co=[B AB A^2B……A^nB]。

命令：bo=obsv（A，B）

可求出状态空间系统的可观性矩阵 ob= [C CA CA^2……CA^n]^T。

3.2.3　时域响应

(1) 求连续系统的阶跃响应

命令：step（num，den） 可得到一组阶跃响应曲线，时间向量自动设定。

命令：step（num，den，t） 可得到一组阶跃响应曲线，时间向量由人工给定（如：t=0：0.1：10，%初始时间：时间间隔：终止时间）。

命令：[y，x] =step（num，den，t） 返回变量格式。返回输出 y、状态变量 x，不作图。

命令：step（A，B，C，D） 可得到一组阶跃响应曲线，每条曲线对应于连续系统

$$\dot{x}=Ax+Bu$$
$$y=Cx+Du$$

的输入/输出组合。

命令：step（A，B，C，D，iu） 可绘制出从第 iu 个输入到所有输出的单位阶跃响应曲线。

命令：[y，x，t]=step（A，B，C，D，iu，t） 返回变量格式。可利用用户指定的时间矢量 t 得到单位阶跃响应。返回变量数值，不作图。

(2) 求离散系统的阶跃响应

命令：dstep（num，den） 可绘制出以多项式传递函数表示的离散系统单位阶跃响应。

命令：[y，x] =dstep（num，den，n） 返回变量格式。计算并返回输出 y、输入 x，不作图，其中 n 表示利用用户指定的采样点数。

命令：dstep（G，H，C，D） 可得到一组阶跃响应曲线，每条曲线对应于离散系统

$$x(k+1)=Gx(k)+Hu(k)$$
$$y(k)=Cx(k)+Du(k)$$

的输入/输出组合对，其采样点数自动选取。

命令：dstep（G，H，C，D，iu） 可绘制出从第 iu 个输入到所有输出的单位阶跃响应。

命令：dstep（G，H，C，D，iu，n） 可绘制出从第 iu 个输入到所有输出的单位阶跃响应。其中 n 表示利用用户指定的采样点数。

（3）求连续系统的单位脉冲响应

命令：impulse（num，den） 可得到一组单位脉冲响应曲线，时间向量自动设定。

命令：impulse（A，B，C，D） 可得到一组单位脉冲响应曲线，每条曲线对应于连续系统

$$\dot{x}=Ax+Bu$$
$$y=Cx+Du$$

的输入/输出组合，而时间参数自动选取。类似的命令同上述。

（4）对任意输入的连续系统进行仿真

命令：lsim（num，den，u，t） 可绘制出以多项式传递函数形式表示的仿真系统的响应曲线。

命令：lsim（A，B，C，D，u，t） 可针对给定的任意输入绘出系统的输出曲线，其中 $\boldsymbol{u}$ 给出每个输入的时间序列，因此一般情况下 $\boldsymbol{u}$ 应为矩阵；t 用于指定的仿真时间轴，它应为等间隔。

命令：[y，x]=lsim（A，B，C，D，u，t，x_0） 返回变量格式。可求出以 $\boldsymbol{x}_0$ 为初始状态，系统对 $\boldsymbol{u}$ 的输出响应。返回变量，不作图。

3.2.4 根轨迹

（1）绘制系统的零极点图

命令：pzmap（num，den） 可在复平面内绘出以传递函数表示的系统零极点。

命令：[p，z] =pzmap（num，den） 返回计算出的系统零极点，不作图。

命令：pzmap（A，B，C，D） 在复平面内绘出以状态方程表示的系统零极点。

命令：pzmap（p，z） 可在复平面内绘出零极点图，其中列矢量 p 为极点位置，列矢量 z 为零点位置，这个命令用于直接绘制给定的零极点。

（2）求系统根轨迹

命令：rlocus（num，den） 可绘制出$1+kG(s)=0$的根轨迹，其中 $G(s)$是开环传递函数，增益 k 是自动选取的。

命令：[r，k]=rlocus（num，den） 返回变量格式。计算所得的闭环根 r（矩阵）和对应的开环增益 k 值（向量），返回 Matlab 窗口，不作图。

命令：rlocus（num，den，k） 可利用指定的增益 k 来绘制系统的根轨迹。

命令：rlocus（A，B，C，D） 可绘制出以连续或离散时间单输入单输出状态空间表示的系统的根轨迹，增益 k 是自动选取的。

命令：rlocus（A，B，C，D，k） 可利用指定的增益 k 来绘制系统的根轨迹。

注：rlocus 函数既适用于连续时间系统，也适用于离散时间系统。

（3）计算给定一组根的根轨迹增益

命令：[k，poles]=rlocfind（A，B，C，D） 可在图形窗口根轨迹图中显示出十字光标，当用户选择其中一点时，其响应的增益由 k 记录，与增益相关的所有极点记录在 poles 中。

命令：[k，poles] =rlocfind（A，B，C，D，p） 可指定要得到增益的根向量 $\boldsymbol{p}$。

命令：[k，poles] =rlocfind（num，den） 可在以传递函数表示的系统根轨迹图上选取轨迹。

命令：[k，poles] =rlocfind（num，den，p） 可指定要得到增益的根向量 $\boldsymbol{p}$。

（4）在连续系统根轨迹和零极点图中绘制出阻尼系数和自然频率栅格

命令：sgrid 可在连续系统根轨迹或零极点图上绘制出栅格线，栅格线由等阻尼系数和等自然频率线构成，阻尼系数线以步长 0.1 从 $\zeta=0$ 到 $\zeta=1$ 绘出。

命令：sgrid（'new'） 先清除图形屏幕，然后绘制出栅格线，并设置成 hold on，使后续绘图命令能绘制在栅格上。

命令：sgrid（z，Wn） 可指定阻尼系数 z 和自然频率 ω_n。

命令：sgrid（z，Wn，'new'） 可指定阻尼系数 z 和自然频率 ω_n，并且在绘制栅格线之前清除图形窗口。

3.2.5 频率响应

（1）求连续系统的频率响应 Bode 图

命令：bode（num，den） 可绘制出以连续时间多项式传递函数表示的系统 Bode 图。角频率 ω 自动设定。

命令：bode（num，den，w）　角频率 ω 由人工设定（由对数等分函数 logspace 给出）。

命令：[mag，phase，w]=bode（num，den，w）　返回变量格式。计算出的幅值 mag 和相位 phase 及角频率 ω 返回 Matlab 命令窗口，不作图。

命令：bode（A，B，C，D）　可绘制出系统的一组 Bode 图，它们是针对连续状态空间系统

$$\dot{x}=\boldsymbol{A}x+\boldsymbol{B}u$$
$$y=\boldsymbol{C}x+\boldsymbol{D}u$$

的每个输入的 Bode 图，其中频率范围由函数自动选取，而且在响应快速变化的位置会自动采用更多采样点。

命令：[mag，phase，w] =bode（A，B，C，D，iu）　返回变量格式。可得到从系统第 iu 个输入到所有输出的幅值 mag 和相位 phase 及 ω，不作图。

命令：bode（A，B，C，D，iu，w）　可利用指定的频率向量绘制出系统的 Bode 图。

为了指明频率范围，采用：

命令：logspace（d1，d2）　在两个十进制数 $10^{d1}\sim10^{d2}$ 之间产生一个由 50 个点组成的向量，这 50 个点彼此在对数上取相等的距离。例如，在 0.1rad/s 与 100rad/s 之间产生 50 个点，输入命令为：w=logspace（−1，2）

命令：logspace（d1，d2，n）　在两个十进制数 $10^{d1}\sim10^{d2}$ 之间产生 n 个在对数上相等距离的点。例如：为了在 1rad/s 与 1000rad/s 之间产生 100 个点，输入下列命令

w=logspace（0，3，100）

（2）连续系统的奈奎斯特频率曲线

命令：nyquist（num，den）　绘制 Nyquist 曲线，角频率 ω 自动设定。

命令：nyquist（num，den，w）　可利用指定的频率向量 ω 来绘制系统的 Nyquist 曲线。时间向量由人工给定（如：t=0：0.1：100）。

命令：[re，im，w] =nyquist（num，den，w）　返回变量格式。计算实部 re、虚部 im 及 ω，不作图。

命令：nyquist（A，B，C，D）　可得到一组 Nyquist 曲线，每条曲线相应于连续状态空间系统。其频率范围由函数自动选取，而且在响应快速变化的位置自动选取更多的采样点。

命令：nyquist（A，B，C，D，iu）　可得到从系统第 iu 个输入到所有输出的 Nyquist 图。

命令：nyquist（A，B，C，D，iu，w）　可利用指定的频率向量 ω 来绘制系统的 Nyquist 曲线。

注：如果曲线在（−1，j0）点附近趋势不清楚，可使用 axis（　）改变坐标显示范围。

（3）连续系统频率特性的 nichols 曲线

命令：nichols（num，den）　绘制 nichols 曲线，角频率 ω 自动设定。

命令：nichols（num，den，w）　可利用指定的频率向量 ω 来绘制系统的 nichols 曲线。时间向量由人工给定（如：t=0：0.1：100）。

命令：[mag，phase，w]=nichols（num，den，w）　返回变量格式，得到相应的幅值 mag、相角 phase、频率值 ω，不作图。

命令：ngrid　绘制 nichols 曲线上的网格。

命令：ngrid（'new'）　在绘制网格前清除原图，然后设置成 hold on，使后续的 nichols 函数可以与网格绘制一起。

（4）求开环系统的幅值裕度和相角裕度

命令：margin（num，den）　计算系统的幅值裕度和相角裕度，并绘制出 Bode 图。

命令：margin（mag，phase，w）　由幅值和相角绘制 Bode 图，其中 mag、phase、ω 是由 bode 函数得到的幅值、相角和频率。

命令：[gm，pm，wcg，wcp]=margin（mag，phase，w）　计算幅值裕度、相角裕度以及幅值穿越频率 ωcg 和相角穿越频率 ωcp，不绘制 Bode 图。

注：所有函数的用法可通过在 Matlab 命令窗口输入 help 函数查找，如：help nyquist。

部分习题答案

1-2 （1）闭环系统

（3）被控对象是水槽，被控变量是液位，操纵变量是流入流量。

1-3 可分为定值、随动、程序控制系统。

1-4 （1）被控对象是冷却器，被控变量是冷却器的物料出口温度，操纵变量是冷却水入口流量。

（3）1-15（a）所示为闭环系统，图 1-15（b）所示为开环系统。

1-5 根据加工图纸的要求，事先编制一定的程序输入到计算机来控制机床刀具的移动。刀具的位移通过传感器转化为一定的信号反馈到计算机，随时与要求的位移信号相比较，使机床刀具能够准确地根据加工图纸的要求移动，以加工出合格的零件。该系统由于引入反馈，故属于闭环控制系统。

2-1 $J\dfrac{d^2\theta}{dt^2}+f_1\dfrac{d\theta}{dt}+k_1\theta=M$

2-2 $R_2C\dfrac{du_c}{dt}+u_c=-\dfrac{R_2}{R_1}u_r$

2-3 （a）$\dfrac{u_o}{u_i}=\dfrac{Ts+1}{\beta Ts+1}$，其中 $T_1=R_2C_1$，$\beta=\dfrac{R_1+R_2}{R_2}$，一阶微分环节，惯性环节。

（b）$\dfrac{u_o}{u_i}=\alpha\dfrac{Ts+1}{\alpha Ts+1}$，其中 $R_1C_1=T$，$\dfrac{R_2}{R_1+R_2}=\alpha$，一阶微分环节，惯性环节。

（c）$\dfrac{u_o}{u_i}=\dfrac{(R_1C_1s+1)(R_2C_2s+1)}{(R_1C_1s+1)(R_2C_2s+1)+R_1C_2s}$，由微分环节，二阶振荡环节组成。

2-4 $G(s)=\dfrac{G_1G_2G_3G_4}{1+G_3G_4H_3+G_2G_3H_2+G_1G_2G_3H_1}$

2-5 （a）$G(s)=\dfrac{G_1G_2}{1+G_1H_1+G_2H_2}$　　（b）$G(s)=\dfrac{G_1G_2}{1+G_1H_1+G_2H_2+G_1G_2H_1H_2}$

2-6 $T(s)=\dfrac{k_2k_3k_4(\tau s+k_1)}{Ts^2+(k_2k_3k_4\tau+k_3T+1)s+k_1k_2k_3k_4+k_3k_4k_5+k_3}$

2-7 $T(s)=\dfrac{G_1G_2G_3+G_1G_4}{1+G_2G_3H_2+G_1G_2G_3+G_1G_2H_1+G_4H_2+G_1G_4}$

2-8 $H_x=\dfrac{0.1s}{0.1s+1}$

2-9 （a）$T(s)=\dfrac{ac}{1+cf+e+d+de}$　　（b）$T(s)=\dfrac{G_1-2G_1G_2+G_2}{1+G_1+G_2-3G_1G_2}$

（c）$T_1(s)=\dfrac{Y(s)}{R(s)}=\dfrac{G_1G_2}{1+G_1H_3+G_2H_2+G_1G_2H_1+G_1G_2H_2H_3}$

$T_2(s)=\dfrac{N(s)}{R(s)}=\dfrac{G_2(1+G_1H_3)}{1+G_1H_3+G_2H_2+G_1G_2H_1+G_1G_2H_2H_3}$

3-1 （1）$G(s)=\dfrac{H(s)}{Q_{in}(s)}=\dfrac{2}{0.4s+1}$　　（2）$h(t)=2(1-e^{2.5t})$

3-2 （1）$G_{开}=\dfrac{2(s+2)}{s^2-2}$　　（2）$\ddot{y}+2\dot{y}+2y=2\dot{r}+4r$　　（3）$y(t)=4(1-e^{-t}\cos t)$

3-3 （1）$G(s)=\dfrac{10}{s}-\dfrac{5}{s+3}=\dfrac{5s+30}{s(s+3)}$　　（2）$G(s)=\dfrac{5}{s^2}+\dfrac{5\sqrt{2}(s+4)}{s^2+16}$

（3）$G(s)=\dfrac{0.03}{(s+0.2)(s+0.5)}$　　（4）$G(s)=\dfrac{K}{s^2+\omega^2}$

3-4 （1）$y(t)=1-2e^{-2t}-4te^{-2t}$

（2）$p>4$，系统有两个不同负实根，$\zeta>1$，过阻尼状态；

$p=0$，系统有两相同负实根，$s_{1,2}=-2$，$\zeta=1$，临界阻尼状态；

$0<p<4$，系统有一对共轭复根，$0<\zeta<1$，欠阻尼状态。

$\zeta>1$，$p>4$；$\zeta=1$，$p=4$；$0<\zeta<1$，$0<p<4$。

3-5 （1）$y(t)=1-\sqrt{2}e^{-t}\sin(t+45°)$　　（2）$\zeta=0.6$，$\omega_n=1.69$，$K_c=1.43$

（3）$e(\infty)=-0.7$

3-6 （1）定值系统：$\frac{Y(s)}{F(s)}=\frac{0.5}{s^2+1.5s+(1+K_c)/2}=\frac{1}{1+K_c}\times\frac{0.5(1+K_c)}{s^2+1.5s+(1+K_c)/2}$，随动系统：

$\frac{Y(s)}{R(s)}=\frac{0.5K_c}{s^2+1.5s+(1+K_c)/2}$

（2）$K_c=23.3$，系统产生 4∶1 衰减振荡；$K_c>-1$ 系统等幅振荡，$K_c<-1$ 系统不稳定。

（3）$A=0.02$，$e(\infty)=-0.041$

（4）$\sigma\%=0.5$，$e(\infty)=0.043$，$t_s=4$（$\Delta=\pm5\%$），$t_s=5.33$（$\Delta=\pm2\%$），$t_p=0.922$

3-7 （1）控制系统的方块图见图 0。

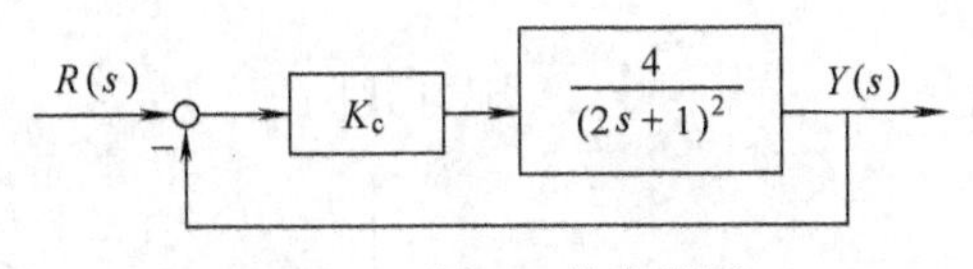

图 0　习题 3-7 答案附图

（2）$K_c=5.1$

（3）$\omega_n=1$，$\zeta=0.5$，$n=37.6$，$\omega_d=0.866$

3-8 系统闭环传递函数 $\varphi(s)=\frac{295}{s^2+6.86s+73.6}$，开环传递函数：$G(s)=\frac{295}{s^2+6.86s-221}$

3-9 （1）系统存在闭环主导极点 $s_{1,2}=-0.74\pm j1.12$　$\zeta=0.55$，$\omega_n=1.34$

（2）$y(t)=1-1.2e^{-0.74t}\sin(1.12t+56.5°)$　　（3）$\sigma\%=12.6\%$，$t_p=2.81$

3-10 （1）$0<K<14/9$　　（2）$0<K<1.708$

（3）$1<K<2.8$　　（4）$0<K<\frac{(T_1T_2+T_1T_3+T_2T_3)(T_1+T_2+T_3)-T_1T_2T_3}{T_1T_2T_3}$

3-11 （1）$0<K<14$，　　（2）$0.675<K<4.8$

3-12 （1）系统不稳定，有两个实部为正的特征根；

（2）系统临界稳定，有一对共轭虚根，$s_{1,2}=\pm j2$。

3-13 $K=246$ 时系统呈等幅振荡特性，振荡频率为 $\sqrt{37}$。

3-14 （1）$K_p=\infty$，$K_v=\infty$，$K_a=2$　　（2）$e(\infty)=4$

3-15 $K_1=1/K_2$

3-16 （1）$e(\infty)=1/K_1$　　（2）当 $G_2(s)=s$ 时，干扰信号 $f(t)$ 对系统的影响为零。

（3）$K_1=16$，$K_2=7/16$

4-1 见图 1。

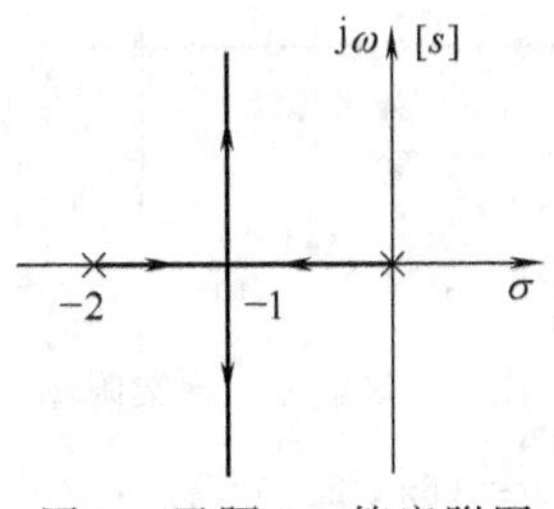

图 1　习题 4-1 答案附图

4-2 见图 2。

4-3 见图 3。

4-4 见图 4。

4-5 （2）分离点：$d_{1,2}=-2\pm\sqrt{3}$ 。

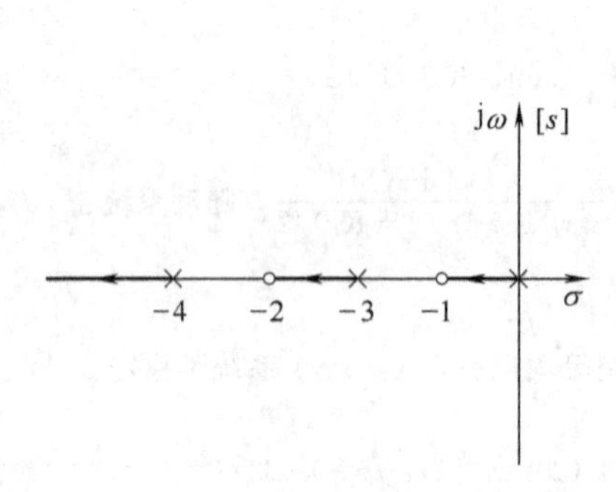

图 2　习题 4-2 答案附图

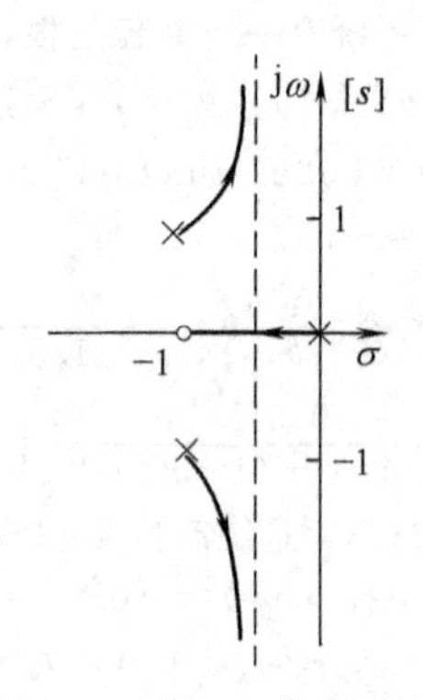

图 3　习题 4-3 答案附图

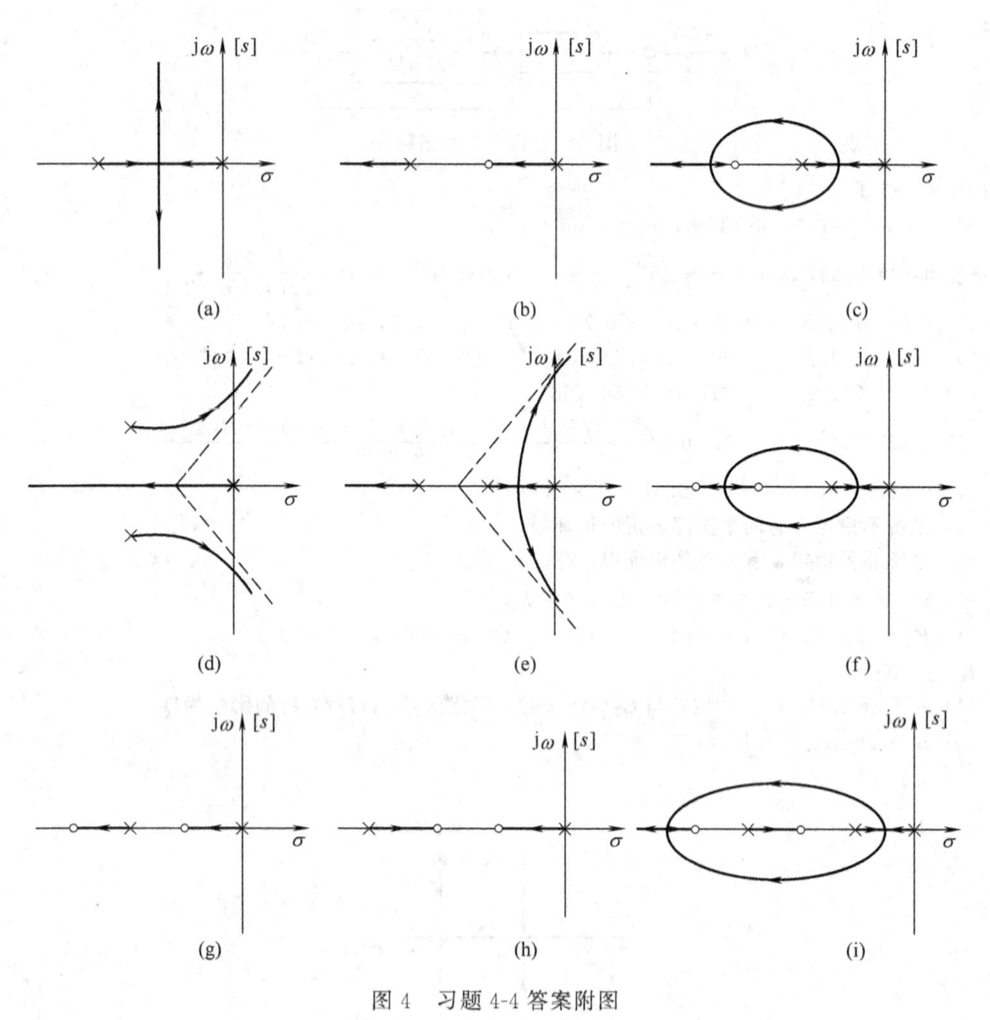

图 4　习题 4-4 答案附图

(3) 渐近线：$\sigma=-1$，$\varphi_1=\pi/2$，$\varphi_2=(3\pi)/2$。分离点：$d=-0.5344$。

(4) 渐近线：$\sigma=-2$，$\varphi_1=\pi/2$，$\varphi_2=(3\pi)/2$。分离点：$d=-2.4657$。

4 个系统的根轨亦图见图 5。

4-6　见图 6。

4-7　渐近线：$\sigma=-2/3$，$\varphi_1=\pi/3$，$\varphi_2=\pi$，$\varphi_3=(5\pi)/3$。与虚轴的交点：$\omega=\pm\sqrt{2}$，起角：$\mp 45°$。根轨迹见图 7。

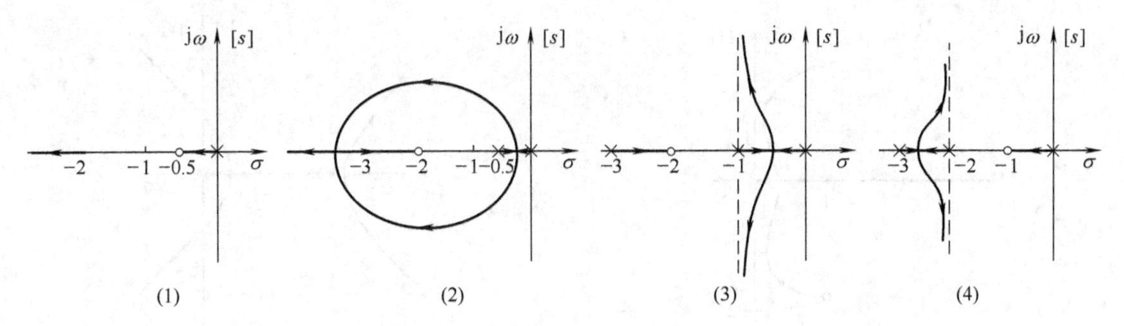

图 5　习题 4-5 答案附图

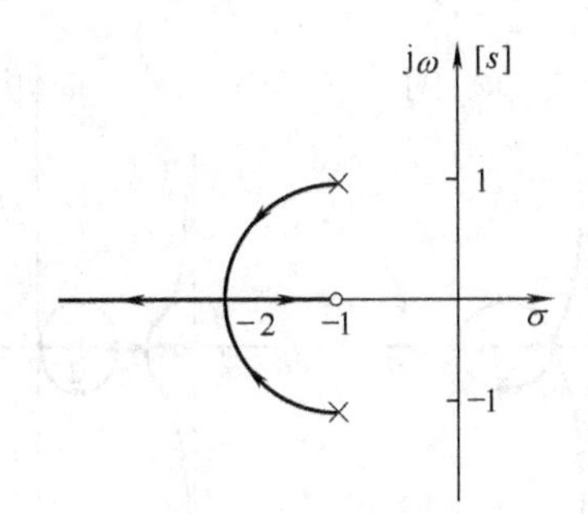

图 6　习题 4-6 答案附图

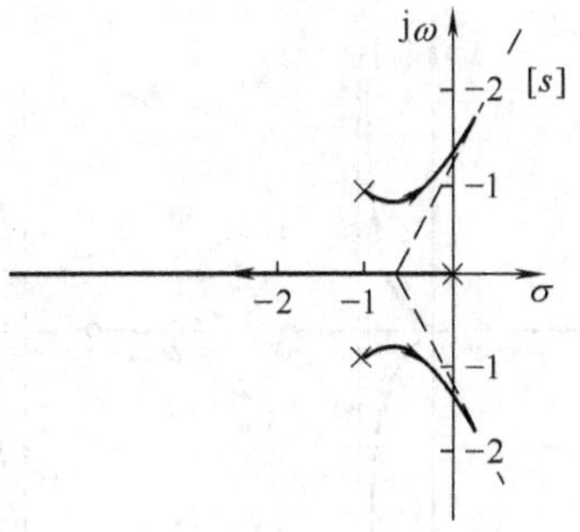

图 7　习题 4-7 答案附图

4-8　渐近线：$\sigma=-1/2$，$\varphi_1=\pi/2$，$\varphi_2=(3\pi)/2$。分离点：$d=-1.2854$。起角：$\pm46^\circ$。终角：$\pm180^\circ$。根轨迹见图 8。

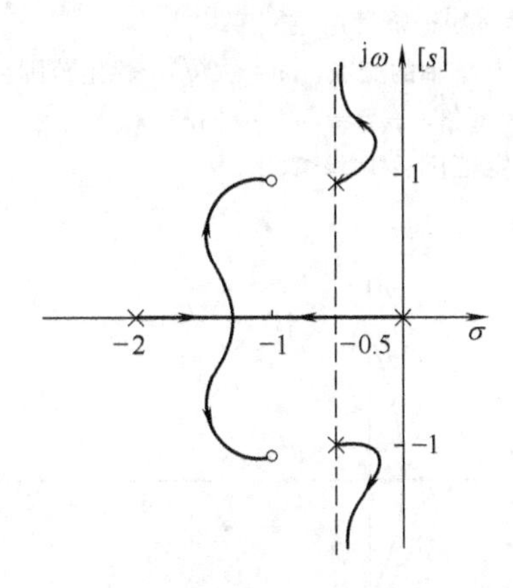

图 8　习题 4-8 答案附图

4-9　分离点：$d=-0.36$。终角：$\pm30^\circ$。根轨迹见图 9。

4-10　渐近线：$\sigma=-3$，$\varphi_1=\pi/4$，$\varphi_2=(3\pi)/4$，$\varphi_3=(5\pi)/4$，$\varphi_4=(7\pi)/4$。

分离点：$d_1=-0.38118$，$d_2=-2.62$。与虚轴的交点：$\omega=\pm1$。根轨迹见图 10。

4-11　不论 α 为何值，渐近线都是：$\sigma=(2-\alpha)/2$，$\varphi_1=\pi/2$，$\varphi_2=(3\pi)/2$。

（1）当 $0<\alpha<18$ 时，系统无分离点（绘出的根轨迹分两种不同情况）。

（2）当 $\alpha=18$ 时，系统有一个重分离点，$d=-6$。

（3）当 $\alpha>18$ 时，系统有两个分离点，$d_{1,2}=\dfrac{-(6+\alpha)\pm\sqrt{(\alpha-18)(\alpha-2)}}{4}$。

各处情况下根轨迹见图 11。

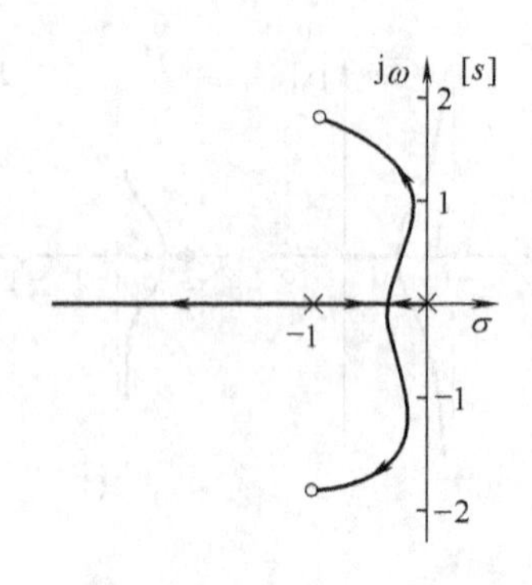

图 9　习题 4-9 答案附图

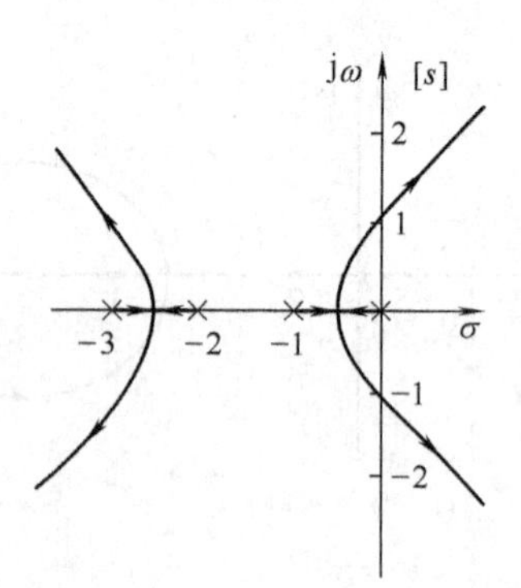

图 10　习题 4-10 答案附图

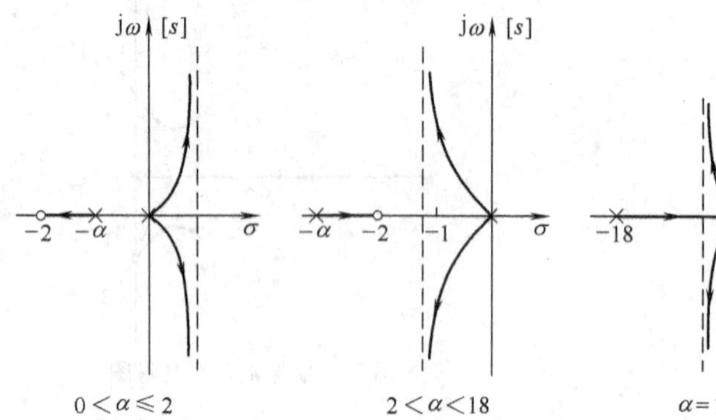

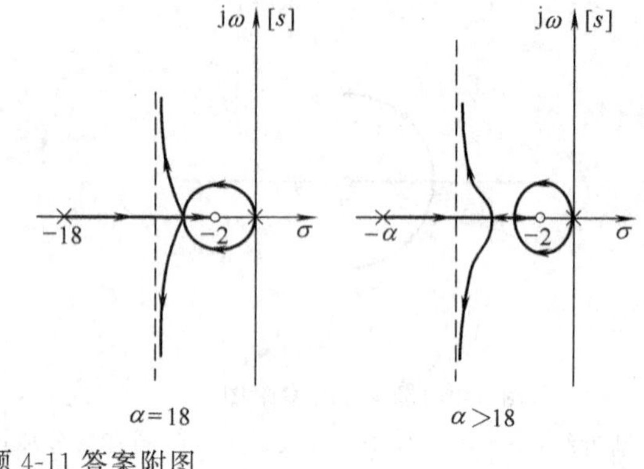

图 11　习题 4-11 答案附图

4-12　(1) 渐近线：$\sigma=-8/3$，$\varphi_1=\pi/3$，$\varphi_2=\pi$，$\varphi_3=(5\pi)/3$。

分离点：$d=(-16+4\sqrt{7})/6$。与虚轴的交点：$\omega=\pm2\sqrt{3}$。稳定范围：$0<k<96$ 。

(2) 渐近线：$\sigma=-7/3$，$\varphi_1=\pi/3$，$\varphi_2=\pi$，$\varphi_3=(5\pi)/3$。

与虚轴的交点：$\omega=\pm2$。稳定范围：$0<k<32$ 。

根轨迹曲线见图 12。

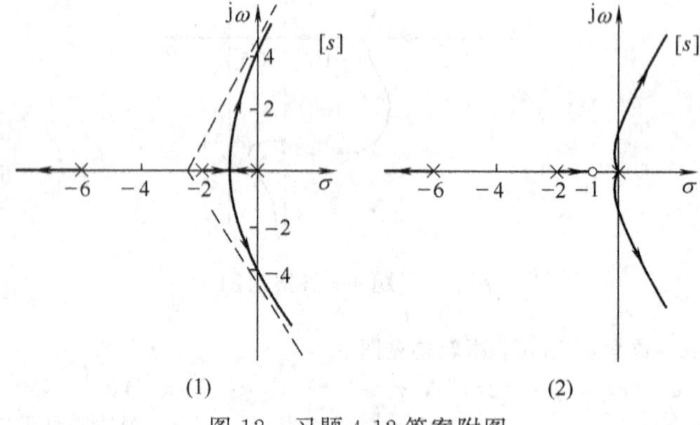

图 12　习题 4-12 答案附图

4-13　分离点，$d_{1,2}=-3\pm\sqrt{6}$。$K_1=0.1$，$K_2=9.9$。所以，当 $0<K<0.1$ 或 $K>9.9$ 时，系统处于过阻尼状态；当 $K=0.1$ 或 $K=9.9$ 时，系统处于临界阻尼状态；当 $0.1<K<9.9$ 时，系统处于欠阻尼状态。根轨迹见图 13。

4-14　$\alpha>0$ 时，分离点：$d=-\sqrt{2}$。起角：$\pm210°$。

$\alpha<0$ 时，分离点：$d=\sqrt{2}$。起角：$\pm30°$。与虚轴的交点：$\omega=\pm\sqrt{2}$。根轨迹见图 14。

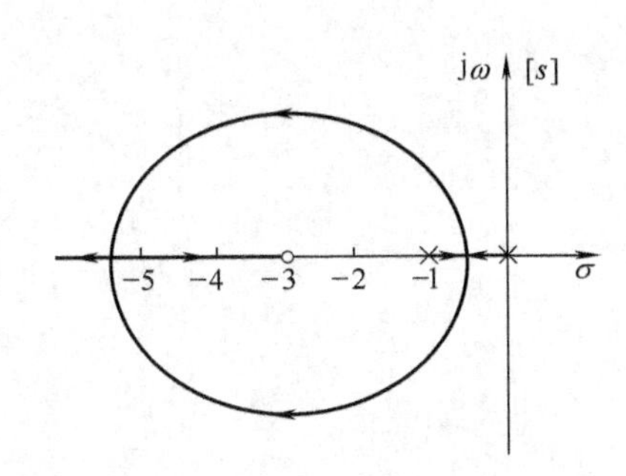

图 13　习题 4-13 答案附图

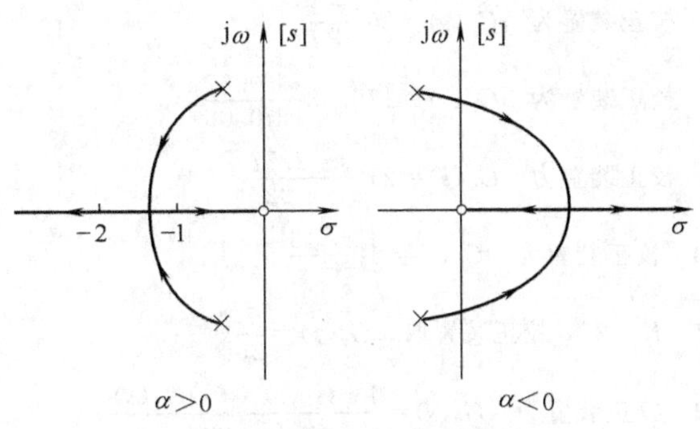

图 14　习题 4-14 答案附图

4-15　分离点：$d=-2.6344$。根轨迹见图 15。

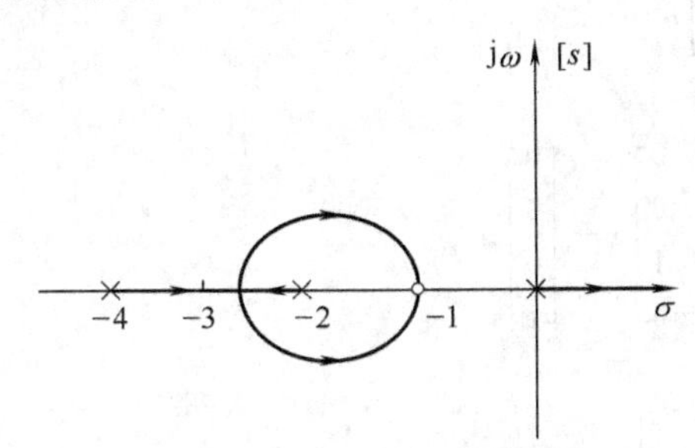

图 15　习题 4-15 答案附图

5-1　(1) $y(t)=0.905\sin(t+24.81°)$　　(2) $y(t)=1.79\sin(2t+34.7°)$

(3) $y(t)=0.905\sin(t+24.81°)-1.79\sin(2t+34.7°)$

5-4　(1) $\omega_c=4.08$，$\gamma=3.94$　　(2) $\omega_c=0.76$，$\gamma=91.67$

5-5　$G(s)=\dfrac{10(0.5s+1)}{s^2(0.1s+1)}$

5-6　(1) $G(s)=\dfrac{10(s+1)}{s[(0.4s)^2+0.16s+1]}$　　(2) $y(t)=10\sin(200t-116°)$

5-7　$10<K<28$

5-8　$\gamma=20.25$，$\omega_c=2.63$，$R=1.925\text{dB}$，$\omega_g=3.6742$

5-9　(1) $\gamma=10.26°$　(2) $K=25$

5-10　(1) $\gamma=48.15°$，$\omega_c=4.5$　　(2) $\gamma=-41.23°$，$\omega_c=2.62$

5-13　$K>10$；$-6.175<K<2.645$；$0<K<14$；$0<K<0.032$

5-14　$25<K<10^4$ 系统稳定，$K<10$ 系统稳定；

$10<K<25$ 系统不稳定，$K>10^4$ 系统不稳定。

5-15　$\omega_c=58.79\text{rad/s}$，$T=0.0234\text{s}$，$M_r=1.62$

6-1　校正装置为　$G_c(s)=\dfrac{1+0.034s}{1+0.006358s}$

6-2　校正装置为　$G_c(s)=\dfrac{1+\dfrac{100}{6}s}{1+\dfrac{770}{6}s}$

6-3　校正装置为　$G_c(s)=\dfrac{1+0.18s}{1+0.0396s}$

6-4　校正装置为　$G_c(s)=\dfrac{1+7s}{1+18s}$

6-5　校正装置为　$G_c(s)=67187.5\dfrac{s+10}{s+97.5}$

6-6 校正装置为 $G_c(s)=25\frac{s+1}{s+7}$

6-7 校正装置为 $G_c(s)=179.68\frac{s+0.67}{s+0.08}$

6-8 校正装置为 $G_c(s)=217\frac{s+2.77}{s+32}$

6-10 校正装置为 $G_c(s)=18+\frac{16}{s}$

6-11 $K=25$，校正装置取 $G_c(s)=\frac{7}{25}s$

6-12 校正装置为 $G_c(s)=\frac{1+G_1(s)G_2(s)G_3(s)}{G_2(s)}$

6-13 $K=1$，校正装置取 $G_c(s)=25+8s$

7-1 (1) $\dot{\boldsymbol{x}}=\begin{bmatrix}0 & 1\\ -1 & -4\end{bmatrix}\boldsymbol{x}+\begin{bmatrix}0\\ 1\end{bmatrix}u$

$y=[5 \quad 0]\boldsymbol{x}$

(2) $\dot{\boldsymbol{x}}=\begin{bmatrix}0 & 1 & 0 & 0\\ 0 & 0 & 1 & 0\\ 0 & 0 & 0 & 1\\ -1 & -1 & -4 & -5\end{bmatrix}\boldsymbol{x}+\begin{bmatrix}0\\ 0\\ 0\\ 1\end{bmatrix}u$

$y=[0 \quad 1 \quad 0 \quad 0]\boldsymbol{x}$

(3) $\dot{\boldsymbol{x}}=\begin{bmatrix}0 & 1 & 0\\ 0 & 0 & 1\\ -1 & 0 & -2\end{bmatrix}\boldsymbol{x}+\begin{bmatrix}0\\ 0\\ 1\end{bmatrix}u$

$y=[1 \quad 4 \quad 0]\boldsymbol{x}$

7-2 (1) $e^{\boldsymbol{A}t}=\begin{bmatrix}1 & 0.5-0.5e^{-2t}\\ 0 & e^{-2t}\end{bmatrix}$ (2) $e^{\boldsymbol{A}t}=\begin{bmatrix}\cos t & \sin t\\ -\sin t & \cos t\end{bmatrix}$

(3) $e^{\boldsymbol{A}t}=\begin{bmatrix}1 & 0.5(e^{t}-e^{-t}) & 0.5(e^{t}+e^{-t})-1\\ 0 & 0.5(e^{t}+e^{-t}) & 0.5(e^{t}-e^{-t})\\ 0 & 0.5(e^{t}-e^{-t}) & 0.5(e^{t}+e^{-t})\end{bmatrix}$

7-3 $\boldsymbol{x}(t)=\begin{bmatrix}4.5e^{-t} & -2.5e^{-2t}\\ -4e^{-t} & -5e^{-2t}\end{bmatrix}$

7-4 $\Phi(0)=I$ 时才是状态转移矩阵，所以上述两个矩阵均不是某个系统的状态转移矩阵。

7-5 $\boldsymbol{A}=\dot{\Phi}(t)_{t=0}$ (1) $\boldsymbol{A}=\begin{bmatrix}0 & -2\\ 1 & -3\end{bmatrix}$ (2) $\boldsymbol{A}=\begin{bmatrix}-1 & 0 & 0\\ 0 & -4 & 4\\ 0 & -1 & 0\end{bmatrix}$

7-6 (1) $\begin{matrix}b^2-ab+1\neq 0\\ c^2-ac+1\neq 0\end{matrix}$ (2) $b\neq 0$，a 任意，c 任意。

7-7 (1) 能控不能观测。(2) $G(s)=\frac{1}{s-2}$ (3) 两个能控状态，一个能观测状态。

7-8 $\overline{\boldsymbol{A}}=\begin{bmatrix}0 & 1\\ -10 & 5\end{bmatrix}$ $\overline{\boldsymbol{B}}=\begin{bmatrix}0\\ 1\end{bmatrix}$

7-9 (1) 不完全能控，$\dot{\overline{\boldsymbol{x}}}=\boldsymbol{P}^{-1}\boldsymbol{A}\boldsymbol{P}\overline{\boldsymbol{x}}+\boldsymbol{P}^{-1}\boldsymbol{B}u=\begin{bmatrix}0 & -1 & -1\\ 1 & -2 & -2\\ 0 & 0 & -1\end{bmatrix}\overline{\boldsymbol{x}}+\begin{bmatrix}1\\ 0\\ 0\end{bmatrix}u$

$y=\boldsymbol{C}\boldsymbol{P}\overline{\boldsymbol{x}}=[1 \quad -1 \quad -2]\overline{\boldsymbol{x}}$

(2) 系统不完全能观测，$\dot{\overline{\boldsymbol{x}}}=\boldsymbol{Q}\boldsymbol{A}\boldsymbol{Q}^{-1}\overline{\boldsymbol{x}}+\boldsymbol{Q}\boldsymbol{B}u=\begin{bmatrix}0 & 1 & 0\\ -1 & -2 & 0\\ 2 & 1 & -1\end{bmatrix}\overline{\boldsymbol{x}}+\begin{bmatrix}1\\ -1\\ -1\end{bmatrix}u$

$$y=\boldsymbol{CQ}^{-1}\overline{\boldsymbol{x}}=[1\quad 0\quad 0]\overline{\boldsymbol{x}}$$

7-11 $\det\begin{bmatrix}3 & 1\\ -2+K_1 & K_2\end{bmatrix}=3K_2+2-K_1=0$

7-12 状态空间表达式为

$$\dot{\boldsymbol{x}}=\begin{bmatrix}0 & 1 & 0\\ 0 & -2 & 1\\ 0 & 0 & -1\end{bmatrix}\boldsymbol{x}+\begin{bmatrix}0\\ 0\\ 1\end{bmatrix}u$$

$y=[1\quad 0\quad 0]\boldsymbol{x}$

$|s\boldsymbol{I}-\boldsymbol{A}+\boldsymbol{BK}|=(s+3)(s+2+2\mathrm{j})(s+2-2\mathrm{j})\Rightarrow\boldsymbol{K}=[29\quad 11\quad 4]$

系统结构图见图 16。

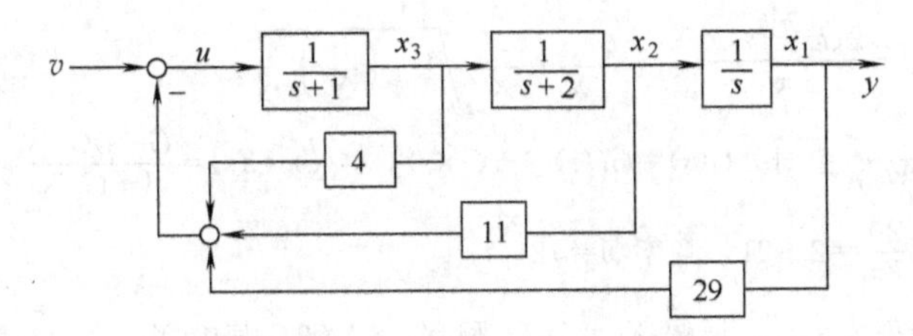

图 16　习题 7-12 答案附图

7-13 $\boldsymbol{K}=[4\quad 4\quad 1]$

7-14 $\boldsymbol{L}=[8.5\quad 23.5]^{\mathrm{T}}$

7-15 反馈矩阵 $\boldsymbol{K}=\begin{bmatrix}\frac{5}{3} & 2\end{bmatrix}$，观测矩阵 $\boldsymbol{L}=\begin{bmatrix}3\\ 1\end{bmatrix}$

7-16 （1）系统状态空间表达为

$$\dot{\boldsymbol{x}}=\begin{bmatrix}0 & 1\\ 0 & -1\end{bmatrix}\boldsymbol{x}+\begin{bmatrix}0\\ 1\end{bmatrix}u$$

$y=[1\quad 0]\boldsymbol{x}$

（2）反馈控制律为　$u=-[4\quad 1]\boldsymbol{x}+v$

（3）$\boldsymbol{L}=\begin{bmatrix}7\\ 9\end{bmatrix}$，观测器状态方程为　$\dot{\tilde{\boldsymbol{x}}}=\begin{bmatrix}-7 & 1\\ -9 & -1\end{bmatrix}\tilde{\boldsymbol{x}}+\begin{bmatrix}0\\ 1\end{bmatrix}u+\begin{bmatrix}7\\ 9\end{bmatrix}y$，$\boldsymbol{x}=\tilde{\boldsymbol{x}}$

7-17 系统不完全能控，得到能控和不能控子系统如下

$$\overline{\boldsymbol{A}}=\begin{bmatrix}0 & -1 & -4\\ 1 & -2 & -2\\ 0 & 0 & -2\end{bmatrix},\quad \overline{\boldsymbol{B}}=\begin{bmatrix}1\\ 0\\ 0\end{bmatrix},\quad \overline{\boldsymbol{C}}=[0\quad 0\quad 1]$$

可见系统不能控的特征根为−2，是稳定的，所以可以将极点配置到−2，−3，−4。

7-18 判断系统能控性和能观测性，答案是肯定的，所以可以根据题中给出方案进行设计。

状态反馈：根据 $\det|\boldsymbol{A}-\boldsymbol{BK}|=\alpha^*(s)$ 可以求出所需的状态反馈为 $\boldsymbol{K}=[1\quad 0.0914]$。

观测器的状态方程和输出方程为

$$\dot{z}=-5z+100u-25y$$

$$\tilde{\boldsymbol{x}}=\begin{bmatrix}y\\ z+5y\end{bmatrix}$$

此时整个状态反馈为　$u=-y-0.0914(z+5y)+v$

8-1 （1）$E(z)=\dfrac{z^2-z\cos\omega T}{z^2-2z\cos\omega T+1}$　（2）$E(z)=\dfrac{Tz\mathrm{e}^{-aT}}{(z-\mathrm{e}^{-aT})^2}$　（3）$E(z)=\dfrac{1-\mathrm{e}^{-6T}}{(z-1)(z-\mathrm{e}^{-6T})}$

8-2 （1）$E(z)=\dfrac{z^2+z\mathrm{e}^{-T}(1-z\mathrm{e}^{-T})}{(z-\mathrm{e}^{-T})(z-\mathrm{e}^{-2T})}$　（2）$E(z)=\dfrac{(T-1+\mathrm{e}^{-T})z^2+(1-\mathrm{e}^{-T}-T\mathrm{e}^{-T})z}{z^3-(2+\mathrm{e}^{-T})z^2+(1+2\mathrm{e}^{-T})z-\mathrm{e}^{-T}}$

（3）$E(z)=\dfrac{Tz+z(z+1)}{(z-1)^2}$

8-3 （1）$1-0.5^n$　（2）2^n-1-n　（3）$1-\mathrm{e}^{-anT}$

8-4 (a) $\dfrac{G_1(z)G_2(z)+G_3(z)G_2(z)}{1+G_1(z)G_2H(z)}$　　(b) $\dfrac{G_1(z)}{1+G_1(z)H(z)+G_1G_2(z)}$

(c) $\dfrac{G_1(z)G_2G_3(z)}{1+G_1(z)G_2G_3(z)H(z)}$　　(d) $\dfrac{G_1(z)G_2G_3G_4(z)}{1+G_1(z)G_2G_3(z)+G_1(z)G_2G_3G_4(z)}$

8-5 (1) $K=38$　　(2) $K=4.32$

8-6 答案不惟一。

8-7 $e(\infty)=0.1$

8-9 (1) $T_D=1.39$，$K=0.36$　　(2) $u(k)=50.4e(k)-50.04e(k-1)$

8-10 $0<h<2$

9-1 $N(X)=\dfrac{3}{4}X^2$

9-2 $X>a$ 时，$N(X)=k_2+\dfrac{2(k_1-k_2)}{\pi}\left[\sin^{-1}\dfrac{a}{X}+\dfrac{a}{X}\sqrt{1-\left(\dfrac{a}{X}\right)^2}\right]$

9-3 (a) $G(s)=\dfrac{G_1(s)}{1+G_1(s)G_2(s)}$　(b) $G(s)=G_1(s)[1+G_2(s)]$　(c) $G(s)=\dfrac{G_1(s)G_2(s)}{1+G_1(s)}$

9-4 稳定极限环振幅 $X=\dfrac{20}{3\pi}=2.121$，频率 $\omega=\sqrt{2}$。

9-5 产生极限环振荡，频率 $\omega=\sqrt{2}$，振幅 $X_1=1.11$ 和 $X_2=2.29$，其中 $X_1=1.11$ 是不稳定极限环，$X_2=2.29$ 是稳定极限环。当 $\dfrac{b}{a}<2.356$ 时系统稳定。

9-8 (1) 不正定；(2) 不正定。

9-9 $K>0$

9-10 (1) 等效非线性环节：$N(X)=\dfrac{4M}{\pi X}$；等效线性环节：$G(s)=\dfrac{1}{s(s+1)^2}$

(2) 会产生自振，振幅 $X=\dfrac{2M}{\pi}$，$\omega=1\text{rad/s}$。

参 考 文 献

1 孙亮，杨鹏主编．自动控制原理．北京：北京工业大学出版社，1999

2 邢继祥等．最优控制应用基础．北京：科学出版社，2003

3 胡寿松．自动控制原理．第四版．北京：科学出版社，2001

4 周春晖．化工过程控制原理．第二版．北京：化学工业出版社，1998

5 周春晖，厉玉鸣．控制原理例题习题集．北京：化学工业出版社，2001

6 Benjamin C Kuo. Automatic Control Systems. Sixth Edition. 北京：科学出版社，2002

7 孙德宝．自动控制原理．北京：化学工业出版社，2002

8 郑大钟．线性系统理论．北京：清华大学出版社，1999

9 高为炳．非线性控制系统导论．北京：科学出版社，1988

10 Dorf R C，Bishop R H. Modern Control System. Ninth Edition. 北京：科学出版社，2002

11 Ogata Katsuhiko 著（卢伯英等译）. Modern Control engineering. Third Edition. 北京：电子工业出版社，2000

12 王士宏，周思永．控制理论基础．北京：北京理工大学出版社，2002

13 刘舒．自动控制原理．北京：中国人民公安大学出版社，2002

14 陈玉宏，胡学敏．自动控制原理．重庆：重庆大学出版社，1997

15 曹柱中，徐薇莉，施颂椒．自动控制理论与设计．上海：上海交通大学出版社，1995

16 杨自厚．自动控制原理．北京：冶金工业出版社，1987

17 黄家英．自动控制原理．南京：东南大学出版社，1991

18 郭大钧．数学分析．济南：山东科学技术出版社，1982

19 丁丽娟．数值计算方法．北京：北京理工大学出版社，1997

20 张禾瑞，郝炳新．高等代数．北京：高等教育出版社，1986

21 周章鑫，高兰长，王圣中．计算方法．海口：南海出版公司，1992

内 容 提 要

本书为高等学校《自动控制原理》课程教材，适用于自动化、电气工程及其自动化等其他相关专业，诸如石油、化工、机械、冶金、信息、电力、医药、轻工等相关专业都是本书涉及的主要范围。

本书的内容包括经典控制理论与现代控制理论的基本概念和若干应用。编写时既照顾到控制理论的完整性和系统性，又力求理论与实践相结合。

本书本着循序渐进、启发思维的原则，力求在内容安排上遵循教学的内在规律，既有利于教学，又有利于培养学生的创新精神。在各章末专门安排了学生自读的内容，使学生能掌握各章的重点内容，并通过大量实例分析和习题，使学生了解并逐步掌握控制理论在生产中的应用，力图使读者能学以致用。本书还介绍了 Matlab 在控制系统分析及设计中的应用，以帮助学生更快更好地掌握本书的主要内容。

本书对控制工程领域从事科学研究及相关工程技术人员，具有参考价值。